耐火材料新工艺技术

（第 2 版）

徐平坤　编著

北　京

冶 金 工 业 出 版 社

2023

内 容 简 介

本书共 10 章,分别介绍了耐火材料的作用及分类、耐火材料基础理论、耐火原料的选择及处理、耐火材料生产工艺、电熔耐火材料及熔铸耐火制品、特种耐火材料、不定形耐火材料、耐火纤维及制品、隔热耐火材料、热工设备用耐火材料的选择及应用技术。

本书可供耐火材料科技工作者阅读,也可供大专院校相关专业师生参考。

图书在版编目(CIP)数据

耐火材料新工艺技术/徐平坤编著. —2 版. —北京:冶金工业出版社,
2020.1 (2023.8 重印)
ISBN 978-7-5024-8134-6

Ⅰ.①耐… Ⅱ.①徐… Ⅲ.①耐火材料—工艺学 Ⅳ.①TQ175.1

中国版本图书馆 CIP 数据核字 (2019) 第 266763 号

耐火材料新工艺技术 (第 2 版)

出版发行	冶金工业出版社	**电 话**	(010)64027926
地 址	北京市东城区嵩祝院北巷 39 号	**邮 编**	100009
网 址	www.mip1953.com	**电子信箱**	service@ mip1953.com

责任编辑 李培禄 美术编辑 彭子赫 版式设计 孙跃红
责任校对 卿文春 责任印制 窦 唯
北京富资园科技发展有限公司印刷
2005 年 1 月第 1 版,2020 年 1 月第 2 版,2023 年 8 月第 2 次印刷
787mm×1092mm 1/16;30.75 印张;742 千字;480 页
定价 120.00 元

投稿电话 (010)64027932 投稿信箱 tougao@cnmip.com.cn
营销中心电话 (010)64044283
冶金工业出版社天猫旗舰店 yjgycbs.tmall.com
(本书如有印装质量问题,本社营销中心负责退换)

第 2 版前言

我国实行改革开放政策以来，国民经济高速发展。同时也给耐火材料产业插上了腾飞的翅膀。1993 年我国耐火材料产量跃居世界第一位，2011 年我国耐火材料产量已占世界总产量的 69%，出口耐火材料数量相当于美国、日本、韩国、印度、英国、德国、法国及意大利产量的总和，成为名副其实的耐火材料工业大国。这是广大耐火材料工作者勤奋努力的结果。作者在总结多年实践、参阅大量文献资料、在理论结合实际的基础上，于 21 世纪之初撰写出《耐火材料新工艺技术》一书，于 2005 年 1 月出版。出版后的这些年里，我国耐火材料工业发生了重大变化。随着改革开放的不断深化，耐火材料企业顺应改革潮流，异军突起，打破国有企业一统天下的格局，以灵活的经营机制和较强的应变能力，勇于竞争，迅猛发展，推动了耐火材料产业结构调整，科研设计单位转企改制等，使我国耐火材料工业整体实力显著。也使我国耐火材料科学技术进入了一个崭新时代，耐火材料新品种增多，产量不断扩大，产品质量不断提高。同时生产耐火材料的机械化、自动化水平也在提升，耐火材料工艺技术取得了很大进步，促进作者再写《耐火材料新工艺技术》（第 2 版）。

《耐火材料新工艺技术》（第 2 版），在继承第 1 版理论成果的基础上，充分吸收耐火材料厂家生产工艺的成功经验，吸收近年来耐火材料改革创新的作风和体会，吸收耐火材料新的科技成果，补充第 1 版新工艺技术内容的不足；更加突出理论性、科学性、应用性、规范性和前瞻性，特别是结合国家的产业政策，突出环境保护内容。删除了容易产生六价铬、污染环境的镁铬质耐火材料，以及有剧毒的氧化铍和有放射性的氧化钍耐火材料，并介绍了替代品。21世纪是我国耐火材料工业进入产业结构进一步调整和升级的大发展时期。可以预见 21 世纪人们更注意技术创新的知识积累，为了使耐火材料工作者方便了解耐火材料工艺技术的发展，《耐火材料新工艺技术》（第 2 版），以简要的基础理论、耐火原料、耐火材料传统生产工艺、耐火材料特殊工艺（其中有电熔耐火原料及制品、特种耐火材料、不定形耐火材料、耐火纤维及制品、隔热耐火材料等）、应用技术的顺序进行叙述。在传统工艺中增加了制品机械加工、浸渍、复合等新工艺技术，大量补充了被喻为第二代耐火材料的不定形耐火材料内容，以及对节能降耗扮演重要角色的隔热耐火材料。

我国虽是耐火材料生产大国，但不是强国，有些高科技耐火材料产品仍需进口，缺乏创新成果，特别是具有中国特色的具有自主知识产权的成果，广大耐火材料科技工作者尚须努力，使我国成为耐火材料强国。

本书第 2 版编写得到洛阳耐火材料研究院郭志凯高级工程师的帮助和支持，浙江锦诚耐火材料有限公司山国强硕士、高级工程师审阅了全部书稿，并提出宝贵意见，在此向他们表示衷心的感谢！本书在编写过程中，参考了大量文献资料，虽然在书后列举了 100 多篇，但由于耐火材料新工艺技术内容太多，难以一一列举，谨在此对原文献作者表示诚挚的谢意。

由于作者知识水平有限，书中的疏漏或不妥之处，敬请读者批评指正。

徐平坤

2019 年 9 月

第 1 版前言

随着科学技术发展，耐火材料生产工艺取得了很大进步，除了传统的生产工艺方法外，还出现了新的工艺方法。作者在总结多年实践经验的基础上，参考了有关的文献资料，力图在书中介绍一些较成熟而且具有先进性和代表性的工艺技术。本书在系统地叙述耐火材料生产工艺时，还较全面地介绍了各种耐火材料的具体生产工艺要点，同时对耐火材料工艺的理论基础、烧结机理、材料的结构与性能、使用过程的物理化学变化做了理论性阐述。本书力求内容新颖，理论结合实际。在本书的撰写过程中，郑州东方企业集团股份有限公司提供了大量实践总结和品种性能分析，书中具体生产工艺要点和部分产品的理化指标是郑州东方企业集团股份有限公司多年来在耐火材料生产科研应用方面的技术总结，蕴含了该公司全体工程技术人员多年来研究精华。本书的出版也是对该公司长期致力于耐火材料生产科研应用技术工作的一种感谢。

本书编写得到广州耐火材料厂唐肖月高级工程师、洛阳耐火材料研究院郭志凯高级工程师的帮助和支持，鞍山科技大学田风仁副教授审阅了全部书稿，并提出了许多宝贵意见，在此向他们表示衷心感谢。

由于作者水平有限，书中的疏漏或不妥之处，敬请读者批评指正。

徐平坤　魏国钊

2004 年 10 月 16 日

目　　录

第一章　绪　论

第一节　耐火材料的定义及在国民经济中的作用

一、耐火材料的定义

耐火材料是耐火度不低于 1580℃ 的材料，一般是指主要由无机非金属材料构成的材料和制品。耐火度是指材料在高温作用下达到特定软化程度时的温度，它标志材料抵抗高温作用的性能。凡是不燃烧或火烧不熔的材料都应属广义的耐火材料。例如，发生火灾时在 1000~1200℃ 高温下，建筑物的砖、瓦、泥、砂等都烧不坏；这些砖、瓦、土、石等都可以说是耐火物质。狭义的耐火材料则不包括上述的耐火物质，而指砌筑工业炉窑的，在高温下不熔化、不变形的材料。然而能耐多高的温度才算是耐火材料？必须要有明确的定义。以前各国的提法也很不统一。有的提出在 1482℃ 下使用不软化不变形的材料可以称做耐火材料。有的提出凡是缓慢加热到 1500℃ 温度时出现明显熔化现象的物质都不能作为耐火材料。

国际标准化组织（ISO）正式出版的国际标准中规定"耐火材料是耐火度至少为 1500℃ 的非金属材料或制品（但不排除那些含有一定比例的金属）"。中国标准则沿用 ISO 标准（GB/T 18830—2002）。

耐火度只是耐火材料在高温下的单一性能，可以作为炉窑在高温下使用的基本保证。可是有的材料在甲炉使用具有较高的耐火性，而在乙炉使用耐火性能却很差，这就是炉内条件差异造成的。如果两个炉子温度同样高，若乙炉内含有大量的 CO 等烟尘，并与耐火材料直接接触，使用效果就不一样。因此，对耐火材料的确切定义还须加上热的性状、温度上升速度、加热持续时间等条件。然而给热性状下定义很难，也很难找到绝对优良的耐火材料。就像医药界没有万能药一样，也没有绝对好的耐火材料。因此，必须根据使用条件选择相应的耐火材料。随着现代科学技术的发展，工业炉窑使用条件多种多样，而耐火材料按物理化学性质划分也有近千个品种，并且还在继续发展。对耐火材料除了耐火度外提出了其他一些性能指标：

（1）能够承受炉窑荷重和操作过程中所产生的应力，在高温下不丧失结构强度，不发生软化变形和坍塌，通常用荷重软化温度指标来表示。

（2）高温下体积稳定，不产生过大的残余膨胀或收缩，不会使炉窑砌体由于耐火制品的膨胀而崩裂，或由于收缩过大而出现裂缝，降低炉窑的使用寿命。通常用线膨胀系数和重烧收缩（或膨胀）指标来表示。

（3）耐火材料受炉窑操作条件影响很大，温度急剧变化和受热不均会使炉体损坏。因此，所用的耐火材料用抗热震性指标来表示。

（4）在使用过程中，常受到液态、气态或固态物质的化学作用，使耐火材料被侵蚀损坏。因此要求耐火材料要有一定的抵抗熔渣侵蚀能力，用抗渣性指标来表示。

（5）机械磨损作用也是一个重要方面。耐火材料在使用过程中常受到高温高速流动的火焰和烟尘的磨损，液态金属和熔渣的冲刷侵蚀，以及金属对砌体的撞击磨损等，因此要求耐火材料要有足够的强度和耐磨性。通常用耐压强度和耐磨性指标来表示。

（6）不污染产品。耐火材料在使用过程中往往污染或净化钢水，在玻璃液中往往会形成结石和条纹，在烧成陶瓷中会落脏等。一般在检测产品质量时可以得出结果。因此不同热工设备选择耐火材料时，必须注意耐火材料对用户的产品不能有污染，如优质钢材要选择 CaO 质耐火材料，有净化钢水作用。根据使用条件选择合适的耐火材料。

对各种耐火材料要进行化学矿物组成、物理指标检测。要评价耐火材料各种性能，就必须制定合理的标准。用户根据标准选择合适的耐火材料。

当今耐火材料的制造技术也远非昔日可比。前苏联根据耐火材料的化学矿物组成将它划归硅酸盐系统，西方国家把它列为广义的陶瓷范畴。现在的耐火材料生产技术，除了沿用传统的制砖工艺外，几乎包含了广义陶瓷系统的所有专业技术。如像生产玻璃那样的熔铸耐火材料；像生产波特兰水泥那样的矾土水泥、纯铝酸钙水泥等耐火水泥；像建筑混凝土那样的不定形耐火材料；与传统陶瓷生产方法一样的特种耐火材料；与传统建筑用红砖生产方法一样的硅藻土等轻质耐火材料；像搪瓷生产那样的高温无机涂层。还有与纺织技术相近的耐火棉、纤维毡、布、纸、绳等制品，甚至还有与机械制造技术相同的切、磨、钻孔等。现代耐火材料并非都属于硅酸盐，已从以硅酸盐为主演变到氧化物和非氧化物并重，并有向氧化物与非氧化物如碳化物、硼化物、氮化物、硫化物等复合倾斜的趋向。原料从以天然原料为主演变到天然精选和人工合成并用。而重要用途制品以后两者为主。工艺上更严格要求：精料、精配、高压、高温，有的还引用微粉、超微粉及纳米粉。利用复合材料工艺技术、溶胶-凝胶技术、自蔓延合成烧结技术、浸渍工艺技术等制造新型优质耐火材料。同时将耐火材料生产使用与人类生存环境结合起来，做到节能减排，不污染环境。采用电脑控制的自动配料，自动压砖及烧成。原料煅烧产生的废气回收，不生产有毒有害物质的耐火材料，如镁铬质耐火材料等。通过调节控制制品的显微结构特征来改进，优化高温性能，尤其是力学性能、抗热震性能和抗侵蚀性能，适用于各种不同的复杂高温使用条件。

二、耐火材料在国民经济中的作用

高温工业在我国的国民经济中占有重要地位，国家制定的十大产业振兴规划，低碳经济发展规划和节能环保政策对高温工业的发展影响深远，意义重大。耐火材料是高温技术的基础材料。没有耐火材料就没有办法接受燃料或发热体散发的大量热，没有耐火材料制成的容器也没有办法使高温状态的物质保持一定时间。因此，耐火材料不仅要在高温下不损坏，而且要保持热量尽量不散失。耐火材料应该是隔热的，而在另一种情况下要求耐火材料应该具有高的热导率。在高温下有的耐火材料为电流导体，而有的是电绝缘器。这样生产的耐火材料不但要有基本的高温性能，还要各具不同的特殊性能。使用部门根据使用条件选择合适的耐火材料。随着现代工业技术的发展，不但对耐火材料质量要求越来越高，对耐火材料有特殊要求的品种也越来越多，形状越来越复杂。

世界上有数十个国家耐火材料工业比较发达，而耐火材料的产值在工业发达国家大约占总产值的 0.1%，这其中有相当多的是耐火材料的生产和应用（砌筑和修理）。我国耐火材料产品的产值约占总产值的 0.2% 以上。过去世界耐火材料的一半是由美国和前苏联生产的。1993 年，我国耐火材料产量达 1002 万吨，跃居世界第一位。1996 年，我国钢产量也成为世界第一。2011 年我国耐火材料 2751.47 万吨，占世界总量的 65%，粗钢产量5.898 亿吨，占世界总量的 65%。耐火材料工业被描绘为冶金工业和其他高温工业的"支撑工业和先行工业"，与高温工业，尤其是钢铁工业的发展密切相关，是相互依存、互为促进、共同发展的关系。

耐火材料的产值占 GDP 的比例虽然不高，但它的辅助作用不可小视，它对第二产业的作用是巨大的。冶金、化工、建材、电力、机械、电子、航天等国民经济的重要组成部分都存在有一定规模的高温工业。凡有高温的地方就要用耐火材料。我国耐火材料产业要支撑起全球 45% 的钢铁、50% 的水泥、25% 的 10 种有色金属、4% 的玻璃及产量世界第一的陶瓷，以及石化工业大型炼油装置需要的大量轻质保温材料，煤化工业煤气化炉需要的高温耐火材料，各行各业需要的各种类型的耐火材料。

钢铁工业是耐火材料的最大用户。有人说，没有耐火材料就炼不出钢，这话说得不错。其用量占全部耐火材料的 60%~75%。而钢铁用耐火材料的 70%~80% 用于炼钢。由于炼钢工艺的技术进步，耐火材料消耗量下降。炼钢方法不同，耐火材料消耗也有差别，同时也反映了耐火材料的品种和质量。

随着高温工业技术进步，耐火材料工业全力以赴，快速跟进，如炼铁高炉大型化，炼钢用平炉改转炉，高效连铸技术的广泛应用，耐火材料都能满足需要。100 多年来，钢铁冶炼发展过程中，每次重大突变都有赖于耐火材料新品种的开发，没有新型优质高效耐火材料新品种的开发，没有新型优质高效耐火材料，也就没有钢铁工业新技术的成功应用和推广，如在相当时间内因直流电弧炉炼钢底电极材料不过关，影响了直流电炉炼钢技术的发展，而 ABB 公司与奥镁公司合作开发出满足要求的底电极导电耐火材料，直流电炉炼钢技术才真正发展起来。

钢铁冶金新技术在不断发展，一个新的工艺技术出现，需要新的耐火材料支撑，如果没有满足新工艺技术的耐火材料，这项技术也难以进行。同时一个冶金新工艺技术也推动了耐火材料的发展，如薄板坯等近终形连铸技术，它要求薄壁的特耐侵蚀的浸入式水口和侧封，促使了这些耐火材料科学技术的发展。如果没有浸入式水口问世，连铸的发展也不可想象。炭素炉应用刚玉砖使寿命大大提高。这种情况很多。

氧气转炉炼钢用的耐火材料每 1t 钢消耗最低为 2~5kg，电炉炼钢用的耐火材料每 1t钢消耗为 8~20kg，平炉炼钢用的耐火材料每 1t 钢消耗为 25~30kg；炼铁用的耐火材料每1t 铁消耗不超过 3kg；轧钢用的耐火材料每 1t 钢消耗约为 6kg。采用连铸方法，不用下注砖，节约大量耐火材料。随着钢铁工业发展，平炉被取消，连铸钢比例增大，炼铁高炉大型化，采用高效优质耐火材料，其耐火材料消耗逐渐下降。耐火材料约占钢锭成本的 3%，不是决定钢锭成本的主要因素，不过炼铁和炼钢炉用耐火材料总有一定寿命，提高耐火材料质量、加强管理、降低耐火材料消耗，对经济效益是有好处的。

节约能源对耐火材料来说非常重要。不但火力发电厂的锅炉需要合适的耐火材料，而且各种炉窑要有好的隔热节能耐火材料。节省 1t 煤，不但可减少繁重的劳动，而且还可减少能源损耗。

隔热耐火材料包括耐火纤维及制品、轻质砖、不定形轻质耐火材料、节能涂料等。炉窑等热工设备使用这些材料节能效果明显，如石油化工业使用硅酸铝纤维，对设备实行保温等节能措施，全行业加热炉的热效率由 68% 提高到 82% 以上。而耐火材料行业本身也生产节能型耐火材料，如不定形耐火材料，日本及欧美等工业发达国家不定形耐火材料产量逐年增加，欧美国家不定形耐火材料产量都在 50% 以上，日本甚至达到 70%。不定形耐火材料无需烧成，能耗仅为制品的 1/6，可以实现完全机械化、自动化生产，减轻劳动强度。

耐火材料在能源动力中与隔热相反的是充分合理地利用耐火材料的传热特性，也会提高热处理过程的热效率和设备的生产效率。例如焦炉，在加热温度和炉墙厚度保持不变的情况下，利用高导热性硅砖，可使炭化室与燃烧室之间的隔墙温差减小，提高加热速度和缩短结焦时间。据测算一座宽 44cm 的炭化室，隔墙厚度 11cm，所用硅砖的热导率为 1.867W/(m·K)，加热温度 1349℃，生产率为 9.8kg/(m²·h)，当热导率为 2.092W/(m·K) 时，其他条件相同的情况下，焦炉生产率可提高 10%；如果热导率提高到 2.904W/(m·K)，则生产率可提高 50%；如果热导率提高到 4.063W/(m·K) 时，则生产率可提高 70%。各种工业炉窑生产过程中排放出大量燃烧废气，带走大量的热，占能耗的 30%~70%。回收废热既节约燃料，又减轻对环境的污染，通过出口安装热交换器，利用余热预热燃烧的空气。热交换器的节能效率主要取决于制造热交换器材料和材料的热导率，碳化硅的热导率高为理想材料。电-热储能用耐火材料，既要有高的导热性，还要有高的热容量，抗热震性要好，一般用镁铁砖。工业上常用电作为能源，容易控制温度和实现自动化，又不造成环境污染，其中以电阻发热材料，即发热体作为电热转换元件的电阻式加热方法最为简便和应用最广。金属电阻式发热体材料，一般使用镍铬丝（Ni-Cr 系合金）及铁铬铝系高电阻合金（67Fe·25Cr·5Al·3Co），使用温度在 1200℃ 以下。钨、钼和铂作为高温特殊金属发热材料，价格昂贵。因此，广泛使用非金属陶瓷发热体，包括电子导电型发热体（SiC、$MoSi_2$、C、$LaCrO_4$）和离子导电型发热体（ZrO_2、ThO_2）。碳化硅是最经济的发热体，使用温度可达 1600℃；硅化钼发热体使用温度可达 1800℃；二氧化锆制造的高温发热体，在氧化气氛中使用温度在 1800℃ 以上，甚至可加热到 2200℃。炭素发热体在中性或还原性气氛中可以达到 3300℃。近代科学技术的发展，如航天、原子能、火箭、电子等需要有特殊性能的特种耐火材料，因此耐火材料在尖端科学技术领域也占有一定的位置，为耐火材料的发展开辟了新的途径。总之，耐火材料贯穿各种重要工业部门，对国民经济的发展起着重要作用。

我国有丰富的耐火原料资源，是耐火材料生产大国，不但能满足我国超亿吨钢铁生产需要，还大量出口国外，1995 年出口耐火原料 444 万吨，制品 23 万吨，创汇 6.6 亿美元；1999 年出口耐火原料 470 万吨，制品 35 万吨，创汇 7 亿美元。2006 年耐火材料创汇 16.7 亿美元，2010 年耐火材料创汇 31.4 亿美元，为我国出口创汇做出了应有的贡献。

目前我国耐火材料企业有 3000 多家，职工人数 50 多万，对发展经济、劳动就业作出应有的贡献。其中河南省有耐火材料企业 1000 多家，产量占全国耐火材料产量的一半以上。其次是辽宁省，第三位是山东省，然后依次是山西、河北、江苏、浙江，北京与上海也有一些企业，西南、西北及华南地区耐火材料企业数量较少。

耐火材料作为高温炉窑及热工设备的结构材料及元部件材料，广泛用于钢铁、有色金属、建材、石油化工、机械工业等部门。耐火材料产品单位消耗在很大程度上与经营管理状况有关系。国民经济吨钢产量所消耗的耐火材料公斤数称耐火材料综合消耗指标，它是衡量一个国家的工业水平，尤其是耐火材料质量的重要指标。我国吨钢耐火材料消耗比日本，韩国高 4 倍，比印度高 1 倍。

第二节　耐火材料分类

耐火材料品种繁多，形状复杂，大小不一，生产方法也不一样。为了对其进行系统研究和合理使用，一般都要进行分类。耐火材料的分类方法有以下几种：

（1）按耐火材料的成型特点分为：1）耐火制品（定形的耐火材料），有确定的几何形状及尺寸；2）不定形耐火材料，以骨料和细粉形式产出，没有确定形状，应用时与其他组分混合，其中包括拌水，或以泥料形式准备好直接使用（也有将耐火泥另列一种）。

（2）按制品形状和尺寸分为：标准型砖、异形砖、特异形砖、大异形砖以及坩埚、皿、管等特殊制品。

（3）按耐火度分为：1）普通耐火材料，耐火度为 1580～1770℃；2）高级耐火材料，耐火度为 1770～2000℃；3）特级耐火材料，耐火度为 2000～3000℃；4）超级耐火材料，耐火度大于 3000℃。有些文献没有提出超级耐火材料，有的把普通耐火材料称为中等耐火度的耐火材料，把 1770～2000℃的称为高耐火度的耐火材料，大于 2000℃的称为最高耐火度的耐火材料。

（4）按化学性质分为：酸性耐火材料、中性耐火材料、碱性耐火材料。

（5）按化学矿物组成分类，见表 1-1。

表 1-1　耐火材料化学矿物组成分类

序　号	类　　别	组　　群	主要化学成分/%
1	氧化硅质	石英玻璃	$SiO_2 \geqslant 97$
		硅石质	$SiO_2 \geqslant 93$
		硅质而有添加物	$80 \leqslant SiO_2 < 93$
		石英质（不定形和不烧的）	$SiO_2 \geqslant 85$
2	硅酸铝质	半硅质	$SiO_2 < 85$，$Al_2O_3 < 30$
		黏土质	$30 \leqslant Al_2O_3 \leqslant 48$
		高铝质	$48 \leqslant Al_2O_3 \leqslant 62$
		高铝质（莫来石的）	$62 < Al_2O_3 \leqslant 72$
		莫来石刚玉质	$72 < Al_2O_3 \leqslant 90$
		氧化铝硅质玻璃（纤维）制品	$40 < Al_2O_3 \leqslant 90$
3	刚玉质	刚玉系列制品	$Al_2O_3 > 90$
4	氧化铝石灰质	铝酸钙	$Al_2O_3 > 65$，$10 < CaO < 35$
5	镁质	方镁石系列产品	$MgO \geqslant 85$
6	镁钙质	方镁石-方钙石质	$50 < MgO < 85$，$10 < CaO < 45$
		稳定方镁石-方钙石	$35 < MgO < 75$，$15 \leqslant CaO \leqslant 40$，$CaO:SiO_2 > 2$
		白云石质	$10 < MgO \leqslant 50$，$45 \leqslant CaO \leqslant 50$

续表1-1

序　号	类　别	组　群	主要化学成分/%
7	氧化钙质	氧化钙	$CaO \geq 85$
8	镁尖晶石质	方镁石铬铁矿	$MgO > 60$, $5 \leq Cr_2O_3 \leq 20$
		铬铁矿方镁石	$40 \leq MgO < 60$, $10 < Cr_2O_3 < 35$
		铬矿	$MgO < 40$, $Cr_2O_3 > 30$
		方镁石铬尖晶石	$50 \leq MgO \leq 85$, $5 \leq Cr_2O_3 \leq 20$, $Al_2O_3 \leq 25$
		方镁石铝尖晶石	$MgO > 40$, $5 \leq Al_2O_3 \leq 55$
		镁铝尖晶石	$25 \leq MgO \leq 40$, $55 < Al_2O_3 < 70$
9	硅酸镁质	方镁石镁橄榄石	$65 < MgO < 85$, $SiO_2 \geq 7$
		镁橄榄石	$50 \leq MgO \leq 65$, $25 \leq SiO_2 \leq 40$
		镁橄榄石铬矿	$45 \leq MgO \leq 60$, $20 \leq SiO_2 \leq 30$
			$5 \leq Cr_2O_3 \leq 15$
10	铬质	氧化铬	$Cr_2O_3 \geq 90$
11	锆质	斜锆石	$ZrO_2 > 90$
		斜锆石刚玉	$20 \leq ZrO_2 \leq 90$, $Al_2O_3 \leq 65$
		锆英石	$ZrO_2 > 50$, $SiO_2 > 25$
12	氧化物	耐火氧化物: BeO、MgO、CaO、Al_2O_3、Cr_2O_3, 稀土元素氧化物: Y_2O_3、Sc_2O_3、SiO_2、SnO_2、ZrO_2、HfO_2、ThO_2、UO_2、Cs_2O 等特种耐火材料	以这些氧化物为基, 按干料不低于98%, 获得成为氧化物、化合物和固溶体的最大含量
13	炭质	石墨化	$C > 98$
		煤质	$C > 85$
		含炭制品	$8 \leq C \leq 82$
14	碳化硅质	碳化硅	$SiC > 70$
		含碳化硅	$15 < C \leq 70$
15	非氧化物	用氮化物、硼化物、碳化物、硅化物及其他非氧化物的化合物（碳除外）生产的制品	获得非氧化物的化合物的最大含量

（6）按耐火材料的气孔率分为 8 个等级，见表 1-2。

表 1-2　按耐火材料气孔率分类

序　号	材料名称	显气孔率/%	总气孔率/%
1	特致密制品	<3	
2	高密度制品	3~10	
3	高于正常密度制品	10~16	
4	致密制品	16~20	
5	中等密度制品	20~30	
6	低密度制品	30	<45
7	高气孔率制品		45~75
8	极多气孔制品		>75

　　（7）按制造方法分为：1）不定形耐火材料，由骨料、粉料、结合剂、添加剂组成，在常温或 600℃ 以下（预制块）凝固，取得要求的性能；2）不烧制品，干燥或 600℃ 以下而取得要求的性能；3）烧成制品，烧成过程得到烧结；4）热压制品，压制过程进行烧结；5）熔铸制品，由熔融物凝固。

　　（8）按不定形耐火材料结合剂形式分为：1）陶瓷结合（T）；2）水硬性结合（S）；3）化学结合（H）；4）有机结合。

　　（9）按不定形耐火材料施工方法分为：1）耐火浇注料，一般以浇注或浇注捣实的方法施工的不定形耐火材料；2）耐火喷涂料，利用气动工具，以机械喷射方法施工的不定形耐火材料；3）耐火喷补料，用喷射方法施工修补热工设备内衬的不定形耐火材料；4）耐火捣打料，以强力捣打方法施工的不定形耐火材料；5）耐火可塑料，泥料呈泥坯状或不规则团块，在一定时间内保持较好的可塑状态，一般采用风动工具捣打施工的不定形耐火材料；6）耐火压注料，泥料呈膏状或泥浆状，用挤压泵将料强力压入的方法施工的不定形耐火材料；7）耐火涂抹料，用手工或风动机涂抹或喷涂施工的不定形耐火材料；8）自流浇注料，无需振动即可流动和脱气的可浇注的不定形耐火材料；9）干式振捣料，不加水或液体结合剂而用振动或捣打方法成型的不定形耐火材料；10）耐火泥浆，也称接缝材料，用抹刀或类似工具施工的不定形耐火材料。

　　由于冶金和其他高温工程技术不断进步，必然扩大耐火材料品种和开发出新产品。例如美国近年研究出的新材料占耐火材料总产量的 25%。在耐火材料中，不定形耐火材料将逐渐占领主要地位。耐火纤维也同样会蓬勃发展，现在仅硅酸铝纤维就能生产出毡、布、板、纸等 50 多种耐火制品。钢的炉外精炼、真空处理、气体吹炼钢水、连续铸钢及其他新技术也在扩大耐火材料的规格和品种。在分类标准中暂时还不包括一些新的耐火材料，如有机-矿物弹性耐火材料。耐火材料中有硬的高级耐火氧化物（80%~90%）与聚烯烃蜡和其他弹性有机材料橡胶结合。浇钢时采用弹性耐火材料调节压力，使耐火制品接缝致密，防止熔融金属、盐及其蒸气作用的金属结构隔热层或代替火泥等。

　　在分类表中也没有 Si-C-O-N、Si-Al-O-N（Sialon）和 Al-O-N 系耐火材料。

第三节　耐火材料的简要历史及我国耐火材料的发展

一、耐火材料的简要历史

　　耐火材料是在人类懂得用火之后才成了必要的材料，因此可以说火的历史就是耐火材料的历史。可以证明，在许多场合下，陶器是由黏土涂在编制或木制的容器上使其能耐火的方法而制成的，大概各地都是如此。不久之后，人们便发现成型的黏土即可以有这样的用处，用不着内部的容器了。由此可知，人类大约在 15000 多年以前便开始利用黏土做耐火材料了。约旦发现大约公元前 6000 年晒干砖砌的民居遗址。此外，确认西亚各地在公元前大约 4500 年已经广泛使用晒干砖。这些不烧砖曾用来构筑金字塔和宫殿。公元前 2000 年左右，在美索不达米亚和巴基斯坦的印度河流域制作了烧成砖。据说公元前 3000 年的青铜器时代到公元前 1200 年的铁器时代，这些砖开始用在火的炉窑构造物上，到公元 3~4 世纪，炼金术使用砌砖的炉窑已经非常发达，设计出了各种小型反射炉、回转炉、马弗炉等。

由古埃及人和亚述（Assyria）人的记载说明制造黏土砖是最早建立的工业之一。然而，早先的耐火材料制造并没有从冶金炉的制造中分离出来，直至较晚时期才成为独立的重要工业。16 世纪，英国用砂岩筑炉推动了金属工业的发展。耐火制品的起源追溯到 1615 年，英国用斯淘尔布里奇（Stourbridge）黏土和康瓦尔（Conwall）的卡伊拉黏土制造黏土砖，用于砌筑炉窑；用黏土制造坩埚熔化玻璃。

英国布里斯托尔（Bristol）将黏土砖成功地应用于铜精炼炉，并传播到欧洲大陆。俄国于 17 世纪 30 年代采用砂岩砌筑第一个熔铁炉，并且长期使用天然材料砌筑各种冶金炉。美国在未独立时期，熔铁炉和无盖鼓风炉都是用石料建造的。美国第一次使用黏土耐火材料是在玻璃熔窑和黏土坩埚上，所用的黏土耐火材料都是从德国进口的。

用耐火黏土或高岭土制砖，开始生产后出现高炉。1810 年，德国第一次组织专门生产黏土质耐火材料。美国最早生产黏土砖是 1812 年。俄国第一个黏土砖工厂是 1865 年建成的。1869 年日本大阪造币局制造耐火材料未果，1873 年，工部省制铁局用韮山黏土制造成功黏土砖。

初次制造硅质耐火材料是 1822 年英国人杨（W. W. Young），首先用南威尔士（Shouth Wales）尼思瓦尔（Vale of Neatn）的迪纳斯（Dinas）砂岩为原料、石灰为结合剂制造硅砖。美国最早制造硅砖是 1866 年在俄亥俄州阿克郎（Akron）制造的。俄国在 19 世纪 80 年代曾组织彼得堡奥布豪夫斯克姆（Обуховском）厂等生产硅砖，第一个专门生产硅砖的工厂是顿巴斯捷康斯基（Gekohckull）硅砖厂，于 1889 年建成。日本于 1892 年在三河猿投山发现硅石，然后在品川耐火材料公司开始生产硅砖。

镁质耐火材料于 1860 年在奥地利第一次出现。1866 年，法国卡农（Carnon）报道了制造镁砖的方法。而工业生产是 1882 年开始的。可是美国直至 1888 年仍未能成功地使用它。俄国于 1900 年在乌拉尔（Урале）的萨特卡（Catka）建成"镁砖"工厂。日本于 1918 年在我国东北大石桥白虎山附近发现菱镁矿并开始生产镁质耐火材料。美国杨曼（Yongman）于 1928 年制成化学结合镁砖。

1878 年，托马斯（S. G. Thomas）和吉尔克里斯特（D. Gilchrist）用焦油结合白云石做转炉炉衬，加入石灰造磷酸钙渣，用以脱磷将高磷铁水炼成钢。托马斯碱性转炉炼钢法也推广到平炉。于是带蓄热室的碱性平炉得到发展。1884 年，用焦油结合白云石砖做炉底的碱性平炉在英国建成。

英国在 1866 年也开始制造铬砖。俄国于 1879 年在彼得堡的亚历山德罗夫斯克铸钢厂初次采用铬砖。美国于 1896 年在轧钢厂开始使用铬砖。日本于 1907 年开始制造铬砖。1913 年，美国麦卡利姆（Mecallim）首次制成铁壳不烧铬镁砖。1915 年，英国魏纳姆（Wynam）获得制造含铬矿 20%~80% 的铬镁砖专利。1931 年，美国、德国和英国市场上同时出现铬镁砖。1933 年，德国在全碱性平炉上使用铬镁砖获得成功。1952 年，美国科哈特公司取得熔铸镁铬砖两项专利，熔铸镁铬砖主要由 55%MgO 和 45% 铬矿组成。1961 年，美国市场出售直接结合镁铬砖，1962 年美国又开发出再结合镁铬砖。

1900 年，艾哈克（H. Aharker）提出用 ZrO_2 做耐火材料。英国舍菲尔德大学国家物理试验室用氧化锆制砖，但由于伴随 ZrO_2 单斜与四方晶系的相变产生的体积变化，未制成可用的制品。1927 年，拉夫（O. Ruff）和埃伯尔特（F. Ebbert）制成了稳定化氧化锆制品。1947 年，研制成功抗热震性较好的部分稳定的 ZrO_2 制品。

1903 年，碳化硅砖研制成功，并在法国和比利时的锌蒸馏炉上开始使用。20 世纪 60 年代中期以来，Si_3N_4 结合 SiC 砖、β-SiC 结合 SiC 砖、Si_2ON_2 结合 SiC 砖得到发展。1971 年，美国在高炉风管区试用碳化硅砖。20 世纪 80 年代初期，开发出 Sialon 结合碳化硅砖。

1925 年，英国开始用蓝晶石熟料制造高铝砖。1935 年，苏联首次制造高铝砖，同年日本用中国产的高铝矾土做原料制造高铝砖。美国用蓝晶石制造接近莫来石砖成分的制品广泛用于玻璃熔窑。美国密苏里州的水铝石在 1917 年之后才承认是一种特别好的耐火原料。蓝晶石、硅线石、红柱石耐火材料在第一次世界大战后介绍到美国。高铝质耐火材料到 20 世纪才发展起来。

1929 年，德国高炉炉底和炉腹开始使用碳砖。

1921 年，美国用含 $Al_2O_3$68%~74%，而 Fe_2O_3、TiO_2 含量也比较高的高铝矾土做原料制成莫来石熔铸砖，并用于玻璃熔窑侧墙，使用效果较好。1936 年，美国制造含 $ZrO_2$20%的锆莫来石熔铸砖。美国金刚砂公司首次制成熔铸氧化铝砖，并命名为莫诺佛拉克斯（Monofrax），1937 年含 β-Al_2O_3 的 Monofrax-M、含 α-Al_2O_3 的 Monofrax-K 均获得了生产特许。1941 年，美国科哈特公司制成 Al_2O_3-ZrO_2-SiO_2 熔铸砖（简称 AZS），即 33 号 AZS 熔铸砖，该砖用于玻璃熔窑可提高使用寿命 2~4 倍。1960~1962 年，法国电熔耐火材料公司发明了氧化法熔铸锆刚玉砖（AZS 砖）。20 世纪 80 年代，苏联开发了 ZrO_2 含量为 45%和 ZrO_2 含量为 50%的 AZS 熔铸砖。日本采用加入磷的化合物调整 Al_2O_3/SiO_2 小于 1 的方法，开发了 ZrO_2 含量 93%以上的熔铸砖。1960 年法国发明了氧化熔融技术之后，出现了许多高性能熔融制品，如抗玻璃侵蚀最好的氧化法 41 号锆刚玉砖和含氧化铬 26%的熔铸铬锆刚玉砖，可以制作高 2000mm、精度 0.1mm、没有裂纹、无缩孔大砖等。20 世纪 80 年代，日本开发了含硅石粉 7%的新型锆英石砖。90 年代，美国开发出致密抗热震的锆英石砖，用于玻璃纤维熔化炉，同时又开发了细晶粒高密度的锆英石-氧化锆定径水口镶砖。80 年代中期，日本开发了带 ZrO_2-C 质渣线套的铝炭-锆炭复合水口砖。

1970 年，日本开始生产镁炭砖，并用于电炉热点和渣线部位，还在 50t 超高功率电炉上使用镁炭砖。

20 世纪 80 年代初期，开发了带侧壁狭缝的铝炭质侵入式水口和铝炭滑板。80 年代末，日本又开发了不含 SiO_2 的铝锆炭滑板。

由于航天、原子能、电子等现代技术的发展，普通耐火材料难以满足需要，迫切需要既耐高温又有特殊性能的功能材料。20 世纪初期开始，纯氧化物的特种耐火材料逐渐发展起来。20 世纪 30 年代，已有产品出售，90 年代已成为工艺成熟的商品，其中有氧化铝、氧化镁、氧化锆、氧化铍、氧化钙、氧化钍、氧化铀、氧化铈等制品。20 世纪 70 年代以后，熔点在 2000℃以上的各种碳化物、氮化物、硼化物、硅化物等非氧化物产品的生产技术和应用范围有较大的突破。第二次世界大战期间，法国首先着手研制金属陶瓷，经过几十年的努力已有 Al_2O_3-Ni 系、Al_2O_3-Fe 系、MgO-Mo 系、TiC-Ni 系、TiC-Ni-Mo 系、Cr_3C_2-Ni-Cr 系等的制造工艺比较成熟。同时研究的高温无机涂层也取得进展，相继开发了高温抗氧化涂层、高温润滑涂层、热处理保护涂层、高温绝缘涂层、耐磨损涂层、防原子辐射涂层、红外辐射涂层、光谱选择吸收涂层等。此外，高温陶瓷纤维增强材料的研究也取得了很大收获。

1899 年，已有用硅藻土加工及制造隔热砖的专利。1920 年以后，才渐渐出现能在更高温度下使用的隔热耐火材料。第二次世界大战前德国已有用于煤气发生炉的硅质隔热砖及高气孔率的特殊镁砖，可以在炼钢温度下使用。日本也曾试制过 2~3 种隔热砖。1935 年，英国开发了与炉气直接接触的隔热耐火材料并使用。美国的隔热耐火材料发展很快，在第二次世界大战期间广泛使用。

1941 年，美国巴布科克与威尔科克斯公司（Babcock and Wilcox Co.）的中央研究所发现用压缩空气喷吹高岭石熔体的流股得到一种形状与石棉相似的纤维，最初用作喷气式发动机和火箭的隔热材料。20 世纪 50 年代，琼斯曼维尔公司开始制造此类产品，当时主要做炉窑膨胀缝的填充料。20 世纪 60 年代初期耐火纤维二次制品的毡、毯、纸、绳等相继制成，中期用耐火纤维制品做工业炉内衬取得显著的节能效果，并陆续研制出高纯硅酸铝纤维、高铝纤维等新品种。20 世纪 70 年代，又研制成功多晶纤维，1974 年英国建成年产 500~700t 生产线，首次推出使用温度 1600℃ 的多晶氧化铝纤维。20 世纪 80 年代，美国生产出 Al_2O_3 含量为 72% 的莫来石纤维，日本研制出 Al_2O_3 含量为 80% 的氧化铝纤维。与此同时又研制成功氧化锆纤维、氧化硼纤维、碳化硼纤维、碳化硅纤维、炭纤维、硼纤维、硼化钛纤维、氮化硼纤维、氮化硅晶须等。2010 年日本研制成功超高气孔率 ZrO_2 隔热砖，隔热效果相当于耐火纤维，使用温度高，强度也高。

20 世纪炉窑开始大型化起来，只用砖砌产生了困难，用铁构件加固炉壳，内部使用耐火砖砌筑炉窑得到了发展。同时炉窑的形状也因要求有良好的热效率而复杂化了，只用一般形状的制品已不能砌筑成预想形状的炉窑，开始使用各种复杂形状的异形砖。然而，组合各种形状制品的筑炉技术变得复杂起来。在这种情况下，美国 W. A. Lschaefer 认为把补强材料埋入成型前的材料中，在现场结合炉窑形状施工是方便易行的。这种设想于 1914 年由 Lschaefer 创造了不定形耐火材料。当时主要制造可塑料，用于修补锅炉的砖墙，应用简单，逐渐被产业界所承认，产量一直在增加。在 1918 年法国开始销售铝酸盐水泥，一般认为欧美国家于 1925 年用铝酸盐水泥做耐火浇注料的结合剂。第二次世界大战时期，美国用耐火浇注料和耐火可塑料作为锅炉和石油设备内衬。也有人认为到 1932 年开发出水泥细粉浇注料，并很快开发出气硬性耐火可塑料，它就是今天不定形耐火材料的基本原形。日本在第二次世界大战前就零星地进口不定形耐火材料，1951 年从美国进口不定形耐火材料来修补锅炉，于 1955 年才正式生产不定形耐火材料，广泛用于石油化工、炼铁、水泥、有色冶金、环保卫生等各种热工设备上。到 1960 年，美国、日本、联邦德国不定形耐火材料占耐火材料总产量分别为 37.1%、31.7%、36.8%。20 世纪 80 年代以后，工业发达国家耐火材料总产量下降，而不定形耐火材料产量并无太大变化，因而不定形耐火材料产量相对是提高的。如日本 1976~1985 年耐火材料产量从 270 万吨降至 200 万吨左右，其中不定形耐火材料始终维持在 90 万吨左右，其比率从 34% 提高到 44%，日本 1990 年和 2000 年耐火材料产量分别是 177.5 万吨和 132.7 万吨，下降 25%，其中定型耐火材料下降 42%，不定形耐火材料下降 7%，因此不定形耐火材料的比率从 47.5% 提高到 59.2%，美国不定形耐火材料已达到 50%。而且不定形耐火材料的品种不断增加，应用领域逐年扩大，并且进入高温熔炼炉领域。

二、我国耐火材料的发展

我国远在原始社会就出现了陶器，说明人们已认识到黏土的黏性、可塑性和耐久性。到奴隶社会，随着制陶技术的发展出现了冶铸青铜技术。在公元前1700多年的青铜器时代，采用天然耐火材料（泡砂石和黏土）经过简单加工夯打筑炉，炼铜工具使用大口陶尊作为坩埚，铸铜模子（范）都是陶质的。在西汉（公元前206年~公元23年）中晚期的河南巩县铁生沟遗址中，可看到多种由耐火黏土掺石英等制成的耐火砖，用于不同冶炼炉及冶炼炉的不同部位。1975年，在郑州西北效古荥阳城外发现一处汉代冶铁遗址，在遗址东北部发掘出两座炼铁炉。现代冶金工作者对炼铁炉的结构进行了研究和复原，其中1座炉子高约6m，炉缸是椭圆形的，长轴4m，短轴2.7m，面积8.5m²，有效容积约50m³。内衬的不同部位应用不同的耐火材料，炉底、炉缸和炉腹采用含炭耐火材料。福建发掘出的宋代冶铁遗址中，发现耐火砖残块，可以看出当时耐火材料是用高岭土、黄泥及谷物等掺和制成的。在河北武安县发掘的宋代冶铁遗址，炼铁炉炉身相当高大，可以推测当时已用鼓风技术，炉温很高，没有较好的耐火材料是不行的。明朝、清朝以后，冶铁技术进一步提高，炼铁及化铁炉有很大改进，使用的炉衬材料多半是用耐火黏土、炭屑、盐和稻芒（或麦秸）制成的。据记载，最早（1637年）采用含碳30%的炭素坩埚炼铜。光绪十四年（公元1888年）清王朝为建设旅顺城和装备北洋舰队曾派德国人调查辽宁复州湾黏土矿，确认是耐火黏土，于1890年建设文兴缸窑，开采耐火黏土，烧成耐火砖。当时海军定远及镇远两舰的隔火墙全部用耐火黏土砖砌筑。1894年汉阳铁厂出铁，使黏土砖生产技术也有了很大提高。日本文献也记载，1915年日本在我国辽宁复州五湖嘴发现硬质黏土，1916年在旅顺发现硅石，使日本的黏土砖和硅砖质量得到提高。伴随着我国陶瓷、玻璃工业的兴起，耐火黏土、高铝矾土矿等耐火原料产地的山东、河北及工业发达的上海等地开始生产耐火材料，同时辽东半岛的海域、营口地区发现菱镁矿、白云石矿，由民间开采并建窑煅烧。我国少数几家耐火材料厂规模不大，装备极其原始，大都是手工作业。主要产品是黏土砖、黏土坩埚、黏土石墨坩埚、玻璃炉灶、搪瓷炉灶等，品种不多，质量不高，硅砖密度小，强度低，裂纹多，断面不好。解放前，我国耐火材料工业很落后，处于作坊式生产，1949年全国耐火材料产量仅7.4万吨。

新中国成立后，百废待兴，恢复钢铁及其他高温工业生产，都急需解决耐火材料问题，如炼钢平炉顶寿命短、炼铁高炉底炉缸烧穿、塞棒漏钢。解放初期，我国仅能生产卤水结合的镁砖，黏土砖大都采用高水分的半可塑法的手工成型，产品质量都不高。可是经科技工作者的努力，耐火材料生产的落后局面很快改变，产品质量显著提高，化学成分、物理性能及外形尺寸等方面达到了当时的苏联标准，保证了冶金等行业的需要。值得提出的是，1951年我国鞍钢耐火厂首次用大结晶江密峰脉石英（SiO_2含量大于99%，Al_2O_3含量0.3%左右）制成优质平炉顶硅砖。因为当时外国人认为脉石英的结晶很大，属于难以转化的晶型，不宜用来制造硅砖，所以为重大技术突破。

国民经济发展的第一个五年计划时期，为了适应冶金工业的发展，国家投资近亿元，先后改建了鞍钢、唐钢、太钢等一批耐火材料厂，同时将山东淄博、河北唐山及上海等地几个玻璃砖瓦窑厂改建成耐火材料厂，并由苏联援建了机械化水平较高的大石桥镁砖厂等。"一五"期末，我国耐火材料产量达101万吨，比1949年增长12倍。并研制出适合中国资源特点的镁铝砖及高铝砖系列产品，改变了中国耐火材料品种单一的局面，为国家提供高炉、焦炉、平炉建设和生产所需要的耐火材料。

"二五"期间，为了适应钢铁布局，国家投资 4 亿元在洛阳、北京、山东淄博王村、武汉、包头、秦皇岛等地陆续新建了一批耐火材料厂。特别是 1958 年左右，全国各省、市、自治区为了满足本省（区）钢铁企业建设和生产需要，都建设了耐火材料厂（西藏除外），耐火材料产量增长了 1 倍。

1963~1965 年国民经济调整时期，耐火材料产量虽然有所降低，但产品质量、品种结构、企业素质均得到了改进和提高。

"三五""四五"期间，发展西南、西北地区的钢铁等高温工业，国家投资 3.6 亿元新建四川攀枝花、德阳、贵阳、陕西耀县等地的耐火材料厂。到"四五"期末，我国耐火材料产量达 378 万吨，满足了钢铁全部及建材系统的大部分需求。

"五五"期间钢铁工业进行调整，耐火材料行业内部进行了相应调整。

"六五"期间，我国的耐火材料工业在生产发展、基本建设、科学研究等各方面都取得了前所未有的长足发展。从小生产状态开始向社会化大生产发展，开始走上主要依靠科技进步扩大再生产的健康发展道路。

随着钢铁工业新技术的发展，人们对耐火材料与钢铁工业发展相互依存、相互促进的关系有了新的认识。我国政府对耐火材料发展也很关注，耐火材料作为独立项目列入"八五"建设计划的重点科技攻关计划。以上海宝钢用耐火材料国产化为契机，国家投资近 10 亿元、外汇 5500 万美元改建了一批耐火材料厂，分别从日本、德国、美国、英国等国家引进先进的技术和装备，形成 40 万吨优质耐火材料生产能力。我国耐火材料工业开始具备向现代化大型钢铁联合企业提供成套具有国际水平优质耐火材料的能力。同时隶属建材、轻工、化工和地方的耐火材料企业，特别是乡镇企业迅速发展。冶金系统以外的耐火材料产量占总产量的比例由 1980 年的 25.4%增长到 1993 年的 64.9%。全国耐火材料产量由 1965 年的 184 万吨增长到 1985 年的 600 多万吨，1992 年达 1002 万吨，成为世界耐火材料产量的第一位。

1995 年，中国约有 2500 多家耐火材料企业，分布在除西藏以外的各省、市、自治区，职工达 26 万人，生产能力达 1200 万吨水平。

根据国家统计局统计：2001~2010 年耐火材料产量稳步增长，其中"十五"末比 2001 年增长 112.67%，2010 年比"十五"末增长 198.96%，达到 2808.06 万吨。进口仅占国内耐火材料需求量的 0.012%，足以证明国内耐火材料产品的数量、品种和质量等已可以满足国内高温工业生产运行和技术发展的需要。

随着改革的不断深化，增强了企业活力，推动了企业发展，使长期紧俏的某些产品供需矛盾得到缓解。从 1987 年起普通耐火材料已供过于求，取消了国家统配进入买方市场。为了国家宏观调控，在洛阳建立了国家耐火材料质量监督检测中心。1990 年 10 月成立了耐火材料行业协会，1992 年 5 月成立全国耐火材料标准化技术委员会，负责全国耐火材料标准化技术归口工作。

2001 年国家冶金局撤销后，行业协会作为全国耐火材料行业的自律组织开始走上前台，履行服务、参与协调、引导职能，制定产业发展政策建议，依法履行全国耐火材料行业生产统计职能，利用协会网站和中英文期刊等为会员单位提供各类信息服务，发挥政府与企业间的桥梁纽带作用，促进我国耐火材料工业的持续健康发展。

20 世纪 90 年代开始，国有耐火材料企业在计划经济向市场经济转换的新形势下，逐步推进经营体制由单纯生产型向生产经营型转变，实现了由简单再生产向扩大再生产和由内向型经营向外向型经营转变。20 世纪末全部国有大型钢铁企业所属的耐火厂从主体剥离，转变为具有法人资格相对独立的经营实体后，狠抓企业整顿，推行责任承包，强化质量管理，提高经济效益的同时，根据社会主义市场经济发展的客观要求，采用多种形式进行合资、合作、联营，尝试跨行重组，优化了结构，增强了活力，坚守了阵地，促进了行业发展。随着改革深化，一些地方的民营耐火材料企业顺应改革潮流，异军突起，以灵活的经营机制和较强的应变能力，抓住商机，勇于竞争，给企业注入新鲜血液，使我国耐火材料行业的整体实力得到了显著提高。"二五"和三年调整时期成立的鞍山焦化耐火材料设计研究院和洛阳耐火材料研究院及钢铁研究总院、冶金建筑研究总院、建材系统的耐火材料研究部门改制为科技型企业，行业的各科研院所和一批重点企业努力探索科技与经济结合的新途径。为了满足耐火材料工业快速发展对专业人才的需求，除了武汉科技大学、辽宁科技大学、西安建筑科技大学设置耐火专业外，还有河南科技大学、北京科技大学、东北大学、郑州大学等多所高校设置耐火专业。形成了专科、本科、硕士、博士四个层次，构成了完整的耐火材料专业教学体系。他们集产、学、研为一体，在完成科学研究项目、承担企业产品工艺研发的同时，培养了一大批从事耐火材料工业生产、技术研发和管理的优秀专业人才，为我国耐火材料工业持续发展做好人才储备。

建国以来，特别是改革开放以来，我国耐火材料开发了许多新品种，取得了不少科研成果。20 世纪 50 年代就开发了高铝砖、镁铝砖、焦炉硅砖和一批不定形耐火材料。其中平炉顶用镁铝砖获得 1966 年国家发明奖。镁铝砖成功地代替了国际通用的镁铬砖与硅砖混合炉顶。20 世纪 60 年代开发了熔铸砖、大型玻璃窑用硅砖和黏土大砖。1978 年开发了镁白云石油浸砖，并与白云石炭砖综合砌筑转炉，使氧气顶吹转炉寿命由 100~400 炉提高到 500~800 炉，甚至到 1000 炉。1980 年初镁炭砖问世以来，转炉寿命大幅度提高，上海宝钢 300t 转炉全部用国产镁炭砖，1992 年炉龄达 2251 炉，吨钢耐火材料消耗 0.998kg，采用溅渣护炉技术后，1998 年转炉炉龄平均 9908 炉，最高达 14001 炉，耐火材料消耗每 1t 钢最低达 0.78kg。为了配合转炉复合吹炼技术的发展，又开发了狭缝式和定向直通多孔式等不同结构形式的底部供气砖。1973 年开发了熔融石英浸入式水口、高铝-石墨水口等，使我国板坯连铸开始采用保护渣浸入式水口浇铸。与此同时，利用福建、浙江丰富的叶蜡石资源试制成功蜡石砖，在钢包上应用取得比黏土砖寿命高、不挂渣的效果。还开发了精炼炉用预反应镁铬砖、电熔再结合镁铬砖、普通硅酸铝纤维等。20 世纪 80 年代，先后开发了锆质定径水口，保证了小方坯连铸机生产，洛阳耐火材料研究院开发的直接复合锆质定径水口荣获 1988 年国家发明奖。滑动水口陆续开发出镁铝质、高铝质、高铝石墨质，取代了不烧高铝砖。后来又开发出铝炭锆质滑板及中间包用三层滑板，在宝钢使用，其中三层滑板创造连铸 7 炉的好成绩。青岛耐火厂生产的铝炭锆质浸入水口，在宝钢大型板坯连铸机使用，1994 年达到连浇 8 炉的国际先进水平。

钢包衬砖过去由单一的黏土砖砌筑，从 20 世纪 70 年代初期开始先后试用蜡石砖、高铝砖、镁铝捣打料、水玻璃结合的铝镁浇注料和不烧砖。为了满足连铸需要又开发了铝镁不烧砖、铝镁炭砖，宝钢 300t 钢包用铝镁炭砖寿命达 100 多次。20 世纪 90 年代以后，钢包又开始使用浇注料,其中宝钢 300t 钢包采用刚玉-镁铝尖晶石质浇注料,使用寿命 280 次,耐火材料消耗每 1t 钢 1.84kg。而中小型钢包采用天然矾土熟料、中档烧结镁砂和烧结尖晶石浇注料,使用寿命为 100~200 次,比水玻璃结合浇注料提高 1~3 倍。为了适应炉外精炼技术发展的需要,国内开发出用于 RH-OB、LF-V、VOD、VD 等精炼炉用系列镁铬砖(包括直接结合砖),喷射冶金用整体式和组装式喷枪,其中钢纤维增强的复合高铝浇注料振动成型的喷枪在齐钢 SL 钢包使用平均寿命 17 次,开发的直接结合镁铬砖组装的 RH 炉浸渍管,经宝钢、武钢 RH 炉试用,接近进口产品水平。刚玉尖晶石浇注料在武钢 RH 炉使用,平均寿命达 82~88 次。优质镁炭砖在抚顺和天津的 50t 和 150tUHP 电炉炉壁上使用寿命居国内领先水平。UHP 电炉的 EBT 法炉底镁质捣打料也取得良好效果。铁水预处理是实现"洁净钢"的重要环节,宝钢 320t 鱼雷车(单脱硫大于 90% 的条件下)使用 Al_2O_3-SiC-C 砖和泥浆,其内衬寿命、装载量等指标均进入国际先进行列。

高炉中段用耐火材料由过去单一的黏土砖、高铝砖发展到氮化硅结合的碳化硅砖,Sialon 结合的碳化硅砖也进入高炉中使用。为了适应大型高炉热风炉高风温的需要,开发了高铝-莫来石质低蠕变砖,并已在国内一些大型高炉热风炉上使用。高炉出铁沟普遍使用以致密刚玉砂为主的 Al_2O_3-SiC-C 质捣打料和浇注料。此外,还开发了出铁口及风口用硅线石砖、炭砖、硅酸铝质压入料,焦炉用低膨胀硅砖,节能高强度漂珠砖,氧化铝空心球砖,氧化铝纤维,莫来石纤维和各种耐火泥浆等。

我国的不定形耐火材料发展速度也比较快,由 20 世纪 70 年代开始推广的耐火混凝土发展到 1980 年的不定形耐火材料比例占 12%,1997 年增长到 25% 以上,2000 年接近 30%。应用范围从中低温部位发展到高温部位,而有许多场合是在苛刻复杂的条件下使用。主要发展高效浇注料,即包括低水泥、超低水泥、无水泥浇注料及自流浇注料以及碱性喷补料和涂料等。建材行业开发的高热震稳定性高铝砖、磷酸盐结合高铝砖、不烧镁铬砖、耐碱砖、耐碱浇注料等在水泥窑使用寿命显著提高。国产高纯刚玉砖和氧化铬砖用于石油化工和化肥工业的炉窑,达到进口同类产品水平。熔铸锆刚玉(AZS)砖过去一直用还原熔融工艺,沈阳耐火厂从美国 C-E 公司引进氧化法生产线,生产出 33 号、36 号和 41 号锆刚玉砖。1982 年还通过 α-β 刚玉砖的技术鉴定。保证了浮法生产玻璃熔窑用耐火材料。同时陶瓷行业开发了莫来石-堇青石匣钵,特别是熔融石英匣钵的使用效果很好。

在立足本国资源、发展优质高效耐火原料方面有以下成果:

(1)利用天然高铝矾土代替工业氧化铝开发出 Al_2O_3 含量不小于 98.5% 的亚白刚玉。

(2)利用轻烧氧化镁与高铝矾土混合合成镁铝尖晶石。

(3)利用浮选等措施,二步煅烧法生产出 MgO 含量为 97.5%~98%、CaO/SiO_2 大于 2、体积密度大于 3.3g/cm³ 的高纯镁砂。

(4)利用青海格尔木盐湖卤水制造高纯镁砂。

(5)对阳泉高铝矾土采取浮选-强磁选的办法提高了纯度,解决分采困难。

(6)河南杜家沟高铝矾土采用磨粉均化成球高温煅烧工艺,制造出优质高铝矾土熟料。

(7)黑龙江、江苏等地硅线石族矿物的选矿取得了效果。

(8)新疆、西藏铬矿的选矿效果取得进步,在合成原料方面也有很大的发展,如山东用菱镁矿和石灰合成优质镁白云石砂,江苏、山东的烧结合成莫来石、板状刚玉,吉林的电熔莫来石、锆莫来石、电熔板状刚玉、电熔镁铝尖晶石、电熔镁白云石等。

"十五""十一五"期间，我国耐火材料工业品种结构调整，技术进步显著，自主开发了高炉用高导热微孔模压炭砖、微孔刚玉砖、热风炉用系列抗热震低蠕变砖、出铁沟用溶胶结合浇注料、高炉出铁沟用 Al_2O_3-SiC-C 质免烘烤捣打料、连铸用高性能滑板、高性能长水口、不吹氩防 Al_2O_3 沉积浸入式水口、薄板坯连铸用 FTSC 扁平状浸入式水口、加热炉用系列快干浇注料和高热震稳定性 Sialon 结合 Al_2O_3 空心球砖、连铸洁净钢用无碳无硅水口，2010 年又研制成功非结晶硅砖和零膨胀硅砖、梯度功能耐火材料、镁铁铝尖晶石砖、镁锆砖、高强度抗侵蚀 Al_2O_3-SiC-C 不烧砖、微孔铝镁尖晶石不烧砖等一大批新产品。

在耐火原料方面，在采用提纯、均化技术提高原料品位、质量，研发各类优质合成新材料的基础上，开发应用"三石"（硅线石、蓝晶石、红柱石）原料，研发高炉长寿用耐火材料，炼钢转炉、钢包用优质耐火材料，高效连铸用功能性耐火材料等都取得了突破性进展，创造了多项世界纪录。新技术方面，超微粉、纳米粉广泛应用，不定形的湿式喷射施工、泵送在线维修等，且能生产 Sialon 结合 SiC 砖、Sialon 或 AlON 复相耐火材料、氧化物-非氧化物复合耐火材料。

随着新品种的开发，中国耐火材料主要品种发生了变化，见表 1-3。从表 1-3 看出：一般黏土砖、高铝砖的产量在逐年降低，镁质制品、特殊耐火材料及不定形耐火材料在逐年增加。

表 1-3 中国耐火材料主要品种及产量 （万吨）

年份	耐火材料制品	其中黏土砖	硅砖	高铝砖	镁砖	隔热制品	不定形耐火制品	特殊制品
2006	3243	2094	127	342	298	30	998	85
2007	2911	420	252	344	169	46	1013	423
2008	2417	360	212	277	143	47	816	381
2009	2453	390	237	277	159	53	841	358
2010	2808	402	247	290	170	64	1044	433
2011	2949.69	421.96	263.4	287.99	206.54	67.34	1117.43	407.34

这期间还引进了一批先进的工艺技术和装备，提高了我国耐火材料工业整体水平。如1989 年国家从奥地利、德国引进年产 5 万吨高纯镁砂生产线；高强度镁炭砖、耐火纤维、铝炭（锆）质浸入式水口、长水口、优质隔热砖、碱性绝热板、铝炭（锆）质滑板、氮化硅结合碳化硅砖、不定形耐火材料等生产线。

另外，我国耐火企业的技术装备也有了很大的发展。20 世纪 70 年代国家引进了一批从 6500kN 到 2000kN 大型液压机。20 世纪 80 年代以来又陆续引进了 20000~36000kN 的大型真空液压机 5 台，气流冲击式细磨机两台，大型真空油浸装置 3 套及其他一批关键设备。我国自己研制并生产 1000~10000kN 的摩擦压砖机、大型等静压机、大型真空摩擦压砖机等一系列适应各种成型需要的机械设备。同时还研制出硬质合金模具，比钢渗碳模具一次提高寿命 20~30 倍。还研制出离心辊磨机、自动称量秤、高速混合机、高压成球机、高温竖窑、高温隧道窑等机械及热工设备，使我国耐火材料生产逐步走上机械化、自动化的水平。

进入 21 世纪以来，从原料制备的超细磨、高强混碾机、电子自动称量、成型设备的高吨位全自动液压机、机械手到烧成工序的各类全自动控制高温炉窑，还有高精尖检测设备和仪器，已在全行业各重点企业得到了广泛推广和应用，使企业装备水平有了很大提升。许多企业建起计划控制的自动配料生产线，特别是不定形耐火材料，普遍采用全自动配料，提高配料精度。研制成功电动程控螺旋压砖机，高效节能，自动化程度高，节约人力。山西、河南等省拆除落后的倒焰窑，新建一批煤气化隧道窑或梭式窑，节能减排，使我国耐火材料工业装备水平发生了质的飞跃，也为做精做强我国耐火材料工业奠定了扎实基础。

我国耐火材料新品种的开发，使进口数量大大减少，以宝钢为例，在一期投产初期大部分靠进口（进口比为 72.1%），1995 年国产化率为 98%，1998 年上升到 99% 以上，可以说完全实现了国产化。耐材吨钢消耗由投产初期的 17.88kg 降到 1998 年的 10.95kg，2010 年降为 9.3kg。

耐火材料标准化工作也有显著进展，标准水平不断提高，从 20 世纪 50 年代全部引进苏联标准起，随着生产发展，标准不断完善充实。1978 年以来，开始重点采用国际标准，1986 年全面采用国际和国外先进标准，现已基本上形成了由基础标准、试验方法、产品标准构成的耐火材料标准体系。1991 年，上海耐火厂成功地研制出 GB150~GB180 标准锥系列，使中国耐火测温锥开始与国际标准锥靠拢，为中国耐火材料走向世界创造了条件。2009 年 6 月开始进行新一轮国家标准体系建设，目前还在进行中。

我国还是耐火原料及产品的出口大国，1986 年以前，主要向东南亚及东欧地区出口，1987 年打入日本市场，1988 年向澳大利亚出口，1989 年向美国出口硅砖，用于焦炉、高炉及玻璃熔窑的检修。现在不但出口原料，而且连铸用的滑板砖、转炉用的镁炭砖也打入美国、日本等发达国家市场。

从 20 世纪 90 年代至今，我国耐火材料出口贸易从以原料出口为主转变为以制品出口为主。"十五"期间，耐火制品出口量增长率达 27.4%。"十一五"期间，耐火材料（包括原料）出口量都保持在 600 万吨，出口值不断提高，由 2006 年的 16.7 亿美元提高到 2010 年的 31.4 亿美元。实现了由"出口创汇"向"出口创利"的转变。我国耐火材料工业与国际间同行业的交流范围不断扩大，与日、韩、美、澳、加、欧共体等 100 多个国家和地区建立了技术交流和商务合作关系，还吸引近百个其他国家和地区的外商来中国投资合作。我国耐火材料工业虽然有较快发展，但存在的问题不少，与国民经济各行业的发展有许多不适应的地方。在原料消耗、产品结构、节能减排、环境保护及行业集中度等方面还存在一些问题。个别产品与发达国家相比还有一定差距，有的高技术产品还要靠进口，自主知识产权的产品很少。由于耐火材料生产集中度低，整体竞争能力较差。虽然有些企业进行了兼并重组，有几家企业成为上市公司，但与其他行业相比，企业规模及企业数仍然不足，应该进一步加大力度，建立大型联合企业公司，使企业有较强的经济实力、先进的装备及人才优势，向耐火材料强国迈进。

根据我国耐火原料资源特点，钟香崇院士提出了发展优质高效耐火材料的方向，即（1）通过选矿或电熔减少天然原料的杂质（减法）；（2）通过加入适量有益氧化物，调节控制制品的显微结构特征，改善和优化高温性能（加法）。非常合乎国情，是独立自主发展有中国特色耐火材料的基本纲领，并取得了成效。

郁国城先生 1940 年就将四川叙永产的一种黏土命名为叙永石，后经近代微观技术研究认为该黏土为多水高岭石矿物，并具有自己的结构特点，肯定了叙永石的命名；曾提出耐火材料颗粒组成"514"配比的意见，在生产实践中曾广为采用；曾倡导吸收地质专业院校毕业生参加耐火材料研究。

第四节　耐火材料的发展前景展望

耐火材料的使用条件大致可分为 3 种类型：（1）耐火材料在高温条件下但没有机械作用，在这种条件下使用的耐火材料约占全部耐火材料的 30%；（2）耐火材料在高温条件下同时受机械作用，这种条件下使用的耐火材料也占 30%左右；（3）耐火材料在高温条件下同时受到熔融金属、熔渣、盐及其蒸汽的机械和化学作用，这种条件下使用的耐火材料占 40%~50%。

未来的耐火材料，既要考虑上述的使用条件，还要考虑高科技发展，不但使用部门施工技术现代化，而耐火材料生产本身也要实现技术现代化。同时要注意节能减排，保护环境。因此，作者通过多年的实践经验及参阅有关技术文献资料提出未来耐火材料应从以下几个方面发展。

一、发展不定形耐火材料

不定形耐火材料喻为第二代耐火材料，同烧成定型耐火材料比较有以下优点：（1）不定形耐火材料不需要压砖机和烧成热工设备，工厂占地面积小，基本建设投资比较低；（2）节约能源，耗能仅为烧成制品的 $\frac{1}{15}$~$\frac{1}{20}$；（3）劳动强度低，不定形耐火材料生产可完全机械作业，生产效率高，比耐火制品高 3~8 倍；（4）成品便于贮存和运输，使用它修建炉窑等可完全机械化作业，其施工效率比人工砌砖高 5~15 倍；（5）可以任意造型，制成整体衬体，强度高，抗热震性好，抗剥落性强，同时无接缝，气密性好，散热损失小，对有些使用条件，如钢包内衬，使用效果明显，一般提高使用寿命 30%~150%；（6）能修补炉窑等热工设备，延长使用寿命，提高炉窑作业率。

不定形耐火材料是耐火材料生产工艺的革命，它能适应工业现代化的需要。近年来不定形耐火材料发展十分迅速，如日本 1980 年不定形耐火材料占耐火材料总产量的 34.7%，到 1990 年为 47.5%，2000 年已接近 60%。美国和西欧 1999 年为 45%~50%。目前不定形耐火材料几乎遍及各个领域的炉窑及热工设备，大有取代耐火制品之势。将来高效浇注料将会占领先地位。微粉和超微粉的制备和应用、纳米技术应用可以提高浇注料某些力学性能，将要重点发展。因为不定形耐火材料的生产和使用施工都能实现机械化作业，能够适应未来工业现代化的需要，即废除笨重的体力劳动，实行机械化、自动化操作，所以是耐火材料的发展方向。

二、用电熔法生产原料和制品

美国和德国学者在 20 世纪初进行硅酸盐物理化学研究中得出最基本造岩氧化物的相律问题。因而在耐火材料中重要的是与金属工业的金相学（Metallography）对应，采用

E. Ryschkewitsch提议的陶相学（Keramography）用语。Murdock 又从矿物原料的相律研究意义上提倡矿相学（Mineralograpy）。前苏联别良金（Белянкин）院士把电熔方法制造耐火材料用岩石（Петрургня）的术语与冶金（Металлургия）相提并论，并说："我们当代是硅酸盐学说，而我们的未来则是同冶金学者的金相学相平行的石相学。"1926 年，美国富尔契尔（Fulcher）发表了熔铸硅酸铝耐火材料专利，认为熔铸制品比黏土砖在玻璃窑上使用效果好，随后又研制成锆刚玉、镁铬砖、铝铬砖等一系列制品。熔铸砖与陶瓷结合砖相比的主要优点是晶间结合，晶体发育好，排列紧密，气孔少，蠕变率小。尽管材料中存在低熔相，但它充填在晶体骨架的空隙中，并不起主导作用。

通过电熔还能起到除杂质，如高铝矾土中的 SiO_2、Fe_2O_3、MgO、K_2O、Na_2O 等的提纯作用。因此电熔材料的特点是：（1）结构致密，气孔率低，如采用氧化法的电熔 ZrO_2 大型块体显气孔率为 0.5% ~ 1%；（2）材料纯度高，如我国用 Al_2O_3 含量大于 85% 的高铝矾土熟料电熔成 Al_2O_3 含量不小于 98.5% 的亚白刚玉；（3）荷重软化温度高；（4）机械强度高（包括高温强度）；（5）具有高的化学稳定性和抗侵蚀性；（6）液相析出温度高。电熔材料的缺点是热导率偏高，抗热震性较差。

电熔制品不仅用于玻璃熔窑的刚玉系列制品，冶金工业也广泛使用。炼钢转炉、电炉内衬大量使用的镁炭砖，就是以电熔镁砂为主要原料生产的，电熔镁砂抗熔渣及金属熔体侵蚀，碳不被熔融物润湿。应该说采用电熔材料是解决耐火材料抗熔渣和熔融金属侵蚀问题的重要途径。不定形耐火材料也普遍采用电熔刚玉、莫来石等材料做骨料和掺和料。采用电熔材料做原料生产不定形耐火材料是耐火材料的发展方向，因为它不但可以生产致密型不定形耐火材料，还可以生产轻质隔热型不定形耐火材料。例如：采用电熔方法生产硅酸铝纤维、电熔氧化铝、氧化锆等空心球，是优良的隔热保温材料，用它们可以生产隔热耐火浇注料。

用电熔方法还能生产氧化铝水泥，这种水泥具有早强特点，耐火度达 1750℃ 以上，是高档耐火浇注料的良好结合剂。用熔融石英做原料的再烧制品，抗热震性非常好。

采用电熔方法生产耐火原料和制品，可以连续机械化生产。用电作能源符合机械化、电气化、自动化的时代发展要求。目前看来对环境污染比较严重，耗电较多，可是随着现代技术进步，这些问题是容易解决的。因此，发展电熔耐火材料是有前途的。

三、发展特种耐火材料

如果说耐火材料工艺的发展方向是不定形化（不定形耐火材料），而保存的一部分定型耐火制品的制造工艺应该是特殊化。随着近代钢铁生产技术向电子化、连续化、大型化发展，传统使用的耐火材料不能满足更为苛刻的要求。例如：近终形连铸机对耐火材料要求有密封性、润滑性、抗侵蚀性。要加工到微米级，只有精细陶瓷才能达到要求。现代尖端技术，如航天、电子、新能源、原子反应堆、国防现代装备技术等需要的耐火材料要经受一定的机械应力和机械冲击、瞬时几千度的热震、高速气流和尘埃的冲刷、各种化学腐蚀，甚至还要求电性能、光学性能等特殊要求的制品。必须在传统耐火材料与传统陶瓷工艺基础上，从材质到工艺进行改进和创新，即用高熔点（2000℃ 以上）、高纯度（纯度 95% 甚至 99% 以上）的氧化物和非氧化物以及氧化物与非氧化物复合的人工合成材料、微米级细粉，采用等静压、热压注、爆炸等方法成型，1600 ~ 2000℃ 甚至到 3000℃ 的温度下高温烧成的工艺过程生产特种耐火制品。这些制品外形更复杂，不仅有砖，还有管、片、球、纤维、宝石单晶以及超硬的、透明或不透明的制品。还有高温涂层、金属陶瓷等。

高新技术发展方兴未艾，现在已渗透到各个产业部门，耐火材料配合高新技术的发展，对耐火材料的理论和实践认识将会有启发和推动作用。

四、发展炉体冷却技术，加强耐火材料保护

法国某耐火材料工作者说："水是最好的耐火材料"。这种说法不无道理。现在很多热工设备采用循环水或强制水冷却。如 20 世纪 60 年代末，在以焦炭为燃料的镁砂及白云石煅烧竖窑，采用汽化冷却窑衬壁，代替高温带的砖内衬，主要目的是消除粘窑。炼钢电炉炉盖电极孔周围俗称"三角区"，由于温度过高，损毁严重，与炉盖其他部位的使用寿命不同步。因此有些厂家将三角区改成水冷炉套，变成"永久衬"。目前超高功率电炉普遍采用水冷炉盖和炉壁。采用水冷代替耐火材料在高温设备上使用屡见不鲜，而且使用寿命比耐火材料长。循环水温度始终保持在 100℃ 以下，从某种程度上可以起到耐火材料的作用。但也有很多问题，如能耗增大、投资增加、煅烧镁砂的合格率降低等。

不过也有非常成功的经验，如武钢大型高炉（2516m³）采用全炭水冷薄炉底。炉底厚度减半，施工机械化程度高（达 90% 以上），劳动条件好，修筑工期缩短 $\frac{2}{3}$，寿命长达 14 年，造价低，节约高铝砖近 400m³，结构先进合理，安全可靠。

炼钢电炉采用水冷炉盖和水冷炉壁技术，使电炉使用寿命显著提高。超高功率电炉炉盖和炉壁热流增大，采用水冷技术可使熔损部分被喷溅上的炉渣冷却而补充。泡沫渣埋弧技术是在不增加渣量前提下，使渣厚度增加。主要原理是渣中 FeO 与 C 反应生成 CO 气体，慢慢从渣中溢出，使渣保持泡沫化状态，从而减少弧光对衬的熔损，降低耐火材料消耗。水冷使电能消耗增大，1t 钢增加 5%~10%，但由于寿命延长，检修停炉时间缩短，特别是耐火材料消耗降低 50%~90%，总的经济效益是好的。采用水冷与合适的耐火材料相配合应该是未来炉窑等热工设备的发展方向。

另外，还可以采用其他一些保护耐火材料、提高内衬使用寿命的措施，如调整炉渣成分、降低炉渣对内衬耐火材料的侵蚀性。美国 1991 年发明的溅渣护炉技术就是基于这一原理，使炼钢转炉的寿命大幅度提高，达 10000~15000 炉。另外，还可以改进炉窑砌体结构、提高砌体的抗热震性（不光是提高单块砖的抗热震性）来提高炉窑的使用寿命等。

五、发展优质隔热材料

高温炉窑等热工设备要耗费大量能源，通过炉体散热损失占总给热量的 15%~45%，构筑炉体的耐火材料对隔热保温起重要作用，因此要研究优质高效节能耐火材料，特别是低热导率、高强度、使用温度高的隔热保温材料。

六、重视耐火原料选矿提纯及废旧物资利用

耐火材料是资源型产业，原料是基础，没有好的原料，再好的生产工艺技术条件也难以做出好的产品。根据现代的高温工业技术对耐火材料产品的质量要求，必须做到原料高纯化、产品复合（相）化、设备机械化、操作自动化。现在天然原料品位高的已经不多，

大量低品位矿不利用，不但浪费资源，还污染环境，因此必须重视选矿提纯的研究，特别是找到能达到高纯原料的选矿提纯方法。

耐火材料品种繁多，化学矿物成分也有很多种，因此对废旧物资的利用有比较大的空间，不但可以直接利用使用后残存的耐火材料，也可以考虑利用废旧的各种陶瓷、玻璃，以及金属、非金属矿山选矿尾矿、煤矸石、各种合金废渣。首先进行深入细致的调查研究，找出合适的利用方法。多用 1t 废旧物资，可以少开采 1t 甚至更多的耐火原料。不但可以降低成本，而且还能做到了节能减排、保护环境。

第二章　耐火物相形成的理论基础

耐火材料理论是在物理化学、陶瓷学、矿物学、岩石学、冶金学等的基础上建立起来的。我国耐火材料的理论基础和应用基础理论比较薄弱，精细化研究程度还不够，缺乏对产业共性、关键性技术和前沿技术深入系统研究。

要提高耐火材料产业的科学技术水平、弄懂耐火材料的本质，必须要有一定的理论基础。

第一节　热力学的应用

热力学的研究，虽然始于热机械做功领域，但 19 世纪后期热力学应用范围有很大扩展，由化学、生物、地质领域逐渐扩展到自然界发生的一切过程均可应用热力学进行分析。其价值和意义在于通过较少的热力学参数，在理论上解决体系复杂过程（如化学反应、相变等）发生的方向性和平衡条件所伴随过程的体系能量变化等，避免了艰巨有时甚至是技术上难以达到的实验研究。

耐火材料在制备和使用中都包含着很多复杂过程，如化学反应、相变过程、晶体生长、固溶体形成、烧结和使用过程的蚀损等问题。研究耐火材料各种变化过程中的能量转换关系，以及过程进行的方向和限度，属于化学热力学问题，对耐火材料的开发和应用具有重要的理论价值和实际意义。

一、热力学定律的应用

（一）热效应

热力学第一定律可用简单方程式表示如下：

$$\Delta U = Q - W \tag{2-1}$$

式中，ΔU 为体系内能的变化；Q 为体系从环境所吸收的热量；W 为体系对环境所做的功。

式 2-1 说明体系内能的变化等于以热的形式供给体系的能量减去以对环境做功的形式从体系中吸走的热量。利用热力学第一定律可以计算许多物理及化学过程的热效应，如反应热、化合物的生成热、溶解热、水化热、相变热等。

（二）化学反应过程的方向性

热力学第二定律认为任何自发变化过程，始终伴随着体系及环境总熵值的增加，即 $\Delta S>0$。实际上在一个自发过程中，体系的总焓有一部分转换为有用功（这部分焓变用自由能变化 ΔG 表示），其余的则用于增加体系熵值，将两者综合考虑即有：

$$\Delta G = \Delta H - T\Delta S \tag{2-2}$$

式 2-2 称做热力学第二定律方程式或吉布斯-赫姆霍兹方程式。因此可以认为在任何自发变化过程中,自由能总是减少的,即 $\Delta G<0$。ΔG 是衡量等温恒压发生可逆过程可取功的尺度,直接指明了化学反应的可能性,所以把化学变化的驱动力定义为 ΔG,称做吉布斯自由能。在恒压等温条件下,化学反应过程可沿吉布斯自由能减少方向自发进行,即 $G \leqslant 0$。对于化学反应:

$$n_A A(s) + n_B B(g) = n_C C + n_D D$$

有:

$$\Delta G = \Delta G^{\ominus} = \sum_i (n_i G_i)_{生成物} - \sum_i (n_i \Delta G_i)_{反应物} \tag{2-3}$$

式中,$\Delta G^{\ominus}$ 为物质生成自由能;(s)、(g) 表示固相、气相。对于有液相或气相参与的固相反应,计算反应自由能 ΔG 时,必须考虑气相或液相中与反应有关物质的活度(为了保持理想溶液和理想稀溶液中一些热力学方程式的简单形式,以活度代替浓度,所以活度也称为有效浓度)。此时反应自由能计算式为:

$$\Delta G = \Delta G^{\ominus} + RT\ln a_C^{n_C} a_D^{n_D} / a_A^{n_A}(P_B/P^{\ominus}) \tag{2-4}$$

式中,$\Delta G^{\ominus}$ 为反应在 $P^{\ominus} = 101.325\text{kPa}$(标态)时的标准吉布斯自由能变化;$a_i$ 为与反应有关的第 i 种物质的活度;n_i 为化学反应中各有关物质之矢量系数;R 为气体常数;T 为温度。

$$a_C^{n_C} a_D^{n_D} / (P_B/P^{\ominus})^{n_B} = k^{\ominus} \tag{2-5}$$

式中,$k^{\ominus}$ 为标准平衡常数。于是有:

$$\Delta G = - RT\ln k^{\ominus}$$

计算结果若 $\Delta G<0$ 表示反应将自发地由左向右进行;若 $\Delta G = 0$,表示反应达到平衡;若 $\Delta G>0$,表示反应不能自发地由左向右进行,而会由右向左进行。

在各种偏摩尔量中,以偏摩尔吉布斯自由能 G_i 最为重要。偏摩尔吉布斯自由能 G_i 又称化学势,常以 u_i 表示。

(三) $G^{\ominus}$ 关系及应用 ($\Delta G^{\ominus} - T$ 关系图)

在材料制备过程中,根据热力学原理,对有关反应的 $G^{\ominus}$ 和 K 值的测定,可以判定反应能否进行,最简单的方法是通过 $\Delta G^{\ominus} - T$ 关系图的研究来判定。$\Delta G^{\ominus} - T$ 关系图能方便地直接读出任一要求温度下的 $\Delta G^{\ominus}$ 值。可将热力学第二定律方程改写为 $\Delta G^{\ominus} = - \Delta S^0 T + \Delta H^0$。假定 ΔH^0 和 ΔS^0 都不随温度而变,表明 $\Delta G^{\ominus}$ 是温度 T 的直线函数(相当于 $y = ax + b$)。将 $\Delta G^{\ominus}$ 对 T 作图,就得到各氧化物自左向右往上倾斜的 $\Delta G^{\ominus} - T$ 关系直线,可称作氧化物生成直线。例如用碳热还原氮化合成 TiN。TiO_2 的碳热还原氮化反应过程有许多中间相,但所需的最终反应产物是 TiN 和 TiC,对应的反应式有以下 3 个:

$$TiO_2 + 2C + 1/2N_2 =\!=\!= TiN + 2CO \tag{2-6}$$

$$TiO_2 + 3C =\!=\!= TiC + 2CO \tag{2-7}$$

$$TiC + 1/2N_2 =\!=\!= TiN + C \tag{2-8}$$

计算上述反应在 1000~2000K 范围 $\Delta G^{\ominus} - T$ 关系,示于图 2-1。

从图 2-1 上可以看出:低于 1890K 时,反应产物以 TiN 为主;在 1453~1555K 之间时,反应式 2-7 没有发生,所以反应产物是 TiN 单相;在 1555~1890K 时,反应式 2-7 开始发

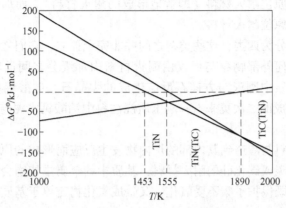

图 2-1 各反应的 $\Delta G^{\ominus}$-T 关系图

生，有 TiC 生成，虽然反应式 2-8 能将 TiC 转化为 TiN，但由于工艺条件控制不同（如时间、气氛），还可能存在 TiC 与 TiN 的固溶体，生成 Ti（C，N）相；而温度超过 1890K 时，反应式 2-6 生成的 TiN 会通过反应式 2-8 的逆反应转化为 TiC。

基于上述分析，选定的合成温度分别为 1300℃（1573K）和 1400℃（1673K）。

二、化学热力学在耐火材料中的应用

耐火原料煅烧、合成，耐火制品的烧成及耐火材料在热工设备上的使用过程，都是在高温下进行的。耐火材料大都是多组元、多相复合体系，在高温过程中会发生化学变化。热力学在高温领域应用特别有效，因为高温时，化学反应动力学因素阻碍大为降低，化学反应可能达到平衡和接近平衡。一些学者对固相、气相、熔体及它们之间的反应与标准吉布斯自由能变化进行了大量研究测定，积累了丰富可靠的热力学数据，对耐火材料的高温行为提供了有用的依据。由于热力学函数是状态函数，具有现行组合或加和性，因此可以利用已有的一些物质或化合物的热力学数据去计算或估计耐火材料一些需要待定的实验或实验困难的一些反应，判断是否可能进行及进行方向与限度。

山口明良说：随着温度升高，作为耐火材料成分，在不同气氛下使用，气相存在，气固相反应，气液反应不容忽视，有必要利用热力学研究，弄清这些情况，特别是在热工设备使用条件下，选择何种耐火材料很重要。

第二节 耐火材料中的原位反应与相组成设计

在 20 世纪的耐火材料科技领域，有一个共同的议题，就是如何在高温容器中形成耐火防护层，以延长炉衬使用寿命。此防护层往往是由耐火材料衬体内部组分之间或耐火材料衬体与炉内物（熔体、固体和气体或称介质）之间反应而形成的。这些反应形成的防护层（工作层）或界面层称为原位耐火材料。

更确切地说，应当是构筑炉窑内衬的耐火材料经过现场使用，在高的使用温度推动下，其相组成趋于平衡（伴随新相的生成），或与炉内物反应生成新相，而使其工作层（或工作面）的相组成和显微结构发生变化，这种在使用中发生了变化并有助于改善其使

用性状的生成物称为原位耐火材料（即就地形成的耐火材料）。而那些无助于改善使用性状的生成物则不属于原位耐火材料。

原位耐火材料可分为四类，这些类型之间并非完全孤立，它们之间也可能有重叠。

Ⅰ类，指没有任何外部物参与而仅由耐火材料内部组分之间反应形成的原位耐火材料，如铝镁浇注料基质中刚玉与方镁石反应生成的尖晶石，硅酸铝质可塑料基质中游离 Al_2O_3 和 SiO_2 反应生成的二次莫来石，刚玉质浇注料中铝酸钙水泥与 $\alpha\text{-}Al_2O_3$ 反应生成的六铝酸钙（CA_6）等。

Ⅱ类，指耐火材料与渗透到其内部的炉内物发生反应而形成的原位耐火材料。如加有金属类防氧化剂的含碳或碳化硅的耐火材料，基质中的金属添加物会与渗透进入的氧气反应生成氧化物，这样既保护了碳不受氧化，又生成氧化物充填于基质中形成了防护层，阻止了氧气的进一步渗入。

Ⅲ类，指耐火材料与炉内物发生反应而在耐火材料工作面形成的防护层。如在水泥窑烧成带中，耐火材料衬体与水泥熟料发生反应产生黏滞性物相，将水泥熟料黏附于衬体表面上而形成的防护层（窑皮）。

Ⅳ类，指炉内物（如炉渣）在耐火材料衬体工作面上析出并对衬体起到防护作用的沉积物。如在炼钢转炉出钢后残留的渣中加入调渣剂，用高速氮气喷吹残渣使其溅起并黏附于炉衬上，渣中的 FeO 与调渣剂中的 MgO 在高温下反应析出镁方铁矿或镁铁尖晶石固溶体，与在氮气流的冷却作用下析出的 C_2F 相和其他硅酸盐相结合而形成牢固的溅渣涂层。

其中的Ⅰ型和Ⅱ型原位耐火材料是不定形耐火材料配料组成设计中普遍采用的类型，而Ⅲ型和Ⅳ型是根据使用条件进行耐火材料材质选择的问题。

一、通过原位反应提高耐火材料性能

在耐火材料中通过原位反应生成第二相，以改善耐火材料性能，可以克服外加第二相产生的问题，如在耐火材料配料引入晶须时，由于晶须难以均匀分散，以及晶须处理过程中容易对人体造成伤害等问题，而通过烧成或使用过程中原位反应生成晶须，既提高了制品性能，又降低了成本。如用 $ZrSiO_4$、Al_2O_3 和 C 作原料，通过反应烧结过程，原位生成 SiC 颗粒和晶须复合 ZAS 耐火材料，使 SiC 均匀分散于 ZAS 内，改善了 ZAS 耐火材料的力学性能。在含碳耐火材料中，添加 Si、Al 可生成 SiC 晶须、AlN 晶须和 Al_4C_3 晶须，由于这些晶须的生长，提高了含碳耐火材料的性能，延长使用寿命。高炉用微孔炭砖，在配料时添加硅粉，烧成时在砖的空隙中原位生成 Si_2N_2O 晶须，加入 5% Si 时，气孔孔径小于 $1\mu m$，成为抗铁水侵入的微孔炭砖，提高了使用寿命。原位反应技术虽然在耐火材料中得到应用，但范围有限。今后应该从理论上研究原位反应的条件和机理，确定耐火材料制备过程的最佳工艺参数、使用的原料化学成分及粒度要求、烧成温度及气氛条件等。

二、不定形耐火材料中的原位反应及其应用

不定形耐火材料是一种多组分、多晶相的非均质耐火材料。使用前其基质中的各相处于非平衡状态，使用时在高温驱动下，基质中的各组分将遵循相平衡关系重新组成新的相，形成有利于使用的工作层。因此不定形耐火材料为应用"原位耐火材料"的典型。

在不定形耐火材料中，通过合理的配料组成设计，可以利用原位耐火材料的特点达到

以下目的。

（一）控制衬体的烧结温度和烧结层厚度

根据使用条件，要设计出一种材料的基质：在低、中温下能产生少量液相，促进烧结；在高温下能通过固-液反应析出高温相，使液相消失，从而获得足够的高温结构强度，有较好的使用性能。举例说明如下：

感应炉用刚玉质干式振捣料。刚玉的烧结温度较高，需加入一定量的烧结助剂，如 Na_2O、B_2O_3 等中、低温烧结助剂和 TiO_2、MgO 等高温烧结助剂。为了保证刚玉质干捣料在中温（1000~1250℃）下具有一定的结构强度，在使用温度下又无液相出现，可采用 B_2O_3 作为烧结剂。

从 Al_2O_3-B_2O_3 系相图（图2-2）可以看出，B_2O_3 能与 Al_2O_3 生成不一致熔融化合物 $2Al_2O_3$、B_2O_3 和一致熔融化合物 $9Al_2O_3·2B_2O_3$，前者在 1035℃ 发生熔融分解，而后者的熔点高达 1952℃。虽然 B_2O_3 熔融温度很低（约450℃），如果基质中 B_2O_3 的含量接近 $9Al_2O_3·2B_2O_3$ 的化学组成（含 $B_2O_3$14%），那么随着 $9Al_2O_3·2B_2O_3$ 的生成，反应达到平衡时液相也会消失。

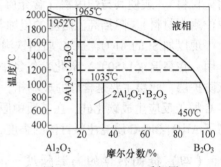

图2-2　Al_2O_3-B_2O_3 系相图

由于加入的 B_2O_3 与 Al_2O_3 粉料反应的速度大于与 Al_2O_3 骨料反应的速度，因此在非平衡状态下，刚玉质干式振捣料的液相主要存在于基质中。假设刚玉质干式振捣料是由70%刚玉骨料和30%刚玉粉料外加6%的 B_2O_3 粉料组成的，相对于基质而言，其中 B_2O_3 的质量分数为20%。根据杠杆原理推算不同温度下基质的液相量，1200℃时约为2.4%，1400℃时约为2.78%，到1600℃时约为3.50%，这样的液相量能使刚玉质干式振捣料进行烧结。因此，可根据所要求的烧结温度和烧结层厚度，按高温下相平衡关系来调整和控制 B_2O_3 加入量，以满足实际使用要求。

（二）控制衬体的体积稳定性

由于不定形耐火材料是在现场使用时进行烘烤和烧成的，必然会出现干燥收缩和烧成收缩。这就要求在设计配料组成时，必须考虑补偿收缩的措施，即利用基质中的原位反应使反应产物的总摩尔体积大于反应物的总摩尔体积，使基质内产生的体积膨胀与烧结收缩相匹配而得到补偿。主要方法如下：

（1）热分解法，加入能在高温下分解的矿物，利用其原位热分解产物的摩尔体积大于原矿物的摩尔体积来补偿材料的烧结收缩。如在 Al_2O_3-SiO_2 系不定形耐火材料中加入一定量的蓝晶石，在高温煅烧后会转变成为莫来石和游离二氧化硅（方石英），并产生16%~18%（理论推算）的体积膨胀。还有硅线石、红柱石等硅线石族矿物。蓝晶石分解转化后的体积膨胀量最大，因而被广泛应用。

（2）高温化学反应法，利用材料在高温使用过程中发生的原位化学反应的体积膨胀效应来补偿烧结收缩。如在铝镁质或镁铝质浇注料、捣打料或干式振捣料的基质中，借助高温下 MgO 与 Al_2O_3 原位反应生成尖晶石而产生约 7.5% 的体积膨胀，可部分补偿其烧结收缩。

（3）晶型转化法，加入在加热过程中能产生晶型转化的矿物，利用其转化后晶体的摩尔体积大于转化前的摩尔体积而起补偿烧结收缩的作用。如在高炉出铁沟的 Al_2O_3-SiC-C 质捣打料中加入适量的硅石颗粒料，借助石英转化为鳞石英和方石英的体积膨胀效应（分别为 12.7% 和 17.4%）来补偿基质的烧结收缩，减少或消除出铁沟使用中的收缩开裂现象。

（三）改善衬体的抗侵蚀性和抗渗透性

为了提高不定形耐火材料对高温熔渣的抗侵蚀性和抗渗透性，可利用原位反应使其基质在使用过程中生成高熔点物相，或使其晶间（或颗粒间）出现高黏度液相（Ⅰ型原位耐火材料），或使其与炉内物（含介质）之间反应生成致密层（或防护层）（Ⅱ型或Ⅲ型原位耐火材料），阻挡高温熔渣的侵蚀与渗透。

现以加 Si 的 Al_2O_3-SiC-C 质出铁沟浇注料为例来说明原位反应形成的原位耐火材料的作用。在高温（1450℃）氧化性气氛中煅烧后，试样表面有较薄的脱碳层，且有很薄的釉状防护层，此层主要是含硅的玻璃相，因而氧气很难扩散进入内部，内部氧分压很低，Si 与 C 原位反应生成碳化硅，在基质中原位反应生成的碳化硅多半呈絮状纤维存在，不但提高了 Al_2O_3-SiC-C 质浇注料衬体的强度，而且还可增强其抗渣侵蚀性。

（四）提高衬体的高温强度

根据高温相平衡原理和固相形成特征，利用高温下原位反应生成的新相，改善衬体材料的显微结构，提高材料的高温强度。例如，超低水泥刚玉质浇注料的基质中加入 SiO_2、Al_2O_3、Cr_2O_3 超细粉，控制其显微结构，改善材料的高温强度。

加入 SiO_2 微粉的材料，原位反应生成莫来石，形成针状莫来石结合的刚玉质浇注料。随着 SiO_2 微粉加入量的增加而提高，而有一个最佳量（5%），超过 5% 经 1600℃ 热处理后的强度下降。这是由于生成过量的莫来石，晶体发育长大，产生的体积膨胀效应超过晶体生存的空间，而导致显微结构疏松。

加入 Al_2O_3 微粉，与基质中水泥的 $CaO \cdot Al_2O_3$、$CaO \cdot 2Al_2O_3$ 反应生成六铝酸钙（$CaO \cdot 6Al_2O_3$），其结合强度也是随着 Al_2O_3 微粉加入量增加而提高，也有一最佳加入量（7%），其原因与过量的 SiO_2 微粉相似。

加入 Cr_2O_3 微粉，与基质中的刚玉形成铝-铬固溶体，其结合强度随 Cr_2O_3 加入量的增加而逐渐提高，但与 SiO_2、Al_2O_3 微粉不同，不存在一个最佳加入量，因为形成铝-铬固溶体并不会导致材料发生体积膨胀。

三、按使用条件选择耐火材料

以水泥窑为例，根据使用条件选择耐火材料。

对于水泥窑烧成带来说，在耐火内衬表面形成稳定的保护性窑皮是非常重要的。窑皮的主要成分为：$3CaO \cdot SiO_2$（熔点为 1900℃）和 $2CaO \cdot SiO_2$（熔点 2310℃）。稳定的窑皮挂层可以阻止窑衬材料的进一步化学侵蚀，并为提高窑衬的隔热性能提供了屏障。

镁砖具有良好的高温强度和抗熟料侵蚀的性能。但镁砖的抗热震性较差，不易挂上稳定的窑皮。为此开发出含 ZrO_2 或 $CaZrO_3$ 的镁质耐火材料，并成功应用于水泥回转窑烧成带。在镁砖中引入 ZrO_2，可和水泥熟料中的 CaO 反应生成高熔点的 $CaZrO_3$，有助于挂上窑皮；而 $CaZrO_3$ 的引入，使砖中的 CaO 和熟料中的 $2CaO \cdot SiO_2$ 反应，生成 $3CaO \cdot SiO_2$，也有助于挂上窑皮，并提高窑皮的稳定性。因此，ZrO_2 或 $CaZrO_3$ 的引入，产生的高熔点的保护性窑皮，提高了砖的抗化学侵蚀性。

白云石砖主要应用于水泥回转窑烧成带，具有很强的挂窑皮能力，这是因为砖中的 CaO 极易和水泥熟料中的 $2CaO \cdot SiO_2$ 反应，生成 $3CaO \cdot SiO_2$。但是白云石砖中的 CaO 易于水化。如果水泥窑中 SO_2 含量较高，易与 CaO 反应形成 $CaSO_4$ 或 CaS，引起砖体积膨胀，使砖产生结构剥落。向白云石砖中添加少量的 ZrO_2，可提高砖的抗水化性和抗剥落性，由于抗剥落性提高，可以更好地保持窑衬上已形成窑皮的稳定性。

水泥回转窑内碱的循环、富集，对窑衬侵蚀严重，尤其新型干法窑，因其窑温高、窑速快，碱的侵蚀更加严重。传统的黏土砖加隔热砖的双层窑衬已不能适应新型干法水泥窑预热带和分解带的使用，故需要使用耐碱砖。

水泥窑内碱循环主要由钾进行，钠居第二位。讨论 SiO_2-Al_2O_3-K_2O 系，铝硅质耐火材料的 Al_2O_3/SiO_2 比与 K_2O 的供给量，很大程度上决定了碱侵蚀程度，见表 2-1。

表 2-1　不同 K_2O 含量所形成的新矿物

Al_2O_3/SiO_2	K_2O 含量/%	形成的新矿物
25/75 = 0.33	< 15	KAS_6
	15 ~ 19	$KAS_6 + KAS_4$
	19 ~ 27	$KAS_6 + KAS_4 + KS_2$
	27 ~ 37	$KAS_4 + KS_2 + KAS_2$
45/55 = 0.82	< 10	KAS_6
	10 ~ 15	$KAS_6 + KAS_4$
	15 ~ 18	KAS_4
	18 ~ 29	$KAS_4 + KAS_2$
	29 ~ 30	$KAS_4 + KAS_2 + KS_2$
75/25 = 3.0	< 9	KAS_4
	9 ~ 17	$KAS_4 + KAS_2$
	17 ~ 19	$KAS_2 + \beta\text{-}A$
	19 ~ 41	$KAS_2 + \beta\text{-}A + KA$

当 $Al_2O_3/SiO_2 = 0.33$ 时，相当于含 Al_2O_3 25%的半硅砖，当 K_2O 含量小于15%时，只形成正长石，直到 K_2O 含量为27%，未有钾霞石生成。因为大量的正长石的生成和稳定存在，于砖面形成封闭层，阻止了碱化合物的内渗，使砖体免受碱进一步侵蚀。故认为 K_2O 含量小于27%时，砖体不会发生"碱裂"。但正长石分解温度为1150℃，因此半硅砖使用温度限制在1150℃以下。

当 $Al_2O_3/SiO_2 = 0.82$ 时，相当于 Al_2O_3 含量45%的黏土砖，K_2O 含量大于15%时，开始有白榴石形成，砖会发生"碱裂"。

当 $Al_2O_3/SiO_2 = 3.0$ 时，相当于含 Al_2O_3 75%的高铝砖，不论 K_2O 含量多少，均不可

能形成正长石釉层，只形成白榴石、钾霞石和 β-刚玉等膨胀行为不一的新矿物。这种砖只有当显气孔率很低时才可能耐碱。

通过实际试验，其实际结果与上述理论分析完全相符。认为 Al_2O_3 含量小于 30% 的半硅质耐碱砖受碱侵蚀后，砖表面形成正长石质的保护釉层，抵抗碱的侵蚀性良好，是新型干法水泥窑预热带和分解带较好的窑衬材料。

第三节　工艺岩石学研究

天然岩石是地质矿产界的主要研究内容之一。工艺岩石学或称工业岩石学是以矿物学和岩石学以及工业科学的理论和技术为手段，从事研究和解决工业产品问题的一种边缘科学。

19 世纪末，随着俄国工业的发展，出现研究耐火材料、炉渣等工业产物的需要，岩石学家列文生·列信格首先命名这种主要以岩石学方法研究工业品的科学为工艺岩石学，之后有别良金等人将研究范围进一步扩大，写出不少论文，并且汇总成《工艺岩石学》专著。

1946 年苏良赫用岩石学方法研究耐火材料，他在英国留学期间发表了论文《平炉格子砖耐腐蚀作用的矿物学研究》。

苏良赫教授回国后虽然在地质院校任教，但一直致力于工艺岩石学研究，是我国工艺岩石学奠基人。耐火材料属工艺岩石的一种，它与天然岩石比较见表 2-2。可见用研究岩石的方法研究耐火材料，对耐火材料的发展多么重要。

表 2-2　耐火材料与天然岩石对比

耐　火　材　料	天　然　岩　石
熔铸耐火材料	岩浆岩
烧结耐火材料	变质岩
不定形耐火材料	沉积岩
耐火材料使用后蚀变矿物	接触变质矿物

通过工艺岩石学研究可以了解耐火材料微观结构，提高耐火材料的理论认识。地质界有些人研究耐火材料的微观结构及损毁机理，为耐火材料的理论发展做出贡献。

在苏良赫教授的带领下，现在我国已形成一支工艺岩石学研究队伍，而耐火材料成为一个重要分支。

工艺岩石学工作先从研究组成各种耐火材料及其使用过程变化的物相入手，首先要鉴定这些物相，就是我们通常所说的岩相鉴定或叫岩相分析，然后研究这些单独物相或物相组合的性质，使耐火材料产品的性能达到要求的指标或更高。

研究耐火材料产品物相的手段与研究天然岩石中矿物成分一样。首先要懂得结晶学、矿物学和岩石学，特别是晶体光学和光性矿物学是必不可少的知识。过去主要是偏光显微镜研究矿物。一般工艺矿物个体比较小，有些属于隐晶质，使用 X 射线衍射可以弥补偏光显微镜的不足。现代技术方法包括电子探针、离子探针；各种光谱分析，包括可见光谱、红外光谱、X 射线光谱等；各种热分析，包括差热分析、热失重等；电子显微镜及扫描电镜的应用；图像分析的应用；高温、高压技术应用等，见表2-3。

表 2-3　几种常规测试研究方法对比

研究方法	主要分析功能	优　势	不　足
光学显微镜鉴定	物相组成、结构构造、相互之间关系分析、光性特征	简便、经济，对材料个体颗粒详细研究，显微照片反映结构构造	需手工制薄片
X 射线衍射分析（XRD）	物相组成和定量半定量分析、样品之间物相含量变化分析、晶胞参数测定、颗粒尺寸测定	快速、准确反映样品物相及其含量，也较经济，所需样品少	破坏样品，对微量组分灵敏度低
红外吸收光谱分析（IR）	物相组成分析、元素存在形式分析	快速、简便、经济，提供组成和结构信息，所需样品量少	破坏样品，对微量组分灵敏度低，只能对物相含量相对比较
差 热 分 析（DTA）	物相鉴定、相变温度测定	确定相变点（包括脱水、分解、氧化、结构破坏、重结晶相转变）	耗能、耗时，低含量物相灵敏度不佳
扫描电镜（SEM）、电子探针（EPM）及能谱分析（EDS）	样品原始状态下非均质性、各组分及其显微结构与构造关系、形貌分析（包括界面）、物相微观成分及其变化、定位分析	图像景深大、立体感强、放大倍数可调范围大；对样品要求低，并不破坏；制样简单；精细部位化学成分测定，灵敏度高；能谱图直观。主要作样品显微结构和构造分析	只能做固态样品，不能以黑白方式反映结构构造特征；高倍时分辨率不高
化学分析	样品总体化学成分	化学元素含量，体现样品杂质情况	只能表达样品整体化学元素含量，不能准确反映物相组成

通过对耐火材料宏观、细观及微观的研究，得出耐火材料结构与构造的图像。所谓结构是指材料中组成矿物表现的结晶程度，结晶颗粒的形状、大小和相互关系的空间特征。而构造则是指矿物集合体之间的空间关系，也就是说：构造是指材料中一些组成颗粒与另一些组成颗粒之间的关系。构造是对材料的肉眼宏观观察。因此研究耐火材料不但要注意显微结构，还要重视宏观的构造。工艺岩石学里的物相及组合总是符合吉布斯相律的，在高温下，对耐火材料的化学反应及其变化是工艺岩石学研究的一部分，因此工艺岩石学研究也要有化学热力学、化学动力学知识。工艺岩石学研究与耐火材料的理论基础是一致的。

通过耐火材料产品结构构造的研究，可以分析得出产品生产工艺的技术条件，提出改进不足之处，完善必备的生产条件。通过研究结构构造与性能的关系，能够得出造成产品特性的原因与机理，为进一步提高产品质量指出方向。开发耐火原料及制品新品种也需要工艺岩石学研究。耐火材料使用的损毁，尤其是耐火材料与熔渣、金属熔液直接接触的腐蚀机理是工艺岩石学研究的重点课题。提高使用寿命很大程度上决定耐火材料，通过腐蚀产物的物相变化，研究腐蚀机理，可以提出改进方向。但也决定炉渣等侵蚀物，例如碱性炼钢转炉，以往使用石灰石造渣，而改用白云石造渣，使用寿命显著提高。

地质工作者在研究变质交代作用过程中，往往应用 T. F. W. 巴尔特计算法来研究元素的迁移变化过程，而钢包衬砖的腐蚀也是一种高温常压下的接触交代变质作用。因而沈上越用 T. F. W. 巴尔特计算法研究钢包内衬的损毁，取得成效。

T. F. W. 巴尔特计算法的理论基础是建立在晶体化学原理之上，其要点是：（1）二价的 O^{2-} 阴离子在晶体的格架中占绝大部分体积（大于 94%），而阳离子仅占极小部分体积（小于 6%），且填充在氧离子之间；（2）在交代变质过程中 O^{2-} 基本不变，只是填充在 O^{2-} 阴离子之间的各种阳离子的种类和数量在变化；（3）以耐火材料 1600 个 O^{2-} 为标准体积单位作为比较耐火制品（工艺岩石）化学成分单位。

钢包内衬用黏土砖、高铝砖、镁砖的损毁机理用 T. F. W. 巴尔特计算法计算了在侵蚀过程中元素带入、带出的种类和数量。黏土砖带入 Ca、Mg、F、Fe，带出 Al、Si，损毁了衬砖的莫来石、方石英。二等高铝砖带入 Ca、Mg、Si，带出 Al，损毁衬砖的莫来石、刚玉。一等高铝砖带入 Ca，带出 Al，损毁衬砖的刚玉、莫来石。镁砖带入 Ca、Si，带出 Mg，损毁衬砖的方镁石。在侵蚀过程中，有时是固-液反应，有时是固-固反应，有时是元素扩散引起的类质同象置换等。用元素表示比用氧化物表示更能反映过程的本质。

单位晶胞元素含量急增（黏土砖、二等高铝砖）或急减（镁砖）会引起衬砖收缩或膨胀，造成衬砖张裂而引起剥落。单位晶胞元素含量逐渐增加（一等高铝砖），衬砖没有明显张裂，而逐渐剥落，符合实际情况。因此 T. F. W. 巴尔特计算法在耐火材料使用过程腐蚀机理研究中是行之有效的。

地质界对岩石的研究历史悠久，理论基础雄厚。耐火材料基础理论薄弱，耐火材料工作者应该多借鉴地质学界的一些理论，提高耐火材料的理论水平。近年来可喜地看到地质界一些学者研究耐火材料，特别是研究合成耐火原料，取得了许多有实际意义的成果。

第四节　利用计算机定量研究耐火材料工艺

目前计算机技术已经可以有力地支持传统行业的技术进步。王杰增等人利用计算机研究耐火材料工艺，成功地开发出多种新型耐火材料。以开发高纯硅砖为例介绍利用计算机辅助耐火材料工艺开发的步骤为：

（1）提出问题：根据市场需求，提出需要开发的新型耐火材料应该具备的性能。

（2）分析问题：提出达到要求性能所需要采取的工艺措施。

（3）简化问题：提出新开发耐火材料具备的主要性能和采取的主要措施，分析各措施的利弊得失。

（4）提出方案：利用专业知识分析利弊的来龙去脉，提出趋利避害、解决问题的方案。

（5）建立黑箱：根据方案确定达到的目标、要采取的手段，明确手段和目标之间、手段和手段之间的关系，确定黑箱的输出和输入。

（6）设计试验：设计试验方案、实施方案、得到结果，进行建模和优化，得到局部最优点。

（7）分析改进：分析结果、发现问题、找出潜力，再进行试验搜捕，如此反复，直至找到全局最优点。

利用计算机进行定量分析，通过建模、控制和优化，可以改善生产工艺，提高产品性能，降低生产成本，有力地支持耐火材料技术进步。

第三章　耐火原料的选择及处理

耐火材料产业属资源型产业，原料是产品的基础，要想制取优质产品，首先要有好的原料。工业生产要选择哪些原料才能满足要求呢？最早的耐火材料，甚至现在生产的耐火材料大都采用天然原料直接生产耐火制品。随着生产量扩大，天然原料开采量逐年增多，不能再生的优质原料减少，以及科学技术进步，耐火材料品种增多，不经过加工处理的天然原料已不能满足耐火制品的质量要求。因此选择合适的原料、正确加工处理原料成为耐火材料领域的重要课题。本章就耐火材料的选择、选矿与提纯、合成原料、煅烧处理以及回收用后残存耐火材料及一些可利用的废旧物资等结合所用的耐火原料分别进行叙述。

第一节　耐火原料的选择

因为耐火材料的最基本性能是耐高温，作为耐火原料必须具备稍高于耐火材料要求的耐火性能（耐火度在 1580℃ 以上）。然而还要注意原料的技术经济指标，如果地球上稀少，开采和加工费用过高，也难以成为耐火原料。因此选择耐火原料应该遵循以下几个准则，并结合耐火材料性能要求做具体选择。

一、耐火性能准则

众所周知，耐火材料是耐火度不低于 1580℃ 的无机非金属材料。耐火度是高温无荷重条件下不熔融软化的性能。它与原材料的熔点有密切的关系，一般熔点稍高于耐火度（极个别低于耐火度或相等），因为耐火度主要取决于其中的固相与液相数量比，液相的黏度和材料的分散度。因此单质和化合物的熔点及混合的熔融温度要超过 1580℃，有人提出：熔点在 1600℃ 以上是选择耐火原料的准则之一。

在 0.1MPa（1 个大气压）下，晶体从固态熔化为液态的温度称为该晶体的熔点。晶体的熔化过程有着比较复杂的本质，晶体的熔点与质点间结合力性质和大小有关系。线膨胀系数越小，熔点越高。熔点与杨氏模量的关系与原子聚集有关，单个原子形成固体结晶时，原子间要有结合力，这个力很大程度上取决于自由电子数量，熔点高的 W 和 Mo 结合时所需的电子数最多，相反 K、Na 不过 1 个电子数而已。原子互相接近并结合成固体，温度上升过程中原子会各自分开，原子开始分开的温度就是熔点，因此熔点在一定程度上反映出原子结合力大小。直到现在为止，物质熔点高的原因还不十分明确。可是对这些原因越深一步了解，就越能促进耐火材料质量的提高和开发新的耐火材料。为此，我们先以门捷列夫周期律为基础，讨论单质和化合物的熔点。在周期表每一偶数列中元素熔点是有周期规律的，可以从图 3-1 上看出，在图上按族（横坐标）画上金属的熔点（纵坐标），然后连成周期表曲线。从曲线图可以清楚看到曲线的两个独立组，高温组和低温组。高温组是周期表偶数列构成，低温组是奇数列构成。高温组曲线在Ⅵ族有明显的最大值，而低温组没有规律。在同一列中，一般主族元素比副族元素熔点高。其次，从元素原子的电子构造上也有一定规律，即最外层的 s 和 d 电子构成混杂轨道，组成这种结合轨道的电子对数目增加，金属的熔点就升高。如第 6 列元素 Zr 最外层电子是 $4d^2 5s^2$，熔点为 1900℃；第 8 列中 Hf 最外层电子是 $5d^2 6s^2$，熔点为 2230℃；第 10 列中 Th 最外层电子是 $6d^2 7s^2$，熔点为 1800℃。当 s 和 d 阶填至有 6 个电子时，单质熔点继续升高，如第 4 列 Cr-$3d^5 4s^1$，熔点为 1800℃；第 6 列 Mo-$4d^5 5s^1$，熔点为 2620℃；第 8 列 W-$5d^4 6s^2$，熔点为 3410℃等。在门捷列夫周期表 109 种化学元素中，有 22 种是耐火的，其中熔点最高的碳约为 3500℃（也有报道为 5000℃），其次是钨 3410℃，铼 3000℃，钽 2850℃，锇 2700℃，钼 2620℃。除碳对耐火材料有实际意义外，其他的数量都很少。

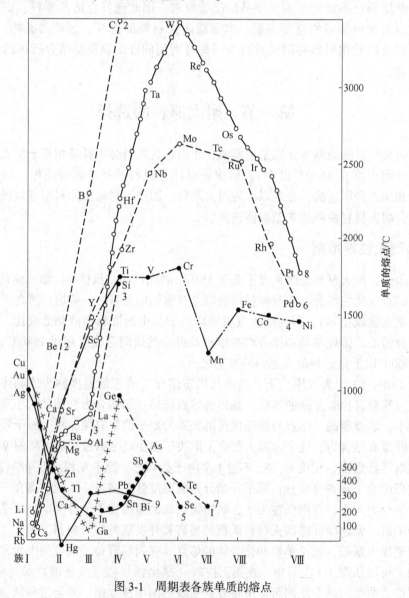

图 3-1　周期表各族单质的熔点

　　氧化物和其他化合物的熔点排列和元素不同，没有明显的规律。在同一结构类型中，离子的电价越高，离子间距越小，晶格能越大，则晶体的熔点就越高。同时硬度大，线膨胀系数小。极化效应较强时，计算值有较大的偏差。例如，BeO 有较强的极化作用，虽然铍原子半径比镁原子半径小，但 BeO 的熔点比 MgO 低。此外还有同质多相的影响，当一个物质发生同质多相转变时，其高温型的晶体具有较低的自由能，它的自由能面与液体自由能面交换的温度较高，于是熔点较高。例如，SiO_2 稳定温度最高的方石英熔点最高为1725℃。稳定温度次高的鳞石英熔点为 1680℃。稳定温度最低的石英熔点最低为1600℃。在约 9200 种二元化合物中，仅有 11% 是耐高温的。在门捷列夫周期表中，熔点最高的是Ⅳ、Ⅴ族第 5、6、7 周期一些元素的氧化物、碳化物和氮化物，例如 ZrO_2、ThO_2、ZrC、TaC 等。在化合物中熔点最高的是碳化物，其次是氮化物和氧化物。氧化物中熔点最高的是碱性氧化物，如 MgO、CaO、SrO 等，其次是中性氧化物，如 Al_2O_3、Cr_2O_3 等，熔点最低的是酸性氧化物，如 SiO_2、TiO_2 等，某些化合物的熔点见表3-1。三元化合物（不包括固溶体）约为 148000 种，其中大部分没有很好研究过，而且尚未制成。用统计的方法估计可做耐火原料的约占 2%。四元化合物可做耐火原料的约占 0.01%，还没有确切了解到包含 5 种元素的耐火化合物。

表 3-1　某些化合物的熔点

化学元素	原子序数	氧化物		碳化物		氮化物		硼化物	
		分子式	熔点/℃	分子式	熔点/℃	分子式	熔点/℃	分子式	熔点/℃
Be	4	BeO	2570	Be_2C	2100	Be_3N_2	2200		
Mg	12	MgO	2800						
Al	13	Al_2O_3	2050	Al_4C_3	2200	AlN	2150[1]		
Si	14	SiO_2	1713	SiC	2500	SiN	2200		
Ca	20	CaO	2570	CaC_3	2300	—	—		
Ti	22	TiO_2	1460	TiC	3107	Ti_2N_2	2930	TiB_2	2600
V	23	VO_2	1967	VC	2810	VN	2050		
		V_2O_3	1970						
Cr	24	Cr_2O_3	1990	—	—	—	—	CrB	1038
Mn	25	MnO	1650						
Fe	26	Fe_2O_3	1538	FeC	1837	—	—		
Zn	30	ZnO	1800						
Sr	38	SrO	2430						
Y	39	Y_2O_3	2110						
Zr	40	ZrO_2	2700	ZrC	3800	ZrN	3000	ZrB_2	3190
Mo	42	—	—	MoC	2570			MoB	2180
Ba	56	BaO	1930						
La	57	La_2O_3	2315						
Ce	58	CeO_2	1950					CeB_6	>2100
Hf	72	HfO_2	2812	HfC	4160	HfN	3310	HfB_2	3250
W	74	WO_2	1500~1600	W_2C	2857[1]			WB_6	2920
Th	90	ThO_2	3050			—	—	ThB_4	>2500
U	92	UO_2	2176	U_2C_3	2100	—	—		

[1]WC 熔点 2720℃；AN2400℃升华。各资料数值有差别。

分析统计表明，目前作为耐火原料的总数量约为 4000 种，约有 70% 的耐火材料是属于包含 3 种元素的物质，其最高熔点可能达到 3000℃，而四元素的耐火物质最高熔点约 2100℃，其数量只占全部耐火材料的 3%。因此新的耐火材料应当先从包含 3 种元素的物质（不算固溶体）中去探索。对于氧化物耐火材料来说，应处于氧化物的二元系统中。它们的三元系统应在物理化学的辅助下予以考虑。应该注意，在氧化物的二元系统中所形成的化合物熔点通常不会超过其简单氧化物的最高熔点。而三元化合物的熔点通常不高于该系统二元化合物的熔点。随着系统组元数的增加，迅速地降低了晶体的有序程度，因而是形成较低共熔点所致。由两种元素形成的化合物是耐火材料生产的主要对象。很多二元耐火化合物是熟知的，可以采取措施加以合成。3 种元素形成的化合物也是探索耐火原料的重点，如某些硅酸盐、铝酸盐及尖晶石型化合物的熔点也比较高。

二、技术经济准则

选择哪种原始物质生产耐火材料，除了对耐火性能等技术要求外，还必须满足技术经济条件。首先是具备耐火原料条件的原始物质在自然界的贮存量。门捷列夫化学元素周期表 109 种元素，仅有为数不多的元素拥有较大的贮存量。这些元素分布在该表的上部，属于低原子序数，它们是：O、Si、Al、Fe、Ca、Na、K、Mg、H、Ti、Cu 和 Cl，共占 99.29%。大多数的其余元素仅是全部的 0.71%。地壳（岩石圈）86.5% 是由硅酸盐和铝酸盐组成的。比较物质熔化温度及在自然界贮存量的资料就可以做出结论。提出对耐火材料工艺最实际的氧化物，基本上是 6 个组分：CaO、MgO、Cr_2O_3、Al_2O_3、ZrO_2、SiO_2。二氧化钛，按热稳定性和热力学稳定性不及这些氧化物。氧化铁（耐火材料工艺中采用铬铁矿和很多其他物质不可避免地伴随有氧化铁）是没有益处的组分。在耐火材料工艺中除了上述指出的 6 种氧化物外，碳、磷和氮的氧化物也有重要作用。耐火材料中含有这种或别种高熔点的化合物，并决定它的基本性能，是耐火材料的基础。

作为耐火原料最好是用地壳贮存量最丰富的物质，从矿山开采下来之后，经过加工即成为需要的耐火原料。但绝大部分耐火原料要经过热处理，例如高岭石、水铝石要煅烧脱水，形成 Al_2O_3、SiO_2，而菱镁矿、白云石等要经过碳酸盐分解，形成 MgO、CaO 成为耐火材料成分。也有的通过固相反应或电熔合成取得，如 $CaO\text{-}MgO$ 合成砂、$MgO\text{-}Cr_2O_3$、$MgO\text{-}Al_2O_3$ 尖晶石、合成莫来石等。有的原料如 MgO 可从天然矿石中精选，也可从海水或湖水中提取，采用哪种方法的原料，就要看综合经济效益。

我国除分布广泛的耐火黏土、硅石和白云石外，贮量丰富的菱镁矿、铝土矿和石墨，堪称三大支柱，新开发的硅线石族矿物和锆英石可认为是新秀。因此立足我国天然原料资源，通过选矿或电熔减少杂质（减法），或者通过加入适当有益物质调节控制显微结构特征，改善和优化高温性能（加法），应该算是我国耐火材料的产业政策。

在耐火材料工艺中，还应用有机聚合物材料。在生产过程中甚至引入少量聚合物材料作为添加物，泥料的性能就能在较宽的范围内变化，并改善制品的质量，预计对有机聚合物的应用将扩大。

耐火材料在经济领域里最重要的问题就是降低消耗，而对耐火材料来说就是要提高其质量。高质量的耐火材料必须要有好的原料，天然原料难以满足要求。目前有些国家钢铁工业对耐火材料的选择，探求有两种方案。其一是选用价格较低、使用寿命相对较短的耐火材料，这样吨钢消耗耐火材料的成本低；其二是选用高价格、长寿命型耐火材料，使吨钢耐火材料费用相对较高。但究竟采用何种方案，则应以吨钢综合费用最低为前提。如采用价高长寿型耐火材料，还应该考虑因寿命长而减少停炉时间、减少劳动力费用及减少运输费用等的综合经济效益。耐火材料生产选用原料，应该在保证制品质量的前提下，以价格便宜为主要条件。

三、环境保护准则

作为耐火原料在开采、开发和使用过程中，不对人类生存环境造成危害，不产生污染大气或水源的有害物质，尽量有利于材料循环再利用，如铬铁矿，它是生产镁铬砖等含铬耐火材料的重要原料，而镁铬砖等含铬耐火材料虽然有许多优越的性能，但因它容易产生对人体危害的六价铬，西方国家禁止生产和使用，我国也列为淘汰品。还有氧化铍等，虽然有一些优良的耐火性能，但因为有毒，一般也不能轻易生产。

四、选择方法

一般耐火制品是按用户要求或使用条件设计配方，根据配方的化学矿物成分确定采用何种原料，并计算各种原料的数量。现代耐火材料工业已经发展成为独立的工业体系。有的企业是原料矿山开采到生产耐火制品的托拉斯，有的是独立的矿山企业。

在我国天然耐火原料几乎都有国家或行业制定的标准。耐火材料生产根据本企业的条件和产品的质量要求选择相应的耐火原料。我国改革开放后的商品经济时代，耐火原料的供应也进入市场，除按原来的国家或行业标准外，还推出许多新的原料品种和技术条件，耐火材料生产企业选择原料，还可以直接与原料供应单位协商解决对原料的特殊要求。

对于新的使用条件，探索新的产品时，首先从物理化学方面进行理论性研究，然后设计试验方案，根据使用效果最佳的产品为最终结果。所用的原料就是选择对象。例如，高铝矾土基-尖晶石质钢包浇注料的开发。根据钢包的使用条件，钢包内衬浇注料应该具有良好的高温力学性能、体积稳定性和抗熔渣渗透性以及足够的强度和一定的烧后残余线膨胀等特点。为此在设计钢包浇注料组成，特别是基质的组成和配比时必须考虑以下几点：（1）在使用中反应生成的新结合相为高温相；（2）在接近使用温度下有一定的高黏度液相量，以缓冲使用中结构的热应力；（3）在加热过程中有持续的微膨胀，以保持好的结构和体积稳定性；（4）合理的颗粒级配，以获得良好的作业性和高的致密度。

由图 3-2 和表 3-2 的各无变量点性质可知，无变量点 1 的温度最高达 1710℃，因此基质的组成宜选择在 $\Delta M—MA—M_2S$ 内。根据我国国情及技术经济指标选用，以天然原料为主的高铝矾土，镁砂和矾土基尖晶石做原料，它们在相图中的位置分别近似落在 A、B、C 点。这决定了基质的组成点在 $\Delta M—MA—M_2S$ 和 $\Delta A—B—C$ 的交叉部分。由于引入 SiO_2 超微粉，组成点在 AB 连线稍偏上。该研究选择相图中的 AM-1、AM-2 和 AM-3 为实验组成点。

为了避免膨胀和收缩的突变，导致浇注料使用中易开裂的不足，在基质配料中引入尖晶石，使过量的镁砂细粉在更高温度下与高铝矾土颗粒作用，连续生成尖晶石，使生成尖晶石的温度范围拉宽，产生持续缓慢膨胀。基质颗粒级配采用不大于 0.074mm、小于 0.044mm

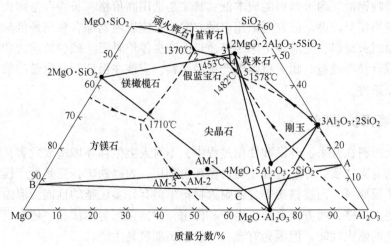

图 3-2　具有实验组成点的 $MgO\text{-}Al_2O_3\text{-}SiO_2$ 系相图

表 3-2　$MgO\text{-}Al_2O_3\text{-}SiO_2$ 系有关的无变量点性质

无变量点	相平衡关系	性 质	温度/℃
1	$L \rightleftharpoons M + MA + M_2S$	低共熔点	1710
2	$L + MA \rightleftharpoons M_2S + M_2A_2S_5$	双升点	1370
3	$L + M_4A_5S_2 \rightleftharpoons MA + M_2A_2S_5$	双升点	1453
4	$L + MA + A_3S_2 \rightleftharpoons M_4A_5S_2$	双升点	1482
5	$L + A \rightleftharpoons A_3S_2 + MA$	双升点	1578

和不大于 1μm 的 3 种超细粉。按富勒（Fuller）紧密堆积曲线控制比例，骨料和细粉的重量比例为 65%~70%、30%~35%，临界颗粒为 10mm。

参照国标 GB 2419，用跳桌法测定跳动 30 次后浇注料的流动值。按照国家标准制备试样并检测其物理化学性质。用抗爆裂实验方法来反映浇注料的烘烤性能，用坩埚法测定抗渣性，再通过 SiO_2 超微粉加入量，减水剂的选取及加入量，骨料、粉料颗粒分布等因素的优化后，研制出高铝矾土为基的尖晶石浇注料，经一些钢厂实际应用，吨钢耐火材料消耗下降 50% 以上，使用寿命大幅度提高，经济效益显著。

近年来连续铸钢增加，连铸钢包盛钢水时间长，钢水温度高。随着炉外精炼的发展，钢水精炼处理在钢包内进行，如吹氩、加合金元素、合成渣等辅助材料，使钢包使用条件更加恶劣，对内衬的耐火材料要求更高，要选择更高档的耐火材料，一般不用矾土尖晶石浇注料，而改用刚玉镁质浇注料或刚玉尖晶石质浇注料作包壁和底工作层，渣线用镁碳砖砌筑。因此原料要选择电熔刚玉或板状刚玉等。

开发耐火材料新产品要立足国内丰富的天然资源，采取理论和实践相结合的办法，选择合适的原料，使产品经济实用，也是耐火材料的发展方向之一。

选择耐火原料要重视环保问题，如因酚醛树脂在烘烤使用过程中产生苯酚、甲醛等危害环境的物质，改用环保型树脂结合的高炉炮泥在使用过程中无烟无嗅。研究用水玻璃和葡萄糖代替酚醛树脂作结合剂的中间包用镁质干式料，使用效果良好。

第二节　直接利用的耐火原料

所谓直接利用的原料，就是从矿山开采出来后，不经处理或经过简单的分级手选后直接生产耐火材料，即生料制砖的原料。这种原料必须是高温体积稳定，即在高温不收缩或不膨胀；或收缩、膨胀不大且稳定的原料。其实历史上最早的耐火材料就是利用这个原理生产的，例如我国考古发现的半硅质耐火材料，其他一些国家最早用砂岩块石砌筑炉窑都是很好的例证（见第一章）。四川的泡砂石砖至今仍在大量应用。直接利用原料，不用煅烧，块矿和粉矿都能利用，真正做到了节能减排，保护了环境。

一、蜡石

蜡石砖是生料制砖的典型例子。蜡石是以叶蜡石矿物为主的致密块状矿石，也有称作寿山石、冻石等。叶蜡石（$Al_2O_3 \cdot 4SiO_2 \cdot H_2O$）理论化学成分：$Al_2O_3$ 28.3%，SiO_2 66.7%，H_2O 5.0%。叶蜡石在加热过程中差热曲线较为单调，只是在 600~700℃ 之间有一个平稳的吸热反应谷，也有的在 700~800℃ 发生吸热反应，叶蜡石到 1000℃ 还没有出现放热反应峰。这是由于叶蜡石脱水后结构未被破坏，不发生新的结晶作用和结合作用的原因。差热分析曲线如图 3-3 所示。

叶蜡石在加热过程中没有收缩，有微膨胀的特点，如图 3-4 所示。

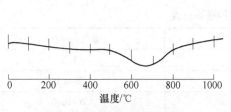

图 3-3　叶蜡石的差热曲线

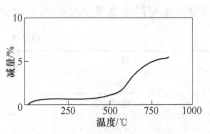

图 3-4　叶蜡石的脱水曲线

一般天然蜡石含 Al_2O_3 15%~30%，SiO_2 70%~85%，其他杂质成分很少，是良好的半硅质原料。由于蜡石灼烧减量少，为 4%~8%，加热过程脱水速度缓慢，脱水后结构未被破坏，体积稳定，不用煅烧成熟料，直接制砖。作者在实验室条件下，分别采用生料、850℃ 轻烧料和 1350℃ 煅烧的熟料制砖，制砖的工艺条件完全相同，可是生料制品的性能最好，如图 3-5 所示。

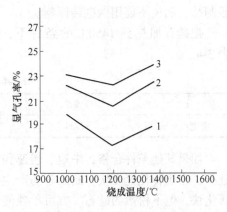

图 3-5　不同原料制砖的显气孔率变化
1—生料砖；2—轻烧料砖；3—熟料砖

二、硅石

由于石英变体的体积效应（见第二章），硅砖也是用硅石直接制砖的。自然界中硅石分布很广，种类也很多，符合耐火原料的硅石，按矿床形成条件有 4 种主要类型：

（1）脉石英：主要产于花岗岩类、花岗片麻岩及其他岩区。属岩浆冷凝而成，矿体为脉状。主要为晶质石英，SiO_2 含量很高，结晶颗粒粗大，加热时，晶型转化困难。

（2）硅质角岩：可分为燧石岩和次生石英岩两种，耐火材料主要利用燧石岩。如山西五台硅石矿床，主要化学组成为 SiO_2，细粒状结构（石英颗粒 0.01mm），胶结物数量较多。矿石一般为红白色，因此有红白硅石之称。加热时石英变体易转化，是焦炉和热风炉硅砖的原料。

（3）石英砂岩：产于砂质沉积岩系统，常与煤系有关。矿床为层状、透镜状。砂粒全为石英，胶结物有石髓或蛋白石，其中还夹杂黏土、云母、石灰和其他矿物。根据胶结物成分可分为黏土质砂岩、石灰质砂岩、云母质砂岩和硅质砂岩等，耐火材料主要用硅质砂岩。可是黏土质砂岩、云母质砂岩可以凿磨成砖块，成为直接利用的天然耐火石。砂岩的石英颗粒大小，从细颗粒（小于 0.25mm）、中颗粒（0.25~0.5mm）、粗颗粒（0.5~2.0mm）到大颗粒（2.0~3.0mm）。加热时，晶型转化有很大差别。因此砂岩只能作为一般硅砖的原料，或者与其他硅石配合使用。

（4）变质石英岩：是原生沉积石英砂岩的变质产物，矿床规模较大，矿物成分均匀，矿石一般为白色、灰白色，几乎全为结晶质石英颗粒，质地很纯，矿床规模大，是重要的硅石原料。

硅砖用硅石原料，除化学成分、耐火度外，对显微结构、致密程度和加热过程晶型转化速度等都有严格要求，按硅石的致密程度可分为四类，见表 3-3。

表 3-3　按致密程度的硅石分类

类　　别		吸水率/%	显气孔率/%
一类	很致密硅石	<0.5	<1.2
二类	致密硅石	0.5~1.5	1.2~4.0
三类	多孔硅石	1.5~4.0	4.0~10.0
四类	很多孔硅石	>4.0	>10.0

一、二类是硅砖的主要原料；三类可与前两类混合使用，或单独用于非重要用途的一般制品；四类不能用做硅砖原料。

把硅石加热到 1450℃ 的条件下，保温 1h，按其密度的变化也可以分为四类，见表 3-4。

表 3-4　硅石转化速度分类

分　　类	极慢速	慢　速	中　速	快　速
密度/g·cm⁻³	>2.50	2.45~2.50	2.40~2.45	<2.40

如果其他条件合格，中速、慢速和极慢速转化的硅石可以制出优质硅砖。快速转化的硅石，由于转化速度快，制品容易产生裂纹，一般不单独使用。除非在加热过程中，虽然转化快，但不松散的硅石，方可单独使用，如山西五台山硅石。石英颗粒是以齿形缝隙相互紧密结合的胶结硅石，颗粒大小不一，高温发生膨胀而不松散。可是结晶硅石，晶体颗粒较大，颗粒之间比较均匀平滑结合，高温膨胀剧烈，因而容易使制品气孔率高、强度

差。硅石原料的性质不仅直接影响制品的质量，同时还决定制砖工艺过程的拟定。

三、橄榄石

破碎后直接利用的原料还有橄榄岩。因为橄榄岩中的主要矿物——橄榄石是无水矿物，加热时体积效应极微，当其灼烧减量小于5%时（因为其中有少量蛇纹石），就可以直接制砖。也可以把天然的橄榄岩切割成砖块直接使用。

橄榄岩属超基性岩浆岩，自然界遇到的是断面呈粒状结构的块状岩石，有时含有少量角闪石、尖晶石、磁铁矿、铬铁矿等，为橄榄绿色、黄色，含铁越多，颜色越深，有时呈墨绿色，亦可呈灰色、灰黑色，硬度为6~7，密度为3.2~4.0g/cm³。风化作用转变成蛇纹岩。

众所周知，橄榄石 $[2(Mg \cdot Fe)O \cdot SiO_2]$ 是镁橄榄石 $2MgO \cdot SiO_2$ 和铁橄榄石 $2FeO \cdot SiO_2$ 的固溶体。镁橄榄石熔点为1890℃，而铁橄榄石熔点为1205℃，它的存在强烈降低耐火度。因此作为耐火原料，橄榄岩中铁橄榄石的含量不应过多，一般认为FeO含量超过10%的橄榄岩就不宜做耐火原料。

四、硅线石族矿物（三石）

直接使用生料的还有硅线石族矿物原料。硅线石族矿物有蓝晶石、红柱石、硅线石，俗称"三石"。三石的化学组成相同，但晶体结构不同，属同质异晶体。三石的性质见表3-5。加热到高温，均转化为莫来石，生成少量熔融态 SiO_2，同时伴随体积膨胀。

表3-5　硅线石族矿物的物理性质

性　质	红柱石	蓝晶石	硅线石
晶　系	斜方	三斜	斜方
硅酸盐结构	岛状	岛状	链状
晶　型	柱状或放射状集合体	柱、板式长条状集合体	长柱状、针状或纤维状集合体
颜　色	红色、淡红色	青色、蓝色	灰色、白色
密度/g·cm⁻³	3.13~3.29	3.53~3.69	3.10~3.24
转化温度范围/℃	1350~1400	1300~1350	1500~1550
转化速度	中	快	慢
转化时间	中	短	长
转化体积膨胀	小（3%~5%）	大（16%~18%）	中（7%~8%）
莫来石结晶过程	从颗粒表面开始，逐步深入内部	从颗粒表面开始，逐步深入内部	在整个晶粒发生
莫来石结晶方向	平行于原红柱石晶面	垂直于原蓝晶石晶面	平行于原硅线石晶面

由于三石加热膨胀的大小不同，其直接利用程度也不一样。由于红柱石体积变化小，无论是用它制砖，还是作为添加物，都是直接用生料。而硅线石、蓝晶石往往是以膨胀剂形式加入配料中，特别是更多的用于不定形耐火材料。而且来制砖就要煅烧熟料了。尤其是蓝晶石必须煅烧成熟料。

五、耐火黏土

作为结合剂使用的软质或半软质黏土、球黏土、膨润土等也是直接使用生料。

黏土是由一些极细颗粒（小于 0.001mm）的黏土矿物组成的，黏土矿物种类较多，结构十分复杂，虽然经过几千年的应用和研究，但对黏土定义仍有争论。由于现代先进的检测技术，对黏土的结构研究更加深入，对黏土的认识日趋完善。黏土矿物大致如下：

（1）高岭石类：有高岭石、迪开石、珍珠陶土，它们属于同质（$Al_2O_3 \cdot 2SiO_2 \cdot 2H_2O$）多象的单斜系变体。

（2）多水高岭石（也有叫埃洛石）类：以多水高岭石（$Al_2O_3 \cdot 2SiO_2 \cdot nH_2O$）为代表。

（3）微晶高岭石（胶岭石）类：以微晶高岭石（也有叫蒙脱石 $Al_2O_3 \cdot 4SiO_2 \cdot nH_2O$）为代表，还有拜来石、绿高岭石等。

（4）水云母类：各种云母被水分解而成，如水白云母、绢云母，也叫伊利石等。

杂质矿物与黏土矿物同时生成，或者在黏土生成之后，受次生作用而成，它们的存在对黏土质量有很大影响：

（1）石英：常呈砂粒状。

（2）氢氧化铁：褐铁矿、水赤铁矿及针铁矿等。

（3）硫化铁：黄铁矿、白铁矿。常呈大小不等的结晶和结核，或呈分散状。

（4）碳酸盐：有方解石、白云石、菱铁矿等，形成各种形状的结核团块或分散状。

（5）有机物质：常有煤和碳质页岩夹层。

此外，还有电气石、锆英石、金红石、磁铁矿、石榴石、蓝晶石、钛铁矿、长石、云母、角闪石、赤铁矿、辉石类矿物等。

由于黏土中这些矿物的含量不同，可形成各种性质也不同的黏土。根据黏土的种类和性质，结合它们的应用，黏土可分为 5~6 种之多。其中把耐火度达到 1580℃ 以上的黏土称做耐火黏土。日本把熔融温度 1610℃ 以上的黏土原料叫耐火黏土。美国把与煤层伴生的黏土和页岩，即沉积黏土矿床的黏土，习惯上称做耐火黏土。耐火黏土的主要矿物为高岭石，化学组成主要是 Al_2O_3、SiO_2 和 H_2O。此外，TiO_2、Fe_2O_3、FeO、CaO、MgO、Na_2O、K_2O、CO_2、SO_2 等都是有害成分。对耐火黏土的化学成分和耐火性能有严格的要求，见表 3-6。

表 3-6　结合黏土技术条件（国标 GB 4415—1984）

类　　别	品　级	化学成分/%		耐火度/℃（不低于）	灼减/%（不大于）	可塑指标（不小于）
		Al_2O_3（不小于）	Fe_2O_3（不大于）			
软质黏土	特级品	33	1.5	1710	15	4.0
	一级品	30	2.0	1670	15	3.5
	二级品	25	2.5	1630	17	3.0
	三级品	20	3.0	1580	17	2.5
半软质黏土	一级品	35	2.5	1690	17	2.0
	二级品	30	3.0	1650	17	1.5
	三级品	25	3.5	1610	17	1.0

耐火黏土的耐火性能主要取决于化学矿物组成，一般是 Al_2O_3 含量越高，它的耐火度越高，Al_2O_3/SiO_2 比值越接近高岭石矿物的理论值（≈ 0.85），耐火度也越高。通过下列

经验公式计算，其计算结果与实测值接近。

$$t = \frac{360 + w(Al_2O_3) - R}{0.228} \tag{3-1}$$

式中，t 为耐火度，℃；$w(Al_2O_3)$ 为黏土中 Al_2O_3 含量，%，（以 $w(Al_2O_3 + SiO_2) = 100\%$）；$R$ 为熔剂总量，计算基数为 $w(Al_2O_3 + SiO_2) = 100\%$。

黏土中存在的杂质矿物，除有机物外，均起熔剂作用，降低耐火性能，同时起染色作用。

黏土的重要性质是可塑性。把黏土与适当比例的水混合均匀制成泥团，当泥团受到高于某一数值的剪应力作用后；泥团可以塑成任何形状，当去除应力，泥团能永远保持其形状，这种性质称做可塑性。按可塑性耐火黏土分为：

（1）软质黏土：在水中变软的可塑性黏土；

（2）半软质黏土：在水中部分变软的半可塑性黏土；

（3）硬质黏土：在水中完全不变软的非可塑性黏土。

矿物组成对塑性的影响如下：蒙脱石大于高岭石大于埃洛石（多水高岭石）大于伊利石。黏土的颗粒越细，比表面积越大，塑性越高。

其次是结合性，指黏土对非塑性材料的黏结能力，一般来说，黏土的分散性越高，比表面积越大，结合性越好。但这种关系并非绝对的，软质黏土的结合性最好，半软质黏土次之，硬质黏土没有结合性。因此，利用软质及半软质黏土的结合性，根据制品的生产工艺和性能要求，采用一定量的生黏土、黏土质和高铝质制品一般为 5% ~ 60%。硬质黏土要煅烧熟料。

耐火黏土主要产于次生沉积黏土矿床。按地质年代有第三纪与第四纪的可塑性黏土（软质），主要产于华南及福建一带。石炭二叠纪煤系地层的硬质及半软质黏土主要分布于东北和华北。侏罗纪可采煤层的下层有高可塑性黏土，如山西北部、甘肃华亭有发现。

球黏土亦称球土。由于干燥后黏土呈球状团块而得名，主要由结晶度低的高岭石，粒径一般为 0.5μm 以下，少量蒙脱石、伊利石、石英等组成。它属于高可塑性黏土，煅烧后呈白色，一般用做白色产品的结合剂，要求黏结性好，加入量不能很多的制品，或加入不定形耐火材料中。美国主要产于田纳西州西部的第三纪地层，呈透镜体，在白垩纪地层中也有少量球土。因此，我国有人认为生成时代较新的软质黏土就是球土，把东北、华南、福建等地第三纪黏土也称球土，有些球土耐火性能不好。

膨润土也称斑脱岩，它是以微晶高岭石为主的黏土，微晶高岭石的含量为 85% ~ 95%，也有拜来石、绿高岭石、贝得石和皂石等黏土矿物，此外含有长石、石膏、石英、方解石的碎屑及极少量其他矿物。膨润土的化学成分，各地极不一致。

膨润土一般具有强烈的吸水性，能吸收相当于本身 8 倍的水分，吸水后体积可膨胀 10 ~ 30 倍。由于其中含有钠，故其水悬浮液的 pH 值为 8.5 ~ 9.8，Na_2O 含量不同，对膨润土的吸水膨胀有很大的影响。水化的膨润土常带有阴电荷，可与金属离子、有机或无机的离子置换，因此它能起胶凝化作用，而使液体澄清，它亦有良好的黏结性和耐高温性。

此外，还有活性黏土，属膨润土的一种，外观及矿物成分与膨润土相似，但其化学成分含钙较多，含钠较少。它吸水能力比较小，吸水后膨胀也比较小。在水中 pH 值为 4 ~ 7.2，而且不能悬浮。天然产出时，不具有显著的吸附能力，但用酸处理后便有极强的吸附能力。

活性黏土因含钙较多，通常也称钙基膨润土，而上述含钠的膨润土亦称钠基膨润土。

膨润土矿体一般呈似层状、透镜状。膨润土呈浅灰色、灰绿色，泥质结构。矿体形成厚度受火山物质控制。

直接使用生料能免去煅烧工序，降低成本，充分利用资源，是耐火材料工艺值得研究的课题。例如，有人合理利用高铝矾土制品一次及二次莫来石化体积变化的规律，采用全生料生产出合格的高铝砖。

第三节　耐火原料的选矿与提纯

我国耐火原料矿山长期处于私挖乱采无序开采，高品位矿石已近枯竭，大量粉矿、低品位矿石要找到可利用的途径。而高温工业技术发展又需要高性能的耐火材料，因此耐火原料高纯化成为耐火材料的发展方向之一。这样就使天然耐火原料必须走选矿提纯的道路。

一、选矿

选矿是用物理或化学方法将矿物原料中的有用矿物和无用矿物、有害矿物分开，或将多种有用矿物分开的工艺过程，又称矿物加工。产品中有用成分富集的称精矿，无用成分富集的称尾矿，有用成分含量介于精矿和尾矿之间，需要进一步处理的称中矿。从耐火矿物原料中除去杂质，提高主成分含量的过程称为耐火原料选矿。可以说，几乎所有耐火原料都要经过选矿。

由于成矿地质条件，耐火矿物原料含有各种有害杂质。一般优质矿石的比例都比较小，例如山西阳泉高品位高铝矾土仅占总贮量的 8% ~ 12%。矿山条件最好的河南杜家沟矿，一级品占总贮量的 50%。菱镁矿的 LMT1-47、LMT-47 级优质品不但很少，而且一些含有脉石矿物的矿段，由于开采过程中脉石矿物的混入，矿石化学成分难以满足对优质矿石的要求。这时就要对块矿进行初步手选，剔除肉眼能分辨的含白云石脉及各种滑石的矿石。这样基本上稳定了矿石质量，满足煅烧时对矿石质量的要求。但由于人工手选效率低，规模有限，所以经手选处理的矿石只是极小部分，绝大部分菱镁矿还是经过热选和浮选提取优质矿石。随着开采量的增大，开采时间长，不但优质矿石难以满足需要，就是能利用的低级品矿石也越来越少，有的甚至开采殆尽。可是随着现代科学技术的发展，使用部门对耐火材料的质量要求越来越高，例如过去采用锭模浇钢，钢包及流钢系统大量使用黏土砖。而新的炼钢技术，采用炉外精炼、真空处理、连续浇铸等，钢包及浇钢系统大量使用铝镁浇注料、镁碳砖、铝碳砖等。对耐火原料的纯度提出很高的要求。例如，1954 年镁质耐火材料所含杂质为 12%，1980 年天然镁砂普遍降至 4%，现在降至 2% 以下。要想使耐火原料满足现代需求，必须走选矿提纯的道路。目前除少数富矿外，各种矿石几乎都需要选矿。

耐火原料选矿从粗物料到磨细物料，从物理方法到物理化学和化学方法，几乎都有。

（一）耐火原料常用的选矿方法

（1）手选，可以说所有的耐火原料都经过手选，从采矿分级堆放中就开始手选，拣出杂质含量高的废石，不同品级分别堆放。一般适用于大块物料。

（2）冲洗，原料加工前用水冲洗矿石，洗掉黏附在矿石表面的泥土以及夹杂在矿石中的细碎杂质。有的人工冲洗，大部分用洗石机。一般适用于大于 10mm 的块状物料。

（3）重选，在介质（主要是水）流中，利用矿物原料密度不同进行选别。有重介质选、跳汰选、摇床选、溜槽选等。重选适用的粒度范围宽，从几百 mm 到 1mm 以下，选矿成本低，对环境污染小。凡矿物粒度在上述范围内，且组分间密度差别较大，用重选最合适。有时可先用重选预选，除去部分废石，再用其他方法处理，以降低选矿费用。

（4）浮选，利用各种矿物原料颗粒表面对水的润湿性（疏水性或亲水性）的差异进行选别，通常指泡沫浮选。天然疏水矿物较少，常向矿浆中加入捕收剂，以提高选择性；加入起泡剂并充气，产生气泡，使疏水性矿物颗粒附于气泡，上浮分离。浮选通常能处理小于 0.3mm 的物料，原则上能选别各种矿物原料，是一种用途最广泛的方法。近年来，浮选除采用大型浮选机外，还出现回收微细物料（小于 $10\mu m$）的一些新方法，例如选择性絮凝浮选、剪切絮凝浮选、载体浮选、油团聚浮选等。

（5）磁选，利用矿物颗粒磁性的不同，在不均匀磁场中进行选别。耐火原料磁选，大多用于除去铁、钛等杂质。强磁性矿物（如硫铁矿）用弱磁场磁选机选别；弱磁性矿物（如赤铁矿、钛铁矿）用强磁场磁选机选别。弱磁场磁选机主要为开路磁系，多由永久磁铁构成；强磁场磁选机为闭路磁系，多用电磁磁系。弱磁性铁矿物也可以通过磁化煅烧变成强磁性矿物，再用弱磁场磁选机选别。磁选机的种类有筒式、带式、转环式、盘式、感应辊式等。磁滑轮则用于预选块状强磁性矿石。磁选的主要发展趋势是解决细粒弱磁性矿物的回收问题。20 世纪 60 年代发明的琼斯湿式强磁场磁选机，促进了弱磁性矿物的选收。20 世纪 70 年代发明的高梯度磁选机为回收细粒弱磁性矿物提供了良好的前景。

（6）电选，利用矿物颗粒电性的差别，在高压电场中进行选别。主要用于分选导体、半导体和非导体矿物。电选机按电场可分为静电选矿机、电晕选矿机和复合电场电选机。按矿粒带电方法可分为接触带电电选机、电晕带电电选机和摩擦带电电选机。电选机处理粒度范围窄，处理能力低，原料需要干燥，因此应用受到限制；但成本不高，分选效果好，污染小，主要用于粗精矿的精选。

（7）机械拣选，有以下 3 种：1）光拣选：利用矿物光学特征的差异进行选别；2）X射线拣选：利用在 X 射线照射下发出的荧光特性选别；3）放射线拣选：利用铀、钍等矿物的天然放射性选别。

（8）化学选矿，利用矿物化学性质的不同，采用化学方法或化学与物理相结合的方法分离和回收有用成分，得到化学精矿。这种方法比通常的物理选矿法适应性强，分离效果好。但成本较高，常用于处理物理选矿法难以或无法处理的矿物原料、中间产品或尾矿。随着成分复杂的、难选的和细粒的矿物原料日益增多，物理和化学选矿的联合流程的应用越来越受到重视。

一般选矿过程包括选矿前的原料准备作业，主要是破粉碎和筛分、选别作业及选后产品的处理作业。

（二）一些耐火原料的选矿

1. 耐火黏土选矿

对产品质量要求不高时，用手选除去矿石中的大块杂质，或用干磨、风力分级等方法。对于松散的小颗粒或土状岩石，如砂、黏土，可按颗粒的粒度进行选矿，用水淘洗，或用空气分离法进行选矿。美国北美耐火材料公司的黏土为高岭石与石英砂混合沉积矿，有效地将高岭石和石英砂及杂质分离，采用以下流程，如图3-6所示。

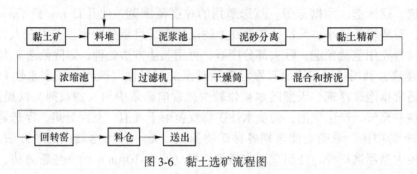

图3-6　黏土选矿流程图

用电铲采掘出的黏土，用高压水枪冲洗成泥浆流入泥浆池，再通过砂泥分离机和黏土精选机除去石英微砂和其他杂质，然后用泵把泥浆送入沉淀池浓缩。经过沉淀池后，泥浆水分从90%～93%降到65%～68%。浓缩泥浆用泵打入真空回转过滤机过滤，得到含水40%的滤饼。滤饼送入回转干燥筒中干燥至含水约10%。干燥料配入一些湿滤饼送入真空挤泥机混合并挤成泥段，最后送入回转窑煅烧，取得精选的黏土熟料。

亦可用电渗法，悬浊液质点（黏土、高岭土）带有电荷（一般为负电荷），电流通过悬浊液时，带电的质点向相反电荷移动，并沉积其表面上。

可用反浮选法除去黏土中的明矾石、黄铁矿等含硫矿物，可用氧化石蜡皂等做捕收剂，水玻璃等做分散剂。亦可用高梯度磁选分离含铁、钛矿物，我国采用六偏磷酸钠做分散剂，使原矿含 Fe_2O_3 2%～3%降至0.3%～0.5%。

2. 铝土矿选矿

铝土矿乃是由若干铝的氢氧化物矿物组成的集合体，亦称高铝矾土，属于沉积型铝土矿产于中或上石炭纪底部。矿石的主要矿物是一水硬铝石，其次是高岭石，杂质矿物有赤铁矿、褐铁矿、锐钛矿、金红石、绿泥石、长石、云母等。湖南辰溪、四川广元等地的铝土矿，主要矿物是一水软铝石（勃姆石），次要矿物为高岭石，杂质矿物为黄铁矿、金红石等。化学成分除 Al_2O_3 和 H_2O 之外，还含有较多的 SiO_2 以及 Fe_2O_3、TiO_2、CaO、MgO、MnO_2、P_2O_5、SO_2 等杂质成分。不同地区的铝土矿含杂质成分的数量往往不同，如贵州一些地区的铝土矿含 TiO_2 偏高，河南一些地方的铝土矿含 K_2O、Na_2O 偏高，等等，因此根据铝土矿含杂质的不同，又分为高铁铝土矿、高钛铝土矿、高钾钠铝土矿。选矿的目的就是优化 Al_2O_3 含量，除去其中的杂质。铝土矿的选矿方法主要有洗矿、浮选、磁选和化学选矿等。

洗矿可采用附有振动筛的擦洗机、滚筒筛、耙式洗矿机、缓慢转动的搅拌机等。洗矿对质地疏松的铝土矿更有效。

浮选可分离水铝石与高岭石。常用捕收剂为氧化石蜡皂、油酸和塔尔油，有时添加煤油、机油等辅助捕收剂，以强化磁选作业。浮选也用于除去矿石中的铁、钛等杂质。

磁选主要除去铝土矿中的铁和部分钛，由于含铁、钛矿物极细，需用高梯度磁选。

化学选矿可用氯化焙烧法和酸浸法。机械方法难以脱除的可采用氯化焙烧法，氯化温度为 1200℃，1h，氧化铁挥发率为 65%，而氧化钛为 78%，用 HCl 或 H_2SO_4 酸浸法，可以浸除杂质铁。

我国铝土矿选矿主要在我国铝土矿基地山西阳泉进行。阳泉铝土矿为一水硬铝石-高岭石型（D-K 型），少量矿物为赤铁矿、褐铁矿、锐钛矿、金红石、绿泥石、勃姆石等，矿物结晶很细，一水硬铝石一般小于 0.05mm，高岭石小于 0.01mm，当矿石磨细到小于 0.074mm 占 96.5% 时，几种主要矿物单体分离，采用二次粗选、二次精选的正浮选流程，以碳酸钠为调整剂、六偏磷酸钠为抑制剂、氧化石蜡皂和塔尔油为捕收剂，取得较好效果。其选矿流程如图 3-7 所示。其结果见表 3-7。

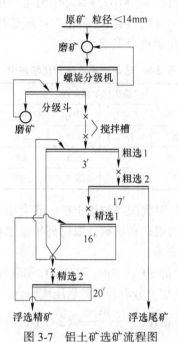

图 3-7　铝土矿选矿流程图

表 3-7　铝土矿浮选结果

产品名称	生料产率/%	料　别	化学成分/%								
			Al_2O_3	SiO_2	Fe_2O_3	TiO_2	CaO	MgO	K_2O	Na_2O	灼减
浮选精矿	35.72	生料	73.01	6.88	1.15	2.72	0.28	0.21	0.08	0.27	15.24
		熟料	86.14	8.12	1.36	3.21	0.33	0.25	0.09	0.32	—
浮选尾矿	64.28	生料	56.34	23.36	2.02	3.04	0.28	0.16	0.09	0.30	14.13
		熟料	65.61	27.20	2.35	3.54	0.33	0.19	0.10	0.35	—
原矿	100.00	生料	62.30	17.48	1.71	2.92	0.28	0.18	0.09	0.29	14.52
		熟料	72.94	20.38	2.00	3.43	0.33	0.20	0.10	0.32	—

阳泉铝土矿的杂质成分，以铁、钛的氧化物含量较高。同时研究了除去铁、钛杂质的方法。采用仿琼斯强磁选机湿法强磁除铁，可除去近一半 Fe_2O_3。用高梯度磁选机除铁、钛杂质也有明显的效果。

经检查鉴定：铁、钛矿物以极细状态存在于矿石中，铁矿物在粒度为 $10\sim20\mu m$ 时有 85% 是单体存在，而锐钛矿小于 $5\mu m$ 仅有 70% 是单体存在，因此要除钛杂质，必须把原矿磨细为小于 0.074mm 占 96%进行浮选，当浮选尾矿含 TiO_2 2.87%、Fe_2O_3 1.25%时，经选别，获得产率为 81.03%，而含 TiO_2 1.91%、Fe_2O_3 为 0.76%的合格品。如果将原浮选尾矿细磨至小于 0.043mm 约占 98.70%时，经一次粗选、一次精选、二次扫选，可获得产率 86.22%，而含 TiO_2 和 Fe_2O_3 分别降至 1.8%和 0.73%的合格品。

山西阳泉矿业集团采用"阶段磨矿——次选别"的浮选，获得高铝产品和低铝产品；低铝中间产品再通过强磁性除铁、浮选脱钛生产工艺，最终获得 Al_2O_3/SiO_2 大于 9 的高铝产品，作为拜耳法生产氧化铝的原料，Al_2O_3/SiO_2 约等于 2.55 的低铝产品作为合成莫来石的耐火原料。山西孝义某铝业公司采用低品位铝土矿选矿无尾分离新技术，将当地大量积存的碎矿入选，产品以高铝精矿 $w(Al_2O_3) \geq 75\%$ 为主，用带预热器的回转窑生产高铝均化料；另一种精矿 $Al_2O_3/SiO_2 \geq 8$，供生产氧化铝；尾矿用于合成莫来石，实现"无尾矿"生产。选矿产品的产率和化学成分见表 3-8。

表 3-8 选矿产品产率和化学成分

产品名称	产率/%	品位矿化学成分/%				备 注
		Al_2O_3	Fe_2O_3	TiO_2	SiO_2	
特 1 级精矿	50	75	1.2~1.3	2.5	±3	
供氧化铝精矿	30	≥65	1.8	2.5	±9	$Al_2O_3/SiO_3 \geq 8$
合成莫来石尾矿	20	55	2.15	3.5	±21	$Al_2O_3/SiO_3 = 2.55$

郑州矿产综合利用研究所针对我国高铁铝土矿，研究出一种中温金属化焙烧磁选新技术，可综合回收高铁铝土矿中的铝矿和铁矿，取得高质量铝精矿和铁精矿，有望盘活我国几十亿吨"呆滞"高铁铝土矿资源。

用氟化铝可除去高铝矾土中的 SiO_2、TiO_2 和 Fe_2O_3 制取板状棕刚玉。将高铝矾土粉碎至小于 0.175mm，与一定比例氟化铝充分混合，然后压块煅烧。随着温度提高有以下反应：

$$\langle 3SiO_2 \rangle + \langle 4AlF_3 \rangle \xrightarrow{> 644℃} \langle 2Al_2O_3 \rangle + (3SiF_4) \uparrow$$

$$\langle 3TiO_2 \rangle + \langle 4AlF_3 \rangle \xrightarrow{> 962℃} \langle 2Al_2O_3 \rangle + (3TiF_4) \uparrow$$

$$\langle Fe_2O_3 \rangle + \langle 2AlF_3 \rangle \xrightarrow{> 927℃} \langle Al_2O_3 \rangle + (2FeF_3) \uparrow$$

SiF_4、TiF_4、FeF_3 为白色气态物，全部挥发掉，Al_2O_3 含量增大。有人用阳泉高铝矾土试验：1300℃，保温 30min，可脱除 SiO_2 95%、TiO_2 99%、Fe_2O_3 13%。煅烧到 1780℃时，可形成板状刚玉。

有报道：俄罗斯有人采用氟化氢铵（NHF·HF）可以除去高铝矾土矿和含高岭石黏土的硅成分，并提取硅。高岭土与氟化氢铵按 1:0.5 的混合料，1400℃煅烧可得单一的莫来石料；提高比例到 1:0.7 后，生成莫来石同时出现刚玉和方石英，数量达 30%，在莫来石化学计量配料生成的刚玉数量达 50%；而使用氟化氢铵过量（1:1.1）可得到刚玉相含量超过 80%的刚玉-莫来石陶瓷材料。

用电熔法也可以除去高铝矾土中的杂质，获得棕刚玉、亚白刚玉（见第五章）。

3. 硅线石族矿物原料的选矿

硅线石族矿物主要赋存在石英质岩、片麻岩、伟晶岩、云母片岩和石英片岩中，是典型的变质型矿床，由于压力和温度等变质条件不同，而有蓝晶石、硅线石、红柱石。一般有用矿物含量较少，为 5% ~ 40%，杂质含量较高，必须经过选矿处理，否则不能用做耐火原料。三石行业标准 YB/T 4032—2010 的有关规定见表3-9。

表 3-9　蓝晶石、硅线石、红柱石行业标准有关规定

三石	类型	牌号	化学成分（质量分数）/%					耐火度/℃	水分/% ≤1	线膨胀率/% （1450℃）
			Al_2O_3	Fe_2O_3	TiO_2	K_2O+Na_2O	灼减			
蓝晶石	普型	LP-54	≥54	≤0.9	≤1.9	≤0.8	≤1.5	≥180	≤1	必须检测测定时的牌号、粒径，由供需双方协商
		LP-52	≥52	≤1.0	≤2.0	≤0.9	≤1.5		≤1	
		LP-50	≥50	≤1.1	≤2.1	≤1.0	≤1.5	≥176	≤1	
		LP-48	≥48	≤1.3	≤2.2	≤1.2	≤1.5		≤1	
	精选型	LJ-56	≥56	≤0.7	≤1.6	≤0.4	≤1.5		≤1	
		LJ-54	≥54	≤0.8	≤1.7	≤0.5	≤1.5	≥180	≤1	
		LJ-52	≥52	≤0.9	≤1.8	≤0.6	≤1.5		≤1	
		LJ-50	≥50	≤1.0	≤1.8	≤0.8	≤1.5	≥176	≤1	
硅线石	普型	GP-57	≥57	≤1.2	≤0.6	≤0.6	≤1.5	≥180	<1	
		GP-56	≥56	≤1.3	≤0.6	≤0.6	≤1.5	≥178	<1	
		GP-55	≥55	≤1.5	≤0.7	≤0.8	≤1.5		<1	
		GP-54	≥54	≤1.5	≤0.7	≤0.8	≤1.5	≥176	<1	
		GP-52	≥52	≤1.5	≤0.7	≤1.0	≤1.5		<1	
	精选型	GJ-57	≥57	≤0.8	≤0.5	≤0.5	≤1.5	≥180	<1	
		GJ-56	≥56	≤0.9	≤0.5	≤0.5	≤1.5	≥178	<1	
		GJ-55	≥55	≤1.0	≤0.6	≤0.6	≤1.5		<1	
		GJ-54	≥54	≤1.1	≤0.6	≤0.7	≤1.5		<1	
		GJ-53	≥53	≤1.2	≤0.6	≤0.7	≤1.5		<1	
红柱石		HZ-58	≥58	≤0.8	≤0.4	≤0.5	≤1.5	≥180	≤1	
		HZ-56	≥56	≤1.1	≤0.6	≤0.6	≤1.5		≤1	
		HZ-55	≥55	≤1.3	≤0.6	≤0.8	≤1.5	≥178	≤1	
		HZ-54	≥54	≤1.5	≤0.7	≤1.0	≤1.5	≥178	≤1	
		HZ-52	≥52	≤1.8	≤0.8	≤1.2	≤1.5	≥176	≤1	

（1）选矿最初阶段采用手选、重选和选择性破碎的方法，然而由于硅线石族矿物密度不大及其针状晶型，造成重选困难，为了提高选矿效率采用浮选，或根据矿石性质的不同采用联合选别方法，例如重选可以回收粗粒矿物，浮选可以回收细粒部分，或分出硫化物及其他副矿物。而磁选、静电选则能除去铁、钛矿物。

（2）脱泥：几乎所有硅线石族矿石在重选或浮选之前都要脱泥，可提高 Al_2O_3 含量10%左右。通常采用多段脱泥，脱泥设备有振动筛、螺旋分级机、水力旋流器等。脱泥粒度上限一般在 20 ~ 74μm 范围内。

（3）重选：一般分为干式和湿式两种。干式重选采用风力摇床，湿式多以摇床、跳汰及重介质选矿法，矿石入选粒度为 3 ~ 0.5mm。

（4）浮选：1）酸性浮选：矿浆 pH = 2 ~ 4.5 范围内，使用磺酸盐类阴离子捕收剂，常

用的调整剂为硫酸、氢氟酸。粗精矿经过 1~3 次精选。如河北省卫鲁蓝晶石矿、美国格雷斯蓝晶石矿采用酸性浮选。2）碱性浮选：pH = 8~10 范围内，通常用油酸等脂肪酸及其皂类做捕收剂，用 Na_2CO_3、NaOH 等做调整剂。浮选温度在 25℃ 以上，粗精矿一般需 2~4 次精选。黑龙江鸡西硅线石矿、美国东岭蓝晶石矿采用碱性浮选。

对红柱石、蓝晶石、硅线石常用选矿方法简述如下：

（1）红柱石：为了把红柱石从杂质分离出来，首先通过水洗，可把红柱石含量提高 50%，然后进行重介质选矿，使用硅铁和水的混合物为介质，介质平均密度为 $2.55g/cm^3$，在旋转分离机上进行离心分离。通过重介质选出的红柱石精矿，经干燥便制得红柱石成品，南非是百吨矿石可选出 8~10t 红柱石成品。

北京西山红柱石矿，采用破碎—筛选—磁选—重选工艺流程。先将大于 0.074mm 的矿石进行水洗脱泥，烘干后在电磁分离机上分选，再将分离出的非磁性矿物，用三溴甲烷（密度 $2.89g/cm^3$）进行重选。选出的精矿达到南非两种低品级精矿的要求。

法国格雷梅格红柱石矿石，用强磁选机除去黑云母、绿泥石、游离的铁杂质。

河南西峡红柱石，矿石类型比较单一，红柱石晶粒粗大，自形柱状。采用洗矿—手选—重选—强磁选的工艺流程，如图 3-8 所示。

法国英格瓷集团在法国、南非和我国新疆益隆开采并生产多种品位的红柱石，其氧化铝含量从 53%~61%，氧化铁含量从 1.2%~0.4%，粒度从微米级到 8mm 颗粒。

（2）蓝晶石：一般片岩中含蓝晶石 18%~20% 即可开采，因此必须选矿才能使用。蓝晶石的选矿研究和实践比较多，其选矿工艺受矿石类型制约，如对纤维状和细粒浸染矿石全部用浮选。对凝聚矿石，若蓝晶石呈粗粒凝聚，采用重悬浮液和浮选联合选矿。河北卫鲁蓝晶石矿，矿石中含蓝晶石矿物 11%~15%，主要伴生矿物为黑云母、石英、长石、铁铝石榴子石、磁铁矿及少量白云母、赤铁矿、黄铁矿等，采用酸性浮选—弱磁选—强磁选联合流程，如图 3-9 所示。

原矿磨至小于 0.075mm，脱除 $-30\mu m$ 矿泥进入浮选，采用硫酸将矿浆调至酸性，捕收剂为石油磺酸盐，浮选作业包括 1 次粗选、4 次精选，再经 1 次弱磁选和 2 次强磁选除去杂质，获得精矿。

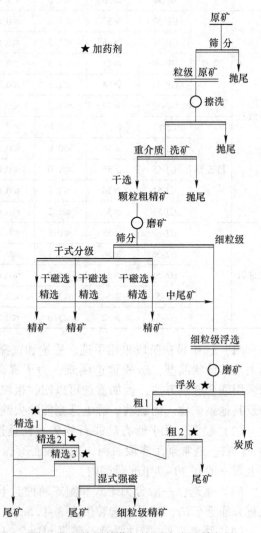

图 3-8　西峡原林营红柱石选矿原则流程

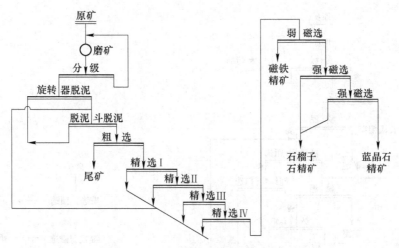

图 3-9　河北卫鲁蓝晶石选矿工艺流程

美国东岭蓝晶矿采用碱性浮选—强磁选工艺流程。是因为矿石中金红石和碳酸盐矿物含量较高，前者进入蓝晶石精矿，后者耗酸量较高，故不易酸性浮选。其流程是将矿石磨至小于 0.589mm，2 段水力旋流器脱泥，用乙基磺药选出黄铁矿和黑云母，用脂肪酸做捕收剂，湿式强磁选除铁，过滤、干燥后再一次干式强磁选出铁，即为最终蓝晶石精矿。

俄罗斯某蓝晶石矿利用碳热还原法富选蓝晶石精矿。主要工艺流程是：蓝晶石精矿 $w(Al_2O_3)$ 51.97%、$w(SiO_2)$ 40.94% 与还原剂、疏松剂混合，以较低压力制坯或成球。坯体或球体在 1700~1800℃ 下保温 1~4h 热处理。再将烧后的坯体或球团破碎成颗粒，再磨细。用重力分离法将高铝部分从氧化硅部分检出来，再放入炉中氧化气氛 700℃ 煅烧，得到的最终产品 $w(Al_2O_3)$ 80%、$w(SiO_2)$ 12%。可生产莫来石刚玉耐火材料或生产氧化铝产品。在蓝晶石进行碳热还原过程中，坯体中所含的碳在准开放的系统中，不是通过直接接触的方法参与到 SiO_2 相的还原过程，而是将 SiO_2 分解成 SiO。这种气相 SiO 从坯体中扩散出来，将硅元素输送到碳质填充料中，生成 SiO_2、Si 和 SiC，通过料中硅含量与碳数量关系，印证了这一还原过程和碳的还原作用。

（3）硅线石：比较好的选矿方法是预先脱泥，在苏打介质中用油酸浮选。从含硅线石20% 的矿石中获得含硅线石 95% 的精矿。用磁选法从精矿中除掉黑云母和石榴子石，最终能获得含硅线石 99% 的精矿。黑龙江鸡西硅线石选矿，采用脱泥—极易浮物—浮选的工艺流程，如图 3-10 所示。

4. 锆英石选矿

锆英石为正硅酸锆，是含锆矿物中最常见的一种。锆英石矿床分为脉矿和砂矿两种类型。具有开采价值的锆英石矿床以砂矿为主，其中有冲积砂矿、残积砂矿和海滨砂矿。以海滨砂矿最具有开采价值。海滨砂矿的锆英石伴生矿物，以钛铁矿、金红石、独居石、榍石为主。脉石矿物以石英为主。选矿时，需要重选、磁选、浮选、电选等方法联合使用。

由于海滨冲积砂矿中矿物已基本单体解离，故不需要破碎和磨矿，采出的砂矿先筛分除去不含矿的砾石，如含泥多的砂矿还须先经脱泥，然后再送去重选，除去大量的脉石矿物（如石英等），经重选所得的粗精矿再送精矿车间处理，冲积砂矿选矿的原则流程如图 3-11 所示。

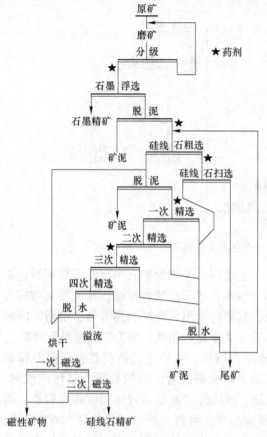

图 3-10　鸡西硅线石选矿原则流程

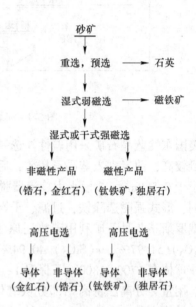

图 3-11　海滨砂矿选矿原则流程

（1）重选法：在最初阶段，往往采用重选法富集锆英石，如采用摇床先将重矿物与脉石（石英，长石，黑云母等）分开，然后再用其他方法将锆英石与其他重矿物分离。

（2）浮选法：常用捕收剂为脂肪酸盐，如油酸，油酸钠；矿浆调节剂以苏打为主，$pH=7\sim8$；抑制剂为硅酸钠；活化剂为硫酸钠和重金属盐类，如氯化锆，氯化铁，也有用草酸调节矿浆至酸性，用胺类或胺类衍生物做捕收剂。

（3）电选法：利用矿物导电性差异，将钛铁矿，赤铁矿，铬铁矿，锡石，金红石等导电矿物与锆英石，独居石，石榴石，磷灰石等非导电矿物分离。电选前应预先脱泥分级，加热烘干及加药处理。

（4）磁选法：重矿物中磁性矿物有钛铁矿，赤铁矿，铬铁矿，石榴石，黑云母，独居石等；锆英石为非磁性矿物或弱磁性矿物（某些矿床中锆英石中含有铁，则为弱磁性矿物）。磁选方法分为干式和湿式两种。干式磁选需将入选物料加热干燥，分级等预处理后才能进行分选。而湿式强磁场磁选机，其分选粒度较宽，粒度下限可达 $20\mu m$，因此当锆英石粒度小时，采用湿式磁选机较为合适。

由于锆英石矿砂中伴生矿物较多，需要重选，磁选，浮选，电选等方法联合使用，才能选出符合要求的锆英石矿。我国冶金行业制定的耐火材料用锆英石标准，见表3-10。

表 3-10　锆英石精矿理化指标（YB834—1975）

等　级		(Zr, Hf)O/%（不小于）	杂质含量/%（不大于）		
			TiO_2	P_2O_5	Fe_2O_3
一级品	一类	65	0.5	0.15	0.30
	二类	65	1.0	0.30	0.30
二级品		63	2.0	0.50	0.70
三级品		60	3.0	0.80	1.00

5. 菱镁矿选矿

菱镁矿是重要的碳酸盐矿物，化学式为 $MgCO_3$，其中含 MgO 47.80%、CO_2 52.18%。有晶质和隐晶质两大类。晶质矿床规模大，矿石质量好，主要脉石矿物有白云石、方解石、滑石、透闪石等。隐晶质矿石的脉石主要有蛇纹石、蛋白石、绿泥石等。

提高矿石 MgO 含量，减少杂质含量，可以改善制品的使用性能。因此很早就有人致力于菱镁矿选矿的研究，1937 年美国佛蒙特州就用浮选法分离菱镁矿和滑石。美国、加拿大、巴西等国还用重介质选矿法，热选法使镁砂中 MgO 提高到 96%，随后苏联、奥地利等国用浮选同时用化学选矿法使 MgO 提高到 98%。我国菱镁矿选矿始于 20 世纪 60 年代的热选法，随后又进行碳化法、浮选法等试验研究，取得了显著成效。

根据矿床类型和矿石性质不同，对菱镁矿矿石可以采用手选、热选、浮选和化学处理法富集，有时也可以采用重介质选、光电选和磁选。

热选法的原理是将菱镁矿煅烧到 800～1000℃，使菱镁矿分解出 CO_2，质地变脆且疏松，而与菱镁矿伴生的滑石、绿泥石、蛇纹石等相对变硬，此时将煅烧后的矿石进行破碎、筛分，筛下产物的质量（MgO 含量）有所提高。菱镁矿、白云石和滑石受热后耐压强度的变化见表 3-11。

表 3-11　菱镁矿、白云石、滑石加热后耐压强度变化

温度/℃　强度/MPa	100	300	500	600	700	800	900	1000	1100	1200	1300	1400
菱镁矿	103.1	97.9	85.3	74.0	30.8	4.1	2.7	1.5	1.0	1.7	1.5	1.5
白云石	197.4	194.1	195.7	196.4	178.2	140.2	97.3	29.2	19.0	18.5	20.3	24.6
滑石	9.8~24.5							49.0				

从表 3-11 可以看出菱镁矿经 800～900℃煅烧后，强度大幅度下降，虽然这时白云石强度也相应下降，但其强度仍比菱镁矿高出 30 余倍，此外，滑石的低温强度虽然较低，受热后反而提高，这些都有利于菱镁矿与白云石、滑石分离。

菱镁矿与滑石为主的硅酸盐矿物是易于用浮选分离的，而白云石、方解石等碳酸盐矿物，由于与菱镁矿的可浮性相近，用浮选法分离有较大的难度，菱镁矿中以类质同象存在的铁、钙则无法用浮选分离。

我国目前主要采用浮选法脱除菱镁矿中的杂质，一般的浮选流程如图 3-12 所示。

菱镁矿矿石首先进行反浮选，浮选硅酸盐矿物，然后再浮选菱镁矿，得出菱镁矿精矿和低品位中间产物。1 级品矿石浮选后可获得 MgO 含量不小于 98%（以烧失量为零计算）

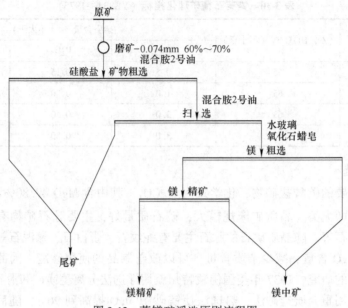

图 3-12　菱镁矿浮选原则流程图

的特级精矿,用二级矿石和级外矿石也可获得 MgO 含量不小于 97% 的精矿。

20 世纪 80 年代,辽宁海城、大石桥等地的一些厂矿先后进行菱镁矿浮选试验并进行生产。海城地区某矿点的菱镁石 $w(MgO)$ 45%、$w(SiO_2)$ 3.98%,经浮选后 $w(SiO_2)$ 降低到 0.5% 以下,$w(MgO)$ 49% 的精矿收得率 70%,SiO_2 去除率达 90%,做到了对杂质的充分捕收,选别效果明显。

不过,对低品位菱镁矿尚未做选矿试验。国外对菱镁矿选矿提纯问题非常重视,特别是对低品位矿石研究较多。如印度某地的菱镁矿含石英和硅酸盐在 14%~41.5%,经选矿后石英和硅酸盐含量可以降到 3% 以下。奥地利 Radex 公司 MgO 含量不足 30% 的菱镁矿,经选矿后,MgO 含量达到 46.5%。国外对含 MgO 不足 30% 的菱镁矿采取选矿的办法开采利用,而我国丢弃的所谓贫矿,MgO 含量都在 40% 以上。这样既浪费了宝贵资源,又破坏了环境(占用土地),因此对低品位菱镁矿的选矿势在必行。

用水菱镁石轻烧并热选,提取高纯 MgO 原料。水菱镁石是一种高含镁矿物,其主要成分为:$3MgCO_3 \cdot Mg(OH) \cdot 3H_2O$,并含有 CaO、$Fe_2O_3$、$Al_2O_3$、$SiO_2$ 等杂质。在西藏班戈湖一带发现,储量很大。辽宁科技大学研究了水菱镁矿轻烧温度对热选降 CaO 率的影响。他们选用 3~5mm 水菱镁石作原料,不同轻烧温度试验得出:800℃、保温 3h 的活性最好,而 900℃、保温 3h 的轻烧料过 0.425mm(35 目)筛热选,降 CaO 率比 800℃ 的高很多,因此认为水菱镁石轻烧温度为 900℃,保温 3h 再热选。

重介质选矿是利用菱镁矿与伴生矿物的密度差,纯菱镁矿密度为 $3.03g/cm^3$,实际在 $2.9~3.1g/cm^3$ 之间变化。如脉石矿物为滑石、石英,嵌布粒度又较粗,利用重介质选矿法除去脉石矿物无困难,如白云石、蛇纹石,其密度与菱镁矿相比较小,就应该控制重介质密度。

例如,萨特金菱镁矿,矿石的主要杂质是白云石及少量其他矿物,采用重悬浮液选矿法除去混入菱镁矿的白云石,其工艺流程如图 3-13 所示。

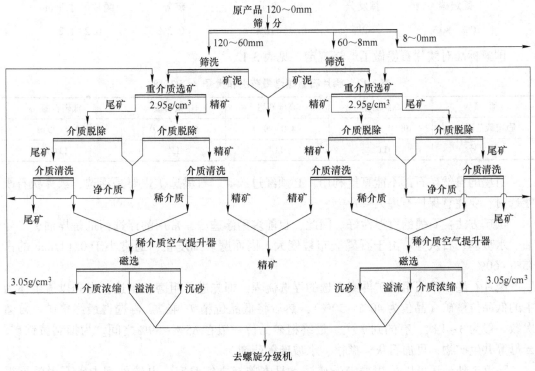

图 3-13 萨特金菱镁矿选矿流程

6. 石墨选矿

石墨是碳元素结晶的矿物之一,具有完全的层状解理,沿解理面硬度为 1~2,沿垂直解理面方向,随杂质的增加,硬度可增至 3~5。石墨具有极高的耐火性能、化学稳定性,不为强酸或强碱所侵蚀,线膨胀系数小,弹性模量小等。随着冶金技术发展,碳质耐火材料越来越引起人们关注,石墨成为重要的耐火原料。

天然石墨大都产于变质岩中,有机碳经区域变质作用或接触变质作用而形成,火成岩也有发现。因此,石墨往往含有 SiO_2、Al_2O_3、FeO、CaO、P_2O_5、CuO 等杂质。这些杂质常以石英、黄铁矿、碳酸盐等矿物出现。石墨中有时还包含有 H_2O、沥青和 CO_2、CO、H、CH_4、N 等气体组分,因此对石墨分析时,除了测定固定碳以外,还必须同时测定挥发分和灰分(杂质)的含量。

工业上根据石墨结晶形态,把天然石墨分成三类:

(1)块状晶质石墨:石墨结晶明显,肉眼可见,颗粒直径大于 0.1mm。晶体排列方向杂乱,呈致密块状构造,矿石中石墨含量较高,一般为 62%~65%,有时可达80%~98%。

(2)鳞片状石墨:石墨晶体呈薄片状或叶片状,在强大的定向压力下受变质形成的。石墨含量较低,一般为 6%~20%。但选矿后是良好的石墨矿物原料。

(3)隐晶质石墨:亦称土状石墨,显微镜下见不到晶形,晶片直径小于 $1\mu m$。此外,还有一种煤与石墨之间的过渡矿物称"半石墨",工业价值不大。耐火材料主要用前两种石墨,特别是鳞片状石墨,灰分含量少为优,对石墨质量要求如下:

固定碳	挥发分	灰分	硫分	鳞片尺寸/mm
70%~80%	>2%	<10%	<0.2%	0.2~1.2

国家标准对鳞片石墨做了严格规定，见表 3-12。

表 3-12　鳞片石墨碳含量范围和代号（GB3518）

原料	高纯石墨	高碳石墨	中碳石墨	低碳石墨
固定碳范围/%	99.9~99.99	94.0~99.0	80.0~93.0	50.0~79.0
代号	LC	LG	LZ	LD

石墨的自然矿石都不能直接利用，必须经过选矿。石墨选矿主要是浮选，鳞片状石墨浮选时，要注意保护石墨大鳞片。

选矿方法：石墨的可浮性好。因此，目前多用浮选法，常用的浮选药剂是煤油、二号油、水玻璃、石灰等。由于石墨嵌布粒度大，因而磨矿细度粗，通常小于 0.147mm 的占 45%~60%。

鳞片石墨多采用粗精矿再磨再选的浮选流程，即先进行粗磨、粗选，得到以连生体为主的低品位精矿（品位为 40%~50%），然后将低品位精矿再磨，再选得最终精矿。再磨次数一般为 3~4 次，有的到 7 次。最终精矿品位一般在 85%~89%之间。为抑制黄铁矿、云母等共生矿物，可加石灰、糊精、水玻璃等药剂。

除浮选外，还可以采用静电选矿法，日本曾建立实验室，电选处理中碳石墨效果很好，精矿品位可达 96%左右。

鳞片石墨也可用风选处理，但回收率不高，在缺水地区可建风选—浮选联合流程。

隐晶质石墨选矿过程：原矿→破碎→磨矿→浮选→脱水→干燥→磨矿→分级→成品包装。对高品位隐晶质石墨矿常经简单手选后，直接粉碎成产品。

选矿实例：

山东南墅石墨矿：矿石品位（固定碳含量）为 4%左右，脉石矿物有长石、石英、透辉石、透闪石、云母、绿泥石、黄铁矿、金红石、钛铁矿、磁铁矿等。石墨鳞片分布在石英和长石矿物颗粒间，或节理裂隙处与纤维矿物如透闪石、阳起石、黑云母等紧密共生。石墨鳞片大小一般为 1.0~5.0mm，在石墨矿体破碎带内有少量隐晶质石墨。

该矿采用 4 次再磨、6 次精选的流程，如图 3-14 所示，药剂制度见表 3-13。为提高磨矿效果，再磨机给矿全部用旋流器浓缩，第 4 次再磨用碾磨机，最终精矿品位为 89%。

黑龙江柳毛石墨矿是我国细鳞片石墨的主要产地。矿床由石英岩组成，主要矿物有石墨、石英、斜长石，少量石榴子石、透辉石、正长石、白云母、绿泥石、褐铁矿、黄铁矿等。矿床特点是石墨鳞片小，品位高，一般品位为 10%~20%，原矿经两段开路破碎，最终破碎产品粒度为 13mm。采用 4 次再磨，6 次精选的流程，最终产品品位为 89%~90%。

7. 硅藻土选矿

硅藻土由硅藻及其他微小生物遗体的硅质部分组成，如放射虫的甲壳、海绵骨针等堆积而成的沉积岩。主要由氧化硅（含水）70%~90%和其他化合物 10%~45%组成，还有黏土、微粒石英、铁的氧化物和海绿石以及有机物质、碳酸钙、氧化镁等杂质，因此硅藻土的化学成分较复杂。

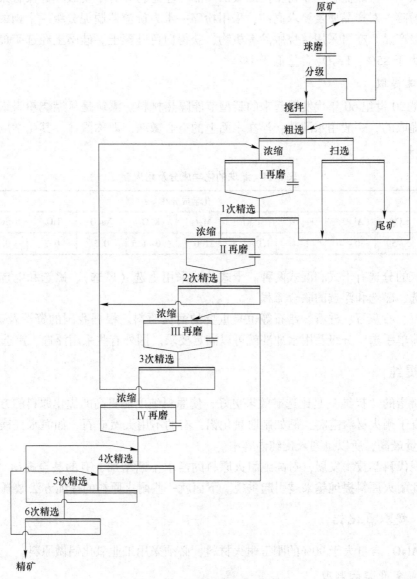

图 3-14　南墅石墨矿选矿流程

表 3-13　药剂制度

药剂名称	用量/g·L^{-1}	加药地点
煤油	200~250	搅拌槽
2 号油	200~300	搅拌槽
石灰	1000~1500	球磨机

　　硅藻土的气孔率为 90% 以上，呈松散土状，密度为 0.4~0.9g/cm^3，热导率低，是隔热制品比较好的原料。当加热到 1000℃ 以上时，硅藻壳转化为方石英，因此硅藻土保温材料只能使用到 900℃。

　　对硅藻土选矿的目的是排除其中的石英、有机物、氧化铁等。杂质含量低的硅藻土采用粉碎—烘干—分级流程，获得不同品级的产品。注意粉碎时不要破坏硅藻骨架，要用锤式破碎机粉碎。对产品质量要求高的，采用粉碎—水力旋流器脱泥分级—干燥的流程，获得不同品级产品。亦可采用焙烧脱除有机物，获得白色硅藻土。硅藻土经选矿提纯后可使 SiO_2 含量大于 85%，Fe_2O_3 含量低于 1%。

8. 漂珠提取

漂珠是 20 世纪 60 年代发展起来的新型节能隔热材料。漂珠是从燃烧粉煤锅炉排放出来的煤灰提取的，一般用水漂洗，浮在水面上的空心微珠，即称漂珠。其化学成分及耐火度见表 3-14。

表 3-14　漂珠的化学成分及耐火度

耐火度/℃	化学成分/%									
	SiO_2	Al_2O_3	Fe_2O_3	CaO	MgO	K_2O	Na_2O	TiO_2	SO_2	灼减
1610~1730	55~59	30~36	2~4	1.0~1.5	1.0	1.0~1.5	0.5	0.7	0.1	0.3

粉煤灰的分选有干式和湿式两种。干式分选采用重选（风选）、磁选和电选。湿式分选采用重选、磁选和浮选的联合流程。

白云石、石灰石、硅石、蜡石等也是重要的耐火原料。根据我国的资源及矿石质量，一般经过简单手选、分级及用水冲洗就可以满足要求。国外有些采用浮选、重选等。

二、提纯

本节所指的"提纯"是比选矿效果更好，使原料纯度能更高的优化原料的方法。有的方法还不属于耐火材料范畴，例如制取氧化铝，有的不用天然矿石，如海水提镁，因为这种 MgO 含量最高，所以也列入提纯内容中。

由于现代科学技术发展，对高纯耐火原料的需求不断增加，有的甚至提出"超高纯"原料，因此耐火原料提纯越来越引起重视。下面就一些耐火原料的提纯方法做概括介绍。

（一）提取氧化铝

对于 Al_2O_3 含量大于 90% 的刚玉耐火材料，必须采用工业氧化铝做原料。

1. 工业氧化铝的制取

从铝土矿或其他含铝的天然原料提取氧化铝的方法较多，大致有碱法、酸法、酸碱联合法及热法 4 种。

用碱法生产氧化铝时，是用碱（NaOH 或 Na_2CO_3 等）处理铝矿石，使矿石中的氧化铝变成可溶于水的铝酸钠。矿石中的铁、钛等杂质和绝大部分硅则成为不溶解的化合物。把不溶解的残渣（赤泥）与溶液分离，洗涤后弃之，或做综合处理，将纯净的铝酸钠溶液进行分解，以析出 $Al(OH)_3$ 经分离、洗涤和煅烧后，可获得氧化铝产品。分解母液则循环使用，用来处理另一批铝矿。

碱法有拜耳法、烧结法及拜耳-烧结联合法等多种流程。目前世界上 95% 的氧化铝是用拜耳法生产的，少数采用联合法。

（1）拜耳法（见图 3-15）就是直接用含有大量游离 NaOH 的循环母液处理铝矿石，

以溶出其中的氧化铝，获得铝酸钠溶液。并加晶种分解的方法，使溶液中氧化铝成为 $Al(OH)_3$ 结晶析出。拜耳法生产工艺简单，能耗低，产品质量好。但此法不能处理铝硅比较低（Al_2O_3/SiO_2 为 7~8 以下）的矿石，可是碱性石灰烧结法可以处理高硅铝矿，目前碱性石灰烧结法处理矿石的铝硅比一般不小于 3~3.5。根据我国高硅铝土矿的资源特点，已成功地掌握了碱性石灰烧结法和拜耳-烧结联合法生产工艺。

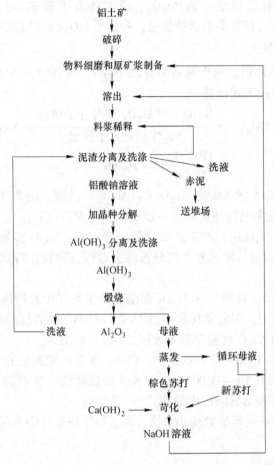

图 3-15　拜耳法制取氧化铝流程图

（2）烧结法是在铝矿石中配入石灰石（或石灰）苏打（含有大量 Na_2CO_3 的碳分母液），使原料在高温下烧结，从而得到含固态铝酸钠的熟料，用水或稀碱液溶出熟料，便得到铝酸钠。对脱硅后的纯净铝酸钠溶液采用碳酸化分解法（往溶液中通入 CO_2 气体），使溶液中的 Al_2O_3 成为 $Al(OH)_3$ 析出，碳分母液经蒸发后返回用于配制生料浆，将 $Al(OH)_3$ 煅烧得到工业氧化铝。

（3）拜耳-烧结联合法是先将矿石用拜耳法处理，将铝土矿中的氧化铝用晶种从铝酸钠溶液中析出氢氧化铝，然后将溶出的渣及含硅高的矿石另用烧结法处理。拜耳法中的赤泥用碱再预处理后，可回收 Al_2O_3 8%。此外，该过程还可以回收 Na_2CO_3 90%。此法优点是对矿石品位要求范围宽、高低品位均可、成本低、回收率高，但投资大，大型企业多采用此法。此法的铝土矿"溶出"是关键工序之一，针对我国铝土矿多为一水硬铝石型的溶出远比三水铝石型铝土矿差，要更高的溶出温度和碱浓度，更长的溶出时间，所以称"强化溶出"。采取在管式反应器后面加一个反应罐技术，溶出温度在 260℃或以上。最近几年贵州铝厂等一大批大型企业先后将碱石灰烧结法改为拜耳-烧结联合法。

酸法虽已研究半个多世纪，但由于回收复杂，尚未实现工业应用。酸碱联合法是有价值的方法。热法尚在研究中。

工业氧化铝的主要化学成分是 Al_2O_3，通常还有少量 SiO_2、Fe_2O_3、TiO_2、Na_2O、MgO、CaO 和 H_2O。耐火材料要求杂质含量，特别是 SiO_2 应尽可能降低。

2. 工业氧化铝的提纯

用碱法生产工业氧化铝，其中总含有少量 Na_2O，就 $Na_2O\text{-}Al_2O_3$ 二元系而论，Al_2O_3 中 $\beta\text{-}Al_2O_3$ 生成量可以按下式计算：

$$Na_2O \cdot 11Al_2O_3 = \frac{Na_2O \cdot 11Al_2O_3 \ \text{相对分子质量}}{Na_2O \ \text{相对分子质量}} \times Na_2O \ \text{含量}$$

$$= \frac{1192.52}{71.98} \times N = 16.6N$$

即 $1\% Na_2O$，可形成 16.6% 的 $Na_2O \cdot 11Al_2O_3$。目前，国产工业氧化铝中含 Na_2O 0.6% 以下，生产高质量制品时还必须进一步提纯，其方法如下：

（1）由于 $\beta\text{-}Al_2O_3$ 是碱法生产工业氧化铝时产生的，Na_2O 多聚集在工业氧化铝大于 $60\mu m$ 大颗粒部分，可以通过筛选和空气分选除去这部分颗粒，得到 Na_2O 0.1% 左右的工业氧化铝。

（2）为了排除 Na_2O，可利用 $\beta\text{-}Al_2O_3$ 高温下转变为气相的特性，通过煅烧 $Al(OH)_3$ 和高温处理氧化铝来实现。工业氧化铝通过 $1550 \sim 1750℃$ 的热处理及 $1800℃$ 强煤气流的熟料煅烧，工业氧化铝的 Na_2O 含量降到不大于 $0.01\% \sim 0.02\%$。

（3）加入硼酸，经 $1350 \sim 1550℃$ 煅烧，使 Na_2O 生成硼酸钠而挥发掉。加入 H_3BO_3 1% 可使 Na_2O 含量降到 $0.1\% \sim 0.003\%$。加入少量氯化镁，在煅烧过程中能更好地除去 Na_2O。用金属铝也可排除 $\beta\text{-}Al_2O_3$ 中的钠。

煅烧的氧化铝粉碎后进行酸处理和水洗，除了消除粉碎时磨入的铁质外，还起到除去氧化钠的作用。

3. 高纯氧化铝的制取

制取 Al_2O_3 含量 99.9% 以上的高纯氧化铝，提纯的手续更麻烦，花费的代价更大。制取的工艺流程如下：

$Al_2(SO_4)_3 + (NH_4)_2SO_4$ 按比例混合，混合物在煮沸蒸馏水中加热，其反应式为：

$$(NH_4)_2SO_4 + Al_2(SO_4)_3 + 2H_2O \longrightarrow (NH_4)_2Al_2(SO_4)_4 \cdot 24H_2O$$

再经溶解—过滤—冷却结晶—清水冲洗结晶块—加热煮沸结晶溶液等，如此反复四、五次，最后才能得到纯的硫酸铝铵结晶体 $[(NH_4)_2Al_2(SO_4)_4 \cdot 24H_2O]$。该结晶体经烘箱 $180 \sim 200℃$ 脱水 $-900 \sim 1000℃$ 电炉中分解，去掉铵和硫酸根，即得到 Al_2O_3 99.9% 以上的氧化铝细粉。

（二）提取 MgO

用菱镁矿选矿制取镁砂的纯度一般含 MgO $96\% \sim 97\%$，少部分可使 MgO 含量达 98%。

用碳化法能够提取 MgO 99%以上的高线镁砂，我国很早就进行过试验。由海水或湖水提取 MgO 是制取高纯镁砂的有效途径。如日本宇部化学工业公司的海水镁砂，MgO 含量都在 99%以上，并生产出 MgO 99.7%的超高纯镁砂。洛阳耐火材料研究院从海水中也提取了 MgO 含量 99.59%的超高纯镁砂。

我国天然菱镁矿资源丰富，但也有漫长的海岸线，就是否还要生产海水镁砂问题，曾引起争论。根据有关资料：每立方米海水含 MgO 约 2kg 以上，青海湖水含 MgO 比海水高 30～40 倍。特别是海洋化学工业和海水淡化工程有大量镁盐排出。就最普遍的晒盐来说，每晒 1t 盐就产生浓卤水 1t 左右，就含 MgO 的浓度来说，约是海水的 100 倍。其次，青海察尔汗盐湖有贮量约 16 亿吨的 $MgCl_2$，山西运城还有大量硫酸镁。青海湖水氯镁石（$MgCl_2 \cdot 6H_2O$）是提取钾盐的副产品，加热到 600～800℃脱水后得到 MgO，再经高温煅烧得到高纯镁砂，也可以煅烧直接生产镁砂。从卤水提取镁砂的成本比用天然镁石浮选制取高纯镁砂高不了多少，而卤水镁砂具有纯度更高、密度高、组织均匀、成分可以任意调整的特点。

此外，还可以从含蛇纹石水镁石矿物提取高纯 MgO，现分别叙述如下：

（1）海水和湖水镁砂。由海水（湖水）制取镁砂的工艺流程如图 3-16 所示。

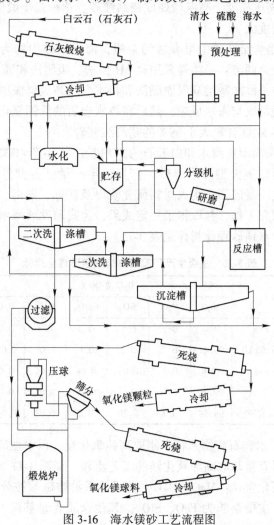

图 3-16　海水镁砂工艺流程图

物理化学原理：海水或湖水提取 MgO 是基于溶度积原理。当数种离子共存于水溶液中，某一化合物的实际离子浓度的乘积若大于它的溶度积，即首先沉淀下来。海水中主要含 $MgCl_2$、$MgSO_4$、$NaCl$ 等，每立升海水中 Mg^{2+} 浓度为 1.06g/L。

利用 $Mg(OH)_2$ 溶解度及其溶度积很低的特点，可用碱作沉淀剂。一般采用轻烧并水化的石灰石或白云石，其化学反应方程式如下：

轻烧 $CaCO_3 \rightarrow CaO + CO_2 \uparrow$ 或 $MgCO_3 \cdot CaCO_3 \rightarrow MgO + CaO + 2CO_2 \uparrow$ 水化制取消石灰：$CaO + H_2O \rightarrow Ca(OH)_2$（消石灰），往海水中加入消石灰，与海水中的 $MgCl_2$、$MgSO_4$ 作用形成 $Mg(OH)_2$ 沉积。

$$MgCl_2 + Ca(OH)_2 \longrightarrow Mg(OH)_2 + CaCl_2$$
$$MgSO_4 + Ca(OH)_2 \longrightarrow Mg(OH)_2 + CaSO_4$$

当用白云石做沉淀剂时，同时回收了白云石中的 MgO，使产量增加。

反应生成的 $Mg(OH)_2$ 经 900~1000℃ 轻烧，得到结构疏松、化学活性很大的 MgO 粉，即：

$$Mg(OH)_2 \longrightarrow MgO + H_2O$$

再将轻烧 MgO 粉高压成球，高温煅烧成烧结镁砂。这种二步煅烧比 $Mg(OH)_2$ 直接高温煅烧易烧结，镁砂密度大。

降硼提纯：B_2O_3 是烧结镁砂中很有害的杂质，海水镁砂中约为 0.25%。降低硼含量的方法较多，大体上分为两类：一类是采用高 pH 值法、吸附法和碱洗法等减少 $Mg(OH)_2$ 对硼的吸附量；另一类是添加碱类高温脱硼法和再水合法高温烧煅脱硼。采取破坏氢氧化镁反应层，使包裹的钙再次与海水反应，然后将再水合后的低钙氧化镁压块于高温煅烧除硼取得显著效果，制得 MgO 含量大于 99% 的超高纯镁砂。

自 1938 年英国在东海岸用海水和白云石为原料投产了年产 4000t 镁砂工厂后，美国、日本、意大利等国先后建成大型海水镁砂生产厂，年产量已占世界镁砂总产量的三分之一，生产技术稳定成熟。我国洛阳耐火材料研究院以及江苏、湖南、湖北、广东、广西等地先后做了大量试验研究工作，并取得了一定成果，为我国发展海水、湖水镁砂工业打下了基础。一些厂家的海水镁砂理化指标见表 3-15。

表 3-15　主要生产厂家海水烧结镁砂理化指标

国　家	公　司	化学成分/%						体积密度/g·cm⁻³	备　注
		MgO	CaO	SiO_2	Fe_2O_3	Al_2O_3	B_2O_3		
美国	Harbison Walker 98	98	0.7	0.6	0.2	0.2	0.08	3.32	竖窑烧
墨西哥	Quimica, del. Rey99AD	99.01	0.7	0.1	0.1	0.09	0.003	3.44	竖窑烧
以色列	Dead Sea Periclose	99.4	0.3	0.08	0.14	0.06	0.01	3.45	竖窑烧
日本	宇部化学公司	99.70	0.1	0.02	0.05	0.05	0.05	3.35	回转窑烧
中国	洛阳耐火材料研究院	99.59	0.1	0.29	0.02	0.03	0.046	>3.35	高温炉烧

（2）从含蛇纹石、水镁石矿物原料中制取高纯氧化镁。以中性硫酸铵为浸出剂，从含蛇纹石水镁石矿物原料直接制取高纯氧化镁的工艺流程，如图 3-17 所示。

工艺原理：水镁石化学式：$MgO \cdot H_2O$，在强热下易被硫酸铵分解得到游离 MgO，特别是陕西大安水镁石，主要杂质为 FeO、SiO_2，其他杂质含量甚微，特别是 CaO 含量低，

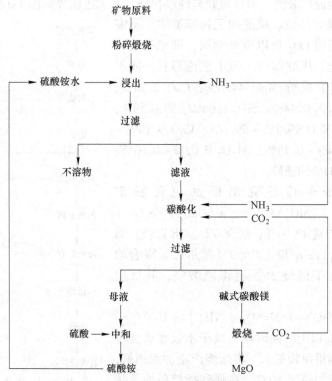

图 3-17　含蛇纹石水镁石制取 MgO 流程

是提纯的有利条件。原料经 650℃煅烧取得最多的游离 MgO。

$$2MgO + 3(NH_4)_2SO_4 \Longleftrightarrow 2MgSO_4 + (NH_4)_2SO_4 + 4NH_3 + 2H_2O$$

向硫酸镁和硫酸铵的浸出溶液中通入 NH_3 和 CO_2 时，SO_4^{2-} 与 NH_3 结合生成硫酸铵，而镁成为碱式碳酸镁沉淀：

$$2MgSO_4 + (NH_4)_2SO_4 + 4NH_3 + 1.6CO_2 + 4H_2O \longrightarrow 2MgO \cdot 1.6CO_2 \cdot 2H_2O + 3(NH_4)_2SO_4$$

根据以上反应，硫酸铵在整个工艺过程中是平衡的。沉淀反应后母液中的硫酸铵应当能够返回浸出，以反复循环使用。碱式碳酸镁经 1100℃煅烧，其化学组成见表 3-16。

表 3-16　氧化镁的化学成分（%）

MgO	SiO$_2$	Fe$_2$O$_3$	Al$_2$O$_3$	Cl$^-$	MnO	NiO	K$_2$O	Na$_2$O	CaO
99.7	0.019	0.0043	0.0009	0.04	0.00013	0.0011	0.024	0.021	0.098

将氧化镁进一步高温煅烧，可取得高纯镁砂。

采用化学处理法从菱镁矿中提取碱式碳酸镁，可以分为盐酸法、氨法和碳化法。碳化法的基本原理是：对菱镁矿石进行轻烧，分解出 CO_2，即 $MgCO_3 = MgO + CO_2\uparrow$，轻烧后的矿石进行湿磨。在磨矿过程中 MgO 与水反应，生成不溶性的氢氧化镁，即 $MgO + H_2O = Mg(OH)_2$，将磨细的料浆送入压力反应器中，调整好矿浆的液固比，通过 CO_2 并控制一定的温度，使 $Mg(OH)_2$ 转变为可溶性的碳酸氢镁，即 $Mg(OH)_2 + 2CO_2 \rightarrow Mg(HCO_3)_2$。碳化后的料浆经澄清、过滤和洗涤后，弃去滤渣，将滤液加热，使 CO_2 逸出，便得出碱式碳酸镁，即：$4Mg(HCO_3)_2 \rightarrow 3MgCO_3 \cdot Mg(OH)_2 \cdot 3H_2O + 5CO_2\uparrow$。

将碱式碳酸镁进行煅烧，即可得到高纯氧化镁。其工艺流程如图3-18所示。

该工艺对菱镁矿品位、粒度均无特殊要求。不需外购任何试剂，所用 CO_2 可以就地制取，即把菱镁矿轻烧窑的尾气净化、压缩即可。但工艺流程长，成本高。用原矿的化学成分 MgO 44.0%、CaO 2.24%、Fe_2O_3 1.81%、Al_2O_3 0.44%、SiO_2 1.66%、灼减50%，选出后煅烧得到 MgO 99.1% ~ 99.6%、CaO 0.10% ~ 0.22%、SiO_2 0.04% ~ 0.13%、Al_2O_3 0.02% ~ 0.03%、Fe_2O_3 0.17% ~ 0.31%的镁砂。

东北大学等单位研究出低品位菱镁矿 $w(MgO)$ 44.55%、$w(SiO_2)$ 5.57%、$w(CaO + Fe_2O_3 + Al_2O_3)$ 0.97%、灼减49.91%，经900℃、3h轻烧，然后与硫酸铵 $(NH_4)_2SO_4$ 按 1:0.9（摩尔比）混合均匀，在475℃温度下焙烧3h，制得硫酸镁，其反应式为：

$$(NH_4)_2SO_4 + MgO \Longrightarrow MgSO_4 + NH_3\uparrow + H_2O\uparrow$$

镁的转化率达90%以上。同时用去离子水吸收焙烧过程产生的氨气，制得回收氨水。将焙烧产物加水消解，滤出杂质。将滤液加热至50℃，在强烈搅拌条件下缓慢加入回收的氨水，至溶液的pH值等于10.5，反应

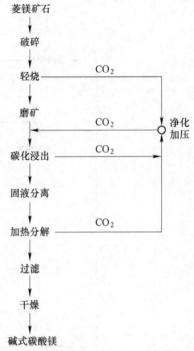

图 3-18　碳化法工艺流程

60min后，进行离心分离，真空过滤。滤饼经过反复洗涤、过滤后烘干得到氢氧化镁，反应式为：

$$MgSO_4 + NH_3 \cdot H_2O \Longrightarrow (NH_4)_2SO_4 + Mg(OH)_2$$

最终产物 $Mg(OH)_2$ 的质量分数达99.7%，呈球形颗粒，粒度均匀，平均粒径 $2\mu m$，进一步高温煅烧可得高纯镁砂。用 $Mg(OH)_2$ 煅烧的镁砂比菱镁矿直接煅烧的镁砂体积密度高，而气孔率低，易烧结，易破碎。在反应过程中产生的硫酸铵，氨水可以循环使用，不对环境产生污染。这种方法工艺简单，生产成本低，为低品位菱镁矿利用探索出一条新途径。

（三）制取 ZrO_2

天然含锆矿石有两种：一种是锆英石，含 ZrO_2 67.2%；另一种是斜锆石，含 ZrO_2 大于97%。天然斜锆石很少，一般所使用的 ZrO_2 主要从锆英石中提取。制取氧化锆方法很多，基本上是化学法、等离子法和电熔还原法。化学法中又分为碱溶法、钙溶法、酸溶法。

（1）化学法：将锆英石与烧碱（NaOH）或纯碱（Na_2CO_3）混合，熔融生成锆酸钠，然后水洗过滤，除去杂质，得到纯锆酸钠，再加入盐酸（HCl）溶液，盐酸对锆起氧化作用，生成氧氯化锆，再使之与氨水（NH_4OH）反应，生成氢氧化锆，经煅烧即得氧化锆。其化学反应式如下：

$$ZrSiO_4 + 4NaOH(或 Na_2CO_3) \longrightarrow Na_2ZrO_3 + Na_2SiO_3 + 2H_2O(或 CO_2)$$

$$Na_2ZrO_3 + 4HCl \longrightarrow ZrOCl_2 + 2NaCl + 2H_2O$$

$$ZrOCl_2 + NH_4OH \longrightarrow Zr(OH)_4 + NH_4Cl$$

$$Zr(OH)_4 \xrightarrow{\text{加热}} ZrO_2 + 2H_2O\uparrow$$

为了得到纯度更高的氧化锆，可将氢氧化锆加盐酸重新溶解，生成氧氯化锆，经浓缩冷却结晶，然后煅烧，得到氧化锆。

我国生产氧化锆的所谓二碱二酸法、一碱一酸法，其工艺过程基本上依据上述反应过程。

（2）等离子法：在石墨电极间放电区域，通入氩气（或氮气），就产生了等离子现象，将锆英石投入，在高温状态下，锆英石中的氧化锆与二氧化硅产生分离，然后冷却下来，置入氢氧化钠溶液中，将可溶性的二氧化硅除去，即得到氧化锆，工艺流程见图3-19，其反应式如下：

$$ZrSiO_4 \longrightarrow ZrO_2 \cdot SiO_2$$

$$ZrO_2 \cdot SiO_2 + 2NaOH \longrightarrow Na_2SiO_3 + ZrO_2 + H_2O$$

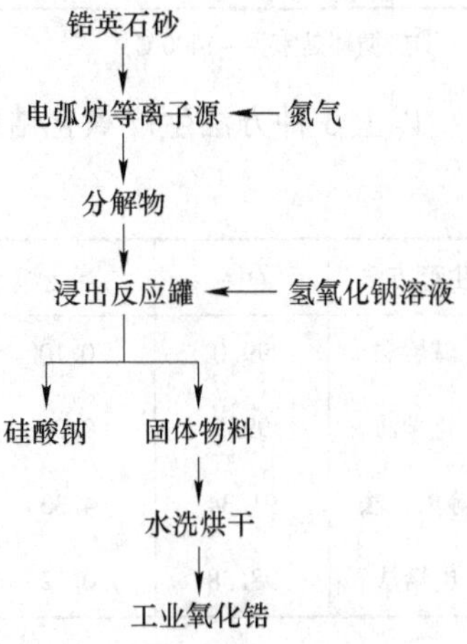

（3）电熔还原法：将锆英石和炭素放入电弧炉中，用2000℃以上的高温熔化，即电熔吹球法制取脱硅锆：以锆英石精矿为原料，木炭或鳞片状石墨为还原剂，氧化铝为助烧剂，经配料、混合后电弧炉熔炼。将熔炼的富锆液在0.784MPa（压缩空气）压力下吹制脱硅锆粒产品，其原理是：

```
锆英石砂
  ↓
电弧炉等离子源 ←—— 氮气
  ↓
分解物
  ↓
浸出反应罐 ←—— 氢氧化钠溶液
  ↓        ↓
硅酸钠    固体物料
           ↓
         水洗烘干
           ↓
        工业氧化锆
```

图 3-19 等离子法制取工业氧化锆工艺流程图

$$ZrSiO_4 \xrightarrow{> 1530℃} ZrO_2 + SiO_2 \tag{3-2}$$

$$SiO_2 + C \xrightarrow{> 1540℃} SiO\uparrow + CO\uparrow \tag{3-3}$$

SiO 气体逸出炉外时，氧化为 SiO_2 沉降下来，而使炉内的熔液氧化锆富集为脱硅锆。

还原状态下熔炼的富锆液含有微量碳，骤冷成块，破碎后要在高温下煅烧，使其残碳氧化而除去碳。而吹球法是将富锆液在压缩空气作用下成球，在成球过程中，碳被充分氧化，当 ZrO_2 含量大于90%时，就形成空心球；由于引入 Al_2O_3 和残留的 SiO_2 影响富锆液的黏度，使球料成泡沫状，当含 ZrO_2 在85%左右时，Al_2O_3、SiO_2 含量进一步增大，就会吹成实心球。

由于 ZrO_2 多晶转化伴随发生很大的体积变化，容易使制品产生裂纹，而使纯 ZrO_2 不能直接用来制造产品。要向原料 ZrO_2 中加入适量的稳定剂，制备完全稳定和部分稳定的氧化锆。常用的稳定剂有 CaO、MgO、Y_2O_3，测定的稳定率如表3-17所示。以 Y_2O_3 稳定的氧化锆抗热震性能、耐磨性和抗侵蚀性最好，其次是 CaO，而 MgO 稳定的氧化锆耐磨性最好。完全稳定的氧化锆抗热震性并不好，适应很小温度范围，大量用途是部分稳定氧化锆。

表 3-17　稳定剂种类及效果

稳定剂种类	CaO			Y₂O₃				MgO	
添加量/%	3	4	6	4	6	8	13	5	15
稳定率/%	53	81	100	25	78	98	100	83	66
热循环三次后强度保持率[①]/%	51	79	—	—	76	98	—	2	33

①热循环是室温~1400℃。

以上 3 种方法生产氧化锆的化学成分见表 3-18。

表 3-18　氧化锆化学成分（%）

生产方法	ZrO₂	SiO₂	Al₂O₃	Fe₂O₃	TiO₂	Na₂O	灼减
碱熔法	99.0	0.10	—	0.05	0.15		0.35
化学法	99.5	0.05	—	0.02	0.02		0.30
等离子法	91.34	4.33	0.17	0.08	0.15	1.48	—
电熔法	98.58	0.52	0.64	0.28	0.40		—

从表中可以看出化学法的 ZrO_2 纯度最高，电熔法次之，而等离子法制取的氧化锆属于低品位。但它的工艺流程简单，生产连续，收得率高，成本低。而且产品为球状多孔结构，有潜在的用途，待开发。

（四）制取氧化铬

氧化铬 Cr_2O_3 为深绿色的六角晶体或无定形粉末。生产氧化铬的方法有还原法和热分解法。还原法是使重铬酸钾和硫磺粉反应得到氧化铬；热分解法是将铬酸酐加热分解制得氧化铬。

一般是将铬酸酐放入高温炉内，经 1000~1200℃加热分解，即可制成氧化铬原料。国产氧化铬的化学成分见表 3-19。

表 3-19　氧化铬化学成分（质量分数/%）

产地	Cr₂O₃	SiO₂	Fe₂O₃	Al₂O₃	V₂O₃	S	C	CrO₃	水分
湖南 1	99.38	0.14	0.032	0.13	0.071	0.01	0.03	0.08	
湖南 2	>98	0.3	0.2	0.3					0.3
河北 1	99.26	0.094	0.29						灼减 0.26
河北 2	99.57	0.04	0.042	<0.1					
河南	≥99								≤0.15

（五）石墨提纯

浮选的石墨精矿含碳85%左右，如果要进一步提高品位，一般采用湿法化学提纯工艺，如图3-20所示。提纯后的石墨含碳量达到98%～99.99%。

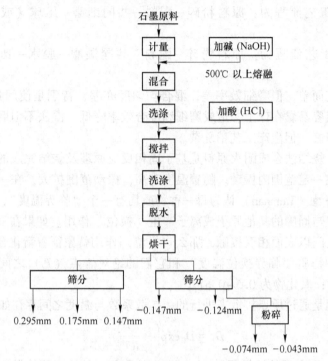

图3-20　石墨产品提纯工艺流程

第四节　合成耐火原料

所谓合成耐火原料，就是将两种或两种以上的天然矿物原料或工业纯的化工原料，经过配料、粉碎、混合、成型、煅烧或电熔等工艺过程，制取达到一定化学矿物组成和物理性能的耐火原料。

现代工业技术对耐火材料提出更高的要求，有些耐火制品用天然原料难以制出符合要求的制品，如高风温热风炉砖，只有用合成莫来石才能使1550℃时的蠕变值小于1%，虽然发现过天然莫来石和堇青石，但世界上至今没有看到有可利用的矿床。用人工合成莫来石、堇青石，比从低品位的矿石中精选容易保证质量，而且从技术经济角度来合算。有些矿物，如碳化硅、尖晶石，它们有许多优良的耐火性能，但没有发现天然矿床。氧化物与非氧化物复合材料正引起国内外耐火材料工作者的关注。合成耐火原料成为发展方向。由于合成原料化学成分、结晶状态及微观组织结构等容易控制，近年来得到快速发展，用量在耐火原料中的比例逐年增加。

一、合成方法

合成方法主要是烧结法和电熔法，近年还出现一种自蔓延法。本节主要介绍烧结法，其次是自蔓延法。电熔法放在第五章电熔耐火材料中叙述。

（一）烧结法

烧结法又分为干法和湿法两种：

（1）干法的工艺流程为：原料粉碎—配料—共同细磨—压球（或压坯）—干燥—煅烧—产品。

（2）湿法的工艺流程为：原料粉碎—配料—共同湿磨—脱水—真空挤泥—干燥—煅烧—产品。

干法生产工艺简单，但磨细效率差，混合均匀度亦差，特别是使用具有黏性的物料，干法磨细时，物料容易黏在球上，造成磨细和混合效率降低。湿法不但磨细效率好，而且无粉尘，生产环境好，但生产工艺稍复杂。

烧结法原理：烧结法合成耐火原料是基于固相反应原理及烧结完成的。物质的质点在固体结构内能够在一定范围内振动。随着温度升高，振动范围扩大，在一定的条件下便能进行固相反应。塔曼（Tamman）认为每一种物质均有一个"临界温度"，超过这个温度可能跳出原来的位置与周围的其他原子或离子产生"换位"作用。如果在一个二元或多元系统内，并且物质之间以表面相互接触，那么"换位"作用就象征着新化合物的产生和固相反应的开始，各种物质"临界换位温度"和它们的绝对熔点（T_t）之间有近似关系，硅酸盐为 $0.8 \sim 0.9 T_t$；氧化物为 $0.5 \sim 0.6 T_t$。

固相反应过程是通过质点扩散来进行的。扩散系数与温度之间存在如下的经验关系：

$$D_t = D_0 \exp\left(-\frac{Q}{RT}\right)$$

式中，D_t 为某温度下离子的扩散系数；D_0 为温度无穷大时的离子扩散系数；Q 为离子的扩散活化能；R 为阿佛加德罗常数；T 为温度，K。

扩散系数除了受温度影响外，固相反应还有许多其他因素。如反应物颗粒越细，反应速度越快，而且成平方增加，这是因为细颗粒增加了表面缺陷，也就是扩散易于进行。扩散层越薄，扩散速度就越大。反应速度与反应物本身的性质有关系，即所谓物质的反应能力，结构越紧密，扩散越困难。其次是矿化剂及杂质的影响。一般来说，第三组元能与扩散介质形成化合物时，扩散就减慢，而不形成化合物，活化能降低，加速扩散。如果参加反应的某组分具有多晶型，例如 SiO_2、Al_2O_3、ZrO_2 等，当加热到相变温度时，由于结构点阵变化，往往促进晶格活化或使固相反应开始，或使已发生的反应急剧地加速进行。

（二）电熔法

其工艺过程为：原料粉碎—配料—干法共磨—压块—轻烧—电熔—冷却。也有的将几种混合后直接电熔。其电熔原理及设备见第五章。

（三）自蔓延法（SHS）

自蔓延高温合成法（Selfpropagating High-temperature Synthesis，简称SHS）又称燃烧合成（Combustion Synthesis），是前苏联科学家 1967 年提出来的。其特点是利用外部提供必要的能量诱发高放热化学反应，使体系局部发生化学反应（点燃形成化学反应前沿"燃烧波"），此后化学反应在自身放出热量的支持下继续进行，表现为燃烧波蔓延至整个体系，最后合成所需要的材料。自蔓延高温合成法有以下优点：

（1）工艺简单，反应时间短，一般几秒到几十秒内就可以完成反应。

（2）反应过程消耗外部能量少，可最大限度地利用材料的化学能，节约能源。

（3）反应可在真空或控制气氛下进行，可得到高纯度产品。

（4）材料的合成和烧结可同时完成，因此将 SHS 用于耐火原料合成有重要的现实意义。

1. SHS 合成耐火原料基本原理

SHS 技术制备耐火原料是以具有还原阶段的 SHS 反应（主要是铝热反应）为基础。铝热反应是氧化还原过程，通常点燃后放出巨大的热量而使反应能自由维持。这一特征使铝热反应的能量利用率高，使耐火原料可以合成。

用 SHS 技术合成耐火原料，首先要考虑参与 SHS 反应的混合物是否容易得到，反应产物的熔点，即耐火性能是否符合耐火材料的要求。

自蔓延合成耐火原料的组成如下：

（1）发热材料，其中包括发热剂如 Al、Mg 及其合金，供氧剂如 Cr_2O_3、Fe_2O_3 和空气中的氧气等。

（2）添加剂如 CaF_2、SiO_2 等。

（3）要合成料的原材料。

铝热反应发热剂的选择很重要。由于金属 Al 还原能力较强，自身及其氧化物都很稳定，所以合成耐火原料大多用 Al 作发热剂（还原剂），反应放出的热量将产物加热到绝热温度 T_{ad}，可以通过热力学计算获得 T_{ad} 值。绝热温度可以判断燃烧反应能否自我维持，可以预测反应产物的形态，能为反应体系的成分设计提供理论依据。一些铝热反应绝热温度计算结果见表 3-20。可以看出铝热反应的绝热温度大多超过了金属产物的熔点

表 3-20　铝热反应的绝热温度（T_{ad}）和产物熔点（T_m）

编号	铝　热　反　应	T_{ad}/K	T_m/K
1	$Al+1/2Fe_2O_3 == Fe+1/2Al_2O_3$	3622	1809
2	$Al+3/2NiO == 3/2Ni+1/2Al_2O_3$	3524	1726
3	$Al+3/4TiO_2 == 3/4Ti+1/2Al_2O_3$	1799	1943
4	$Al+1/2Cr_2O_3 == Cr+1/2Al_2O_3$	2381	2130
5	$Al+3/10V_2O_5 == 3/5V+1/2Al_2O_3$	3785	2175
6	$Al+1/2MoO_3 == 1/2Mo+1/2Al_2O_3$	4281	2890
7	$Al+1/2B_2O_3 == B+1/2Al_2O_3$	2315	2360
8	$Al+3/4MnO_2 == 3/4Mn+1/2Al_2O_3$	4170	1517
9	$Al+3/4SiO_2 == 3/4Si+1/2Al_2O_3$	1760	1685

2. SHS 合成耐火原料的影响因素

在 SHS 合成耐火原料过程中，影响燃烧和组织性能的主要因素有：铝热剂数量及铝粉粒度、供氧剂数量及粒度、化学计量比、添加剂种类和粒度、环境温度及冷却条件等。

（1）铝热剂数量及铝粉粒度：铝热剂量少，燃烧温度低，达不到材料烧结的要求；如果铝热剂过多，燃烧温度太高，使材料内部熔化相太多，也使材料质量变差。据有关资料介绍 Al 含量在 8%～16% 之间比较合适。铝粉的粒度直接影响燃烧状态。随着铝粉粒度增大，燃烧温度的升幅变小，反应时间延长。细粒铝粉反应进行非常快，热损失少。而粗粒铝粉使热产生和热损失同时进行，温度曲线的峰值低。可见铝粉粒度不仅影响燃烧温度，而且影响燃烧速度。

（2）化学计量比：化学计量比决定着燃烧状态和燃烧反应机制，对于不同的供氧剂和燃烧反应条件，可以选择不同的化学计量比。例如用白云石原料或硫酸盐作供氧剂，它与铝热剂的质量比必须严格符合燃烧反应方程。若供氧剂过剩，则导致气化作用，增大材料的气孔率；若供氧不足，则造成活泼金属过剩，而残留在材料中，使材料性能变差。

（3）环境温度：环境温度直接影响点燃温度，从而也影响了燃烧温度和燃烧速度。预热反应物有利于提高燃烧温度和燃烧速度。

（4）添加剂：在铝热反应中，金属铝表面存在稳定而致密的氧化膜，氧化膜阻碍反应物的直接接触，Al 或 O_2 必须通过氧化膜的扩散来参加反应。破坏氧化膜的完整性，成为反应发生的必要条件之一。碱金属和碱土金属的盐，如 NaF、KF、NaCe、KCe、CaF_2、AlF_3 等及冰晶石（$NaAlF_6$）能很好地溶解 Al_2O_3，促进铝与氧化膜的分离，降低铝与氧化物的反应温度，改善燃烧状态，提高燃烧速度。但不能加入太多，否则影响耐火性能，一般加入量小于 5%。

还有氧化物和其他惰性添加物。惰性氧化物如 MgO、Al_2O_3、SiO_2 粉和耐火废料等，在 SHS 反应中，几乎都不参与反应。惰性添加剂以不同粒度加入到材料中，其中大颗粒形成骨架，而细粉作为基质的一部分，与反应产物共同作稳固的基质。一般情况下，燃烧温度和燃烧速度几乎都是随添加剂增加而降低，因此，可根据所需燃烧温度的高低来调整添加剂的加入量。

用 SHS 法可以合成各种耐火原料，如用方镁石、硅有机树脂、铝粉合成尖晶石耐火原料。

洛耐院用 SHS 法合成 Al_4SiC_4 及 B_4C 原料。

二、合成耐火原料概述

（一）合成莫来石

合成莫来石的原料比较多，几乎遍及含 Al_2O_3、含 SiO_2 的原料，如果要求合成莫来石纯度高，可采用工业氧化铝、水晶、高纯石英合成；如果要降低成本就尽量使用天然原料，如用高铝矾土与高岭土。像湖南辰溪的高铝矾土为勃姆石—高岭石型，杂质矿物主要是团块状的黄铁矿，易选出。选用辰溪含 Al_2O_3 72% 左右的高铝矾土直接合成莫来石。用 AlF_3 与高岭土合成莫来石，600℃ 就开始形成莫来石，690℃ 反应结束。也有用胶态 γ-Al_2O_3 和 SiO_2，采用凝胶技术合成莫来石。用电熔法合成莫来石结晶发育好，蠕变值小。但大多数还是采用烧结法合成莫来石。

对氧化铝与二氧化硅体系固相反应速度取决于较高熔点的 Al_2O_3 塔曼温度，即 $0.6T_{熔} = 0.6 \times 2323 = 1394K$，高于 1394K，该体系才有较明显的反应速度，有人试验得出

1473K才有较明显的反应速度。影响固相反应的因素很多，如温度、时间、成型压力、颗粒大小等，但实际上明显影响反应速度的是大于塔曼温度。提高温度，加剧离子扩散，有利于莫来石反应的继续进行，如图 3-21 所示。温度越高，莫来石含量越多，一般在 1550℃之前二次莫来石化大部分完成，如果 1550℃有相当长的保温时间，也可完成莫来石合成。

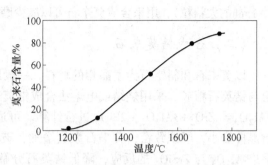

图 3-21 温度与莫来石晶体生长量的关系

由于二次莫来石化的结果，约有 10%的体积膨胀，因此必须使坯体致密达到烧结。根据塔曼经验公式，坯体开始烧结温度：$T_{结} = 0.8T_{熔}$，莫来石 $T_{熔} = 2123K$，则 $T_{结} = 0.8 \times 2123 = 1698K$（1425℃），即温度达到 1425℃时，莫来石坯体开始进入烧结阶段。但二次莫来石化还未结束，即烧结和生成莫来石同时进行。提高煅烧温度，延长保温时间，坯体气孔率降低，体积密度增大，一般坯料都有一个最好的烧结温度范围。这与坯体的 Al_2O_3 含量，特别是杂质种类及含量有关。一般用高岭土与工业氧化铝合成时，烧结温度为 1700℃左右，用石英粉与工业氧化铝合成坯料，因为较纯，烧结温度要在 1780℃。

烧结法合成时，按具体的制备工艺又分为干法、半干法和湿法。某公司采用工业氧化铝 $w(Al_2O_3)$ 97.69%和高岭土 $w(Al_2O_3)$ 38.24%、$w(SiO_2)$ 44.87%为原料，按莫来石组成配料，分别采用三种工艺来制备生坯，其工艺流程如下：

（1）干法：原料破碎—配料—振动磨干磨 $\xrightarrow{加结合剂}$ 造坯—干燥—烧成。

（2）半干法：原料破碎—配料—湿法球磨—出磨入浆池—喷雾干燥或泥浆压滤—干燥—制粉—造坯—干燥—烧成。

（3）湿法：原料破碎—配料—湿法球磨—除铁入浆池—泥浆压滤—真空练泥—干燥—烧成。

三种不同工艺制得的生坯均在 1730℃保温 8h 烧成，烧后莫来石料的理化指标见表 3-21。

表 3-21 不同工艺合成莫来石的理化指标

合成方法	化学成分/%			矿物组成/%			显气孔率 /%	体积密度 /g·cm⁻³	吸水率 /%
	Al_2O_3	SiO_2	Fe_2O_3	莫来石	刚玉	玻璃相			
干法	68.16	29.06	1.25	90	5	5	13.69	2.71	2.14
半干法	70.09	28.14	0.39	93	3	4	9.68	2.86	1.00
湿法	70.25	26.38	0.47	95	3	2	6.86	2.85	0.50

可以看出湿法合成莫来石的各项理化指标较好，半干法其次，而干法合成的较差。

采用硅线石族矿石，即"三石"作原料合成莫来石，应该是一个很好的选择，一方面成分与莫来石相符，主要是 Al_2O_3 和 SiO_2，在高温下转变为莫来石及 SiO_2，一次莫来石理论生成量 87.64%，加入少量工业氧化铝或高铝矾土，即可使剩余的 SiO_2 全部转为莫来石；另一方面"三石"原料几乎都是经过破碎、磨细后选矿处理的粉料（新疆红柱石有一部分

5~1mm的大颗粒），用来合成莫来石可以减少磨细等工序，使合成莫来石工艺简单化。

（二）合成锆莫来石

以莫来石和斜锆石为主晶相的材料。一般用工业氧化铝与锆英石精矿，亦可用高铝矾土与锆英石精矿，采用烧结或电熔法合成锆莫来石。其配方按化学反应方程式：$2ZrSiO_4 + 3Al_2O_3 = 2ZrO_2 + 3Al_2O_3 \cdot 2SiO_2$ 进行计算。可适当引入 ZrO_2 和 MgO。引入 ZrO_2 可使莫来石晶体变小，组织致密，莫来石数量增加，玻璃相减少，提高抗侵蚀能力。引入 MgO 能促进 Al_2O_3 与 $ZrSiO_4$ 的反应，降低锆英石分解温度和莫来石生成温度，抑制刚玉晶体长大，增加 MgO 含量（小于5%）对烧结有利。

采用蓝晶石精矿，工业氧化铝及锆英石共同磨细至小于 $15\mu m$ 70% 以上，压坯，1700℃保温 4h 煅烧，制成莫来石大于93%、斜锆石大于5%的锆莫来石材料。

（三）合成钛酸铝

钛酸铝 Al_2TiO_5（$TiO_2 \cdot Al_2O_3$）是 Al_2O_3-TiO_2 系中唯一的化合物，熔点1860℃，线膨胀系数及弹性模量很低。其制品的抗热震性很好。但由于1200℃左右易分解及各向异性热膨胀的差别大，材料冷却时，内部形成大量裂纹，其机械强度很低。为此，国内外都进行过大量研究，比较一致的观点是在合成 Al_2TiO_5 的配料中加入 MgO、Fe_2O_3、SiO_2 等添加物来提高合成材料的强度。

合成 Al_2TiO_5 的原料是工业氧化铝和钛白粉，按 Al_2TiO_5 的化学计量配料，与其他合成原料的工艺一样，共同磨细—压块—煅烧—产品。混合料的分散度越高，形成 $AlTiO_5$ 的温度就越低。提高合成温度和加入稳定的添加物，在于确定稳定的结晶形态。有文献介绍：合成 Al_2TiO_5 原料中 Al_2O_3 超出化学计量 0.5%~1.5%，加入 MgO 1.0%~1.8%。原料磨成符合要求的细度，1600℃以上合成 Al_2TiO_5，制出的产品耐火度高于 1800℃，密度为 $3.68~3.27g/cm^3$，1100℃保温 5h 没有分解。还有人将工业氧化铝在1150℃下预合成先驱体 M、2T。在合成 Al_2TiO_5 材料过程中加入一定量的预合成料，在合成过程中发生下列反应：

$$MgO \cdot 2TiO_2 + Al_2O_3 \longrightarrow MgO \cdot Al_2O_3 + TiO_2$$
$$MgO \cdot Al_2O_3 + TiO_2 \longrightarrow Al_2O_3 \cdot TiO_2 + MgO$$
$$MgO + Al_2O_3 \longrightarrow MgO \cdot Al_2O_3$$

由于最初生成的 $MgO \cdot Al_2O_3$ 结构松散，晶格缺陷大，具有较高的活性。在 AT-MT 系统中，从反应活化能的观点，$MgO \cdot Al_2O_3$ 与 TiO_2 的反应比与 α-Al_2O_3 反应的活化能低，所以生成的 MA 易与 TiO_2 之间发生扩散反应，形成 AT 化合物，从而降低了 AT 化合物的生成温度。改善了烧结性能，使合成后的 AT 自结合性提高。减少裂纹的产生，合成料的强度也得以提高，加入 Fe_2O_3、SiO_2 也取得比效好的结果，见表 3-22。

表 3-22　1400℃ 2h 煅烧试样的物理性能

试　样	体积密度/$g \cdot cm^{-3}$	气孔率/%	线膨胀系数/K^{-1}	耐压强度/MPa
加 MgO 试样	3.04	15.5	1.79×10^{-6}	124.4
加 Fe_2O_3 试样	3.12	14.2	1.90×10^{-6}	135.6
加 SiO_2 试样	3.16	13.5	1.91×10^{-6}	140.1

有添加物的合成 AT 材料，在 1100℃、24h 条件下进行抗热震性实验，均未发现分解现象。原因是添加物中的 Fe^{3+}、Si^{4+} 和 Mg^{2+} 与 AT 形成了固溶体，使易脱离晶格的 Al^{3+} 受到了束缚。

（四）合成氮化铝（AlN）

视纯度要求而定，以下几种方法可获得不同纯度的 AlN：

（1）Al_2O_3 粉末与炭粉的混合物在氮气（或氨气）中加热，按以下方程式进行反应（碳热还原氮化法）：

$$Al_2O_3 + 3C + N_2 \xrightarrow{1700℃} 2AlN + 3CO$$

此法适合工业大量生产，但纯度较低，产物中含有一定的碳和氧。

（2）铝粉与氮气直接化合，其反应式如下：

$$2Al + N_2 \longrightarrow 2AlN$$

用碱金属的氟化物作为助熔盐，这需要铝粉在 1000℃ 以上长期暴露在氮气中才能得到符合化学式的成分。此法产量较大，制造方便，但纯度差。

（3）电弧法，用两个高纯铝电极在氮气中起直流电弧。两个电极之间电弧使铝气化，并且铝蒸气与氮气反应生成氮化铝团块，这种方法可获得高纯度的 AlN。

（4）氯化铝与氨反应，用氮或氨与氯化铝反应可以制出非常纯的氮化铝，用氨作为氯化剂较氮为佳，因为氨在离解时生成单原子的活性氮（N_2 是最稳定的分子），按下式进行反应：

$$AlCl_3 + NH_3 \xrightarrow{1200 \sim 1500℃} AlN + 3HCl$$

以上是小规模制取 AlN 的方法。

（5）自蔓延高温合成法：利用铝粉和石墨研磨后在空气中燃烧制出 AlN。这种方法生产的粉末，能耗低，效率高，非常适合 AlN 耐火原料的制备，但粉末的纯度低，反应过程难以控制。

（五）合成 Alon（阿隆）及 MgAlon（镁阿隆）

近年来，关于 Alon（阿隆）材料的合成技术有大量文献报道，但 Alon 陶瓷材料的制备仍有一定的困难。其主要方法如下：

（1）高温固相反应法。

$$Al_2O_3(s) + AlN(s) \longrightarrow Alon(s)(\geq 1650℃)$$
$$Al_2O_3(s) + BN(s) \longrightarrow Alon(s)(1850℃)$$

此方法的关键在于 AlN 粉必须超细、高纯。高性能 AlN 无疑会增加生产成本。

（2）氧化铝还原氮化法。还原剂通常有 C、Al、CH_3 和 H_2，化学反应式分别为：

$$Al_2O_3(s) + C(s) + N_2(g) \longrightarrow Alon(s) + CO(g)(\geq 1700℃)$$
$$Al_2O_3(s) + Al(l) + N_2(g) \longrightarrow Alon(s)(> 1500℃)$$
$$Al_2O_3(s) + NH_3(g) + H_2(g) \longrightarrow Alon(s) + H_2O(\geq 1650℃)$$

其中的碳热还原氮化法比较常用，所制备的 Alon 具有粒度小、纯度高、成本低的优点，适合于工业化生产。其技术关键是控制 Al_2O_3 与 C 的比例，C 含量太高则转化为 AlN，而无 Alon 生成。

陕西铜川某公司以高铝矾土熟料、工业氧化铝、Al(OH)₃ 和焦炭为主要原料，外加 MgO、TiO₂ 和 ZnO，1400~1500℃ 氮化烧成后，研磨成细粉，再在氧化炉 780℃ 下保温 6h，除去碳粉。结果表明这种碳热还原法生成稳定的 Alon 相。温度越高，效果越好。MgO 能促进合成，而 TiO₂ 和 ZnO 的效果不明显。

（3）热压法。有人采用 Al_2O_3(x = 64.3%)、AlN(x = 32.1%) 和 Al(x = 3.6%) 粉末为原料，在 1800℃、25MPa、N_2 气氛中热压烧结 3h 合成了高纯 Alon 陶瓷，其反应式为：Al_2O_3(s)+AlN(s)+Al(s)$\longrightarrow$Alon(s)。所制试样进行 XRO 分析，没有发现杂质峰，晶粒间为直接结合，为尖晶石结构，晶界处未发现明显的玻璃相。试样体积密度为 3.63g/cm³，约为理论值的 97.8%，抗折强度为 248MPa（室温）和 241MPa（1473K），断裂韧性为 3.96MPa·m$^{1/2}$。

（4）化学气相沉积法：

$$AlCl_3\ (g)\ +CO_2\ (g)\ +NH_3\ (g)\ +N_2\ (g)\ \longrightarrow$$
$$Alon\ (s)\ +CO\ (g)\ +N_2\ (g)\ +HCl\ (g)\ (900℃)$$

此法可用于制备 Alon 膜或涂层。

（5）自蔓延法：

$$Al(l)+Air \longrightarrow Alon(s)\ (约1500℃)$$
$$Al_2O_3\ (s)+I(l)+Air \longrightarrow Alon(s)\ (>2045℃)$$
$$Al_2O_3\ (s)+C(s)+Air \longrightarrow Alon(s)\ (\geqslant1700℃)$$

此法具有反应速度快、成本低的优点。Alon 的合成取决于所施加的空气压力的大小。严格控制其工艺参数。

（6）MgAlon（镁阿隆）合成：在 Al_2O_3-AlN-MgO 系相图中，MgAlon 组成点为：$w(Al_2O_3)$75.41%、$w(AlN)$12.42%、$w(MgO)$12.19%。采用电熔镁砂粉 $w(MgO)$97.88%，<0.048mm，α-Al_2O_3 微粉 $w(Al_2O_3)$ 99.41%，<0.003mm，金属 Al 粉 $w(Al)$99.20%，<0.048mm。合成料配比为：镁砂粉 12.73%，金属铝粉 8.53%，α-Al_2O_3 微粉 78.74%，加结合剂，将这几种料混合均匀后，成型体在高纯氮气中 1650℃ 保温 5h 烧成，结果形成 MgAlon 单相。

北京科技大学等单位用 <1μm 的 AlN、MgO 和 Al_2O_3 原料，按 $n(AlN)$17.00%：$n(Al_2O_3)$63.16%：$n(MgO)$19.84%的组成配料，加入有机结合剂，混合均匀，成型后在氮气气氛中反应烧结成 MgAlon。研究发现在 1200℃ 以前，MgO 与 Al_2O_3 反应生成镁铝尖晶石，随着温度升高，Al_2O_3 不断向所形成的尖晶石中固溶；在 1300℃ 以前 AlN 基本上不参与反应，而在更高的温度下 AlN 开始向尖晶石中固溶形成 MgAlon，约在 1550℃ 时形成单一的 MgAlon 相。MgAlon 材料烧结初期是以体积扩散为主的烧结机理。

他们又以氮化铝、富铝尖晶石和氧化铝为原料，用放电等离子烧结（SPS）技术合成了单相 MgAlon，结果表明：用 SPS 法在 1700℃、保温 1min 的条件下合成单相 MgAlon 材料，显微结构比用传统的无压烧结（PLS）法合成的 MgAlon 更均匀致密，晶粒细小。前者是穿晶断裂，后者是沿晶断裂。

（六）合成 Sialon（赛隆）

合成 Sialon 粉体，一般采用 SiO_2、Al_2O_3、Si_3N_4 和 AlN 为原料，参照 SiO_2-Al_2O_3-

Si_3N_4-AlN 四元相图进行配比，在一定的反应条件下制备而成，但成本较高。

可用天然原料，如纯度较高的焦宝石、高岭土、叶蜡石、苏州土等黏土矿物合成 Sialon。从上面看到 Sialon 的主要成分是 Si、Al、O、N。众所周知，高岭石、叶蜡石等矿物中，主要也是 Si、Al、O 三种元素，仅有氮需要从外部供给。用它们制备 Sialon 的基本原理可由下列反应式表示：

$$3/2(Al_2O_3 \cdot 2SiO_2) + 15/2C + 5/2N_2(g) \longrightarrow Si_3N_4 \cdot Al_2O_3 \cdot AlN + 15/2CO$$

由上式看出，氮气在碳的帮助下取代了部分氧，生成一种 Sialon 产物 $Si_3N_4Al_2O_3N$，改变碳和氮气量可得到其他的 Sialon 产物。

生产方法：将炭和黏土原料按一定配比计算配料，经过混合、湿磨、干燥、压球后再破碎制粒。然后，将颗粒放入催化剂溶液浸泡一定时间，其装置如图 3-22 所示。

研究结果表明：炭加入量对反应产物有绝对影响，炭加入量偏少，会出现刚玉副产物，而炭过多时，又有 15R 相，炭加入量必须保证在 0.5% 的精确度以内。

温度对反应速度影响显著，随温度提高，反应速度明显加快，但温度超过 1450℃，则有下列反应：$Al_2O_3 \cdot 2SiO_2 + 9C + N_2 \longrightarrow 2SiC + 2AlN + 7CO$，因此，反应温度应控制在 1450℃ 以下。

用该工艺制备的粉体烧结性能：发现粒度 1μm 左右的粉体，在 1650℃ 下保温 1h，烧结体的相对密度可达理论密度的 95% 以上（约 3.2g/cm³），不同来源的黏土原料制得的 Sialon 粉体具有不同的烧结性能。在同样比表面积的条件下，用高岭石制得的粉体比用伊利石制得的粉体更易于烧结。

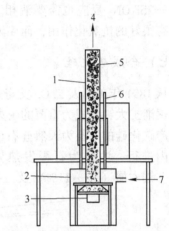

图 3-22　合成 Sialon 装置示意图
1—试样粒料；2—贮气箱；3—马达；4—气体出口；5—莫来石管（d=11.4cm）；6—SiC 发热体；7—N_2 入口

自蔓延反应法（SHS）是将非晶态 SiO_2（火山灰、稻壳等以无定形 SiO_2 为主）和铝粉的混合物电击点火燃烧，发生以下反应：

$$3SiO_2 + 4Al \longrightarrow 2Si + 2Al_2O_3$$

此处 $w(SiO_2)/w(Al) = 62.5/37.5$，铝粉纯度要在 99.5% 以上，一般添加 40% 以上铝粉可使 SiO_2 还原为硅，过量的铝会与空气中的氮反应生成 AlN。将上述产物细磨到小于 63μm 粉料，然后压坯，在 N_2 中加热到 1400~1450℃ 保温 1h，最后在 1600~1850℃ 之间保温 1h。1400~1600℃ 氮化后物相为 β-Sialon、15R-Sialon（富含 AlN 的固溶体）、AlN 和 Al_2O_3，1750℃ 氮化后仅有 β-Sialon。

也有采用铝粉、硅粉、高纯 α-Si_3N_4 和 AlN 为原料，以自蔓延法合成 β-Sialon。α-Si_3N_4 是作为稀释剂来控制反应速度。将上述原料混合后，置于 10MPa 的高纯氮气（N_2 含量大于 99.999%）中，钛粒作为引燃物，燃烧合成反应为：

$$Si + N_2 + Si_3N_4 + (SiO_2) + AlN \longrightarrow Si_{6-z}Al_zO_2N_{8-z}$$

整个氮化过程在数分钟内完成，β-Sialon 的 z 值为 0.3 左右。如果原料的氧含量（以 SiO_2 形式带入）再增加 1.2%，则可获得 z=0.6 的 β-Sialon 粉体。此种方法得到的粉体无需任何助剂，经热等静压处理后，即可烧结成陶瓷坯体。

O′-Sialon 的合成：已知 O′-Sialon 是 Si_2ON_2 与 Al_2O_3 的固溶体，按下列方程式进行配料：

$$(2-x)Si_2ON_2+xAl_2O_3 \longrightarrow 2Si_{2-x}Al_xO_{1+x}N_{2-x}$$

可采用热压烧结法合成，亦可采用无压烧结法合成，其方法如下：

原料用 α-Si_3N_4（实际 α-Si_3N_4 90.51%，β-Si_3N_4 7.41%，SiO_2 2.08%）、硅石粉、m-ZrO_2（99.5%）、工业纯 Al_2O_3、荧光级 Y_2O_3。将这些原料细粉按配方计算配料，在球磨机里湿混 4h，压力为 150MPa，预压成型压坯造粒，在 300MPa 等静压下制成试条。在石墨坩埚中埋 SiC 粉，通 N_2 气，1750℃保温 2h 烧成。

根据 X 射线衍射结果计算 O′-Sialon 晶格常数得出：加入 Y_2O_3 6%时，$x=0.3$ 时，晶格常数趋于最大；$x=0.3\sim0.4$ 时，保持水平；$x=0.3$ 为 O′-Sialon 相中 Al_2O_3 固溶极限。

加入 Y_2O_3 和 Al_2O_3，在高温下形成 Y-Si-Al-O-N 液相，有利于烧结致密化，而 Si_3N_4+$SiO_2 \longrightarrow 2Si_2ON_2$ 反应也需要液相。$Y_2Si_2O_7$ 又与 Si_2ON_2、O′-Sialon 共存，$Y_2Si_2O_7$ 作为晶界层有很好的抗氧化作用，而 Y_2O_3 6%的试样断裂韧性高。

（七）合成碳化硅

自从 1891 年美国人 E.G. 艾奇逊（E.G. Acheson）发明人工合成 SiC 以来，工业上应用范围逐渐扩大，并成为重要的耐火原料。

生产碳化硅的原料为天然硅石（SiO_2）和石油焦或无烟煤、焦炭等含碳材料。一般在电阻炉内进行，中间为石墨发热体，在发热体周围填满以硅石（52% ~ 54%）、焦炭（35%）、锯木屑（7%~11%）及工业盐 NaCl（1%~4%）的混合物，如图 3-23 所示。

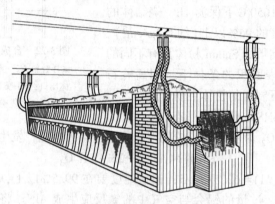

图 3-23　碳化硅合成炉

通电时，最初电阻很小，有微小的电流通过，随着温度上升，电流增大。由于通电发热物料进行反应：$SiO_2+3C \Longrightarrow SiC+2CO_2$；1400℃开始反应生成 β-SiC；1900℃ β-SiC $\longrightarrow$ α-SiC；2400℃完全合成 α-SiC。中央是纯焦炭制造的核芯。工业盐能使 Fe_2O_3、Al_2O_3 等成为挥发性氯化物，锯木屑可使气体容易跑出来。

炉子冷却后，先把硬壳破坏，其中的反应生成物按种类进行分类。纯度高的用稀硫酸及碱和水冲洗，选出优质碳化硅。

20 世纪 70 年代以来，日本、美国等先后研制利用稻壳合成 SiC，我国也有人进行过这方面的研究，其做法是将稻壳粉碎至小于 0.8mm，置于 HCl 溶液中浸 4h，使稻壳中的碱金属、碱土金属氧化物与 HCl 反应。再经过滤、洗涤，将洗涤后的稻壳粉末置于含 Fe^{2+}

的溶液中浸泡 24h，再经过滤、干燥，在充足的 CO 气氛中于 1150～1380℃合成松散状 SiC。

可用自蔓延法合成 β-SiC 超细粉。有人利用炭黑渣料和硅粉合成 SiC。炭黑粒度不大于 0.01μm，比表面积 21m²/g，硅粉粒度小于 8μm，Si 含量 97.3%，按一定摩尔比例混合后，均匀装入刚玉容器中，在立式 SiC 棒电炉中加热进行自蔓延燃烧反应。

工艺处理后，混合料断面呈黄绿色，其他部分为层状分布，外围有一层薄薄的灰绿色氧化层，稍加振动即粉碎，漂洗得到 β-SiC 超细粉，其比表面积 2.48m²/g，X 衍射分析确定 β-SiC 含量不小于 95%，有少量 Si₂ON₂ 存在。合成是通过预热到 800～1300℃才着火点燃，合成温度应高于 1900℃。

上述传统的碳化硅生产工艺是间歇式的，而一种被称为 HSC（Hopkinsville Silicove Cecrbide）的新工艺是连续式的。HSC 工艺所用的电炉是竖式圆筒形炉，炉壁结构材料为石墨，其中心电极穿过炉盖并部分埋入粒状碳化硅流化床内。流态化所用的气体为氮气，氮气通过电炉底部的气体分配器进入炉内。电流通过中心电极流向炉壁，流化床料层的电阻通过电热转化产生热量。所生成的碳化硅产品由电炉底部排出，加料和产品排出是连续化的。加入电炉中的炉料是一种低成本的硅砂和石油焦的混合物，与传统工艺用原料相同。流态化方法生产碳化硅，改变了炉料的电阻特性，使其适用于稳定态的全连续工艺，该工艺的一个显著特点是电炉产生的气体能被回收，而且容易进行处理，可有效地保护环境。

在 HSC 工艺中形成的 SiC 是通过所加入的石油焦与一种中间态的气化硅反应而产生的。在它们转变为 SiC 时，石油焦的颗粒尺寸或形状稍有变化。这种电炉产品是一种多孔的 SiC 聚合体，其中含有残余的碳，需要在随后的工序中除去。HSC 电炉的工作温度为 1850～1900℃，大大低于艾奇逊炉的温度。由于温度较低，而且 SiC 形成的方法不同，所以 HSC 电炉生产的是一种具有 β 结构（立方晶体）的微晶碳化硅。这种 SiC 与传统的 α 结构（六方晶系）SiC 具有完全不同的晶体形貌和特性。

HSC 制取 SiC 料的整个加工工艺包括脱碳、湿法和干法研磨、风动和流体粒度分级、化学提纯和新型喷雾干燥等。

（八）合成氮化硅及氮化硅铁

合成氮化硅一般采用反应烧结法。将金属硅成型后在氮气流中加热到 1400℃氮化。这样就能得到气孔率为 15%～25%的 α-Si₃N₄ 和 β-Si₃N₄ 的混合成型体。通过氮扩散进行氮化，成型体的形状，氮化前后几乎没有变化。

Si₃N₄ 粉一般是硅粉一次氮化工艺，间歇操作。我国采用二次氮化合成 Si₃N₄ 粉，用氮化炉作业，连续生产取得很好的成效。

采用一次氮化生产氮化硅粉，不但氮化时间很长（1300℃以上，48～72h），而且氮化末期采用短期高温（不低于 1400℃），促进氮化反应进行，使 β 相增多，α 相减少。为了解决这个问题，将上述氮化 4h 的产物进行破碎、磨细，再在 1300℃下二次氮化。图3-24是二次氮化时，试样氮含量与氮化时间的关系。可见二次氮化使一次氮化后半成品的氮化速度显著提高。这是经过破粉碎，破坏了外部的氮化层，暴露了内部未反应的 Si，从而在二次氮化时氮化速度显著提高。不仅促进了氮化反应速度，而且保证在较低温度下进行氮化反应，得到了高 α 相的 Si_3N_4 粉。为了减少 Si_3N_4 粉中的氧含量，采用 25% 氢氟酸浸泡，因为 HF 与粉中的 Si_2ON_2 反应，除去其中的氧。

选择适合二次氮化工艺的原料，Si 含量大于 98%，粒度 8.35μm。在 1300℃，氮化气氛 $H_2/(N_2+H_2)=5/100$ 的条件下，一次和二次氮化各 3h（共 6h）是传统氮化工艺一个周期 6~8d（包括停炉、装料、升温直到出料）的二十分之一。表 3-23 为二次氮化生产的 Si_3N_4 粉与上海生产的商品 Si_3N_4 粉及德国 Starck 公司生产的 Si_3N_4 粉化学成分对比。

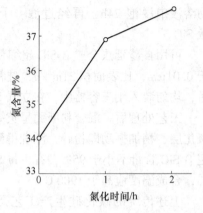

图 3-24　二次氮化时间对氮含量的影响

从表 3-23 看出：二次氮化工艺产品达到德国优质 Si_3N_4 粉的相应指标。X 衍射结果：二次氮化的 Si_3N_4 粉，α 相高，β 相含量低，有少量 Si_2ON_2 存在，没有发现 Si 衍射峰，说明 Si 残余量很小，氮化比较完全。

表 3-23　3 种氮化硅粉化学成分（%）

产　地	N	O	Al	Ca	Fe	α 相含量
二次氮化	38.5	1.67	0.12	0.014	0.18	>96
上海商品	38.14	1.89	0.34	0.20	0.27	90
德国产品	38.43	1.94	0.05	0.004	0.006	96

氮化硅（氮化硅硅铁）的制备方法，除直接氮化法外，还有碳热还原法、气相沉积法、热分解法等。与各种制备方法相比，自蔓延高温燃烧合成法具有生产成本低、适合工业化生产等优点。北京科技大学在接近常压的氮气压力下，实现了连续化自蔓延合成 Si_3N_4 粉末并形成了规模化生产。所用原料性能见表 3-24、表 3-25。

表 3-24　硅粉性能

$w(Si)/\%$	$w(Fe)/\%$	$w(Al)/\%$	$w(Ca)/\%$	尺寸/μm
99	0.43	0.025	0.12	17

表 3-25　稀释剂 Si_3N_4 性能

$w(\alpha\text{-}Si_3N_4)/\%$	$w(N)/\%$	$w(Fe)/\%$	$w(FreeSi)/\%$	$w(O)/\%$	尺寸/μm
90.3	37~38	0.2	<1	<1.5	2~3

低压燃烧合成高 α 相氮化硅粉体的方法：首先对原料金属硅粉进行预处理，然后按比例加入活性剂、稀释剂和添加剂，将各原料进行球磨，使其充分混合，将混合后的原料烘干，放入低压燃烧合成反应装置内。其装置由连续供料系统、连续反应器（内衬为耐火材料）、出料部分和氮气供给系统组成。抽真空后，从粉料底部吹入氮气，同时诱发原料粉体燃烧，达到在低压下硅的悬浮氮化。连续反应器可承受 1900℃ 使用温度，并用热电偶和压力计连续测量反应器的温度和压力。

添加剂 α-Si_3N_4 为硅粉的 10%~100%，$NH_4F+Mt_4Cl+CaF_2$ 为硅粉的 1%~60%，维持自蔓延反应的氮气压力 1~30MPa。

通过原料的预处理和添加活性剂，提高初始燃烧反应物活性，加稀释剂提高硅的氮化率和产物中 α 相的含量。采用悬浮技术是在较低压力下，实现硅粉的完全氮化，完成得到高于 90% α 相的氮化硅粉体，达到国际水平。因此该法具有生产效率高、节约能源、设备简单、Si_3N_4 粉体纯度高、烧结活性好、成本低等优点。存在问题是工艺参数不易控制，获得 α 相大于 90% 的大尺寸粉体难度较大。

合成氮化硅铁是采用不大于 0.088mm 硅铁细粉（GB 2272—87 中牌号 FeSi75）作原料，其化学成分见表 3-26。

表 3-26 硅铁细粉化学成分（%）

Si	Fe	Al	Cr	C	S	P
75.6	22.14	1.8	0.4	0.16	0.02	0.04

物相组成主要是 Si、$FeSi_2$ 和 $Fe_{0.42}Si_{2.67}$，氮气为纯度 99.99% 的工业氮气。

生产时，将 FeSi75 细粉和稀释剂（氮化硅铁）混合，并连续计量送入预热达 1200℃ 的连续反应器内，同时送入氮气。上述混合物呈均匀分散开的颗粒群，并受重力和氮气阻力作用，在热氮气中漂浮、下落，与热氮气充分接触换热，并被急速加热，在燃烧反应区与氮气迅速发生燃烧合成反应，即闪速燃烧合成。

反应自身产生大量热，可以自维持闪速燃烧合成的连续进行。通过调节原料与稀释剂的配比、加料速度及氮气压力、流量、流速，把燃烧合成温度控制在 1400℃ 左右，氮气压力控制在 0.2MPa，闪速燃烧合成产物落入冷却区，在出料区取出，外观呈细蜂窝状疏松块体。闪速燃烧合成产物经分析，其化学成分及物相组成见表 3-27。

表 3-27 合成产物化学成分及物相组成（%）

Si	N	Fe	Al	O	Si_3N_4	SiO_2	Fe_3Si
51.0	31.0	15.0	少量	1.7	78.6	3.21	17.76

主晶相为 β-Si_3N_4，呈短柱状，顶部呈半球形。结构特征是以 Si_3Fe 为核心，被 Si_3N_4 包裹，形成包裹体结构。这种结构有利于体现 Si_3N_4 的优异性能，有相当高的耐火性能，很好的塑性，优异的解理性能。

中国地质大学利用天然石英 [$w(SiO_2) = 97.8\%$，$\leq 0.038mm$] 为硅源，焦炭（$\leq 0.075mm$）或炭黑（$\leq 500nm$）为还原剂，高纯 N_2 为氮源，氮气纯度大于 99.999%。石英碳热还原氮化法合成 Si_3N_4 的反应是一种耦合反应，其总反应式为：$3SiO_2(s) + 2N_2(g) + 6C(s) = Si_3N_4(s) + 6CO(g)$。以 SiO_2 被 C 全部还原的摩尔比 1:2 为理论配比，将原料混合后加入无水乙醇，以玛瑙球为介质，湿法球磨 6h 并烘干，在 200MPa 压力下成型，然后将成型体放入坩埚，并置于炉内在 0.5MPa 压力的流动氮气下，1600℃ 保温 3h 煅烧。结果表明：按理论配比的试样，反应产物为 β-Si_3N_4；当 C 添加量多 10% 时，反应产物为 β-Si_3N_4，但有 β-SiC，随着 C 超量增多，反应产物的 β-SiC 也增多，当 C 添加量过量 100% 时，反应产物主要是 β-SiC。而碳源种类对反应产物相组成影响较小。利用天然石英碳热氮化还原反应合成的氮化硅大部分为 β-Si_3N_4，晶粒呈等轴状，尺寸较均匀，粒径约 2.5μm。

（九）合成氧氮化硅

Si_2ON_2 的合成按下式进行反应：

$$Si+SiO_2 \longrightarrow 2SiO$$
$$2Si+2SiO+2N_2 \longrightarrow 2Si_2ON_2$$
$$\overline{3Si+SiO_2+2N_2 \longrightarrow 2Si_2ON_2}$$

因此 $Si:SiO_2$ 的摩尔比则为 $3:1$，相应质量比为 $58.37:41.63$，理论增重 38.82%。

采用石英砂（SiO_2 99%以上）硅粉，在振动磨干磨，球：料 $=18:1$。硅细磨 5h，石英磨 2h，比表面积达 $10m^2/g$。

粉末经充分混合或共同磨细，用聚乙烯醇水溶液润湿（聚乙烯醇为料的 0.5%），物料水分约 10%，用压力机成型，压力为 100MPa，压块干燥后称重，然后在工业用氮气炉中煅烧。

烧后的坯体测定显气孔率、体积密度，用 X 射线方法测定相组成。研究表明 1000℃左右开始合成，1350℃ Si_2ON_2 已经明显合成，但还不完全。1450℃时的 X 射线衍射图中主要是氧氮化硅，而 $\beta\text{-}Si_3N_4$ 仅有 0.249nm 线条，最大增重约 35%，在 1450～1470℃ 时，经 X 射线分析确定仅含 Si_2ON_2。

有人提出最佳制备条件：

（1）硅粉和石英粉的配料，$Si/SiO_2=3.2$，要混合均匀。

（2）在氧-氩气氛中，$Ar/O_2=2$，1350℃预烧 12h，气流速度 1L/h。

（3）升温到 1450℃，保温 10h，气氛为氮气或氧-氮混合气。

（十）合成碳硅化铝（Al_4SiC_4）

Al_4SiC_4 具有高熔点（2037℃）、高化学稳定性、低线膨胀系数（200～1450℃ 为 $(6.2\pm0.3)\times10^{-6}℃^{-1}$）和优异的抗氧化及抗水化性能，是潜在的高性能耐火材料和高温结构材料。也可作为含碳耐火材料抗氧化剂，高温使用具有自修复作用。

Al_4SiC_4 的合成和制备方法较多，主要有以下几种：

（1）固相反应烧结法（SSR）。山东轻工学院将铝粉 $w(Al)>99.5\%$、硅粉 $w(Si)>99.9\%$ 和碳粉按 Al_4SiC_4 的化学计量比组成进行配料、混合，氮气保护下球磨 24h，在真空烧结炉中 1700℃ 下保温 2h，制得较纯的 Al_4SiC_4 粉体。

武汉科技大学等单位采用粒度 14μm 的磨料级碳化硅、10μm 工业级金属 Al 粉和 5μm 工业级炭黑，按 SiC、Al 与 C 的质量比为 $22:59:19$ 配料，准确称量后，在球磨机中采用酒精湿磨，共磨 12h 后自然干燥，以 200MPa 的压力压制成 $\phi20mm\times10mm$ 试样，然后在刚玉质管式炉内以 5℃/min 的升温速度，在氩气保护下 1600℃、2h 进行热处理，制得单相 Al_4SiC_4，其反应为：

$$4Al+SiC+3C \Longrightarrow Al_4SiC_4$$

此法合成的 Al_4SiC_4 材料颗粒分布均匀，其尺寸在几百纳米到几微米之间。

（2）化学气相沉积-固相反应烧结法（CVD-SSR）。先以三甲基铝烷 $[Al(CH_3)_3]$ 和三乙基硅烷 $[SiH(C_2H_5)_3]$ 为原料，在 1100℃ 左右通流动氩气，经过高温裂解制备 Al_4C_3

和 SiC 超细粉末，Al_4C_3 为 35.4nm，SiC<0.1μm。然后再将二者按 1∶1（摩尔比）配料，混合后放入电炉中加热到 1400℃，保温 60min，制得 Al_4SiC_4，其反应式为：$SiC+Al_4C_3 \Longrightarrow Al_4SiC_4$。继续升温至 1500℃，保温 60min，就只有单一的 α-Al_4SiC_4。此方法的优点是降低了合成温度，降低了 Al_4SiC_4 的颗粒尺寸。

（3）热压烧结法。用金属 Al 粉、天然石墨和聚碳化硅烷为原料压制成型后，在 Ar 气氛下通过热压烧结（压力25MPa，1800~1900℃）反应生成 Al_4SiC_4。

（4）自蔓延高温合成法（SHS）。洛耐院采用 Al 粉，平均粒度 10μm，Si 粉平均粒度 40μm 和 C 粉平均粒度 5μm，纯度在 99.5%~99.9%，按 4∶1∶4 的摩尔比配料，在塑料罐内干混 8h 后压制坯体，在石墨坩埚中，在 0.1MPa 的 Ar 气氛下用钨丝点燃后，高温自蔓延合成 Al_4SiC_4。可以合成出单相 Al_4SiC_4 粉体，纯度高，杂质含量少，粒度细且均匀。

（5）渗透法。将 SiC-C 预制件浸入到 1200℃ 的 Al-Si 合金液池中，然后迅速（2min 内）将合金液升至 1500~1600℃，10~20s 后，SiC-C 预制件沉于合金液池底部，进行 10min 渗透后，可获得 5mm 厚的化合物，即 Al_4SiC_4 材料，材料中还含有少量的 α-SiC、Al 及 Si 相。

（6）机械合金法（MA）。采用 Al 粉、Si 粉和鳞片石墨为原料，按 Al_4SiC_4 的化学计量比配料、混合，装入不锈钢真空球磨罐中，在氩气保护下分别球磨 2h、60h、90h 和 120h。对球磨后粉末进行热化学分析，延长球磨时间可相对降低 Al_4SiC_4 的合成温度，球磨 2h 生成 Al_4SiC_4 的温度为 1470℃；球磨 60h，则降为 1427℃。

（十一）合成铝氧碳（Al_4O_4C）

在 Al-O-C 体系中，直到 1890℃ 铝氧碳仍稳定存在，有望成为耐蚀性和抗热冲击性好的耐火原料。清华大学研究人员利用 Al_2O_3 和 C 作原料，采用碳热还原工艺合成 Al_4O_4C。主要原料 α-Al_2O_3 的 $w(Al_2O_3)$≥99.99%，平均粒径 0.1μm，石墨 $w(C)$≥99.0%，粒径≤45μm，按 $n(C)∶n(Al_2O_3)$=1.5∶1 配料，以乙醇为介质，球磨分散 24h 后，在真空干燥机中 110℃ 烘干，然后将粉末放入石墨坩埚中，并置于石墨管为发热体的电炉中，先抽真空，再注入 Ar 气（高纯度），于 1600~1700℃ 保温 2~8h 煅烧。结果表明：提高温度可加快 Al_2O_3 与 C 反应生成 Al_4O_4C 的速率，延长保温时间可增大反应程度。开始阶段 Al_2O_3 与 C 直接接触为固-固反应，生成 Al_4O_4C 和 CO；后期为气-固反应，Al_2O_3 与 CO 气体反应生成 Al_4O_4C 和 CO_2。

他们还用焦宝石 [$w(Al_2O_3)$ = 45.9%、$w(SiO_2)$= 49.3%、$w(Fe_2O_3)$= 1.2%]、活性炭和金属 Al 粉，按焦宝石∶活性炭∶Al 粉 = 39∶27.6∶33.4 的比例配料，分别加入 3%、6%、9% 的铁粉，并加入不超过 10% 的酚醛树脂和酒精作为结合剂和稀释剂，搅拌均匀后加压成型，坯体烘干后在 Ar 气氛的管式炉中煅烧，保温 2h。结果表明：Fe_2O_3 会被 Al 还原成 Fe，再与 SiC 反应生成 Fe_3Si，1250℃ 时，Fe_3Si 成为液相，促进 Al_4SiC_4 成核，细化晶粒，同时包裹 Al_4SiC_4，未加 Fe_2O_3，生成 Al_4O_4C 短纤维。

他们又采用天然高岭石熟料粉 [$w(Al_2O_3)$ = 44.37%、$w(SiO_2)$ = 52.04%、粒度≤100μm]、工业铝粉 [$w(Al)$≥99.5%、粒度≤50μm]、工业炭黑 [$w(C)$≥99%、≤100μm] 为原料，按 $n(Al_2O_3)∶n(C)∶n(Al)$ = 1∶6.5∶2.6 配料作为基料，保持高岭石熟料粉和炭黑的量不变，改变金属铝粉的量，使 $n(Al)$ 从 2.6 分别增加到 3.9、

5.5、7.0、8.6 和 10.4，用酚醛树脂作结合剂，无水酒精作分散剂，混均后压制成型，坯体干燥后，在刚玉质管式炉内，氩气氛下，1700℃保温 2h 烧成，制备了 Al_4SiC_4-Al_4O_4-C 复相材料。结果表明：在一定范围内随 Al 粉的增加，Al_4SiC_4 产物的含量也相应增加，对 Al_4SiC_4 晶粒形状和粒径影响不大；合成的 Al_4O_4C 粒径一般在 $1\mu m$ 以下，主要分布在 Al_4SiC_4 晶粒表面，形状无规则，部分还粘在一起。

（十二）合成铁铝尖晶石

为了寻找水泥窑烧成带镁铬砖的替代品，耐火材料科技人员进行了大量研究，发现镁质材料引入铁铝尖晶石，不但能挂上稳定的窑皮，而且有优良的抗热震性。因此合成铁铝尖晶石引起重视。合成铁铝尖晶石的关键是必须保证 FeO 在其稳定存在的温度区域和气氛下与 Al_2O_3 反应，否则得到的不是铁铝尖晶石（$FeO \cdot Al_2O_3$），而有可能是铁铝固溶体或未反应的 Fe_2O_3、Al_2O_3 等。

高温状态下，FeO 是与液态 Fe 平衡共存的，也就是说液态铁的存在有利于 FeO 的稳定。基于这点，电熔方式合成铁铝尖晶石是可靠的方法（见第五章）。可是电熔法耗电大、皮砂多、生产成本高，因而烧结法合成镁铁尖晶石引人关注。有人认为 FeO 稳定存在区域狭窄，温度不高，在一定温度下合成铁铝尖晶石是困难的。北京科技大学研究用不大于 0.045mm 石墨粉 [w(C)$>99.5\%$]、氧化铁粉 [w(Fe_2O_3)$>98.5\%$]、α-Al_2O_3 粉 [w(Al_2O_3)$>99.5\%$]、氧化镁粉 [w(MgO)$>97.3\%$]，按 w(FeO)$=40\%$（理论 41.3%）、w(Al_2O_3)$=60\%$（理论 58.7%）配料，石墨的加入量按 Fe_2O_3 还原为 FeO 需碳量的 1.05 倍，加入 MgO 粉 5%。用亚硫酸纸浆废液作结合剂，混合、压块，干燥后在氮气气氛中加热到 1450℃，保温 4h，Fe_2O_3 与 α-Al_2O_3 完全反应生成铁铝尖晶石。其体积密度在 3.3g/cm^3 以上，超过未加 MgO、1500℃烧后试样。

他们又将外加 MgO 改为钛白粉 [w(TiO_2)$>99.7\%$]，加入 2%钛白粉，在氮气气氛下，1450℃保温 4h 煅烧后，铁源几乎完全转化为铁铝尖晶石，而且体积密度最高，物相组成最好。当加入钛白粉超过 2%时，就会生成一定量的 Fe_2TiO_5-Al_2TiO_5 固溶体，使体积密度下降。

北京科技大学研究人员从相图及热力学分析得出合成铁铝尖晶石的条件：

（1）以 CO 为主的 CO+CO_2 的混合气氛。

（2）较低的氧分压。

（3）较低的反应温度。

合成铁铝尖晶石技术的核心是从理论计算和实践确定烧结法合成铁铝尖晶石工艺。通过控制反应炉内焦炭量、空气及惰性气体的通入量来实现对 CO_2(g)与 CO(g)含量的控制，进而使炉内的气氛稳定在 FeO 存在区域，确保与 Al_2O_3 反应的是二价铁。

辽宁科技大学以铁鳞、刚玉和特级矾土熟料 [w(Al_2O_3)$=89.03\%$、w(SiO_2)$=5.21\%$、w(TiO_2)$=3.56\%$、w(Fe_2O_3)$=1.74\%$] 为原料，分别采用试样的配料中加入石墨和埋石墨煅烧试样的两种方式营造还原气氛合成铁铝尖晶石，在通入氩气的高温炉中于 1550℃保温 3h 烧成。结果得出：埋石墨烧成有利于铁铝尖晶石的形成和致密化。特级矾土加铁鳞试样形成铁铝尖晶石，主要是固-液反应，随着液相量增多，反应加剧，铁铝尖晶石生成量增多。

（十三）合成镁铝尖晶石

合成镁铝尖晶石不但有烧结和电熔法，还有自蔓延法，下面分别介绍烧结法和自蔓延法合成尖晶石。

（1）烧结法，又分一步法和二步法两种。一步法的工艺流程：轻烧（苛性）氧化镁+工业氧化铝共同细磨—压球—烧结—尖晶石熟料。二步法的工艺流程：第一步是：菱镁矿+工业氧化铝共同磨细—压球—轻烧（尖晶石形成温度为1300℃）；第二步是将轻烧料再磨细—压球—高温烧结—尖晶石熟料。

由于 MgO 与 Al_2O_3 反应生成尖晶石时产生约5%的体积膨胀，熟料难以致密化。采用二步煅烧工艺虽然能克服这个难题，但生产工艺复杂。有人研究用轻烧氧化镁粉与特级生矾土（主晶相—水硬铝石、少量高岭石和金红石）共同磨细的一步煅烧工艺可以制得体积密度大于 $3.20g/cm^3$ 的镁铝尖晶石砂。这是因为轻烧氧化镁晶粒细小，而生矾土的一水硬铝石（α-$Al_2O_3 \cdot H_2O$）在 530~600℃ 时变为刚玉假相，气孔多，吸附性强，脱去的水使周围的轻烧 MgO 发生水化，生成 $Mg(OH)_2$，在700℃左右分解成为 MgO。$Mg(OH)_2$ 分解时产生的 MgO 双空位，其活性高。高铝矾土中的 TiO_2、Fe_2O_3 也能与 $MgAl_2O_4$ 形成置换式固溶体，活化尖晶石晶体。高温下杂质形成少量液相的黏度低，润湿性好，使尖晶石的溶解-沉淀过程进行顺利，促进了晶体长大和烧结致密化。

MgO/Al_2O_3（摩尔比）值制约镁铝尖晶石熟料的理化性能，一般认为 MgO/Al_2O_3 大于1，可制得致密熟料，还使熟料的脆性减弱，使制品抗热震性提高，$MgO/Al_2O_3 = 1$ 时，高温性能较好。增加 Al_2O_3 含量，膨胀较大，影响镁铝尖晶石的烧结。

合成尖晶石按下列反应式进行：

$$MgO + Al_2O_3 \longrightarrow MgAl_2O_4$$

传质是靠小的离子 Mg^{2+} 0.074nm 和 Al^{3+} 0.057nm 来实现的，而大的离子氧 O^{2-} 0.136nm 在原来位置上不动。在这一基础上反应过程可用图解法表示，见表3-28。

表3-28　尖晶石形成图解表

离子扩散	MgO	MgAl₂O₄	Al₂O₃
		$3Mg^{2+} \rightleftharpoons 2Al^{3+}$	
界面上的反应	4MgO $-3Mg^{2+}$ $+2Al^{3+}$		$4Al_2O_3$ $-2Al^{3+}$ $+3Mg^{2+}$
产物	$MgAl_2O_4$		$3MgAl_3O_4$

威格纳（C. Wagher）认为这样的示意和尖晶石晶格构造相符，它是由有序排列的氧骨架和部分无序分布的阳离子所组成。MgO 侧以外沿生长机理生成，Al_2O_3 侧以内沿生长机理生成，原料颗粒越细，表面缺陷增多，表面能增大。成型压力提高，颗粒接触面积增大，有利于尖晶石的合成。在生产工艺中采用二次压球，先将第一次球破碎形成假颗粒，再与粉料按一定比例混合，再第二次压球，可提高球的容重。采用矿化剂能促进合成反应，降低烧结温度。有人用纯 Al_2O_3 和 MgO 粉合成尖晶石试验，加入2%B_2O_3，900℃开始反应，使尖晶石生成量由40%提高到70%，生成温度降低200℃。矿化剂作用大小按以

下顺序：$B_2O_3 > MgF_2 > B_4C > BaCO_3 > ZnO > BaO$，而 BaO、CeO_2、SrO 对尖晶石形成有抑制作用。采用合适的原料或添加物也可以用一步法合成镁铝尖晶石。

河北理工大学研究人员采用粒度不大于 0.058mm、$w(MgO) = 96.28\%$ 的轻烧氧化镁粉和不大于 0.043mm 的 α-Al_2O_3 为原料，压成坯体后煅烧。结果表明：控制合理的工艺参数，特别是 $n(MgO)$ 和 $n(Al_2O_3)$ 的比约为 1:1，坯体成型压力约 100MPa，煅烧温度在 1700~1750℃时，可一步合成体积密度大于 3.30g/cm³ 的尖晶石材料。

其实采用一步煅烧合成镁铝尖晶石在我国已大量生产。如某公司采用阳泉特级矾土生料与轻烧氧化镁粉，加入 1.5% 硼酸共磨，然后压球，并在回转窑 1700℃ 煅烧，可以生产高密度（体积密度 3.03g/cm³）的镁铝尖晶石材料。

如果在较低温度下（1000~1300℃）合成活性尖晶石粉，则避免了体积膨胀，可使材料有更大的致密度。不过活性尖晶石粉往往含有少量（10%~15%）的 α-Al_2O_3 和 MgO（5%~10%）。活性尖晶石作为生产耐火材料中的细粉，即活性组分，可使材料具有所希望的最大密度。

烧结尖晶石可采用氢氧化铝、工业氧化铝、煅烧的氧化铝、高铝矾土等高铝原料为铝氧原料，采用碳酸镁、氢氧化镁、烧结氧化镁、菱镁矿等高镁原料为 MgO 原料。选用天然原料生产成本低，但合成尖晶石杂质高，性能差。根据固相烧结原理，烧结尖晶石应该选用工业氧化铝（γ-Al_2O_3）或 $Al(OH)_3$ 做含铝氧原料，选用轻烧 MgO（或轻烧高纯海水 MgO）做含镁原料，采用二步煅烧工艺合成镁铝尖晶石。

（2）自蔓延法是合成 MgO-$MgO \cdot Al_2O_3$ 一种新的工艺方法。其原理：加热 MgO-Al_2O_3-Cr_2O_3-Al 混合物到一定温度，发生 Al-Cr_2O_3 的氧化反应和 MgO-Al_2O_3 的固相反应，反应方程式如下：

$$Cr_2O_3 + 2Al \longrightarrow 2Cr + Al_2O_3$$
$$MgO + Al_2O_3 \longrightarrow MgO \cdot Al_2O_3$$

两方程式相加得：$Cr_2O_3 + 2Al + MgO \longrightarrow 2Cr + MgO \cdot Al_2O_3$，当 MgO 过量时，便形成 MgO-$MgO \cdot Al_2O_3$ 材料，前一个反应式是高放热的，最高燃烧温度为 2700K，为合成 MgO-$MgO \cdot Al_2O_3$ 材料提供能量。其合成工艺过程如下：

粉碎—按配比（Al 粉 10%，Al_2O_3 粉 3%，MgO 粉 8%，Cr_2O_3 粉 20%，CaF_2 粉 2%，粗镁砂 51.3%，中镁砂 5.7%）配料—混合—压块—1500℃下热处理—熟料。

除了传统的固相反应法制备镁铝尖晶石材料外，还有溶胶-凝胶法、沉淀法、水热法、溶液蒸发法、燃烧合成法、超临界法等合成镁铝尖晶石微粉。选择无机盐作为初始原料，一般要加入添加剂，影响原料纯度。选择金属醇盐作为前驱物可以得到高纯尖晶石粉体。水热处理、溶剂蒸发、超临界干燥等物理手段是解决颗粒团聚、粒度分布不均的有效途径。

（十四）合成镁白云石砂

合成镁白云石砂是镁钙质耐火制品的主要原料。

MgO-CaO 系耐火材料中 CaO 可以吸收钢水中的 S、P、O 等非金属成分，有净化钢水的效果，是精炼炉比较理想的耐火材料。

人工合成镁白云石砂也是用烧结法或电熔法制取的。烧结法一般采用二步煅烧工艺：

第一步将优质菱镁矿、石灰石原料分别在 1000℃ 以下低温轻烧，然后充分消化 CaO，再将消石灰和轻烧的活性 MgO 按 MgO/CaO 规定比例（一般 MgO/CaO = 75±2/20±2）进行配料，共同细磨、陈化、混合成型、干燥，再经高温煅烧，即得合成镁白云石砂熟料。

轻烧后的 MgO、CaO 是反应活性大的微晶粒，晶格缺陷多，MgO 晶格疏松。消化石灰获得高分散的体积稳定的 Ca(OH)₂ 粒子，经热分解后，得到的氧化物具有很高的活性，降低离子扩散过程的温度，有利于烧结。也可以用白云石代替石灰石。

生产镁白云石砂，也可以采用一步煅烧工艺，即石灰石（或白云石）+菱镁矿（或高钙菱镁矿）混合成型一次重烧。

一步煅烧工艺无法调整产品的化学成分，物料烧结程度较差。二步煅烧工艺过程复杂，生产成本高。有人采用一步半工艺，即用轻烧 MgO 与生白云石粉混合重烧取得的镁白云石砂体积密度略低于二步煅烧的镁白云石砂（低 0.01g/cm³）。若想用一步法获得密度高的合成砂，必须遵守烧结法合成工艺要求：原料粉碎更细，甚至是超细粉，成型压力及煅烧温度更高。

合成镁白云石砂的主晶相为方镁石（MgO），其次是方钙石（CaO），二者含量占 90% 以上，还有硅酸三钙及 C₂F 和 C₄AF 等。随温度升高，方镁石由粒状、圆粒状到多角形。晶粒由小到大，方镁石晶体间直接结合程度增高。方钙石高温生长发育速率不如方镁石，均匀充填在方镁石晶间空隙内，C₃S 多呈集聚出现，其旁有较多气孔，含量少。C₂F 和 C₄AF 分布在以上晶体之间，不规则，分布尚均匀。高温时为液相，未连片，含量少。气孔呈孤立状分布于方镁石晶间。

20 世纪 90 年代末以来，随着高温技术的发展需要，陆续开发了 $w(CaO) \geqslant 30\%$ 的合成镁白云石砂，满足不同需要，其理化指标见表 3-29。

表 3-29 合成镁白云石砂理化指标

编号	化学成分（质量分数）/%						体积密度/g·cm⁻³
	MgO	CaO	SiO₂	Fe₂O₃	Al₂O₃	灼减	
A	65.76	30.70	1.68	0.94	0.42	0.14	3.31
B	63.72	32.85	1.70	0.88	0.39	0.13	3.31
C	46.72	50.19	1.47	0.74	0.38	0.10	3.31
D	43.01	53.84	1.35	0.70	0.36	0.39	3.30
E	41.12	55.94	1.38	0.60	0.47	0.10	3.30
F	37.38	59.70	1.41	0.61	0.43	0.15	3.29

武汉科技大学研究将 5~8mm 天然白云石经 1000℃ 轻烧、消化、并与生白云石粉混合、压块，1600℃ 3h 煅烧，当加入生白云石粉 50% 时，烧结性最好，体积密度最大（3.35g/cm³），抗水化性能也好。当加入生白云石粉超过 50% 时，烧后的镁白云石熟料抗水化性能急剧下降。合成镁钙砂大部分采用二步煅烧工艺，此法可称为一步半煅烧。

我国合成镁钙原料的高温煅烧工艺有两种：一种是合成料在压砖机上压成荒坯，然后在隧道窑内高温煅烧；另一种是将合成料在压球机上压成料球，在焦炭或白煤为燃料的竖窑内煅烧。前者温度制度控制严格，保温时间长，产品质量均匀，致密度高，由于无杂质混入，产品纯度高；但生产工艺复杂，产品成本较高。后者产品质量较差，燃料灰分易混入到产品中，增加了产品的杂质含量；但生产工艺简单，成本相对较低。如果像欧洲某集团在我国南方某地建设的白云石耐火材料公司，采用麦尔兹（MARZ）竖窑轻烧白云石、RCE 高温竖窑煅烧白云石熟料，应该比较合理。

（十五）合成镁锆砂（镁钙锆砂）

研究发现：ZrO_2 作为添加剂能促进方镁石晶体长大。如海水 MgO 中添加极少量的 ZrO_2 即能使原来约 $50\mu m$ 的方镁石晶体成功地提高到 $100\mu m$ 以上。这种烧结合成镁锆砂最显著的特征是方镁石与 ZrO_2 呈镶嵌结合，其 ZrO_2 主要同方镁石晶界中的 CaO 反应生成 $CaO \cdot ZrO_2$，而促进了方镁石晶体的长大。

镁锆砂按 ZrO_2 存在状态，大体可分为 $MgO\text{-}ZrO_2$ 系、$MgO\text{-}ZrO_2\text{-}CaO \cdot ZrO_2$ 系和 $MgO\text{-}CaO\text{-}ZrO_2$ 系三种类型。可由轻烧镁石与工业氧化锆或斜锆石粉，或者用轻烧高钙镁石与工业氧化锆料配料合成。

有人研究用脱硅锆 $w(ZrO_2) = 89.39\%$、轻烧镁石粉 $w(MgO) = 83.35\%$、$w(灼减) = 9.83\%$ 和白云石 $w(CaO) = 32.43\%$、$w(MgO) = 19.41\%$、$w(灼减) = 46.80\%$ 磨细至小于 0.088mm，配料、压坯，1650~1700℃ 煅烧。结果发现：$n(CaO) : n(ZrO_2) < 1$ 时，合成料中未发现游离 ZrO_2，合成料中生成 $CaZrO_3$ 和 $CaZr_4O_9$ 两种锆酸钙相；随着 ZrO_2 含量增加，合成料中方镁石和锆酸钙相呈现不同分布特征，当 $n(CaO) : n(ZrO_2) = 1 : 1$ 时，方镁石和锆酸钙分布较均匀，当 ZrO_2 增多时，锆酸钙倾向形成连续体。CaO 与 ZrO_2 的比值提高，有利于改善合成料的烧结性能。合成料的杂质成分主要是硅酸盐相，以孤岛状分布于锆酸钙颗粒的角隅之间，对合成料的烧结和高温性能没有太大影响。随着煅烧温度提高，合成料的体积密度增大。

辽宁科技大学研究用轻烧白云石、轻烧氧化镁和高纯 MgO、单斜锆石和锆英石合成镁钙锆砂。结果是 ZrO_2 的加入会促进镁钙锆合成砂的烧结，随 ZrO_2 含量增加，合成砂体积密度增大。而锆英石的加入会降低合成砂的致密程度，加入量越多，合成砂结构越疏松。

加入 ZrO_2 的合成砂主要是方镁石、方钙石和 $CaZrO_3$ 等高熔点相的直接结合，而加入锆英石的合成砂，除了以上矿物，还存在 C_3S 相，有较多的硅酸盐相填充于方镁石、方钙石晶之间，使直接结合程度下降。

（十六）合成镁铁钙砂

镁铁钙砂俗称高铁高钙镁砂，亦称镁铁砂或高铁镁钙砂。镁铁钙砂生产工艺比较简单，用高钙菱镁矿或轻烧的镁白云石砂中配入铁精矿或铁鳞共同磨细后造粒，在回转窑中以重油为燃料煅烧合成镁铁钙砂，再经破碎即得到所需的镁铁钙砂。亦可在煅烧高钙菱镁矿时，同时撒入铁精矿，即可煅烧出镁铁钙砂。

镁铁钙砂为块状，呈赤褐色。矿物组成主要为方镁石及铁酸二钙（C_2F），矿石中 CaO 在煅烧过程中先与外加的 Fe_2O_3 生成铁酸钙，于 $650 \sim 850℃$ 反应完全。$CaO + Fe_2O_3 = CaFe_2O_4$，随后是 CaO 与 SiO_2 反应生成 $2CaO \cdot SiO_2$，超过 1000℃ 生成铁酸二钙，$CaFe_2O_4 + CaO = Ca_2Fe_2O_5$。1600℃ 以上煅烧成镁铁钙砂，其中方镁石 67%~72%，铁酸二钙 10%~

15%。铁酸二钙黏度低，易润湿方镁石，烧结炉底时容易成整体，比冶金镁砂烧结时间大为缩短，寿命大幅度提高。

山东莱州某公司采用轻烧镁石粉、生石灰、铁精矿粉为原料，严格按 $n(MgO)/n(CaO)=8\sim12$、$n(CaO)/n(Fe_2O_3)>2$、SiO_2 含量小于 0.5% 配料，将混合粉在球磨机磨细至不大于 0.074mm，然后用压砖机压成荒坯，体积密度 2.65g/cm^3，在隧道窑内 1630℃煅烧，其理化指标见表 3-30。

表 3-30 镁铁钙砂的理化性能

单位	化学成分（质量分数）/%						耐压强度/MPa		线收缩率/%		体积密度 /g·cm^{-3}	粒度范围 /mm
	MgO	CaO	Fe$_2$O$_3$	SiO$_2$	Al$_2$O$_3$	灼减	1300℃，3h	1600℃，3h	1300℃，3h	1600℃，3h		
行业标准 YB/T 101	≥81	≥6 ~9	≥5 ~9	≤1.5			≥10	≥25	≤0.5	≤3.0	≥3.25	0~5
山东莱州	81.30	11.36	5.44	1.00	0.38	0.18					3.28	
我国某厂	85.75	7.29	4.99	1.04	0.20	0.50	1200℃，14.5	59.5	1200℃，-0.15	-2.0		
奥地利某公司	81.79	8.32	7.95	1.01	0.42	0.51	1200℃，11.0	29.0	1200℃，-0.4	-2.1		

欧洲应用镁铁钙砂比较早，也比较广泛。我国 20 世纪 70 年代才用于平炉底，80 年代用于炼钢电炉熔池，并推广到铁合金电炉熔池，作为干打料，使用效果比较好。

（十七）合成堇青石

自 1883 年布尔热瓦首次合成堇青石成功后，多年来耐火材料用堇青石都是用各种天然原料或高纯原料合成的。合成原料广泛，如滑石、绿泥石、蛇纹石、菱镁矿、轻烧氧化镁、石棉、高岭石、高铝矾土、硅线石族矿物、叶蜡石、工业氧化铝、硅石粉等，按堇青石 2MgO·2Al$_2$O$_3$·5SiO$_2$ 的理论组成：MgO 13.7%、Al$_2$O$_3$ 34.9% 和 SiO$_2$ 51.4% 计算配料，然后用干法或湿法共同磨细混合、压坯或挤泥、干燥、煅烧（1350℃左右），即可得到合成堇青石熟料。合成堇青石工艺的特点是堇青石生成温度比较高，形成堇青石的温度范围很窄，而且堇青石的熔点低（1460℃分解为莫来石和含镁液相），因此也限制了堇青石制品的使用范围。

近年来，围绕增加合成堇青石熟料的堇青石含量，提高制品的耐火性能及荷重软化温度等方面进行了各种研究。用高纯原料合成，可使熟料的堇青石含量达 98.5% 以上。采用叶蜡石与滑石合成可以获得高密度堇青石熟料（气孔率 14%），因为叶蜡石结构水少，脱水缓慢，烧后体积几乎没有变化，富硅配方堇青石含量最高。为了扩大烧成温度范围，在堇青石配料中添加氧化铝、锆英石、氧化锆、钛酸铝等。佐野资郎研究在合成堇青石时，添加 2.5%~20% 锆酸钡，烧成温度扩大为 1250~1450℃，在堇青石基质中产生锆英石。在配料中加入碳化硅和刚玉，可以提高制品的抗热震性。

河北联合大学研究人员采用苏州土、滑石和工业氧化铝进行不同配比及不同升温制度的研究，得出 $w(SiO_2) = 50.13\%$、$w(MgO) = 13.35\%$、$w(Al_2O_3) = 36.52\%$ 组成的坯体。在炉内升温速率：室温 ~ 300℃ 为 240℃/h；300 ~ 1200℃ 为 300℃/h；1200 ~ 1360℃ 为 180℃/h。然后随炉冷却，冷却速率为 56℃/h。降至 1240℃ 再缓慢升温，1240 ~ 1280℃ 升温速率为 26℃/h，1280 ~ 1400℃ 为 120℃/h，1400℃ 保温 4h，可获得线膨胀系数为 (1.6 ~ 1.9) $\times 10^{-6}$/℃ 的堇青石材料，但比纯堇青石 ($2MgO \cdot 2Al_2O_3 \cdot 5SiO_2$) 的线膨胀系数 ($1.3 \times 10^{-6}$/℃) 高。要进一步降低线膨胀系数，还要从相图 (美国康宁公司报道：在 SiO_2-Al_2O_3-MgO 三元相图中存在一个低膨胀区) 分析设计适宜的化学组成，控制各种原料的化学矿物组成、结构构造及添加剂，严格控制生产工艺等。

高纯原料合成堇青石分两个阶段进行：第一阶段：$MgO + Al_2O_3 \xrightarrow{<1300℃} MgAl_2O_4$ (镁铝尖晶石)；第二阶段：$2MgAl_2O_4 + 5SiO_2 \xrightarrow{>1300℃} Mg_2Al_4Si_5O_{18}$ (堇青石)。

有人利用玻璃纤维废料低温 (1200℃ 左右) 合成堇青石。

将 Al_2O_3 含量提高到 40%，不但不改变堇青石特性，又提高了耐火性能。加入刚玉、莫来石等，提高制品的荷重软化温度、强度和抗热震性。

(十八) 合成氮化硼 (BN)

一般由元素硼、硼酐、卤化硼、硼的盐类与含氮盐类，在氮或氮气氛中，通过气相-固相反应或气相-气相反应来合成。主要有以下方法：

(1) 硼砂-氯化铵法：$Na_2B_4O_7 + 2NH_4Cl + 2NH_3 \rightarrow 4BN + 2NaCl + 7H_2O$，在 900 ~ 1000℃ 生成 BN，反应物经酸洗、干燥、粉碎，可获得 $w(BN) = 96\% ~ 98\%$ 的氮化硼，为 0.1 ~ 0.3μm 的粉末。

(2) 硼酐法：用硼酐 (B_2O_3) 合成 BN 是工业生产氮化硼的重要方法之一。由于 B_2N_3 熔点低，在氮化温度下易变成高黏度的熔体而阻碍氮气的流通，使化学反应减缓和不完全。为了克服这一缺点，采用一种高熔点的物质分散其中作为填充料，以减少 B_2O_3 熔体的黏结，最后再将其除掉。经试验 $Ca_3(PO_4)_2$ 作为填充料，反应效率最高 (87%)。将 B_2O_3 与 $Ca_3(PO_4)_2$ 混合，干燥后通氨气，于 900 ~ 1000℃ 进行氮化反应，然后经盐酸酸洗和乙醇洗涤后，即可制出 BN 粉末。

(3) 硼砂-尿素法：以硼砂和尿素为原料，先将硼砂在 200 ~ 400℃ 下进行脱水处理，将尿素用 35℃ 温水溶解成饱和溶液，然后过滤，以提高纯度。将硼砂与尿素按 1 : 1.5 ~ 2 的比例混合，在炉内氮化，氮化温度为 800 ~ 1000℃，合成反应式为：

$$Na_2B_4O_7 + 2CO(NH_2)_2 \xrightarrow{NH_3 \triangle} 4BN + Na_2O + 4H_2O + 2CO_2 \uparrow$$

合成工艺流程如图 3-25 所示。

(4) 三氯化硼法：由三氯化硼 (BCl_3) 与氨气反应，反应式为：$BCl_3 + NH_3 \xrightarrow{30℃}$ 胺基络合物 $\xrightarrow{900℃} BN$。BCl_3 是一种低沸点 (12.5℃) 液体，极易挥发，价格昂贵，但适合制备高纯 BN 试剂。

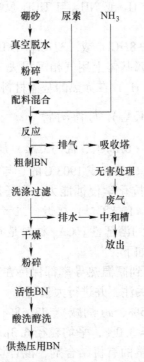

图 3-25 BN 合成工艺流程图

（5）等离子体合成法：以尿素和硼砂为原料，用直流电弧等离子合成。合成中的未反应物（Ca、Al、Cu、Mg、Na、Si 等）全部气化，随等离子流逸出，使 BN 纯度达 99.7%。

（十九）合成氮化钛（TiN）

TiN 熔点高（2950℃），硬度大，化学稳定性好，并有较高的导电性和超导性，可用于高温材料、耐磨材料和超导材料领域。TiN 的制备方法如下：

（1）碳热还原氮化法：辽宁科技大学研究人员以锐钛矿（$d_{50} = 0.38\mu m$）、金红石（$d_{50} = 4.58\mu m$）和鳞片石墨（< 0.15mm）、炭黑（平均 0.02μm）、可膨胀石墨（<0.15mm）为原料，配料比为 $n(C):n(TiO_2) = 5:1$ 的不同原料组合，并以锐钛矿和鳞片石墨为原料再进行不同配料比试验。试样在管式电炉，流动 N_2 中分别于 1300℃ 和 1400℃ 煅烧。结果表明：最佳原料组合是可膨胀石墨和锐钛矿；以鳞片石墨和锐钛矿配料时，以 $n(C):n(TiO_2) = 6:1$ 时，TiN 合成率最高。提高温度，原料粒度越细和活性大，有利于提高 TiN 的合成率。碳热还原氮化法的反应式为：

$$2TiO_2 + 4C + N_2 == 2TiN + 4CO$$

（2）氨气还原法：将氨气（NH_3）通入赤热的 TiO_2 中，可制得高纯 TiN，反应式为：

$$6TiO_2 + 8NH_3 == 6TiN + 12H_2O + N_2$$

（3）金属钛粉氮化法：在高温下，将金属钛粉与 N_2 或 NH_3 气作用，可直接制取 TiN，反应式如下：

$$2Ti + N_2 == 2TiN \quad 或 \quad 2Ti + 2NH_3 == 2TiN + 3H_2$$

用 NH_3 做氮化剂比 N_2 效果好，因为 NH_3 分解时生成单原子的活性氮，促进反应。

（4）气相合成法，用 N_2 加 H_2 或 NH_3 与 $TiCl_4$ 反应可制得非常纯的 TiN。其反应式为：

$$2TiCl_4+N_2+4H_2 \Longrightarrow 2TiN+8HCl \quad 或 \quad 3TiCl_4+4NH_3 \Longrightarrow 3TiN+12HCl+1/2N_2$$

近年来，在一些金属或非金属基体上用气相沉积法（CVP）获得金黄色的 TiN 涂层，就是 $TiCl_4$ 蒸气与 NH_3（或 N_2 与 H_2）在赤热的基体材料表面上沉积出 TiN。

（二十）合成六铝酸钙（CA_6）与博耐特

六铝酸钙（$CaAl_{12}O_{19}$ 或 $CaO \cdot 6Al_2O_3$，简写 CA_6）属六方晶系，具有片状或板状晶体特性，转熔温度 1875℃，也有称 1830℃ 或 1903℃ 的。与含氧化铁的熔渣形成固溶体的范围大，在碱性环境中有足够强的抗化学侵蚀能力，在还原气氛中高度稳定，线膨胀系数 $8.0 \times 10^{-6}℃^{-1}$，与 Al_2O_3 的（$8.6 \times 10^{-6}℃^{-1}$）接近，二者可以任何比例混合使用，主要结晶区大，在几种多元系中有较低的溶解性。CA_6 材料是有孔径小于 $5\mu m$ 的多孔材料，也有致密材料，称做博耐特。分述如下：

（1）多孔 CA_6 材料：从常温到高温热导率都保持在较低水平，其高温隔热性能可与纤维材料比美。近年来引起广泛关注，并进行大量研究。

用轻质碳酸钙 $w(CaO) = 53.5\%$、$w(灼减) = 43.58\%$，平均粒径 $3.5\mu m$，与工业氧化铝 $w(Al_2O_3) = 95.9\%$、$w(灼减) = 3.0\%$，平均粒径 $6.3\mu m$，按 CA_6 的 CaO 与 Al_2O_3 的化学计量比例配料，加入炭黑和适量的有机结合剂，混合均匀后，压制成坯体，110℃ 烘干后，高温煅烧。不同煅烧温度的 XRD 图谱见图 3-26。煅烧温度对材料体积密度和显气孔率的影响见图 3-27。

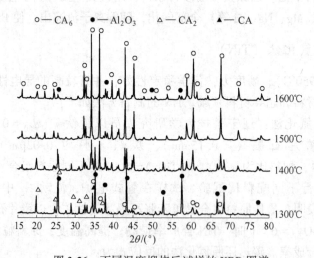

图 3-26　不同温度煅烧后试样的 XRD 图谱

炭黑加入量对材料的体积密度和显气孔率的影响见图 3-28。

可见，制备 CA_6 多孔材料 1400～1500℃ 煅烧 CA_6 片状晶体发育完全，1500℃ 固相反应基本结束。添加炭黑可改变多孔材料的显微结构，随添加量增多，CA_6 片状晶体的厚度减小，材料气孔率增大，耐压强度下降，实际应用不宜超过 20%。

有人用氧化钙 $[w(CaO) \geqslant 99\%$、$d_{50} = 0.28\mu m]$ 与工业 γ-Al_2O_3（$d_{50} = 64.97\mu m$）配料，其配料比 $n(CaO) : n(Al_2O_3)$ 分别等于 $0.6 : 6$、$0.8 : 6$、$1.0 : 6$、$1.2 : 6$、$1.4 : 6$

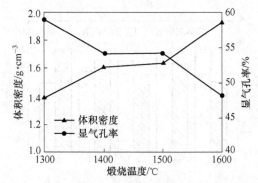

图 3-27　煅烧温度对材料体积密度和显气孔率的影响

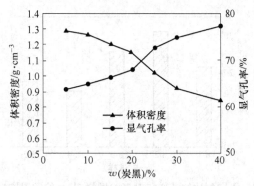

图 3-28　炭黑加入量对 1500℃ 烧后试样体积密度和显气孔率的影响

五个试样。采用干法压坯，1550℃ 保温 3h 煅烧，通过 XRD 和 SEM 对烧后试样的物相组成和显微结构分析，得出不同配料比的试样主要物相均为 CA_6，在富铝配料中有少量 α-Al_2O_3，富钙配料中有少量 CA_2。CA_6 均为片晶状，富铝配料片晶明显，晶体轮廓清晰；富钙配料中 Al_2O_3 含量相对不足，CA_2 未全部转化为 CA_6。各试样 1550℃ 煅烧 3h 后的体积收缩率见图 3-29。

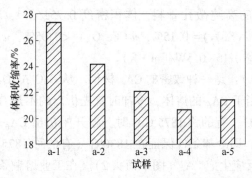

图 3-29　不同配比的试样在 1550℃ 煅烧 3h 后的体积收缩率

可见 $n(CaO):n(\gamma\text{-}Al_2O_3)=0.6:6$ 试样收缩率最大，而 $1.2:6$ 试样收缩率最小。烧后试样的体积密度和显气孔率的变化如图 3-30 所示。可见 $n(CaO):n(\gamma\text{-}Al_2O_3)=1.4:6$ 试样的显气孔率最小，体积密度最大。

烧后试样的抗折强度变化如图 3-31 所示。可见抗折强度都不高，以 $n(CaO):n(\gamma\text{-}Al_2O_3)=0.8:6$ 试样最大（30.9MPa）。

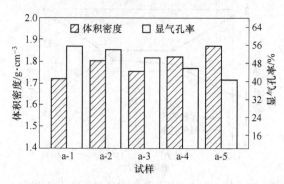

图 3-30 不同配比的试样在 1550℃煅烧 3h 后的体积密度和显气孔率

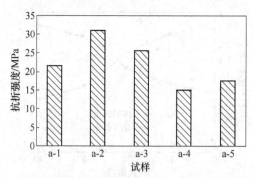

图 3-31 不同配比的试样在 1550℃煅烧 3h 后的常温抗折强度

还有人采用 Al(OH)$_3$ 或活性氧化铝、Ca(OH)$_2$ 或纯铝酸钙水泥、活性石灰等作原料合成 CA$_6$。

有人采用球磨机湿混成含水 60% 的浆料，浇注成型坯体，1400℃大量生成 CA$_6$，但比干法低，干燥后存在大量气孔，有利于 CA$_6$ 发育。

烧结合成 CA$_6$ 微孔材料于 1998 年问世，并大量生产。国外市售牌号 SLA-92 微孔轻质骨料，即为 CA$_6$ 为主晶相的高纯微孔骨料，体积密度 0.75g/cm^3，$w(Al_2O_3) = 89\% \sim 91\%$，$w(CaO) = 7.7\% \sim 9.0\%$，$w(SiO_2) = 0.15\%$，$w(Fe_2O_3) < 0.05\%$，$w(Na_2O + K_2O) < 0.25\%$，微孔尺寸 1~5μm，热导率 0.15~0.5W/(m·K)。

(2) 博耐特（Bonite）：是一种致密的 CA$_6$ 材料。从 CaO-Al$_2$O$_3$ 二元系相图（图 3-32）可以看出：化学组成相当于 CA$_6$ 的熔体，冷却时首先析出的不是 CA$_6$，而是刚玉晶体，只有冷却至转熔温度 1830℃（有的称 1875℃）时，才开始析出 CA$_6$ 晶体。转熔温度保持一定时间仍析出 CA$_6$ 晶体，即冷却条件保证在 1830℃（有的称 1875℃）达到相平衡，刚玉就会与残留的液相完全反应生成 CA$_6$（图中箭头 2）。在工业熔融条件下，只能有一小部分液相形成 CA$_6$。富含 CaO 的液相，将在不平衡条件下形成 CA$_2$（箭头 3）、CA（箭头 4），甚至形成 C$_{12}$A$_7$（箭头 5），导致产生与 CA$_6$ 不同的产品，因此用电熔法不能合成纯 CA$_6$ 产品。只能采用像生产板状刚玉那样的超高温烧结工艺来生产致密 CA$_6$ 骨料，即博耐特（Bonite），就是将 CaO 与 Al$_2$O$_3$ 配料→成球→干燥→煅烧的生产工艺。在煅烧过程中，通过控制合适的加料量和工艺条件（如温度制度），可以达到接近 CaO-Al$_2$O$_3$ 相图所示的平衡状态，从而制备相组成均匀，以及物理化学性质稳定的博耐特产品。其矿物相由 90%

CA_6、少量刚玉和痕量 CA_2 等组成，体积密度 $3.0g/cm^3$，大约是理论密度的 90%，微观结构特征是紧密结合的板片状 CA_6 晶体和少量的晶间微气孔。理化性能指标见表 3-31。

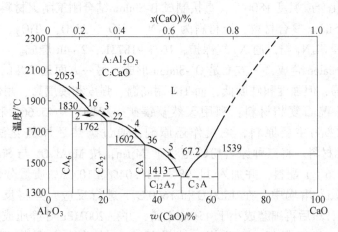

图 3-32 CaO-Al_2O_3 系统相图

表 3-31 博耐特（Bonite）与板状刚玉典型理化性能指标对比

项目	化学成分（质量分数）/%				体积密度 /g·cm^{-3}	显气孔率 /%	吸水率/%	线膨胀系数 (20~1000℃)/K^{-1}
	Al_2O_3	CaO	SiO_2	磁性铁				
博耐特	90	8.5	0.9	<0.02	3.0	8.5	2.7	$8.0×10^{-6}$
板状刚玉	>99.4	<0.09	<0.02	>3.5	<5	<1.5		$8.6×10^{-6}$

（二十一）合成氧化物-非氧化物复相材料

20 世纪 80 年代末期，国际上开始研究二元系乃至三元系中氧化物与非氧化物的复合材料。钟香崇院士认为：氧化物与非氧化物复合材料是 21 世纪国内外耐火材料技术发展的一个重要方向，预计它有可能发展成为新兴的高性能耐火材料品种系列。我国自 1988 年以来，也进行了大量的复合耐火材料研究工作。如锆刚玉莫来石、锆刚玉莫来石-BN、O′-Sialon-ZrO_2、β-Sialon-Al_2O_3、ZrB-Al_2O_3、Sialon-SiC、Sialon-SiC-ZrO_2 等。这些材料具有非常好的综合高温性能，如强度、抗热震性、抗氧化性、抗侵蚀性等。可是这些材料大都采用化工原料，即纯化合物制备的，有的采用多次合成工艺，即先合成某一种材料，然后再将单独合成的材料重新配料生产复合材料或制品，提高了生产成本，产品价格比较昂贵，一般难以被用户接受。因此，利用天然原料或成本比较低的原料，"一步成材"，即指在材料形成过程中，原位一步生成复合材料十分重要。近年来，我国在复合材料研究方面取得了一些成果，简要介绍如下：

（1）利用天然高岭土、锆英石，引入添加剂，采用还原氮化方法直接制备 O′-Sialon-SiC-ZrO_2 复合材料，烧结良好的材料，抗折强度可达 110MPa 左右，气孔率为 1.08%。

（2）用 SiC 砂、优质高岭土为主要原料，Al 粉做还原剂，在氮气氛下直接合成 Sialon-SiC 复相耐火材料，分散的 Sialon 质量分数大于 22%，体积密度大于 $2.6g/cm^3$，耐压强度为 211.5MPa。

（3）用蜡石、黏土合成 Sialon、Sialon-Al_2O_3 系和 Sialon-SiC 系复合材料。

（4）利用 TA60 刚玉、其中 1.18~0.6mm27%、0.6~0.3mm42%、硅粉和氧化铝细粉共 31%，通过氮化合成温度 1800℃，直接制成 β-Sialon 结合刚玉耐火材料。

（5）TiN-O′-Sialon 复合材料，原材料为 Ni_3N_4、SiO_2、Al_2O_3、TiO_2、Sm_2O_3 粉末，混合后压成坯体，埋 Si_3N_4 粉，通 N_2 气保护，1673~1873K，2~4h 烧成。

（6）TiN-O′-Sialon 合成，一方面是 O′-Sialon 形成；另一方面是 TiN 的转化过程。利用 O′-Sialon 抗氧化强，但强度和硬度低，而 TiN 耐高温、强度和硬度高、耐侵蚀等优点。

（7）Sialon-尖晶石复相材料：利用天然菱镁矿 $w(MgO) = 45.66\%$ 和二级矾土熟料 $w(Al_2O_3) = 67.02\%$ 为主要原料，焦炭作还原剂，通过碳热还原氮化法（CRN）制备 Sialon-尖晶石复相材料。将三种原料粉碎至小于 74μm，按 $MgAl_2O_4$ 与 Sialon 的摩尔比为 2.3∶1、3∶1、3.6∶1 配料，并加入 11.98%、10.04%、10.23% 质量分数的焦炭，混匀后干压成坯体，放入坩埚中，在 1500℃ 和 1600℃ 下进行反应，并将反应产物在 600~700℃ 空气中脱碳，然后再细磨成小于 45μm 细粉，并在 200MPa 等静压成型坯体，于氮气氛下埋 BN 粉，1600℃ 保温 1h 煅烧。结果得出：材料的主要物相为 $MgAl_2O_4$ 和 $Si_3Al_3O_3N_5$。1600℃ 预合成比 1500℃ 预合成的粉料复相材料结构致密，强度更高。随着菱镁矿加入量增加，材料气孔率降低，体积密度增大，强度也增大。

（8）蓝晶石原位合成 AlN-SiC 复相材料：以天然蓝晶石为原料，通过碳热还原氮化法（CRN）原位合成 AlN 结合 SiC 复相材料。设定石墨与蓝晶石的配料比为 3∶7、3.5∶6.5、2.5∶7.5 三种配方，将配料在球磨机中混合磨细，并在 50MPa 压力下成型，进而在 N_2 气氛下埋炭烧结。1600℃ 保温 4h，可以得到 AlN 结合 SiC 复相材料，以石墨质量分数 25%、蓝晶石 75% 的配料比较合适。

（9）O′-Sialon-ZrO_2-C 合成，在 1700℃ 下，埋 SiC 粉，氮气氛下无压烧结。合成 O′-Sialon-ZrO_2 复合材料，发现 ZrO_2 均匀填充在 O′-Sialon 的编织结构中，随 ZrO_2 增加，抗侵蚀性增强。

（10）用淘洗的高岭土、石墨粉，氮化合成 O′-Sialon 基复合材料，当烧结温度为 1400℃ 时，碳热还原的最终产物为：O′-Sialon、Si_3N_4；烧结温度较高（1500℃）时，最终产物为 O′-Sialon、SiC；温度在 1450℃ 左右时，为 O′-Sialon、Si_3N_4、SiC 共存。

（11）ZrO_2-CaO-BN 复合材料合成，通过热力学计算，ZrO_2-CaO-BN 三者在 1550℃ 有共存区。从 ZrO_2-CaO 系相图，当 CaO 的摩尔分数大于 50% 时，二者合成 $CaZrO_3$。选择 CaO 的摩尔分数略小于 50%，将 ZrO_2、CaO、BN 三者共磨后，在热压炉上烧结制成复合材料。主晶相为锆酸钙（$CaZrO_3$）、四方氧化锆和氮化硼。目前广泛用做侵入式水口。

（12）锆英石合成 ZrO_2-莫来石复相材料：通过锆英石和氧化铝的原位反应制备了 ZrO_2-莫来石复相材料。选用锆英石 [$w(ZrO_2) = 62.13\%$、$w(SiO_2) = 33.17\%$、$w(HfO_2) = 2.72\%$、$d_{50} < 1000nm$] 和 α-Al_2O_3 [$w(Al_2O_3) > 99\%$]，二者的反应式为：$2ZrSiO_4 + 3Al_2O_3 = 3Al_2O_3 \cdot 2SiO_2 + 2ZrO_2$。

按化学反应方程式配料，并在以酒精为介质的球磨机中磨 6h，然后在 200MPa 压力下成型坯体，并在高温炉中 1600℃ 煅烧，获得 ZrO_2-莫来石复相材料。

（13）六铝酸钙（CA_6）-尖晶石复相材料：利用白云石 [$w(CaO) = 29.42\%$、$w(MgO) = 19.58\%$、$w(CO_2) = 49.41\%$] 和工业氧化铝 [$w(Al_2O_3) = 98.97\%$，粒径

23μm〕作原料，在球磨机中湿混，粉体干燥后压成坯体，然后煅烧。当工业氧化铝质量分数 90.32%、白云石 9.68%的配料，坯体在 1500℃以上保温 3h 煅烧后，其物相组成为 CA_6 和 MA，无明显杂质。CA_6 晶体呈片状或板状，随温度提高，CA_6 晶粒长大，片状晶体厚度增加，材料的体积密度增大，显气孔率降低，抗折强度相应增大。当煅烧温度为 1650℃时，材料的体积密度最大（2.07g/cm^3），显气孔率最低（48.78%），抗折强度最大（54.3MPa）。

（14）Al_2O_3-TiN 复相材料：利用氧化铝与氮化钛高温高压合成 Al_2O_3-TiN 材料成本高。而用钛白粉和金属 Al 粉在流动氨气作用下，原位生成 Al_2O_3-TiN 复相材料。

还有 ZrO_2-SiC 复相耐火材料等。

合成耐火原料，特别是合成复合材料还有许多。随着技术进步，合成原料的范围还会进一步扩大。尤其采用天然原料转型，合成制备的氧化物-非氧化物复合材料，降低成本，提高使用寿命，并减少对金属溶液的污染，对发展洁净钢生产将起重要作用。

（二十二）固相反应合成锌铝尖晶石

锌铝尖晶石熔点 1950℃，线膨胀系数 25~900℃为 $7.0×10^{-6}$/℃，具有高的热稳定性，与镁铝尖晶石比，不但对碱性物质有较强的抵抗能力，对酸性物质同样有较强的抵抗能力。锌铝尖晶石的化学反应为：$ZnO+Al_2O_3 \Longrightarrow ZnAl_2O_4$。

将 ZnO 和 Al(OH)$_3$ 按 1:2 的质量比配料，细磨至<0.088mm，加 3%无水乙醇和 0.2%糊精，压制成型，干燥烧成。锌铝尖晶石形成温度 800℃，随温度升高，尖晶石含量增大，最佳温度为 1400℃，保温 3h，尖晶石的平均晶径 15μm。

第五节　钙质、镁钙质原料防水化及碳质原料防氧化措施

一、钙质、镁钙质原料防水化措施

CaO 和 MgO 在结构上属于 NaCl 型，Ca^{2+} 和 Mg^{2+} 位于 O^{2-} 八面体的空隙中，它们的晶格常数分别为：CaO $4.80×10^{-4}$μm，MgO $4.20×10^{-4}$μm，由于 Mg^{2+} 半径较小，可以完全包围在 O^{2-} 之间，而 Ca^{2+} 半径较大，不能被 O^{2-} 完全包围，因此 CaO 晶格较疏松，真密度较低（3.32），比 MgO 更容易水化。CaO 与水蒸气发生化学反应的方程式如下：

$$CaO(s)+H_2O(g) \longrightarrow Ca(OH)_2$$
$$\Delta G = -109.35+0.14T$$

由此可知，只要温度小于 781K，反应向右进行的趋势不会停止，生成 $Ca(OH)_2$ 的同时，伴随体积膨胀 96.5%左右，导致 CaO 及含 CaO 原材料粉化，从而限制了 CaO 质及 CaO-MgO 质耐火材料的生产。众所周知，由于 CaO 具有净化钢水的功能，因此钙质及镁钙质原料抗水化问题引起广泛研究，防水化方法概括有以下几方面：

（1）烧结法：通过活化烧结，即二步煅烧法及提高煅烧温度，使钙砂及镁钙砂充分烧结，提高致密度，降低气孔率，增大方钙石晶体尺寸，提高抗水化性能。北京科技大学研究人员采用轻烧白云石与轻烧镁石配料，使 CaO 质量分数达 20%，共同磨细至 0.045mm，然后干法压球，在燃油竖窑中，经 1500~1910℃的各种温度下保温 8h 煅烧，并将各种温

度下煅烧的物料在高压釜中测定水化率。材料的主要物相是方镁石、方钙石，不存在 MgO 与 CaO 的固溶体，随着煅烧温度提高，MgO 与 CaO 扩散程度增加，分布越来越均匀，晶粒逐渐长大，方钙石晶粒较方镁石小。随着温度提高，$MgO\text{-}CaO$ 材料的相对密度呈抛物线增加的趋势，抗水化性能增强。其抗水化性能主要取决于其致密度、方钙石晶粒大小及分布。煅烧温度越高，CaO 分布越均匀，晶粒越大，越致密，抗水化性能越好。

（2）引入添加剂法：引入添加剂与 CaO 生成低熔点的抗水化性物质，覆盖在 CaO 表面上，使熟料的密度增加，CaO 与水的接触面积减小。同时添加剂使 CaO 晶粒长大，成为稳定的大晶体，从而提高抗水化性能。有人研究加入 Fe_2O_3，能有效地提高镁钙烧结体的烧结性和抗水化性。认为加入质量分数 $0.5\% Fe_2O_3$，可使镁钙烧结体的密度达到理论密度 93%，是由于 Fe_2O_3 与 CaO 在高温下发生反应，生成抗水化的 $2CaO \cdot Fe_2O_3$，并包裹 CaO 颗粒形成 $2CaO \cdot Fe_2O_3$ 薄膜，阻止 CaO 与水接触，提高抗水化性。还有人研究添加稀土氧化物对白云石熟料抗水化性能的影响，得出加入质量分数 0.25% 的混合稀土氧化物（La_2O_3、CeO_2、Pr_5O_{11} 和 NdO_3）的白云石熟料，水化 48h，质量仅增加 1.28%。当混合稀土氧化物与氧化铁复合添加时，其熟料的抗水化性能优于单独添加的效果。进一步研究稀土氧化物 La_2O_3、CeO_2、Pr_5O_{11} 和 NdO_3 各自对白云石烧结与抗水化性能的影响，得出添加少量 CeO_2、Pr_5O_{11} 或 NdO_3 的白云石，$1600℃$ 煅烧可获得致密均匀结构、抗水化性能良好的白云石熟料。添加 La_2O_3 能促进白云石烧结，但对提高熟料抗水化性能的作用不如 CeO_2、Pr_5O_{11} 和 NdO_3。添加质量分数 $3\% Al_2O_3$ 也能有效降低 CaO 的水化率。添加 1% ZrO_2（以可溶性锆化物形式），熟料的收缩率达 28%，在空气中存放 25 天后，质量仅增加 0.4%。这是由于 ZrO_2 与 CaO 形成有限固溶体，Zr^{4+} 进入 CaO 晶格后，能有效地促进 CaO 烧结致密。对 $w(MgO)=50\%$、$w(CaO)=50\%$ 的配料，外加 1% 复合型添加剂 $LaCrO_3$（铬酸镧），$1550℃$ 煅烧后，材料的水化质量增重率 0.18%。而且对 CaO 的晶粒生长有促进作用，对 MgO 晶粒生长促进甚微。Cr_2O_3 与 CaO 在高温下生成 $CaO \cdot Cr_2O_3$，能促进烧结，同时包裹 CaO 晶粒，进一步减少 CaO 与水接触，提高镁钙质材料抗水化性能。

日本专利（特开昭 56-92159）提出在钙砂中加入 $10\% \sim 15\%$ 的消石灰，再加 $1\% \sim 15\%$ 的 $CaCl_2$、$MgCl_2$ 或 $Ca(NO_3)_2$ 等作结合剂。混合后加热至 $580 \sim 800℃$，当配料中消石灰完全脱水后，在此温度范围内加压成型并煅烧。钙盐在 $500℃$ 左右熔化，促进熟料烧结，提高致密度，促进 CaO 晶粒长大，提高抗水化性能。

Ali Anan 研究在煅烧石灰石和白云石中加入一定量的 CaF_2，$1500℃$ 以上温度煅烧，可以延长水化时间。

辽宁科技大学研究得出：随添加剂的阳离子电价增大，钙砂水化增量率呈下降趋势，如在合成镁白云石砂中添加 TiO_2（Ti^{4+}）或 Fe_2O_3（Fe^{3+}），$1620℃$ 煅烧后，测定水化粉化率（$0.3MPa$ 蒸汽压力下，蒸煮 2h），前者为 10.4%，后者为 11.6%。还有人在白云石料中添加钢渣等。采用添加物来提高 CaO 材料抗水化性能的研究仍在进行探索。

试验发现：$Fe_2O_3\text{-}TiO_2$ 复合添加剂比单独加入 Fe_2O_3 或 TiO_2 效果好，这是 $Fe_2O_3\text{-}TiO_2$ 共同作用的结果，添加量以 $1\% \sim 1.5\%$ 为好。

（3）表面处理法：表面处理方法主要分两类：其一是用无水有机物包裹物料表面，例如在钙砂或镁钙砂表面覆盖沥青、焦油、石蜡和树脂等。日本专利介绍：在高纯白云石砂表面覆盖石油系沥青，抗水化性能提高 $2.5 \sim 3$ 倍。1）采用油酸与镁钙砂表面作用为物理化学作用，生成钙的油酸盐，综合效果，油酸浓度 50% 比较合适；2）硬脂酸与镁钙砂作用，生成硬质酸钙，以硬脂酸加入量 2%~3% 最佳；3）磷酸和油酸复合作用是分别作用的叠加，以油酸浓度大为好；4）用复合物（磷-氯复合离子）对砂进行处理，与镁钙砂发生化学作用，生成钙盐和镁盐，合适加入量为 5%，基本再无水化现象。其二是使熟料表面生成抗水化的无机薄膜，保护 CaO 不与水直接接触。研究最多的就是用 CO_2 对钙砂或镁钙砂进行表面处理，使砂表面游离 CaO 变成非水溶性的致密 $CaCO_3$ 层。在常温下，$CaO+CO_2 \rightarrow CaCO_3$ 的反应难以进行，必须采取一些相应的技术措施，包括通过水汽活化 CaO 与 CO_2 的反应，选择 CaO 与 CO_2 反应的适宜温度、反应时间等。河野房夫用 CO_2 处理钙砂的温度为 400~800℃，处理时间 1h 以上，采用的气体中 CO_2 含量在 15%（体积分数）以上。处理后的钙砂表面形成厚 0.5μm 左右的 $CaCO_3$ 薄膜。当采用的气体中蒸气含量为 2%（体积分数）左右时，有加快 $CaCO_3$ 生成速度的效果。

河南某厂对二步煅烧后的白云石熟料 [$w(CaO)=25.63\%$，$w(MgO)=64.68\%$，$w(SiO_2)=2.92\%$]，在 CO_2 气氛下对熟料表面加热处理，使表面生成 $CaCO_3$ 薄膜。认为处理温度最好控制在 700℃ 左右，处理时间 1h，水蒸气温度 80~90℃ 比较合适。CO_2 流量变化对 $CaCO_3$ 薄膜生成与其他因素相比的影响要小得多。

辽宁科技大学研究人员对白云石砂及镁白云石砂抗水化性能进行了比较系统的研究，实验表明：H_2O（g）与 CO_2 同时作用下，首先生成 $Ca(OH)_2$ 并由此转为 $CaCO_3$ 的反应速度是相匹配的，水气适宜温度为 35~45℃，处理时间 60~70min，处理温度 700℃ 左右。认为钙砂及镁白云石砂采用 CO_2 表面处理需要一套严格的控制装置，要在 650~750℃ 温度下进行，实施起来有一定的难度。他们研究一种复合表面处理剂，含有离子键、氢键和范德华力的离子（团）复合物，通过吸附和表面化学反应形成薄膜牢固地附着在镁白云石砂表面，甚至到 1000℃ 都不破坏，阻止水与 Ca^{2+} 的水化反应，却不影响合成砂的高温使用性能。这种复合表面处理剂在辽宁两家企业的白云石砂和镁白云石砂进行表面处理，处理后的白云石砂在抚顺钢厂中间包用做涂抹料，水分 24%~26%，在施工和烘烤过程中无任何水化迹象。

西安建筑科技大学研究人员用涂覆 MgO 提高镁钙砂抗水化性能，即把镁砂与炭黑等炭素材料 1:1 配料、混合，再置于坩埚中，上面盖一层多孔石墨纸，上面装满镁钙砂，加热到 1600℃，保温 4h，则炭黑等发生碳热还原反应生成镁蒸气，在镁钙砂附近氧化成 MgO，包裹在砂表面，提高镁钙砂的抗水化性。CaO 含量 22% 和 55%（质量分数）的镁钙砂，处理后的水化率仅为 0.12% 和 1.16%。有报道：把钙砂用水溶性磷酸盐浸渍，在钙砂表面形成一层难溶解性的磷酸钙保护层，提高钙砂的抗水化性能。还有用聚磷酸盐处理镁钙砂等。CaO 及 CaO-MgO 系耐火原料的抗水化性能研究一直被人关注。国家曾组织有关单位联合攻关，虽然取得了一些成果，但仍未彻底解决 CaO 水化问题。

二、石墨等炭素材料抗氧化措施

碳（C）是化学稳定性极好的物质，几乎不与酸、碱、盐类及有机物作用，而熔渣也难润湿。炭素材料的线膨胀系数小，热导率高，并有导电性。将炭素材料应用于耐火材料，能改善耐火材料的抗侵蚀性、抗热震性，是非常优良的耐火原料。但其致命的弱点是在空气中，约 500℃ 就开始氧化。因此防止炭素材料氧化及润湿差的问题，耐火材料工作者做了大量研究，得出以下解决措施：

（1）涂层法：是目前对碳质原料防氧化的主要方法。例如：采用硝酸铝水溶液水解，对石墨粉包覆一层 Al_2O_3 涂层。具体措施如下：天然鳞片石墨 $n(C)>97\%$，$<200\mu m$。将硝酸铝溶解于蒸馏水中，制备浓度 0.2mol/L 的溶液，将溶液加热到 60℃，并不断搅拌，向溶液中加入氨水，直到溶液 pH 值达到恒定范围（3.8~4.0），将鳞片石墨加入到所制备的溶液中，并保持搅拌 3h，然后抽滤得到石墨，并用蒸馏水反复冲洗，直至冲洗后蒸馏水 pH 值处于正常范围。将改性后的石墨于 110℃、24h 烘干，并于 700℃、1h 煅烧。通过 SEM 微观结构和 EPS 微区元素分析，改性后的石墨表面存在 Al_2O_3 涂层，分布均匀，无团聚现象。沉积在石墨表面的 Al_2O_3 呈细微的绒毛状。在氧化气氛下煅烧试验，在 700℃、850℃和1000℃有效地降低了氧化速率，同时也改善了鳞片石墨的润湿性。

郑州大学研究人员用铝溶胶处理石墨，使石墨表面吸附一层亲水性的水合 Al_2O_3 薄膜，然后分别在120℃和400℃保温3h，进行两次热处理，最终在石墨表面涂覆一层 Al_2O_3 薄膜。

印度研究人员用杂化聚合法制备尖晶石溶胶和莫来石溶胶，研究这两种溶胶在鳞片状石墨上涂层的抗氧化性和水润湿性：将不大于 $200\mu m$ 的石墨与先驱体溶胶混合，搅拌约 1h（涂层量为 1.7%），然后将石墨浆冲洗，在空气中自然养护 24h 后，在真空炉中 110℃、24h 烘干，再快速加热到600℃，保温24h，冷却后将有涂层的石墨过筛，得到所需细度的石墨，并做抗氧化性试验，即将石墨加热到 600℃、900℃、1200℃保温 1h，测定每个温度的质量损失，计算氧化率。结果是尖晶石形成温度（600℃）比莫来石（1200℃）低。尖晶石涂层的石墨氧化率：600℃为 5.0%、900℃为 7.5%、1200℃为 22%，而莫来石涂层的石墨氧化率相应为 12.0%、30.0%、38.0%。可见具有涂层的石墨抗氧化性比未涂的好，而涂尖晶石比涂莫来石的好。同时具有尖晶石和莫来石涂层的石墨的水润湿性分别提高 8.0%和 5.0%。

选择涂料用原料，首先考虑涂层与碳基体的线膨胀系数相匹配，有一定黏度和流动性，涂料粒度控制在小于 0.04mm，并要控制涂层厚度，一般在 0.34~0.56mm。

（2）共沉法：三氯化钛水解共沉处理石墨，每克石墨用三氯化钛为 $4.0\times10^{-3}mol$，水解温度80℃，pH 值1.5~2.0，水解加料时间为3h，保温 0.5h 的水解条件下，利用三氯化钛的水解共沉，使石墨表面吸附一层亲水性的水合二氧化钛，经加热处理后形成二氧化钛膜。

（3）造粒法：以天然鳞片状石墨和 $\alpha\text{-}Al_2O_3$ 微粉为原料，加入抗氧化剂和结合剂，通过挤压造粒。造粒石墨先于110℃干燥，然后在400℃热处理4h，去除挥发分，成为直径 1.0mm、长 1~5mm 的造粒石墨，其润湿性显著提高。

（4）浸渍法：通过抽真空或加压浸渍的方法，把液态玻璃或磷酸等物质压入材料中，封闭材料表面和内部气孔，阻挡氧化性气体向材料内部扩散，起到防氧化的效果。把熔融的高硼玻璃加压浸入到碳材料内部，浸渍率可达 60%~75%，浸渍后材料在 1000℃以下、在空气中氧化 100h 后，其质量损失率低于 10%。

（5）化学镀法：武汉科技大学研究人员在天然鳞片状石墨表面镀镍。镀液组成：主盐硫酸镍（$NiSO_4 \cdot 6H_2O$），还原剂次亚磷酸钠（NaH_2PO_2），络合剂乳酸（$C_3H_2O_3$），缓冲剂醋酸钠（CH_3COONa），加速剂丁二酸（$C_4H_6O_4$），稳定剂硫酸铅（$PbSO_4$），表面活性剂十二烷基磺酸钠（$C_{12}H_{25}NaO_3S$）。施镀温度 90℃，时间 90min，pH 值 5~5.5（用 NaOH 溶液调节）。经过施镀后，石墨表面形成均匀镀层，镀层由非晶态的镍和磷组成，镀镍石墨粉体抗氧化性提高，在水中的分散性有很大改善。

还有用溶胶-凝胶法、非均相成核法等进行炭素材料表面改性，提高抗氧化性，特别是用于不定形耐火材料还要求有较好的润湿性和分散性。

对于含碳耐火制品，为了提高制品的抗氧化性，大都在配料中添加 Al、Si、SiC、B_4C 等抗氧化剂。

第六节　收旧利废、扩大耐火原料来源

耐火材料属资源型产业，一般生产 1t 耐火材料要消耗 1.5~2.5t 原料。我国现在每年生产各类耐火材料 2800 余万吨，大约需原料 5000 余万吨。矿山开采耐火原料要剥离覆盖矿体上的岩石废土，剔除夹层杂岩，将产生数亿吨的废石杂土占用土地，破坏生态环境。大部分耐火原料要经过煅烧，排出大量 CO_2 等气体，消耗燃料。要做到节能减排，最好的办法就是减少耐火原料矿山的开采量，走收旧利废的道路，多用 1t 废料，不但会减少 1t 开采的矿石，还会减少废料对环境的污染。这里说的收旧利废，不但要回收用后残存的耐火材料，还要去回收其他行业废弃的物质，研究用作耐火原料。

再说天然耐火原料资源有限，声称菱镁矿储量世界第一的辽宁省，辽宁科技大学李志坚教授估计按现在的开采方式和开采速度，再过 20 年辽宁的大部分菱镁矿区的优质矿石资源将枯竭。而声称储量丰富的铝土矿更不容乐观，与耐火材料同一原料的金属铝工业约有一半的铝土矿原料依靠从国外进口，铝土矿资源较集中的山西、河南等省已限制耐火原料矿山的开采。耐火材料生产大省河南、山西、山东、辽宁已着手整合外部资源，拓宽原料的应用空间。不但要回收用后耐火材料，还要对选矿尾矿、各种工业废渣、废料进行深入细致的调查研究。

随着人类可利用资源的减少和环境保护意识的增强，废弃物质的再生利用越来越受到人们的重视，认识到"垃圾是放错了地方的资源"。一些工业发达国家的垃圾分类、合理再生利用已成为社会常识。国外把用后耐火材料再利用上升到环保、资源利用、提高企业经济效益和社会效益的高度去认识。1987 年法国就成立了 Valore 公司，专营用后耐火材料。美国、欧盟和日本等对用后耐火材料再利用都十分重视，制定法令法规，成立专门研究机构，组建专业公司，资源化利用率高达 70% 以上，有的钢厂达 80% 以上。

随着我国经济快速发展，文明意识的提高，对再生资源的利用也逐渐被人们所接受。用后残存耐火材料的回收利用受到普遍关注，如宝钢成立回收用后耐火材料的公司，用后耐火材料可利用研究也取得很多成果，有的已经在生产中应用。其实能作为耐火原料的物质并不局限于用后耐火材料，对其他行业的废旧物质也要研究利用，例如熔融石英耐火材料就是利用石英玻璃厂废弃的半透明石英玻璃切头、碎块及废品，打去石英砂皮，用自来水洗净，再按耐火材料工艺生产的。目前大量应用的硅微粉就是利用生产多晶硅和硅铁的副产品，也就是搜集的硅灰用来生产耐火材料。能够用作耐火材料的废旧物质远不止这些，耐火材料品种繁多，化学矿物组成多样，耐火材料基本上都是多组分配料，有容纳多种物质的空间，应该能有较多的废旧物质被耐火材料所利用。根据近年来的研究成果，综述如下。

一、废弃耐火材料的再生利用

废弃耐火材料也称残存耐火材料，就是不能直接使用的耐火材料。实际上包括两方面的内容：其一是耐火材料生产过程产生的废弃物，如大量的粉尘、边角料等，搜集起来不但减少损失，还保护环境；再就是成型和烧成过程中产生的残次品，如攀钢公司年产 MgO-C 砖 7500~8000t，由于生产过程产生重皮、层裂及外观尺寸不合格等半成品废品 4%，立即回收利用，这在我国耐火企业基本都能做到。其二是用后耐火材料的回收利用。宝钢田守信按 2010 年钢产量推测我国每年用后耐火材料约 552 万吨以上，先进国家回收 60%~80%，宝钢回收的也比较好，他们将用后残存的耐火材料从使用现场运到处理场进行分类→回收处理。一般处理流程：去除大块渣铁—破碎—除铁—合格原料再生利用的基本原则。

（1）低档用后耐火材料，同样用于档次较低的产品，如对耐火性能要求不高、不直接接触金属和熔渣部位的耐火材料，或用于非耐火材料领域，如辅助材料或建材等。

（2）用后的中高档耐火材料，用于同类产品或降低使用，如用后铁沟料的主沟料再生用于渣沟料或铁沟料。

（3）对损毁不太严重的用后耐火材料，可研究修复后重新使用，如用后浸入式水口渣线进行火焰喷补或陶瓷焊补后重新使用等。

（4）用后耐火制品或浇注料，破碎后根据化学成分重新用于各种浇注料。

研究最多而且成果最好的应属用后镁碳砖的再生利用。用后镁碳砖除了除去杂质外，还要进行水化处理，即把镁碳砖破碎后的颗粒放入水中浸泡，促使砖中残存的 Al_4C_3、AlN 水化反应，去除水化性杂质，然后进行干燥。日本黑崎播磨公司研究得出：添加 50% 用后镁碳砖提纯料的 MgO-C 砖与不加回收料的 MgO-C 砖，在钢包渣线使用，两者的蚀损程度大致相同，砖体组织没有大的差异。日本品川公司研究再利用镁碳砖不用水化处理的抗水化循环型 MgO-C 砖，认为减少 Al_4C_3 和 AlN 的生成是抑制 MgO-C 砖水化反应的有效手段。添加 Na_2O 可以增加高温时砖体内的氧分压，可以抑制 Al_4C_3 和 AlN 的生成。并对加入 Na_2O 的 MgO-C 砖与未加入 Na_2O 的 MgO-C 砖同时用于钢包渣线，使用后残存厚度大致相同。用后砖放置一段时间后，未加 Na_2O 砖出现水化崩裂现象，而添加 Na_2O 砖没有发生龟裂和水化。认为添加 Na_2O 的 MgO-C 砖不用作水化处理，即可循环利用，见表3-32。

表 3-32　日本品川公司用后镁碳砖配料（质量分数/%）

编号	用后砖料	电熔镁砂	石墨	Al	Si	Na_2O
No2-1	50	42.5	7.5	3	1	0.5
No2-2	83	12	2.5	3	1	0.5

宝钢田守信研究镁碳砖的再生利用认为；只要制造技术和使用技术相结合，就可以对用后镁碳砖进行多次再生，使镁碳砖使用逐渐走向"零"排放，这对循环经济和资源永续利用产生重要影响。在 MgO-C 砖制造方面，添加剂种类可以使 MgO-C 砖多次再生利用。

当冶炼镇静钢时，用再生 MgO-C 砖要添加 Al 粉、Mg-Al 合金粉，每次再生都可加碳化硼粉。对于冶炼硅镇静钢时，再生 MgO-C 砖不能添加 Al 粉，而 Mg 粉和碳化硼粉每次都可添加。再生料中，用后镁碳砖使用量可达 97.5%（质量分数），见表 3-33。使用寿命达到原始镁碳砖水平。

表 3-33　宝钢用后镁碳砖配料及性能

砖种	组成（质量分数）/%						显气孔率 /%	体积密度 /g·cm⁻³	耐压强度 /MPa	1100℃ 抗折强度 /MPa
	配料	石墨	复合添加剂	酚醛树脂	MgO	C				
再生砖	97.5	0	2.5	4（外加）	80	12	5	3.06	44.5	14
原始砖					78~82	13.5~15	<4	2.95~3.02	35~48	8~15

辽宁科技大学研究人员采用碳热还原氧化法，将用后镁碳砖制成氧化镁粉体，先将镁碳砖研磨至小于 0.1mm，放入石墨坩埚中，通电加热还原氧化，获得白色粉末，$w(MgO) = 98.16\%$、粒度为 2~3μm 的均匀粉体。

西安建筑科技大学研究人员将用后镁碳砖用来制备抗水化的 MgO-CaO 系耐火材料，其做法是将破碎后的用后镁碳砖置于反应容器底部，将 MgO-CaO 系耐火材料置于上部，然后将反应容器置于可控气氛炉内并抽真空，然后送入 Ar 气作保护气体并加热，达到一定温度范围内进行保温，再送入 O_2，用后镁碳砖中的 MgO 与 C 发生碳热反应，生成 Mg 蒸气，扩散到 MgO-CaO 材料附近，与 O_2 反应，在 MgO-CaO 表面生成 MgO 致密薄膜，隔绝了 CaO 与水接触，提高了 MgO-CaO 材料抗水化性能。马钢利用镁碳砖再生料生产中间包镁质干式振捣料。还有利用镁碳砖再生料与用后滑板料合成镁铝尖晶石等。

钢包用耐火材料占耐火材料总消耗的 1/3。通常精炼钢包内衬残厚要大于一半，推算我国每年钢包用后耐火材料有 200 万吨以上，主要成分是 Al_2O_3、MgO 或 Al_2O_3、MgO、C，回收后可做钢包浇注料、铝镁碳砖、喷补料、修补料等。作者用宝钢钢包用后铝镁浇注料 $[w(Al_2O_3) = 92\%$、$w(MgO) \approx 4\%]$ 作骨料，配制水泥窑用低水泥浇注料，分别在窑口及喷煤管等部位使用，取得了良好的使用效果。其配料与性能见表 3-34。

表 3-34　水泥窑用浇注料配料与性能

料别	配料（质量分数）/%						体积密度 /g·cm⁻³	耐压/抗折强度/MPa			线变化率/%	
	钢包用后料（<8mm）	亚白刚玉（<200目）	α-Al_2O_3 微粉	硅微粉	纯铝酸钙水泥	减水剂		110℃，24h	1100℃，3h	1500℃，3h	1100℃，3h	1500℃，3h
窑口料	70	14	8.2	0.8	7	0.2	3.03	21.85/>12.5	110/>12.5	114/>12.5	-0.06	-0.25
喷煤管料	70	15	4	4	7	0.2	2.93	119.65/>12.5	112/>12.5	121.35/>12.5	-0.05	-0.06

还有将钢包用后的回收料代替高铝矾土熟料生产铝镁碳砖，不但能达到要求的理化指标，而且使用效果很好。河北理工大学研究在 Al_2O_3-SiC-C 浇注料中引入铝镁碳砖再生料

（以 8.5mm 引入），其综合指标很好。

高炉用后的铁沟料去除渣铁，主要成分是 Al_2O_3、SiC、C，除了可以重新引入铁沟料和炮泥中外，还可以用于生产水泥窑用硅莫砖及各种浇注料。作者利用宝钢高炉用后铁沟料作基质料、高铝矾土熟料作骨料，制备水泥窑用硅莫砖的理化指标见表 3-35，并取得令人满意的使用效果。

表 3-35　硅莫砖理化指标

产品	$w(Al_2O_3)$/%	体积密度 /g·cm^{-3}	显气孔率 /%	耐压强度 /MPa	荷重软化温度 /℃	常温耐磨系数 /cm^{-3}	抗热震性（1100℃，水冷）/次
行业规定指标	60~65	2.55~2.65	17~19	85~90	1550~1650	5	10~12
研制品	67.80	2.83	13.2	133.9	1652	2.66	≥15

辽宁科技大学研究人员将用后镁锆炭滑板材料加入用后 Al_2O_3-SiC-C 铁沟料，最多加入 50%，再添加 4%硅微粉，制备出性能较好的铁沟料。本钢回收鱼雷罐衬砖，重新加入再生产的这种砖中，加入量在 50%以下，对鱼雷罐衬的抗侵蚀性能没有影响。

北京某公司在高炉炮泥中引入 30%铝炭砖再生料，实际使用效果与正常使用的炮泥没有多大差别。

郑州某公司将用后熔铸砖处理后，引入熔融脱硅提纯工艺，在电弧炉中高温熔融。根据用后砖的品种、化学成分及用途确定还原剂加入比例。如熔铸锆刚玉砖再生料，制成较纯的 ZrO_2 与 Al_2O_3 复合料；熔铸氧化铝再生料制成电熔刚玉；电熔高锆系列再生料制成较纯的电熔氧化锆再生料。

用后硅砖普遍用来生产硅质火泥及重新加入硅砖中。也有人利用废硅砖与活性炭合成 SiC。陶瓷行业将用后的碳化硅质棚板、莫来石-堇青石匣钵等回收重新再制产品。

众所周知，不同的热工设备用不同品种的耐火材料，往往同一热工设备不同部位使用的耐火材料也不一样，因此用后耐火材料的回收比较复杂，必须在拆除、分类、拣选、加工等工序认真仔细进行操作，在应用方面要像对新产品开发那样进行试验。同时应该向日本等先进国家学习回收利用的有关技术。

二、废陶瓷作耐火原料

陶瓷行业分电瓷、卫生瓷、建筑陶瓷、日用陶瓷、高技术陶瓷等。由于陶瓷产品外形及性能要求严格，往往会有一定数量的废品。我国是陶瓷生产大国，有数万家陶瓷生产企业，产生废品数量可观。而且在生产和生活垃圾里也有些废陶瓷，将这些废弃陶瓷碎片冲洗干净，也是一种很好的耐火原料。

浙江一家公司利用废电瓷与废黏土砖及结合黏土合理配制，生产质量合格的水泥窑用耐碱砖（建材行业标准）。特别有一款高强耐碱砖，标准规定耐压强度大于 60MPa，用一般高硅质原料（要求制品 Al_2O_3 含量 25%~30%）制砖，难以达到强度指标，而用废电瓷配制（占 40%~50%），机压成型，1360~1380℃烧成，制品耐压强度达 60~70MPa。因为废电瓷不但 Al_2O_3、SiO_2 含量符合要求，而且还含有一定量的碱金属及碱土金属氧化物，起烧结助剂作用，在一定的烧成温度下达到烧结，使制品强度较高。

作者用电瓷、卫生瓷、建筑陶瓷、日用陶瓷废料作浇注料骨料，与废黏土砖磨成的细粉，硅微粉配制的低水泥耐碱浇注料，其性能指标完全能达到建材行业标准，见表 3-36，使用效果也很好。

表 3-36 耐碱浇注料的配料与性能

配料（质量分数）/%					体积密度	耐压/抗折强度/MPa		线变化率/%
废陶瓷<8mm	废砖粉<200目	硅微粉	CA-50水泥	减水剂	/g·cm⁻³	110℃，24h	1100℃，3h	(1100℃，3h)
70	17	5	8	0.16	2.13	80.5/>12.5	81.2/>12.5	−0.31

水泥窑耐碱浇注料要求 $w(Al_2O_3) = 25\% \sim 30\%$，一些陶瓷的化学成分也是在这个范围，而且结构致密，吸水率低，作为浇注料骨料有较好的流动性，耐火性能也比较合适。

有些企业采用黏土熟料作骨料及细粉，为了提高耐碱浇注料的中温强度，在配料中加入钾长石（约5%），不但提高成本，而且对抗碱侵蚀也有影响。

还有人将工业废陶瓷用于循环流化床锅炉用耐磨浇注料，配料及性能见表 3-37。

表 3-37 耐磨浇注料配料及性能

配料（质量分数）/%								抗折强度/MPa	900℃水冷100次强度保持率/%	耐磨系数/cm⁻³
工业废瓷5~1mm	焦宝石<0.08mm	堇青石<0.088mm	石英砂<0.088mm	特级矾土熟料<0.044mm	纯铝酸钙水泥	SiO₂+Al₂O₃微粉	外加剂			
68	7	7	2	5	5	6	0.32	14.35	32.4	5.24

还可以用废日用陶瓷生产烟道用耐酸耐磨喷涂料。废陶瓷在耐火材料中的应用虽然有些起色，但没有形成大的规模。废旧陶瓷到处都有，有些大城市，如上海有多家大型卫生建筑陶瓷生产企业，大量废品无处堆放，耐火行业用来作原料，不但可以减少陶瓷企业的堆放负担，减少对环境的污染，而且能够降低耐火材料生产企业的成本。一些高技术陶瓷，特别是高温陶瓷的废品，应该是非常好的耐火原料。

三、铬铁渣的利用

铁合金是炼钢必不可少的脱氧剂和合金元素。随着我国钢产量走高，铁合金产量也不断增加。生产过程中，渣铁质量比高达 1.4∶1，导致大量铬铁废渣无序排放，污染环境。铬铁废渣的化学成分见表 3-38，因熔炼合金的种类不同，渣的成分有些不同，但主要成分为：Al_2O_3、SiO_2、MgO 及 Cr_2O_3，耐火度在 1600℃ 以上，有的达 1790℃，体积密度不小于 $3.25g/cm^3$，显气孔率不大于 1%。

表 3-38 铬铁渣化学成分（质量分数/%）

产地	CaO	MgO	SiO₂	Al₂O₃	Cr₂O₃	FeO+Fe₂O₃
吉林A	2.5~3.5	36~37	31~53	12~18	3~5	1.5~3.0
吉林B	2.5~3.5	20~23	25~27	22~25	10~13	7~9
辽宁	6~8	21~24	23~25	23~26	10~13	9~12
湖南	0.84~1.04	1.79~6.51	3.14~4.36	71.48~78.86	11.83~14.57	1.09~1.35

20 世纪 80 年代，湖南、湖北有些企业就采用铬渣为主要原料，加入 2%～7% 的结合黏土及纸浆废液作结合剂，按高铝砖生产工艺，机压成型，1400～1500℃ 烧成，制备铝铬渣砖。这种砖砌筑烧制耐火制品或陶瓷的隧道窑或有色冶金的锌浸出渣回转挥发窑等热工设备，使用寿命比高铝砖高 2 倍，比镁砖高 1 倍。

2002 年湘钢耐火厂采用湖南和辽宁产铝铬渣制砖，用磷酸作结合剂，1420℃ 烧成，制品的理化性能指标见表 3-39。

表 3-39　铝铬渣砖理化性能

编号	化学成分（质量分数）/%			显气孔率 /%	体积密度 /g·cm^{-3}	耐压强度 /MPa	荷重软化温度 /℃	线变化率/% (1550℃，3h)
	Al_2O_3	Cr_2O_3	Fe_2O_3					
1	76.84	14.52	1.64	18	3.15	124	1660	+0.1
2	80.48	15.01	1.25	16	3.35	160	1700	-0.1
3	78.22	14.68	1.37	17	3.20	132	1670	0

注：1 号为湖南湘乡铝铬渣；2 号为辽宁锦州铝铬渣；3 号为湘乡和锦州各半。

将铬渣与镁砂（30%）配料制砖，采用炼镍转炉渣作抗渣试验，其砖几乎未变。用铬渣与镁砂配料生产的镁橄榄石-尖晶石耐火材料在炼镍转炉上使用取得非常好的使用效果。用高炉渣及钢渣作抗渣试验，其抗渣性也强于高铝砖，与镁砖及镁铬砖相近。锦州某公司利用铬渣制备的铬铝尖晶石砖（Cr_2O_3+Al_2O_3 约 94%，尖晶石 20%）在炼铜澳斯麦特炉上使用寿命达一年（镁铬砖 60 天）。韶关冶炼厂按混合料中 Cr_2O_3 含量大于 13%、Al_2O_3+Cr_2O_3+TiO_2 含量大于 85% 配料，制砖，1500℃ 烧成的耐火制品，在铅锌烟化炉中使用，炉底寿命比高铝砖提高 8 倍。还有人用铬渣制备锰铁包衬。利用炭素铬渣生产炼钢转炉用挡渣球，代替高铝矾土生产渣槽保护板等都取得了比较好的使用效果。还有人利用提取硅钛合金后的尾渣与工业氧化铝合成 CA_6-MA 多孔材料，加入 15% 木屑和 30% 淀粉的复合造孔剂，可制取显气孔率 70%、耐压强度 1.6MPa 的多孔材料。

除了铁合金生产的多种铬铁渣外，还有生产铬酸盐及氧化铬绿等产品产生的铬渣，种类多，数量大，容易污染环境。铬盐行业生产 1t 重铬酸钠产生 30～50kg 铝泥。重铬酸钠生产企业将铝泥与铬铁矿一起焙烧，浸渍提取可收回大部分铬，剩下部分即为铝渣。其主要成分（质量分数）为：Al_2O_3 88.22%，SiO_2 1.31%，Fe_2O_3 0.88%，Cr_2O_3 2.52%，K_2O 0.006%，Na_2O 1.07%，灼减 5.07%。经湿法球磨 6h，铝渣平均粒径由 6.779μm 降到 1.728μm，1700℃ 煅烧 3h，获得良好烧结，主要物相为铬刚玉，晶粒呈板片状结构，应该属于特级高铝料。

深入细致地研究铝铬渣，用来生产耐火材料，应该是减少铬渣对环境污染的有效途径。辽宁科技大学研究在配料中加入 TiO_2 或 SiO_2，可以去除有害的六价铬，这为铬渣在耐火材料行业有效利用提供了方向。

四、粉煤灰的利用

目前我国 70% 的电力靠火力发电，火力发电燃煤锅炉排出的粉煤灰量大、面广，遍布全国各地，占用农田，污染环境，引起各方面的关注，非常期待得到合理有效的利用。

粉煤灰在耐火材料中的应用始于 20 世纪 70 年代，长春保温材料厂利用粉煤灰生产体积密度 1.0g/cm^3 和 1.3g/cm^3 的轻质黏土保温砖及水泥结合的轻质浇注料。对于体积密度更低的定形或不定形耐火材料就要利用漂珠。粉煤灰中含有 50%～70% 的空心微珠，由于质量轻能漂浮在水面上，因此而得名。目前获得漂珠的方法之一就是将粉煤灰放到水中，捞取浮在水面上的微珠，即为漂珠原料。漂珠粒径在 0.3～300μm 之间，壁厚 1～5μm，堆积密度 0.3～0.7g/cm³。我国已大量用漂珠生产体积密度 0.3～1.0g/cm³ 的轻质隔热黏土砖、高铝砖及浇注料等。

中国地质大学研究将粉煤灰加入到高炉用无水炮泥中，加入 15%～20% 粉煤灰的炮泥，其理化性能仍能达到要求指标。利用粉煤灰与锆英石烧结合成 ZrO₂-莫来石复相材料：按 $ZrSiO_4 + 5SiO_2 + 9Al_2O_3 \Longrightarrow ZrO_2 + 3(3Al_2O_3 \cdot 2SiO_2)$ 的反应式，计算粉煤灰、锆英石及工业氧化铝的质量配比，将三种料混合、压块，并于 1600℃ 煅烧，合成材料致密，ZrO₂ 多以粒状形式均匀分布于莫来石之中。也可以用粉煤灰与工业氧化铝或高铝矾土等合成莫来石，用高铝粉煤灰还可以制备莫来石晶须。日本专利介绍：质量分数 40%～60% 的粉煤灰，与含 MgO 的蛇纹石及含 Al₂O₃、SiO₂ 的矾土页岩，按 $n(MgO) : n(Al_2O_3) : n(SiO_2) = 2.0 : 49 : 2.0$ 计算配料，于 1150～1200℃ 煅烧，合成堇青石粉体。东北大学研究利用粉煤灰与炭黑合成 $(O' + \beta)$-Sialon/莫来石复相材料。按 $Al_6Si_2O_{13} + 4SiO_2 + 15C + 5N_2 = 2Si_3Al_3O_3N_5 + 15CO$ 的反应式计算粉煤灰与炭黑的配料比。实际配料中，适当加入过量炭黑，经混合、压块，在通入 N₂ 气的电炉中加热 1350℃，保温 6h，可原位合成 $(O' + \beta)$-Sialon/莫来石复相材料。Sialon 在材料中多以粒状形式存在，平均粒径约 1μm。还有用粉煤灰与铝灰合成尖晶石-Sialon 材料，铝灰是电解铝或铸造铝产生的铝渣，用铝热还原氮化工艺合成尖晶石-Sialon 材料。利用粉煤灰漂珠可以制备 β-Sialon 空心球。用漂珠与活性炭，按 100：27.1 的比例配料、混合，置于 Al₂O₃ 坩埚中，在高温氮化炉中 1500℃ 煅烧，当活性炭过量 10% 时，可制出密度低、表面粗糙的空心球。

利用粉煤灰与菱镁矿制备堇青石多孔材料。中国地质大学利用高铝粉煤灰（Al₂O₃ 34.99%、SiO₂ 51.57%、＜150μm），加入 15% 菱镁矿，硅溶胶作结合剂，研磨并成型，1250℃、保温 3h 烧成。菱镁矿 700℃ 分解，析出 CO₂，起造孔剂作用，制取的堇青石材料显气孔率为 48%，孔径 20～40μm，体积密度 1.27g/cm³，耐压强度 38MPa，抗折强度 29MPa。

粉煤灰作为耐火原料的研究仍在进行，期待有更大的成果出现，能够大量的利用粉煤灰，不但降低耐火材料成本，也对环境保护做出贡献。

五、合成碳化硅废料的利用

合成碳化硅废料，俗称"大黄盖"。由于合成碳化硅工业的发展，废料也增多。有人利用 SiC 废料生产耐火材料，将 SiC 废料于 900℃ 煅烧 30min，自然冷却后粉碎至不大于 0.074mm。煅烧前、后化学成分变化如表 3-40 所示。

表 3-40　SiC 废料煅烧前、后化学成分（质量分数/%）

料别	SiC	游离 C	游离 Si	SiO₂	Fe₂O₃
煅烧前	44.28	10.88	—	32.47	1.2
煅烧后	61	2	4	15	—

采用烧后废料分别用 PVA（外加 5%）和黏土作结合剂，搅拌均匀后成型，1350℃ 保温 3h 烧成。结果：结合剂 PVA 的制品，耐压强度 148MPa，抗折强度 41MPa；而加 10%

结合黏土的制品，耐压强度 135MPa，抗折强度 35MPa，随着黏土加入量增加，制品的强度降低。

上海某厂利用生产 SiC 和单质硅的排放物，即 SiC-Si 复合微粉用于高炉出铁沟、混铁车的 Al_2O_3-SiC-C 质自流浇注料和炮泥中，代替部分 SiC 及全部单质 Si，效果很好。

实际这些废料是宝贵的耐火原料，可用于生产高铝碳化硅砖或硅莫砖，以及各种浇注料，不但不会降低产品质量，甚至会使产品质量提高。

六、铝型材污泥的利用

华南理工大学等单位利用处理铝型材表面的污泥合成莫来石、堇青石。这种固体废料主要成分为 γ-AlOOH，颗粒小于 $1\mu m$，活性很高，与苏州土、高岭土或叶蜡石等配料，用烧结法合成莫来石。也可以将这种污泥与滑石、苏州土配料合成堇青石。再用合成料制造莫来石-堇青石匣钵等陶瓷用窑具。也有人将铝型材污泥制造轻质保温砖。

七、电熔棕刚玉除尘粉的利用

我国每年有 20 多万吨电熔棕刚玉除尘粉。各厂家由于原料种类、生产设备不同，除尘粉的化学成分有些差别，但主要成分为 Al_2O_3、SiO_2 和 K_2O，质量分数在 80% 左右。武汉科技大学研究认为：通过酸洗处理可将除尘粉制备成高硅氧玻璃原料（莫来卡特），其中莫来石质量分数 55%~60%，高硅氧玻璃 40%~45%，不含石英玻璃。用它生产的耐火制品，热震稳定性和耐磨性都很好。酸洗前、后除尘粉的化学成分见表 3-41。

表 3-41　棕刚玉除尘粉酸洗前、后的化学成分（质量分数/%）

料别	SiO_2	Al_2O_3	Fe_2O_3	CaO	MgO	K_2O	Na_2O	TiO_2	IL
酸洗前	31.91	37.16	1.72	0.21	2.90	10.82	1.88	1.10	3.99
酸洗后	21.88	61.52	5.58	0.23	0.43	1.61	0.30	3.31	4.69

除去了 K_2O，将酸洗后的除尘粉与石英粉（36.4% 质量分数）配料、制样、1500℃烧后试样的显气孔率小于 5%，1600℃烧后莫来石呈短柱状。

电熔耐火原料品种多，除棕刚玉，还有白刚玉、致密刚玉、亚白刚玉、莫来石、尖晶石等，除尘粉数量很大，要全部回收利用，保护环境，必须进一步研究电熔耐火原料除尘粉利用的有效途径。

八、石化工业催化剂废渣、高炉渣及富硼渣的利用

（1）石化工业催化剂废渣：俄罗斯研究人员将石化工业催化剂高铝废料磨至 1mm（40%）与高岭土（60%）配制成耐酸砖，比全部为高岭土的耐酸砖能减少不安全气孔（孔径 10^{-5}~10^{-7}mm）54%。用石化工业催化剂废料（85%）与氯化钠改性水玻璃（15%）制成体积密度 1.5~1.51g/cm^3、使用温度 1500℃ 以上的隔热耐火材料。

（2）高炉渣：武汉科技大学研究得出：在高炉铁沟捣打料中加入普通高炉渣代替 SiC 原料，可以明显提高捣打料的抗氧化性，最佳加入质量分数为 5%，不影响抗侵蚀性。

攀钢生产钒铁，每年产生 1.5 万吨以上钒铁渣，钒铁渣中 Al_2O_3 和 MgO 的质量分数之和大于 90%，耐火性能优异，是很好的耐火原料。已用作电炉炉衬捣打料，并研究全部用

钒铁渣配制耐火浇注料，其各项指标如表 3-42 所示。

表 3-42　钒铁渣浇注料性能

项　目	110℃×24h	1350℃×3h	1500℃×3h
线变化率/%	-0.02	-0.19	-0.28
常温耐压强度/MPa	31.9	50.0	82.2
常温抗折强度/MPa	5.5	12.4	13.2
体积密度/g·cm^{-3}	2.69	2.51	2.53
耐火度/℃	1750	—	—

这种浇注料在高炉渣口流嘴和渣沟使用效果良好，使用寿命长。

（3）富硼渣：河北理工大学利用富硼渣 $[w(B_2O_3)=12.01\%$，$w(SiO_2)=28.03\%$，$w(MgO)=34.55\%$，$w(Al_2O_3)=7.30\%$，$w(CaO)=15.07\%]$ 为主要原料，$Al(OH)_3$ 为添加剂，炭黑为还原剂，采用碳热还原氧化法合成 MgAlON-BN 复相粉体，生成的 MgAlON 为八面体结晶，发育良好。

东北大学研究人员在富硼渣中加入硅微粉和 $Al(OH)_3$ 调节成分，也是用炭黑作还原剂，成型体在石墨坩埚中 1480℃、保温 8h 烧成。研究结果得出：MgAlON 的通式为 $Al_{23}O_{27}N_5·xMgO$，当 $x=4.5$ 时，MgAlON 生成量多。

九、选矿尾矿的利用

中冶工程公司用铁尾矿与轻烧镁粉用烧结法合成镁橄榄石。铁尾矿是铁矿石磨细、选出铁后排放的废弃物。产量巨大，占用农田，浪费资源。其化学成分：$w(SiO_2)=81.94\%$，$w(Fe_2O_3)=15.4\%$，$w(MgO)=1.10\%$。采用的轻烧镁粉 $w(MgO)=94.19\%$，按镁橄榄石的化学成分：$w(MgO):w(SiO_2)=57.2:42.8$ 计算配料、成型，采用二步法合成。第一步 1450℃轻烧，然后再磨细至不大于 177μm，外加 5%轻烧镁粉，再成型，于 1600℃二次煅烧，即制得纯度较高的镁橄榄石材料。

作者认为这种磨细的硅质材料还可以用于生产轻质隔热砖，合成 SiC 或加入焦炉用硅砖的配料中，直接利用。

除了铁矿尾矿，还有众多的有色金属矿山的选矿尾矿，特别是与耐火原料矿山同源的铝土矿尾矿，可以与硫酸反应制备硫酸铁，当硫酸质量分数为 40%，110℃反应 4h，尾矿变成赤铁矿和一水硬铝石，以及菱镁矿、三石原料选矿尾矿，还有低品位矿石，堆积如山，如果能把这些废弃的资源有效地利用起来，不但避免了浪费，而且也减少了污染。

十、煤矸石的利用

煤矸石是煤矿建井、开拓掘进、采煤和煤炭洗选过程中排出的含碳岩石及其他岩石等，是煤矿建设、煤炭生产过程中所排放出的固体废弃物的总称。我国在一次能源消耗中，煤炭占 70%以上。目前已累计堆存煤矸石 45 亿吨以上，是最大的工矿业固体废弃物之一，但得到利用的不到 30%。

煤与黏土均属沉积型矿床，往往二者共生，在煤层的顶板或底板有一层黏土，采煤时容易被带出，就是所说的煤矸石。不同地区煤矸石的化学成分也不一样，山西大同—朔州一带的煤矸石煅烧后呈白色，$w(Al_2O_3)=43\%\sim45\%$，$w(SiO_2)=52\%\sim53\%$，Fe_2O_3、TiO_2
等含量小于 2%（质量分数），十分稳定，是合成莫来石、堇青石及耐火纤维的优质原料。
有的可以直接用来生产黏土砖或高铝砖，如宁夏石嘴山、辽宁北票等地的软质及半软质黏
土，杂质含量低，耐火性能好，可做黏土砖和高铝砖的结合剂。硬质黏土煅烧后的熟料，
可以用做黏土砖和不定形耐火材料的骨料及粉料。安徽淮北煤矸石，当地称煤系高岭土，
属硬质黏土，煅烧后主要物相是莫来石，一些企业用来作耐火浇注料及耐火喷涂料，用碳
热氮化还原法合成 β-Sialon 等。到目前为止，被耐火材料利用的煤矸石仅是一小部分，大
部分弃之不用。其原因有两个方面：其一是煤矿开采时只重视煤，没有认识到煤矸石的价
值。对煤矸石不化验，不推销，将煤矸石弃之。其二是有的煤矸石暂时还不符合做耐火原
料，有的性能指标还达不到耐火企业的要求。根据有关资料介绍，我国的煤矸石按化学成
分分三种类型，如表 3-43 所示。

表 3-43　不同类型煤矸石的化学成分（质量分数/%）

类型	SiO_2	Al_2O_3	Fe_2O_3	CaO	MgO	K_2O	Na_2O	TiO_3
高铝质	42~54	37~44	0.2~0.5	0.1~0.7	0.1~0.5	0.1~0.9	0.1~0.9	0.1~1.4
黏土岩质	24~56	14~34	1~7	0.5~9	0.5~6	0.3~3	0.2~2	0.4~1
砂岩质	53~88	0.4~20	0.4~4	0.3~1	0.2~1.2	0.1~5	0.1~1	0.1~0.6

根据煤矸石的类型特点，研究利用途径，如有人用煤矸石与煤合成 β-SiC-Al_2O_3 复相
材料；用煤矸石与活性炭及用后铁沟料，采用碳热还原氮化法合成 β-Sialon 等。煤矸石量
大面广，也是耐火原料有发展潜力的废弃物，建议耐火材料行业协会组织大专院校、科研
部门深入调查研究，对符合耐火原料要求的煤矸石，与采煤单位签订协议，在采煤同时采
出煤矸石，并对煤矸石进行选别分级、合理堆放。对暂时还不符合耐火原料规定指标要求
的煤矸石进行科学研究，针对其特点采取措施，找出可利用的途径，如选矿提纯或做合成
原料，以便达到可利用的原料。

除上述之外，能被耐火材料利用的废弃物可能还有许多，本节仅介绍一部分。

第四章　耐火材料生产工艺

耐火制品，俗称"耐火砖"，一般人把它与建房用的砖瓦相提并论。从历史的角度来看，二者确实差别不大，1904 年日本生产的耐火黏土砖理化指标见表 4-1。

表 4-1　1904 年日本生产的黏土砖理化指标

编号	化学成分（质量分数）/%			物 理 指 标			
	SiO_2	Al_2O_3	Fe_2O_3	体积密度 /g·cm^{-3}	气孔率 /%	荷重软化温度 /℃	耐火度/℃
1	68.78	23.91	3.43	1.41	45.1	1170	1580
2	75.54	19.43	0.91	2.14	15.5		1610
3	65.30	27.56	2.39	1.79	26.8	1290	1580
4	71.56	20.21	3.58	1.64	25.1	1380	1610

这些制品都是用砂岩或半硅质黏土与软质黏土人工配料，可塑法成型，干燥后用木柴或木炭烧成。随着时代前进，高温技术的进步，耐火材料品种增多，质量提高。由反射炉、角炉炼铁发展到用高炉；由贝氏酸性转炉炼钢发展到平炉及托马斯碱性转炉、电炉炼钢。耐火材料也出现了硅砖、镁砖、焦油白云石砖等。生产技术水平在逐年提高，由作坊式全人工体力劳动转为工厂化，一部分用机械生产。100 多年来，尽管耐火材料生产的基本方法和工艺流程没有本质变化，但随着工业发展，其生产技术和生产设备的装备水平都有很大提升。当时代的车轮走到 21 世纪，耐火材料的工艺技术水平已远非昔比了，达到了装备机械化、操作自动化、品种多样化、质量标准化，实现了配料、混料、布料、成型、干燥、烧成一条龙生产，采用德国西门子 PLC 电子称量系统、计算机动画监控及管理系统，按用户要求生产各类各种耐火制品。

耐火材料生产的普通工艺过程，也可以说是传统生产的工艺过程。普通耐火材料都遵循这个生产过程。只是由于耐火材料的品种不同，在某些工序里存在小的差异，如烧成温度有的高些，有的低些，有些制品临界颗粒大些，有些小些。但基本过程是原料的破粉碎—筛分—配料—混练—成型—干燥—烧成的工艺过程。

随着高温技术进步对耐火制品的质量要求，在传统工艺的基础上，有些产品增加了机械加工、预组装、油浸等工艺过程。

第一节　原料的粉碎与筛分

原料的粉碎、筛分是耐火材料生产中必不可少的重要工序，不仅是普通生产工艺过程中的主要工序，而且在原料预均化处理、选矿、合成原料、二步煅烧以及一些特殊工艺生产的耐火材料都少不了这道工序。本该单列一章叙述，但为了保证耐火材料工艺的完整性、连续性，简化内容，作为一节在本章叙述。

一、粉碎

通常，运到工厂的原料是形状多样和尺寸大小不一的块料，其中大部分为 25mm 以上，有的达 350mm。一般要经过粗碎、中碎和细碎三级粉碎。我国普遍把粗碎和中碎称作破碎，而细碎称作粉碎。凡自外界施加作用力于固体物料，使其粒度减小的机械过程，一般称为粉碎。

（一）粉碎方式

可以认为粉碎是先借施加的破坏力在物料表面上产生裂纹，随之不断扩大而破裂生成新的表面。应力场内裂纹的传播和物料新表面的增加，这就是粉碎过程。但是构成应力集中的方法，在各种粉碎设备中不尽相同，且又极为复杂，总是同时存在数种方法，而以某方法为主。

归纳起来，粉碎方法一般有以下 4 种：

（1）压碎，缓慢地施加压力于物料，主要用在粗碎、中碎的硬质料，如颚式破碎机。

（2）击碎，瞬间加力于物料，主要用在中碎、细碎的脆性料，如反击式粉碎机、自磨机。

（3）剪碎，在一定的压力下，借剪切力进行研磨，主要用于细碎或韧性料，如球磨机、辊磨机。

（4）劈碎，在支点间施力，主要用在粗碎、中碎或脆性料，如锤式粉碎机。

过去使用的破粉碎设备越来越不适应生产需要，出现了很多新型设备，普遍具有工艺布置简单、能耗低、产量高、操作及检修方便等特点。

粗碎普遍采用颚式破碎机，我国最大规格是 1500mm×2100mm，美国有 2000mm×3000mm 的。新型颚式破碎机是采用液压技术，制成分段起动的简摆式颚式破碎机，保险装置和排料口可以通过液压技术调整，减少摩擦，减少堵塞，提高生产能力，降低能耗和衬板的磨损。

中碎过去用干碾机较多，后来用圆锥破碎机配双辊破碎机。现在有立式冲击破碎机、巴马克破碎机等，生产工艺技术先进，具有"石打石""石打铁"两种形式转换、一机多用的功能。尤其巴马克破碎机具有"自击"功能，石料与石料在破碎机中自行高速撞击粉碎，能以 40 倍的效率无污染地破碎各种原料。破碎后的原料含铁少，而且设备操作方便。

辊压机（Pressure Grinding）是国际上 20 世纪 80 年代发明的一种新型高效节能粉碎设备，在设备运转时，对物料颗粒群施加高压静压力，使颗粒之间相互挤压而碎裂，从而完成粉碎过程，允许入料粒度 70~120mm，出料粒度约 3mm，小于 0.088mm 占 30%~40%，比较适合耐火制品的要求。由于压辊表面焊一层特硬耐磨合金，因此粉碎时带入的铁很少。

细磨：也就是磨细粉，过去普遍用球磨机，后来多用悬辊式磨机（雷蒙机）。现在磨粉设备种类很多，如振动磨机、环球式立式磨机、柱磨机等。有些磨机上装有选粉设备，通过优化风速，使物料通过选粉设备及导风叶片、异性转子叶片，避免细粉回到磨机产生过多物料内循环，可提高产量。气流速度稳定，物料粒度可调，磨损小，能耗低。

（二）粉碎比

在研究粉碎过程中，需要表示物料的粉碎程度，即粉碎比。所谓粉碎比，就是物料在粉碎前后的尺寸之比，即

$$n = da/dt \tag{4-1}$$

式中，da 为粉碎前的物料尺寸；dt 为粉碎后的物料尺寸。

（三）粉碎原料性质

粉碎某种原料，对粉碎机的选择是否合适，最终表现在粒度质量、粉碎效率和动力消耗等方面，涉及被粉碎物料本身，主要是与粉碎过程有关的一些物理性质，如硬度、抗压强度和含水量等。

（四）粉碎作业

（1）粉碎原则：粉碎作业应该遵循的基本原则是"不作过度的粉碎"。特别是在连续作业的场合下，加料速度与排料速度不仅应当相等，而且还得与粉碎机的处理能力相适应，这样才能发挥其最大的生产能力，假使在粉碎机中停留有碎成料，则将影响粉碎效果。碎成料的停留意味着它有继续被粉碎的可能性，而超过了所要求的粒度，作了"过度粉碎"，浪费了粉碎功率。而且过细粉料有缓冲作用，妨碍其他被碎料的正常粉碎，进一步降低了粉碎效果。因此应该使碎成料不作滞留，尽快离开粉碎机。

（2）粉碎过程：

单份粉碎，如图 4-1a 所示。将一定量的被碎料加入粉碎机中，关闭排料口，粉碎机不断运转，直至全部被碎料达到要求的粒度为止，是一种间歇性作业，一般适用于处理量不大的物料，特别是粉碎细粉常用单份粉碎。

开路粉碎，如图 4-1b 所示。被碎物料不断加入，碎成料连续排出，被碎料一次通过粉碎机，碎成料的大小被控制在一定粒度之下。开路粉碎操作简便，适用于粗碎机。

闭路粉碎，如图 4-1c 所示。被碎物料在粉碎机内经过一次粉碎后，经筛分，不合格的粗粒回到粉碎机再粉碎。闭路粉碎是一种循环连续性作业，它严格遵守"不过度粉碎"的原则。闭路粉碎比开路粉碎具有下述优点：1）生产能力增大 45%~90%；2）单位重量碎成料所需动力减少 37%~70%；3）破碎机摩擦损耗减少 50%。

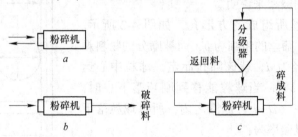

图 4-1　粉碎方式

a—单份粉碎；b—开路粉碎；c—闭路粉碎

（3）粉碎方法：一般粉碎分干法和湿法两种。

干法粉碎，被碎物料含水在 4% 以下者，称干法粉碎，一般的粗碎、中碎和细碎均采

用这种方法。

湿法粉碎，粉碎的物料含水 50%以上，而且具有流动性，称为湿法粉碎。多用来生产粉料。

过去湿法粉碎主要用于特种耐火材料，现在普通耐火材料生产也采取湿法粉碎，特别是在选矿、二步煅烧等工艺流程中多采用湿法粉碎，它与干法粉碎对比有以下优点：

1）粉碎比大，粉碎料细。

2）粉碎效率高，不易产生粉碎时的"黏壁"现象（碎成料小于 0.01mm 时，有时会产生凝聚现象）。

3）设备及研磨体磨损小。

4）含水物料不经干燥可直接粉碎，无粉尘飞扬，排粉通畅，筛分作业也比较简单。

二、筛分

为了提高配料的堆积密度，一般都实行不同颗粒的多级配料，有的级配甚至达到 5 级之多，发展中的不定形耐火材料更是要求多级配料，因此粉碎后的物料必须进行筛分。

（一）筛分效率

筛分效率见下式：

$$\eta_s = \frac{a - a''}{a(1 - a'')} \tag{4-2}$$

式中，η_s 为筛分效率，%；a 为处理物料中需要回收粒子百分率，%；a'' 为筛上物料的细颗粒百分率。生产中取样筛分析，测 a 与 a'' 就不难算出筛分效率。

（二）筛分机理

筛分作业是一种古老作业，可是对相应过程的原理研究很少，其机理还缺乏比较透彻的了解，就问题的认识进行如下讨论。

（1）颗粒通过概率，筛分的最重要条件，就是颗粒大小一定要比筛孔小，这样它才有通过筛面下落的可能，可能性的程度还得用概率来说明。

设筛孔为金属丝所组成的方形孔，如图 4-2 所示。筛孔每边净长为 D，筛丝的粗细为 b，而被筛分的物料颗粒设为球形，其直径为 d，就该筛孔而定，球粒中心运动范围应该为 $(D+b)^2$。当球粒能移到刚巧落下去时，其球心的位置则应在 $(D-d)^2$ 范围之内，所以球粒落下去的机会，即其通过概率为：

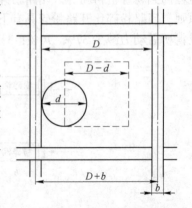

图 4-2　粒子通过概率

$$P = \frac{(D - d)^2}{(D + b)^2} \tag{4-3}$$

具体讲，设筛孔 $D = 1$mm，筛丝直径 $b = 0.25$mm 及 0.50mm，则各种不同粒度的球形颗粒通过筛孔的概率比较见表 4-2。

表 4-2　颗粒通过概率比较

粒径 d/mm	颗粒通过概率 P/%	
	丝径 $b=0.25$mm	丝径 $b=0.50$mm
0.1	51.92	36.00
0.4	23.08	16.00
0.7	5.76	4.00
1.0	0	0

如果筛面倾斜的话，斜筛面对粒子通过的影响如图 4-3 所示，则筛孔作用从 D 减小为 D'，即 $D' = D\cos\alpha$，因此球形颗粒能够通过筛孔的机会势必减少。反之，使筛面水平放置，而球粒的运动方向不与筛面成垂直，也同样会影响其通过筛孔的可能性，如果颗粒形状不是球形的，而是正方形、长方形或其他任何不规则形状，则其通过筛孔的机会也必定会减少。球形比其他形状颗粒的概率来得大些。

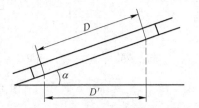

图 4-3　斜筛面对粒子通过的影响

通常将粒度大小为 $0.8D < d < D$ 的颗粒称为"难筛粒"，根据它在物料粒度分布曲线上所占的分量，可以衡量该物料筛分的难易程度。

（2）孔间率，上述通过筛孔的概率是对某个筛孔而定，可以认为筛丝所占据的面积对筛分是无效的；用筛面孔间率 S（筛孔净面积占筛面总面积的比率）来表示，即：

$$S = \frac{100D^2}{(D+b)^2} = (1 - mb)^2 \times 100\% \tag{4-4}$$

式中，D 为筛孔净宽；b 为筛丝直径；m 为单位长度内的筛孔数。

一般筛网的孔间率可达 80%，但在筛孔较小的情况下，孔间率则为 40% 左右，筛板的孔间率均在 50% 以下，这样也就影响通过筛孔的可能性。

（三）筛分机的种类

上述讨论仅限于静止筛面。运动着的筛面，由于加剧了颗粒与筛孔之间的相对运动，必然会强化筛分效率与处理能力，所以工业筛分机的种类实质上也是按筛面运动方式来划分的。有回转筛、摇动筛、旋转筛、振动筛等，围绕提高筛分效率、减少粉尘，出现了"多层直线振动筛"。而高频电磁振动筛，筛网振动，筛框不动，振幅连续可调，比传统振动筛工作效率提高 50%，电耗降低 70% 以上。

三、筛分作业流程及颗粒偏析问题

（一）筛分作业流程

筛分作业的作用主要是按粒度将物料进行分类。筛分用在粉碎之前，易将不需要粉碎的细粒料剔除，改善粉碎机的利用率，这种筛分称为"预先筛分"。粉碎后的筛分，易将合乎要求的细粒料与还需返回粉碎机的粗粒料分开，这种筛分称为"检查筛分"。

筛分机的布置与粉碎流程紧密相关，前面谈到粉碎流程有开路和闭路两种，其筛分与粉碎的流程布置如图4-4所示。

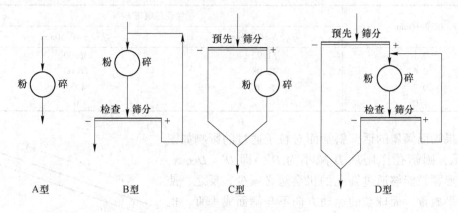

A型　　　　　B型　　　　　C型　　　　　D型

图4-4　一段粉碎的粉碎筛分流程

　　如果是二段或三段粉碎，可以将任何一种附加在另一段流程上，如三段粉碎的筛分流程如图4-5所示。

　　选用筛子规格要适应粉碎机械的最大生产能力。例如，当采用 $\phi900mm$ 型短头圆锥破碎机时，一般选用 $800mm \times 1600mm$ 振动筛，采用 $\phi900mm$ 型短头圆锥机与对辊机配套组成粉碎系统时，就选用 $1250mm \times 2500mm$ 这种较大规格的振动筛。

　　筛分的关键在于颗粒组成和粒级配合的要求，确定筛子的层数和选择合理的筛网孔径。若粒级配合允许在较大范围内波动，则采用单层筛分较合适。如果粒级配合要求严格，特别是采用多粒级配比，中颗粒特别少，则采用双层或多层筛分较宜。

　　生产实践证明，单层筛分的工艺流程简单，附属设备少，但物料在贮料槽内偏析现象严重，使料的粒度波动大。多层筛分，按粒级要求组成配合，粒度组成稳定。但多层筛分工艺流程较复杂，要根据具体生产条件确定。

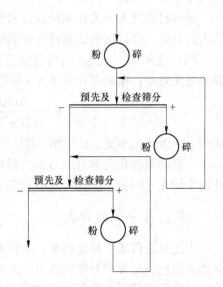

图4-5　三段粉碎的粉碎筛分流程

　　筛网孔径选择主要根据临界粒度要求，同时要考虑筛面的倾斜度，一般要比临界粒度稍大些，具体见表4-3。固定斜筛的倾斜度较物料的自然安息角大 $5° \sim 10°$ 为宜。倾斜度过大，筛分效率低，回流量增大，降低粉碎设备的能力。

表4-3　筛面倾斜度与颗粒增大的关系

倾斜度/（°）	增大/%	备注
15	10	某厂筛面倾斜 16°，临界颗粒 3.5mm，筛孔直
20	15	径 3.75～3.8mm，振动筛倾斜一般不超过 25°
25	25	

（二）粉料贮存中的颗粒偏析问题

粉料筛分后可以得到要求尺寸合格的颗粒，但不能使所有的颗粒尺寸都完全一样，只能取得某一区域内的颗粒，例如 3～1mm。即使在这个区域内的颗粒，也会有少量大于要求的上限和小于要求的下限，如大于 3mm 和小于 1mm 的，当物料进入贮料仓堆积过程发生分料现象，也就是料中大小颗粒自然分开堆积，如图 4-6 所示。这种现象称作颗粒偏析，与颗粒本身重量和各颗粒之间的摩擦阻力有关。由于细粉表面积大，颗粒间的摩擦力大，本身重量小，所以向四周移动的能力要比粗颗粒小得多。

当物料从料仓中卸出时，中间料从卸料口流出，四周料随料层下降，分层流向中间，然后从卸料口流出。亦造成偏析现象。表面粗糙的颗粒要比光滑的偏析现象轻些。

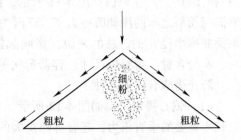

图 4-6　堆积分料

解决偏析问题有以下几种办法：

（1）采用多级筛分，使同一料仓的颗粒尺寸差数减小。

（2）增加上料口，多口上料，减少加料时的料仓分层现象。

（3）中央孔管法，在仓中央设置一有孔的管子，由于管壁部开有不规则的若干个窗孔，随着料面升高，实际上物料是在不同窗孔向仓的某一侧进入的，这就同样弥补了进料点不变的缺陷。

（4）细高法，料堆表面的斜坡越长，堆积分料的程度就越严重。在相同的容积下采用直径较小，高度较大的贮存仓，无疑有利于减轻偏析的现象，如图 4-7 所示。

（5）隔仓法，前法在实际应用中受到一定限制，采用隔仓法，如图 4-8 所示，这也是一种有效措施。

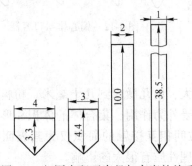

图 4-7　相同容积下直径与高度的关系

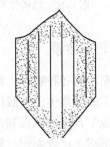

图 4-8　隔仓法示意图

（6）采用粉料从料仓垂直侧面的垂直孔内卸出，其料流也是比较均一的，如图 4-9 所示。

（7）料仓内插圆锥法，如图 4-10 所示，以及保持料仓粉料在容积的三分之二以上等。

（三）粉料的"拱效应"

在贮料仓内的排料之际，有时会出现料流停止流动的现象，一般称做"拱效应"或

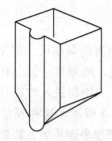

图 4-9　侧孔法示意图

图 4-10　料仓内插圆锥法示意图

"拱桥闭塞"。产生原因如图 4-11 所示，侧壁上受到粉料的垂直压力 p，由此而同时产生了壁面与粉料之间的滑动摩擦力 F，该两力构成了形成拱桥所需的支承力 A，该力是垂直于拱面曲率半径 R 的。总的来说，影响起拱因素有壁面与颗粒间的摩擦力、粒度及粒度分析、水分含量、排料口尺寸、容器形状等。

防止措施有以下几种：

（1）偏心排料口，如图 4-12 所示。目的在于具有垂直壁面或非对称形壁面，这样可以减小该处的垂直压力，起着拆除拱脚的作用。

（2）内插圆锥体，使料受压减小。

（3）外插孔，开一外插孔，使粉料能够自由流动，不易形成拱桥。

（4）通气法，由多孔板将空气通入粉料，以减小内部摩擦系数，而增加流动能力。

（5）振动法，粉料受到强制性振动，也可以减小其内部摩擦阻力。

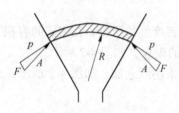

图 4-11　拱桥作用力

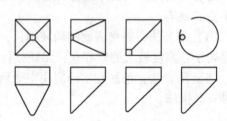

图 4-12　偏心排料口容器

四、粉料性质

准备制砖的各种物料，粉碎后的粒度范围很大，由几微米到几十毫米。粉料堆积起来是具有空隙的聚集体。一般情况下，粉料集合体受外力作用，集合体的体积和形状发生变化，但组成集合体的颗粒料本身变化甚小。颗粒间相互接触的面积仅为其表面的较小部分。颗粒形状、比表面积、颗粒度等对粉料的物理性质有很大的影响。

（一）颗粒形状

粉碎后的物料有各种各样的形状，主要取决于物料本身的性质及粉碎机的种类。其形状大致分 3 种：

（1）长度方向比其他方向大得多的纤维状、针状、长条状等。

（2）长度方向比其他方向小得多，如薄片状或板状。

（3）各方向相等，如球状、立方体等。

非等量度（各方向大小不同）的颗粒自由降落时，大多数为最大的一面着落，按水平方向分布，造成颗粒集合体的各向异性。一般认为圆锥破碎机的出料形状主要是尖棱状颗粒，而轮碾机主要是球状颗粒。

（二）粉料的内摩擦力

由于颗粒内具有内摩擦力，所以粉料可堆成一堆。在自然堆积下，物料与水平面的夹角 α 称自然倾斜角，$\tan\alpha = M$。式中，M 为摩擦系数。

（三）粉料的可压缩性

可压缩性越高，则坯体越容易致密。影响可压缩性的因素如下：颗粒本身的可塑性越高，可压缩性越大；颗粒越大，可压缩性越大；颗粒形状越简单，可压缩性越大。

假如在理想状态下，物料压缩前后的重量不变，则粉料的可压缩性可用下式表示：

$$Db_1\rho_1 = Db_2\rho_2 \quad f = \frac{b_1}{b_2} = \frac{\rho_2}{\rho_1} \tag{4-5}$$

式中，ρ_1 为粉料容重，g/cm^3；ρ_2 为砖体密度，g/cm^3；b_1 为填料高度，cm；b_2 为砖体厚度，cm；D 为模型水力半径，cm；f 为可压缩程度系数。

（四）粉料的流动性

粉料虽由固体颗粒组成，但因其分散度很高，所以有近乎流体的流动性。一般同种物体粉料有一固定自然倾斜角 α，耐火材料粉料一般 $\alpha = 30° \sim 40°$。当粉体堆积斜度超过 α 角时，则向四周流散开来。如果颗粒成球形或近似等量度的颗粒，表面光滑，黏性不大，则粉体容易流动，α 值会减小。下滑力与颗粒之间的摩擦力，方向相反，如果大小相当时就不下滑。一般颗粒越大，流动性越好；表面粗糙，形状复杂，流动性变差，表面有水膜会使流动性降低。

（五）粉料的黏结现象

粉料贮存时会发生黏结现象，从而丧失流动性。影响黏结的因素很多，例如水分增大、空气温度升高、湿度增大，特别是颗粒太细，都会使黏结性增大。据介绍：粒度从 0.3mm 增大至 3mm，黏结性降低近 1000 倍，贮存时间过长，料层太高，也会造成粉料黏结。

还可能有其他一些原因，如粉料中可溶性盐结晶、压力使粉料压紧、粉料中发生物理化学变化、物料冻结等。

防止粉料黏结有适当降低粉料水分、缩短贮存时间和密封料仓等措施。

第二节 配料与混练

一、配料

配料包括各物料的配比和颗粒组成的配合。在确定颗粒组成时，一般要考虑下列几个因素。

（一）颗粒最紧密堆积

只有颗粒紧密堆积的泥料，才能成型出致密的砖坯，通过颗粒合理级配，达到紧密堆积制取致密制品比通过提高烧成温度制取致密制品更经济合理。

如何设计和选取颗粒配比，使泥料颗粒达到最紧密堆积是耐火材料生产中最基本的问题之一。许多人做过研究，其中 Furnas 的不连续（间断）尺寸颗粒和 Andreasen 的连续尺寸颗粒堆积理论称得上经典，在耐火材料生产中得到普遍应用。

祝洪喜等人在综合相关颗粒堆积模型的基础上，建立具有连续尺寸分布颗粒堆积的理论模型。利用理论模型对烧成耐火制品的颗粒组成进行设计，生产出气孔率低，而且孔径小、抗熔渣渗透性能好的耐火制品。

经典的颗粒分布与堆积模型：

（1）不连续（间断）尺寸颗粒分布与堆积。最早是由 Furnas 提出来的，该理论认为：小颗粒恰好填充在大颗粒之间，并不岔开它们，形成最紧密堆积。如果有三种尺寸的颗粒，中颗粒应恰好填入粗颗粒的空隙，细颗粒填入中颗粒的空隙，由此可以推及多种尺寸颗粒的情形。如果由多级颗粒组成，加入越来越细的颗粒时，便可使制品的气孔率越来越接近于零。但构成这种粒度分布时，各级颗粒量要形成几何级数。因此将多粒级表达式推广到连续分布的计算中去，Furnas 方程式如下：

$$CPFT/100 = rlgD - rlgD_S/(rlgD - rlgD_L) \tag{4-6}$$

式中，$CPFT$ 为某一粒级（D）以下累计百分数；r 为相邻两粒级的颗粒量之比；D 为颗粒尺寸；D_S 为最小颗粒尺寸；D_L 为最大颗粒尺寸。

Westman 和 Hugill 以不连续尺寸颗粒的堆积理论为基础，计算出多尺寸颗粒的最紧密堆积，还列举了 2 种和 3 种尺寸颗粒混合物的计算步骤，并给出了 4 种或 4 种以上颗粒尺寸的计算规则和方法。

（2）连续尺寸颗粒的分布与堆积：连续尺寸颗粒堆积理论是 Andreasen 提出的，其颗粒分布方程式为：

$$\varphi_B = (d/d_L)^n \tag{4-7}$$

式中，n 为颗粒分布系数；d 为任意指定颗粒尺寸，mm；d_L 为最大颗粒尺寸，mm。

Andreasen 方程式中，无最小颗粒尺寸限制，而真实的颗粒尺寸分布是有限制的，因此有人提出不同意见。20 世纪 70 年代 Dinger 和 Funk 在颗粒分布中引入有限的最小颗粒尺寸，对 Andreasen 方程式进行修正，得到 Dinger-Funk 方程式，即 $\varphi_B = (d^n - d_S^n)/(d_L^n - d_S^n)$。并对连续体系的颗粒堆积进行了二维（圆环）和三维（球体）的计算机模拟，提出在三维情况下，连续分布球体的分布模数为 0.37 时，出现最紧密堆积，而在二维情况下，分布模数为 0.56 时出现最紧密堆积。

（二）连续尺寸分布颗粒紧密堆积模型的建立

（1）模型的建立：设最大颗粒尺寸为 d_L，最小为 d_S，任一中间颗粒尺寸为 d（$d_L \geqslant d \geqslant d_S$），相邻的较小颗粒与较大颗粒尺寸之比为 ε（$1 > \varepsilon > 0$），相邻的较小颗粒与较大颗粒数量之比为 b（$b > 1$）。假设 $b = \varepsilon^{-D}$，其中 D 是与颗粒形状相关的常数，称为颗粒的分形锥数，符合该式的颗粒体系称为分形粒度分布颗粒体系。设分形粒度分布颗粒体系共有 n 个粒度级别，则有：

$$d_{\mathrm{m}} = d_{\mathrm{L}} \varepsilon^m \quad (n \geqslant m \geqslant 0) \tag{4-8}$$

式中，当 $m=n$ 时，$d=d_{\mathrm{S}}$；当 $m=0$ 时，$d=d_{\mathrm{L}}$。

此时，尺寸为 d 的颗粒数量为：

$$N_{\mathrm{m}} = N_0 b^m \tag{4-9}$$

式中，N_0 为尺寸为 d_{L} 的颗粒数量。

定义粒度集度为：

$$N(d_{\mathrm{m}}) = \Delta N_{\mathrm{m}}/d_{\mathrm{m}} = (N_{m+1} - N_{\mathrm{m}})/(d_{m+1} - d_{\mathrm{m}}) = N_0 b^m (b-1)/d_{\mathrm{L}}^m (\varepsilon - 1) \tag{4-10}$$

由式 4-8 得：

$$(1/\varepsilon)^m = d_{\mathrm{L}} d_{\mathrm{m}}^{-1} \tag{4-11}$$

代入得：

$$b^m = (1/\varepsilon)^{m[\ln b/\ln(1/\varepsilon)]}(1/\varepsilon)^{mD} = d_{\mathrm{m}}^{-D} d_{\mathrm{L}}^{D} \tag{4-12}$$

将式 4-11 和式 4-12 代入式 4-10 得：

$$N(d_{\mathrm{m}}) = N_0 d_{\mathrm{m}}^{-(D+1)} d_{\mathrm{L}}^{D} (b-1)/(\varepsilon - 1) \tag{4-13}$$

当 $n \rightarrow \infty$ 时，颗粒体系由不连续变为连续，这时，$\varepsilon \rightarrow 1$，$b \rightarrow 1$，$d_{\mathrm{m}} = d$，$N(d_{\mathrm{m}}) = N(d)$。将 $b = \varepsilon^{-D}$ 代入式 4-13，并求极限得：

$$N(d) = \lim[N(d_{\mathrm{m}})] = \lim[N_0 d_{\mathrm{m}}^{-(D+1)} d_{\mathrm{L}}^{D}(\varepsilon-1)^{-D}/(\varepsilon-1)^5] \quad n \rightarrow \infty \tag{4-14}$$

即：

$$N(d) = N_0 D d_{\mathrm{L}}^{D} d^{-(b+1)} \tag{4-15}$$

由式 4-9 和式 4-12 得：

$$N_{\mathrm{m}} = N_0 d_{\mathrm{L}}^{D} d_{\mathrm{m}}^{-D} \tag{4-16}$$

对于连续体系得：

$$N_{\mathrm{d}} = N_0 d_{\mathrm{L}}^{D} d^{-D} \tag{4-17}$$

由此可见，式 4-14 和式 4-16 是对于连续颗粒体系的统计，自相似粒度分布的定量描述。粒数 N_{d} 和粒数集度 $N(d)$ 与粒度 d 的关系是标度不变函数。这就是连续尺寸颗粒的分形分布模型。

（2）模型的推广：对于连续尺寸颗粒分形分布体系的累积颗粒数为：

$$N(<d) = \int_{d_{\mathrm{S}}}^{d} N(d)\mathrm{d}(d) = \int_{d_{\mathrm{S}}}^{d} N_0 D d_{\mathrm{L}}^{d} d^{-(D+1)}\mathrm{d}(d) = -N_0 d_{\mathrm{L}}^{D}(d^{-D} - d_{\mathrm{S}}^{-D}) \tag{4-18}$$

相应的累积体积为：

$$V(<d) = \int_{d_{\mathrm{S}}}^{d} C_{\mathrm{v}} d^3 N(d)\mathrm{d}(d) = \int_{d_{\mathrm{S}}}^{d} C_{\mathrm{v}} N_0 D d_{\mathrm{L}}^{D} d^{2-D}\mathrm{d}(d) = N_0 d_{\mathrm{L}}^{D}(d^{3-D} - d_{\mathrm{S}}^{3-D})D/(3-D)$$

$$\tag{4-19}$$

式中，C_{v} 为形状因子。相应的累积质量为：

$$M(<d) = N_0 P d_{\mathrm{L}}^{D}(d^{3-D} - d_{\mathrm{S}}^{3-D})D/(3-D) \tag{4-20}$$

累积的体积分数为：

$$\varphi_{\mathrm{B}} = V(<d)/V(d_{\mathrm{L}}) = (d^{3-D} - d_{\mathrm{S}}^{3-D})/(d_{\mathrm{L}}^{3-D} - d_{\mathrm{S}}^{3-D}) \tag{4-21}$$

式 4-21 是根据连续尺寸颗粒的分形分布模型，推导出的类似 Dinger-Funk 方程的小于某一尺寸的累积体积分数与颗粒尺寸幂指数关系的方程。

比较式 4-21 和 Dinger-Funk 方程可知 $n=3-D$。由此可见，经典颗粒分布方程中，分布指数的物理意义为颗粒体系所处的空间维数与颗粒粒度分布维数的差值。

（三）耐火制品理论粒度组成 n 和最小粒度的影响

研究烧成制品配料，取 $d_L=5mm$，按 3 级，即 5~3mm、3~1mm、1~0mm 作为配料粒度。用机械破碎时，材料在 1~0mm 粒度范围的实际最小粒度是不同的，分别取 0.10mm、0.20mm、0.010mm 和 0.005mm。由于 $n=3-D$，即当颗粒具有不同分形维数时，体系的堆积情况不同。根据 Dinger-Funk 计算机模拟结果，分布指数 n 为 0.37 时，体系具有最佳堆积。因此理论设计时取 n 值为 0.37 左右。烧成耐火制品理论研究粒度组成的边界条件为：$d_L=5mm$，$d=3mm$、1mm，$d_S=0.10mm$、0.020mm、0.010mm、0.005mm，n 分别取 0.33、0.35、0.37、0.39、0.41。计算中的假设条件为：同种原料，破碎前后密度基本不变，质量分数和体积分数均相同。

利用式 4-21 计算理论颗粒配比，计算结果如表 4-4~表 4-7 所示。不同 n 值对体系中 5~3mm、3~1mm、1~0mm（实际为 $1-d_S$）粒度组成的理论计算结果如图 4-13 所示。从图 4-13 可以看出，不管 d_S 是多少，大颗粒 5~3mm 和中颗粒 3~1mm 的体积分数都随 n 值的增加而逐渐增加，但变化幅度不大，均为 2%~3%；尽管 d_S 变化相差 20 倍（0.10mm/0.005mm=20），但颗粒理论组成变化非常小。不管 d_S 是多少，小颗粒 1~0mm 的体积分数随 n 值的增加而逐渐减小，其变化幅度不大，均在 5% 以内。

表 4-4 $d_S=0.10mm$ 时根据模型计算的颗粒配比（$\varphi_B/\%$）

$d_n \sim d_{n-1}/mm$	n				
	0.33	0.35	0.37	0.39	0.41
5~3	21.40	21.96	22.52	23.08	23.65
3~1	35.43	35.82	36.15	36.49	36.82
1~0.10	43.17	42.22	41.33	40.43	39.53

表 4-5 $d_S=0.020mm$ 时根据模型计算颗粒配比（$\varphi_B/\%$）

$d_n \sim d_{n-1}/mm$	n				
	0.33	0.35	0.37	0.39	0.41
5~3	18.51	19.14	19.57	20.44	21.09
3~1	30.84	31.22	31.98	32.30	32.82
1~0.020	50.85	49.64	48.45	47.26	46.09

表 4-6 $d_S=0.010mm$ 时根据模型计算颗粒配比（$\varphi_B/\%$）

$d_n \sim d_{n-1}/mm$	n				
	0.33	0.35	0.37	0.39	0.41
5~3	17.80	18.47	19.14	19.82	20.50
3~1	29.49	30.12	30.73	31.33	31.91
1~0.010	52.71	51.41	50.13	48.85	47.59

表 4-7　$d_S = 0.005mm$ 时根据模型计算颗粒配比($\varphi_B/\%$)

$d_n \sim d_{n-1}/mm$	n				
	0.33	0.35	0.37	0.39	0.41
5~3	17.28	17.97	18.67	19.37	20.08
3~1	28.62	29.31	29.98	30.63	31.25
1~0.005	54.10	52.72	51.35	50.00	48.67

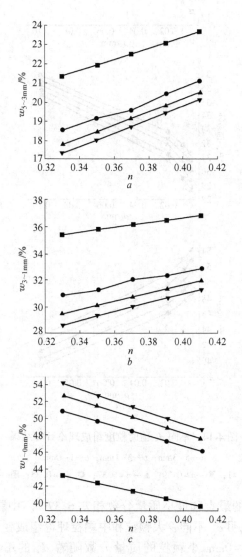

图 4-13　不同 n 值时粒度组成理论计算结果

a—5~3mm；b—3~1mm；c—1~0mm

■—$d_S = 0.10mm$；●—$d_S = 0.020mm$；▲—$d_S = 0.010mm$；▼—$d_S = 0.005mm$

上述研究结果表明：n 值在理论最紧密堆积值 0.37 附近变化时，对烧成制品 3 级颗粒粒度组成的影响不甚显著。不同 d_S 值理论计算结果如图 4-14 所示。

可以看出：不管 n 值是多少，质量分数都随 d_S 的增加而逐渐增加，且变化幅度较明

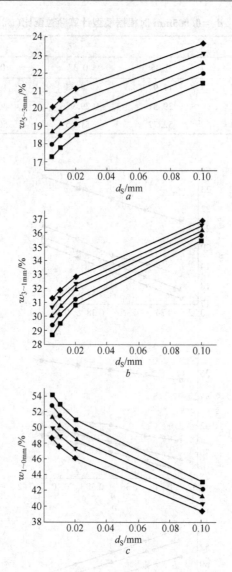

图 4-14　不同 d_S 值时粒度组成理论计算结果

a—5~3mm；b—3~1mm；c—1~0mm

◆—$n=0.41$；▼—$n=0.39$；▲—$n=0.37$；●—$n=0.35$；■—$n=0.33$

显。其中大颗粒 5~3mm 的最大和最小质量分数相差 6.37%。中颗粒 3~1mm 最大和最小质量分数相差 8.20%。说明 d_S 不同，大颗粒和中颗粒理论组成变化非常大。

不管 n 值是多少，1~0mm 小颗粒的质量分数随着 d_S 的增加而逐渐减小。小颗粒 1~0mm 的最大和最小质量分数相差 14.47%，变化幅度非常明显，明显改变烧成制品颗粒粒度的理论组成。分析表明，n 值在理论最紧密堆积值 0.37 附近变化时，d_S 不同，对制品 3 级颗粒粒度组成的影响特别显著。

理论设计研究结果表明：在没有外加细粉或微粉的情况下，n 值在理论最紧密堆积值 0.37 附近时，d_S 不同，对制品 3 级颗粒粒度组成的影响特别显著；n 值对 3 级颗粒粒度组成的影响不甚显著。

应用实例：根据上述研究结果，以高铝熟料、刚玉、碳化硅和结合黏土为原料，制备 Al_2O_3-SiC 质烧成耐火制品。在选择边界条件时，考虑到结合黏土颗粒是一种高分散物质，在水中分散后 35%~45% 以上的粒度小于 0.001mm，故取其粒度为 0.0005mm；考虑工业破碎生产时，1mm 筛下料的实际情况，按式 4-21 所取边界条件为：$d_S = 0.0005$mm，$n = 0.37$，结合黏土和高铝熟料细粉的密度分别取 2.0g/cm³ 和 2.8g/cm³。烧成 Al_2O_3-SiC 制品的理想粒度组成（质量分数）：5~3mm 为 18.17%；3~1mm 为 29.18%；1~0.5mm 为 13.16%；0.5~0.088mm 为 21.35%；0.088~0.010mm 为 13.08%；<0.010mm 为 5.06%。按照这种配料比，生产一批烧成 Al_2O_3-SiC 质耐火制品（鱼雷罐用）。检验结果为：气孔率 5%~10%，耐压强度 120~300MPa，荷重软化开始点不低于 1610℃。按照建立的颗粒连续尺寸分布的紧密堆积模型设计的颗粒组成与按传统配比生产的制品相比，气孔率由 20% 左右降为 5%~10%，说明模型对耐火材料工业生产有非常好的理论指导作用。

采用压汞仪对烧成耐火制品的孔容孔径分布进行了测定，气孔直径分布曲线如图4-15所示。可以看出：气孔直径主要分布为 3~7μm，显示其结构致密，气孔微小。

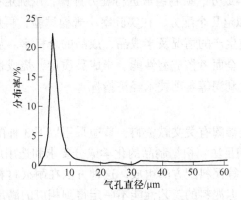

图 4-15　材料中气孔的直径分布曲线

实际生产时颗粒组成的基本原则如下：

（1）临界颗粒大些，对提高抗热震性、颗粒紧密堆积有利，但易出现颗粒偏析，表面结构粗糙，边角、棱松散。虽然实际生产颗粒上限为 2.5~4mm 较好，但由于品种不同，差别很大，如不烧砖放大到 5~10mm，有的大砖放大到 15~20mm。

（2）实际生产既要考虑紧密堆积，又要考虑成型的难易性和制品的烧结性。例如理论上最紧密堆积是 7：1：2 配比，但由于细粉量不多，成型时颗粒间移动性不好，成型困难，烧成时会使砖坯烧结不好，致密性和强度反而降低。因此，根据实际情况，生产中可以采用 6：1：3 或 5：1：4 的颗粒配料。通过试验取得综合性能好的制品。

（3）实际生产中还要考虑有的物料多晶转变、混合设备等造成的颗粒破坏等现象。

除球以外形状颗粒的堆积，在理论上几乎没有研究。耐火原料粉碎后的颗粒形状非常不规则。怀特（White）和莱特（Walton）对椭圆和圆柱体计算结果得出：圆柱体比球体填充密度大，因此要制造低气孔率制品，最好将原料粉碎成接近圆柱体形状。

（四）配方

各种耐火材料虽然都是以某种原料为主，但很少用一种原料制成，一般都配合其他原料才能适应对制品的要求，这种配合成的混合料就是制砖用的泥料，配制的工艺过程为配料，所计算出来的各种原料配合比例关系称为配方。

配方在耐火材料试验研究和生产中十分重要，它是根据制品的使用要求，提出一个化学矿物成分的大致适应范围，同时还要考虑采用原料和配合泥料的工艺性能，适应生产工艺过程的条件，能生产出满足要求的制品。

1. 配方计算程序

（1）按产品的化学矿物组成和性能要求，或按国家及行业标准规定。查阅有关资料，参考国内外的类同配方，并根据国内可用原料的理化性能，选定一个较为合适的配方范围，作为配方计算的依据。

（2）根据原料的化学成分、矿物组成与工艺性能来确定使用多少种原料。特别注意不能光考虑化学成分，要保证生产顺利进行，还要注意原料的矿山贮量、供应条件、质量的稳定性及价格等。

（3）根据原料的化学成分、矿物组成进行配方计算，以确定各种原料用量。

（4）根据计算结果拟定几个配方，在实验室小规模试验，再从中选择比较满意的配方进行中间试验，检查适应生产的情况及半成品、成品的合格率。从中间试验结果中选择满意的配方进行工业试验，全面考核成型性能、半成品质量、烧成性能和成品合格率，以及生产成本、劳动生产率、利润等各项技术经济指标。

2. 配方计算方法

根据耐火材料配料及参阅有关文献资料，普遍采用以下 3 种配方计算方法：

（1）化学成分逐项满足法：根据制品的化学成分要求和选用原料的化学成分，用化学成分逐项满足法精确地计算泥料配方的组成。这种方法在耐火材料中普遍应用，能保证制品的化学组成符合要求，但泥料的工艺性能不一定得到相应的满足，可做进一步调整。

一般制品配料的主要化学成分，要比制品指标稍高些，杂质成分要低些。这是因为原料、制品的化学组成可能有波动，分析试样可能有误差等。现用实例说明化学组成逐项满足法计算配方组成的步骤。

已知某红柱石质热风炉砖及所用原料的化学组成，见表 4-8、表 4-9。

表 4-8　热风炉砖的化学组成（%）

Al_2O_3	SiO_2	Fe_2O_3	TiO_2	CaO	MgO
55.36	40.18	1.91	1.50	0.31	0.34

表 4-9　原料化学组成（%）

原料	Al_2O_3	SiO_2	Fe_2O_3	TiO_2	CaO	MgO	灼减	合计
红柱石	53.00	44.40	1.00	—	0.01	0.32	0.79	
黏土熟料	45.67	52.74	0.77	0.81	—	—		99.46
高铝矾土熟料	74.92	17.52	3.05	3.40	0.14	0.96		98.5
生黏土	31.13	51.44	2.33	—			12.28	

将原料组成换算为灼减后的基准组成。配方还要考虑粒度配比。红柱石为小于

0.651mm 及小于 0.088mm，高铝矾土小于 0.088mm，所以必须以黏土熟料和红柱石为主，生黏土一般不低于 5%。原料换算为灼减后的组成见表 4-10。

表 4-10 原料组成换算为灼减后的基准组成（%）

原料	Al_2O_3	SiO_2	Fe_2O_3	TiO_2	CaO	MgO	合计
红柱石	53.68	44.97	1.01	—	0.01	0.32	99.99
黏土熟料	45.67	52.74	0.77	0.81	—	—	99.99
高铝熟料	74.92	17.52	3.05	3.40	0.14	0.96	99.99
生黏土	36.67	60.59	2.74	—	—	—	100

列表进行配料计算，具体见表 4-11。剩余为负值，是制品实际含量超过要求指标，正值为不足。此配方为 Al_2O_3 和 SiO_2 计算值高于要求值，而 Fe_2O_3、TiO_2、CaO 等杂质计算值低于砖的实际要求，虽然 MgO 高于要求值，但低于误差范围，而杂质总含量低于要求值。

表 4-11 配料计算

砖化学组成/% 原料	Al_2O_3	SiO_2	Fe_2O_3	TiO_2	CaO	MgO
原料	55.36	40.18	1.91	1.50	0.31	0.34
黏土熟料 35%	15.95	18.46	0.27	0.28	—	—
剩余	39.38	21.72	1.64	1.22	0.31	0.34
红柱石 31%	16.64	13.94	0.31	—	0.0031	0.092
剩余	22.74	7.78	1.33	1.22	0.3069	0.2408
生黏土 7%	2.57	4.24	0.19	—	—	—
剩余	20.17	3.54	1.14	1.22	0.3069	0.2408
高铝熟料 27%	20.23	4.73	0.82	0.97	0.038	0.26
剩余	-0.06	-1.19	+0.32	+0.25	+0.2689	-0.0192

（2）矿物组成逐项满足法：有些耐火材料对矿物组成有严格的要求。往往用合成原料具有矿物组成分析，可采用矿物组成逐项满足的方法计算配料。如果原料没有明确的矿物组成分析资料，可以通过化学组成概算示性矿物组成。但由于某些原料矿物组成复杂，示性分析不容易做得十分准确，所以配方也不十分精确，有一定局限性。现就以实例计算配方。

某低蠕变砖要求以合成莫来石、电熔刚玉、硅铝玻璃为原料。合成莫来石原料的矿物组成是：莫来石 95%，刚玉 3%，玻璃相 2%；电熔白刚玉和硅铝玻璃为纯原料。配方要求含莫来石 62%，刚玉 32%，玻璃相 6%。

设 3 种原料的配料量分别为：莫来石 x%，刚玉 y%，玻璃 z%，则可列出下列联立方程组：

$$\begin{cases} 95 \times x = 62 \\ 3x + 100y = 32 \\ 2x + 100z = 6 \end{cases}$$

解此方程组得：

$$\begin{cases} x = 65.26\% \\ y = 30.05\% \\ z = 4.69\% \end{cases}$$

由此得该制品的配方组成为：合成莫来石 65.26%，电熔白刚玉 30.05%，硅铝玻璃 4.69%。

（3）相图计算法：利用相图可以计算制品的原料配方。但由于相图是在高温平衡状态下制成的，而 SiO_2 熔体等的黏度很大，生产中不可能使砖坯达到化学平衡，所以实际生产与理论计算存在偏差。此外氧化物转换系数的计算也存在偏差，实际情况很复杂。不同系统或同一系统的不同区域，其转换数值实际是不一致的。由此可见，采用相图计算得到的配方，只能作为考虑初步配方的一个范围。下面就用实例介绍相图计算法。

例如，某单位合成董青石料和所用原料的化学组成见表 4-12。

（1）把含有灼减的组分算成不含灼减的基准，见表 4-13。

表 4-12　董青石及所用原料的化学组成（%）

项目	Al_2O_3	SiO_2	TiO_2	Fe_2O_3	CaO	MgO	灼减
董青石	34.9	51.3				13.8	
高铝矾土	78.47	2.86	2.22	1.45	0.05	0.08	14.52
滑石	0.44	61.76	—	0.31	1.21	31.35	4.92
紫木节黏土	36.48	43.56	1.18	1.52	0.43	0.92	15.92

表 4-13　原料组成换算为不含灼减的基准组成（%）

原料名称	Al_2O_3	SiO_2	TiO_2	Fe_2O_3	CaO	MgO
高铝矾土	92.18	3.36	2.61	1.70	0.06	0.09
滑石	0.46	64.96		0.33	1.27	32.98
紫木节黏土	43.38	51.80	1.40	1.81	0.51	1.09

（2）计算高铝矾土 $Al_2O_3 = 92.18 + 1.70 \times 0.6 = 93.2$；$MgO = 0.09 + 0.06 \times 0.71 = 0.1326$；$SiO_2 = 3.36 + 2.61 \times 0.76 = 5.3436$；$Al_2O_3 + MgO + SiO_2 = 98.68$。

换算成百分数：$Al_2O_3 = 94.45\%$；$MgO = 0.13\%$；$SiO_2 = 5.42\%$。

计算滑石：$Al_2O_3 = 0.46 + 0.33 \times 0.6 = 0.658$；$MgO = 32.98 + 1.27 \times 0.71 = 33.88$；$SiO_2 = 64.96$；$Al_2O_3 + MgO + SiO_2 = 99.498$。

换算成百分数：$Al_2O_3 = 0.66\%$；$MgO = 34.05\%$；$SiO_2 = 65.29\%$。

计算紫木节黏土：$Al_2O_3 = 43.38 + 1.81 \times 0.6 = 44.466$；$MgO = 1.09 + 0.51 \times 0.71 = 1.4521$；$SiO_2 = 51.80 + 1.40 \times 0.76 = 52.864$，$Al_2O_3 + MgO + SiO_2 = 98.7821$。

换算成百分数：$Al_2O_3 = 45.01\%$；$MgO = 1.47\%$；$SiO_2 = 53.52\%$。

（3）在 MgO-Al_2O_3-SiO_2 系统的相图上（见图 4-16）找出 3 种原料和董青石组成的位置，分别以 A、B、C 及 P 表示。

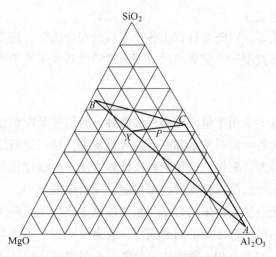

图 4-16　$MgO-Al_2O_3-SiO_2$ 系统图

（4）连接 CP，并延长交 AB 于 X，在图上测量各线段的长度：

$$\overline{PX} = 30.5\text{mm} \qquad \overline{CX} = 49.5\text{mm}$$

$$\overline{AX} = 81\text{mm} \qquad \overline{AB} = 158\text{mm}$$

$$\overline{BX} = 77\text{mm} \qquad \overline{CP} = 19\text{mm}$$

（5）利用杠杆定律计算 3 种原料所需（%）：

$$A = \frac{\overline{BX}}{\overline{AB}} \times \frac{\overline{CP}}{\overline{CX}} = \frac{77}{158} \times \frac{19}{49.5} = 18.82\%$$

$$B = \frac{\overline{AX}}{\overline{AB}} \times \frac{\overline{CP}}{\overline{CX}} = \frac{81}{158} \times \frac{19}{49.5} = 19.70\%$$

$$C = \frac{\overline{PX}}{\overline{CX}} \times \frac{30.5}{49.5} = 61.61\%$$

（6）换算为烧前的基准：

$$A = 18.82 \times \frac{100}{100 - 14.52}\% = 22.01\%$$

$$B = 19.70 \times \frac{100}{100 - 4.92}\% = 20.72\%$$

$$C = 61.61 \times \frac{100}{100 - 15.92}\% = 73.28\%$$

再换算成生料百分数：

$$\text{高铝矾土} = \frac{22.01}{116.01} \times 100\% = 18.97\%$$

$$\text{滑石} = \frac{20.72}{116.01} \times 100\% = 17.86\%$$

$$\text{紫木节黏土} = \frac{73.28}{116.01} \times 100\% = 63.17\%$$

即为所求的配方组成。

配方的计算十分重要，它既要计算出各种原料的配合比例，还要考虑各种原料的颗粒组成，它要根据制品的类型和性能要求及所用原料的性质及工艺条件来决定。

（五）配料方法

耐火材料配料基本上采用重量法和容积法两种。所谓重量配料法，即根据混料设备的容量，将按配方计算的各种物料重量称好后倒入设备中，然后进行混练。目前，各种耐火材料生产普遍采用这种方法配料。这种配料法计算方便，准确度比较高，特别是电子自动配料秤和光电数字显示秤，可以自动操作和控制，配料误差较小。

近年来，一些大企业的配料采用自动化智能控制生产自动配料线，8mm 以下的各种物料采用气力输送装置上料，有独特的耐磨阀门，管道使输送中不串料，全部自动控制，精度可达 ≤50kg±0.1kg，大于 100kg 精度达千分之三。洛耐院还设计了热固性酚醛树脂自动添加系统。众所周知，热固性酚醛树脂一般以液体状态供应常温下黏度为 $0.02 \sim 100Pa \cdot s$，黏度随温度变化而变化，为实现输送要加热保温。洛耐院设计的自动系统，实际应用效果良好。

容积配料法应用的不多。但它的配料设备结构简单，适应各种给料方式，适应各种物料，如水分含量变化较大的物料。但配料的准确性差些。

可以通过化学分析、粒度分析等手段来检查配料的准确性。

二、混练

所谓混合，即使不同颗粒度、不同密度、不同形态、不同组分等各种物料达到均匀化的过程，也就是说在单位体积或重量内具有同样的颗粒组成、密度和成分。

耐火材料工艺的混练过程，即是在混合的同时，促进颗粒接触并塑化的操作过程。因此耐火材料生产的混练过程，伴随着各种颗粒与粉料混合的同时，还受到挤压、捏和、排气过程，使泥料达到适应各种成型方法的要求。

（一）混合原理

混合过程机理一般认为有以下 3 种：

（1）对流混合（或称移动混合），颗粒从物料中的一处大批地移动到另一处，类似于流体中的骚动。

（2）扩散混合，分离的颗粒散布在不断展现的新生料面上，如同一般的扩散作用那样。

（3）剪切混合，在物料集合体内部，颗粒之间相对缓慢移动，在物料中形成若干滑移面，就像薄层状流体运动。

3 种混合机理，在混合机中不是绝对分隔的，在于判断混合机中究竟是哪一种占优势。

各类混合机的混合机理组成见表 4-14。对某台混合机而言，还得具体情况作具体分析。

表4-14　混合机的混合机理组成

混合机类型	移动混合	扩散混合	剪切混合
重力式（容器旋转）	大	中	小
强制式（容器固定）	大	中	中
气流式	大	小	小

影响固体物料混合程度和混合速度的因素很多，主要有三方面：（1）固体颗粒物理性质；（2）混合机性能；（3）运转条件。

不难理解固体颗粒的物理性质影响它们的混合。例如，颗粒形状影响颗粒的流动性，浑圆的球粒要比不规则状颗粒容易流动，而后者暴露有较多的表面积。片状颗粒的流动阻力为最大。颗粒的流动影响混合程度与混合速率。

耐火材料泥料不是相同的粒度，粒度分布影响固体颗粒的行动，大小颗粒会在其几何位置上相互错动，大颗粒向下，小颗粒向上，微小的颗粒甚至会扬尘而离开物料本体，它是反混合的。

当颗粒密度差显著时，容易发生偏析。含水而黏性的颗粒会使流动迟缓，逐渐阻碍了混合的进行。特别是它们黏在混合机壁上或本身结成团块，更不利于混合程度的改善。脆性物料能增加粒度分布范围，细小颗粒增加，容易使泥料粒度不均匀，甚至偏析。物料的休止角也是影响因素，颗粒的位置必须大于其休止角时才会有可能移动，休止角小的颗粒具有较好的流动性。这种流动性在各组分之间若有差别，对混合也是不利的。

设备的几何形状与尺寸也影响颗粒的流动。向机内加料的落料位置和机件表面情况也多少影响颗粒在混合机内的运动。混合机加料或卸料期间，物料流动也提供了一些混合作用。

混合机的转速主要影响颗粒的运动和混合速度。各组分料进入混合机的次序也是主要影响因素。例如，采用同时加入的方式也是有利于混合的。如果混合机中物料是装满的话，也会迟缓颗粒的运动和混合速度。

（二）耐火材料泥料混练的特点及影响因素

耐火材料除有一部分采用固体颗粒混合，或固体颗粒预先干混合后再湿混外，而制砖泥料几乎都要加入液体结合剂或添加剂，经过混练后成为具有一定结合性和可塑性的泥料，因此混练过程要比单纯固体颗粒混合过程更为复杂。如上述影响混合的因素的含水而有黏性颗粒，不但存在而且比较严重。为了强化黏结剂湿润物料，还要碾捏，有的加入黏性很大的结合剂，如焦油，通过加热提高它的流动性，加料时不但不能同时加料，通过加料顺序来提高泥料混合的均匀性，即先加入粗颗粒，然后加水或混浆，纸浆废液等液体混合1~2min后再加细粉，若粗细颗粒同时加入，易出现细粉集中成小泥团及"白料"。如果一次加入各组分的料，以喷雾状加入混合质量为好。因此，耐火泥料混合均匀性在上述诸因素一定的前提下，与混练时间成正比例关系。一般物料流动性好的，颗粒之间接触机会多，达到要求均匀性的时间会短些，如果物料流动性差，混练时间就要长些。但也不是混练时间越长越好。每种泥料及混练设备，都有一个最佳混练时间，如图4-17所示。超过这个时间就会产生"过混合"。

不同类型的混合机，不同类型的泥料，混合时间要求不同。黏土砖泥料4~10min，镁砖泥料 20～25min。用湿碾机混合时间过长，会改变颗粒组成（压碎）。双轴搅拌机时间长短取决于桨叶形状和倾斜角。

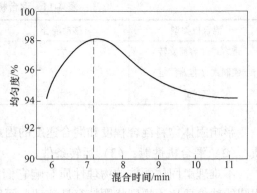

图 4-17　混合时间与均匀度的关系

泥料混合的均匀性，可以通过测定泥料的某些物理化学性质来评定。如黏土砖泥料是黏土熟料和结合黏土混练而成，在整个泥料中取样，测定试样的灼减量和颗粒大小等就能得出混合的均匀程度。因为某一小体积内某组分的含量，与组分的整个泥料中的数量比例，分散能力和颗粒大小有关。

混合效率可用混合指数表示。在整个泥料的不同部位取样，并测定某一组分含量，就可以计算出整个泥料的混合效率。

假设 C 为试样测得某组分含量，%；C_0 为该组分在泥料中应有的理论含量，%；x 为混合百分率。当 C 小于 50% 时，按 $x = \dfrac{C}{C_0} \times 100\%$ 计算；C 大于 50% 时，按 $x = \dfrac{100-C}{100-C_0} \times 100\%$ 计算。

混合指数 i，当取 m 个样时，由混合百分率 x_1，x_2，$\cdots$，x_m 按式 4-22 计算：

$$i = \frac{x_1 + x_2 + \cdots + x_m}{m} \tag{4-22}$$

i 越接近于 1，表示混合效率越高。

混练后的泥料质量对成型和制品的性能影响很大。质量好的泥料，细粉均匀地包在颗粒周围，形成一层薄膜，泥料密实。水分均匀地分布在颗粒表面，并且掺入颗粒料孔隙中。如果混合不好，用手摸料有松散感，这种泥料成型性能不好。

（三）混合设备的发展

耐火材料生产，最早用人工拌料，效果不理想。随着科学技术发展，大多采用湿碾机和双轴搅拌机混料。改革开放以来，耐火材料的混合搅拌设备技术进步很快，不同泥料有不同的搅拌设备，混合效率高，泥料混合搅拌均匀，质量好。如强力逆流式混练机，应用逆向运动混合原理，使物料充分搅拌，迅速达到均匀一致；V 型混合机，用于混练微细物料；绸带式混合机适用于二次混练；倾斜式高速混练机，使物料既作水平移动，又呈上下翻动，消除混练死角。底盘旋转式强力逆流混料机，采用底盘旋转和垂直高速转子，混料无死角，效率高。还有底盘旋转倾斜混料机、下旋加压式碾轮混料机、锥形混合机、高速混料机、调压升降式混练机、双锥混合机、双发带混合机、加热型轮碾机、真空型轮碾机等。普遍采用自动控制，操作方便。

还有的根据特殊泥料的性能，有专用的混练机，如炮泥混合机，它是根据泡泥的特性，克服以往泡泥料在混合过程中发生的机械强度不够、碾压效果不理想的缺陷而设计制造的。高速、恒温、解碎混练机，主要用于镁碳砖等的混练，该机的特点是搅拌均匀，可加热、冷却和保温，出料干净不造成二次破碎，能适应特殊产品的要求等。

引进德国的爱立许混练机，是通过转子上桨叶旋转的搅拌、击打产生作用，使细粉充分包裹颗粒，促进颗粒接触和塑化的过程，使泥料成分和性能均匀。

（四） 困料

将混练好的泥料或挤泥处理的泥料，放在具有一定温度和湿度的环境中保持一定时间，然后再来成型。困料时间应根据泥料性质不同而不一样，一般在几小时到48h不等，还有的为更长时间。我国古代陶瓷坯料有困料1年以上的记载。但也不能时间过长，温度过高（小于40℃），以防水分散失，可塑性的胶体老化。而且占用场地面积大，给连续生产造成困难等。

不同品种的泥料，困料过程的变化也不一样。黏土砖料困料是使结合黏土充分分散和分布均匀。黏土含量多的泥料，困料后可产生腐殖酸，增加成型料的塑性，充分发挥结合黏土的可塑性和结合性，改善成型性能。镁质砖料中CaO含量高时，短时间困料，可使CaO充分消化，即$CaO+H_2O \rightarrow Ca(OH)_2$，避免在干燥和烧成初期由于CaO水化而引起砖坯开裂。磷酸盐结合泥料，初混后进行困料，使料中的铁质与磷酸充分反应，防止反应在砖坯中进行，引起砖坯或浇注料开裂等。

随着生产技术的发展，耐火原料质量提高，适应连续化生产的需要，很多制品取消了困料工序，简化生产工艺流程。

第三节　砖坯的成型

一、简述耐火材料致密化的工艺过程

通过耐火材料生产工艺，能够制取具有一定密度、强度和其他要求性能的制品。从工艺角度可以看做是由分散状态的固相质点连续不断地结合到致密的物体。也可以看做是结合形式的改变过程，在结构空间中，由点接触和凝聚结合（细粉和半成品）到沿粒间和晶间边界广泛的"结合"。同时发生强度增大。这个过程的特点可以用固相的体积填充程度C_d[❶] 来表示。在许多场合，如原料的细粉碎，泥料制备阶段以及成型时候，或其他系统重要的是取得C_d的最大值。

在生产工艺的前阶段争取得到制品的最大致密度，非常重要。因为在其他条件相同时，致密的半成品可以降低烧成温度和缩短保温时间。按别列日诺（А. С. Бережного）资料：达到同样密度，由成型付出的动力费用比用烧结达到同样作用要低百倍。成型阶段不够致密的砖坯，而最终烧结阶段实际难以得到补偿。

二、成型方法概述

在耐火材料工艺中，应用各种各样的成型方法。像细粉的悬浮液或泥浆，利用起初的注浆成型方法。而最普及的是半干法成型。浇注和等静压以及振动成型制品的数量逐渐增加，还有成型与烧结同时发生的热压法。

可塑成型法，用水制泥浆的泥浆浇注法也相当普及。用风锤捣打、振动致密、振动式捣打、浇注等方法制取大砖。

---

❶　指数 d 是 Dichte 的第一个字母——密度。

利用耐火泥料直接制造内衬，热和冷喷补，抛砂型机械捣打，不定形浇注料直接浇注在模框里等。用熔体制取纤维材料，再用纤维制造制品，如砖、板、毡、毯、纱、布、绳、带、席等，用各种特殊方法成型。

特殊用处的耐火制品，利用各式各样的方法，如熔体浇注、等离子处理、爆炸致密、冻结等。

选择最合适的成型方法取决于很多因素：制品形状、生产的熟练程度、要求的性能等。制造形状很复杂，数量不大的大块砖，如浇钢水口，与半干法比较，用等静压成型更有效。特别是异型砖，用捣打和可塑成型是最好的方法，因为不需要制造高价模具。

制造某些类型的制品，往往要求成型取得最大的致密程度或烧结时收缩最小的问题，目的在于提高制品的几何尺寸的准确性。故而选择成型方法特别注重半成品的相对密度 $\rho_相$ ❶ 的最大值。成型过程首先要达到最大的相对密度（$\rho_相$ 到 1.0），是由兼有烧结的热压和热等静压成型的。半成品达到提高密度（$\rho_相$ 到 0.90~0.98）的是爆炸成型。可是这些方法在耐火材料工艺中还没有得到工业应用。

如果泥浆浇注，取决于离子电位 u 的固相化学本性对半成品 $\rho_相$ 发生非常大的影响，用 $u = Z/r$ 的比率表示，式中 Z 为阳离子电荷；r 为它的离子半径。指标决定于氧化物的酸碱性质，首先是它的水化性，而系统中又适当含有结合液体。所以用的主要是酸性材料泥浆，说明提高了 u 值（65~100），能达到增大浇注件的 $\rho_相$ 值。于是在多分散的基础上，细颗粒状（小于 5μm 20%~30%）的泥浆，主要是二氧化硅（石英玻璃、石英砂、硅质耐火材料）或硅酸铝（高铝熟料、合成莫来石）材料能制取 $\rho_相$ 值为 0.82~0.90 范围的浇注件。同时主要用同一泥浆干燥的细粉，在最佳的成型条件下制取砖坯，$\rho_相$ 的最大值处在 0.65~0.70 范围内。

在这种情况下，浇注方法的优势是由于质点接触上缺乏内聚，在液体介质中引起很大的迁移率，使它有可能尽量占据系统中有利的位置，使气孔的体积最小。在上述材料基础上的浇注料系统，颗粒状填充料（即系统为间断颗粒组成），在同样往成型转移时取得的半成品 $\rho_相$ 到 0.90~0.96。如果同样用两性（例如 Al_2O_3）材料，浇注和压制过程的 $\rho_相$ 值大致相等。而碱性（例如 MgO）用压制比浇注制品具有更大的密度。

这样一来，耐火材料成型阶段，从致密的观点，采用泥浆浇注方法还是压制方法，要根据材料的本性而定。而压制成型，原材料类型对半成品的密度没有发现多大影响。

三、半干成型

方法的实质是由一定颗粒组成的物料，稍加润湿构成粉状的泥料，把它加入砖模中，用压砖机一面（单面压力）或两面（双面压力）垂直方向压缩泥料。成型期间不停顿（一步成型）或具有间歇（分段式加压）。砖坯压缩完后从砖模中推出，并循环运动，重复成型。

成型时，压力在泥料中展开，它的致密程度、压力增大速度、成型延长和间歇时间，取决于压机结构、成型压力、泥料性质、它在砖模中的数量、成型制品的形状和尺寸。由于成型使质点之间的接触面和它们的内聚增大，成型时气孔率降低，大气孔尺寸减小和一

---

❶　相对密度等于体积密度（多孔物体密度）对无孔物体密度的比率。

般气孔的比表面积增大。粗颗粒泥料压力不足时，可能形成"卡住"气孔，所谓假闭口气孔率。泥料组分在成型过程中局部被重新分配。这表现在质点改变方向，并且广泛的质点分割和气孔配置在平行成型面的范围内。宏观组织为各向异性，烧成后又保留下来，引起制品某些性质的各向异性。成型时部分颗粒发生粉碎，特别是长方形状的颗粒。

泥料中含有空气，对砖坯的气孔率发生影响。在 2MPa 的压力下已经从黏土泥料里排除 85%~95% 的空气，可是进一步排除是困难的。空气被压入（压缩），特别是细颗粒泥料中，它的压力能达到 10MPa。压缩空气膨胀，导致应力展开并使砖坯产生炸裂。所以要适当地从泥料中排除空气，这会产生压砖尾的间歇时间。

水参与成型时的压力传递，因而水又像固体物体质点成型时不被压缩，当泥料达到最致密的时候，泥料体积等于固体质点和水体积的总和——临界密度。冲击这样密度的压力称为临界压力。如果压力在泥料中发挥超过临界的，那么是过压攻击，其特点是平行成型面范围（近于冲压）形成裂纹。水分增大，临界压力值明显降低。骤然看来，压力小些的压砖机对取得临界密度好像更有利。然而干燥时，水离开位置本身留下气孔。此外，泥料水分过多，成型时本身像弹性物体，即压缩停止后它要膨胀。半干成型泥料不仅用水做结合剂，还有树脂溶液、石蜡等。泥料中水或其他类型结合剂的最合适数量，通过砖坯最低气孔率的条件求得。

半干成型制取制品的体积小于自由撒放泥料体积的 1.5~2 倍。

普通泥料成型时，压力范围为 10~200MPa（到砖坯呈现弹性反应力）。砖坯密度和成型压力之间的关系用公式表示：

$$\varepsilon = a - b\lg p \tag{4-23}$$

式中，ε 为总气孔率，%；a，b 为常数；p 为成型压力。

常数 a 表示成型前泥料的气孔率，等于用的所有泥料约 50%。常数 b 反映泥料的致密能力，它决定于泥料的组成和流变性；许多场合，当压力为 100MPa 左右时，$b=15$。用普通值代替常数，并接受成型压力 100MPa，求得气孔率值。许多泥料半干成型代表性的 $\varepsilon = 50-15\tan 100 = 20\%$。烧成耐火制品气孔率与成型压力的关系还是用上述方程式 4-23 描述，而系数取值不同。这说明大颗粒泥料烧成时的烧结力比成型时的质点接近力小得多，所以烧结力不能改变气孔率与成型压力（砖坯打下制品气孔率的基础）原来的关系。同时方程式 4-23 没有考虑到颗粒形状、成型时形成假闭口气孔率、挡板等。所以在比较不高的压力下不适用，在其下可能发生指出的现象。

常规尺寸砖坯上和下之间的密度差，实际允许 1%~2% 范围内。在砖坯的横断面观测到气孔率的不均衡性。砖坯横断面的上部，砖模壁处取得最大密度，密度向中间方向降低。横断面的下部，反而壁处密度比中间小。砖坯上部的棱和角比下部更致密和坚固；按砖坯高度折中造成均匀强度带。砖坯各区域气孔率不均衡现象说明泥料的内摩擦和与壁的摩擦。采用双面加压，表面活性物质，合理的颗粒组成泥料，选择最适宜的水分可以改善成型。成型制品的密度分布，强烈依赖于它的形状和高度与直径的比率，如图 4-18 所示。

半干法成型设备使用最多的是摩擦压砖机和液压机。一般摩擦压力机是冲压，最大成型压力为公称压力的 2 倍以上；而液压机的静压力仅为公称压力的 0.85 倍左右，所以我国使用摩擦压力机成型耐火制品最为普遍。但这种摩擦式驱动压力机要靠人力操作，打击力和打击能量不能准确控制，而且在换向时飞轮和摩擦盘容易打滑，降低传动效率，加剧

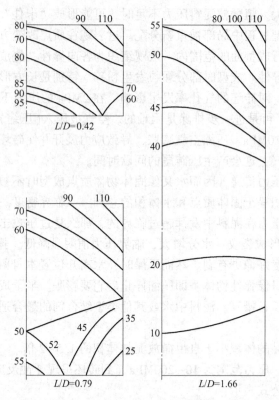

图 4-18　根据试样高对直径的比率，柱状试样单面加压的压力分布
（曲线上的数字为假定单位压力）

了摩擦带的磨损。山东一家公司生产出公称压力 3.15～16MN 电动程控螺旋压力机，其结构见图 4-19。也是冲压，但无摩擦盘，打击能量可预先设置，打击准确误差仅为 1%，成型过程自动程序化控制，人为因素少，比摩擦压力机综合能耗降低 50% 左右，噪声低，安全高效，节能。使产品尺寸稳定，降低劳动强度，提高生产效率，保证产品质量。山东已提出全面淘汰摩擦压力机，由螺旋压力机取代。

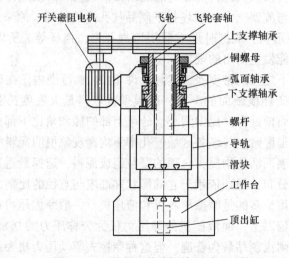

图 4-19　开关磁阻数控螺旋压砖机结构图

福建一家公司针对耐火材料开发出 12.50MN、21MN、25MN 全自动液压压力机，采用机电一体化智能控制技术，实现布料、压制、取砖等工序的自动控制，操作方便，节省人力和能耗，产品质量、产量大幅度提高。

我国有几家耐火材料企业从德国引进 LAEIS 液压机，以其高精度、高效率、高自动化程度在国际上久负盛誉。现在一些大型企业实现了直型砖坯从成型到检验工序的机械化和自动化技术，使产品质量提高，节省人力。

四、捣打成型

一般大型及形状复杂产品采用捣打成型。用半干泥料依次分层加入到金属或木制的模具中，用风动或电动捣锤逐层捣打。由于劳动强度大、效率低、噪声大，现在多用于不定形耐火材料。

五、可塑成型

可塑成型的特点是先将可塑泥料放到挤泥机中挤泥，致密后在所谓的再压机内再压成型，使泥料具有要求的形状。可塑成型砖坯有不很高的强度。为了提高砖坯强度，所以在遂道干燥器的干燥车上预先干燥。可塑成型作业与手工劳动有联系，是这种方法的主要缺点。

可塑成型的长处，其中在于比较低的应力下成型，赋予制品形状，甚至很复杂的形状。由于该方法的这种优点，在历史上就有应用，而且很有名，成为耐火材料最早的技术，当时工业没有强压力的压机。可塑成型与半干成型制品不同的是气孔率高了。可塑成型制品独特的毛病是结构上的波状文理、S 形裂纹等。

泥料成型性能取决于它的结构——机械性质。用流变学研究这个性质并称之为流变性。

六、热压成型

热压成型是现在广泛普及的成型方法，成型砖坯的气孔率通常为 20%～50%。成型气孔率小于 10%的砖坯，没有获得成功。为了取得低气孔率的制品，靠砖坯（半成品）烧成。用烧结法使气孔率降到指定值，并有可能使制品达到理论密度范围。可是烧结的同时发生收缩，颗粒（晶体）尺寸和气孔尺寸增大，在许多场合算是有害的。成型和随后的烧结时间长（2～5 天），也是劳动和动力消耗过程。在最短时间内解决最致密、同时又很坚固的耐火材料问题——制品采用热压成型方法。热压成型包括粉料在砖模里直接烧热到必要的温度并压制，同时发生致密和烧结。

成型压力和温度限制了砖模的寿命。现在应用最多的是石墨模型。用感应方法或经石墨让电流通过的方法，使粉料在其中加热。石墨模型成型压力通常为 10～15MPa。用碳化钛制的模型，温度 800～900℃时，在 14～21MPa 压力下成型；用钼合金制的模型，在惰性气体介质中，低于 1200℃的温度下，允许压力为 14～21MPa；在刚玉模型中，温度为 1100℃时，70～140MPa 压力下成型，得到接近理论密度的制品。

单一机理不能描述热压的整个过程，至少分为三个阶段。

开始阶段，致密根据别列日诺（A. C. Бережного）方程式，$\varepsilon = (\lg p)^{-1}$，然而这个关

系后来退化。

第二阶段，致密按黏滞流动机理进行，并用方程式描述。

$$\ln\frac{1-\rho_{对}}{1-\rho_0}=\frac{3}{4}\frac{p}{\eta}\tau \tag{4-24}$$

式中，$\rho_{对}$ 为相对密度，绝对致密时等于 1；ρ_0 为 $\tau=0$ 瞬间的初始相对密度；η 为成型温度下泥料黏度。

从宾汉黏滞流动公式得出方程式 4-24。在指定的时间 τ，取得指定的相对密度，必须按方程式 4-24 确定热压的压力 p。同时初始（模中）相对密度 ρ_0 用试验确定。写出方程式形式 $\ln(1-\rho_{对})=3p\tau/4\eta+C$，式中 $C=\ln(1-\rho_0)=$ 恒量，可以看出 $\ln(1-\rho_{对})$ 与 τ 表现直线关系，又是黏滞流动的正式特征。按直接的倾度值可以确定黏度。为了得到致密的砖坯，更有效地降低黏度，均匀地提高温度，而不提高压力。因为提高温度，在黏度的实际范围通常降低一点，而压力可能要增大一个等级。热压时，可能某些颗粒增大，虽然还比烧结时小，可是黏度增大，因而致密降低。所以在成型前的配料中，适当引入抑制剂来减缓颗粒增长速度，随砖坯密度增加，方程式 4-24 的项减少，而致密速度下降。

热压的最后阶段，致密动力学，或由时间的平方根，或由时间的立方根决定，代表的是扩散烧结。当 $\Delta\rho_{对}/\rho_0\sim\sqrt{\tau}$ 时，发生开口气孔愈合（排除），当 $\Delta\rho_{对}/\rho_0\sim\sqrt[3]{\tau}$ 时，排除闭口气孔。所以，热压第三期间算是按扩散烧结机理产生致密。

热压时，又好像通常烧结时添加物的有效作用。例如：烧结 Al_2O_3 用 MgO 添加物（质量分数为 0.02%~0.04%）的良好作用是毫无疑义的。氧化镁有如下作用：氧化铝离子聚集在氧化镁固溶体中，提高扩散系数并加速气孔的排除。使气孔尺寸减小和它的能动性增大，而且气孔被布置在颗粒边界上，本身更妨碍刚玉晶体的异常增长。

热压制品与烧结制品比较，当它们的气孔率相同时，强度和热导率高。热压制品同样是抗热震性低。

耐火材料工业对耐火黏土和高岭土的热压成型很有兴趣，开发了生产工艺。

方法的实质是根据耐火黏土和高岭土的性质以及作为高温增塑剂，含的黏土组分和基于更耐火的骨料（锆英石、二氧化锆、石墨、氧化铝等）的复杂成分泥料，加热到高温变为可塑状态。更进一步理解的方法实质是热压利用液相烧结过程。

材料热塑状态的成型方法，过程的温度取决于成型系统性能的流变性（黏度、流变极限）。这个方法与热压的差别是粗坯在窑里预先加热到指定温度（同时形成某些数量的液相），后来它转移到模型中并压制。第一阶段发生的致密，通常在液压机上成型，由于质点互相迁移。热压时，液相在质点周围形成薄膜，由于体积重量快速达到临界密度，在其下发生弹性变形，并中止致密。第二阶段的致密是在固定压力的保温时期，用比例 $\tau^{1/2}$ 描述，代表的是烧结过程动力学。图 4-20 所示为黏土材料热压成型的有代表性的沉淀曲线。获得某压力在 b 点开始沉淀，它由零（a）点增长到 c 点，然后仍旧不变。沉淀由 b 点到 c 点与压力相称的变化，然后逐渐降低而在 d 点

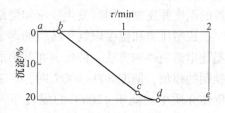

图 4-20　黏土材料热压成型的
有代表性的沉淀曲线

中止。同时其质量在该条件密度达到最大。

b 点的压力乃是位移的最大应力或蠕变极限 p_k，可以用试验确定最佳温度和在这个温度下的 p_k 值。例如：

原　料	某地黏土	某地高岭土
最合适温度/℃	1300	1450
流变极限 p_k/MPa	2.34	2.34

原来各种黏土热压成型最佳温度时的 p_k 值和这些黏土可塑状态（常温下）同样的 p_k 值相近。这就是说黏土和高岭土在热塑状态使本身成为宾汉体。如果在比流变极限温度高的温度下成型，那么发生肿胀，这说明溶解在液相中的气体膨胀，制品几乎完全没有气体渗透性。

按物理化学性质，用两个种类不同的黏土，当时一种是细分散的黏土，而另一种是粗分散的黏土，热塑成型制品，缓慢冷却，获得热稳定的制品。这种制品的热机械性质非常高。例如用某地黏土和某地高岭土制得的制品的气孔率为 2.5%~6.1%，耐压强度为 85MPa，0.2MPa 荷重软化温度为 1520℃，加热到 1000℃并随后在水中冷却的抗热震性为 70 次。

由许多成分的耐火材料：石墨黏土、碳化硅黏土、石墨碳化硅黏土等加入耐火黏土作为增塑剂，在热状态中成型能够取得低气孔率的制品。这种制品的特点是低透气性、高热震性和较高的强度。

硅酸铝制品的工业规模热压成型尚未实现，对于热压新的不同做法还处在探讨阶段。

（1）动态热压：粗坯在窑内加热到指定温度，然后在秒钟份额期间内用锤再压成型的过程。当压力不小于 1000MPa 时，锤下致密时间 0.01~0.001s。

（2）反应性热压：材料分解（脱碳或脱水）温度下热压。

（3）含碳氧化物材料热压：众所周知，碳加热到 350~450℃时增塑，480~490℃时变硬。碳-氧化物的混合物加以热压，在碳热塑状态的温度下，细分散的氧化物被压入碳中，然后温度提高到 500℃，使整个混合物焦化，具有石头般的强度。

（4）热等静压成型：按过程的物理学是热压的不同做法。按压力运用性质和热等静压成型过程的工艺方式，类似平常（冷处理）等静压成型。把等静压和热压的要素联合实行热等静压成型方法，主要由事实决定。通常热压制品的形状比例可能极其有限。此外，热压方法的不足是砖模使用期限太短，砖模污染砖坯材料等。

热等静压成型在难烧结材料基础上能制造形状相对复杂的致密制品，认为是很有前途的方法。

热等静压成型方法的实质是半成品（粗坯）预先造型，安放在高温外壳的砖箱中（例如用钢或耐热型难熔玻璃制的）真空处理和利用热惰性气体或熔化铅，在某些场合利用易熔玻璃的压力加以热压。

采用保证等静压力高的设备，提高成型材料温度时实行热等静压过程。有关文献介绍了温度低于 2750℃和压力 300MPa 下的热等静压成型方法。

最后应当指出热压比通常的烧结具有很大的潜在能力，然而需要采用复杂设备。

七、振动成型

成型的泥料（细粉）采用振动，这种成型方法在初步致密阶段像等静压和热等静压成型。振动致密采取各种做法，并作为独立完成制品成型的方法。

振动成型方法应用越来越广，国外用来生产黏土、高铝及碳化硅制品，我国曾生产焦油白云石和硅质大砖等。可成型形状复杂的制品，取代手工成型。

细粉的单独质点在振动脉冲作用下，由于内摩擦力减弱，形成的拱被破坏和质点处在半成品每个微体积中最有利于致密堆积的位置，并加速联络单个质点。由于这样造成粉末状好填充的成型有利条件，质点均匀和紧密堆积，甚至在不大的压力下贴紧接触。振动成型的程序如下：泥料在模型中填满；从上面给予不大的固定压力-压重；模壁联系振动的动作，并转交泥料质点；由于压力、振动和质点重力作用，并相对互相转移，形成紧密堆积；振动时间取决于成型制品的体积和泥料，而由几秒到几分钟。水分为 10%~12% 的流动不定形泥料成型，采用各种类型的振动器：表面上的、突出部分的、深处的、振动处的等。水分为 4%~8% 的半干不定形泥料，用表面振动捣打器，使在模型中致密。

振动的特点是振动的振幅 A（每个振动动作最大幅长或质点移动的一半）和频率（每秒钟内振动数）。这些量的积乃是振动时质点运动的平均速度：

$$\bar{v} = A\omega = A2\pi f \tag{4-25}$$

式中，$\bar{v}$ 为质点移动的平均速度，cm/s；A 为振幅，cm；ω 为角速度，(°)/s；f 为振动频率，Hz。

质点移动抗内摩擦力相称的 $\tan\phi$（ϕ 为自然倾斜角）。在振动的影响下，这个力减小（图 4-21）。

振动强度用振动加速度 $w(\mathrm{cm/s^2})$ 表示，$w = A\omega^2 = A4\pi^2 f^2$。因为振动加速度同样有均匀性，而重力加速度 g（$g = 981\mathrm{cm/s^2}$），那么振动强度通常表示地球加速度的大小。这样表示振动强度大小不定，表现出几次加速度，振动时质点联络，更大的地球重力加速度，在其下质点在静止状态（惰性）。最大的振动加速度等于振动和地球引力加速度的总和。

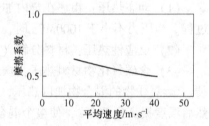

图 4-21　振动泥料内摩擦系数
与泥料运动平均速度的关系
（沿纵坐标轴—内摩擦的相对值）

实例：振动振幅 $A = 0.3\mathrm{mm}$ 和频率 50Hz 时，确定振动加速度 $w = 3 \times 10^{-2} \times 4\pi^2 \times 2.5 \times 10^3 = 2957.9\mathrm{cm/s^2}$ 或地球加速度除尽部分 $2957.9/981 \approx 3g$；最大加速度 $3g + g = 4g$。振动振幅 0.01cm 和振动频率 3000 时，1min 内振动加速度将是 $9.85\mathrm{m/s^2}$ 或 $1g$。

振动的主要参数——振幅和频率决定于振动器结构。理论上的振幅 A 可能是从振动器数据的最终结果计算的。在泥料成型中，随着振动器的排除，振动振幅减小，然后变稳定。振幅的变化与距离有关，从该泥料深层观察认定。

振动频率取决于电动机的旋转频率和不平衡结构。最适宜的频率取决于质点尺寸，随着尺寸减小而增大。泥料振动时，含的质点按尺寸有明显的差别，采用不同的振动频率——为了大质点堆积，开始要小些，然后为了小质点的堆积，要更高的频率。

振幅的最佳值取决于泥料深层的仔细观察。一般情况下，单频率振动时，最好是比较大的振幅，因为会造成泥料质点更大的移动。振动加速度小的泥料时，降低最佳堆积密度，由于质点之间的结合没有完全破坏。振动加速度大的泥料时，最好是发生按质点粒度松散和分离。其压重值通常是比较小的，或 10MPa 左右，消除松散。

致密主要发生在振动开始时期，后来明显降低，并被停止。最合适的振动时间还是由试验确定。振动大砖的气孔率（干燥后）决定于泥料水分和填料的颗粒组成。振动致密对颗粒组成选择的正确性比静态成型更敏感。

振动致密时不存在制品的弹性膨胀。这很明显，因为泥料振动致密时经受的压力比制品获得同样气孔率的静态成型小 100 倍，所以振动时不发生弹性变形，压力取消后引起的膨胀。同时振动致密砖坯的强度比静态成型的制品，在它们气孔率相同时要高些。这说明振动致密质点相碰的程度大。

在振动影响下，更硬的材料致密的很好，而静态下成型已经表现出软的。既然耐火材料（除黏土外）认为属于硬的，那么它们的振动致密比静态成型原则上更有效果。振动成型能量耗费相当小，不仅能达到制品规定的气孔率，然而又从本质上提高制品质量。振动和静态成型的制品，当气孔率相同时，前者的抗热震性明显高。泥料振动时片段被打碎，振动砖坯观察磨光片的显微结构很明显会引起抗热震性提高。振动制品没有各向异性的性质。它有均匀的结构，尽管砖模壁附近有某些摩擦作用。同时真空处理和填料在压重下，提高振动成型效率。真空处理的泥料振动时，细质点风动振动运输和紧密的粗坯一样，空间中空气的阻尼减震影响效力没有或者降低。

按与其他成型方法比较，振动的特点是过程本身可调节数据的数量比较大。这给予制取指定结构和性质的制品更大的可能性。在振动加速度 $(3\sim4)g$ 下，有压重的泥料振动，期望制取大的耐火浇注料大砖。

最简单的振动成型是在振动台上放置模具，再加泥料即可成型。振动成型已普遍应用，并出现液压智能振动成型机，能上下复合振动加压，频率、振幅都无级可调，使砖坯密度高，组织结构均匀，用 PLC 控制，手动、自动均可。

八、等静压成型

等静压是指在液体中，在各个方向对密闭的物料同时施加相等的压力使其成型。一般分为冷等静压和热等静压。目前使用较多的是冷等静压机，其实质是将水分约 3% 的泥料填满橡胶或塑料模中，并置于有液体（水、乳胶液、甘油、黄油）的圆筒中加以振动和真空处理，泵系统造成液体压力（$25\sim700$MPa）。泥料全部压紧，同时取得密度均匀和各向同性结构的制品。压力保持时间取决于制品的外形尺寸，一般为几分钟。液体静压成型的特点是泥料与砖模壁没有外摩擦。与泥浆浇注法比较是成型尺寸大的制品，工艺便利。

用液体静压法可以制造坩埚、管子、连铸机用的制品，即整体塞棒（长到 1150mm）、浸入式水口（长到 950mm）等。液体静压成型时，对泥料粒度要求也不严格，例如钢玉制品用 $25\mu m$ 的刚玉细粉成型，取得均匀的体积密度。

冷等静压机可根据制品的尺寸和所需压力来选择合适的等静压机作为成型设备。模具分两种：一种是自由模式（湿袋法），适用于小批量、不同形状坯体及大型异形坯体；另一种是固定模式（干袋法），适用于形状简单、大批量生产，便于自动化。

热等静压机是同时完成制品的压制成型和烧结工艺，可制取接近理论密度的细晶粒、组织结构均匀、外形复杂的制件。

爆炸法成型，在成型暗箱里产生压力，或放电（电液脉冲成型），或燃起爆炸物质

（液体动压成型）。

爆炸法成型与其他方法有原则性的区别，其中在于瞬间的超高压力作用，物质的结构发生较深的结晶化学变化。这种方法成型的制品比同一材料没受爆炸波作用的烧结温度低几百度。

第四节　砖坯干燥

用蒸发的方法从砖坯中排除所含水分的过程称为砖坯干燥。砖坯干燥是耐火材料工艺必不可少的过程。无论采用何种方法成型，砖坯中均含一定量水分，虽说有些含水分较少，如半干成型的砖坯直接装上隧道窑的窑车或装入倒焰窑，但相当于干燥排除水分的过程依然存在，因为隧道窑温度较低的预热带起干燥作用，在生产实践中经常遇到没有预先干燥的砖坯，当窑头温度偏高时，烧后制品裂纹增多。不干燥砖坯在倒焰窑中，一般都考虑延长低温的烧成时间，特别是200℃以下，有的甚至延长到48h。

由于砖坯含有水分，强度较低，在运输和装窑过程中容易造成损坏。含有水分的砖坯装窑时不能码得过高。否则码在下部的砖坯就会变形、开裂。为了降低砖坯的水分，提高砖坯强度，特别加入亚硫酸纸浆废液、水玻璃等结合剂的砖坯，保证砖坯烧成初期快速升温，缩短烧成时间，提高制品合格率，砖坯还要经过干燥过程。

一、干燥过程

干燥既有传热过程，也有水分扩散过程。耐火材料使用的干燥介质大部分是预热后的空气。空气把热量传给砖坯，砖坯温度升高，水分从表面蒸发，砖坯内部水分在浓度差的推动下，陆续到达表面向外蒸发，砖坯逐步得到干燥。空气的温度和湿度对干燥速度起决定性的作用。

预干燥过程可分为3个阶段，如图4-22所示。

第一阶段为预热阶段，坯体温度上升到湿球温度[1]，时间较短，水分变化不大，当水分含量低或红外干燥时更短。

第二阶段水分蒸发仅在砖坯的表面上，干燥速度等于表面自由水的蒸发速度。干燥速度与空气温度、湿度和运动速度有关。表面的连续水膜蒸发，内部水分不断补充，内外扩散速度相等，吸收的热量都供蒸发。干燥速度固定不变，随着含水率降低，颗粒在水的表面张力作用下被拉近，砖坯逐渐收缩，这是最关键的阶段，应该使砖坯表面温度均匀、不变。

第三阶段为降速干燥阶段。砖坯失去外表面的水膜，颗粒靠拢，毛细管的直径更小，

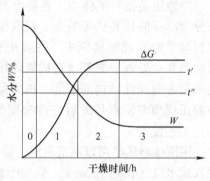

图 4-22　恒温制度下材料水分及排出水量的变化

使内扩散阻力增大，外扩散受到制约。干燥速度随绝对含水率的降低而降低，逐渐接近于零。最终水分不再减少。当空气的干球温度小于100℃时，此时保留在坯体中的水分称为平衡水分。这部分水分被固体颗粒牢固地吸附着。平衡水分的多少取决于物料性质、颗粒大小和干燥介质的温度及相对湿度。根据工艺要求确定适当的最终含水率，过高则降低砖坯强度和窑炉效率，过低则会在大气中增湿，浪费干燥用的能量。

影响干燥速度的因素主要是内扩散和外扩散。砖坯温度是内扩散的重要外因。温度升高，水的黏度降低（从0℃升到100℃，水的黏度降低85%），毛细管中水的弯月面表面张力及其合力也降低（表面张力约降低20%），提高水的内扩散速度；也可以加快处于降速干燥阶段的砖坯内水蒸气的扩散速度。

砖坯的水分含量、泥料组成与结构等都对内扩散有影响。瘠性物料含量大，如硅砖、镁砖、多熟料砖等成型泥料水分少，加速内扩散。向坯体内游离水直接提供能量，如电热干燥、微波干燥、远红外干燥等方法，比自外向内传导热量更有力地加速内扩散。

影响对外扩散的主要因素是气体介质及砖坯表面的蒸汽分压，气体介质及砖坯表面的温度，气体介质的流速和角度以及砖坯表面黏滞气膜的厚度，能量的供给方式等。

耐火制品干燥主要靠热气体带来热能，带走水汽。因此要增强能量输入，降低周围介质蒸汽分压，加水气流速度和角度等方法来提高外扩散速度。空气流速与干燥速度的关系如图4-23所示。空气温度一定时，相对湿度的影响如图4-24所示。

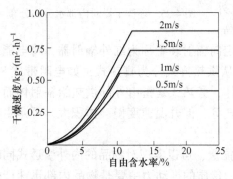

图4-23 空气流速与干燥速度的关系

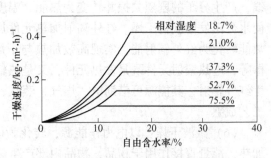

图4-24 相对湿度与干燥速度的关系

当成型和干燥热工参数相近时，砖坯大小、形状复杂的程度、砖坯厚度等也会影响干燥速度。在干燥过程中，坯体内各部分水分不等，存在水分梯度，如图4-25所示，各曲线表示不同干燥时间坯体内各部分的水含量。在等速干燥阶段，这些曲线大致平行，但到某时刻，曲线急剧弯曲，坯体表面水分逐渐接近于零。由于坯体表面和中心部分的含水量不同，所以干燥是不均匀的，不均匀的收缩会导致坯体内部产生应力，应力超过坯体强度就会产生变形或裂纹。

二、干燥方法

（1）常温干燥：一般堆放在空气流通的场房内风干或阴干。一般可塑法和手工法成型，或机压成型水分含量较大的砖坯先风干，有一定强度后再进入其他干燥器内继续干燥。亦有一些小型企业利用太阳光自然干燥。

（2）加热干燥：耐火材料生产常用干燥坑，干燥室为间歇作业，劳动条件差，耗能大。

（3）隧道干燥：由若干条隧道并联组成，其长度为24~36m，宽为0.95m，净空高为1.65m，每条隧道内铺设轨道，轨道上放置干燥车。载砖坯的干燥车依次由隧道干燥器的一端推入，从另一端推出。在隧道干燥器中，干燥介质（载热体）是由预热器加热后的热空气、隧道窑的热废气或净化后的废烟气，用鼓风机逆进车方向，从干燥器的一端（出车端）的底部送入，经隧道干燥砖坯后从另一端（进车端）底部抽出，再经烟囱排到大气中去。

（4）电热干燥：特大型砖坯可在砖坯两侧粘贴金属箔通电干燥。利用220V交流电源，用变压器调节不同干燥阶段的电压，从而使干燥速度得到精确的控制。

（5）红外线干燥：物体对热射线的吸收率具有选择性。水是非对称的极性分子，其固有振动频率大部分位于红外波段内，只要入射的红外线频率与含水物质的固有振动频率一致，物体就会吸收红外线，产生分子的剧烈共振并转变为热能，温度升高，

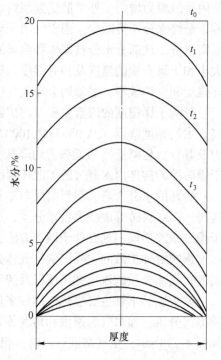

图 4-25　坯体干燥时内部水分的分布

使水分蒸发而获得干燥。红外辐射加热元件加上定向辐射装置称为红外辐射器，将电能或热能转化为红外辐射能，实现高效加热与干燥。从供热方式分为直热式，如电阻带式 SiC 棒等，电热辐射元件既是发热元件，又是热辐射体；旁热式是指由外部供热给辐射体而产生红外辐射，其能源可借助电、煤气、蒸汽、燃气等，但升温速度慢、体积大，可是生产工艺成熟。

（6）微波干燥：以电力作能源，转化为微波能量，可以实现对物品的内外渗透式同时加热，能量直接作用于物品，物品内部产生热量，传质的推动力主要是物品内部迅速产生的蒸汽所形成的压力梯度。如果物品开始很湿，内部的压力非常快地升高，则液体在压力梯度作用下排出，干燥进行的非常快。

微波干燥设备智能化程度高，操作简便，节能环保。但微波干燥炉价格昂贵，运行成本高。

三、干燥制度

为了保证砖坯在干燥过程中不产生裂纹或变形废品，达到提高砖坯强度的目的，必须建立严格的干燥制度。其中包括：干燥前砖坯的水分含量和干燥后砖坯的残余水分要求、干燥时间、进入和排出干燥剂的温度和相对湿度等。

目前，国内大中型耐火材料企业应用最多的是隧道干燥法，干燥时间以推车间隔时间表示。根据制品的含水分多少、形状、大小等因素，通常推车间隔时间为 15~45min，大型及特异型制品，在进入干燥器之前，应先在室温条件下自然干燥 24~48h 再进入干燥器，以防止干燥时收缩过快而导致开裂。干燥介质的温度波动很大，一般控制如下：

黏土制品：入口温度 120~200℃，出口温度 30~90℃，相对湿度 75%~95%；

硅质制品：入口温度 100~120℃，出口温度 50~80℃，相对湿度 <90%；

高铝制品：入口温度 100~120℃，出口温度 60~80℃，相对湿度 75%~95%；

镁质制品：入口温度 110~130℃，出口温度 50~70℃。

干燥器内压力制度，一般应该采用正压力操作，防止冷空气吸入。如果采用废气时，应该采用微负压或微正压操作，避免烟气外逸，影响操作工人的健康。

干燥砖坯残余水分要求，一般为：黏土制品 2.0%~1.0%；高铝制品 2.0%~1.0%；硅质制品 0.5%~1.0%；镁质制品小于 1.0%。

残余水分过低是不必要的，因为过干的砖坯有脆性，对运输和装窑并不合适，延长干燥时间在经济上也不合算。要建立良好的干燥制度，做到既可加速干燥过程，也不致造成废品。有些耐火材料，根据其特殊情况，注意干燥制度，如硅砖中的石灰矿化剂形成 $Ca(OH)_2 \cdot nH_2O$ 及 $CaO \cdot SiO_2 \cdot nH_2O$。有增强砖坯强度作用，低温时有晶型转化，注意进入干燥器的温度要低，一般不超过 150℃。镁砖中 MgO、CaO 干燥时产生少量 $Mg(OH)_2$ 及 $Ca(OH)_2$，并形成胶凝性化合物。当泥料加有卤水时形成 $MgO \cdot MgCl_2 \cdot nH_2O$，干燥时增大砖坯强度。在泥料中加入有机物、无机物（硅酸盐、磷酸盐等），在干燥过程中能提高砖坯的强度。

干燥对不烧制品及预制件更为重要。

第五节　制品烧成

耐火材料的烧成是一个复杂的工艺过程。通过烧成，使砖坯完成一系列物理化学反应，获得具有必要性能指标的耐火制品。

烧成是耐火材料生产的最后一道工序，无论是制品的质量，还是企业的其他经济指标——产量、燃料消耗、成本、废品率等，在很大程度上取决于烧成工序，所以烧成是耐火制品生产过程中特别重要的工艺过程。

一、烧成设备及操作程序

要对砖坯进行高温烧成，必须有合适的高温设备——窑炉。目前耐火材料烧成应用最多的是倒焰窑、梭式窑（间歇操作）和隧道窑（连续操作）。烧成与节能减排、环境保护密切相关。烧成用燃料关系到节能，排出的烟气关系到污染环境。因此拆除燃煤倒焰窑（河南省拆除 2000 多座，山西省拆除 1300 多座），新建燃气的隧道窑和梭式窑。也有人认为现在的连续式隧道窑难以适应多变的市场经济，容易造成开工率不足。而梭式窑能耗仍较高。建议在梭式窑的基础上增加预热带和冷却带，使其具有隧道窑的高效率优点。采用低灰分液体或高热值气体燃料及富氧助燃技术（小型制氧技术成熟），实现炉窑自动化操作。

近年来，随着现代技术发展，出现全自控燃气梭式窑；应用富氧燃烧技术，全自控罩式窑；完全使用焦炉煤气，最高烧成温度可达 1830℃，全自控平吊顶隧道窑，以及一些特殊产品的专用炉窑。无论采用何种烧成设备，对于制品来说，都要经过装窑、烧窑、出窑 3 个基本操作程序。

（1）装窑：装窑是将预先干燥的砖坯，按一定的原则码到窑内。装窑的好坏直接影响到制品的烧成质量和烧成时间、燃料消耗，还直接影响窑内制品的传热速率、燃烧空间大小及气流分布的均匀情况。

装窑的原则是砖垛应稳固，火道分布合理，并使气流按各部位装砖量分布达到均匀加热，不同规格、品种的制品应装在窑内适当的位置，最大限度地利用窑内的有效空间，以增加装窑量。装窑操作按照预先制订的装窑图进行。装窑图规定砖垛高度、排列方式、间距、不同品种的码放位置、火道的尺寸及数量等。

（2）烧窑：烧窑操作按照确定的烧成制度进行。对制品来说，都要经过升温、保温、降温 3 个不同阶段。对于间歇窑与制品一样同时受到这 3 个阶段的变化。而连续窑，如隧道窑的窑内各部位有一定温度，用推车速度来限定砖坯经过 3 个阶段的时间。两种窑都要求窑内尽量保持窑内温度均匀一致。

（3）出窑：将烧好的制品从窑内或窑车上卸下来的操作过程。出窑后的制品经拣选合格的制品即为成品。

二、烧成过程中的物理化学变化

烧成过程中的物理化学变化主要取决于制品的种类、化学矿物组成、烧成制度等。各种制品的物理化学变化不尽相同，不过都要经过以下几个主要阶段：

（1）砖坯排除残余水分阶段（小于 200℃）：在这一阶段中，主要是排除砖坯中残存的自由水分和大气吸附水分。砖坯中水分排除，留下气孔，具有透气性，有利于下一阶段反应的进行。在烧成过程中，水分排除阶段应缓慢升温，以防止由于升温过快，水分急剧汽化，而造成开裂。

（2）分解氧化阶段（200~1000℃）：不同品种的耐火制品，由于原料不同，发生不同的物理化学变化，如配有生黏土的黏土砖，要排除化学结合水；硅砖中的 $Ca(OH)_2$ 分解，石英晶型转变，β-石英变为 α-石英；碳酸盐或硫酸盐分解，有机物的氧化燃烧等。此时坯体重量减轻，气孔率进一步增大，强度亦相应发生变化。

（3）液相形成和耐火相合成阶段（1000℃以上）：该阶段随着温度的提高，液相生成量增加，液相黏度降低，某些耐火矿物相开始形成，并溶解在液相中，而后又结晶出来。此时黏土砖和高铝砖液相大量增加，坯体剧烈收缩，并进行烧结；硅砖中石英的相转化速度大大增加，坯体密度大大下降；镁砖中进行固相反应，并开始烧结。在这个阶段，由于扩散、流动和溶解——沉析等传质过程的进行，颗粒在液相表面张力作用下进一步靠拢，而使坯体致密、体积缩小、强度增大、气孔率降低，烧结急剧进行。

（4）烧结阶段（最高温度，保温阶段）：坯体中各种反应趋于完全、充分，液相数量继续增加，结晶进一步成长，而达到烧结。

（5）冷却阶段（最高温度~常温）：冷却阶段主要发生耐火矿物相析晶、某些晶型转化、玻璃相的固化等过程。此过程中坯体的强度、密度、体积等，依品种不同都有相应的变化。

三、烧成制度

根据坯体烧成过程中的物理化学变化和炉窑情况，必须制订合理的烧成制度。耐火制品的烧成制度，一般包括升温速度、最高烧成温度、最高烧成温度下的保温时间、冷却速度和烧成气氛等。

耐火制品的烧成制度依其品种、形状、尺寸和烧成设备的不同而不尽相同。目前，对不同品种耐火制品的烧成制度尚无法通过计算来确定，只能通过实验的方法，以期达到烧成费用低、制品质量优良的烧成制度。

到目前为止，能够反映耐火材料高温过程行为的试验数据有4个方面：相图、差热分析、烧成收缩（或膨胀）曲线、体积密度。以下介绍借助这4个方面的资料确定烧成制度。

（1）相图：根据相图可以知道坯体在什么温度熔融，熔融物与固相的比例，随着温度变化，熔融物和固相在数量上的相对变化。随着温度变化，有什么相析晶出来，又有什么相消失掉……一般液相量10%左右为最高烧成温度，如果液相量过高，制品容易变形。根据相图上的上述变化可以确定烧成温度及升温和冷却速度。

（2）差热分析：通过坯体试料的失重曲线及差热分析曲线的放热及吸热效应，可以看出坯体水分及气体排出、晶型转变、新相生成的温度，可以帮助确定升温速度及烧成温度。

（3）烧成收缩（或膨胀）曲线：该曲线是确定烧成温度的最好依据，耐火制品的不同品种，烧成收缩（或膨胀）是不一样的，烧成收缩曲线首先告诉我们在什么温度下收缩，收缩多少，这样就可以确定在这个温度下升温的快慢。当收缩或膨胀停止或减慢，即象征烧结的开始。烧结温度范围有宽有窄，因此烧成温度及保温时间可以根据烧结温度宽窄确定。

（4）体积密度：通过制品在不同温度下体积密度变化来确定升温速度及最高烧成温度，一般体积密度最大时的温度为最高烧成温度。对于以液相烧结的某些制品，在一定烧成温度范围内要保证制品的外形尺寸。超过此温度范围会使坯体液相量增多，黏度下降，产生变形。

具体确定升温速度及最高烧成温度，还受炉窑结构、燃料种类及装窑方法的限制。

保温亦是烧成的重要因素。一般认为保温时间越长，反应进行得越充分。但是，随着保温时间的延长，反应速度减慢，直至停止。过长的保温时间还浪费燃料，使炉窑的利用系数降低。一般保温时间还要根据砖坯的形状及大小、窑温均匀程度、装窑密度、升温速度等来确定保温时间。

烧成时的气氛有氧化、还原、中性和惰性气氛，它直接影响制品烧成时的一系列物理化学变化。例如氧化气氛影响到氧化铁的氧化程度、黄铁矿中硫的烧尽和有机物杂质的烧掉等。硅砖烧成时，高温状态下（大于1000℃），要求保持还原气氛，有利于鳞石英的成长。镁砖要求弱氧化气氛。含碳制品，由于避免碳的氧化，要求在隔绝空气的还原性气氛中烧成。氧化铝制品烧成的最好气氛是一氧化碳或氢。此外，窑内压力制度、烧成操作制度等也是与之有关的重要因素。冷却速度也不可忽视，因为温度梯度、热膨胀或收缩、晶型转化等产生应力，导致制品开裂。

耐火制品的烧成制度，一般要根据各种制品的具体物理化学变化，借助已有的实验资料、生产资料，最终由具体实践来确定，然后以文字或图表形式表达出来。

第六节　耐火制品的机械加工与预组合

随着现代高温设备的发展，对耐火制品提出新的更高要求，除了具备一定的理化性能指标，对制品形状规整和尺寸的准确性也有严格要求。正确的形状和精确的尺寸对砌体的严密性和使用寿命有很大影响，可为施工提供有利条件。一般而论，砖缝是最薄弱和最容易损坏的部位，很容易被熔渣和气体渗入和侵蚀。耐火制品形状的完整和尺寸的准确除了受耐火原料、工艺制度等控制外，而重要的是机械加工及预先组装。

一、机械加工

所谓耐火制品的机械加工技术，是指在常温条件下对定型耐火制品实施车、钳、铆、电、焊、铣、切、刨、磨、镗、钻等工艺，在不改变耐火制品材质性能的情况下使其形状尺寸符合要求所涉及的加工方法、工具机床及加工作业等。

机械加工是耐火制品质量检测制样、热工设备砌筑等必须具备的先决条件，是有些耐火制品，如浇钢用滑板砖、高炉炭砖、玻璃窑用熔铸砖等生产工艺过程中的一道重要工序。我国耐火制品机械加工的工具和设备，从无到有，从改制金属加工设备到耐火制品专用加工设备，不断发展壮大。

（一）耐火制品机械加工的意义

（1）耐火制品的质量检测制样：耐火制品的质量是通过理化检验得出的数据来评定的。通常，制品的形状大小不能直接用于测试，如测定荷重软化温度的试样，要求尺寸为 $\phi 36\,mm \times (50 \pm 0.5)\,mm$，两底面的平整度和平行度均 $\leqslant 0.2\,mm$，这就需要对制品进行钻取和磨平。其他项目如显气孔率、耐压强度、压蠕变等所用试样都要在制品上切取或钻取；而高温耐压强度、线膨胀及透气度等试样，要在磨圆样机上进行磨制。

（2）提高生产效率及成品率：耐火轻质隔热制品的传统生产工艺是配料、混练、成型、干燥、烧成、拣选。由于轻质材料的泥料水分大，成型压力小，半成品强度低，烧成收缩大，废品率高而生产效率低。把生产工艺改为配料、混练、挤泥、切割、干燥、烧成、切割、精磨后，不但生产效率高（挤泥速度比手工或机压成型速度快十余倍），而且废品率降低（表面裂纹等缺欠均被切掉），制品表面光洁、尺寸精确。有一家企业生产反射炉炉门砖，采用机压成型莫来石砖，使用寿命仅 3 天。由于砖型复杂，后来采用浇注成型，砖上有 3 个 $\phi 123\,mm$ 的孔，成型时打芯，脱模时孔边易出现裂纹，成品率仅 66%，后来改为钻孔，合格率达 97%。钻孔表面光滑，边角完好，使用寿命是机压成型的 4.7 倍。浇钢用滑板砖、闸板砖等有孔制品，采用烧后钻孔，不但减少了因成型、干燥和烧成过程中所产生的裂纹，同时还减少模具底、盖板和芯子的加工，降低成本。

耐火材料生产中总有一些次品和废品，通过切割等机械加工变成另一规格的合格品，或者是生产当中不便安排的少数产品及异形产品，通过机械加工制取，提高了成品率，减少模具，同时简化生产工序。

（3）提高制品的形状尺寸精度，保证使用要求：连铸用长水口、浸入式水口、整体塞棒等铝碳制品，一般采用等静压成型，由于成型模具的内模为钢芯，外模为橡胶套，长时间使用容易变形。压制的制品外形常常不规则，为了保证产品尺寸，必须将胶套做大，制品的尺寸随之增大，因此须经车床加工，使形状满足使用要求。特种耐火材料的 Si_3N_4 制品要先预氮化，然后进行机械加工，制品的最终形状和尺寸，多在预氮化后加工完成。

有些耐火制品的外形尺寸精度要求极高，例如浇钢用滑动水口、上滑板滑动面的平整度要求≤0.2mm，下滑板要求≤0.1mm；水平连铸用闸板平整度要求<0.05mm，平行度0.03mm；玻璃窑用熔铸制品的砌砖砖缝厚度要<0.5mm。按传统耐火材料工艺生产的产品难以达到要求，必须进行铣磨加工。特别是有些特种耐火制品，粗加工后还要进行细加工，例如轴承瓷球，要求外径公差<0.02mm；密封环类产品要求尺寸公差<0.02mm，平行度<0.02mm 等，必须要精细加工才能满足要求。

（4）提高制品及砌体质量：有人说："没有机械加工工具、专用设备与先进的熔化设备相结合，就不会有无缩孔的熔铸耐火制品"。熔铸砖都有缩孔，其缩孔的位置可以用浇注方式来解决，但缩孔不可避免。无缩孔熔铸制品，是用所谓的无缩孔浇注法，将缩孔集中在制品的一个端头，然后将有缩孔的部分切割掉，就成为无缩孔制品。由于其质量好，普遍用于玻璃窑熔化池底及壁等重要部位。再说浇钢用滑板砖，如果采用压砖时成孔，孔边缘与其他部位的体积密度差别很大。而采用烧成后钻孔，使孔边有较高的、均匀的密度，提高了制品的抗侵蚀、抗冲刷能力，延长使用寿命。

（二）我国耐火制品机械加工技术的进步

我国耐火制品应用机械加工技术源于砌筑炉窑等热工设备的施工现场及实验室检验样品的制取。要使耐火制品改形或较大尺寸的制品缩小，原始的所谓机械加工，主要靠手工，用锤子、凿子等工具砍、凿、劈、刨，有的靠古老的圆钢片旋转加"砂子"和水切割，靠钢管转动加"砂子"和水进行钻孔。

20 世纪 50 年代初，德国援建北京玻璃仪器厂配套来的设备中，有一台立轴圆台回转式磨砖机，用散粒碳化硅或氧化铝"砂子"加水研磨加工长度<600mm 的熔铸石英砖、莫来石砖、锆刚玉砖和烧结氧化铝砖等。这是我国使用的第一台电力驱动的磨砖设备。20世纪 60 年代至 70 年代初，我国大都采用旧龙门刨床改装或借用石材加工用的磨削设备，也有单位自行设计制造散粒磨料立轴矩台式研磨机，配用硬质合金刀盘的立轴矩台式铣砖机及配用普通平行砂轮的卧轴矩台式磨砖机。前者主要湿式加工熔铸砖平面，后二者主要干式加工黏土砖、硅砖平面，均为非标准设备。但对熔铸砖、致密刚玉砖加工较困难，效率很低。

1974 年，人工晶体研究所将水口式金刚石圆锯片和电阻热压法制作的金刚石薄壁钻头（金刚石为莫氏硬度 10 级），其绝对硬度为刚玉（莫氏 9 级）的 150 倍，硬质合金的 6 倍，用于加工一批烧结氧化铝、氧化铬、碳化硅制品，可以说是我国用金刚石工具机械加工耐火制品的开始。

改革开放以来，随着我国经济的快速发展、科技进步，耐火制品机械加工技术也有很大提高。表现在金刚石工具的产量不断增大，品种增多，质量提高；不但国内自给有余，还大量出口到国外。加工用的机床设备，由过去采用金属加工及石材加工的机床，转为开始生产专供耐火制品加工的机具设备，如辽宁、河南等地推出数百个规格型号的加工机具设备。这些加工机具设备操作方便，运转平稳，工作效率提高，使耐火制品加工件的平、斜、曲面加工公差小、光洁度高。有的为专供某种产品使用的机床及工具，如滑板专用机床，粗磨、细磨连续快速进行，效率高、质量好。有的机床及工具用计算机自动控制，使用十分方便、快捷，而且加工的制品精度很高。

为了解决特种耐火制品的精细机械加工，新的加工技术装备和新的加工工艺也取得很大进展，如超声技术、激光技术、电子束技术等，应用于制品的切割、开槽、打孔、抛光等。为了适应耐火材料新品种及新技术的需要，电工技术、焊接技术等也在耐火材料中发挥作用。如直流电弧炉炼钢过程中，炉底要兼做阳极使用，要求炉底有良好的导电性，于是用电工技术测试炉底的导电性。焊接技术使耐火材料与母体砖熔融结合，修补损毁部位。

综上所述，金属加工技术的各工种在耐火材料中几乎得到全面应用，并不断发展，预计会出现更多的创新技术，改善耐火材料生产的工艺技术，提高产品质量。

（三）耐火制品常用加工机具的种类

耐火制品机械加工机具品种繁多，加工方式多种多样，要选用合适的机具，必须按基本原则进行。其原则是工具要适应工件，而耐火制品的品种、规格比较多，材质范围也比较宽，要从技术经济的角度，对不同材质的耐火制品选用不同档次的人造金刚石（可用牌号加以区分）或者碳化硅、刚玉的工具，使价格高的金刚石工具物尽其用。

选用机床的原则是要适应工件和工具。考虑因素有：可加工尺寸及精度范围、可配用工具结构及尺寸、运行参数、工装夹具、检具性能的可靠性。

现在市售的耐火制品机械加工（冷）设备，选型新颖，功能齐全，操作方便，使用性强。常用的耐火制品机械加工机具有以下4大类型：

（1）切割加工：耐火制品通过切割加工，可顺利地改变制品形状、尺寸或切除无用部分。按使用工具的品种分为圆锯切割和框锯切割，使用最多的是圆锯切割。主要注意圆锯片圆周线速度、切割速度二者的合理状态，直接影响切割加工的技术经济指标。这与机床特性、工具性能、工件材质、操作者素质有关。

市售切割机具种类很多，既有简易切割机，又有配带数显、数控、计算机装置、自动加工程序的全自动切割机；还有既可以手动也可以自动的切割机；既有大型切割机（锯片直径达 1.8m），也有小型手提式切割机；既有单锯片切割机，又有双锯片切割机，锯片可升降，两锯片距离可调，台面有自动调速行走等功能；另外还有全方位万能切割机，切割精度高，操作灵活方便。比较合适的金刚石圆锯片切割参数见表4-15。

表 4-15　不同品种耐火制品用金刚石圆锯片的切割参数

参数	致密熔铸砖	普通熔铸砖	黏土砖、硅砖	白泡石、炭砖
圆周线速度/$m \cdot s^{-1}$	20~25	25~30	30~40	35~45
切割速度/$cm^2 \cdot min^{-1}$	15~25	40~70	80~120	120~150

（2）铣磨加工：铣磨加工是对耐火制品的表面，包括平面、曲面、槽形面加工，其中平面加工量最大。有的把铣磨加工分为粗磨和细磨（也有的称精磨）两道工序。

铣磨工具分金刚石磨轮和铣磨盘两种形式。磨轮又分无槽磨轮和槽形磨轮，槽形磨轮有单片装配和多片串装使用，均以周边铣磨方式工作；铣磨盘也呈槽形结构，以端面铣磨方式工作，既可做粗磨使用，也可做细磨使用。

目前我国铣磨机具的种类、规格及型号很多，其设备的功能水平与切割机具差不多，还有一些专用设备，如滑板磨光机等。浮法玻璃窑流槽部位的唇砖，对形状尺寸精度要求很高，由于加工问题，过去依靠进口，现在有些单位采用专用工装夹具为主，配以相应的磨床和工具，加工出了合格产品，取代了进口。还有些铣磨加工设备，铣磨与切割可在同一机床上完成，自动化程度高，加工精度亦高，如某切磨精加工机床，可实现平整度<0.3mm，垂直度小于或等于千分之零点一，尺寸公差±0.5%。

（3）钻孔或取芯加工：钻孔或取芯加工是以金刚石薄壁钻头为工具，配用工程钻机，在注入冷却液的条件下进行钻削加工。是钻孔还是取芯，其加工的目的必须明确。孔的形状有多种，如通孔、盲孔（分为平底盲孔和非平底盲孔）、变径孔、台阶孔、斜孔等。取芯是从耐火制品中采取有代表性的部分作检验分析之用，如测定荷重软化温度的试样，要钻取 $\phi(36\pm0.5)$mm×(50 ± 0.5)mm 的圆柱体，其上下两底面要磨平。因此，选定钻孔或取芯尺寸时，不能忽视钻头规格系列。如果为钻孔，取"外径"栏（+1～+2mm），取芯尺寸时，取"内径"栏（-1～+2mm）。

近年来，配用金刚石薄壁钻头的钻机规格型号增多，有的钻孔长可达2000mm，直径可达1600mm，有的成为专利产品（如 DZ-1 型工程钻机），有的吸收消化国外先进技术，采用多种组合机构，能钻孔、锥孔、斜孔、镗孔，还能铣削内外圆弧，可变各种角度，工作台能电动旋转等功能。另外，还出现专用钻孔机，如透气砖钻孔机。

（4）车削加工：钢铁冶金连铸用"三大件"和玻璃窑用锆刚玉搅拌棒等具有圆形面、圆锥形面的耐火制品，要提高形状精度，可用车削方法解决。目前普遍采用金刚石聚晶车刀，利用普通车床或专用车床进行车削。一般实验室制样采用机械磨圆样机，外形如同小型车床，能持试样旋转和左右往复运动，可磨制用来测量透气度、荷重软化温度等的试样。

二、耐火制品预组合

预组合，也称预组装。就是多个单体耐火制品，按设计规范组合或按实际砌筑结构预组装起来。要求砖与砖之间砖缝要很小（一般<1mm），互相啮合锁紧，并进行系列编排，在每块砖上用油漆写上编号。预组合时，一般用纸模拟砖缝，木板钉制支撑架，模拟砌筑体的形状，严格对照组合标准进行加工组合，最后由用户统一验收。随着高温技术的发展，对耐火材料质量要求越来越高。除了理化指标外，对制品外形尺寸也有严格要求，预组装成为一道重要工序。要想达到要求，必须把制品的机械加工与预组装配合起来。

有人说："没有机械加工设备和预组装平台，就不会有尺寸和形状精确的优良砌体"。为了砌筑的质量精确，现代玻璃窑、高炉和热风炉、一些有色冶金炉等热工设备都要对所用的耐火制品进行精确的机械加工和预组装。组合砖是多个单体砖按设计规范组合而成，各个多曲面、外形复杂的子砖都是预先单个制造出来的，要求砖型尺寸准确，砖与砖之间缝隙一般要求 0.2～0.5mm，使结构强度提高，具有优良的整体性。用传统耐火材料工艺生产的产品难以达到要求，必须进行机械加工。例如高炉用炭砖生产，就把用刨床、铣磨床等加工及预组装作为工艺中的一道工序。现在我国一些大型耐火材料生产企业都设有预组装平台，如图 4-26 所示。

图 4-26　顶燃式热风炉预燃室预砌筑图

第七节　浸　　渍

所谓浸渍，就是将耐火制品或预制件放入一种溶液中，将溶液渗入耐火制品或预制件的气孔中，堵塞气孔、降低气孔率或减小气孔径，使制品更致密，强度更高。很早就有人将耐火制品放入焦油沥青中加热煮沸浸渍后冷却，砌筑使用。作者早年研究叶蜡石砖作钢包衬使用时，发现煮焦油沥青的叶蜡石砖比没煮的制品使用寿命提高 1 倍多。这种常压浸渍法，由于浸煮时间长、浸透率低，污染环境严重，已被淘汰。现在广泛使用的是真空-压力浸渍设备，而浸渍剂也不止焦油沥青，还有磷酸盐等。

一、浸渍装置与方法

浸渍装置主要结构示意图如图 4-27 所示。

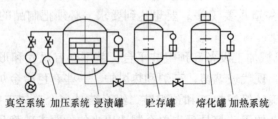

真空系统　加压系统　浸渍罐　　贮存罐　熔化罐 加热系统

图 4-27　耐火砖真空-压力浸渍设备示意图

工作原理：首先将耐火制品或预制件预热至250~300℃，放到密封容器中，抽真空排除制品内气孔里的气体。然后输入一定量的液体浸渍剂，通过压缩空气加压，并保持一定时间，使浸渍剂充满制品内部的孔洞。最后泄压，将剩余的浸渍剂抽回贮存罐内，将耐火制品取出放入冷却室内冷却。这样即完成了对耐火制品的浸渍工艺过程。

中冶焦耐技术公司设计并制造立式和卧式真空浸渍装置，其规格见表4-16。采用焚烧工艺解决了沥青烟气污染问题。操作上采用继电器连锁控制，可编程控制，自动化水平高。

表4-16 国内立式、卧式浸渍罐规格

性 能	规 格			
	卧式浸渍罐	立式浸渍罐		
	$\phi1600mm \times 3500mm$	$\phi1600mm \times 2479mm$	$\phi1600mm \times 3289mm$	$\phi1900mm \times 3916mm$
容积/m^3	7	5	6.8	11
罐体最大工作压力/MPa	1.5	1.6		
罐体最高工作温度/℃	≤230	≤230~300		
夹层最大工作压力/MPa	0.5	0.6		
夹层最高工作温度/℃	≤270	≤270~300		

用中温沥青浸渍，浸渍温度180℃，制品增重率12.1%；210℃为11.9%；250℃为7.4%，温度过高，增重率下降，因此浸渍温度应控制在180~200℃为宜。真空度直接影响浸渍效果。当浸渍温度210℃，常压浸渍1h时，真空度与制品增重率的关系为80kPa和11.9%；213kPa和7.3%；279kPa和4.75%；1010kPa和3.56%。可看出罐内压力越低，增重越多，因此设计真空度为97kPa。实际上浸渍压力及保压时间与浸渍温度、真空度、制品气孔率的情况有关，需要根据制品种类及特点进行考虑。

卧式浸渍罐占地面积大，工艺比较复杂。而立式浸渍罐占地面积较小，采用燃烧法处理烟气，工艺简单，油浸效果好。

二、浸渍剂的种类及使用效果

浸渍工艺是含碳耐火材料抗氧化、含CaO耐火制品抗水化、降低耐火制品气孔率、提高抗侵蚀能力的重要方法，已成为白云石砖、镁钙砖、滑板砖等的一道必需的工序，还是制造烧结SiC制品、泡沫陶瓷等的重要工序，因此浸渍剂种类也比较多，简单介绍如下：

（1）油浸：所谓油浸，实际上是以沥青为主，普遍选择中温沥青加蒽油作浸渍剂。中温沥青软化点60~80℃，残碳量比较高，能溶于蒽油。烧成制品经浸渍后，气孔率由17%降至2%以下，抗渣性好，使用寿命显著提高。由于沥青浸渍温度在200℃以上，高于软化温度2~3倍，要冒黄烟，而且使用时容易流出，滑板运动不灵活，改用树脂作浸渍剂。采用低黏度热固性树脂浸渍，浸渍后的滑板使用中不冒黄烟。

（2）磷酸及磷酸盐浸渍：作者曾做过磷酸浸渍高铝砖试验。将高铝砖分别放入浓度85%的磷酸中。其一是在常压下煮沸1h；其二是在磷酸中静置浸泡24h。分别取出高铝砖试样，观察发现前者砖表面很干净；后者有磷酸黏附在砖表面。再将这两种试样放入烘箱

110℃烘烤24h，前者（煮砖）表面有小水珠，而后者（泡砖）表面光洁。再放入电炉中300℃处理2h，前者表面出现发泡的黏结物，而后者表面仍很光洁。浸渍前后制品的性能变化如表4-17所示。

表 4-17 高铝砖浸渍前后的性能

砖 别	显气孔率/%	体积密度/g·cm⁻³	常温耐压强度/MPa
煮前原砖	26.0	2.42	76.9
煮后砖	12.6	2.68	136.9
泡前原砖	25.0	2.43	78.9
泡后砖	12.5	2.61	134.7

将这两种试样放入窑中1350℃烧成，前者（煮砖）表面的黏结物不见了，但仍不如后者（泡砖）表面光洁。

将高铝砖放入磷酸或磷酸盐溶液中浸渍一定时间后，取出干燥。然后放入陶瓷匣钵中，用碳酸钾和焦炭的混合物埋好，在1300℃保温5h，冷却取出检测理化性能见表4-18。

表 4-18 高炉用高铝砖浸渍处理前、后测试结果

指标		原砖	磷酸盐浸渍剂	磷酸浸渍剂	1300℃、5h 碱侵蚀		
					原砖	磷酸盐浸后	磷酸浸后
荷重软化温度/℃	0.6%	1535	1565	1570	1470	1540	1500
	2%	1580	1595	1600	1520	1570	1545
	4%	1620	1620	1620	1555	1590	1570
显气孔率/%		20.0	15.0	15.33	21.0	16.00	15.33
体积密度/g·cm⁻³		2.72	2.85	2.83	2.70	2.82	2.83
抗折强度/MPa		16.33	33.45	29.53	5.32	17.74	14.96
线变化率/%					+1.67	+0.495	+1.36
K₂O 含量/%		0.15			2.46	1.07	1.10
S 含量/%					0.25	0.16	0.08
P₂O₅ 含量/%			2.48	2.87			

从表4-18看出：经磷酸或磷酸盐浸渍后，耐火制品的气孔率明显降低，体积密度增大，抗折强度提高1倍，抗碱侵蚀性能明显提高，而用磷酸盐优于磷酸。

将刚出窑（约700℃）的三等高铝砖 $[w(Al_2O_3) = 59.91\%]$ 浸入复合磷酸铬溶液24h，干燥处理后不但强度、荷重软化点等指标提高，特别是抗热震（1100℃—水冷）超过119次。用磷酸或磷酸铝对硅线石、红柱石制品浸渍处理后，不但提高强度，还提高耐磨性，在水泥窑上使用效果很好。

（3）溶胶浸渍：有人用 $Cr(OH)_3$ 溶胶和 $Mg(OH)_2$-$Cr(OH)_3$ 混合溶胶分别对镁铬砖做真空浸渍，浸渍时间4～5min，浸渍后经110℃、24h干燥处理，制品的理化指标变化见表4-19。

表 4-19 镁铬砖浸渍前、后理化指标变化

制品		$w(MgO)/\%$	$w(Cr_2O_3)/\%$	耐压强度/MPa	体积密度/g·cm^{-3}	显气孔率/%
浸渍前		74.43	15.79	74	3.18	16.2
浸渍后	$Cr(OH)_3$	73.52	17.88	77	3.22	12.6
	$Mg(OH)_2 - Cr(OH)_3$	75.28	16.89	76	3.20	13.2

TEM 观察发现：两种溶胶粒子分布均匀，通过制品气孔进入，呈球形或近似球形，平均粒径 50nm 左右，并附着在气孔的内壁上，110℃处理后，纳米级溶胶粒子长大，经 1550℃处理后这些粒子构成制品的一部分，由此改善了镁铬砖的孔径分布，气孔中位径由 17.45μm 下降至 9.5μm 和 12.24μm。用炼铜渣作抗渣试验，浸渍后制品的渣渗透深度减小，渣蚀程度比未浸渍制品低得多。未浸渍制品出现不同程度破裂，而浸渍后制品内部结构致密。

有人用硅溶胶浸渍 Si_3N_4 结合碳化硅窑具材料，其抗氧化性明显提高，在 1250℃持续氧化 30h 后质量损失率仅 1.0%，而多次浸渍的效果更好。

（4）镁盐浸渍：有人用镁盐浸渍镁铬砖，浸渍前后的理化性能变化见表 4-20。

表 4-20 镁铬砖浸渍前后的理化指标

制品	$w(MgO)$ /%	$w(Cr_2O_3)$ /%	体积密度 /g·cm^{-3}	显气孔率 /%	耐压强度 /MPa	抗折强度 /MPa
浸渍前	65.20	20.19	3.22	16	50	7.2
浸渍后	—	—	3.26	13	65	11.1
浸渍前	59.36	26.28	3.27	15	55	8.6
浸渍后	—	—	3.30	12	95	16.3

浸渍后制品的气孔孔径减小，抗铜锍侵蚀优于浸渍前制品，浸渍后制品的抗水化性能明显改善。

为了降低制品的气孔率、提高强度，还可采用有机液或无机溶液来浸渍制品。例如将熔融石英制品浸渍氯化铝水溶液，调节 pH 值，使之生成氢氧化铝沉积在气孔中：高温下 $Al(OH)_3$ 脱水变为 Al_2O_3，Al_2O_3 与气孔表面的 SiO_2 生成莫来石。还有浸渍剂用甲苯稀释的硅酮溶液、Cr_2O_3 溶液等。

（5）渗硅反应烧结 SiC 制品：采用具有反应活性的液体 Si 或 Si 合金，在毛细管力的作用下渗入含 C 的多孔陶瓷素坯，与其中的 C 反应生成 SiC，新生的 SiC 原位结合素坯中原有的 SiC，由于浸渍剂填充素坯中的气孔，完成致密化过程。这种 SiC 产品的一些性能优于重结晶 SiC 制品。

（6）浸渍法制备多孔陶瓷：济南大学用烧结氧化铝做原料，聚氨酯泡沫浸渍法制备多孔陶瓷是先制成泡沫前驱体，将有机泡沫浸入浓度为 15% 的氢氧化钠溶液中，在 60℃下水解处理 6h 除去网络间膜，清洗晾干后把有机泡沫放到陶瓷浆料中充分浸渍，然后采用对辊挤压的方式将多余浆料挤出泡沫体，在室温下干燥 24h，再用黏度较低的浆料对干燥坯体反复进行涂覆—干燥—涂覆处理，坯体在 110℃烘干 12h，然后放入电炉中进行烧结，温度在 1450~1600℃，保温 1h。

通过电镜扫描观察：聚氨酯泡沫排出后留下孔洞，在孔筋和孔壁表面存在许多空隙，其显气孔率高，且气孔相互贯通，气孔率80%的泡沫陶瓷耐压强度可达0.589MPa，抗折强度1.0184MPa，并随气孔率减小而增大。

中国地质大学采用高岭土、硅藻土、蒙脱石等主要原料，有机泡沫浸渍法制备多孔陶瓷。研究得出：高岭土、硅藻土、蒙脱石质量比为12∶8∶1时，多孔陶瓷性能佳。用NaOH对聚氨酯泡沫作预处理，NaOH浓度40%，浸泡温度20℃，时间120min比较合适，烧成温度1300℃，多孔陶瓷显气孔率74.7%~80.3%，耐压强度0.58~1.5MPa。

泡沫浸浆法制备多孔陶瓷，欧美等发达国家在20世纪70年代就进行大量研究，研制出多种材质的泡沫陶瓷过滤器产品，可以过滤钢铁、高温合金、有色冶金等，大幅度降低产品的杂质，提高成品率和表面质量。

（7）浸渍法制备金属陶瓷：首先采用传统的陶瓷制备工艺生产出具有连通孔的陶瓷骨架，然后在常压或加压下将液态金属渗入陶瓷骨架中，冷却后即制得金属陶瓷。可将多孔陶瓷放入熔化的金属液中，也可将多孔陶瓷放在熔化的金属液上方，依靠金属液体的表面张力使金属填充到陶瓷的空隙中。有时采用加压浸渍，如制作SiC-Cu金属陶瓷刹车盘，可将金属Cu液用压力浸渗到SiC的空隙中。

有人研究以含锆液相前驱体为浸渍剂对初始粒度分别为1.0mm、1.2mm、1.4mm和1.6mm的纯C-C复合材料进行浸渍处理，液相前驱体于1000~1600℃处理后完全转化为纳米ZrO_2和ZrC粒子，相比于纯C-C复合材料，锆掺杂C-C复合材料的抗氧化性能明显提高，浸渍氧化抑制剂法是将含碳耐火材料在磷酸盐溶液、硅溶胶、铝溶胶等浸渍剂中浸渍，然后烘干或热处理，使浸渍剂填充气孔，并在表面形成覆盖层，阻碍氧气向内部扩散，提高抗氧化性。

浸渍工艺是提高耐火制品质量或制取高级耐火材料的重要方法之一，随着科技进步，浸渍技术将会进一步提高，浸渍剂种类应用范围将进一步扩大。

第八节　复合耐火制品

在耐火材料生产技术发展过程中，采用复合材料技术生产复合耐火制品，取得很好成效，如滑板、长水口等制品采用复合技术，降低了生产成本，提高了使用寿命。随着耐火材料工艺技术的进步，复合耐火材料的生产方法不断创新，复合耐火材料品种在增多，复合技术已成为有的耐火制品不可缺少的手段，并成为生产过程的一道工序。

一、复合材料的概念及复合耐火制品

广义的复合材料是指两种或两种以上、具有不同物理化学性质或不同组成或不同功能材料，以微观、细观或宏观等不同的结构尺寸与层次，经过复杂的空间组合而形成的一个材料系统，均可称为复合材料。复合材料的使用已有悠久的历史，如一般农家房屋采用掺稻草或麦秆的泥墙、现在建筑的钢筋混凝土等。由此看来几乎所有的耐火材料都属于复合材料，因为耐火材料基本上都是不同物相组成的复合材料，如高铝砖由莫来石和刚玉等物相组成，镁铝砖由方镁石、尖晶石组成，镁碳砖、铝碳砖、高铝碳化硅砖等更是为复合材料。有的将两种及两种以上物相组成的耐火材料称为复合材料，也有的称作复相材料，作

者比较倾向后者的称谓。

本节叙述的复合耐火制品，专指两种或两种以上物理化学性质不同的物质，经过一定方法复合而成的耐火制品（不定形耐火材料除外）。复合制品中的组分材料始终作为独立形态的单一材料存在，而没有明显的化学变化，其复合耐火制品却是一块整体。

二、耐火制品复合的目的

生产复合耐火制品的目的主要有以下三点：

（1）降低生产成本。众所周知，一些功能耐火材料，如滑板、长水口、浸入式水口等，与熔渣、钢液接触部位受到强烈的侵蚀作用，必须用锆刚玉、锆莫来石、鳞片石墨等高档耐火原料，这些材料售价较高，如果全部采用这些原料，生产成本会很高，可是这些功能耐火材料并不是全部受到严重侵蚀，有的部位腐蚀较轻，甚至没有受到侵蚀，可以选用廉价原料。如滑板工作面选用锆刚玉等高档材料，而基体用矾土熟料；浸入式水口采用 $CaO\text{-}ZrO_2\text{-}C$ 质材料作内衬，外壁渣线镶嵌 $ZrO_2\text{-}C$ 层来提高抗侵蚀性，并能防止 Al_2O_3 沉积造成铸口堵塞，还节约了成本。

（2）同一块制品有两种使用效果（既隔热保温又抗侵蚀）。一块砖的一端是轻质，另一端是重质。砌在炉窑上，轻质端靠窑壁，重质端与侵蚀物及火焰接触。河南一家公司生产的复合型硅莫砖在水泥回砖窑使用，既降低了窑皮温度又提高了使用寿命。

日本的一种浸入式水口，内层为厚 5mm 的尖晶石材质，外层为水口本体的 $Al_2O_3\text{-}C$ 材料的复合型结构，既提高了抗热震性（全尖晶石试样温差 800℃ 即开裂），又避免了钢水的增碳（因内层为无碳无硅的尖晶石材料），而用后也无 Al_2O_3 黏附现象。

（3）提高制品性能。单一材料往往不能满足对强度、韧性、耐磨性、耐侵蚀性等各方面的要求。如果将高强、高弹性模量与高韧性材料结合在一起，使其取长补短，产生的复合材料就可能达到要求。耐火材料复合化也是基于这一目的，也是根本的目的。如日本学者利用莫来石耐火材料和铝箔制备出一种叠层复合材料。这种复合材料特点是金属铝箔与莫来石之间结合非常坚固，力学性能显著提高。这种工艺使莫来石板抗折强度和断裂韧性分别由 170~210MPa 和 1.3~1.8MPa·m$^{1/2}$ 增加到 330~420MPa 和 5.2~5.9MPa·m$^{1/2}$。结果表明：铝箔越薄，复合材料的抗折强度越高。这种层叠结构复合技术对防止脆性材料的突然断裂非常有效。

日本一家耐火材料公司在 MgO-C 砖中添加纳米碳纤维。采用 $w(MgO)=99\%$ 的电熔镁砂 85%，$w(C)=98\%$ 的鳞层石墨 15%（质量分数）配料，外加碳纤维 0.05%~0.4%，酚醛树脂结合的 MgO-C 砖，250℃ 固化后，经 1400℃ 3h 还原烧成，其强度随碳纤维增加而提高，添加 0.4%（质量分数）试样与不添加试样相比，强度提高 2.2 倍。经 FS-SEM 观察，碳纤维与砖的组织结构呈固着状态。

重庆大学研究人员将高铝耐火纤维 $[w(Al_2O_3)\approx 60\%]$ 加入到磷酸二氢铝结合、900℃ 热处理的二等高铝砖中，研究纤维对制品强度及抗热震性的影响。结果是：纤维增加，制品强度略有提升，加入 12% 时，则强度有下降的趋势。纤维加入 8% 以内，可以达到增强增韧作用，抗热震性显著提高。

三、耐火制品的复合方法

所说的复合方法也就是复合耐火制品的制造方法。复合砖的技术难点，就是设法使不同材料接触处能牢固地结合为一体。为此要求材料要有相近的线膨胀系数及高温线变化。否则将因热应力的作用，引起砖裂或损坏。因此，生产复合耐火制品必须重视原材料的选择，要选择性能相匹配的原材料，然后要在复合方法上下功夫，最重要的是成型，其次是烧成制度，要认真研究升温曲线及烧成温度等。

（1）耐火制品的传统工艺方法。如用耐火纤维增强的复合耐火制品，就是将耐火纤维加入配料中，混合搅拌均匀，成型，按耐火材料传统生产工艺进行。但要注意烧成温度，以不破坏原材料的原始状态又能达到制品的性能要求为好。

（2）一次成型两次加料或两边同时加料，浇注或机压成型的方法。

例1：浇钢用滑板砖，基体部分用矾土熟料、石墨，复合层用刚玉、石墨等。两种料分别配制，分别混合，成型时先加基体料，然后加复合层料，用压砖机一次成型，复合层一般厚度15mm，铸孔的复合层厚15~20mm。

例2：连铸用复合保护套管（长水口），外层用20mm普碳钢薄板卷成筒状，套管长0.8~1.2m，中间层用 $w(Al_2O_3)$ = 66.82% 的自流浇注料，内层用矾土熟料-尖晶石浇注料，振动成型，代替熔融石英长水口。其使用寿命达到并超过了熔融石英长水口的水平，而成本仅为石英水口的三分之一。

例3：硅线石复合砖，一端是硅线石精矿与粗粒（3~2mm）的黑色碳化硅混合料，另一端为特级高铝矾土熟料和黏土，两种分别混合，成型时在砖模内插入活动隔板，两端分别同时加料，一次成型，1380~1430℃烧成。该砖强度大，耐磨性和抗热震性好。用于以煤矸石为燃料的发电厂沸腾炉，效果良好。

例4：低温处理轻质-重质复合砖。一般轻质料采用与重质料同材质的轻骨料，也是轻质与重质分别配料、混练，在砖模内用挡板隔开，分别同时加料，一次加压成型。这种砖普遍采用磷酸盐、水玻璃之类的高温结合剂，低温热处理，既保证了制品强度，又避免高温相变产生的体积效应使制品产生裂纹等问题。

例5：新日铁公司针对长水口使用后内壁材料产生龟裂、剥落引起外渣线材料损毁，严重时还会造成穿孔问题。首先改进了水口成型工艺，在内芯与橡胶模之间设圆筒模，填充内壁材料和外围渣线材料后拔出圆筒模，使内壁材料与外围渣线部位材料在结合面充分混合，呈现一定曲度的混合层，再经过加压成型及烧成，使两者充分黏结，提高两者结合面的黏结力。其次，为了提高内壁材料的自身强度，抑制热膨胀，减少与外围渣线材料的热膨胀差，又增加石墨添加量，改变粒度组成（使用超细碳粉），使组织结构更致密，内壁材料和外围渣线材料混合更充分，减少剥落。内壁与外围渣线材料的理化性能见表4-21。

表 4-21　内壁及渣线材料理化性能

制品		超细碳粉	$w(F,C+SiC)$/%	$w(Al_2O_3)$/%	$w(ZrO_2)$/%	$w(MgO)$/%	体积密度/g·cm^{-3}
内壁	现用	—	3+0	84	—	11	2.73
	试样1	0	18+0	69	—	11	2.55
	试样2	2%	18+0	69	—	11	2.63
渣线材料		—	23+8	—	66	—	3.22

改进后制成的长水口（外径 150mm，内径 50mm，内壁厚 10mm，高 200mm）龟裂明显减少，加入超细碳粉，龟裂最少，没有剥落。现用材料侵蚀 0.3mm，改进后为 0.2mm。内壁厚由 7mm 增加到 12mm，没有缺损，使用寿命提高。

（3）二次成型的复合制品。如有的水口砖外套用黏土质料配制，内衬为锆英石质材料，先成型荒坯，然后再成型复合层，二次成型方法达到复合成品。

（4）镶嵌法。如镶嵌式复合滑板分两部分：其一为滑板砖滑动面上与钢水接触部分，其二为镶嵌滑板的母体板，两种板分别配料，分别成型，然后镶嵌在一起。

为了减少铝碳质浸入式水口对取向硅钢和超低碳钢的增碳危害，使用内壁由无碳无硅的 Al_2O_3-MgO-ZrO_2 质材料制造的复合浸入式水口。这种复合浸入式水口的本体采用 Al_2O_3-C 质材料，渣线部位采用 ZrO_2-C，内壁为 Al_2O_3-MgO-ZrO_2 质材料，厚度 8mm。三种材料分别放入橡胶模中，经冷等静压成型，无氧化条件下烧成，外表进行机械加工和喷涂防氧化层。复合浸入式水口的理化性能见表 4-22。

表 4-22　复合浸入式水口性能

部位	化学成分（质量分数）/%				体积密度 /g·cm⁻³	显气孔率 /%	耐压强度 /MPa	抗折强度 /MPa
	Al_2O_3	ZrO_2	MgO	C+SiC				
本体	50.55	—	—	16~18	2.45~2.50	16~18	20~25	6~7
内壁	≥70	5~10	≥20	—	2.60~2.65	18~20	20~25	≥6
渣线	—	78~80	—	14~20	3.5~3.6	14~17	20~25	5.5~7.5

这种制品抗热震性好，使用后内孔基本无侵蚀，渣线部位平均侵蚀速度为 0.04mm/min。

（5）热压烧结法。上述介绍的日本用莫来石与铝箔的叠层法复合耐火材料。其制备过程是将莫来石板和金属铝箔隔层叠放在一起，采用热压烧结制备。用 4 块莫来石板，尺寸 1.1mm×9mm×50mm，三片铝箔，尺寸 0.3mm 或 0.025mm 或 0.1mm×8mm×48mm，铝箔尺寸比莫来石板小些，是为了防止铝箔烧融后流出，其纯度为 99.6%。在莫来石板和铝箔叠加层上施加 1961Pa 压力，以 200℃/h 升温速度加热到 800~1000℃，并保温 30min 和 60min，气氛为空气。如果上部压力小于 1961Pa 会造成二者结合强度不足。显微结构分析看出：复合材料依次形成 Al-Si 复合层、莫来石层、复合层、Al-Si 层。烧结过程中，莫来石相和玻璃相与铝箔发生如下反应：

$$3(3Al_2O_3 \cdot 2SiO_2)(s) + 8Al(l) \longrightarrow 13Al_2O_3(s) + 6Si(s)$$
$$3SiO_2(s) + 4Al(l) \longrightarrow 2Al_2O_3(s) + 3Si(s)$$

烧结过程中，熔融 Al 扩散，并反应产生的 Si 渗透到耐火材料中，最终形成了 Al_2O_3/（Al-Si）复合材料，显著提高了强度。

复合耐火材料很多，在随后介绍的不定形材料、特种耐火材料、隔热保温材料的一些品种都属于复合耐火材料。

第九节　各种优质耐火制品的工艺技术要点

广大耐火材料工作者根据高温工业不同热工设备的使用条件及用户要求，做了大量深入细致的调查研究，反复试验制备或生产出许多高质量的耐火制品，本节就有代表性的优质产品分类介绍。

一、SiO_2-Al_2O_3 质耐火制品

（一）硅质制品

硅质耐火材料是指二氧化硅含量不低于 93% 的耐火制品。它的性能特点是荷重软化温度高（普通硅砖最低 1620℃），导热性好，对酸性熔渣及 FeO、CaO 等氧化物的侵蚀抵抗能力强。

硅砖是用天然硅石为主要原料直接制砖，节能，物美价廉，受到焦炉、热风炉、玻璃窑等热工设备的青睐。21 世纪以来，逢国内外焦炉等热工设备的大修周期，为了满足需求，硅砖产量猛增。同时对改进硅砖的生产工艺技术，提高产品质量也引起重视。例如日本、荷兰、美国等要求焦炉硅砖的鳞石英含量达到 65% 以上，残余石英含量 ≤2%，鳞石英具有矛头双晶相互交错的网络状结构，使硅砖具有高的荷重软化温度和机械强度、高温体积稳定性，因此希望鳞石英含量越高越好。一般通过真密度来控制，要求真密度小于 2.35g/cm^3。国内一些大型钢企也提出要求，焦炉硅砖使用 1~3 年内的膨胀，主要是残余石英转化的影响，因此要控制残余石英的数量。

（1）焦炉硅砖：鳞石英为主晶相，砌筑炼焦炉的硅质制品。现代焦炉有上千种砖型，上万吨耐火材料，硅砖是砌体的主体材料，占耐火砖总量的 60%~70%。山西某耐火材料公司采用山西胶结硅石为主，加入少量结晶硅石或废硅砖。这样既有利于石英转化，又保证硅砖质量不开裂。并用石灰乳作结合剂，FeO 及 MnO 作矿化剂（加入 1%~2%），泥料粒度 3~1mm 48%~52.1%；1~0.5mm 10%~20%；<0.5mm 38%~40%，水分 5%~6%。

焦炉硅砖的理化指标见表 4-23。

表 4-23　焦炉硅砖理化指标

化学成分（质量分数）/%		真密度	耐压强度	显气孔率	荷重软化温度
SiO_2	Fe_2O_3	/g·cm^{-3}	/MPa	/%	/℃
96.05	1.17	2.32	75.7	19	1670

为了提高焦炉硅砖的热导率，经研究得出：在配料中加入 1%~2% 的金属氧化物，如氧化铜、氧化铁、氧化钛，可提高热导率 10% 左右。

也有人研究加入 Si、SiC、Si_3N_4，烧成时产生 SiO_2，以降低制品气孔的方法提高热导率。

（2）玻璃熔窑硅砖：主要用于玻璃熔窑的碹顶、吊墙上部以及前后墙等。河南某厂采用高纯 [$w(SiO_2)$≥99%] 致密结晶硅石为主要原料，萤石及石灰作矿化剂，亚硫酸纸浆废液为结合剂，机压成型，砖坯显气孔率小于 18.5%，隧道窑烧成。其制品的理化指标见表 4-24。

随着全氧燃烧技术的推广，窑内气氛变化比较大，挥发物浓度增加 3~6 倍，对硅砖提出新的要求。要满足全氧燃烧玻璃窑用硅砖，提高原料纯度，降低砖的气孔率，提高硅

砖抵抗碱化学侵蚀能力是主要方面。某耐火公司采用 $w(SiO_2)>98\%$ 的结晶硅石作骨料，$w(SiO_2)>99\%$ 的脉石英作基质，合成 C_3S 作矿化剂，聚羧酸系物质分散剂，研制出低气孔率的特殊硅砖。其理化指标见表 4-25。

表 4-24　玻璃窑用硅砖理化指标

化学成分（质量分数）/%				荷重软化温度/℃	体积密度/g·cm⁻³	真密度/g·cm⁻³	显气孔率/%	耐压强度/MPa	残余石英含量/%
SiO_2	Fe_2O_3	CaO	R_2O						
97	0.23	2.28	0.09	1690	1.92	2.32	17.1	60	0.5

表 4-25　特殊硅砖理化指标

化学成分（质量分数）/%						真密度/g·cm⁻³	显气孔率/%	耐压强度/MPa	荷重软化温度/℃
SiO_2	Fe_2O_3	CaO	Na_2O	K_2O	Al_2O_3				
97.59	0.56	0.94	0.011	0.051	0.21	2.322	16.6	59.7	1680

（3）热风炉用硅砖：用于高炉热风炉的高温部位，以鳞石英为晶相的硅质制品，其理化指标要求为 $w(SiO_2)>95\%$，$w(K_2O+Na_2O)\leqslant0.5\%$，$w(Fe_2O_3)\leqslant1.0\%$，残余石英含量 $<1\%$，真密度 $2.29\sim3.34g/cm^3$，体积密度 $\geqslant1.85g/cm^3$（格子砖 $\geqslant1.80g/cm^3$），荷重软化温度 $\geqslant1670℃$，其抗蠕变、高温抗热震性能和高温体积稳定性等各项指标比高铝砖好，在热风炉的中高温区完全可以代替低蠕变高铝砖，节约投资约 70%，单座热风炉减少自身重量约 33%（硅砖体积密度为 $1.85g/cm^3$，而高铝砖为 $2.75g/cm^3$）。

顶燃式热风炉中上部高温区全部采用硅砖，中下部中低温区采用黏土砖，配置合理，不仅有利于热风炉的高风温、长寿命，而且节约投资，符合我国耐火材料资源特点。

硅砖生产基本保持耐火材料的传统工艺。但泥料的临界颗粒尺寸不要太大，一般以 $2\sim3mm$ 为宜。砖坯要严格干燥，装窑时，砖列内外砖坯一律立装。烧成时，600℃ 以下应该缓慢升温，$700\sim1250℃$ 可提高升温速度，一般烧成温度 $1380\sim1500℃$。硅砖冷却过程，注意高温下可以快冷，低温时要缓慢冷却，特别是 300℃ 以下更要缓慢，避免硅砖开裂。

有报道：中钢耐火公司研制成功微膨胀、抗热震硅砖，性能指标达到世界先进水平。

（4）熔融石英制品：在硅质耐火材料中，除硅砖外，尚有石英制品，它是利用熔融纯净的天然石英石制得的。用熔融石英做原料，生黏土或有机物做结合剂，采用半干法或浇注法成型制品，并在 $1100\sim1350℃$ 下烧成，保温 $0.5\sim1h$。800℃ 以上要快速升温，尽量避免石英玻璃产生结晶。

石英玻璃线膨胀系数很低，20℃ 时只有 $5\times10^{-7}K^{-1}$，600℃ 时为 $6\times10^{-7}K^{-1}$，1000℃ 时为 $5.42\times10^{-7}K^{-1}$，1200℃ 时为 $11\times10^{-7}K^{-1}$。采用黏土结合生产陶瓷用匣钵，有机物结合生产浸入式水口的抗热震性非常好。

侧封板是薄带连铸的核心技术之一，要求侧封板要具有良好的热震稳定性、隔热性和耐熔钢侵蚀性，宝钢研制的侧封板，采用 $w(SiO_2)=99.6\%$ 的特级熔融石英，临界颗粒 1mm，$<1mm$ 熔融石英 55%，$\leqslant0.074mm$ 球磨浆料 45%，添加硅溶胶，将调整好的浆料注入石膏模中，在室温下凝固成型。$12\sim16h$ 后脱模，干燥后于 1150℃ 保温 $2\sim3h$ 烧成。并用磨床将工作面加工至平面，精度 $\pm100\mu m$。基本上能满足薄带连铸的使用，但难以长时间使用。

乌克兰一家公司开发出焦炉修复用熔融石英玻璃砖，采用熔融石英 $[w(SiO_2)=99.5\%]$、石英微粉 $[w(SiO_2)=98.5\%]$ 和水玻璃干粉 $[w(SiO_2)=67.6\%$、$w(Na_2O)=20.77\%]$ 作结合剂进行配料。泥浆颗粒组成为：3～2mm10%，2～1mm30%，1～0.5mm15%，＜0.5mm45%（其中＜0.09mm20%）。制品的强度高（抗折强度24.1MPa），气孔率低（16%），耐火度为1740℃。

（二）半硅质制品（耐碱砖）

一般将含 SiO_2（质量分数）60%以上、含 $Al_2O_3$15%～30%的硅酸铝质耐火材料称作半硅质耐火制品。在冶金行业标准中没有半硅质耐火制品的定义，但建材行业标准中的耐碱砖（JC/T 496—96）规定的化学成分 $[w(Al_2O_3)=25\%\sim30\%$，$w(SiO_2)=60\%\sim70\%$，$w(Fe_2O_3)\leqslant2.0\%]$ 与称呼的半硅砖基本相同。

一般用含 SiO_2 较高的高硅黏土制造半硅质制品，也有用硅石与软质黏土配料制造半硅砖，制砖工艺与黏土砖相似。但最好还是用叶蜡石做原料生产半硅质制品。作者研究蜡石砖的生产工艺得出：采用全蜡石生料（不加其他原料），高压成型（压力大于100MPa），低温烧成（1200℃左右）的制砖工艺。其蜡石砖的理化指标见表4-26。

表 4-26　蜡石砖的理化性能

化学成分/%		物 理 指 标					
Al_2O_3	SiO_2	显气孔率/%	体积密度/g·cm⁻³	耐压强度/MPa	耐火度/℃	荷重软化温度/℃	1400℃重烧线变化/%
15～26	84～73	14～16	2.08～2.22	35～60	1650～1710	1440～1460	+0.1～0.3

从 Al_2O_3-SiO_2 系耐火材料的理论基础上表明的半硅质耐火材料的优良性能，如抗冶金熔渣侵蚀比 Al_2O_3 含量为45%的黏土砖好，使用过程中体积稳定，荷重软化温度高等，在蜡石砖的实际使用过程中得到证实。半硅质耐碱砖在水泥窑上抗碱侵蚀，不发生碱裂，使用寿命长。

我国有丰富的叶蜡石资源，今后应该适当扩大蜡石砖生产和使用范围，如铁水包、化铁炉内衬、水泥窑耐碱砖等。

（三）黏土制品

黏土砖是耐火材料最古老的品种，我国仍大量生产。一般是采用硬质黏土熟料做骨料，软质黏土结合，半干法或可塑法（形状复杂）成型，1350℃左右烧成。随着高温工业的技术进步，多数行业提出低气孔率黏土砖，如玻璃行业提出显气孔率≤12%和≤15%两个牌号的黏土砖，炼铁高炉炉身上部用黏土砖，提出显气孔率13%～17%，还有干熄焦、钛白粉等行业也提出低气孔率黏土砖。各厂家生产的低气孔率黏土砖质量不尽相同，降低气孔率的方法不一样，但基本生产工艺相近：

（1）选择烧结良好的硬质黏土熟料（焦宝石）作骨料，要求吸水率≤3%。

（2）泥料的颗粒配比，采用多级配料，如山东某厂进行四层筛五级颗粒级配，以便达到最紧密堆积，同时采用复合粉（熟料与软质黏土共磨）和泥浆（把一部分软质黏土调成泥浆）配料。

（3）高压成型，某厂采用630t压砖机，打击5~10次，砖坯体积密度≥2.44g/cm³。

（4）制品烧成温度较一般黏土砖高，通常在1400℃以上，有的达1420℃。

对于降低制品气孔率的方法，各生产企业还根据用户的要求及使用条件，采取一些具体的措施：

（1）山东某厂严格按表4-27配料的制品理化性能指标见表4-28。

采用优质焦宝石生料代替部分结合黏土共磨，又进行全焦宝石配料及五级颗粒配比，1000t压机成型，1400~1410℃烧成，较长的保温时间，制品的荷重软化温度可达1500℃以上，比有结合黏土制品提高30~50℃。

表4-27 泥料的颗粒配比与气孔率（%）

序号	3~2mm	2~1mm	1~0.5mm	0.5~0.088mm	<0.088mm	泥浆	气孔率
1	10	28	5	15	14+26	4.5	20.2
2	15	25	5	10	23+10	3.5	16.6
3	20	23	7	8	14+26	5.5	13.7

注：<0.088mm为熟料+共磨粉。

表4-28 制品的理化性能

化学成分（质量分数）/%		体积密度 /g·cm⁻³	显气孔率 /%	耐压强度 /MPa	重烧线变化 （1500℃×2h）/%
Al_2O_3	SiO_2				
48.2	48.5	2.35	13	128.9	-0.3
44.0	49.7	2.3	15.1	118.5	-0.15

（2）武汉某厂将高炉用黏土砖用密度1.2g/cm³左右的磷酸浸渍，浸渍温度110~120℃，浸渍时间1h左右，浸渍后的制品经450~500℃热处理，生成的含磷酸盐化合物（$xAl_2O_3 \cdot yP_2O_5 \cdot 2SiO_2$）填充在制品的气孔中，使制品致密，提高抗碱性。浸渍前后制品的理化性指标见4-29。

表4-29 磷酸浸渍前后黏土砖理化性指标

制品	化学成分（质量分数）/%			荷重软化温度/℃	重烧线变化（1450℃）/%	显气孔率 /%	耐压强度 /MPa	透气度	抗碱性
	Al_2O_3	Fe_2O_3	P_2O_5						
浸渍前	42	1.7	—	1432	-0.3	16	49	25.93	差
浸渍后	44.58	1.53	4.03	1475	-0.14	13.3	65.5	12	良

俄罗斯波罗维奇耐火公司根据高炉用致密黏土砖的要求，研制了适合于防渗层、SiO_2含量高、气孔率低的致密耐火黏土制品BorAluBar，其性能见表4-30。

表4-30 BorAluBar致密黏土制品理化指标

指标名称	化学成分（质量分数）/%		气孔率/%	耐压强度 /MPa	体积密度 /g·cm⁻³	700℃热导率 /W·(m·K)⁻¹
	Al_2O_3	SiO_2				
技术条件要求	35	未规定	12	50	2.2	1.6
检验结果	33.9	61.4	9.4	77.5	2.24	1.45

（3）河南某厂生产钛白粉回转窑用低气孔率黏土砖，也是采用焦宝石与结合黏土配料，但加入质量分数 25%～30% 的含 K_2O+Na_2O 1.92%、Al_2O_3 20.18% 的添加剂，使制品的显气孔率降至 6%。

（4）河北某厂生产干熄焦用低气孔率黏土砖，虽然也是用焦宝石与软质黏土配料，但泥料的临界颗粒为 2.5mm，四级颗粒配料，混合细粉，制品烧成温度 1370℃，保温 112h，制品理化指标见表 4-31。

安徽一单位试制干熄焦用高热震稳定性黏土砖，其所用原料的化学成分及配料比见表 4-32。

表 4-31　干熄焦用低气孔率黏土砖理化指标

制品	化学成分（质量分数）/%			显气孔率/%	体积密度/g·cm⁻³	耐压强度/MPa	荷重软化温度/℃
	Al_2O_3	Fe_2O_3	TiO_2				
要求	—	—	—	≤16	≥2.25	≥40	≥1500
日本产	46.23	1.6	0.8	13.7～15.1	2.38	87.4	1520
河北产	47.3	1.68	1.02	10.6～12	2.48	123	1510

表 4-32　原料的化学成分（质量分数）及配料比（%）

原料	Al_2O_3	Fe_2O_3	SiO_2	IL	4～3mm	3～0.5mm	0.5～0.063mm	<0.063mm
焦宝石	46.11	0.64			6	25		
高岭土	43.98	0.33						6
广西黏土	37.45	1.12	44.96	9.88				7
阳泉高铝熟料	89.36	1.45						4
西峡红柱石	55.79	1.46	40.65	0.83		13		
南阳硅线石	57.3	0.51	39.3	1.46				8
莫来石	69.2	0.44	27.31				3	6
绿碳化硅	97.31(SiC)						3	12
新 Al_2O_3 粉	98.5							7
α-Al_2O_3 粉	99.05							4（外加）

结合料一半拌成泥浆，剩下一半与其他细粉共磨，成型泥料水分 3.5%，砖坯干燥后 1470℃ 保温 16h 烧成。制品 $w(Al_2O_3)=51.91\%$，显气孔率 17.1%，荷重软化温度 1590℃，抗热震（1100℃—水冷）一般大于 50 次，最高达 278 次。制品组织结构致密均匀，抗热冲击及耐磨性能很好。

（四）高铝制品

（1）高寿命电炉顶砖：采用四川广元的波美石-高岭石型高铝矾土，天然气煅烧的熟料，与同矿产的半软质黏土配料，采用三级颗粒配比，如表 4-33 所示。

表 4-33 泥料颗粒配比（质量分数/%）

矾土熟料			半软质黏土
3.36~2.38mm	2.38~0.5mm	<0.088mm	<0.088mm
10	40	45	5

将半软质黏土调成泥浆与纸浆废液同时加入混料机，混合20min。泥料水分3.4%。在压力300t的摩擦压砖机上成型，冲压12~16次，砖坯体积密度2.91g/cm³，显气孔率16.47%，制品烧成温度1500℃，保温24h，其理化性指标见表4-34。

表 4-34 制品理化指标

化学成分（质量分数）/%				显气孔率/%	体积密度/g·cm⁻³	耐压强度/MPa	荷重软化温度/℃	抗热震性（850℃—水冷）/次
SiO_2	Al_2O_3	TiO_2	Fe_2O_3					
11.61	83.7	4.14	2.58	12.4	3.11	74.45	1540	>10

这批高铝制品在公称容量3t、实际5t的炼钢电炉顶上试用，出钢温度1550~1700℃，炉渣碱度3.5~5.0，冶炼不锈钢、高温合金钢，使用寿命662炉，比当时生产用高铝砖的寿命提高3~4倍。

这批砖与当时生产用高铝砖相比，无特优之处，而Fe_2O_3、TiO_2杂质含量偏高，荷重软化温度偏低。就是高铝矾土原料烧结的比较好（吸水率1.28%，显气孔率2.10%，体积密度3.39g/cm³，相对密度94.17%），生产工艺比较合理，使制品达到高密度、高强度，还有比较好的抗热震性。

（2）抗剥落高铝砖：在高铝砖的配料中加入锆英石（$ZrSiO_4$）、堇青石、蓝晶石、红柱石、硅线石、钛白粉等的细粉和微粉，可以提高高铝砖的热震稳定性，制备抗剥落高铝砖。有人研究在高铝熟料中添加质量分数为8%的$ZrSiC_4$细粉和微粉，高铝砖的热震稳定性得到改善，尤其添加微粉最好。在此基础上再加入质量分数为3%的TiO_2，热震稳定性更理想。加入二者抗热震的主要机理为微裂纹增韧及第二相（钛酸铝）降低材料的线膨胀系数。

河南某厂生产的抗剥落高铝砖，采用高铝矾土热料 [$w(Al_2O_3)=88.92\%$] 与结合黏土 [$w(Al_2O_3)=39.26\%$] 配料，并有锆英石细粉等添加物，其配方见表4-35。机压成型，砖坯体积密度3.02g/cm³，表中编号1号、3号砖坯，烧成温度1540℃，保温18h，2号砖坯烧成温度1450℃，保温30h，制品理化性指标见表4-36。

表 4-35 抗剥落高铝砖配料比（质量分数/%）

编号	高铝熟料		结合黏土	添加物			纸浆废液
	<5mm	<0.088mm	<0.088mm	A	B	C	
1	47	39	4	15			3
2	55	38	4		3		3
3	55	35	4			3	3

表 4-36　抗剥落高铝砖理化性能

编号	化学成分（质量分数）/%					显气孔率/%	体积密度/g·cm⁻³	耐压强度/MPa	荷重软化温度/℃	热震稳定性（1100℃—水冷）/次
	SiO_2	Al_2O_3	TiO_2	ZrO_2	CaO+MgO					
1	10.2	77.52	3.48	7.33	微	19	2.93	90.3	1520	>100
2	9.81	83.21	3.66	—	微+0.69	21	2.82	100.9	1530	>100
3	9.01	83.94	3.92	—	微+0.58	23	2.8	110.6	1530	>100

热震稳定性试验（1100℃—水冷）1 号、2 号制品 50 次前无明显裂纹，50 次后仅出现极细网状裂纹，100 次后，1 号制品完整无损。3 号制品 21 次后出现微裂纹，以后逐渐加大，100 次以后，裂纹顶端最长 50mm，宽 0.1mm，但仍完整。

材料的热震稳定性与线膨胀系数、弹性模量成反比，与热导率成正比。而复合材料用界面的微裂纹也能提高热震稳定性。红柱石、硅线石的线膨胀系数较小，高温相变为莫来石的线膨胀系数也小（20~100℃为 $5.38×10^{-6}℃^{-1}$），相变为莫来石能形成许多细微孔隙，有利于提高热震稳定性。例如：采用焦宝石 62%、硅线石 10%、工业氧化铝 10%、高铝熟料细粉 5%、结合黏土 13%的配料，生产出 $w(Al_2O_3)$ = 52.92%、荷重软化温度 1530℃、热震稳定性（1100℃—水冷）>30 次的高铝砖。

在 Al_2O_3-SiO_2 系耐火制品中，随硅线石或红柱石加入量增加，热震稳定性提高。抗热震最好的制品是加入红柱石（10%）作骨料，硅线石细粉（15%）和 $α$-Al_2O_3 微粉（15%）为基质，制品经 1100℃—水冷热交换 20 次以上，仅出现微细（宽约 0.2mm）网状裂纹。

（3）低蠕变高铝砖：以莫来石、刚玉或高铝矾土熟料为主要原料，添加"三石"矿物，制成低蠕变高铝砖，是利用所谓的未平衡反应来解决的。当要求蠕变温度为 1550℃、1500℃时，添加硅线石等"三石"矿物，当要求蠕变温度为 1450℃、1400℃、1350℃时，添加红柱石等"三石"矿物，相应引入刚玉、$α$-Al_2O_3 等，见表 4-37。

表 4-37　低蠕变高铝砖的主要原料与添加物

等级	牌号	蠕变温度/℃（0.2MPa）	蠕变率/%（0~50h）	主要原料与添加物
高	H21	1550	≤1	莫来石、刚玉、"三石"（硅线石为主）
	H22	1550	≤1	
中	H23	1450	≤1	莫来石、刚玉、矾土熟料、"三石"（红柱石为主）
	H24	1400	≤1	
	H25	1350	≤1	
低	H26	1300	≤1	矾土熟料、黏土、"三石"（蓝晶石为主）
	H27	1270	≤1	
	H41	1250	≤1	

制品的荷重软化温度与抗蠕变性互成正向相关，荷重软化温度高，抗蠕变性好（蠕变值低），荷重软化温度一般高出相应蠕变温度 220~250℃。

在高铝砖的配料中加入"三石"矿物，在制品烧成的高温下，莫来石化过程伴随的体积膨胀抵消了矾土熟料的收缩，提高了荷重软化温度。

（4）低蠕变莫来石砖：用纯烧结莫来石 M-75（质量分数为 30%）和电熔白刚玉（质量分数为 28%）作骨料，混合细粉（42%）作基质生产低蠕变莫来石砖。骨料为 2.38~

1.68mm、1.68~0.84mm 及 <0.5mm 三级颗粒，小于 0.5mm 颗粒用酸洗除铁。混合细粉为：电熔白刚玉 68%+石英粉 20%+苏州土 12%+羧甲基纤维素 0.5%，准确称重后，置于振动磨中振动 15~20min，获得均匀细粉。其中石英砂在入振动磨前要用水冲洗干净。

采用硫酸铝水溶液（外加 2%）、纸浆废液（外加 2.5%）作结合剂。泥料在 630t 压机上成型，干燥后 1600℃保温 8h 后烧成。制品的理化指标见表 4-38。

表 4-38　低蠕变莫来石砖理化指标

| 砖别 | 化学成分/% | | | 显气孔率/% | 体积密度/g·cm^{-3} | 耐压强度/MPa | 荷重软化温度/℃ | 蠕变率（1550℃×50h)/% |
	Al$_2$O$_3$	SiO$_2$	Fe$_2$O$_3$					
中国砖	80.94	18.20	0.76	15.6~16.5	2.77~2.79	197~267	>1700	0.08
日本砖	80.46	18.45	0.26	13.2~15.5	2.77~2.82	73~125	>1700	0.26

（5）微膨胀高铝砖：以高铝矾土熟料为主，添加"三石"，按高铝砖生产工艺制砖。由于砖的基质引入"三石"精矿，在使用过程中产生微膨胀，挤紧砖缝，提高内衬整体密实性，提高抗侵蚀能力。

这种制品的关键技术是选择好"三石"中的哪种及其粒度的大小，再就是控制好烧成温度，使砖中的"三石"矿物部分莫来石化，残留的"三石"矿物，在使用过程中进一步莫来石化，伴随有体积效应。选择"三石"矿物，以复合材料为好，因为蓝晶石、红柱石、硅线石的分解温度不同，莫来石化伴随的膨胀率也有差异，而在使用过程中不同的工作温度下有相应的膨胀效果。河南某厂生产的微膨胀高铝砖技术指标见表 4-39。

表 4-39　微膨胀高铝砖技术指标

| 化学成分（质量分数)/% | | 显气孔率/% | 耐压强度/MPa | 荷重软化温度/℃ | 重烧线变化（1550℃×2h)/% | 烧成线变化率/% |
Al$_2$O$_3$	Fe$_2$O$_3$					
81.04	1.84	19	112	1580	+0.1	+0.47
81.13	1.64	21	87	1570	+0.3	+0.84
81.24	1.67	20	96	1570	+0.2	+0.76

（6）刚玉莫来石砖：我国的铝土矿普遍为高硅低铁的水铝石-高岭石型矿石，用天然原料熔炼的棕刚玉或矾土烧结刚玉，主要物相为刚玉、莫来石，以它为原料生产的耐火制品，即为刚玉莫来石砖。

刚玉-莫来石砖以合成莫来石为骨料，α-Al$_2$O$_3$ 为细粉，或以电熔或烧结刚玉为骨料，合成莫来石为细粉制取 Al$_2$O$_3$ 含量大于 85% 的制品，前者抗热震性好，抗侵蚀性差；后者抗渣性好，但抗热震性稍差。

浙江大学研究刚玉莫来石推板砖配料时，当颗粒与细粉的比例为 60：40，其中莫来石颗粒与刚玉颗粒的质量比为 3：1 时，制品的抗热震性最好。制品经 1100℃水冷 3 次后，抗折强度保持率比全部用莫来石颗粒或全部用刚玉颗粒分别提高 75% 和 35%。为了提高推板砖的耐磨性和抗侵蚀性，采用电熔刚玉和电熔莫来石作原料，烧结刚玉和烧结莫来石作细粉，添加活性剂，高温（1700℃）烧成。还认为用纯度高的硅铝溶胶结合比用黏土做结合剂的制品抗热震性好。为了提高强度，有人在配料中引入 6% 左右石英粉。

刚玉莫来石制品的另一制造方法是以板状刚玉为骨料，电熔刚玉、α-Al_2O_3 微粉为基质，添加高硅有机物，采用有机物与无机胶体的复合结合剂，高压成型，1700℃烧成。其制品的抗热震性（1100℃—水冷）超过 70 次，高温（1450℃、0.5h）抗折强度 19.1MPa。这是因为板状刚玉颗粒有 1~10μm 的闭口气孔，提高抗热震性，再加上引入 α-Al_2O_3 与添加的游离 SiO_2 反应，形成莫来石提高抗热震性。

还有人用莫来石做骨料，烧结刚玉、红柱石、石英、黏土等作细粉，振动成型，1550~1650℃烧成。其制品 $w(Al_2O_3) = 81.92\%$，耐压强度 101MPa，抗热震（1100℃—水冷）>40 次。

（五）刚玉制品

Al_2O_3 含量大于 90% 的高铝制品属于刚玉制品，一般采用烧结或电熔刚玉原料制造。其生产工艺与纯莫来石砖基本相同，烧成温度为 1750~1800℃。

根据用户要求，还有以下几种刚玉制品：低硅刚玉砖可做石化工业渣油气化炉的内衬；要求 SiO_2 含量小于 0.2% 的高纯刚玉制品，主要是原料要有高纯度，SiO_2 含量小于 0.2%，减小临界颗粒尺寸，增加细粉，提高制品的致密度；以及 Sialon 结合刚玉制品、微孔刚玉制品。

（1）高纯刚玉制品：用烧结刚玉和板状刚玉配料，实例见表 4-40，其制品性能见表 4-41。

表 4-40 纯烧结刚玉制品配料实例（W）%

编号	配料（质量分数）/%					纸浆废液	烧成温度/℃（10h）	烧成线收缩率/%
	刚玉			电熔刚玉<240目	α-Al_2O_3微粉			
	3~1mm	1~0.5mm	<0.045mm					
1	20	40	25	—	15	3.0	1780	4.1
2	30	33	—	22	15	3.56	1780	1.33
3	32	33	35	—	—	35	1780	3.83

注：1号为烧结刚玉；2号、3号为板状刚玉。

表 4-41 刚玉制品的性能

编号	显气孔率/%	体积密度/g·cm^{-3}	耐压强度/MPa	1600℃重烧线变化/%	荷重软化温度/℃	抗热震性（1100℃—水冷）/次
1	7.8	3.54	265.4	—	>1700	4
2	12	3.36	275	0	>1700	—
3	11	3.30	195	0	>1700	9

注：编号与表 4-40 相对应。

在板状刚玉制砖的配料中，引入 1%~2% α-Al_2O_3 纳米粉 [$w(Al_2O_3) = 99.99\%$，平均粒径 100mm]，可降低烧成温度 100~200℃，α-Al_2O_3 纳米粉是增大烧结致密化的推动力，可提高制品的强度。

全部采用电熔刚玉配料，1800℃ 以上高温，其制品仍不能完全烧结（棕刚玉制品除外），制品的气孔率高（>20%），耐压强度低（<40MPa），要引入 α-Al_2O_3 微粉、纳米粉

或高效添加剂（化学分解型无机材料，起活化和改善显微结构的作用）。

（2）Sialon 结合刚玉制品：纯刚玉制品烧成温度高，烧结体线膨胀系数较大，抗热震性能差，如果刚玉与 Sialon 复合，可以使刚玉制品的烧成温度降低，强度提高，明显改善制品的抗热震性，同时还能提高抗钢水及熔渣的侵蚀和渗透能力。20 世纪 80 年代初，法国 SAVOIE 耐火材料公司研制成功 Sialon 结合刚玉制品，90 年代初我国研制成功，现已大量生产，成功用于高炉炉衬。β-Sialon 结合刚玉耐火制品的制备，大都采用以下几种方法：

1）反应烧结法：以刚玉料为颗粒及细粉、α-Al_2O_3 微粉、SiO_2 微粉，Si_3N_4 粉组成基质，以 Y_2O_3 为助烧剂配料制砖，在氮气或埋炭的气氛中，通过反应烧结制备 β-Sialon 结合刚玉耐火制品。

2）燃烧合成法：以刚玉为颗粒，SiO_2 微粉、金属 Al 粉等配料制砖，在氮气中通过自蔓延原位合成 β-Sialon 结合刚玉耐火制品。

3）直接烧结法：首先采用天然的高岭土、叶蜡石等通过碳热（或铝热）还原氮化合成 Sialon 粉，然后将 β-Sialon 粉与刚玉配料，烧成 β-Sialon 结合刚玉耐火制品。

4）O′-Sialon 结合刚玉耐火制品的制造方法：在刚玉颗粒中加入适量 Al_2O_3、SiO_2 和 Si_3N_4 细粉，混合后成型，于 1500℃烧成，可制得 O′-Sialon 结合刚玉耐火制品。

（3）微孔刚玉制品：我国研制的高炉陶瓷杯用微孔刚玉砖是采用电熔致密刚玉和棕刚玉为主要原料，酚醛树脂为结合剂，选择 A、B 添加剂，高压成型，1500℃烧成，并经机床精磨后预组装的刚玉制品。制品形成微孔的基本条件：一是砖体组织结构要致密，成型时砖坯气孔尽可能小，而且要少；二是依靠添加剂在高温形成高熔点物质，而且是稳定的化合物。在微孔刚玉砖的配料中，添加粒度很小（5~40μm）的 A、B 添加物。在成型时有填充气孔作用，1500℃高温烧成过程中，B 添加剂熔化和汽化，并渗入到气孔中，在高温下 A、B 可生成硅铝酸盐化合物，还有提高强度的作用。酚醛树脂在高温下炭化析出的碳，也可与 B 反应生成化合物，使刚玉砖有很高的强度。我国对高炉陶瓷杯用微孔刚玉砖制定了标准（YB/T4124—2005），见表 4-42，实际生产的微孔刚玉制品理化指标见表 4-43。

表 4-42　微孔刚玉砖国家标准（YB/T4124—2005）规定指标

牌号	w（Al_2O_3）/%	w（Fe_2O_3）/%	显气孔率/%	体积密度/g·cm^{-3}	耐压强度/MPa	铁水溶蚀指数/%	溶蚀率/%	透气度/mDa	平均孔径/μm	<1μm孔容积率/%	抗碱性强度下降率/%
WGZ-80	≥80.0	≤1.0	≤15	≥3.1	≥130	≤1.5	≤10	≤0.5	≤0.5	≥10	≤10
WGZ-83	≥83.0	≤1.0	≤13	≥3.2	≥150	≤1.0	≤8	≤0.5	≤0.3	≥80	≤10

注：1. 平均线膨胀系数和热导率（600~1100℃）要提供数据；

2. 透气度单位换算 1mDa=0.987μm^2。

表 4-43　我国与法国的微孔刚玉陶瓷杯理化指标

国别	w（Al_2O_3）/%	w（Fe_2O_3）/%	体积密度/g·cm^{-3}	显气孔率/%	耐压强度/MPa	荷重软化温度/℃	平均孔径/μm	<1μm孔径/%
中国 1	80.05	0.08	3.11	11.91	136.68	>1650	0.489	78.32
中国 2	82.18	0.47	3.21	10.08	207.26	1650	0.16	87.17
法国	82.39	0.86	3.29	10	86.08	—	0.175	85.33

法国的微孔刚玉砖是以棕刚玉为原料的低水泥结合浇注料预制块。

我国的微孔刚玉砖已成功用于武钢、杭钢、柳钢、天钢等公司的高炉，取得了很好的使用效果。

二、碱性耐火制品

（一）镁质制品

当镁质制品的基质成分不同时，又得到不同的品种。有普通镁砖、镁硅砖、镁钙砖、镁铝砖和镁铬砖等。而镁质制品又分烧成制品和不烧成制品两大类，本节主要介绍烧成制品。

镁质耐火制品的生产特点是：（1）全瘠性物料配料，泥料水分低，一般为 2%~3%。为了增大泥料塑性和砖坯强度，通常配料时加入亚硫酸纸浆废液或卤水等结合剂；（2）成型压力一般要 80MPa 以上；（3）烧成温度一般为 1550~1600℃，高纯镁质制品烧成温度为 1750~1800℃。

（1）高纯镁砖：辽宁某厂生产的高纯镁砖分为三个牌号：GMZ-95、GMZ-97、GMZ-98。分别采用竖窑二步煅烧的 MS-96、MS-97、MS-98 三个牌号的高纯镁砂作原料，配料密度为 3~2mm35%、2~1mm25%、<0.088mm40%，加入相对密度为 1.22~1.74 的亚硫酸纸浆废液 2%~3%（质量分数），在湿碾机上混练 10min。泥料水分 2%~2.5%，在高吨位压砖机上成型，控制砖坯体积密度≥2.95g/cm³。干燥后砖坯水分<0.5%装窑。烧成温度 1750~1800℃。制品的物理指标：体积密度 2.93~3.01g/cm³，显气孔率 15%~17%，耐压强度 45.3~93.3MPa，荷重软化温度>1700℃。

（2）再结合镁砖：以电熔镁砂为原料制成的镁质制品。由于电熔镁砂方镁石晶粒大（210~310μm），MgO 含量高（95% 以上），因此高温性能比烧成镁砖高。再结合镁砖体积密度≥2.98g/cm³，显气孔率≤15%，荷重软化温度>1700℃。

（3）高铁镁砖：济南大学研究人员设想用高铁镁砖代替镁铬砖用于水泥窑衬。先合成镁铁砂，即用轻烧镁粉与氧化铁及添加物配料，压块，煅烧合成高铁镁砂，然后再用高铁镁砂作原料生产高铁镁砖。结果发现：高铁镁砖中，氧化铁含量 9%、烧成温度低于1580℃时，这种砖的体积密度达 3.05g/cm³，线膨胀系数适中，为 $6.581×10^{-6}$/℃，荷重软化温度 1620℃，对水泥物料表现出良好的抗侵蚀和抗渣渗透性。

镁砖的耐火度达 2000℃ 以上，而荷重软化温度随胶结相的熔点及其在高温下所产生液相数量的不同而有很大差异，一般镁砖的荷重软化温度为 1520~1600℃，而高纯镁砖可达1800℃；1000~1600℃ 镁砖的线膨胀率一般为 1.0%~2.0%，并与温度呈近似线性关系；镁砖的热导率随温度升高而降低；镁砖的抗热震性差，在 1100℃—水冷条件下仅 1~2 次就破坏了；镁砖可抵抗含氧化钙和氧化铁等碱性熔渣的侵蚀，但不耐含 SiO_2 等酸性熔渣侵蚀。

（二）MgO-SiO_2 系耐火制品

（1）镁硅砖：高硅菱镁矿（SiO_2 含量大于 3.5%，CaO 含量小于 1.0%，MgO 含量大于44%）经高温煅烧成镁硅砂，主晶相为方镁石，次晶相为镁橄榄石。

以镁硅砂为原料，其他工艺完全与镁砖相同，制成的制品为镁硅砖。

（2）镁橄榄石砖：用橄榄岩（也可煅烧）、蛇纹石做原料，加入适量的镁砂及烧结剂、结合剂按普通耐火材料工艺生产镁橄榄石砖。武汉科技大学研究，用轻烧镁粉（10%）与镁橄榄石细粉（90%）合成料，1200~1600℃，3h 煅烧，其物相主要是镁橄榄石（M_2S）。以这种合成料为骨料（3~1mm30%，<1mm30%）、镁橄榄石熟料细粉（≤0.088mm）和镁砂粉（<0.088mm）为基质，添加 4% 纸浆废液混合均匀后压制成砖坯，干燥后 1600℃ 烧成。在氧化气氛条件下烧成，有利于 Fe^{2+} 转化为 Fe^{3+}。

镁砂的加入量要根据原料矿物组成及化学成分计算得出，保证制品中有方镁石存在，不仅保证制品性能，还有助于制品加速烧结。

某耐火厂用天然橄榄石生料直接制砖，与黏土质耐火材料生产工艺基本相同，制品 1360℃ 烧成，橄榄石制品的理化指标：$w(MgO)=42\%$，$w(SiO_2)=40\%$，$w(Fe_2O_3)=9\%$，耐火度 1720℃，显气孔率 23%，耐压强度 50MPa，荷重软化温度 1430℃，1350℃ 重烧线变化率 0.75%。主要指标达到或超过黏土砖及三等高铝砖水平。

河南某公司以橄榄石为原料，添加优质镁砂，轻烧镁粉生产的镁橄榄石砖，用于玻璃熔窑蓄热室格子砖，使用效果良好。制品的主要理化指标：$w(MgO)=66.6\%$，$w(SiO_2)=25.15\%$，显气孔率 19%，体积密度 2.77g/cm³，耐压强度 40MPa，荷重软化温度 1700℃。

据资料介绍：目前天然橄榄石主要在钢铁、铸造行业使用，用量占 90% 以上，仅用粗中颗粒料，而占 1/3 的细粉弃之不用，浪费资源，污染环境。用这些细粉合成镁橄榄石生产耐火材料比较合适。

（3）镁橄榄石铬砖：以天然橄榄岩［$w(MgO)=45.98\%$、$w(SiO_2)=41.72\%$］、中档镁砂［$w(MgO)=95.29\%$］为主要原料，橄榄岩 50%，镁砂 40% 并混料，机压成型，砖坯的密度>2.98g/cm³，在氧化气氛下 1610℃ 烧成。以颗粒和细粉形式加入铬矿［$w(Cr_2O_3)=54.66\%$］9% 左右，不但不会降低制品的高温性能，而且会提高制品的强度和抗热震性。镁橄榄石铬砖的理化性能指标见表 4-44。

表 4-44　镁橄榄石铬砖的理化性能指标

矿别	化学成分（质量分数）/%			体积密度 /g·cm⁻³	显气孔率 /%	耐压强度 /MPa	荷重软化温度/℃	热震稳定性（1300℃—水冷）/次
	MgO	SiO₂	Cr₂O₃					
中国镁橄榄石铬砖	65.22	22.08	4.45	2.77	20	65	1720	3
俄罗斯镁橄榄石铬砖	59.50	23.10	3.86	2.64	23	28	1580	3
镁橄榄石砖	72.94	20.34	—	2.76	18	51	1740	0

（三）$MgO-Al_2O_3$ 系耐火制品

以 MgO 和 Al_2O_3 为主要化学成分的耐火材料称为镁铝尖晶石质耐火材料。根据 Al_2O_3 含量可分为：方镁石-尖晶石耐火材料（<30%）、尖晶石-方镁石耐火材料（30%~68%）、尖晶石耐火材料（68%~73%）、尖晶石-刚玉耐火材料（73%~90%）、刚玉-尖晶石耐火材料（>90%）。

将高铝矾土与镁砂配料制取方镁石-尖晶石耐火材料，$w(Al_2O_3)<10\%$，原位反应的方

镁石-尖晶石砖也称镁铝砖，属于第一代 $MgO-Al_2O_3$ 系耐火制品。20 世纪 30 年代奥地利、英国曾申请了专利，1964 年前苏联有了产品。我国于 20 世纪 50 年代利用天然菱镁矿生产的镁砂与高铝矾土混合开发出镁铝转。在炼钢平炉顶代替镁铬砖使用成功，并推广大量使用。20 世纪 80 年代我国又研制成功并生产镁铝尖晶石原料。

（1）镁铝砖（方镁石-尖晶石制品）：在镁砂配料中加入一定比例的工业氧化铝或特级高铝矾土，工业氧化铝加入量一般为 5%～10%，与镁砂共同磨细后以细粉形式加入。也有采用预合成镁铝尖晶石配料，配料时要控制 3～2mm 和小于 0.088mm 颗粒成分的比例。镁铝砖的烧成温度比镁砖高 30～50℃，高纯镁铝砖烧成温度为 1750～1800℃。镁铝砖是以方镁石为主晶相、镁铝尖晶石为基质的制品。其制品的理化指标见表 4-45。

表 4-45　镁铝砖的理化性能

牌　号	化学成分/%		物　理　指　标			
	MgO	Al_2O_3	荷重软化温度/℃	显气孔率/%	耐压强度/MPa	抗热震性/次
ML-80A	≥80	5～10	≥1600	≤18	≥39.2	≥3
ML-80B	≥80	5～10	≥1580	≤20	≥29.4	≥3

此外，也有在配料中引入少量铬精矿，经高温烧成后制得的镁铝铬砖，它的强度和荷重软化温度比镁铝砖更高，抗热震性更好。

还有用高纯镁砂和预合成的镁铝尖晶石为主要原料，高温烧成制取的直接结合方镁石-尖晶石耐火制品，它是杂质含量极低、荷重软化温度很高、热膨胀率低、抗热震性特好的制品。两种制品的理化指标见表 4-46。

表 4-46　镁铝铬和镁铝尖晶石砖的理化性能

砖　种	化学成分/%					物　理　指　标					
	MgO	Al_2O_3	Fe_2O_3	CaO	SiO_2	耐压强度/MPa	荷重软化温度/℃	显气孔率/%	抗热震性（900℃—空冷）/次	线膨胀率（1000℃）/%	热导率（1000℃）/W·(m·K)$^{-1}$
镁铝尖晶石	80～90	9～18	0.1～0.5	0.4～1.0	0.2～0.6	39.0～78.0	>1700	14～15	>100	1.1	2.8～3.7
镁铝铬	89.5	5.98		Cr_2O_3 1.10		70～80	1630		2.98[①]		

①体积密度。

镁铝砖中 $w(Al_2O_3)=5\%\sim12\%$，其耐高温、抗侵蚀、抗热震性能好，$w(Al_2O_3)=10\%\sim20\%$ 时，砖的抗热震性能优良，可用于水泥窑，$w(Al_2O_3)=15\%\sim25\%$ 时，可用作玻璃熔窑蓄热室格子砖。

（2）铝镁砖（刚玉-尖晶石制品）：即含 Al_2O_3 高、MgO 低的制品。最简单的制备方法，就是在刚玉配料中引入一定数量的轻烧镁石粉，在制品烧成过程中原位形成尖晶石。众所周知，在形成尖晶石的过程中伴随有 6.9% 的体积膨胀。如果制品中形成的尖晶石数量过大，在制品烧成过程中会产生裂纹。为了避免裂纹的产生，要采用预合成的尖晶石与刚玉及 α-Al_2O_3 微粉配料，尖晶石含量 10%～15% 的刚玉-尖晶石耐火材料抗侵蚀能力较强。

作者曾研究刚玉-尖晶石砖用镁砂还是预合成尖晶石配料，得出结论：引入镁砂不超过 5%，1560℃ 烧成制品的外形整齐，表面光洁。

（3）方镁石-尖晶石锆砖：在方镁石-尖晶石砖的配料中引入 ZrO_2，使 ZrO_2 与 CaO 反应生成 $CaO \cdot ZrO_2$，能阻止渣渗透，并能改善制品抗热震性。一般加入量少于 2%。

（四）MgO-CaO 系耐火制品

镁钙质耐火材料中的 MgO、CaO 均为高熔点氧化物，MgO 熔点 2800℃，CaO 熔点 2600℃，二者共融温度 2370℃，这类材料具有良好的耐高温性能。MgO-CaO 质耐火材料中的游离 CaO 能较好地捕捉钢中的 Al_2O_3、SiO_2、S、P 等非金属夹杂，对钢水的脱磷、脱硫效率有一定影响，对高碱性熔渣有较强的耐侵蚀性能。因此随着特钢技术的进步和向洁净化发展，含游离 CaO 的镁钙质耐火材料引起国内外的普遍关注。

（1）烧成油浸白云石砖：采用烧结的高纯白云石做原料，按照严格的颗粒配比，先将大中颗粒加热，混练时先加入大中颗粒、脱水的中温沥青或石蜡，然后加入细粉，充分混合后并保持一定温度。用摩擦压砖机成型，坯体经 1600~1650℃ 烧成。低温阶段快速升温。1000~1400℃ 脱炭阶段保持氧化气氛，并维持足够时间。烧成砖进行真空处理，并在高温沥青中浸渍，处理后冷却即是烧成油浸白云石砖。

（2）稳定白云石砖：以白云石为主，加入蛇纹石、镁橄榄石，并有磷灰石为稳定剂（P_2O_5 含量 1% 左右）煅烧稳定的白云石熟料。以稳定的白云石熟料为原料，用亚硫酸纸浆废液做结合剂，按一般耐火材料生产工艺制造稳定的白云石砖，烧成温度为1400~1450℃。

（3）镁白云石砖：镁白云石砖是在焦油白云石砖的基础上开发的。主要采用镁白云石合成砂（一步或两步煅烧砂），通常采用三级颗粒级配，即 5~3mm 10%、3~0.5mm 60%、<0.088mm 30%。可引入部分或全部高纯镁砂细粉，外加石蜡（2.7%）或焦油做结合剂。

用机压成型砖坯，1700℃ 或以上温度烧成，必须注意用石蜡做结合剂的制品，在脱蜡温度范围内要快速升温，以免造成砖坯塌落或开裂。还要注意燃料和一、二次风中不能带入过量的水分，以免引起砖坯水化而造成粉化。烧成后的镁白云石砖要防止水化，通常用塑料薄膜将砖密封包装。油浸镁白云石砖是将烧成后的制品放到沥青中真空浸渍，既能防止水化，又能提高抗侵蚀能力。

（4）直接结合镁白云石砖：与烧成镁白云石砖生产工艺相似，但对原料的质量要求更高，$SiO_2+Fe_2O_3+Al_2O_3$ 杂质总量不能超过 2%，合成砂的体积密度要大于 3.20g/cm³，制品的烧成温度更高，其物理性能指标更好。

（5）石灰制品：从热力学角度 CaO 是最稳定的氧化物之一，与其他材料相比，在金属及合金熔炼温度下，被活性合金元素还原的量要少得多，CaO 良好的脱 O、N、S 及去杂质能力已被证实。

CaO 是碱性氧化物，熔点 2570℃，但它易水化，工业上尚未大量生产氧化钙质耐火材料。由于某些特殊使用场合，也有氧化钙制品生产。某单位用工业石灰，采用特殊工艺提纯，得到 $w(CaO)$ 为 98% 以上的高纯度石灰。选用复合添加剂并煅烧抗水化钙砂，电炉煅烧的钙砂显气孔率<10%，体积密度≥2.9g/cm³，而用高温隧道窑煅烧的钙砂显气孔率为 15%~20%，体积密度为 2.6~2.7g/cm³，采用钙砂作原料，加入 5%~6% 无水结合剂，泥料混匀后分别用等静压机和液压机成型 10kg 重的坩埚。等静压成型的坩埚显气孔率<15%，体积密度≥2.7g/cm³；液压机成型的坩埚显气孔率为 18%~25%，体积密度为 2.5~

2. $6g/cm^3$。在烧成过程中（1450~1650℃）等静压成型的制品出现炸裂现象，而液压制品没有炸裂。在中频炉上冶炼纯铁，脱硫效果明显，脱硫率 57. 17% ~ 86. 76%，高温冶炼特殊合金，CaO 坩埚含氧稳定不变，而 MgO 坩埚含氧量增高。

（五）MgO-Cr_2O_3 系耐火制品的未来

以铬铁矿和镁砂为原料制取的制品，一般将铬铁矿加入量大于 50% 的制品称为铬镁制品，加入量小于 50% 的制品称作镁铬制品。由于 MgO-Cr_2O_3 制品中含 Cr_2O_3，在一定条件下三价铬会变成六价铬，而六价铬化合物溶于水，也可以气相形式存在，对人类健康有严重威胁。一些发达国家在 20 世纪就禁止使用含铬耐火材料。我国也在努力研制镁铬砖的替代品，如使用镁铬砖较多的水泥回转窑已研制出镁锆砖和镁铁铝尖晶石砖；钢的炉外精炼 AOD 炉用镁钙砖逐步代替镁铬砖；VOD 炉用镁白云石砖及铝镁系浇注料或预制件代替镁铬砖；RH 真空炉衬有人研究认为镁锆砖抗侵蚀能力优于镁铬砖。对于一直依赖于镁铬砖的铜冶炼炉来说，有些人认为炼铜不会使镁铬砖产生六价铬，镁铬砖还应该保留一段时间，不过也有报道：由于开发了铜冶炼转炉，实际操作中采用铁酸钙基炉渣代替普通的含铁硅酸盐型炉渣，又进一步促进了无铬耐火材料的创新进程。采用铁酸钙炉渣操作工艺，能从粗铜中除去难以除掉的杂质（锑、砷、铋），降低了铜在渣中的损耗。由于铁酸钙炉渣侵蚀性特别强，需要开发新的耐火材料，研究表明 MgO-TiO_2 质耐火材料具有抗富钙炉渣侵蚀的优点，能与炼铜炉的使用条件相适应，而且无污染，抗热震性好。

河南瑞泰公司研究镁铝钛砖，以电熔尖晶石（1~4mm）、电熔镁砂（小于 4mm 及小于 0.088mm）及烧结镁砂为主要原料，加入 Al_2O_3 细粉和锐钛矿型 TiO_2 细粉、无机结合剂，1600℃烧成镁铝钛砖，并与镁铬砖对比作抗铜渣试验，结果二者抗侵蚀性相当。

（六）MgO-ZrO_2 和 MgO-CaO-ZrO_2 系耐火制品

（1）镁锆砖：营口青花集团的研究人员用电熔镁砂 [$w(MgO)$ = 97. 37%，5 ~ 3mm、3~1mm、1~0mm 及 ≤ 0.088mm 四级粒度] 与粒度 ≤ 0.045mm 的单斜锆 [$w(ZrO_2)$ = 98. 77%] 配料，高压成型，在高温隧道窑中（1760℃），保温 3h 烧成，制品的理化指标见表 4-47。

表 4-47　镁锆砖的理化指标

化学成分（质量分数）/%						显气孔率 /%	体积密度 /g·cm⁻³	耐压强度 /MPa	高温抗折强度（1450℃）/MPa	热震稳定性（1100℃—水冷）/次
MgO	ZrO_2	CaO	Al_2O_3	SiO_2	Fe_2O_3					
85. 44	11. 23	1. 34	0. 25	0. 92	0. 67	12. 1	3. 28	78	5. 4	6

瑞泰公司研究用电熔镁砂 [$w(MgO)$ = 96. 87%]、高纯镁砂 [$w(MgO)$ = 97. 0%] 与锆英石 [$w(ZrO_2)$ = 66. 5%、$w(SiO_2)$ = 32. 5%] 配料，临界颗粒 4mm，按最紧密堆积原理的颗粒级配，纸浆废液做结合剂，高压成型，砖坯体积密度 $3.1g/cm^3$。研究结果得出：镁砂 80%、锆英石 20% 配料，制品 1580℃烧成，制品的各项指标较好。认为锆英石分解出来的 SiO_2 与 MgO 反应生成熔点（1890℃）较高的镁橄榄石。当锆英石含量超过 20% 时，由于分解出来的 SiO_2 开始过剩，多余的 SiO_2 生成低熔点的硅酸盐相，使液相增多，性能

下降。物相分析得出：镁橄榄石作为结合相，把方镁石连在一起，球状氧化锆均匀分布在方镁石之间，各物相之间结合程度非常好，提高了镁锆砖性能。

（2）镁钙锆砖：辽宁科技大学研究了 MgO-CaO-ZrO$_2$ 质制品生产工艺，以镁钙砂 [$w(MgO) = 71.91\%$、$w(CaO) = 21.58\%$] 为骨料（5～2mm、≤2mm、≤0.088mm），镁砂粉 [$w(MgO) = 96.1\%$，≤0.074mm] 分别与电熔氧化锆粉 [$w(ZrO_2) = 95\%$，≤0.045mm]、脱硅锆粉 [$w(ZrO_2) = 90\%$，≤0.045mm]、锆英石 [$w(ZrO_2) = 67.79\%$，≤0.045mm]作基质，其高钙镁砂质量分数为 68%，镁砂粉 7%，锆质原料均为 5%，聚乙烯醇为结合剂，用液压机以 200MPa 压力成型砖坯，1600℃烧成，结果是以脱硅锆引入 ZrO$_2$ 的制品各项指标较好。ZrO$_2$ 引入镁钙砖中，在基质中形成 CaZrO$_3$，随着烧成温度提高、CaZrO$_3$ 含量增加，发育也越完全，而 CaZrO$_3$ 不存在水化问题。

西安建筑科技大学研究 MgO-CaO-ZrO$_2$ 砖，采用烧结镁砂和电熔镁砂与轻质碳酸钙、锆英石粉、工业纯 ZrO$_2$ 粉等配料，并加入 1% 的 TiO$_2$ 粉，其中制品的理化指标为 $w(MgO) = 81.61\%$，显气孔率 17%，体积密度 2.93g/cm^3，常温耐压强度 60MPa，荷重软化温度 1680℃，抗热震性（950℃—风冷）25 次，而对水泥熟料的黏附性大大高于镁铬砖。

（七）镁铁铝尖晶石砖

作为水泥窑用镁铬砖的代用品引起各方面关注。其中北京科技大学与山东某耐火公司合作生产的镁铁铝尖晶石砖已经在国内外一些水泥窑上使用，并得到好评。其工艺要点如下：

采用电熔镁砂 [$w(MgO) ≥ 98\%$]、高纯镁砂 [$w(MgO) ≥ 97\%$]、烧结铁铝尖晶石 [$w(MgO) ≤ 20\%$、$w(Al_2O_3) ≥ 44\%$、$w(Fe_2O_3) ≥ 32\%$]、氧化铝微粉 [$w(Al_2O_3) ≥ 98\%$]作原料。先称量颗粒料加入混练机中混练 3～4min，然后加入临时结合剂混练 3～4min，再加入粉料混练 6～10min，泥料混练均匀后出料。用 2500t 自动液压机定量定位成型砖坯，体积密度 3.1～3.2g/cm^3，砖坯在 110℃、24h 干燥，砖坯水分小于 1.2% 才能进入窑中烧成，1650～1700℃保温 6～8h。

某集团公司研究的镁铁铝尖晶石砖是采用高纯镁砂与烧结镁铁铝尖晶石 [$w(MgO) = 37.7\%$、$w(Fe_2O_3) = 29.7\%$、$w(Al_2O_3) = 33.7\%$] 配料，其配方如表 4-48 所示。

表 4-48　配方（质量分数/%）

高纯镁砂				镁铁铝尖晶石
5～3mm	3～1mm	<1mm	<0.088mm	<1mm
10	30	15	35	10

混合均匀的泥料在 2000t 液压机上成型，在隧道窑中 1600℃烧成。

还有人采用高纯镁砂、高铁镁砂 [$w(MgO) = 90.80\%$、$w(Fe_2O_3 + FeO) = 6.32\%$] 与铁铝尖晶石 [$w(Fe_2O_3 + FeO) = 44.79\%$、$w(Al_2O_3) = 58.75\%$] 配料，制砖。

欧洲一些国家是采用烧结镁砂为主要原料，添加电熔法合成的铁铝尖晶石（≤10%）而制成镁铁铝尖晶石砖，因为 RHI 公司是唯一拥有电熔法生产铁铝尖晶石-MgO 技术的单位。这种砖用于受化学应力冲击严重的烧废弃物窑内，寿命超过镁铬砖。

我国也有人用电熔法合成铁铝尖晶石 [$w(Fe_2O_3) = 37.97\%$、$w(Al_2O_3) = 61.02\%$、$w(MgO) = 0.62\%$]，并与电熔镁砂 [$w(MgO) = 96.68\%$、$w(Fe_2O_3) = 0.53\%$、$w(CaO) = 1.73\%$] 配料，研制镁铁铝尖晶石砖，其配方见表 4-49，用羧甲基纤维素钠做结合剂，150MPa 压力成型，砖坯干燥后于 1550℃ 和 1600℃ 保温 3h 烧成。

表 4-49　配方（质量分数/%）

编号	电熔镁砂			铁铝尖晶石	
	3~1mm	≤1mm	≤0.088	2~1mm	≤0.088
B₁	45	20	28	—	7
C₁	45	13	35	7	

高温下，镁砂与电熔铁铝尖晶石、刚玉反应得到铁铝尖晶石的固溶体，随着氧化镁含量的不断增加，镁铝尖晶石向铁铝尖晶石固溶量加大，并促进了烧结。

电熔铁铝尖晶石以颗粒形式加入，有两种结构，一种是在铁铝尖晶石周围存在一反应层，该层与尖晶石分离，它们之间有环形裂纹；另一种是氧化镁扩散到铁铝尖晶石中，不存在环形裂纹。

各种镁铁铝尖晶石砖的理化性指标如表 4-50 所示。

表 4-50　各种镁铁铝尖晶石砖的理化性指标

砖别	化学成分（质量分数）/%			体积密度 /g·cm⁻³	耐压强度 /MPa	荷重软化温度/℃	热导率 /W·(m·K)⁻¹	
	MgO	Al₂O₃	Fe₂O₃				700℃	1000℃
山东砖	≥85	4.5~7.0	3.5~6.0	≥2.9	≥50	≥1650	3.082	3.631
辽宁砖				3.03	65			
国外制品	≥85	3.5~5.0	3.5~7.5	≥2.9	≥60	≥1650	3.823	3.334

（八）MgO-TiO₂ 系耐火制品

在 MgO-TiO₂ 系有三个二元化合物，其中 $2MgO \cdot TiO_2$ 的熔点为 1732℃，在 $w(TiO_2)$ <50% 的 MgO-2MgO·TiO₂ 亚二元系构成的 MgO-2MgO·TiO₂ 质耐火材料的耐火性能随 MgO/TiO₂ 比值的增大而提高。研究得出：当 $w(TiO_2) = 2\% \sim 20\%$ 时，耐火制品主晶相为方镁石，次晶相为钛酸镁，充填在方镁石晶体之间，将方镁石紧密结合起来，结合牢固。MgO-TiO₂ 系耐火制品有三种制法：其一以镁砂与钛白粉配料混合，制品烧成过程中 MgO 与 TiO₂ 反应，原位生成 $2MgO \cdot TiO_2$，属于钛酸镁结合制品；其二是镁砂和预合成 2MgO·TiO₂ 配料，制取制品；其三是全部用预合成的 MgO-2MgO·TiO₂ 做原料，按耐火材料生产工艺制砖。制品的性能见表 4-51。

表 4-51　MgO-TiO$_2$ 质耐火材料的性能

TiO$_2$ 加入方式	w(TiO$_2$) /%	显气孔率 /%	耐压强度 /MPa	热震性 (1400℃—空气)/次	蠕变率 /%	侵蚀深度 /mm	渗透深度 /mm
原位形成	10	14.5	680	20	1.0	2.8	12
	20	14.5	630	17	1.5	2.3	7
预合成	10	13.5		24	1.5	1.7	13
	20	14.0		23	1.0	1.9	13
全预成	10	17.0		17	0.1	2.5	13
	20	14.5		12	0.9	2.4	10
镁铬砖	Cr$_2$O$_3$15	18.5		5	0.9	3.4	26

三、高铬砖

含铬材料虽然可能污染环境，但高铬砖具有抗煤熔渣侵蚀的优良性能，用于气化炉内衬，到目前为止，还没有找到合适的替代品，因此介绍高铬砖。

以 Cr$_2$O$_3$ 为主体，其中 w(Cr$_2$O$_3$) ≥75% 的耐火制品称作高铬砖。可用电熔 Cr$_2$O$_3$ 或烧结 Cr$_2$O$_3$ 与工业 Cr$_2$O$_3$（铬绿）为主要原料，加入适量 ZrO$_2$ 能改善砖的抗热震性，添加适量的 Al$_2$O$_3$ 可促进高铬砖的烧结，因此高铬砖分为 Cr$_2$O$_3$-Al$_2$O$_3$-ZrO$_2$ 和 Cr$_2$O$_3$-Al$_2$O$_3$ 两个系列。国内根据 Cr$_2$O$_3$ 的含量分为 CRB-80、CRB-86、CRB-90 三个牌号。主要原料的粒度及化学成分如下：

电熔高铬砂，4 ～ 0.063mm，w(Cr$_2$O$_3$) = 99.30%；

氧化铬绿，≤ 0.045mm，w(Cr$_2$O$_3$) = 99.51%；

α-Al$_2$O$_3$，≤ 0.045mm，w(Al$_2$O$_3$) = 99.70%；

氧化锆，≤ 0.045mm，w(ZrO$_2$) = 99.34%。

基本配方是：电熔 Cr$_2$O$_3$ 质量分数 60%～70%，混合细粉 30%～40%，增塑剂 <1%，结合剂 2.5%～3.5%。在配料中加入 0.5% w(TiO$_2$) ≥99% 的氧化钛细粉，可促进烧结，提高制品强度。也有人研究加入一部分（3% 左右）的活性 α-Al$_2$O$_3$ 微粉替代普通的 α-Al$_2$O$_3$ 细粉，也能提高制品的强度，尤其是加入 CT3000SG（安迈铝业公司生产的一种 α-Al$_2$O$_3$ 超细活性微粉，d_{50} = 0.8μm），使制品的抗折强度提高 40%。也有人研究结合剂，分别是磷酸、磷酸二氧铝、磷酸铝铬、PVA 等，其中以磷酸铝铬为最好。

混练好的泥料在公称压力 1000t 的摩擦压砖机上成型，还原气氛下 1550～1700℃ 保温 10h 烧成。国内外高铬砖的理化指标见表 4-52。

表 4-52　国内外高铬砖性能

项　目		法　国		美　国	中　国	
		Zichrom 80	Zichrom 90	Aurex 90	CRB-86	CRB-90
化学成分 （质量分数）/%	Cr$_2$O$_3$	78.94	87.29	89	87.34	89.72
	Al$_2$O$_3$	9.59	3.46	10.2	5.32	5.22
	Fe$_2$O$_3$	—	0.15	0.1	0.15	0.18
	ZrO$_2$	2.62	6.02	—	4.92	4.02

项　目	法　国		美国	中　国	
	Zichrom 80	Zichrom 90	Aurex 90	CRB-86	CRB-90
体积密度/g·cm^{-3}	4.00	4.4	4.21	4.28	4.26
显气孔率/%	13	17	17	16	15
常温耐压强度/MPa	144	145	48.3	168	147
永久线变化率（1600℃×3h）/%			+1.0	-0.1~+0.1	-0.1~+0.1
高温抗折强度（1400℃）/MPa	15.0	13.0	5.5（1482℃）	32.2	28.2
线膨胀系数（1300℃）/℃$^{-1}$	7.4×10^{-6}	6.6×10^{-6}	—	7.6×10^{-6}	7.8×10^{-6}
荷重软化温度/℃				1695	1689

四、含锆耐火制品

（一）锆英石砖

以锆英石为主要原料的烧成制品，可采用锆英石精矿制成熟料做原料，或者将锆英石砂进行筛分，符合粒度要求的做粗颗粒，筛下料加工成细粉，按普通耐火材料工艺制砖。配料中可以加入 2% 的可塑黏土，并用电解质调节泥料性能，半干法成型，成型泥料水分为 4%，1400℃烧成。

纯锆英石砖可将锆英石细粉进行表面活化处理，由锆英石砂与小于 0.03mm 的锆英石细粉按 1:1 比例配料，加亚硫酸纸浆废液，成型泥料水分为 4.5%，1450℃烧成。将预合成的致密锆英石熟料（体积密度 4.10g/cm^3、吸水率 1.2%）破碎至 5~3mm、3~1mm、1~0mm 作骨料，在基质中加入质量分数为 5%~25% 的锆英石精矿细粉，混合后机压成型，干燥后于 1550~1650℃烧成。制品的理化指标见表 4-53。

表 4-53　锆英石制品理化指标

砖别	化学成分（质量分数）/%		显气孔率/%	体积密度/g·cm^3	耐压强度/MPa	荷重软化温度/℃	重烧线变化（1550℃×3h）/%	热震稳定性（1100℃—水冷）/次
	ZrO$_2$	SiO$_2$						
中国产砖	65.14	32.03	17	3.80	105	1700	0~0.05	13
德国产 ZS65AK	65.35	31.30	17	3.75	90	1700	—	—
日本产 ZBKL	65.10	32.52	17.6	3.73	85	>1650	—	—

（二）锆刚玉砖

利用工业氧化铝和锆英石制造 ZrO$_2$ 含量为 33%~45% 的耐火制品有熔铸法（见第五章）和烧成法。

锆刚玉（AZS）烧成砖是将含 ZrO$_2$ 65% 以上的锆英石精矿细粉与工业氧化铝（或特级高

铝熟料）细粉充分混合、压块、高温煅烧成熟料，再将熟料破碎、粉碎、配料、成型、干燥，并在1600~1650℃烧成为锆刚玉制品。国产烧结锆刚玉A2S砖的理化指标见表4-54。

表 4-54　国产烧结 A2S 砖的理化指标

牌号	化学成分（质量分数）/%				显气孔率/%	体积密度/g·cm⁻³	荷重软化温度/℃	热膨胀率（1500℃）/%
	ZrO_2	Al_2O_3	SiO_2	Fe_2O_3				
A2S-40	39.58	51.56	7.22	0.11	—	—	—	—
A2S-30	30.29	53.28	14.21	0.11	2.03	3.58	1620	0.74
A2S-20	18.24	62.61	19.29	0.33	18.30	2.82	1650	0.99
A2S-10	6.80	71.20	20.36	0.48	18.50	2.63	>1640	1.04

五、堇青石-莫来石耐火制品

堇青石-莫来石耐火制品主要用于日用卫生陶瓷窑具，也有的用于窑墙和窑顶。剖析美国、德国、日本的优质堇青石-莫来石窑具得出：其骨料部分由低铝高硅氧玻璃相的合成莫来石熟料组成，基质部分是以堇青石为主要晶相，而且堇青石结晶良好，结合紧密。河南某厂采用含有莫来石约55%、高硅氧玻璃约45%的合成莫来石熟料和堇青石熟料作骨料，自合成堇青石共磨粉做基质，制备堇青石-莫来石复相材料，其各项性能指标接近国内外同类制品指标，见表4-55。

表 4-55　国内外堇青石-莫来石产品性能

厂商及产品牌号	英国 ACME 公司		荷兰 SPHINEX 公司	洛阳中实公司	
	NB	HT₁	MC	LCM-45	LCM-75
体积密度/g·cm⁻³	1.9	2.2	1.84	2.00	1.75
显气孔率/%	25	22	27	24	32
线膨胀系数/℃⁻¹	$3.3×10^{-6}$	$3.2×10^{-6}$	$2.2×10^{-6}$	$3.3×10^{-6}$	$2.1×10^{-6}$
常温抗折强度/MPa	20	11	20	12	14
高温抗折强度（1250℃×30min）/MPa	8	13	10	11	11
最高使用温度/℃	1300	1300	1300	1300	1200

六、碳质耐火制品

炭砖是用热处理的无烟煤或焦炭、石墨为主要原料，以焦油沥青或酚醛树脂为结合剂制成的耐火制品。

生产高炉炭砖多用无烟煤做原料（一般无烟煤灰分5%，挥发分8%），先在竖式电炉内加热处理，其他还有人造石墨及特殊外加物（金属和氧化物粉）等，结合剂为脱水焦油沥青，经热混练后用45000kN或更大压力的真空挤泥机成型，烧成温度1800℃，烧成周期1个月左右。出炉后根据砖型要求选用切、铣、刨、车、磨等方法机械加工成所需形状和尺寸的炭砖。

目前高炉用炭砖向超微孔、高导热方向发展。我国高炉炭砖的平均孔径超过0.2μm，<1μm气孔容积占总气孔比普遍低于75%，热导率一般在18W/(m·K)以下，与国外炭

砖相比有一定的差距。武汉科技大学的研究人员围绕高炉炭砖微孔化、提高热导率的问题进行了细致的研究，认为采用高温（2200℃）电煅无烟煤做骨料（5～3mm、3～1mm、<1mm 及<0.088mm，固定炭含量 95.17%，挥发分 0.37%，灰分 4.14%），鳞片石墨（≤0.074mm和≤0.147mm，固定炭含量 96.5%）、棕刚玉粉 [≤0.074mm，$w(Al_2O_3)=$ 93.5%，$w(TiO_2)=$ 2.3%] 和硅粉 [≤0.043mm，$w(Si)=$ 96.37%] 做基质，固定骨粉与细粉之间的质量比为 60：40，细粉中硅粉与电煅无烟煤细粉总量为 14%（质量分数），以液态酚醛树脂为结合剂，乌洛托品为固化剂制成炭砖，于 1400℃还原气氛焙烧，在煅烧过程由于单质 Si 原位反应形成 β-SiC、Si_2N_2O 等填充，阻隔或封闭气孔。随硅粉加入量的增大，制品孔径分布范围由宽变窄，平均孔径逐渐减小，≤1μm 孔的容积率增加，气孔呈微孔化趋势。硅粉加入量超过 8% 时，气孔平均孔径<0.3μm，<1μm 孔容积率超过 70%，可是热导率急剧下降。还做了引入红柱石细粉（$w(Al_2O_3)=$ 55.77%，$w(SiO_2)=$ 41.77%，≤0.074mm），部分或全部代替刚玉细粉，1300℃煅烧后，加入 6%（质量分数）红柱石的制品与未加入的制品相比，平均孔径减小近 22%，而<1μm 孔容积增大 8%。而 1400℃焙烧的制品变化趋势与 1300℃的基本相同，但平均孔径偏大，<1μm 孔容积率偏小，而引入氧化铝微粉的，其热导率有上升趋势，并有利于炭砖的微孔结构，利用酚醛树脂代替沥青做结合剂，在 1100～1400℃范围内焙烧炭砖，其显气孔率下降 8%，热导率增加约 60%，同时微孔化程度也得到明显改善。

综上所述研究，优化炭砖配料，成功试制出新型炭砖：平均孔径约 0.08μm，<1μm 孔容积率约 90%，热导率 26～30W/(m·K)，同时具有优良的抗铁水侵蚀性能，综合性能指标超过代表世界先进水平的日本 BC-8SR 炭砖。

（1）高热导率微孔模压炭砖：美国 NMA 热压小炭砖对提高高炉寿命起重要作用，在我国有很大市场，但价格昂贵。其优点是热导率较高，1600℃为 16W/(m·K)；抗碱性好，达到优水平；但是强度低，<30MPa，不是微孔结构，抗铁水侵蚀性一般。

我国某厂生产的模压炭砖，利用高铝砖工艺条件，采用电煅烧的无烟煤、石墨为原料，加入硅粉和刚玉粉做添加剂，酚醛树脂做结合剂，模压成型，1500℃烧成的小炭砖为400mm×400mm×400mm。

为了热导率达到 20W/(m·K) 以上、耐压强度 25MPa 以上、其他性能指标优良的目标，采取降低电煅无烟煤电阻率<500MΩ·m、骨料颗粒中加入部分石墨、调整添加剂品种和数量、严格控制工艺等措施。制品指标：600℃热导率平均 22.67W/(m·K)，耐压强度 33.87～36.82MPa，抗铁水蚀损指数 11.44%～17.43%（平均 14.87%），平均孔径<1μm，达到和超过美国 NMA、德国 7RDN 微孔炭砖和日本 BC-8SR 超微孔炭砖指标，主要用于高炉炉缸部位。

（2）微孔炭砖：原料选择宁夏无烟煤，其原煤及烧后灰分最低。添加剂为 Si 粉和 Al_2O_3 粉。微孔炭砖生产工艺流程为：原料→预碎→煅烧→破碎和磨粉→配料（其中有添加剂）→混碾→压型→焙烧→取样检测。Si 粉在升温过程中的变化为：熔化→汽化→扩散渗透→与周围的碳反应→生成稳定的 SiC。由于 Si 粉在砖烧成过程中再分布和生成 β-SiC，有填充和堵塞微气孔作用，从而降低砖的透气度和孔径，对砖的抗碱、抗氧化等有显著效果。砖的性能见表 4-56。

表 4-56 微孔炭砖性能

砖别	灰分（质量分数）/%	体积密度/g·cm^{-3}	显气孔率/%	耐压强度/MPa	氧化率/%	平均孔径/μm	小于1μm孔积率/%	热导率/W·(m·K)$^{-1}$			
								室温	300℃	600℃	900℃
微孔炭砖（1）	17.96	1.57	14.00	54.78	13.64	—	—	5.95	7.48	13.6	15.4
微孔炭砖（2）	16.30	1.59	11.80	43.64	13.21	0.876	52.06	5.65	10.03	14.2	16.7
日本BC-7	14.46	1.58	17.99	46.58	2.49	0.125	78.45	7.55	11.3	12.4	12.4
法国AM-102	14.46	1.56	17.02	29.64	8.09	0.109	78.67	8.85	11.8	14.6	15.9

（3）超微孔炭砖：在微孔炭砖基础上，加入石墨和高温煅烧的 3 号煤。提高煅烧温度可以降低 3 号煤电阻率，当煅烧温度 2300℃以上时，电阻率低于 300μΩ·m，灰分减少，砖的热导率高 [室温大于 16W/(m·K)，600℃大于 20W/(m·K)]，平均孔径小于 0.1μm，小于 1μm 孔积率大于 85%，其他指标也保持优良，达到国外同类产品实物质量水平。用于高炉全炉底。

（4）半石墨炭砖：普通炭砖是用中温（1300℃左右）煅烧的无烟煤和冶金焦为主要原料。其缺点是热导率低，抗碱侵蚀差。改用高温煅烧宁夏无烟煤取代冶金焦，添加适量的石墨碎块来提高热导率，中温沥青做结合剂，其工艺过程如普通炭砖。制品的理化指标见表 4-57。

表 4-57 半石墨炭砖理化指标

砖别	灰分/%	体积密度/g·cm^{-3}	显气孔率/%	耐压强度/MPa	氧化率/%	平均孔径/μm	小于1μm孔积率/%	热导率/W·(m·K)$^{-1}$		
								室温	300℃	600℃
半石墨炭砖（1）	3.80	1.61	13.75	39.22	29.72	1.786	46.95	7.39	8.96	16.87
半石墨炭砖（2）	3.64	1.59	13.0	39.44	29.27	1.239	56.64	3.77	7.60	15.6
普通炭砖	8.0	1.54	15.6	35.0	5.23	6.272	10.96	7.42	11.10	12.57
日本 RC-5	4.30	1.57	14.1	40.9	20.63	2.175	26.48	3.46	4.45	5.00

主要用于高炉炉底和炉缸铁口以上部位，与普通炭砖对比，半石墨炭砖侵蚀量很小，没有碱金属和锌等有害物质的渗入，残砖基本保持原砖性能。

七、Al$_2$O$_3$-C 系耐火制品

（1）铝炭制品：石墨的热导率高，韧性好，对熔渣的润湿性差。而 Al$_2$O$_3$ 与碳的反应温度很高，在高温冶炼条件下能与碳平衡共存，因此能制成 Al$_2$O$_3$-C（铝炭）复相耐火材料。

铝炭耐火材料是用刚玉和鳞片状石墨为主要原料，加入 SiC、金属 Si、Al 粉等抗氧化

剂，沥青或树脂为结合剂烧成 Al_2O_3-C 复相耐火材料。浇钢连铸用功能耐火材料（见本章第十节）主要为 Al_2O_3-C 制品，并在炼铁高炉及熔融还原炼铁炉等热工设备上成功使用，引起耐火材料工作者进行大量研究。举例如下：采用白刚玉 $[w(Al_2O_3)=99.76\%$，体积密度 $3.59g/cm^3$，真密度 $3.983g/cm^3]$、亚白刚玉 $[w(Al_2O_3)=98.15\%$，体积密度 $3.87g/cm^3$，真密度 $3.988g/cm^3]$ 为主要原料，原料配比见表4-58。

表 4-58　Al_2O_3-C 砖原料配比（质量分数/%）

编号	电熔白刚玉			电熔亚白刚玉			SiC 细粉	Si 粉	石墨 细粉	酚醛树脂 （外加）
	3~1mm	1~0mm	<0.088mm	3~1mm	1~0mm	<0.088mm				
1	45	10	25	—	—	—	4	4	12	4.5
2	—	—	—	45	10	25	4	4	12	4.5

泥料混练后在 150MPa 压力下成型，然后在 230℃ 热处理 1h，再埋炭 1400~1500℃ 烧成。制品的性能见表4-59。并做了坩埚法抗渣性试验（侵蚀物为铁屑与高炉渣配比=6∶10），还把试块埋入 K_2CO_3 与土状石墨的混合物中（K_2CO_3∶土状石墨=32∶1），于 1000℃ 保温 10h 试验。两种制品抗渣性均很好，无明显差别。抗碱性侵蚀是亚白刚玉制品要好于白刚玉制品。Al_2O_3-C 制品所用原料的选择及配料要根据使用条件及性能要求适当调整，如还可以选择板状刚玉、特级高铝矾土熟料等，炭素原料可用石墨、炭黑等是为了改善制品的显微结构、力学性能和抗侵蚀性能。加入 Si、Al 粉等提高抗氧化性及制品强度。由于 Si 与 C 在烧成过程中生成 SiC，使材料既有碳结合又有陶瓷结合，提高制品性能。

表 4-59　Al_2O_3-C 制品的性能

编号	体积密度/g·cm^{-3}				显气孔率/%				耐压强度/MPa			
	230℃	1400℃	1450℃	1500℃	230℃	1400℃	1450℃	1500℃	230℃	1400℃	1450℃	1500℃
1	2.90	2.95	2.93	2.93	14	15	15	16	12	21	26	36
2	3.05	3.01	3.03	3.03	7	13	13	13	20	35	35	42

（2）微孔铝炭砖：高炉炉身上部用浸渍黏土砖，但不大适用于炉身下部和炉腹，因此生产微孔铝炭砖。

原料：高温煅烧矾土熟料，电熔白刚玉细粉，鳞片状石墨，加入 Si 粉，酚醛树脂结合剂。生产工艺流程为：原料加工→配料→混碾→成型→1500℃烧成→检验→成品。在混料之前，骨料和树脂结合剂要加热，混合均匀，用压砖机冲压成型，砖坯体积密度控制 $>2.8g/cm^3$，砖坯表面光滑、平整，尺寸精确。砖的性能：不仅抗碱性好，热震稳定性试验 1100℃—水冷循环 100 次无裂纹。热导率高。室温下为 14~16W/(m·K)，微孔结构，$<1\mu m$ 空隙达 70% 以上。

武钢在高炉炉腰中，下部和炉腰区域使用这种砖，在鱼雷罐车上使用效果也很好。

有文献介绍：将 TiO_2 添加到 Al_2O_3-C 质耐火材料中的 Al_2O_3-TiO_2-C 质耐火制品，对还原冶炼熔体的抗蚀性相当高，认为 Al_2O_3-TiO_2-C 耐火材料可成为熔融还原炉内衬的可选耐火材料。

八、碳化硅耐火制品

碳化硅砖是以碳化硅为主要原料制成的。SiC 为共价结合，不存在通常所说的烧结性，而靠化学反应生成新相达到烧结，即反应烧结。碳化硅砖按结合方式不同分为黏土结合碳化硅砖、β-SiC 结合碳化硅砖、氧氮化硅结合碳化硅砖、氮化硅结合碳化硅砖、Sialon 结合碳化硅砖和重结晶碳化硅砖。

黏土和低档莫来石结合 SiC 制品逐渐被淘汰，高品质 SiO_2 结合 SiC 制品仍有很好的发展前景，Si_2N_2O 结合 SiC 制品主要用于窑具，而炼铁高炉主要用 Si_3N_4 结合和 Sialon 结合制品。

（1）SiO_2 结合 SiC 耐火制品：以 SiC 原料为主，按粗、中、细颗粒搭配，加入 SiO_2 微粉或细粉，通常加入 MnO、V_2O_5、CaO、CaF_2 等矿化剂，压制成型，1350~1500℃烧成。如合肥工业大学研究人员在 SiC 的配料中引入 5%（质量分数）含 Fe_2O_3 较高的硅微粉（$d_{50}=3.253\mu m$），1450℃烧成。其制品的体积密度为 $2.65g/cm^3$，显气孔率为 9.25%，耐压强度 205.3MPa，常温抗折强度为 43.1MPa，高温 1350℃抗折强度为 33.39MPa，主要性能指标达到或超过世界领先水平的中国台湾产品。但由于该制品未添加矿化剂，制品的结合相主要是石英玻璃及方石英，存在析晶及晶型转化等问题。如果以鳞石英做结合相会更好。

（2）氮化硅结合碳化硅砖：用碳化硅和硅粉做原料，经氮化烧成的制品。碳化硅原料含 SiC 大于 97%，其泥料的碳化硅颗粒配比为：粗∶中∶细=5∶1∶4。硅粉含 Si 大于98%，小于 $10\mu m$ 的占 80%以上，最大颗粒不能超过 $20\mu m$。碳化硅颗粒与硅粉经过配料、混合、成型、干燥后，砖坯放入氮化炉中烧成，在烧成过程中通入氮气，炉内温度、压力、气氛均要严格控制。其工艺参数为：氮化气体压力为 0.02~0.04MPa，炉内气氛含 O_2 量小于 0.01%，最终氮化温度为 1350~1450℃，氮化总时间随制品形状、尺寸不同而异。

（3）氧氮化硅结合碳化硅砖：配料中硅粉少于 Si_3N_4 结合砖的配比，成型后在富 N_2 气氛中（要求有一定的 O_2 分压）烧成，温度为 1350~1400℃。成品是一种以 α-SiC 为骨架、以 Si_2ON_2 为基质的氧氮化硅结合碳化硅砖。基质中往往存在少量 Si 和 Si_3N_4。

（4）Sialon 结合碳化硅砖：按一定粒度配比的碳化硅中配入 Si_3N_4 和 Al_2O_3 粉，加入结合剂混练，Sialon 结合 SiC 制品主要采用反应烧结法制备。其中氮化烧成温度比 Si_3N_4 结合 SiC 制品高。显微结构也有很大差异，结合相 β-Sialon 主要是条柱状或短柱状，柱状β-Sialon 形成网络将 SiC 颗粒紧密结合。而 Si_3N_4 结合 SiC 制品中，Si_3N_4 主要为纤维状晶体。这些晶体比表面积大，活性高，抗氧化能力不如柱状晶体稳定。几种制品的性能见表 4-60。

表 4-60 国内外 Si_3N_4、Sialon 结合 SiC 制品的理化指标

制品	化学成分（质量分数）/%		体积密度/g·cm⁻³	显气孔率/%	耐压强度/MPa	抗折强度/MPa		线膨胀系数（20~1000℃）/℃⁻¹	热导率/W·(m·K)⁻¹	
	SiC	Si_3N_4				常温	1400℃		800℃	1000℃
Si_3N_4 结合	75.04	22.18	2.73	13.3	229	57.2	65.2	4.5×10^{-6}	19.9	18.4
Si_3N_4 结合（日本）	75.5	19.8	2.78	12.5	210	53.9	55.9	4.6×10^{-6}	19.7	

制品	化学成分（质量分数）/%		体积密度	显气孔率	耐压强度	抗折强度/MPa		线膨胀系数（20~1000℃）	热导率/W·(m·K)$^{-1}$	
	SiC	Si$_3$N$_4$	/g·cm^{-3}	/%	/MPa	常温	1400℃	/℃$^{-1}$	800℃	1000℃
Si$_3$N$_4$ 结合（美国）	74.9	22.5	2.65	14.3	161	43	54	4.1×10^{-6}		16.7
Sialon 结合	73.54	6.52	2.72	14	220	52.7	56.7	4.7×10^{-6}	19.5	18.2
Sialon 结合	74	6.5	2.80	12	260	60	72	4.8×10^{-6}		18
Sialon 结合（法国）	73.34	5.72	2.70	14.5	203	45	53	4.6×10^{-6}	16.4	15.2
Sialon 结合（美国）			2.70	14	213	47	48（1350℃）	5.1×10^{-6}	20	17（1200℃）

（5）碳化氮化制备 SiC 制品：目前工业生产 Si$_3$N$_4$ 及 Sialon 结合 SiC 制品都是高温氮化炉生产的，存在工艺复杂、生产成本高、制品售价贵等弊端。为此，中国地质大学提出采用焦炭颗粒堆积孔隙中的空气作为反应气体制备 SiC 质耐火材料。

原料为 SiC 颗粒 [w(SiC)=98%]，粒径分别为 45μm、125μm、160μm 和 355μm；Si 粉 w(Si)>97%，粒径为 45μm，用木质素作结合剂。将原料混合均匀后压成块体，干燥后埋入装有粒度 5~10mm 焦炭的匣钵中，分别于 1400℃ 和 1500℃ 保温 3h 烧成。经检测：烧成试块含有 α-SiC、β-SiC、SiO$_2$ 和 Si$_2$N$_2$O 的 SiC 质耐火材料，力学性能优良。加入 Si 粉 25% 的试块抗折强度最高，抗热震性能最佳，1400℃ 烧成比 1500℃ 烧成的产品性能好。

九、Al$_2$O$_3$-SiC 耐火制品

（一）刚玉-SiC 砖

洛耐院研究用板状刚玉与 SiC 及少量炭素材料配料，酚醛树脂作结合剂，机压成型，砖坯经 180℃、24h 热处理后，1500℃、3h 埋炭烧成，取得 SiC 质量分数为 10%~15% 性能较好的 Al$_2$O$_3$-SiC 制品。其性能指标见表 4-61。

固定 SiC 加入量 10%（质量分数）及少量炭素材料，研究添加物对制品性能的影响见表 4-62。从表上看添加物 B$_4$C、Si、Al 三者同时加入或 B$_4$C 与 Si 同时加入的制品性能较好。

表 4-61　SiC 加入量不同的制品性能

SiC 质量分数 /%	显气孔率/%		体积密度/g·cm^{-3}		耐压强度/MPa		高温抗折强度（1400℃）/MPa	抗热震性 /次	熔蚀深度 /mm
	180℃×24h	1500℃×3h	180℃×24h	1500℃×3h	1800℃×24h	1500℃×3h			
10	15	17	2.87	2.92	83	112	7.8	31	0.25
15	16	18	2.88	2.90	72	84	6.2	38	0.34
20	18	20	2.84	2.88	58	71	5.7	29	0.40

注：抗热震性为 1100℃—水冷循环次数。

表 4-62　添加物对制品性能的影响

添加物	显气孔率/%		体积密度/g·cm⁻³		耐压强度/MPa		高温抗折强度（1400℃）/MPa
	180℃×24h	1500℃×3h	180℃×24h	1500℃×3h	1800℃×24h	1500℃×3h	
B₄C	14	7	2.93	2.95	98	108	7.1
B₄C+Si	14	17	2.90	2.94	96	159	10.2
B₄C+Al	15	18	2.89	2.92	86	140	12.0
B₄C+Al+Si	15	18	2.87	2.92	89	171	13.1

当加入 SiC5% 时，SiC 零星分布于刚玉晶体间，难以形成致密结构；当 SiC 加入量超过 10% 时，SiC 在基质中与刚玉交错，形成紧密网络结构，此时制品有较好的性能；当 SiC 加入量超过 20% 时，破坏原来的结构，性能下降。

在配料中加入 Si 粉与炭素材料反应生成 SiC 及 Si_3N_4，加入 Al 粉能生成纤维状的 Al_4C_3，也能生成 Al_2OC、Al_4O_4C 与刚玉结合起来。而 B_4C 与 Al_2O_3 生成 $9Al_2O_3 \cdot 2B_2O_3$ 及其固溶体。当这三种加入物同时加入时，从整体上增强了材料的结构，使材料的性能提高。

（二）高铝-SiC 砖（硅莫砖）

采用高铝矾土熟料替代纯刚玉材料生产高铝碳化硅制品，不但降低成本，而且有些性能，如强度、抗热震性等优于刚玉碳化硅制品。高铝碳化硅制品首先在混铁炉、鱼雷式混铁车等冶金系统热工设备上应用。近年来水泥回转窑内衬除烧成带外，推广一种硅莫砖，国家发改委发布了建材行业硅莫砖标准（JC/T 1064—2007），见表 4-63。

表 4-63　硅莫砖理化指标（JC/T 1064—2007）

项　　目	指标（≥）		
	GM1650	GM1600	GM1550
化学成分 $w(Al_2O_3)$ /%	65	63	60
体积密度/g·cm⁻³	2.65	2.60	2.55
显气孔率/%	17	17	19
耐压强度/MPa	85	90	90
荷重软化温度/℃	1650	1600	1550
抗热震性（1100℃—水冷）/次	10	10	10
常温耐磨性/cm³	5	5	5
热膨胀率	提供实测数据		

不同牌号的硅莫砖分别用于回转窑的过渡带、冷却带、预热带等部位。所谓的硅莫砖应属碳化硅-莫来石复相耐火制品，可是实际的制备方法与高铝碳化硅砖没有多大差别。硅莫砖的主要原料是特级高铝矾土熟料、工业碳化硅，以及结合剂、添加剂等。武汉科技大学研制的高铝碳化硅制品及生产工艺比较有代表性。原料为山西特级矾土熟料的颗粒和细粉、工业 SiC、电熔刚玉和软质黏土。按六级颗粒配料，即 5～3mm 18.17%，3～1mm 29.18%，1～0.5mm 13.16%，0.5～0.088mm 21.35%，0.088～0.010mm 13.08%，

<0.010mm 5.06%，混料时的加料顺序为：骨料→水→粉料，泥料在压砖机上冲压成型，砖坯烘干后经1420℃烧成。制品的理化性指标见表4-64。

表4-64　高铝碳化硅砖理化指标

$w(Al_2O_3)$ /%	$w(SiC)$ /%	体积密度 /g·cm^{-3}	显气孔率 /%	耐压强度 /MPa	耐火度 /℃	荷重软化温度/℃
≥72	≥15	2.75	5~10	120~300	≥1790	≥1610

制品的气孔微小，气孔直径主要为3~7μm，占总气孔的64.40%，结构紧密。

我国的特级高铝熟料除了刚玉相还有一定数量的莫来石，研究表明：在刚玉碳化硅中增加莫来石能显著提高制品的热震稳定性。作者曾对硅莫砖作过系统研究，认为用高铝熟料与碳化硅配料，添加Si粉、硅微粉、红柱石粉、硅线石粉等能提高硅莫砖的荷重软化温度（≥1690℃）、耐磨性（≤2.88cm³）及抗热震性（1100℃—水冷，大于20次）。

十、氟氧化钕耐火制品

氧化钕（Nd_2O_3）熔点2211℃。由于氧化钕材料吸湿粉化现象严重，难以成型。而Nd_2O_3与NdF_3在高温下反应生成NdOF。NdOF材料熔点在1550~1600℃之间，在氟盐体系中的溶解度很小，因此可以制成以氟氧化钕为主要成分的耐火材料。其生产工艺是：先将氧化钕与氟化钕按一定比例配料、混匀、压块，并在1450℃下煅烧成熟料。然后将熟料破粉碎，按耐火材料工艺制砖，制品的烧成温度为1500℃。其制品性能：显气孔率27%~31%，体积密度4.43~4.64g/cm³，耐压强度29~66MPa，耐火度1690~1750℃，荷重软化温度1510℃。该材料具有一定的抗氟盐侵蚀能力和高温下的抗氧化能力，用于大型稀土氟化物熔盐电解槽，可以保证槽体运行稳定性和良好的经济技术指标。

第十节　功能耐火材料

随着铸钢工艺的发展，所用耐火材料发生了巨大变化。到2010年，我国连铸比接近99%，模铸几乎全部淘汰。原来模铸用的黏土质、高铝质耐火材料也被淘汰。以连铸滑动水口、长水口、整体塞棒、浸入式水口为代表的功能耐火材料成为主导产品。它们在高温使用过程中起着某种专门的功能作用，对质量提出特别高的要求。因此在生产工艺过程中，基于特殊的工艺技术，在此特作为单独一节提出叙述。功能耐火材料在连铸工艺中使用部位见图4-28。它们包括：滑动水口、长水口、整体塞棒、浸入式水口、透气砖和定径水口等。随

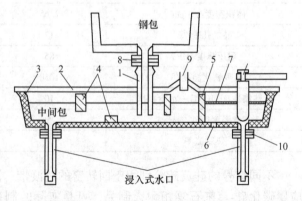

图4-28　中间包精炼装置和耐火材料的应用

1—长水口+氩气；2—密封盖；3—中间包内衬；4—挡渣堰；5—挡渣堰+钢水过滤器；6—透气砖+氩气；7—覆盖保护渣层；8—滑动水口+炉渣流出检测器；9—加热装置；10—整体塞棒+滑动水口+炉渣流出探测器

着冶金技术的发展，功能耐火材料的品种也在增加，如薄带连铸用钢水布流器和侧封板、中间包透气元件、各种形式的过滤器等。21 世纪冶金就概念认为中间包覆盖剂和结晶器保护渣属功能材料。

一、滑动水口

滑动水口是安装在钢包或中间包底部用于控制钢液流动的装置。包括：上、下水口砖和上、下滑板，滑板是其关键部件。滑动水口结构有往复式和旋转式，也分为两层或三层带孔的滑板组成，与其配套的有上水口、下水口和座砖等。一般钢包用两层结构滑板，上滑板固定于钢包的上水口之下，下滑板和下水口固定在一个可直线往复运动的金属滑动盒内。使用时，上、下铸口错开，上水口孔内填入引流砂，钢包即可装入钢水。当驱动下水口使上、下铸口连通时，即可浇钢。中间包采用三层结构滑动水口，上滑板与上水口固定，下滑板和下水口与浸入式水口固定，中间滑板是可以移动的，用以调节进入结晶器钢液流量，如图 4-29 和图 4-30 所示。

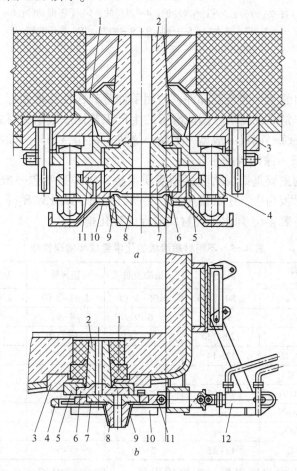

图 4-29 装配并安装在钢包上的两块板滑动水口的横向（a）和纵向（b）断面

1—复合座砖；2—水口砖；3—调整板；4—导向托板；5—上金属架；6—耐火材料上滑板；
7—耐火材料下滑板；8—下水口；9—下水口支架；10—保护挡板；11—金属架；12—油缸

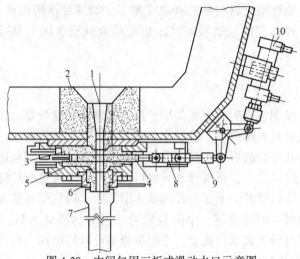

图 4-30　中间包用三板式滑动水口示意图

1—钢包水口；2—座砖；3—上不滑动的；4—滑动的；5—下不滑动的；6—下水口砖；
7—浸入式水口；8—导向的；9—抽力；10—液压油缸

（一）滑板

滑板是滑动水口装置中的核心部件，使用条件苛刻，在性能指标、加工尺寸精度、质量稳定性方面都有非常高的要求。因此滑板的生产工艺比一般耐火材料复杂。生产工艺流程为：配料→泥料混练→困料→成型→干燥→烧成→钻孔→预热→油浸→干馏→刮炭→机加工（研磨）→打箍→涂润滑剂→成品。

目前广泛使用的主要是铝炭质和铝锆炭质滑板。大中型钢包一般用烧成铝炭质滑板，中间包以铝锆炭质滑板为主，还有镁炭质、尖晶石炭质、氧化锆质等。近年来又研究出金属氮化物复合滑板。表 4-65 列出不同材质滑板的理化指标。

表 4-65　不同材质滑板的化学组成和物理性能

项目 \ 材质		铝炭质	铝锆炭质	镁炭质	尖晶石炭质	氧化锆质
体积密度/g·cm^{-3}		2.80~3.00	3.06~3.18	2.91~3.09	2.90~3.15	4.98~5.35
显气孔率/%		8~10	6~9	4~9	6~10	2~11
耐压强度/MPa		120~130	150~230	130~180	160~190	150~260
高温抗折强度（1400℃）/MPa		11~14	13~16	30~45	30~36	9~14
热膨胀率（1500℃）/%		—	1.0~1.1	1.94	1.26	1.03
化学成分（质量分数）/%	Al$_2$O$_3$	70~75	70~75	8~15	33.7	—
	MgO			80~90	75.3	—
	ZrO$_2$		7~10		—	93~97
	C	12~15	5~10	3~5	3~4.5	2.0

（1）铝炭质和铝锆炭质滑板：铝炭质滑板，一般选择电熔刚玉或烧结刚玉（板状刚玉）作骨料和粉料，鳞片状石墨细粉或热解高纯石墨、炭黑等作基质，添加金属 Si、Al、SiC、碳化硼等抗氧化剂，酚醛树脂作结合剂。为了降低成本，也有采用特级和 1 级矾土熟料作骨料，制品的含碳量在 5%~15%（质量分数）。

采用大型压砖机冲压或液压成型，1300~1450℃埋炭烧成。为了提高滑板铸孔边缘的抗侵蚀和耐冲刷性，滑板整块成型，然后用金刚石钻头钻出铸孔，使铸孔周边致密均匀。再用真空油浸设备浸渍沥青，降低气孔率，提高制品的致密度和强度，再经机加工（滑板工作面铣磨）。为防止使用时破裂或裂纹扩大，在滑板周围用铁皮打箍，提高使用安全性，也有的在铸孔套上 ZrO_2-C 环。

有人研究在 Al_2O_3-C 质材料中加入超细炭黑（粒径<25nm），使制品中原位生成 SiC 晶须填充气孔增韧，使滑板强度提高，并使微孔增多，孔径<1μm 的微孔占总气孔的 70.2%，制品的抗热震性和抗侵蚀性提高。原料的配比是：板状刚玉（<2mm）74%，烧结刚玉（<1mm）20%，炭黑（游离炭 95.68%）3%，Si 粉（≤0.074mm）3%，外加酚醛树脂结合剂 4.5%。机压成型，110℃烘干后在隧道窑中埋炭 1480℃、保温 8h 烧成。制品的理化性能指标见表 4-66。

表 4-66　加炭黑与加石墨滑板的性能

炭素	体积密度/g·cm⁻³	显气孔率/%	耐压强度/MPa	常温抗折强度/MPa
加炭黑	3.16	7.1	73.28	13.75
加石墨	3.14	11.5	48.14	9.9

铝锆炭质滑板是在 Al_2O_3-C 质耐火材料的基础上，以烧结刚玉及低线膨胀系数的锆莫来石、抗侵蚀的锆刚玉、石墨、添加剂等为原料，酚醛树脂做结合剂的烧成制品。目前主要采用 $w(ZrO_2)=30\%~35\%$ 的锆莫来石和 $w(ZrO_2)=23\%~25\%$ 的电熔或烧结锆刚玉为原料。这种滑板烧铸一般钢种尚可。可是用于钙处理钢时，侵蚀严重。在传统铝锆炭滑板的基础上，采用部分稳定 ZrO_2（PSZ）原料代替电熔锆莫来石减少 SiO_2 含量，具体配料如表 4-67 所示。

表 4-67　滑板砖配料比（质量分数/%）

原料	板状刚玉				活性α-Al_2O_3 粉	PSZ细粉	炭黑	Si 粉（外加）	B_4C 粉（外加）	酚醛树脂（外加）
	2~1mm	1~0.5mm	<0.5mm	<0.044mm						
组成	35	15	15	20	5	5	5	5	1	5

泥料混匀后高压成型，1300~1400℃埋炭烧成。制品的抗热震性和抗渣性优于传统产品。也有试验用氮化烧成比埋炭烧成好。氮化烧成滑板使用后扩孔均匀，无舌头。

有人认为 Al_2O_3-ZrO_2-C 滑板碳含量高，一般为 8%~11%，需要高温烧成，对低碳钢等优质钢容易造成增碳污染。减少滑板的碳含量，还要保持优良的性能，要加入 Si_3N_4（≤0.044mm）。因为 Si_3N_4 的线膨胀系数低，与刚玉复合后又能提高材料的抗热震性，不与渣、铁和碱反应，可提高抗侵蚀和抗渗透性。为此采用白刚玉、锆质原料、炭黑及添加剂，并加入 $Si_3N_4$2% 到 8% 之间变化配料，砖坯用等静压成型，分别于 1300℃ 和 1450℃ 保温 6h 烧成，得出：随着 Si_3N_4 添加量增大，制品的密度和强度提高，一定程度上改善了制品的抗氧化性。1300℃烧成制品，Si_3N_4 以颗粒状分散在基质中；1450℃埋炭烧成则生成了 O'-Sialon，以晶须状填充在基中，形成良好的网络结构，提高了制品的性能，又认为埋炭烧成比氮化烧成好。

还有 β-Sialon 结合刚玉滑板：骨料为板状刚玉，基质有板状刚玉细粉、金属 Si 粉、Al

粉、α-Al_2O_3 微粉等。高压成型，1450~1470℃氮化烧成，形成 β-Sialon 结合刚玉相结构，制品的理化性能指标见表 4-68。实际使用滑动面抗侵蚀性优于 Al_2O_3-ZrO_2-C 滑板。

表 4-68　Sialon 结合滑板理化性能指标

砖别	化学成分（质量分数）/%						显气孔率 /%	体积密度 /g·cm^{-3}	耐压强度 /MPa	HMLR（1400℃）/MPa
	Al_2O_3	ZrO_2	N	T. C	T. Si	Fe_2O_3				
Sialon 结合	81. 97	—	5. 52	—	10. 29	0. 35	16	3. 05	251	24
Al_2O_3-ZrO_2-C 质	80. 72	7. 2	—	8. 5	—	0. 28	8	3. 15	165	16

（2）碱性滑板：为了适应钙处理洁净钢 Al/Si 镇静钢、高氧钢等钢种的浇铸，以 MgO 为基的碱性滑板抗侵蚀能力强。但由于 MgO 的线膨胀系数高达 $13.5×10^{-6}℃^{-1}$，纯镁质材料抗热震性差，适应不了滑板在使用中的急冷急热条件。引入镁铝尖晶石形成方镁石与尖晶石的直接结合，由于二者线膨胀系数的差异，冷却时方镁石与尖晶石之间产生微裂纹及缓解应力作用，从而提高滑板的热震稳定性。

河南某厂用高纯度镁砂［w（MgO）= 98.07%］80%、富镁尖晶石［w（MgO）= 32.51%，w（Al_2O_3）= 65.16%］20%，外加 5%α-Al_2O_3 微粉。镁砂临界颗粒 3mm，骨料 60%~65%，细粉为尖晶石与镁砂的共磨粉 35%~40%，有机结合剂 3%~4%，在压力 10MN 压砖机上成型，砖坯体积密度≥3.05g/cm³，显气孔率≤12%，制品于 1650~1680℃ 保温 8h 烧成。经油浸、热处理、铣磨成品的理化指标见表 4-69。

实际使用寿命 2 次，每次铸孔蚀损 3mm，拉毛轻微。

表 4-69　镁尖晶石滑板理化指标

化学成分（质量分数）/%			显气孔率/%	体积密度 /g·cm^{-3}	耐压强度/MPa	1400℃、0.5h 高温抗折强度/MPa
MgO	Al_2O_3	C				
81. 39	11. 09	3. 78	5	3. 15	84. 3	12. 72

金属结合镁-尖晶石-碳滑板；采用大结晶电熔镁砂［w（MgO）= 97.85%，3~1mm，<1mm，≤0.088mm］、高纯镁铝尖晶石［w（MgO）= 47.56%，w（Al_2O_3）= 50.12%，1~0.5mm］、金属铝粉［w（Al）= 98.5%，≤0.088mm］为主要原料，597 石墨 w（C）= 97.38%、≤0.03mm 和复合抗氧化剂（碳化硼和硅粉）。配料中颗粒占 70%，细粉占 30%，混合料在 10MN 抽真空压机上成型，坯体的体积密度为 2.92g/cm³，经 1100℃、3h 埋炭烧成，然后再真空油浸、干馏、磨制而成。其成品的理化性能指标见表 4-70。

表 4-70　金属结合镁-尖晶石-碳滑板理化指标

化学成分（质量分数）/%			显气孔率/%	体积密度 /g·cm^{-3}	耐压强度/MPa	高温抗折强度（1400℃×0.5h）/MPa
Al_2O_3	MgO	C				
15. 56	66. 32	5. 65	6. 4	2. 95	115. 3	32. 82

实际使用 2 次，每次蚀损 2~4mm，拉毛轻微。表面裂纹稍多，抗热震性有待提高。

（3）锆质滑板：氧化锆材质对 CaO 及 MnO-SiO₂ 含量高的炉渣具有良好的抗侵蚀性和抗剥落性，但抗热震性低于 MgO-尖晶石材料，对机械性作用的抵抗性也高于 MgO-尖晶石材料。国外某厂采用热压成型的 ZrO_2 质滑板，具有显气孔率低、气孔孔径小、高温强度高等特点，在中间包上使用有很长的使用寿命。国内锆质制品的生产工艺，一类是用不同粒级的电熔氧化锆或烧结氧化锆，以传统颗粒级配方式配料，高压（>200MPa）成型，高温（>1700℃）烧成；另一类是采用 ZrO_2 微粉为原料，低压（<100MPa）成型，于1550~1600℃烧成。宝钢研究：采用 CaO 或 $CaO \cdot Y_2O_3$ 或 $MgO \cdot Y_2O_3$ 稳定的电熔 ZrO_2，用传统的方法及微粉造粒配料的方法进行对比试验，得出微粉造粒方法比传统方法（1~0.1mm50%，<0.1mm50%）制备的试样有更高的强度和体积密度。微粉（<5μm）造粒制备试样的抗热震性与烧成温度1650℃好于1700℃，稳定剂的种类与含量是：MgO 稳定比 CaO 好，SiO_2 和 Al_2O_3 杂质含量高，热震稳定性差。锆质材料成本高，密度大，不适宜浇铸高氧钢等，于是镶嵌式滑板应运而生。本体采用价廉原料制成，关键部位如铸孔采用锆环。

（4）金属-氮化物复相结合滑板：以刚玉为骨料，金属铝为主要基质，利用粉末冶金工艺氮化烧成，制成具有金属陶瓷性能的金属-氮化物结合滑板。

该滑板的特点是利用 AlN 的低线膨胀系数和优异的热导率提高滑板的抗热震性；生成的 AlN 微小粒子弥散在基质中有增韧作用。高温下熔融的金属铝呈塑性状态，填充气孔，同时降低材料的脆性。充分发挥金属铝和氮化铝的抗氧化性和 AlN 的非浸润性，提高滑板抵抗高钙钢及高氧钢的侵蚀能力。

（5）金属结合滑板：在配料中加入适量的金属铝，用树脂作结合剂，不烧或低温烧成，工艺简单，具有节能环保的好处。在使用温度下，金属原位生成碳化物和氮化物，提高滑板的高温力学性能。但这种滑板也存在一些问题，如由于热膨胀率和弹性模量高、化学反应快，容易在铸孔周围烧结，与未烧结部位产生异常的环形裂纹，铸孔边缘容易出现倒棱、掉块等现象，影响滑板使用寿命。

（6）不烧滑板：目前国内外的小型钢包多使用不烧铝炭质滑板。从20t小钢包到100t的中型钢包，随处可见使用不烧滑板，50~60t钢包普遍使用310型滑板。不烧滑板生产周期短，降低能源消耗和废物排放，节约成本，特别是复合不烧滑板，工作面采用刚玉、鳞片石墨等高档原料，本体为矾土熟料等一般原料。

20世纪90年代，日本开发低温（<1000℃）处理的不烧铝炭滑板，其金属铝含量相当高，使用特殊树脂结合。这种滑板曾在我国马钢、珠钢、南钢等中型钢包使用，使用寿命可与目前的烧成铝锆炭滑板比美，但有关资料未见报道。今后应进一步研究。

为了减少工业废料，降低成本，日本研制出一种可循环使用的 ECO 滑板。滑板的结构示意图见图4-31。它包括滑板主体和可替换的芯块，芯块与主体的接合部有一个阶梯状榫口，以防止芯块错位；由于芯块工作面的长度 a 大于滑板孔的直径 b，即使在滑板孔全关闭状态下，芯块与主体接缝处的火泥也接触不到钢水。芯块和主体分别独立经成型、热处理、沥青浸渍等工艺而成，二者采用高铝火泥安装到一起后，对工作面进行机加工，以使其光滑、平整。芯块和主体都采用 Al_2O_3-C 质材料，但在浇注 Ca-Si 处理钢或高侵蚀

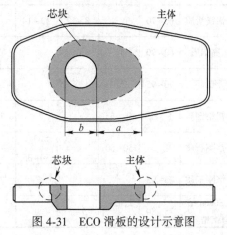

图4-31　ECO 滑板的设计示意图

性钢种时，则可选择 ZrO_2 质材料或 MgO-C 质材料等具有良好抗侵蚀性材料制作芯块。

ECO 滑板循环利用过程为：除去用后 ECO 滑板背面的隔热保护陶瓷片，在压力作用下，从 ECO 滑板上去除使用后的芯块，然后采用高铝火泥作接缝材料安装上新的芯块。待高铝火泥固化后，机加工去除 ECO 滑板工作面 0.5mm 的厚度，烘干后，在滑板工作面涂覆碳质润滑剂，再在滑板背面安装新的隔热保护陶瓷片。尺寸检查合格后，再生 ECO 滑板便可投入下一次使用。

实际使用 ECO 滑板，循环使用 3 次后的损毁情况与常规滑板几乎一样，只是芯块表面发生损伤。

我国滑板材质从高铝质和刚玉质发展到铝炭质和铝锆炭质，结合方式为碳结合、金属结合、陶瓷结合，具有良好的抗热震、抗侵蚀和高温强度，在宝钢、鞍钢等大型企业中间包上使用，平均寿命 5~10 炉。我国生产的系列滑板能满足各钢厂不同大小钢包，包括钙处理钢、电工钢等各钢种的不同需要。出口的产品也较好地满足不同国家冶炼技术的要求。未来生产滑板向节能、环保、长寿方向发展，应该进一步研究不烧或低温轻烧滑板，不用油浸、不干馏等简化工艺，降低成本。无碳或低碳滑板也是研究重点，采用纳米炭黑、石墨化炭黑改性酚醛树脂等。

（二）上下水口

（1）上水口：位于钢包或中间包座砖内，钢水由此进入滑动水口。由于使用周期内不能更换，因此要求其具有良好的耐钢水冲刷和侵蚀、使用寿命长等特性。采用的材质有刚玉质、铝锆炭质、尖晶石质等，以及与滑板相同或相近的材质和制造工艺。有烧成制品也有不烧制品。

还有铬刚玉质、铝铬锆质、锆英石质、Sialon 结合的铝锆炭质上水口等。制品的理化指标见表 4-71。

表 4-71　各种材质上水口理化性能指标

材质	化学成分（质量分数）/%					显气孔率/%	体积密度/g·cm⁻³	耐压强度/MPa	抗折强度/MPa		线变化率（1400℃×3h）/%
	Al_2O_3	ZrO_2	C	MgO	Cr_2O_3				常温	1400℃	
铝锆炭质	70~80	6~8	3~5			6~8	2.9~3.0	100~120			
铝镁炭质	60~70		8~12	12~14		6~8	2.8~2.9	60~70			
高铝质	60~70					12~16	2.5~2.6	50~65			
刚玉质	90~95					20~22	2.9~3.0	80~100			
铝铬锆质	8~12	50~55			1~2	14~16	3.4~3.5	60~75	12~17		0.75~0.80（1500℃×3h）
锆英石质		50~60		SiO_2，30~35		15~18	3.6~3.7	120~130			0.65~0.75
铬刚玉质	85~95				2~4	18~20	2.7~2.8	50~70			
Sialon 结合铝锆炭质	75~80	2,5~5,0	5~7			8~12	2.9~3.0		25~30		

Sialon 结合铝锆炭质钢包上水口具有耐冲刷、抗侵蚀、抗热震的优点，比传统的铝炭质水口寿命长。

某公司采用棕刚玉或板状刚玉、锆莫来石、Si 粉、α-Al_2O_3 微粉及石墨为主要原料，配料如表 4-72。

表 4-72　水口砖配料比（质量分数/%）

编号	棕刚玉		板状刚玉		锆莫来石		α-Al_2O_3 微粉	石墨粉	Si 粉	B_4C 粉	酚醛树脂
	3~1mm	≤0.074mm	3~1mm	<0.043mm	1~0.5mm	0.59~0.21mm			≤0.074mm	<0.043mm	
1	43	15			15	7	11.5	5	3	0.5	4
2			43	12.5	15	7	15	4	3	0.5	4

用强力逆流式混料机混练：加入所有骨料和细粉→低速混练 8min→加入酚醛树脂→低速混练 3min→高速混练 15min→出料，在 10MN 压机上成型，埋石墨粉 1000℃ 及 1600℃ 保温 3h 烧成。

（2）下水口：位于下滑板之下，通过钢套紧密相连。下水口的损坏原因有：与钢水突然接触，由于热应力而使水口损坏及受钢水冲刷和熔渣化学侵蚀，水口烧氧损坏等。

下水口的材质与上水口大体相同。其中铝硅锆质下水口含有较多的锆莫来石，抗热震性和耐熔渣侵蚀性较好。刚玉浇注料下水口，按浇注料工艺以振动成型方法制作，整体性好，具有良好的抗热震性，使用寿命长。还有 Sialon 结合的铝炭质下水口，使用安全可靠。各种材质下水口的理化性能见表 4-73。

表 4-73　各种材质下水口理化性能

材质	化学成分（质量分数）/%					显气孔率/%	体积密度/g·cm^{-3}	耐压强度/MPa	抗折强度/MPa		线膨胀率（1500℃×3h）/%
	Al_2O_3	SiO_2	ZrO_2	C	MgO				室温	1400℃	
铝硅锆质	13~15	34~36	46~48			18~20	3.1~3.2	48~52			0.6~0.7
铝炭质	60~70			3~5		18~22	2.65~2.85	50~65			
镁铝炭质	15~20			3~6	75~80	8~10	2.75~2.85	130~140	18~22	8~12	1.35~1.45
刚玉浇注料	90~93					9~11	2.95~3.15	95~98			0.10~0.13
Sialon 结合铝炭质	70~75			5~7		8~12	2.8~2.9		25~30		

注：镁铝炭为不烧制品，浇注料耐压强度为：82~85MPa（1100℃×3h），100~120MPa（1500℃×3h）。

二、三大件

所谓的连铸三大件，即长水口、整体塞棒和浸入式水口。它们虽然功能不同，但有着相同或相似的使用条件和性能要求，因此采用相同或相似的材质（少量浸入式水口为熔融石英，绝大多数为铝炭质），相同或相似的结构特点，几乎完全相同的生产工艺过程，即配料混合→造粒→装模套→振动台→等静压成型→干燥→还原气氛烧成→机械加工→探伤→拣选→表面防氧化涂层→干燥→成品。

由于三大件制品使用粉料（骨料<1mm），刚玉与石墨的真密度相差很大，容易造成颗粒和成分偏析。如果混料不均，会严重影响制品的质量，因此要采用强力逆流原理混练物料的专用混练机。混好的泥料要进行造粒，使树脂等结合剂将刚玉与石墨等物料混合成小球状颗粒，以保证成分均匀与良好的颗粒流动性。

因长水口要有良好的抗热震性，一般碳含量 20%~40%（质量分数）；浸入式水口碳含量一般在 30%左右，在渣线的外壁一般镶嵌 ZrO_2-C 层来提高抗渣性，内衬采用 CaO-ZrO_2-C 质材料，防止 Al_2O_3 沉积造成铸口堵塞。整体塞棒头部的冲刷蚀损是主要问题，配料中 C+SiC 一般在 30%左右，有的加入钢纤维等。

结合剂采用热固性酚醛树脂及乌洛托品（C(H_6)N_4）硬化剂，以及焦油、沥青等。

由于三大件的外形特殊，一般采用等静压机成型，干燥后 1250~1400℃烧成（还原气氛）。长水口及浸入式水口在烧后（也有的在烧前）用车床加工成要求的尺寸，为了防止使用时氧化脱碳，在制品表面涂一层防止石墨氧化的防氧化涂层。为了提高抗热震性，添加部分熔融石英和 SiC 等。近年来又相继开发出不烘烤铝炭质长水口和不烘烤铝炭复合的无硅长水口，使长水口寿命更长，可重复使用。还研制出具有防堵塞功能的吹氩构造的浸入式水口、铝炭-锆钙炭质复合浸入式水口、莫来石内衬复合水口和流钢通道带有阶梯式水口，以满足高氧钢和不锈钢等的需要。

但由于三大件使用的位置不同，使用条件的差异，在材质及结构等方面也有各自的特点，分别叙述如下。

（一）长水口

长水口又称保护套管，安装在钢包下面连接钢包和中间包，是保护浇铸提高钢质量的重要功能耐火材料。其规模大小根据连铸不同而不同，长度在 1000~1600mm，内径在 80mm 之内，材质主要为 Al_2O_3-C 质。生产工艺与前述三大工艺基本相同。但在配料方面有一定特点，因为长水口的抗热冲击性要求高，国内各钢厂使用长水口不预热而直接使用，开始浇注长水口的内表面瞬间升至钢液温度，外表面与大气接触，比内表面温度低得多，在水口内部产生非常大的热应力，容易使水口产生裂纹。目前保证长水口的可靠性采取两种措施：其一是提高 Al_2O_3-C 制品的石墨含量，并加入低线膨胀系数物质——熔融石英、长石、锆莫来石或特制的添加剂，降低材料的热膨胀率和弹性模量；其二是水口内外层取不同材质，内层为低碳或无碳，外层为低 SiO_2 含量的 Al_2O_3-C 质，目的是提高制品的抗热震性。长水口的寿命与材料的抗侵蚀、抗冲刷性相关，为了提高使用寿命，要选择优质原料，如白刚玉、致密刚玉、板状刚玉及其他高抗侵蚀原料、高效防氧化添加剂，具有自修复功能的补强加入物、低硅低碳物质等。

在配料方面增加石墨，一般为 25%~30%，添加 SiC、熔融石英等防氧化、抗热震物质。表 4-74 给出了使用条件不同的长水口组成、配料比及性能指标。

表 4-74　长水口理化性能

材料	化学成分（质量分数）/%					显气孔率 /%	体积密度 /g·cm⁻³	抗折强度 /MPa	应　用
	SiO_2	Al_2O_3	ZrO_2	CaO	C				
A	15.7	52.0	0.9		31.2	17.9	2.35	7.4	基体

材料	化学成分（质量分数）/%					显气孔率	体积密度	抗折强度	应　用
	SiO_2	Al_2O_3	ZrO_2	CaO	C	/%	/g·cm^{-3}	/MPa	
B	6.0	64.0	4.6		22.0	16.4	2.63	8.8	内衬
C	17.4	43.8			36.0	16.0	2.26		多浇次基体
D	3.1	61.3	3.1		23.0	14.9	2.64		碗部
E	6.0	0.4	67.0	2.6	23.9	17.3	3.29		渣线

目前我国使用的长水口主要有熔融石英质和铝炭质两大类：

（1）熔融石英质长水口：SiO_2 含量（质量分数）在 99.4% 以上，主要原料为石英玻璃。采用泥浆浇注或颗粒浇注法成型。由于石英玻璃线膨胀系数小，抗热震性非常好。缺点是 1100℃ 以上长期使用会析晶，使制品产生裂纹和剥落，不宜浇铸含锰高的钢种，对钢水有增硅作用，使用有限。

（2）铝炭质长水口：即长水口的本体和流钢通道均为铝炭质，共有 4 个档次（使用较多的是 3、4 档次），其技术性能见表 4-75。

表 4-75　全铝炭长水口的技术指标

档次	化学成分（质量分数）/%		显气孔率/%	体积密度	耐压强度/MPa	抗折强度/MPa
	Al_2O_3	C		/g·cm^{-3}		
1	38~42	25~30	16~18	2.15~2.20	19~22	6~8
2	43~46	20~30	16~18	2.20~2.25	19~22	6~8
3	47~52	15~28	16~18	2.25~2.35	19~22	6~8
4	54~60	15~25	12~16	2.35~2.45	20~25	6~8

使用时可不预热。由于材料含有碳和硅，在浇铸超低碳钢和纯净钢时，会使钢水增碳、增硅，影响铸坯质量。

（3）无碳无硅质长水口：就是在铝炭质长水口通道内复合一层无碳无硅耐火材料。其本体和复合体技术性能见表 4-76。

表 4-76　无碳无硅长水口技术性能

水口部位	化学成分（质量分数）/%		显气孔率/%	体积密度	耐压强度/MPa	抗折强度
	Al_2O_3	C		/g·cm^{-3}		/MPa
本体	61~65	18~25	10~12	2.65~2.75	25~35	10~12
复合体	≥80					

其特点是可不预热使用。本体 Al_2O_3 含量高于传统的铝炭长水口，使用性能增强。复合材料不含碳和硅，使材料有较高的高温强度，抗钢水、熔渣的冲刷能力提高，适合浇铸超低碳钢和纯净钢等钢种，钢水不会增碳和增硅，对改善铸坯质量有一定好处。

我国长水口寿命还不能与浸入式水口和整体塞棒同步，常在连铸中更换长水口。为了提高使用寿命和洁净钢需要，采用无硅铝炭长水口，性能指标为：$w(Al_2O_3) = 62\%$，$w(C) = 31\%$，$w(SiC) = 5\%$，显气孔率为 15.5%，体积密度为 3.54g/cm^3，使用炉次为

11.4~16.4次（一般为7~8次），热震稳定性（1100℃—水冷）32次。

日本不少钢厂已稳定在30~40浇次，其主要原因是材料性能提高，内衬为低碳材料，减少钢液冲刷，开发出先进的水口表面防氧化涂层和使用无 SiO_2 材料，使用过程有良好预热，合理的吹氧清扫等程序。

（二）整体塞棒

安装在中间包，在连铸工艺中控制钢水从中间包到结晶器流量。其规格大小，依中间包不同而异，最长可达 1500mm 以上。在结构上可设计成在棒头有通气的，从棒连接杆中心通入氩气，在棒头排出，以减少钢液夹杂物和防止沉积作用。在材质上，通常在棒头、棒身、渣线采用不同的配料。棒身为 Al_2O_3 质，用电熔刚玉或特级矾土熟料。渣线为高档电熔刚玉的 Al_2O_3-C 材料，在侵蚀严重的情况下，可用 ZrO_2-C 质材料。棒头常用 Al_2O_3-C 和 MgO-C 质材料，根据钢种选择：Al_2O_3-C 质适合 Al 镇静钢；MgO-C 质适合钙处理钢；一些高侵蚀性钢种，棒头采用含 AlN 的复合材料，如 AlN-Al_2O_3-C，含 $Al_2O_3$55%、AlN 30%、C + SiO_2 15%（质量分数）。体积密度 2.57g/cm^3，显气孔率 19.5%，耐压强度 54MPa，抗折强度 14.5MPa，塞棒表面 AlN 氧化形成 Al_2O_3 致密层，提高使用寿命。

近年来，Al_2O_3-C 质塞棒主要成分 Al_2O_3 含量从 50% 提高到 70% 左右。由于钢种的需要，Al_2O_3-C 质棒身与 MgO-C 质棒头相结合的整体塞棒得到广泛应用，棒头 w(MgO)= 75%~80%、w(C)= 15%~20%。组合型塞棒如图 4-32 所示。

整体塞棒按结构分有盲头型、吹氩型（见图 4-33），吹氩型的头部有吹氩孔或配透气塞，将氩气吹到浸入式水口碗部，降低 Al_2O_3 在浸入式水口内壁聚集量，延缓水口堵塞时间。

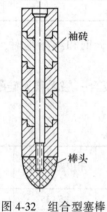

图 4-32　组合型塞棒

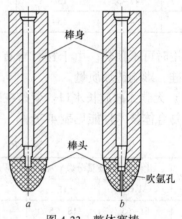

图 4-33　整体塞棒

a—盲头型；b—吹氩型

目前国内不同厂家使用的整体塞棒技术指标见表 4-77。

表 4-77　国内用整体塞棒的技术指标

厂家	化学成分（质量分数）/%		显气孔率 /%	体积密度 /g·cm^{-3}	耐压强度 /MPa	耐火度 /℃
	Al_2O_3	C+SiC				
A	50~56	28~33	15~18	2.30~2.43	>20	1770

续表 4-77

厂家	化学成分（质量分数）/%		显气孔率	体积密度	耐压强度	耐火度
	Al_2O_3	C+SiC	/%	/g·cm^{-3}	/MPa	/℃
B	>55	>25	14~20	>2.20		1770
C	52~70	20~31	21~24	2.15~2.33	>20	
D	>60	>25	10~15	>2.65	23~26	>1770
E	>55	28~30	12~15	2.7	39	>1770

（三）浸入式水口

浸入式水口位于中间包与结晶器之间，其作用是防止钢水二次氧化、飞溅，控制进入结晶器内钢流在结晶器内的分布，避免热流集中，消除铸坯表面纵裂，有利于夹杂物上浮，防止保护渣卷入。浸入式水口的材质经历了熔融石英、铝炭质和铝锆炭质复合式的变化，目前广泛使用的是铝锆炭质复合式水口，水口本体为铝炭质，渣线部位使用锆炭质。

浸入式水口安装形式分为三种结构：

（1）内装型：浸入式水口由中间包内向外安装，水口为整体结构，密封性好。

（2）外装型：装在中间包水口下端。

（3）滑动水口型：相当于滑动水口下水口与下滑板紧密连接。

按浸入式水口的材质分为：

（1）铝炭质浸入式水口：主要原料为电熔白刚玉、棕刚玉、板状刚玉、尖晶石、氧化锆、高纯 MgO、高纯石墨、特殊添加剂和结合剂等，生产工艺与长水口相同，其性能指标见表 4-78。

表 4-78 铝炭质浸入式水口技术指标

档次	化学成分（质量分数）/%		显气孔率/%	体积密度 /g·cm^{-3}	耐压强度/MPa	抗折强度 /MPa
	Al_2O_3	C				
1	42~46	28~31	16~18	2.30~2.35	25~30	9~11
2	48~50	30~33	12~14	2.60~2.63	14~16	6~8
3	50~55	25~27	12~14	2.45~2.55	35~38	8~10

（2）铝锆炭质复合浸入式水口：由于铝炭质浸入式水口不耐侵蚀，水口内壁容易沉积 Al_2O_3 等物质而堵塞水口，开发出铝锆炭复合浸入式水口。由于 ZrO_2 材料抗侵蚀和高温化学惰性，提高渣线部位抗钢水和保护渣的侵蚀性能。渣线部位材料的性能见表 4-79。铝锆炭质复合浸入式水口的本体与铝炭质浸入式水口相同。

表 4-79 渣线部位材料的性能

档次	化学成分（质量分数）/%		显气孔率/%	体积密度 /g·cm^{-3}	耐压强度/MPa	抗折强度 /MPa
	ZrO_2	C				
1	64~66	15~17	16~18	3.15~3.25	20~25	6~8
2	72~75	14~16	15~16	3.60~3.63	24~27	6~8
3	79~81	15~16	14~15	3.68~3.73	20~25	6~8

为了提高铝锆炭复合浸入式水口的使用寿命，一般采用的措施有：1）提高渣线部位材料的 ZrO_2 含量和合理的颗粒级配；2）在渣线部位材料的配料中适量添加未稳定化的 ZrO_2 或 B_4C，或使用耐蚀性强、抗剥落性好的 ZrO_2-C 材料；3）采用高纯石墨，提高抗氧化性和抗熔渣侵蚀性；4）水口碗部可复合 MgO-C 质材料，出钢口复合不同锆含量的 ZrO_2-C 材料。

（3）防堵塞浸入式水口：改变水口内腔通道用材质，如氮化物或氧化锆等材质，利用其良好的抗侵蚀性，与熔渣不润湿性及低膨胀率等特性，可以有效地防止 Al_2O_3 附着堵塞。或者在水口内壁复合含 CaO 材料，生成低熔物随钢流带走；或减少水口中的 SiO_2 和石墨含量，减少 Al_2O_3 在工作面产生；使水口内壁光滑，减少脱氧生成物的附着率；降低水口的气孔率，防止空气吸入，防止 Al_2O_3 在工作面产生等。不吹氩防堵塞浸入式水口的技术指标见表 4-80。

表 4-80　不吹氩防堵塞浸入式水口的技术指标

部位	化学成分（质量分数)/%				显气孔率 /%	体积密度 /g·cm^{-3}	耐压强度 /MPa	抗折强度 /MPa
	Al_2O_3	ZrO_2	CaO	C				
本体	49~52			25~28	12~15	2.45~2.55	25~35	8~10
防堵层		40~45	20~22	18~22	15~18	2.65~2.75	24~26	3~7
渣线		70~75		15~17	14~16	3.50~3.60	24~28	6~8

还有采用加入添加物防止 Al_2O_3 堵塞，其机理是生成低熔点化合物，在一定程度上减弱了材质的抗侵蚀性，缩短了水口的使用寿命。因此必须综合考虑，既能防堵塞，又能抗侵蚀，开发了添加 BN、ZrB_2、Si_3N_4 等难堵塞材料的浸入式水口，但水口造价很高。通常情况下，采用 $CaZrO_3$ 作添加物，在高温下，$CaZrO_3$ 中的 CaO 易被 SiO_2 取代出来，形成 $CaO·SiO_2$ 玻璃相，与钢水中 Al_2O_3 生成 C_2AS 的低熔物，从而防止 Al_2O_3 在水口内壁附着。研究表明：在水口材质中添加含钙化合物、氟化物、硼化物对防止 Al_2O_3 沉积有一定效果，以加入 CaF_2 较好。实际使用较多的是 ZrO_2-CaO-C 材料的防堵塞浸入式水口。锆钙炭防堵塞材料的特点是：1）由锆酸钙（$CaO·ZrO_2$）和磷片石墨组成，矿物相主要是锆酸钙和 CaO 稳定的 ZrO_2，抗保护渣侵蚀性良好；2）锆酸钙原料价格适中，合成材料容易制得；3）在实际应用中添加 SiO_2 促进 CaO 在高温下从 $CaO·ZrO_2$ 中脱离，其脱离越强，与钢水反应的几率增大，抗 Al_2O_3 附着也得到提高。用锆酸钙防堵塞材料作为水口内壁厚度 5~7mm，浇注时水口材料中的 CaO、SiO_2 与钢水中析出的 Al_2O_3 生成低熔物，随钢水冲刷掉。

（4）无碳无硅复合浸入式水口：ZrO-CaO-C 质防堵塞浸入式水口形成的化合物是多种多样的，并非都能形成低熔物，主要是材料中的 C 和 SiO_2 造成的。因此在水口内孔表面复合一层无碳无硅材料，防止铝炭质浸入式水口堵塞，实践证明效果很好，目前已在钢厂广泛使用。无碳无硅复合浸入式水口性能见表 4-81。水口渣线部位 ZrO_2 含量可提高至 78% 以上。

表 4-81 无碳无硅复合浸入式水口技术指标

部位	化学成分（质量分数）/%				显气孔率 /%	体积密度 /g·cm⁻³	耐压强度 /MPa	抗折强度 /MPa
	Al_2O_3	MgO	ZrO_2	C				
本体	45~55		74~76	24~28	18~20	2.30~2.35	20~25	6~8
无碳无硅层	55~65	18~22			18~22	2.60~2.65	20~26	
渣线1			64~66	13~15	14~18	3.50~3.55	20~25	6~8
渣线2			74~76	12~14	15~18	3.60~3.65	20~25	6~8

国内外对浸入式水口材质进行了大量研究，结果表明：尖晶石材料与 Al_2O_3 反应性小，并且热处理后表面平滑度保持较好，可以作为防 Al_2O_3 附着的材料。实际使用表明以尖晶石为水口流钢通道内壁的无碳无硅浸入式水口，不但有优良的抗 Al_2O_3 附着性，而且与铝炭质的抗热震性同样高。尖晶石内壁无碳，没有脱碳反应，确保内壁的平滑性，并降低与 Al_2O_3 的反应性，还比铝炭材料的热导率低，可减小钢水温降，抑制 Al_2O_3 附着。

另外还有研究使用氧化物-非氧化物复合材料，如 O'-Sialon-ZrO_2、Sialon-SiC 等材料，防堵塞效果明显。但 Sialon 材料中的硅、铝、氧、氮不易控制，生产工艺要求很严，因此很少使用。

三、定径水口（小方坯连铸用）

小方坯连铸控制钢水流量的功能耐火材料。由于整个连铸过程要靠水口直径的恒定来保持稳定的流速，因此要求水口孔径扩径速度小，还要不堵塞、不开裂，这就要求定径水口的材料要有良好的抗侵蚀、抗冲刷和抗热震性。

目前小方坯连铸用定径水口按成分分为：锆质和氧化锆质两大类。水口的 ZrO_2 含量不同，水口的扩径速度及使用寿命也不同。

（一）锆质定径水口

根据生产工艺分为四种：

（1）全均质定径水口：以锆英石和氧化锆为主要原料，按比例混合后，经成型、干燥、高温烧成，如图 4-34a 所示，其技术性能指标见表 4-82。

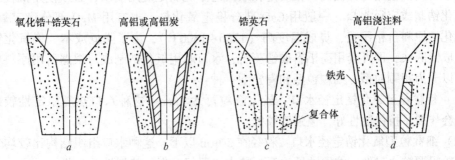

图 4-34 锆质定径水口示意图

a—全均质定径水口；b—镶嵌式定径水口；c—直接复合定径水口；d—振动成型定径水口

表 4-82　锆质定径水口技术性能

编号	$w(ZrO_2)$ /%	显气孔率/%	体积密度/g·cm⁻³	耐压强度/MPa	耐火度/℃
1	65~70	22~23	3.60~3.70	80~120	≥1790
2	75~78	22~23	3.80~3.90	80~120	≥1790
3	80~83	20~22	3.90~4.00	80~120	≥1790
4	85~88	20~23	4.00~4.10	80~120	≥1790

　　（2）镶嵌式定径水口：本体（外套）由高铝料制成，水口芯（内壁工作面）用锆英石和氧化锆做原料制成。水口本体和芯分别制做，然后用耐火泥将二者黏结在一起，如图4-34b 所示。水口外套性能见表4-83。内芯 ZrO_2 含量有多个档次，根据需要选用，这种水口成本低，抗热震性好。

表 4-83　镶嵌式定径水口外套技术性能

档次	化学成分（质量分数）/%			显气孔率/%	体积密度/g·cm⁻³	耐压强度/MPa
	Al_2O_3	MgO	C			
1	65~70			18~24	2.30~2.40	40~60
2	75~80			18~24	2.40~2.50	40~60
3	65~75	10~12	6~8	6~10	2.90~3.00	40~60
4	85~88		6~8	6~10	3.00~3.10	40~60

　　（3）直接复合定径水口：本体由锆英石制成，仅在水口内孔定径部位复合一定高度和厚度的锆英石和氧化锆复合体。本体和复合体一次成型，一次烧成的制品。由于线膨胀系数的差异，内部复合层 ZrO_2 含量一般在 70%~80%，不能太高。使用寿命较全锆英石质长，见图4-34c。

　　（4）振动成型定径水口：将水口芯做好，然后将芯定中于铁皮外壳内，再把高铝质浇注料加入其中，一起振动加压成型在一起。成型好的水口不用再烧成，烘干即可使用。如图4-34d 所示。水口芯是以锆英石和氧化锆为原料单独制成的，本体为高铝料，外表为冲压成型的铁皮外壳。此种水口成本低，芯不易脱落。

　　（二）氧化锆定径水口

　　由于中间包使用寿命提高，锆质定径水口已不能满足使用要求，必须使用抗侵蚀性更好的氧化锆制成定径水口。一般用 CaO 部分稳定氧化锆，也有用 MgO 部分稳定氧化锆。由于氧化锆原料价格昂贵，烧成温度高（1750~1800℃），为了降低成本，将氧化锆定径水口做成镶嵌式，即外套用高铝料或锆英石，水口芯用氧化锆制成。根据所用原料粒度大小，可以分为粗颗粒型、细颗粒型和陶瓷型三种：

　　（1）粗颗粒型氧化锆定径水口：最大颗粒可达 2mm。这种水口热震稳定性较好，使用时不会炸裂，抗侵蚀性好，但强度较低。

　　（2）细颗粒型氧化锆定径水口：粒径在 50μm 以下。这种水口组织结构比较均匀，显气孔率较粗颗粒水口低，抗侵蚀性比粗颗粒水口要好，但抗热震性差一些。

　　（3）陶瓷型氧化锆定径水口：粗径在 5μm 以下，显气孔率低于 5%。这种水口的强度非常高，性能超过粗粒和细粒水口，适用于连铸时间超过 20h。但抗热震性差，使用不当会出现炸裂，必须采取措施，如提高烘烤温度、采用薄壁水口内芯等。

（三）快速更换定径水口

现在通过在线快速更换技术，使连铸时间大幅度延长，最长达 70h。同时应用不断流快速更换技术，拉速稳定，提高收得率，提高了效率等。

由于快速更换定径水口，与上水口有精确的配合，使用时不预热，对定径水口的抗热震性要求更高。材料的性能如表 4-84。

表 4-84 快换定径水口性能

部位	材质	化学成分（质量分数）/%				体积密度 /g·cm⁻³	显气孔率 /%	耐压强度 /MPa
		SiO_2	ZrO_2	Al_2O_3	MgO			
ZrO_2 芯	氧化锆	1.1	95.0		2.6	4.92	13.0	
外套	刚玉浇注料			96.0		3.10	16.5	350
中间包座砖	烧成高铝砖	15.0		83.0		2.67	21.0	

四、透气砖

通过钢包底透气砖向钢液吹入氩气等惰性气体，利用气体受热体积膨胀上浮，从而充分搅拌钢水，使钢水中有害杂质和气体上浮，达到均匀钢水成分和温度、降低气体含量、改善钢液流动性的目的，是关键的功能耐火材料。

（一）透气砖类型

按组装方式分为内装式整体透气砖和外装式透气砖组合两种。前者是直接将成型组装好的透气芯砖浇注在座砖中，形成一个整体，使用时整体砌筑、安装，整体更换；后者是在现场砌筑、组装，使用时可进行一次更换，一块座砖可配套使用 2~3 块芯砖。

透气砖结构分类：

（1）弥散型透气砖：主要由等粒径颗粒和细粉加入结合剂，经液压成型、高温烧成。其气孔分布为弥散型结构，见图 4-35a。通气量与吹气压力成正比。通气量不大，不易控制，受钢水和熔渣侵蚀渗透后，吹通率较低。

（2）狭缝型透气砖：见图 4-35b。透气砖中的狭缝主要由耐火材料片分隔成若干条平行或环形分布的狭缝组成，其通气量易控制。一般通过预埋烧失物形成，也有采用芯板组合型，其芯板采用机压成型，高温烧成。芯板组装好后外包浇注料，以形成狭缝，这种工艺可缓冲热应力。芯板材质有刚玉、刚玉尖晶石及非氧化物组合刚玉质。狭缝宽度一般取 0.18~0.20mm 比较合适。狭缝型透气砖采用不定形耐火材料技术，浇注成型，高温烧成，生产工艺流程为：配料→混合→浇注→养护→干燥→烧成→包铁壳→烘干→透气性实验→成品。所用原料为白刚玉或板状刚玉、纯铝酸钙水泥、硅微粉，添加剂有 Cr_2O_3、锆英石、尖晶石等。配料中加入 Cr_2O_3、MgO 能改善抗侵蚀性和渗透性。配套座砖一般为刚玉质。

（3）直通孔型透气砖：见图 4-35c。透气砖中的直通孔，主要由埋在砖中的不锈钢细管而成。分布较均匀，易控制。

（4）迷宫型透气砖：见图 4-35d。通气部分为网状结构，可增加渗钢水阻力，使砖的抗钢水熔渣的侵蚀渗透能力强，加长渗钢水路径，吸成率高，气孔分布均匀，通气量易控制。

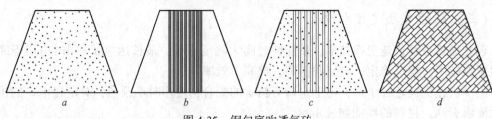

图 4-35　钢包底吹透气砖

a—弥散型；b—狭缝型；c—直通孔型；d—迷宫型

（二）透气砖材质及制造工艺

目前国内广泛使用的狭缝型透气砖，其材质主要是铬刚玉和刚玉-尖晶石质，国外也有莫来石-刚玉质。芯板组装法所用芯板采用机压成型，狭缝在成型过程中预留或芯板烧好后机加工而成。芯板除传统的刚玉-尖晶石、铬刚玉质外，还有非氧化物结合刚玉质，如 Sialon 结合刚玉等，其各种透气砖的理化指标见表 4-85。

表 4-85　钢包精炼用各种透气砖理化指标

项目	弥散型		直通型	狭缝型			芯板式
	刚玉质	镁质	铬刚玉质	铬刚玉质	刚玉-尖晶石	莫来石刚玉	Sialon 结合刚玉
$w(Al_2O_3+Cr_2O_3+MgO)$ /%	>95	>95	>94	>92	>92	91	80
显气孔率/%	23~28	23~28	<22	<22	<22	<22	<16
体积密度/g·cm^{-3}	>2.65	>2.65	>2.98	>2.98	>2.95	>2.80	>3.0
耐压强度/MPa	>35	>25	>60	>60	>70	>60	>80

例如狭缝型铬刚玉透气砖的制备工艺：

（1）透气塞：采用 $w(Al_2O_3)$ = 98.5% 的电熔刚玉，其颗粒组成：2~1mm 5%~15%，1~0.5mm 65%~75%，<0.044mm 10%~15%，外加剂 3%，采用磷酸铝作结合剂，加入 3%~5%，泥料混匀后机压成型，1580~1610℃ 保温 2h 烧成。

（2）透气板（芯板）：采用 $w(Al_2O_3)$ >98.5% 的板状刚玉，临界颗粒为 2.5mm，<2.5mm 65%，细粉 35%（其中有一定量氧化铬粉），机压成型，干燥后于 1610~1630℃ 保温 8h 烧成。检验合格的透气板在磨床上进行两面细磨，再用砂轮开槽。

（3）座砖：电熔刚玉颗粒 65%，细粉（刚玉细粉、Cr_2O_3 粉、Al_2O_3 超细粉、纯铝酸钙水泥）35%，外加减水剂 0.3%，用搅拌机混练，振动台振动成型，烘烤温度 35~45℃，干燥 4 天，制品的性能见表 4-86。

表 4-86　铬刚玉透气砖的理化指标

类别	化学成分（质量分数）/%		显气孔率 /%	体积密度 /g·cm^{-3}	耐压强度 /MPa	透气度 /m^3·(MPa·h)$^{-1}$
	Al_2O_3	Fe_2O_3				
透气塞	>93	<0.5	>27	<2.70	>30	>100

类别	化学成分（质量分数)/%		显气孔率 /%	体积密度 /g·cm^{-3}	耐压强度 /MPa	透气度 /m^3·(MPa·h)$^{-1}$
	Al_2O_3	Fe_2O_3				
透气板	>95	<0.5	<20	>3.0	>70	>80
座砖	>80	Cr_2O_3>8		>2.5	>60	

将透气塞、透气板组装在一起，采用焊好的钢套（带吹氩管）将二者组合在一起，并将组合件放入座砖的孔径中，用火泥将组合件和座砖结合在一起，构成整个狭缝型铬刚玉透气砖。

洛耐院研究认为铬刚玉透气砖不如刚玉-尖晶石透气砖。采用板状刚玉为颗粒料，电熔刚玉为细粉，加入电熔的 CA-80 纯铝酸钙水泥、5%活性 α-Al_2O_3 微粉和8%尖晶石，再加适量 Cr_2O_3 粉和减水剂，使颗粒与细粉的质量比为 70：30，振动成型，干燥后于 1500℃保温 3h 烧成。刚玉-尖晶石透气砖的理化指标为：$w(Al_2O_3)$ >93.0%，$w(MgO)$>2.0%，$w(Cr_2O_3)$ <3.0%（铬刚玉透气砖>5%），显气孔率 18%，体积密度 3.10g/cm^3，耐压强度>120MPa，常温抗折强度>18MPa，高温（1400℃、0.5h）抗折强度>17MPa。

在 160t 精炼钢包上使用，每次吹氩总时间 30~40min，内装整体式透气砖平均寿命 28次，最高 34 次。而传统的铬刚玉透气砖平均寿命 22 次，最高 26 次，可见刚玉-尖晶石透气砖优于铬刚玉透气砖。

日本品川公司开发出一种新型狭缝式透气砖——NSP，由高级预制件和结构独特的狭缝构成，其狭缝结构如表 4-87 所示。最简单的单圆型 NSP 由两块带狭缝的浇注块构成，其中一些致密元件按一定间隔被隔开，以便这些砖块之间互相联系，同时保持通道畅通。NSP 结构很容易保证获得目标气体流速，仅仅改变狭缝环的数量和形状即可，不增加生产难度。NSP 是用低水泥 Al_2O_3-尖晶石浇注料，可以确保受热条件下体积稳定性及良好的抗剥落性，由于结构致密，也具有抗侵蚀性。星型 NSP 狭缝面积 107mm^2，在 285t 钢包上使用，最大气流速度 1000L/min，比普通狭缝砖提高吹成率 15%，即使间歇操作时，也可稳定气流。

表 4-87　NSP 的狭缝设计和气体流速

狭缝设计（截面)		狭缝面积/mm^2	气体流速[①]/L·min^{-1}
单圆型		61	200~250
星型 1		88	250~300
星型 2 （中心)		107	350~400

①0.1MPa，空气。

（三）中间包底吹透气砖

据日本新日铁等报道：在中间包挡渣堰附近设置透气砖吹入氩气，使夹杂物含量比不吹氩气的减少 20% 以上。与其他方法只能除去较大夹杂物相比，中间包吹氩技术对除去 $50\mu m$ 左右微小夹杂物起着特殊重要作用，以保证特殊薄板钢（如汽车板钢）的质量。这种透气砖的气道结构及使用操作方法与其他透气砖不同，吹气方法也有多种，使气体携带夹杂物上浮，不吹开保护渣，如埋设透气管、安装透气梁，以及在挡渣堰内或包底埋设透气元件等。我国也正在工业化试验。

五、挡渣堰（墙）

连铸中间包设置挡渣堰（墙），可以改变钢水在中间包的流动状态，增加钢水停留时间，促进钢水中夹杂物上浮，起到净化钢水的作用。

挡渣堰（墙）有高铝质及镁质的。高铝质挡渣堰抗热震性好，抗渣侵蚀和抗钢水冲刷能力强。镁质挡渣堰能吸收钢中 Al_2O_3、SiO_2 夹杂物，提高钢水洁净度，不会使钢水二次氧化。我国镁质挡渣堰采用电熔或烧结镁砂、硅微粉的镁质浇注料，形成 $MgO\text{-}SiO_2\text{-}H_2O$ 系凝聚结合，并添加防爆剂、分散剂，有的加入 2% 钢纤维。挡渣堰的技术指标见表 4-88。

表 4-88　挡渣堰技术指标

材质	化学成分（质量分数）/%			体积密度 /g·cm⁻³	耐压强度 /MPa	抗折强度 /MPa	荷重软化温度/℃	耐火度 /℃	线变化率（1500℃×3h）/%
	Al_2O_3	MgO	Al_2O_3+MgO						
高铝质	80~90			2.90~3.10	30~40		>1550	>1780	
镁质		85~90		2.85~2.95	110℃×24h，100~120；1500℃×3h，55~70	110℃×24h，10~13；1500℃×3h，7~9	>1550	>1780	
镁铝质1			75~80	2.82~2.85	110℃×24h，35~37；1500℃×3h，45~56	110℃×24h，4~6；1500℃×3h，4~6			0.20~0.25
镁铝质2			80~85	2.80~2.90	110℃×24h，42~45；1500℃×3h，50~54	110℃×24h，6~8；1500℃×3h，8~12			0.20~0.25
镁铝质3			90~95	3.00~3.15	110℃×24h，48~52；1500℃×3h，56~60	110℃×24h，7~9；1500℃×3h，8~12			0.20~0.25

镁质挡渣堰时间长容易冲穿，而铝镁质挡渣堰耐侵蚀性好，但对钢水纯净度不如镁质挡渣堰。采用复合型挡渣堰，即渣线采用铝镁质浇注料，钢水区采用镁质浇注料，经振动

成型，将两种材料复合为一体而制成复合型挡渣堰。两种浇注料很好的复合，具有良好的施工性能，十分重要。因此要选择好镁质料缓凝剂及两种料的配方（见表 4-89）。在镁质浇注料外加质量分数 0.15% 多烃基酸钠，选择 pH 值接近 7 或稍大于 7 的 SiO_2 微粉，同时将减水剂改为三聚磷酸盐与有机减水剂复合，使镁质浇注料与铝镁质浇注料有相同的施工效果。各钢厂中间包的使用温度、下渣量、渣液面上下波动幅度等不同，要根据实际情况确定两种材料制作比例，一般是上部三分之一为铝镁质，其余三分之二为镁质浇注料。

表 4-89 复合挡渣堰两种料的配料比 （质量分数/%）

材质	镁砂		特级矾土熟料 1~10mm	刚玉 <0.088mm	$\alpha\text{-}Al_2O_3$, $d_{50}=3\mu m$	SiO_2 微粉 $d_{50}=0.4\mu m$	尖晶石 <0.088mm	添加剂（外加）
	<10mm	<0.088mm						
镁质	68	22	0	0	5	5	0	0.1~0.3
铝镁质	15	5	47	18	5	2	8	0.1~0.3

六、过滤器

在挡渣堰中安装陶瓷过滤器，可提高钢水洁净度。过滤器的结构有狭缝式、直通孔型和弥散型。陶瓷过滤器可选用 CaO 质，该材质有吸附钢水夹杂物的作用。此外还有刚玉质、莫来石质、镁质和氧化锆质等。

在钢水流量大的情况下，使用直通孔型过滤器；流量小时，可选用泡沫型过滤器。CaO 过滤器制作难度大，其技术指标见表 4-90。

表 4-90 陶瓷过滤器技术指标

档次	$w(CaO)$ /%	显气孔率/%	体积密度/g·cm^{-3}	耐压强度/MPa	抗折强度/MPa
1	99.0~99.5	25~28	2.40~2.45	16~20	7~10
2	98.0~99.0	25~27	1.92~1.98	8~12	

鞍钢三炼钢厂在高铝质挡渣墙上安装 $w(CaO)$ >97% 的过滤器，可使钢中夹杂物降低 13.1%。

七、气幕挡墙

气幕挡墙位于中间包底部，应用气幕向中间包内钢水吹氩，产生上浮气泡，促使夹杂物上浮到表面渣层。上部致密层应有足够的强度，在钢水静压力下不开裂。气幕挡墙工作压力为 0.2MPa，透气量 5~10L/min，其材料必须耐钢水和熔渣侵蚀。

八、稳流器

稳流器是稳定钢水注入中间包冲击区的流动状态、改善中间包钢水流场、促进夹杂物上浮、防止钢渣卷入钢水、造成连铸钢坯内部质量缺陷的功能耐火材料。山东某钢厂采用大晶粒电熔镁砂为主要原料，硅微粉为结合剂，加钢纤维制造稳流器，使用效果较好，最高寿命 100h。

还有的在中间包设置钢流缓冲器、透气梁等。

九、中间包覆盖剂

中间包钢液面散热非常大，约占中间包热量损失的90%以上。中间包钢水覆盖剂对钢水保温，以减少热损失和浇钢过程中的温降，吸收钢液中上浮的夹杂物，提高钢水质量，防止中间包内钢水二次氧化，充分发挥中间包的冶金功能。因此要求覆盖剂对中间包内衬和钢包套管的侵蚀作用弱，并有良好的操作性，即在钢液表面铺展覆盖良好，浇钢过程不结壳，浇钢结束后便于清理和不影响解包操作。

使用的覆盖剂主要有：单层式覆盖剂（如炭化稻壳、复合渣）、双层式覆盖剂（炭化稻壳+复合渣）。炭化稻壳保温好，但不能净化钢水，对部分低碳钢可能有增碳作用。使用复合渣时，在钢液表面形成液渣层，有利吸收和同化钢水中上浮的夹杂物，在复合渣表面再加上炭化稻壳或其他保温材料（双层式），则可同时实现保温、净化的功能。

传统的中间包覆盖剂在以硅质绝热板为中间包工作衬时，取得了较好的使用效果，但不适合镁质中间包衬。这种覆盖剂是以 $CaO-Al_2O_3-SiO_2$ 三元系相图为理论基础，基料组成大部分落在硅灰石（$CaO \cdot SiO_2$）形态存在的低熔点区域附近，配以适量的 CaF_2，纯碱调节熔点和黏度，并配以适量的石墨或焦炭调节覆盖剂的熔化速度，增加保温效果。这种覆盖剂 $CaO/SiO_2 \leqslant 1$。

为了适应镁质涂料中间包衬，而改用 $MgO-Al_2O_3-SiO_2$ 系覆盖剂，基料落在该三元系统中，控制其熔点在1200~1450℃，不外加 CaF_2 等助熔剂。根据引流砂对覆盖剂的影响，比较合适的熔点为1350~1450℃之间。

熔化速度在20~30s时比较合适，影响因素较多，包括本身的熔点、基料粒度和组成，以及炭质材料的种类和粒径。实验得出：炭黑对降低熔化速度影响最大，280石墨和焦炭影响最小，一般用复合碳源。

黏度，在1450℃时为 $1.0~1.2Pa \cdot s$ 比较合适。黏度太大会造成结壳现象，有合适的黏度，可以隔热保温，防止钢水二次氧化。

镁质覆盖剂的缺点：在使用过程中容易出现大面积烧结，尤其是用塞棒控制流速的中间包，大面积烧结会粘连塞棒。北京科技大学等单位研究了石墨和镁砂粉料配入量，以及钢包渣种类和加入量等对中间包颗粒型镁质覆盖剂烧结性的影响。结果表明：覆盖剂颗粒内添加一定量石墨（≤15%），可促进覆盖剂颗粒间烧结。在颗粒型镁质覆盖剂成品中，2~3mm 和 1~2mm 颗粒基本无粘结现象（颗粒是用细粉加3%淀粉，加水16%~24%，混均后用摇摆造粒机制备），0.6~1.0mm 颗粒有轻微粘结，<0.6mm 颗粒则烧结在一起。因此细粉越多越容易烧结。钢包渣加入量越大，覆盖剂颗粒之间越容易烧结。

为了提高覆盖剂对钢水中夹杂物的吸附作用，有人研制了一种钙质覆盖剂，同时在覆盖剂中引入轻质保温材料（珍珠岩和稻壳20%）及保气剂，使上面粉状层存在合理气体量，增加保温效果。同时引入复合碳源，碳含量越高，粒径越小，降低熔化速度越强烈。合适的熔化速度使覆盖剂工作过程保持合理的三层状结构，即熔融层、半熔层、粉状层。

这种覆盖剂控制 $w(CaO)= 30\%~45\%$、$w(Al_2O_3)<10\%$、$w(SiO_2)= 5\%~15\%$ 比较合理，实际使用效果良好。

天津钢管公司通过添加适当的稀释剂、引气剂和保气剂，优化覆盖剂的组成及熔化温度、熔化速度和黏度。研制的高钙碱性覆盖剂理化性能指标为：$w(CaO)>50\%$，$w(SiO_2)$

<10%, $w(C)$ <12%, 体积密度 0.8~1.2g/cm³, 熔化温度 1300~1400℃, 黏度 (1450℃) 0.8~1.2Pa·s。由于游离 CaO 含量较高, 吸附钢液中夹杂物能力强, SiO₂ 含量低, 降低了渣黏度, 更易吸附夹杂物。

十、保护渣

覆盖在连铸结晶器内钢液表面, 而且能维持连铸的正常浇铸过程的渣料称为连铸结晶器保护渣。它具有润滑铸坯、均匀传热、绝热保温、防止钢液的二次氧化、吸收夹杂物的作用。

结晶器内应勤加保护渣, 每次加入量不宜过多, 以均匀覆盖钢液表面为佳, 保护渣的熔融层厚度在 10~15mm 之间。随着高效连铸的发展, 保护渣必须是低黏度、低熔点、高熔速度、大凝固系数的新型保护渣。

(一) 保护渣的组成

普通以 SiO₂-CaO-Al₂O₃ 系中低熔点、低黏度区为基础。在以硅灰石 (CaO·SiO₂) 形态存在的低熔点区, $w(CaO)$ = 30%~50%, $w(SiO_2)$ = 45%~60%, $w(Al_2O_3)$ <20%, 熔点在 1300~1500℃之间, 1400℃时的黏度最低为 0.6Pa·s。通常在 SiO₂-CaO-Al₂O₃ 系中有适当的 Na₂O、CaF₂ 的五元系。

连铸保护渣主要由基料、助熔剂和熔速调节剂组成。基料常用的有碱性材料 (提供 CaO 组分) 和酸性材料 (提供 SiO₂ 组分); 助熔剂提供可降低保护渣熔化温度和黏度的组分; 熔速调节剂 (调节保护渣熔融结构和熔化速度) 常用的有石墨类、炭黑类、焦炭粉和一些非炭质材料等。此外人工合成保护渣基料 (烧结料或预熔料) 成为保护渣一大种类, 以保证原料成分的稳定。

根据基料类型和生产工艺可将保护渣分为不同类型, 见表 4-91。含有保护渣所需组分的原料见表 4-92。

表 4-91 保护渣分类

生产工艺	粉末机械混合	圆盘或挤压造粒	喷雾造粒
普通基料	混合粉末渣	混合实心颗粒渣	混合空心颗粒渣
烧结基料	烧结粉末渣	烧结实心颗粒渣	烧结空心颗粒渣
预熔基料	预熔粉末渣	预熔实心颗粒渣	预熔空心颗粒渣

表 4-92 含有保护渣相关组分的原料

组分	含有该组分的原料名称
CaO	水泥熟料、硅灰石、高炉渣 (方解石、白云石、石灰石常用于预熔料和烧结料)
SiO₂	石英砂、硅石、海砂、硅灰石、玻璃粉、电厂灰、固体水玻璃、黏土
Al₂O₃	钠长石、钾长石、黏土、工业氧化铝、赤泥
MgO	镁砂、菱镁矿 (白云石常用于预熔料和烧结料)
Li₂O	碳酸锂 (Li₂O 含量大于 40%)、锂辉石 (Li₂O·Al₂O₃·4SiO₂)、锂云母
Na₂O	纯碱、冰晶石、废玻璃、固体水玻璃、氟化钠
F⁻	萤石、冰晶石、氟化钠

组分	含有该组分的原料名称
B_2O_3	硼砂（$Na_2B_4O_7 \cdot 10H_2O$）、硼酸（H_3BO_3）
BaO	碳酸钡、重晶石
SrO	天青石、碳酸锶
C	石墨、炭黑、焦粉

结合剂有以下两种：

（1）无机结合剂，其中有硅酸钙水泥、水玻璃和黏土等。

（2）有机结合剂，其中有淀粉、糊精、纤维素、纸浆废液，以及聚乙烯醇、羧甲基纤维素等。

（二）保护渣生产工艺

（1）烧结型或预熔型基料生产工艺流程为：原料矿石破碎→原料制粉→配料→造块→干燥→烧成或熔炼→冷却→制粉、待用。

其中烧结过程在回转窑内进行，预熔过程在电炉或竖窑内进行。有资料介绍：有保护渣专用熔化炉，用煤气发生炉产生的煤气在熔化炉内燃烧，保护渣原料加热到 1400~1600℃完全熔化后从炉中流出，在水中冷却成渣。

（2）粉末保护渣生产工艺流程为：原料准备→配料→搅拌混合→干式球磨→烘烤、包装。

其中干式球磨采用转筒式球磨机或振动球磨机。

（3）实心颗粒保护渣生产工艺流程为：原料准备→配料→搅拌混合→干式球磨→加水搅拌→圆盘或挤压造粒→烘烤→筛分、包装。

（4）空心颗粒保护渣生产工艺流程为：原料准备→配料→搅拌混合→水磨制浆→喷雾造粒→筛分→冷却、包装→检测、待用。

（三）不同钢种连铸保护渣的特点

一般随着钢种碳含量增加，应选用黏度和熔化速度较低一些、熔化均匀性好一些、渣圈不发达的保护渣。铸坯断面大、拉速高或结晶器采用高振频、小振幅振动时，也应选用低黏度、快速均匀熔化性的保护渣。

（1）低碳铝镇静连铸保护渣：应选用碱度较高、黏度较低、原始渣中 Al_2O_3 含量较低的保护渣，使熔渣吸收 Al_2O_3 夹杂物的速度较快，渣耗较大，液渣层更新较快。

（2）中碳钢连铸保护渣：应选择凝固温度高、结晶温度较高的保护渣，适当提高保护渣碱度、降低氟含量、降低 B_2O_3 含量，都有利于提高凝固温度和结晶温度。

（3）高碳钢连铸保护渣：高碳钢浇铸温度低，要选用黏度低的保护渣。防止钢水冻结，要选用绝热性能好的保护渣，这类保护渣的体积密度低，碳的加入量要适当。Li_2O、MgO、MnO 都能降低保护渣黏度，降低凝固温度，降低熔点和提高熔化速度，尤其是 Li_2O 对降低黏度和软化点有显著效果。

（4）超低碳钢连铸保护渣：浇铸超低碳钢种（$w(C)<0.03\%$）时，有铸坯增碳问题，

因此使用保护渣。一是应选配易氧化的活性炭质材料，并控制其配入量，使液渣层厚度接近上限；二是保护渣中配入适量的 MnO_2，作为氧化剂，有效地抑制富碳层，并降低其中碳含量；三是在保护渣中配入 BN 粒子，用以取代碳粒子。

（5）不锈钢连铸保护渣：由于不锈钢中含有 Cr、Ti 等元素，使用的保护渣必须具有净化结晶器内钢渣界面上的 Cr_2O_3、TiO_2 等夹杂物的能力，吸收夹杂物后其性能稳定，可往保护渣中配入适量的 B_2O_3，从而使熔渣黏度降低，并使凝渣不再析晶。对于含 Ti 不锈钢，保护渣暂时无能为力。

（6）高速连铸保护渣：要求高速连铸保护渣应具有较低的强度及结晶析出温度、较低的软化及熔融温度、合适的碱度及较快的熔化速度等理化性能。

根据要求，高速连铸保护渣几乎都具有低 Al_2O_3 和高金属氧化物的特点。限制 N_2O、CaF_2 的用量，以改善渣的玻璃特性：加入一定量的 BaO、B_2O_3、Li_2O、K_2O、MgO、MnO 等助熔剂，有效地降低黏度、熔点、熔化速度和抑制晶体析出。研究表明：BaO 或 MgO 取代部分 CaO 能降低渣的黏度和熔融温度；B_2O_3 能促进熔渣玻璃态化，减轻熔渣的分熔倾向；MnO 能迅速降低熔渣的结晶体析出温度和黏度；Li_2O 对降低黏度和软化点有显著效果。高速连铸保护渣普遍采用复合配碳，从配碳材料种类和数量入手，调整保护渣层呈多层结构。

十一、水平连铸分离环

水平连铸分离环起稳定拉坯和形成钢液自由表面的作用。其材质主要有 BN 质、Si_3N_4 质、Sialon 质和 Sialon-BN 质。国内主要用 BN 质和 Si_3N_4 质分离环。某单位研制的 BN 分离环的技术性能见表4-93。

表 4-93　BN 质分离环的性能

品种	型号	体积密度 /g·cm⁻³	显气孔率 /%	耐压强度 /MPa	抗折强度 /MPa	弹性模量 /MPa	硬度 /MPa	热导率 /W·(m·K)⁻¹
直径 90mm 分离环	FB-3	1.88	5.59	210.0	160	568.1	228.4	17.8
	FB-4	1.83	9.37	189.9	78.5	282.6	656.5	13.8
150mm 方形分离环	TB_3	2.0	7.49	225.0	116.0	568.1	228.4	
	G_1	2.1	6.83	197.0		542.0	196	

第五章　电熔耐火原料及熔铸耐火制品

像生产玻璃那样，也像铸钢工艺那样，将耐火原料在电弧炉里熔融，在耐火材料技术中，材料熔融占特殊位置，因为电熔材料有特殊的性能——高密度和抗侵蚀性。利用熔融材料有两种方式：将熔体浇注在模型中取得制品和熔融材料破碎及粉碎制备颗粒状产品。颗粒状熔融材料引入各种耐火粉料中作为耐火骨架及粉末状形式利用。虽然熔炼耗费很大能量，可是在许多场合采用熔融材料对经济是有利的。因为首先是改善了耐火材料性能和增加了它的使用期限，其次是材料熔化可以进行的很快，而陶瓷合成半成品必须要相当长的间隔时间，甚至长时间煅烧，合成相的晶体往往带有晶核性质。用熔体浇注制取的制品，主要是闭口气孔，气孔率为 4%~6%，并且能制取大尺寸到 2000mm 的制品。熔炼时杂质部分升华。其他杂质向外围转移，要进一步排除它。因此熔炼时，材料本身发生某些随意的富选。同时熔融耐火材料具有自己独特的不足。可是它那不可争议的优越性，使电熔耐火材料生产不断增大。

自从 1926 年美国富尔契尔（Fulcher）发表熔铸硅酸铝耐火材料专利以来，熔铸耐火材料有很大发展。先后研制成功熔铸莫来石砖、刚玉砖、锆刚玉砖、尖晶石-刚玉砖、铬刚玉砖、镁铬砖等一系列产品。特别是 1960 年法国发明了氧化熔融技术，使熔融耐火制品的性能进一步提高，生产出许多高性能产品。如用氧化法生产的抗侵蚀 41 号锆刚玉砖、$w(Cr_2O_3)=26\%$ 的铬锆刚玉砖及氧化锆砖、熔铸十字形格子砖等。同时熔铸装备水平也进一步得到提升。现在可以制得 2000mm 高、精度达 0.1mm、没有裂纹、无缩孔的大块砖。

我国电熔耐火材料从无到有，1958 年沈阳耐火厂生产出熔铸锆莫来石砖和 30 号锆刚玉砖。1979 年以后，全国已有十余家电熔耐火材料的工厂，但都是小功率电炉，还原法熔化，产品质量不高。直至 20 世纪 90 年代，通过引进国外生产线、与外国合资办厂及科技攻关、技术装备改造，使我国电熔耐火材料有专用的大型电弧炉及配套的大型变压器、电脑控制熔化参数、自控氧枪吹氧，以及完善的电炉水冷系统、大型专用浇注设备、切割机、平面和曲面精加工机床等，不但能生产大块制品，同时可以进行精确组装。

与熔铸耐火制品发展同时，电熔耐火原料发展迅速。由于电熔材料晶体发育好、气孔少，而且还有提纯作用，生产工艺也不太复杂，因此得到广泛应用。用天然原料直接电熔的有菱镁矿电熔镁砂、高铝矾土电熔棕刚玉、亚白刚玉等；合成耐火原料有电熔莫来石、尖晶石、白刚玉、致密刚玉等；特别是有些耐火原料用烧结法生产比较困难，而用电熔法容易制取，如高纯氧化铬材料、铁铝尖晶石等。

第一节　电熔耐火材料工艺及设备

电熔耐火材料的生产工艺流程如图 5-1 所示。

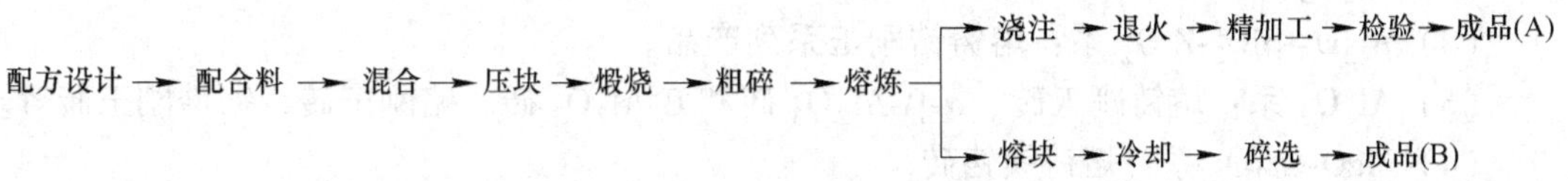

配方设计 ⟶ 配合料 ⟶ 混合 ⟶ 压块 ⟶ 煅烧 ⟶ 粗碎 ⟶ 熔炼 ┬⟶ 浇注 ⟶ 退火 ⟶ 精加工 ⟶ 检验 ⟶ 成品(A)
└⟶ 熔块 ⟶ 冷却 ⟶ 碎选 ⟶ 成品(B)

图 5-1　电熔耐火材料生产工艺流程图

图 5-1 中的 A 流程产品为熔铸耐火制品，B 流程产品为电熔耐火原料。有些耐火原料可将配好的料直接电熔，如电熔白刚玉、镁砂等。

A 流程说明如下：

（1）配方设计：根据产品的性能要求及使用条件和熔炼方法进行配方设计。

（2）配合料：按配方设计，将各种粉料分别称量，倒入球磨机或混料机中。

（3）混合：在球磨机或混料机中，各种原料充分混合均匀。

（4）压块：混合均匀的配合料可送到圆盘造粒机上成球或压块。

（5）煅烧与粗碎：将成球或压块放入窑中煅烧，将烧好的料粗碎后入炉熔炼。如果用粉料直接电熔，在加料熔化过程中产生大量粉尘污染环境，同时造成物料损失。由于各种物料真密度不同，会使熔体分层，造成铸件结构不均匀等缺陷。

（6）熔炼：电弧炉熔炼分还原法和氧化法。

还原法：将电极插入熔体中，用电阻加热熔体。电极上的炭会直接渗入熔液中。电熔耐火原料有的还用此法，熔铸制品一般不用，基本上被淘汰。

氧化法：用长电弧加热熔体，或当炉料熔融后吹氧脱炭。可以从熔炉上部吹，也可以从底部吹。

（7）浇注：首先选择合适的模型，模型是用耐高温材料制成的，如石墨板、刚玉砂、石英砂等，用适合的黏结剂制作。将熔化好的熔液由倾复式电炉浇注到模型中，由于铸件缩孔的方法不同，浇注方法分 4 种：普通法、倾斜法、准无缩孔法和无缩孔法，见图 5-2。

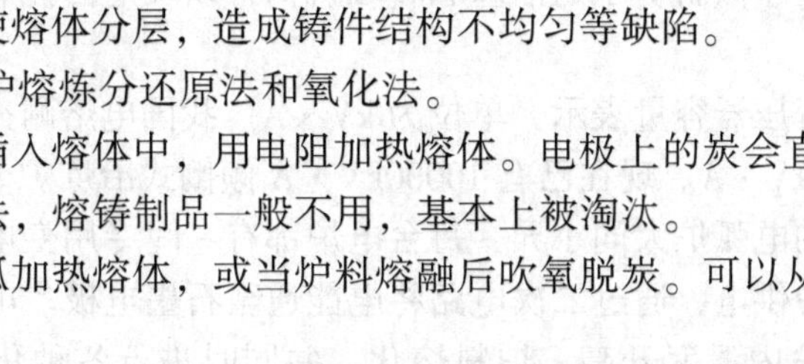

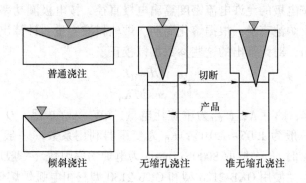

图 5-2　4 种浇注方式的产品示意图

（8）退火：利用铸件自身热量，埋入保温材料中或外部供热的退火窑来调控产品的降温速度，消除其内部应力，使产品无内裂。

（9）精加工：用金刚石器具切割或磨削铸件，使其符合砌筑要求。

熔铸耐火制品按化学成分分为 6 类：

（1）$Al_2O_3\text{-}SiO_2$ 系：熔铸莫来石砖。

（2）$Al_2O_3\text{-}SiO_2\text{-}ZrO_2$ 系：熔铸锆刚玉系列产品。

（3）Al_2O_3 系：熔铸刚玉砖、$\alpha\text{-}\beta\text{-}Al_2O_3$ 砖和 $\beta\text{-}Al_2O_3$ 砖、铬刚玉砖、铬锆刚玉砖等。

（4）$MgO\text{-}Cr_2O_3$ 系：熔铸镁铬砖。

（5）Cr_2O_3 系：熔铸铬尖晶石砖。

（6）$MgO\text{-}Al_2O_3$ 系：熔铸镁铝尖晶石砖。

B 流程相对简单，基本上是熔铸制品的前段工艺，即从配方设计到熔炼这段工艺流程。熔炼方法多用还原法，如熔炼棕刚玉、亚白刚玉等，必须使高价氧化物还原。有的采用倾倒炉或流放炉，将熔体倾倒在接包车上冷却；有的采用熔块炉，熔块就在炉内自然冷却，然后进行破碎、分选。

熔炼设备：生产熔铸耐火材料的关键设备是电弧炉，它的结构是否合理、自动化水平的高低，直接影响熔铸耐火材料质量及制品成本。我国熔铸耐火材料行业所用的熔化设备，大都沿用冶金行业的炼钢电弧炉。近年中国建材研究院研制了外冷式熔铸耐火材料专用电弧炉。炉子由带出料口的金属壳体、中空水冷炉盖、能移动的电极夹具和牢固焊接在炉子外壳上的定向支柱、倾斜炉子的活塞和转轴机构，以及电器控制设备和仪表控制柜等组成。

电弧炉的大小以变压器容量表示，单位为 kV·A。我国电熔耐火材料用电弧炉的变压器功率多为 $600\sim2000$kV·A。现在已有 10000kV·A 倾倒式冶炼炉。尽管熔炼耐火材料的设备不同，但已使用的电弧炉大同小异，每台电炉都有一间专用变电室，安装变压器及开关等装置，直接向电炉供电，通过二次电路将电能通至石墨电极。电极下端插入炉池配料中，电能变为热能，炉内温度升高，炉料熔化，并同时进行各种化学反应。待熔化完毕后，倾动炉体，将熔液浇注铸型，铸件经过退火而得到浇铸制品，如锆刚玉砖等。有的将熔化料冷却成熔块，再加工成各种粒度，即电熔原材料。

电炉造型时，通常是先按产品的年产量和单位耗电量计算出电炉容量，根据工作电压求出额定电压，再按电极的允许电流密度算出电极直径；按电极圈功率算出电极分布圆直径；按炉池功率算出炉池直径；根据熔化周期、炉池料液容量，计算出炉池深度；最后再按实践经验或参考值，对计算出的这些参数加以校正。

$$P = \frac{QP_{WH}K}{\cos\phi TK_0} \qquad\qquad (5\text{-}1)$$

式中，P 为电炉功率，kV·A；P_{WH} 为单位耗电量，kW·h/t 成品；Q 为年产量，t；K 为不均衡生产系数（一般为 $1.05\sim1.10$）；K_0 为变压器利用系数（一般为 $0.90\sim1.15$）；T 为年时基数（开动台时），一般取 8000h；$\cos\phi$ 为电炉功率因数（一般取 $0.92\sim0.96$）。

像俄罗斯、乌克兰使用 OKБ-2126 型和 OKБ-2130 型三相电弧炉熔炼锆刚玉耐火材料，它们的变压器功率分别是 1800kV·A 和 2800kV·A。有的电弧炉变压器功率更大，如 PKZ-4-0-W 型为 4000kV·A。我国电熔镁砂用电弧炉的变压器功率为 $400\sim1800$kV·A，大多数为 600kV·A，超过 1000kV·A 的炉子很少。国外使用的炉子普遍比较大，如 OKБ-955 的变压器功率为 3500kV·A，俄罗斯和乌克兰等国用来电熔方镁石铸块。

电弧炉的主要缺点之一是石墨化电极与耐火材料熔体接触，引起熔体的碳和气体（CO、CO_2、N_2 等）饱和。要用操作技术措施降低熔体中的碳含量，例如电极浸润可溶性盐、在等离子边缘用高温物质蒙上灰尘、采用空心电极等。

郑州某公司采用功率为 7500kV·A 倾倒式冶炼炉熔炼棕刚玉，年产 2 万吨。营口某集团建设环保封闭新型电熔镁砂炉，每台年产 1 万吨，液态 CO_2 0.67 万吨，做到节能减排，改变目前电熔材料对环境的污染。还可以利用低品位菱镁矿电熔某些材料。其炉体直径、变压器二次额定电压、二次操作电流、电极直径和电极中心距是生产的重要工艺条件。它们的确定和选用正确与否，直接决定产品的产量和质量。下面以电熔镁砂为例说明之。

一、变压器二次额定电压的确定

二次额定电压按以下公式计算求得：

$$E = K\sqrt[3]{N} \tag{5-2}$$

式中，E 为变压器二次额定电压；N 为变压器容量；K 为系数。

式 5-2 中，主要是 K 值的确定。K 值要根据炉料的电阻及变压器的容量来选择，炉料电阻大，变压器容量大，K 值就大。通常电熔镁砂加热温度 2800℃ 以上，K 值选择 9.24 ~ 9.80。

例如：600kV·A 变压器的二次额定电压为：

$$E = 9.24 \times \sqrt[3]{600} = 9.24 \times 8.434 = 77.93，取 80V$$

$$E = 9.80 \times \sqrt[3]{600} = 9.80 \times 8.434 = 82.56，取 85V$$

如果是 1250kV·A 变压器，二次额定电压的最佳值取 100 ~ 105V。如果采用较高电压操作，熔化速度快，使得熔块 MgO 含量偏低，低品位的镁砂较多，同一电流，采用低压操作较好。

二、变压器二次操作电流的确定

当二次额定电压确定之后，二次额定电流就可以按下式求得：

$$I = \frac{N \times 1000}{\sqrt{3} \times V \times \cos\phi} \tag{5-3}$$

式中，I 为变压器二次额定电流；N 为变压器容量；V 为变压器二次额定电压；$\cos\phi$ 为功率因数。

例如：变压器容量为 600kV·A、二次额定电压为 85V、$\cos\phi$ 为 0.92 时，则变压器二次额定电流为：

$$I = \frac{600 \times 1000}{\sqrt{3} \times 85 \times 0.92} = 4430A$$

国内外经验证明，生产电熔镁砂时，二次额定电流增加 10% ~ 20% 作为操作电流，可提高电炉的生产率。但必须通过风冷或水冷使变压器温度不能超过温控值。所以 600kV·A 变压器二次操作电流取 5000 ~ 5500A 较合适。

三、电极直径的选用

可按表 5-1 规定选用电极直径。

表 5-1　普通石墨电极的电流负荷

电极直径/mm	允许电流负荷/A
150	3500 ~ 4900
200	5000 ~ 6900
250	7000 ~ 10000
300	10000 ~ 13000

如果变压器容量为 600kV·A，二次额定电压为 85V，二次操作电流值为 5000~5500A 时，对照表 5-1，则选用电极直径为 200mm 比较合适。如果选用直径 250mm 的电极则有些浪费，同时由于电极电流密度减小，而影响电熔镁砂的产量和质量，效果反而不佳。

有些厂家使用再生电极电熔镁砂，由于再生电极污染严重，使镁砂质量下降，因此不要使用再生电极电熔镁砂。

四、电极中心距的确定

电极中心距则依据熔池直径来决定。三相电弧炉将形成三个熔池，在三个熔池圆周相切的情况下，电极中心距 C 等于熔池直径 D。C 和炉膛直径与熔池直径 D 之间的关系，由下列公式求得：

$$D_B = 2(H + 1/2H) = 2(C/2\cos30° + C/2) = 2.16C$$
$$D = C = D_B/2.16$$

式中，D_B 为炉膛直径。

这样在电极中心距 C 等于熔池直径 D 的情况下，三个熔池之间形成了不太理想的"死角"，热量不够集中，容易形成三相不通。如 600kV·A 变压器，在没有炉衬砖的情况下，使用直径 200mm 电极，将形成熔池直径 400mm，那么炉膛直径就等于：400×2.16 = 864mm。

如果在炉膛中心适时适量地补加一些碎电极（粒度为 20~40mm），能够克服"死角"的作用，特别在熔炼到炉体上半部时，使用碎电极效果更加明显。

当三个熔池的圆周交于一点，即炉膛中心时，在这种情况下：

$$C = 2H\cos30° = D\cos30° = 0.866D$$
$$D_B = 2D = 2.33C$$

如 600kV·A 变压器，使用直径 200mm 电极，将形成的熔池直径 D 也是 400mm，则电极中心距 $C = 0.866D = 346.6$mm，炉膛直径 $D_B = 2D = 800$mm。当三个熔池的圆周交于炉膛的圆心时，电极之间相互流通，热量比较集中，且又不过分集中，这时选用的电极中心距形成的三个熔池之间的状态是比较理想的，其电熔镁砂产量高、质量好。

上述两种电极中心距表明，间距过大不好，不但出现"死角"，而且容易烧坏炉体。间距合适，不但电熔镁砂产量高、质量好，而且不出"死角"，炉体使用寿命长。

五、炉体尺寸确定

电熔镁砂的炉子，一般为圆筒形，炉体尺寸主要指炉体直径和炉高。炉体直径主要根据炉膛直径来确定，例如变压器容量 600kV·A，使用直径 200mm 电极，电极中心距为

400mm 或 346mm，炉膛直径为 864mm 或 800mm。考虑炉体没有衬砖的情况下，不被高温作用烧坏炉体，要留有一定温区，厚度 100mm 或 150mm，所以可得出：当 $C=400$mm 时，炉体直径为 1064~1164mm；当 $C=346$mm 时，炉体直径为 1000~1100mm。

炉高的确定主要根据熔炼时间长短而定。熔炼时间长，产量高，质量好，炉体要高；反之，炉体矮，产量低，质量差。

按上述确定的技术水平，以轻烧镁石粉为原料，熔炼时间 9~10h，产量 1.8t 以上，选用炉高 2.5m；以菱镁矿作原料，熔炼时间 14h 以上，炉产量在 3t 以上，炉高也是 2.5m。

炉体垫板用 20mm 厚钢板制作，也有使用 60mm 厚钢板的，不易变形。在炉体直径内的垫板上衬高纯镁质材料和炭素材料，效果更好。

变压器根据产量等因素选配，电极再根据变压器选配，电源与加热件的卡头安设铜软连接，卡头端的电极安装稳定，垂直进入熔融炉内。设有操作室，控制电极的提升和下降。在熔融过程中可根据产量和质量要求，调整和选定电压和电流。

刚玉冶炼炉变压器也是将输入的高压电变为低压电和大电流输出，以便使炉料获得大量热能。同时根据冶炼要求，调节电压电流的大小，合理地控制冶炼刚玉过程顺利进行。

电弧炉的变压器容量、电压和电流值参阅表 5-2。

表 5-2 冶炼刚玉用电弧炉常用变压器容量、电压和电流值

刚玉种类	变压器额定容量 /kV·A	电压/V			二次电流 /A	阻抗/Ω
		一次	二次	常用		
棕刚玉	1000	10000	95、100、105、110、115	110、115	5020、6000	9.82
	1100	10000	96、100、105、110、115	127	8000	13.3~15
	1800	10000	100、108、117、127、140	117	8700	
	2500	10000	80、85、91、97.5、105、114.5、121、129、138、148、160	138 114.5、121	10000	8~17.7
白刚玉	1050	3000	93.5~146.5，5级	140	4150	
	1250	10000	80~160	138	5000	
	1500			156	5000	
	1800	10000	100~140，5级	140	1500	

单位耗电量见表 5-3。

表 5-3 电熔刚玉的耗电量与负荷系数、功率因数的关系

参 数	棕 刚 玉		白 刚 玉	
	选用范围	推荐值	选用范围	推荐值
单位耗电量/kV·h^{-1}	2500~3100	3000	1600~2100	2000
负荷系数	0.75~0.9	0.8（熔块法）0.9（倾倒法）	0.75~0.9	0.8（熔块法）
功率因数	0.85~0.95	0.9	0.85~0.95	0.9

第二节　电熔刚玉耐火原料

用电熔方法综合处理硅酸铝原料，如高岭土、铝土矿、硅线石族矿物等，同时预计利用硅取得硅铁、硅铝、硅锰等而取得铝的电熔刚玉、氧化铝等。

其方法的实质在于用含铁添加物（铁鳞、铁矿石精矿）与高岭土等结块（压坯）和还原剂（无烟煤、焦炭等）在电弧炉中电熔，熔体通过两个熔液出口放出：通过下面的硅铁，上面的刚玉。通过这种方法取得的结块，俄罗斯、乌克兰等国得到的刚玉块组成为：Al_2O_3 92%～96%、Fe_2O_3 0.1%～0.6%、TiO_2 0.2%～1.2%和 CaO 0.2%～0.8%。

刚玉（α-Al_2O_3）的熔化温度为 2051.6℃。液体状态的 Al_2O_3 分解为复合离子 Al_2O_3 →AlO_2^-+AlO^+。超过2250℃，AlO^+ 和 AlO_2^- 可能分解为铝和氧离子。计算氧化铝沸腾的有条件温度2980℃。这个温度之所以有条件是在沸腾温度下熔体上空没有发现 Al_2O_3 分子进行分解汽化。氧化铝熔体的密度为 2.98g/cm³，进一步提高温度，密度降到 2.45g/cm³（2502℃）。当由固体状态转为液体时，密度降低很多，伴随熔体的摩尔体积增大23.5%。在 2050～2500℃ 温度范围内表面张力由 655MJ/m² 降到 565MJ/m²，而黏度由 0.058Pa·s 降到 0.020Pa·s。在 2360℃ 时，熔体上空的气相压力为 0.79kPa。

低的黏度和不高的蒸汽压力是熔融刚玉材料和熔铸制品生产工艺的有利因素。

利用工业氧化铝和数量不多的石英砂（约3%）作为原料可以生产各种刚玉材料和制品；工业氧化铝在电弧炉中熔融冷却再结晶而成的白色熔块即为电熔白刚玉料；注意掌握好精炼程度，使 K、Na 碱金属蒸汽完全排除，可以获得致密刚玉料；将工业氧化铝原料在电弧炉内铺成一定厚度的碟形料层，起弧后边加料边熔炼，控制熔炼制度，保证熔炼过程中炉料内比较稳定地保持着一个 1900～2000℃ 温度区域，使这一区域的氧化铝晶体迅速沿二维方向发展，实现刚玉晶粒的板状化，即取得板状刚玉料。

一、棕刚玉

我国利用高铝矾土熟料电熔棕刚玉和亚白刚玉。首先将高铝矾土熟料、炭素材料、铁屑 3 种原料经过配料、混匀后加入电弧炉中，经过高温熔化，利用铝对氧的亲和力比铁、硅、钛等大的基本原理，通过控制还原剂的数量，用还原冶炼的方法，使高铝矾土中的主要杂质还原，被还原的杂质生成硅铁合金并与刚玉熔液分离，从而获得结晶质量符合要求、Al_2O_3 含量为 94.5%～97%的棕褐色熔块，即棕刚玉。

冶炼工艺：主要分为开炉、熔炼、控制、精炼四个阶段。开炉时，要摆好起弧焦，然后送电起弧；当电极起弧后，待电流上升到负荷 20%～50% 时，就可以在弧光区加少量料压住弧光，电流上升到 80% 时，可加料进入熔炼阶段。熔炼分闷炉法和敞炉法。前者料层厚，大部分时间弧光被炉料覆盖，高铝料颗粒较粗；后者料层薄，高铝料颗粒细，弧光暴露在外时间较长，这个阶段炉料熔化成液体，杂质进行还原，生成硅铁合金，与刚玉熔体分离。控制是在一定时期内基本停止加料，让炉内料尽量熔融和还原，使熔化面积向外扩大。精炼是使杂质充分还原，硅铁合金较好地沉淀聚集，炉内气体畅通排出，精炼直接影响到刚玉的质量和产量。冷却后的熔块进行碎选，除去杂质。

生产 1t 棕刚玉耗电 3000kW·h，要在 2050℃ 高温下冶炼 20h 以上，排放大量粉尘、烟气和热量。要 1.5t 特等高铝熟料生产 1t 棕刚玉，因此也耗费大量铝土矿资源。我国现有生产棕刚玉设备能力 320 万吨/年，节能减排是棕刚玉生产行业的重要任务。

二、亚白刚玉

如果选择比棕刚玉更好的原料，保证 Al_2O_3 含量大于 85%、TiO_2 含量不大于 4.5%、$CaO+MgO$ 含量不大于 0.5% 的高铝矾土熟料做原料，冶炼时不但将 SiO_2 和 Fe_2O_3 还原成 Si 和 Fe 分离出去，还要尽可能地将 Al_2O_3 以外的其他氧化物，尤其是 TiO_2 还原成金属 Ti 分离出去，必须加入过量的碳。这样会导致在冶炼成的刚玉熔块中出 Al_4C_3，因此冶炼后期必须进行脱碳处理，以排除 Al_4C_3 生成。如加入脱碳剂（铁鳞）或吹氧气，使熔体中的碳与脱碳剂反应生成 CO 气体逸出。吹氧亦是使熔体中碳生成 CO 或 CO_2 逸出。还有冶炼后期加入高纯硅石粉，限制碳化物生成和游离碳的含量，从而冶炼出 Al_2O_3 含量不小于 98.5% 的灰白色刚玉，俗称亚白刚玉。其生产成本仅是电熔致密刚玉的 36.6%，但使用效果基本一致。

亚白刚玉冶炼过程与棕刚玉不同，其特点是中期配加过量碳还原，后期精炼澄清期配加脱碳剂进行脱碳处理，即前、中期为还原熔炼期，后期为氧化精炼期。氧化精炼期炉池上表面未熔化层不能太厚，也不能再加料，此时开始脱碳。

冶炼亚白刚玉对电气工作参数也有特殊要求。在还原熔炼期，开始熔化炉料时，可保持稍高的二次电压，之后采用较低的二次电压和较高的二次电流埋弧操作。这样有利于提高炉内的温度和还原杂质。在氧化精炼期，宜采用较高的二次电压，较低的二次电流，明弧操作，这样有利于脱碳所产生 CO 的逸出，同时也不易造成加脱碳剂时因反应剧烈而出现喷溅现象。在后期精炼期时，采用低电压、大电流，目的是增大电阻热，提高炉内熔液温度，使熔解在刚玉熔液中的游离碳更充分地将残留的杂质还原掉，从而降低杂质含量，提高 Al_2O_3 含量。

冶炼炉功率不能太小，一般要求变压器容量在 $1800kV\cdot A$ 以上，要求电压控制方便，必须采用石墨电极。

电熔亚白刚玉碎选后采用酸洗处理，可消除机械加工残余的铁磁性物质，提高 Al_2O_3 含量。采用高温氧化法的热处理，游离碳可与刚玉分离，碳化物也能被氧化掉，如碳含量 0.18% 的刚玉料，经高温氧化后，碳含量降到 0.10%，而 CA6 也明显减少。

三、白刚玉

电熔白刚玉是以工业氧化铝为原料，在电弧炉中熔融后冷却再结晶而成的白色熔块。主要化学成分为 Al_2O_3，含量在 99% 以上，杂质含量很少。

白刚玉的冶炼过程，基本上是工业氧化铝粉熔化再结晶的过程，不存在还原过程。工业氧化铝含 Al_2O_3 98.5% 以上，还有少量的 Na_2O、SiO_2 和微量的 Fe_2O_3 等杂质。电熔处理虽有一定净化提纯作用，但还不能将其完全排除，其中 Na_2O 与 Al_2O_3 在熔融状态中生成 $\beta\text{-}Al_2O_3$（$Na_2O\cdot 11Al_2O_3$），生成量随着 Na_2O 含量的增加而增大。由于 $\beta\text{-}Al_2O_3$ 的熔点低、真密度小，因此熔块冷却结晶时，偏析于熔块的上中部。虽然通过碎选可以剔除，但会有少量留在刚玉熔体中，严重影响白刚玉熔块的耐火性能。因此对工业氧化铝中的 Na_2O 含量必须严格控制。

为了消除或减弱 Na_2O 的危害性，加入石英砂或氟化铝（AlF_3）。前者使 β-Al_2O_3 成为霞石，后者促进 Na_2O 挥发。

白刚玉的冶炼工艺过程与棕刚玉基本相同，亦分为开炉、熔炼、控制、精炼四个阶段。但白刚玉冶炼炉参数与棕刚玉有些差别：

（1）二次电压较高。例如同样是 1250kV·A 电炉，冶炼棕刚玉时，二次电压一般为 114.5~121V，电流 5000~6000A；而冶炼白刚玉则采用 146V 和 3000~4800A。

（2）采用优质和直径较小电极。冶炼白刚玉应采用致密的人造石墨电极，在同样功率电炉上，冶炼白刚玉要选用较细电极。例如棕刚玉用直径 350mm 电极，而白刚玉用直径 200~250mm 电极，以减少电极带入熔液中的碳。

（3）电极与炉壁距离较大。例如变压器容量为 1250kV·A 的棕刚玉炉，其电极边距约为 405mm，而白刚玉则取 660mm 左右，以防止炉内增碳。

（4）熔块炉炉缸较深，倾倒炉炉缸较浅。白刚玉冶炼过程，尤其是熔炼后期允许炉缸下部熔液先凝固结晶，但不宜过早，有助于防止偏析进行。因此熔块炉炉缸比棕刚玉用的要深些；而倾倒炉要将熔液倒出，如果炉底凝固，对倒出熔液不利，因此要浅些。

（5）炉底炉衬材料。熔块炉要用优质石墨制品或烧成炭素材料。为防止增碳，最好取消炉衬，增厚炉底乏料，但会增加热耗。

倾倒炉可采用白刚玉或氧化铝粉，不易采用炭素材料，以防止增碳。白刚玉的碎选方法与棕刚玉基本相同。但对白刚玉浇水冷却的水质要清洁，否则影响白刚玉的质量和色泽。

白刚玉熔块上部一般为疏松的骨架或多孔状构造，杂质含量较高；中心和下部为紧密的大块或颗粒状构造，杂质含量较低。刚玉块擂碎后，除要求块度大小能适应下道工序加工外，还要根据外观特点进行人工分选。选取炉体中间和下部的结晶大、气孔少、致密度高的熔块，加工后供耐火材料使用。各种电熔白刚玉的理化性能见表 5-4。

表 5-4　各种电熔白刚玉理化性能

类　别	化学成分（质量分数）/%							显气孔率/%	体积密度/g·cm^{-3}	真密度/g·cm^{-3}
	Al_2O_3	SiO_2	Fe_2O_3	CaO	MgO	TiO_2	R_2O			
白刚玉块	99.70	0.12	0.026	0.012	0.01	<0.03		12.9	3.41	3.933
白刚玉砂 1	99.30	0.15	0.06	0.13			0.20	9.5	3.52	
白刚玉砂 2	99.50	0.07	0.01	0.03	0.05		0.10			
白刚玉粉	99.40	<0.01	0.01	0.02	0.10		0.18			

四、致密刚玉

为了适应冶金技术发展对耐火材料质量和品种的要求，利用工业氧化铝作原料，电熔出致密刚玉。这种刚玉块的外观呈浅灰色，纯度高，气孔率低，密度大。用它制取铁沟浇注料，在上海宝钢大型高炉使用，获得很好的效果。

将工业氧化铝粉与添加剂按比例配料混合，加入到倾倒式电弧炉内，采用氧化法进行充分熔融。在有碳存在条件下，从氧化物标准自由能与温度的关系可知：1000℃ 以上的 Na_2O、K_2O 可以被还原生成碱金属蒸气（Na、K）排出。氧化法有利于排除熔液中残留的气体和炭素。电熔致密刚玉的技术条件见表 5-5。

表 5-5　电熔致密刚玉技术条件

理 化 性 能		粒 度 组 成		
		规格/mm	允许范围/mm	质量分数/%
化学成分 （质量分数）/%	$Al_2O_3 \geqslant 98.0$ $SiO_2 \leqslant 1.0$ $Fe_2O_3 \leqslant 0.3$ $TiO_2 \leqslant 0.1$ $R_2O \leqslant 0.3$	8~5	>8	≤5
			8~5.6	≥85
		5~3	>5.6	≤5
			5.6~3.35	≥85
物理指标	显气孔率≤4% 体积密度≥3.8g/cm³ 真密度≥3.9g/cm³	3~1	>3.35	≤5
			3.31~1.00	≥85
		1~0.21	>1.00	≤5
			1.00~0.21	≥65
		<0.21	>0.21	≤5
			<0.075	≥70

注：1. 粒度小于 2mm 时，要考核真密度指标；

　　2. 细粉产品（<0.045mm）中，Al_2O_3 含量不小于 97.5%；

　　3. 产品中磁性物含量，1~8mm 不大于 0.05%，0~1mm 不大于 0.1%。

　　如果冶炼操作技术和精炼时间不合理，可能使 Al_2O_3 过还原，生成铝炭化合物。含铝炭化合物的刚玉遇水气或水便发生粉化，与酸作用发生酸解，煅烧时会粉化。如果制成浇注料或捣打料，在烘烤时会发生开裂。

　　要在刚玉熔炼中减少或防止 Al_2O_3 过还原，在工业氧化铝熔炼时，加入少量 SiO_2，可促使 Na_2O 挥发，同时脱除多余的碳，其反应式为：

$$SiO_2 + C \longrightarrow SiO\uparrow + CO\uparrow, \quad SiO + C \longrightarrow Si\uparrow + CO\uparrow$$

　　因此只有掌握好熔炼致密刚玉操作技术、精炼程度，使 K、Na 碱金属蒸气完全排除，才能获得致密刚玉。

　　在生产同时，应作好质量控制的现场监督检查，主要工作如下：

　　（1）水化试验。取刚玉熔块各部位有代表性样品，轧碎成小于 1.5mm 颗粒，用强磁铁除去磁性物质，取样 20~30g，用热水（开水）浸泡 30min，不产生刺激性气味者为合格品。

　　（2）酸解反应试验。试验方法为：取不与水发生反应的刚玉粉，分为大于 1mm 20~30g，小于 1mm 20~30g，置于玻璃瓶内或玻璃板上，用 50%磷酸（或 20%盐酸）覆盖，搅拌大于 1mm 的，在常温下不发生反应，不产生刺激性气味者为合格。小于 1mm 的细粉，加入酸后有轻微气味而不发泡，并在 1.5h 左右消失气味者为合格。

　　（3）煅烧粉化试验。取 8~5mm、5~3mm、3~1mm 三种粒度试验，在氧化气氛中烧至 800℃，保温 30min，测定粉化状况：用 3~1mm 试样测定粉化率，用 8~5mm、5~3mm 试样测定颜色变化。粉化率，即小于 1mm 的增值量应小于 0.2%。上述试样烧至 800℃冷却至常温，应基本上保持烧前的外观颜色，不得变白，个别变白者应小于 1%。也可用高压蒸锅来处理试样，其压力为 0.5MPa，温度 152℃，经过 3h 处理后，测定其重量变化率及粉化率。

（4）pH 值的测定。将颗粒料浸入水中，水面应高出料面两倍，然后将料剧烈搅拌 2min，把水和料分离后将石蕊试纸沾于物料上，观察颜色变化，pH 值 7~8 之间为合格品。

致密刚玉在接包内分上下两层，上层结晶发育良好，颜色灰亮，下层色灰暗。显微镜观察：熔块上下层的主晶相均为刚玉，晶体彼此嵌生，结构致密，晶体大小相差不大，上层晶粒为 100~400μm，下层为 200~500μm，上下层熔块晶体内均有微量杂质包裹体及玻璃相。电熔致密刚玉的理化指标见表 5-6。

表 5-6　电熔致密刚玉理化指标

| 致密刚玉 | 化学成分（质量分数)/% | | | | | | | | | | 耐火度/℃ | 体积密度/g·cm⁻³ | 显气孔率/% |
	Al_2O_3	SiO_2	Fe_2O_3	TiO_2	CaO	MgO	K_2O	Na_2O	C	灼减			
规格值	>98.6	<1.0	<0.3				<0.3	<0.3	<0.14		>1850	>3.80	<4
A 厂	98.94	0.37	0.08		0.11		0.008	0.07	0.12		>1850	3.92	1.18
B 厂	98.88	0.68	0.06	0.10	0.08	0.10	0.01	0.09	0.11	+0.14	>1850	3.81	3.49
日本	99.14	0.53	0.05	0.02	0.06	0.01	0.01	0.13	0.14	+0.16	>1850	3.82	3.80

五、板状刚玉

众所周知，板状刚玉应该是烧结法生产的。天津大学研究人员根据板状刚玉的形成条件，采用电熔法制备板状刚玉获得成功。板状刚玉的形成温度应略低于其熔点，但是工业氧化铝中存在杂质，必然使电熔法板状刚玉结构发育和形成的过程中有液相存在，即处于 1900~2000℃温度区域内的氧化铝物料，实际上已处于有液相存在的"半熔"状态。可以认为板状刚玉既非在"全熔"下形成，亦非"未熔"的全固相，而是在"半熔"状态下形成的。电熔法制备板状刚玉的超高温及 Al_2O_3 物料，从"未熔"到"半熔"的条件，有利于 Na_2O 的挥发，从而导致板状刚玉的形成过程，同时也是一个具有杂质氧化物挥发的自净化"提纯"过程。电熔板状刚玉也是在 Al_2O_3 晶粒迅速长大的过程中形成的，晶体内部较多的闭口气孔产生，显然也与板状刚玉晶粒的迅速长大密切相关，即刚玉晶界的移动速度超过了闭口向晶界的移动，并通过晶界逸出的速度，导致晶体内部闭口气孔合并、变大，从而难以排除。此外 Na_2O 自有液相存在下的氧化铝物料内的挥发，也应是电熔板状刚玉内部闭口气孔产生的原因之一。

将组成和粒度适于制备板状刚玉要求的工业氧化铝原料在电弧炉内铺成具有一定厚度的碟形料层，起弧后边加料边熔炼；控制熔炼制度，保证在熔炼过程中炉料内比较稳定地保持着 1900~2000℃的温度区域，使处于这一超高温区域的氧化铝晶体迅速沿二维方向发展，实现氧化铝晶粒的板状化。实践证明，根据电弧炉的容量和型号，合理地控制电压和电流参数，保持适宜的熔化速率，保持一个 1900~2000℃左右的温度区域是可以实现的。

电熔法生产板状刚玉是用市售工业氧化铝直接熔炼的，经济上也是可行的。要使用 $w(Na_2O)=0.5\%$ 的工业氧化铝，电熔出的板状刚玉 Na_2O 含量可降至 0.3% 以下。

六、锆刚玉

按所用的原料锆刚玉生产方法分为以下三种：

（1）高铝矾土熟料和锆英石加还原剂；

（2）工业氧化铝和工业氧化锆作原料；

（3）工业氧化铝料和锆英砂精矿作原料。

由于经济上的原因，一般采用第 1 和第 3 种方法生产锆刚玉砂。

郑州大学研究人员以高铝矾土和锆英石为基料，炭粒作还原剂，首先将高铝矾土熟料和煤，按 100：9 的质量比配料，在三相电弧炉内于 120V 电压下还原熔融成 Al_2O_3，然后在 130V 电压下加入锆英石（锆英石：高铝矾土 = 46：100）和炭粒的混合料（锆英石：炭粒 = 100：14），最后控制电极，使其稍离液面，氧化精炼 1h，冷却，即制备出矾土基电熔锆刚玉料。

锆刚玉冶炼工艺与冶炼棕刚玉相似。但锆刚玉料中含 SiO_2 较多，料液黏度大，操作难度也加大。冷却时，刚玉熔液迅速凝固后再放慢冷却速度。

上面提到的第 2 种方法是在电熔白刚玉的基础上，在配料中加入 10%~40% 的工业氧化锆，经熔融后，即为黄白色或浅黄色的锆刚玉熔块。矾土基与氧化铝基电熔锆刚玉理化指标见表 5-7。

表 5-7　矾土基和氧化铝基电熔锆刚玉理化性能

合 成 料	化学成分（质量分数）/%						显气孔率/%	体积密度/g·cm⁻³
	Al_2O_3	SiO_2	TiO_2	Fe_2O_3	ZrO_2	R_2O		
矾土基锆刚玉	71.86	0.34	1.80	0.04	25.14	0.04	2.90	4.23
氧化铝基锆刚玉	72.65	0.15	2.08	0.15	24.97	0.04	2.83	4.36

注：矾土基锆刚玉的 TiO_2 含量可降至 0.5% 以下。

七、刚玉空心球

一般采用电熔吹球法生产刚玉空心球。将低碱工业氧化铝在电弧炉中熔化，并将温度提高到熔化温度以上 200~300℃，即达到吹球温度，然后倾动炉体，并用高压空气将熔融的氧化铝吹成空心球。

成球的过程为：氧化铝熔体被高压空气吹成无数小液滴，以抛物线的路线落下，在运动过程中液体表面迅速冷却固化，而内部仍处于熔融状态，进一步冷却过程中，内部熔体凝固产生较大的体积收缩而形成中空球，收缩越大而形成的球壳越薄。熔体的表面张力、黏度等都会对成球有较大影响。Al_2O_3 纯度越高，球壳越薄。含有 SiO_2、MgO、ZrO_2 等都会使球壳变厚，多呈蜂窝状，甚至吹不出空心球。此外熔体温度与流出速度、喷吹气体压力与流量等对球的结构与性质、球的粒度分布及破球率都有影响。

空心球形状是有规律的，一般封闭的球占大多数。吹出的球经检选、筛分或漂洗，将其中的熔块碎片和直径大于 5mm 及小于 0.2mm 的球除去，将 0.2~5mm 的合格空心球进行分级，见表 5-8。

表 5-8　刚玉空心球的粒级和物理性质

分级	粒度/mm	堆密度/g·cm⁻³	成球率/%
1	5~3	0.42~0.58	58~85

分级	粒度/mm	堆密度/g·cm⁻³	成球率/%
2	3~1.6	0.50~0.76	75~78
3	1.6~1.0	0.73~0.87	83~86
4	1.0~0.2	0.83~0.97	95~96

第三节　电熔镁质耐火原料

由于电熔法比烧结法制备的镁质材料结构致密、结晶发育完整、抗水化能力增强等优点，采用电熔法生产镁质耐火原料的品种增多，如电熔镁砂、镁白云石砂、白云石砂、镁铬砂、镁铝尖晶石砂、镁锆砂等，而且产量不断扩大。

一、电熔镁砂

采用生镁石或水镁石或轻烧镁石或煅烧的镁石制取熔融镁砂。在闭弧下进行熔炼铸块。配料中添加金属铝粉（0.2%~0.3%），为了还原配料中不可避免存在的部分氧化铁，按 $2Al+Fe_2O_3=Al_2O_3+2Fe$ 反应。用磁性分离从熔化产物进一步排除还原的铁。氧化铝与方镁石相互作用形成尖晶石。碳与氧化镁的化合物（镁化物）在熔炼产物中不确定，可能因为碳镁化物 Mg_2C_3 和 MgC_3 热力学不稳定而被分解。

熔炼 3~4t 铸块延续 35h 之后经过 80~100h 铸块变冷。熔炼铸块的化学成分、密度、宏观和显微结构不一样。假定铸块划分为 5 个带：中心的宽 400~500mm，外围的 250~300mm，单晶体带 100~120mm，侧面外皮 250~350mm，下面外皮约 200mm。铸块表面留下没熔完的（岩屑）乃是混合物的细粉，按组成接近奇性镁石和镁石或水镁石局部瓦解的块。单晶体带倾向最纯洁的范围。大多数杂质迁移到下面外皮和中心带。用各种办法使铸块各区段的方镁石晶体发育，如图 5-3 所示。

用配料供给、熔化和冷却速度对熔块中分带性质和杂质分布可以调节到某种程度。快速熔炼引起的层带不大明显和杂质移动的不大。增加熔炼时间，对单晶体带的厚度和方镁石颗粒尺寸有良好的影响，能够得到更高质量的熔

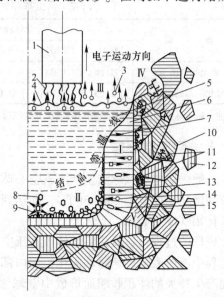

图 5-3　电弧炉熔炼时方镁石晶体生长示意图

Ⅰ—熔体定向结晶区；Ⅱ—熔体体积结晶区；

Ⅲ—形成蒸气和蒸气相转化区；Ⅳ—蒸气结晶区；

Ⅴ—综合再结晶区

1—石墨电极；2—电弧；3—氧化镁及其分解产物

的蒸气；4—熔体面；5—熔体；6—单晶体带；

7—熔体定向结晶时排热方向；8—方镁石晶体；

9—熔体体积结晶时排热方向；10—外皮；

11—由蒸气形成的线条状骨架和等轴的方镁石晶体；

12—岩屑；13—结晶内孔的迁移方向；

14—结晶内易熔夹杂物的运动方向；

15—易熔杂质毛细热转移方向

融方镁石。

电熔镁砂具有高强度（到 260MPa）和高密度（气孔率为 0.6%~2.5%）。熔融的颗粒由 97% 方镁石和 3% 硅酸盐（主要是硅酸三钙 $3CaO \cdot SiO_2$ 和镁蔷薇辉石 $3CaO \cdot MgO \cdot 2SiO_2$）组成。认为镁铁矿和镁方铁矿的固溶体、氧化钙和方镁石的有限固溶体属于杂质。在熔块的个别区段发现有细分散的金属镁夹杂物。

我国某厂采用"热选"的轻烧镁石粉（MgO 含量 95.10%，SiO_2 含量 0.82%，Fe_2O_3 含量 0.52%，CaO 含量 1.36%，灼减 2.16%）制球（粒度为 20~30mm），干燥后在三相电弧炉熔化，熔融完毕，熔体在炉内自然冷却 24h，即得到电熔镁砂熔块。一般电熔镁砂熔块自然分品级区域是以三根石墨电极外径边位为点，似划为"三角形"，三角形边线内为一级品，线外一定厚度为二级品，再外层为皮砂。

熔块脱炉后继续自然冷却 24~48h 后，用大锤将熔块破碎，砸成一定块度后分级。分级拣选是人工用手锤将其砸成要求粒度，边砸边拣选分级。分级要求是：一级品是低气孔，颗粒结晶较完整，方镁石结晶尺寸大，结晶点多，呈透明的金黄色或白色。去掉外层皮砂而中间层为二级品，中心层一般为一级品。熔块中各部位的化学成分见表 5-9。

表 5-9　电熔镁砂熔块的化学成分（%）

熔块部位	MgO	SiO_2	CaO	Fe_2O_3	Al_2O_3	灼减
底部中心	99.05	0.10	0.28	0.48	—	0.10
中部棕黄色带	98.72	0.14	0.34	0.59	—	0.21
上部黑褐色带	98.78	0.16	0.28	0.40	—	0.20
周围深黑色带	98.76	0.18	0.36	0.60	—	0.10
未熔料球	96.16	0.54	0.84	1.88	0.03	0.10

高纯电熔镁砂为棕黄色、黑褐色粒状块体，结构致密，均质性好，主晶相方镁石无色透明，发育良好，颗粒大小不均，最大 650μm，最小 150μm，因有铁离子进入呈黄褐色。尚有 CMS 和 M_2S，少量 CaO 和 Fe_2O_3 矿物不透明，呈长柱状。

采用电熔镁砂制砖不仅荷重软化温度较烧结镁砂砖高，且对热冲击及熔渣的抵抗性增强。主要是方镁石晶体发育，几乎没有晶格缺陷。而熔融操作还能使原料中的 CaO 成为钙蒸气，SiO_2 被还原为 SiO 蒸发排出，就是少量的 Ca、Si 成分结晶为硅酸二钙在方镁石与皮壳之间，容易除去。

用菱镁矿直接电熔，虽然工艺简单，但是大量气体排出，对 MgO 结晶及致密结晶带的形成不利，而且使物料及能耗增高，也恶化了作业环境。采用轻烧镁粉作原料，排除的气体少，成分也比较均匀。不过 MgO 粉要成球入炉，成本增高。目前有的采用反射炉，以一定粒度的轻烧 MgO 入炉电熔，成本低。

东兴耐火公司研发的电熔镁砂新型电熔炉，将菱镁矿分解出的 CO_2 回收，节能环保。

电熔镁砂的质量与原料有直接关系，因此像日本采用海水氢氧化镁轻烧的高纯氧化镁电熔高纯镁砂，用来制造高档耐火制品，如镁碳砖。我国对电熔镁砂也有比较严格的要求（见表 5-10），各国电熔镁砂的质量情况见表 5-11。

表 5-10　我国电熔镁砂的技术条件（ZBD 52001—90）

牌　号	MgO 含量/%（不小于）	SiO$_2$ 含量/%（不大于）	CaO 含量/%（不大于）	颗粒体积密度（不小于）/g·cm^{-3}
DMS-98	98	0.6	1.2	3.50
DMS-97.5	97.5	1.0	1.4	3.45
DMS-97	97	1.5	1.5	3.45
DMS-96	96	2.2	2.0	3.45

表 5-11　各国电熔镁砂的理化性能

生产国	化 学 成 分/%					CaO/SiO$_2$	体积密度/g·cm^{-3}	平均晶粒直径/μm
	MgO	CaO	Fe$_2$O$_3$	Al$_2$O$_3$	SiO$_2$			
中国	95.81	1.61	0.51	0.22	0.77	2.09	3.52	222
加拿大	97.06	1.68	0.63	0.17	0.47	3.57	3.54	454
法国	97.81	1.29	0.25	0.75	0.31	4.30	3.53	222
奥地利	97.36	1.08	0.27	0.65	0.20	5.40	3.58	235
日本	98.58	0.99	0.08	0.08	0.27	3.67	3.51	530

　　镁砂的电性质决定于杂质含量及结构缺陷：气孔、晶体分带、机械双晶、线和面滑移、裂隙、位移等有关系。例如位移密度由 10^4 增大到 10^5，1000℃ 时电阻降低 10 倍。管状电热器里的电工镁砂，不仅应该具有电阻，而且同时又要有好的热导率，电阻和热导率高值是有竞争的。在管状电热器里引用一定量的滑石粉、云母等材料取得性质的最佳关系。管状电热器用镁砂的重要性质之一还是它能充实外壳的散粒性。应用于电缆和导电体绝热的镁砂与这同样有关。$w(MgO) \geqslant 99\%$ 的最纯最好结构的电工镁砂是在晶体装置里，按冷坩埚方法熔炼取得。

二、电熔镁白云石砂

　　可将菱镁石和白云石（10~40mm）按比例（60：40 或 50：50）配料，其化学成分见表 5-12。

表 5-12　原料化学成分（质量分数）/%

名称	MgO	SiO$_2$	Al$_2$O$_3$	Fe$_2$O$_3$	CaO	IL
白云石	22.11	0.34	0.50	0.29	30.33	46.01
菱镁矿	47.51	0.41	0.06	0.41	0.67	50.87

　　或用轻烧氧化镁粉和轻烧白云石粉配料于电弧炉中电熔镁白云石砂。用返回料的粉料垫底，厚度 300~450mm，垫层呈锅底状。起弧焦为废电极或起弧棒打成的 20~30mm 碎块，用量 3~5kg，炉底布成要求形状，以保证起弧正常，然后即可送电起弧。当电流达到 2.5kA，可慢慢加料，边熔边慢慢加料，直至电流达到 3~4kA 稳定时，将手动操作改为自动操作。熔炼中采用中间加料，周边溜小块，加料不易太厚，以 150~200mm 为佳。注意电流保持三相平衡，停炉前 40min 适当降低电流至 2~2.5kA。停炉后提起电极，将电极所

留之孔捅平。然后用吊车把炉壳吊至空场自然冷却。48h 后脱壳，70h 后开始碎选，分成四级，装袋密封保存。

熔块有黄色和褐色两种，体积密度分别为 3.15g/cm³ 和 3.26g/cm³，显气孔率分别为 3.17% 和 1.04%，四级产品的化学成分见表 5-13。

表 5-13　镁白云石砂的化学成分及物理指标

级别	化学成分（质量分数）/%						体积密度 /g·cm⁻³	显气孔率 /%
	MgO	CaO	SiO₂	Al₂O₃	Fe₂O₃	IL		
1	66.82	30.22	0.98	0.10	0.41	1.53	3.32	2.70
2	65.61	30.56	0.75		0.37	2.82	3.35	2.60
3	59.81	31.59	1.22	0.10	0.65	2.51		
4	64.23	30.78	1.74	0.31	0.61	2.21		

由于电熔料结晶发育好，方镁石晶粒为 0.02~0.20mm 之间，抗水化能力强。

三、电熔白云石

采用天然白云石或白云石轻烧料在电弧炉中熔融成电熔白云石砂，将白云石轻烧料块电熔白云石砂，熔块各部位化学成分不均匀，方镁石分散于 CaO 中，结构均匀程度也较差。但是使用效果比烧结镁白云石砂好，其理化性能见表 5-14。

表 5-14　白云石砂理化指标

化学成分（质量分数）/%						体积密度 /g·cm⁻³	显气孔率 /%
灼减	MgO	CaO	SiO₂	Fe₂O₃	Al₂O₃		
0.73~1.27	33.54~41.09	56.25~64.41	0.43~0.67	0.37~0.54	0.22~0.29	3.17	—

电熔白云石砂的方钙石和方镁石晶粒尺寸较大，直接结合程度高，抗水化及抗侵蚀能力较强。

四、镁锆砂

在 MgO 原料中添加 ZrO₂ 或锆英石砂，并在电弧炉中熔融，冷却后破碎便获得电熔镁锆砂。3 种高纯电熔镁锆砂的性能见表 5-15。

表 5-15　电熔镁锆砂的性能

序号	ZrO₂ 加入量/%	化学成分/%				物理指标		
		MgO	ZrO₂	CaO	Fe₂O₃	体积密度 /g·cm⁻³	显气孔率 /%	晶粒尺寸 /μm
1	3.0	97.26	2.10	0.12	0.18	3.49	3.6	190
2	6.0	96.27	3.47	<0.01	0.13	3.53	2.4	124
3	9.0	93.97	5.66	0.08	0.13	3.52	3.1	71

大部分 ZrO₂ 存在方镁石晶界处，也有一部分在晶粒内。从表 5-16 中可以看出 ZrO₂ 含量有所减少，观察熔块发现：ZrO₂ 大多数聚集于块的外表部位（未熔融区域），是减少的

原因。随着 ZrO_2 含量增加，MgO/ZrO_2 之比与其密度的相关性增大。镁锆砂中 ZrO_2 含量为 3.47% 时，气孔率最小。方镁石晶体尺寸呈减小趋势。

用轻烧氧化镁（MgO 含量大于 97%）和锆英石（ZrO_2 含量为 61.5%，SiO_2 含量为 32.9%）细粉（小于 0.088mm）为原料，在不同的工艺条件下生产的电熔镁锆砂的性能见表 5-16。

表 5-16　工艺特点与电熔镁锆砂的性能

编　号	1	2	3	4	5	6	7	8
锆英石加入量/%	4	8	8	10	10	15	15	20
工艺特点	保温	速冷	保温	保温	速冷	速冷	保温	保温
体积密度/g·cm^{-3}	3.44	3.29	3.35	3.36	3.37	3.43	3.44	3.30
显气孔率/%	4.0	7.8	6.3	7.6	7.5	6.9	7.0	8.0

通过分析可知，合成镁锆砂的显微结构有一定的不均匀性，孤立状大气孔也较多。在结构中氧化锆分布有局部富集现象，这与熔炼前原料混合不够均匀、熔炼温度等有关系。从显微结构角度来讲，要获得结构较致密、方镁石晶粒发育好、胶结相数量较少的镁锆质合成料，配料中锆英石的配入量以不大于 15% 为宜。

也有人研究用轻烧镁石 [$w(MgO)=95.5\%$] 与锆英石 [$w(ZrO_2)=65.1\%$、$w(SiO_2)=32.9\%$] 配合电熔镁锆砂。得出：由于熔炼过程中 SiO_2 成分挥发，合成料中 SiO_2 含量降低。在配料中，随着锆英石增加，SiO_2 增多，合成料难以致密化。锆英石配入量对氧化锆晶型和尺寸影响不大（有立方氧化锆和四方氧化锆），多呈星点状及不规则状分布于方镁石晶间。锆英石配入量对方镁石晶形、晶体尺寸大小、气孔形状及大小都有明显影响。随锆英石配入量增加，方镁石由半自形晶向浑圆粒状过渡，晶粒尺寸变小。气孔由孤立状向贯穿气孔过渡，尺寸变大。认为电熔镁锆砂的原料控制锆英石在 8% 左右比较合适，超过 8% 有镁橄榄石生成。

五、电熔镁铝尖晶石

一般用工业氧化铝或高铝矾土与轻烧镁石粉或高纯 MgO 为主要原料，或者用镁砂与氧化铝等有 MgO 和 Al_2O_3 来源的原料，按尖晶石的理论组成，采用不同比例的化学计量配料。一般混合料中 MgO 含量可以在 35%~50% 之内选定，即比尖晶石理论含量过剩5%~10%（尖晶石理论化学组成为：MgO 28.3%，Al_2O_3 71.7%）。混合料中 MgO 含量过高或偏低都会使熔化不佳。有时添加 15% 铬铁矿（为了提高耐火度）在电弧炉中熔化，在炉内加热到高于熔化温度（尖晶石熔点为 2135℃）150~250℃。将熔体浇到金属模中，控制出炉熔体的冷却速度可以得到结晶程度不同的电熔尖晶石。在发育很大的结晶中观察到带状解理，沿解理面析出活性 MgO。熔体形成结晶块，含尖晶石 80%~95% 以上，其余为硅酸盐和玻璃状物质。结晶块中还存在二次尖晶石（高于最低共熔点温度结晶的尖晶石为一次尖晶石，低于最低共熔点温度的尖晶石固溶体夹有方镁石为二次尖晶石）。电熔块的位置不同，结构也不同，一般是上部和周边，蜂窝状气孔数量较多，其中符合尖晶石理论组成的部位，气孔率最大。含有过量 MgO 和 Cr_2O_3 的熔块气孔率较低。代表性产品的组成和性质见表 5-17。

表 5-17　电熔尖晶石的组成（%）和性质

级别	MgO	Al_2O_3	SiO_2	Fe_2O_3	CaO	Na_2O	TiO_2	容重/g·cm^{-3}	气孔率/%
A 级	41.61	56.52	0.93	0.15	0.53	0.21	—	3.52	0.96
B 级	34.68	57.36	4.38	1.04	0.55	0.07	1.67	3.38	5.25

注：A 级以工业氧化铝和轻烧镁粉为原料；

　　B 级以高铝矾土和轻烧镁粉为原料。

镁铝尖晶石通常引入到各种镁质制品的组成中替代铬铁矿。它能起到铬铁矿在镁铬制品中大致相同的作用，即提高抗热震性和镁质耐火材料的变形温度。生产耐火材料时，用镁铝尖晶石代替铬铁矿，从经济观点看是合理的，因为铬铁矿石属于供不应求的材料，而它的储量不多，特别是我国更是缺少铬铁矿资源。

目前，国内已开发的尖晶石耐火材料有方镁石-尖晶石质（以方镁石为主晶相引入20%左右的尖晶石）、刚玉-尖晶石质（引入 20%～30%合成尖晶石）、高铝-尖晶石质和纯尖晶石质等。

辽宁某厂用轻烧镁粉和工业氧化铝按镁铝尖晶石的化学组成配料，在直径 1200mm 的圆盘成球机上成球，成球机边高 250mm，转速 18r/min，倾斜 45°。球料在三相电弧炉中电熔，电弧炉直径 1400mm，高 1400mm，炉衬为镁砖。变压器容量 1000kV·A，电极直径 200mm，电压 85～100V，电流 3000～4000A。

起弧前将球料和粉料混合一部分，平铺在电炉底上。起弧后料被电弧加热而熔化，此时电熔过程比较稳定，当有弧光冒出后，再加入炉料，每次加料量以盖住弧光为止。全炉熔融时间 5h 左右。

熔块断面大致分三个区域：上部为粗晶区，呈灰色；中部和下部为细晶区，白色，内部致密。化学和矿物组成见表 5-18。

表 5-18　电熔尖晶石化学和矿物组成

化学成分（质量分数）/%					矿物组成/%				
MgO	Al_2O_3	SiO_2	Fe_2O_3	CaO	M	MA	MF	CMS	M_2S
29.92	67.90	1.00	0.60	0.80	0.41	94.50	0.88	4.05	0.50

从化学矿物组成看出：一般以熔块中心下部较纯，这与提纯过程中杂质变化有关。在倾动式电炉或漩涡熔化炉中熔化，加热到高于熔化温度 150～250℃，其熔块情况与上述基本相同。

第四节　电熔氧化钙、氧化锆、氧化铬、石英及熔铸制品

CaO、ZrO_2、Cr_2O_3 和 SiO_2 的高纯原料，比较难以烧结，而用电熔法可以获得结构致密、性能良好的材料。

一、电熔钙砂

氧化钙电熔后可称钙砂。主要原料为方解石或石灰石。如河南某地方解石 $w(\text{CaO})=$

55.53%，$w(MgO)=0.59\%$，$w(灼减)=43.88\%$，煅烧后 $w(CaO)=98.95\%$。

电熔钙砂的工艺是：将方解石或石灰石运进厂内后经过检选→冲洗→凉干→煅烧（煅烧温度 1200~1300℃，保温 2~3h）成熟料（氧化钙）。再将这种氧化钙熟料装入电弧炉中熔炼，每炉熔炼 1h 左右，电熔后的钙砂 CaO 含量（质量分数）99% 以上。检选出大结晶和微晶料放入密闭的容器中保存。再根据需要破碎成要求的各种粒度。

二、电熔氧化锆及熔铸制品

（一）电熔氧化锆

电熔氧化锆有一次电熔法和二次电熔法。

一次电熔法：将锆英石、石墨粉和稳定剂按一定的配比配料，然后放入刚玉质球磨机中进行混合细磨 1.5h 左右，再将混合料于电炉中电熔，电流控制不小于 2500A。电熔块骤冷，再在 1700℃ 下烧成，可制成稳定的氧化锆。

二次电熔法：将锆英石与石墨粉按比例配合，混匀后在电炉中电熔，熔块骤冷后再轻烧，即为单斜氧化锆。再将单斜氧化锆配入稳定剂，混合均匀后进行第二次电熔，电流控制在 2000~2500A。再经骤冷即可成稳定型氧化锆。

按理论计算：炭加入量 3.3%，实际石墨粉加入量 5.64%~7.88%，其反应式为：

$$2ZrSiO_4 + C \Longleftrightarrow 2ZrO_2 + 2SiO \uparrow + CO_2 \uparrow$$

（二）熔铸氧化锆制品

ZrO_2 熔点（2713℃）高，化学稳定。实验证明 ZrO_2 是 1500℃ 玻璃液最稳定的晶相，特别对解决玻璃相渗出造成的气泡和结石，效果显著。最初公布的 $w(ZrO_2)=98\%$ 熔铸氧化锆砖一直未能生产。1978 年日本东芝公司公布了熔铸氧化锆砖的专利，为 $w(ZrO_2)=94\%$、玻璃相 6%，称作 Monofravx-Z。与 $w(ZrO_2)=98\%$ 者使用效果近似。熔铸氧化锆砖的典型性能见表 5-19。

表 5-19　熔铸氧化锆制品典型性能

化学成分（质量分数）/%				矿物成分/%		显气孔率 /%	渗出量 /%	体积密度 /g·cm⁻³
ZrO_2	Al_2O_3	SiO_2	其他	斜锆石	玻璃相			
94	0.5	5	0.5	94	6	0	<1	5.33

1. 原料的选择

各种化学成分的作用如下：

SiO_2：引入 SiO_2 是为了形成玻璃相，引入质量分数 3%~6% 的 SiO_2，与 0.4%~1% 的 Al_2O_3 形成玻璃相，使 ZrO_2 相变产生的体积效应在晶间玻璃中得到缓冲（ZrO_2 在 1170℃ 的晶型可逆转化带来 7% 的体积变化，使制品开裂）。

Na_2O：在 ZrO_2 与 SiO_2 生成锆英石的反应中起抑制剂的作用。大约 800℃ 开始生成锆英石，体积减小 20%。但 Na_2O 含量不能超过 0.6%，否则会使其他性质恶化，而且也没有抑制作用。

Fe_2O_3 和 TiO_2：允许含量不大于 0.55%，最好为 0.3%。

P_2O_5：日本试验证明：当 $Al_2O_3/SiO_2<1$ 时，加入磷酸钠，使基质不生成莫来石结晶，铸件不产生龟裂。也有的认为磷的加入对氧化锆砖害大于利，提出取消磷和硼。无磷无硼熔铸氧化锆制品的原料为：氧化锆 （$4\mu m$），$w(ZrO_2+HfO_2)=98.5\%$，$w(SiO_2)=0.5\%$，$w(Na_2O)=0.2\%$，$w(Al_2O_3)=0.1\%$，$w(TiO_2)=0.1\%$，$w(Fe_2O_3)=0.05\%$。

锆英石：$w(SiO_2)=33\%$；氧化铝：$w(Al_2O_3)=99.4\%$；碳酸钠：$w(Na_2O)=58.5\%$。

2. 工艺要点

工艺流程遵守熔铸耐火制品工艺，与锆刚玉砖相同，只是原料和工艺参数不同。

熔化温度高于 2600℃，浇注温度高于 2400℃，使用石墨模具。采用长弧氧化熔融技术，为减少还原反应，要保持熔池上部氧化气氛，最好鼓入氧气，以便使铸件结瘤减到最小，防止铸件裂纹。

用保温箱退火，保温材料为粒度小于 100 目的氧化铝粉。

三、电熔氧化铬及熔铸制品

（一）电熔氧化铬

氧化铬挥发性高，且铬离子与氧离子的扩散系数存在较大差异，导致氧化铬材料难以烧结。采用烧结助剂可以促进烧结，并在很低的氧分压下（要通过 CO_2-CO 和 H_2-H_2O 混合气体给予很低的氧分压），可以使氧化铬材料烧结，但烧结程度难以控制。因此大都采用电熔法获得致密的 Cr_2O_3 材料。

电熔氧化铬一般使用大型台车式脱壳三相电弧炉，电弧炉输入功率大于 2000kV·A，二次输出电压 100~140V，电极直径 400mm，炉底用锆刚玉砖和高铬砖，水冷式炉壳。强制通风除尘，内部循环水冷却，净化，防止造成环境污染。

电熔氧化铬的操作方法与电熔刚玉基本相同，每炉电熔周期为 30~40h，每炉可电熔氧化铬 40~50t。电熔氧化铬速度快、耗电少、料块密度大，且无还原的金属铬。电熔氧化铬的理化性能指标见表 5-20。

表 5-20　电熔高铬砂的技术指标

牌号	化学成分（质量分数）/%				体积密度 /g·cm⁻³	显气孔率 /%	吸水率 /%
	Cr_2O_3	SiO_2	Al_2O_3	Fe_2O_3			
DLS-97	>97	<0.5	<1.2	<0.6	>4.9	<7	<3
DLS-98	>98	<0.2	<0.8	<0.3	>5.0	<6	<2
DLS-99	>99	<0.2	<0.6	<0.3	>5.0	<5	<2
洛耐院产品	>99				4.77	3.36	0.68

（二）熔铸高铬制品

熔铸高铬制品有高铬砖、铝铬砖及铬铝锆砖。在各种熔铸砖的配料中加入适量其他氧化物可以降低熔化温度，生成玻璃相，可以防止在缓冷过程中由于体积效应造成制品开裂。制品的理化指标见表 5-21。

表 5-21　熔铸氧化铬砖理化指标

砖名	化学成分（质量分数）/%								体积密度/g·cm⁻³	耐压强度/MPa	荷重软化温度/℃
	Cr_2O_3	Al_2O_3	ZrO_2	Fe_2O_3	MgO	CaO	SiO_2	其他			
高铬砖 1	75~85	6		5~8 (FeO)	5~10		1.4				
高铬砖 2	79.7	4.7		6.1	8.1	1.3		4.1			
铝铬砖	32.5	50.6					15.6	3.84	3.3	200	1700
铬铝锆砖	26	31.5	26.0			1.3	13.0	4.0			

日本介绍一种含铬酸钙（α-CaO·Cr_2O_3）结晶并含碱金属氧化物 0.3%~1.5%的耐火材料，具有较好的抗热冲击及耐侵蚀性，是一种 CaO、Cr_2O_3 和 Li_2O 的混合物，加热到 2400℃，经浇注固化而成。制品为 $w(CaO) = 26.3\%$、$w(Cr_2O_3) = 73.0\%$、$w(Li_2O) = 0.7\%$ 的熔铸砖，主晶相为 CaO·Cr_2O_3（铬酸钙），弹性模量小于 60GPa。

四、铬刚玉熔铸制品

（一）Cr_2O_3-Al_2O_3-CaO 系制品

含 Cr_2O_3 15%~45%、CaO 5%~15%的一系列熔铸制品。显微结构特点是铬酸钙和铝酸钙结晶，Al_2O_3-Cr_2O_3 固溶体。铸件的体积密度为 3.75~3.85g/cm³，超过砖整个厚度一半达到理论密度的 90%~95%，抗侵蚀指数超过锆刚玉和刚玉耐火材料的 2~3 倍。

（二）Cr_2O_3-Al_2O_3-SiO_2 系制品

含 Cr_2O_3 20%、Al_2O_3 65%、SiO_2 15%的制品。其特点是玻璃相析出温度超过 1500℃，强度高（20℃时耐压强度为 250MPa，1200℃时为 40MPa），抗热震性优于 AZS-33，抗碱侵蚀性超过 AZS-33 1.4 倍。这种制品是玻璃熔窑上部结构最有前途的材料。

可采用橡胶生产的铝铬催化剂废料作为含 Cr_2O_3 15%、Al_2O_3 65%、SiO_2+Na_2O 20%制品的原料。这种制品用于玻璃窑蓄热室格子砖。

五、熔融石英及制品

（一）原料

将精选的优质硅石原料（SiO_2 含量大于 99%）在电弧炉或电阻炉内熔融，熔融温度为 1695~1720℃。由于 SiO_2 熔体黏度高，在 1900℃时为 10^7Pa·s，无法用浇注方法成型，冷却后为玻璃体，可作为烧成制品或不烧制品原料。

（二）制品

也可以将熔融石英温度提高 100~150℃，即达到 1900~1950℃，采用轧制法成型石英砖，吹制石英坩埚，拉制石英管等，最后经过机械加工制成成品。

熔融石英制品最大的优点是线膨胀系数极小（20℃时为 $5 \times 10^{-7}K^{-1}$，1200℃时为 $11 \times 10^{-7}K^{-1}$），抗热震性高。

以电弧为热源，离心成型为基础，熔化预成型的石英粉料，制造高纯度石英坩埚。生产原理是将高纯石英粉装入可任意倾动角度的旋转成型模内（在金属水冷套内插入石墨模型），利用离心力作用和成型棒手工成型，然后将电极起弧并插入已成型的粉料腔内，使其快速熔化成坩埚形状的熔融石英，经冷却取出，即完成一个石英玻璃坩埚的毛坯生产，再经过切磨冷加工，即完成石英玻璃坩埚的生产。

石英玻璃坩埚主要用于单晶硅的拉制，以及彩色荧光粉的烧结容器和光学玻璃、颜色玻璃熔制用坩埚。

六、氧化锆空心球

生产氧化锆空心球主要有两种方法，一种办法是将 ZrO_2 熔炼，再用压缩空气吹熔好的液流，待球冷却后即为空心球。

另一种办法是熔炼脱硅锆，同时收得 ZrO_2 空心球。原料是锆英石精矿 [$w(ZrO_2)=$ 65%～66%、$w(SiO_2)=$ 33%～34%]、石油焦、木炭或鳞片状石墨，Al_2O_3 为助熔剂，经配料、混合后用电弧炉熔炼。在高温下锆英石分解为 ZrO_2 和 SiO_2，由于还原剂 C 的作用，1540℃ SiO_2 开始还原为 SiO，在 SiO 逸出过程中被氧化为 SiO_2 沉积下来。从而氧化锆富集，ZrO_2 含量大于 90% 的富锆液被压缩空气吹成小液滴，液滴表面张力和离心力的作用形成小圆球，小球表面首先固化，而内部的液体在离心力和进一步冷却产生体积收缩作用下均匀凝固在小球壁上，形成空心球。

上述的富锆熔液，如果骤冷成块，破碎后经高温煅烧，使其残炭氧化，即为电熔氧化锆。由于富锆液中 SiO_2 残存量和 Al_2O_3（助熔剂）数量不同，影响富锆液黏度变化，当 ZrO_2 含量为 85% 左右时，往往使富锆液吹成泡沫状球粒，若 Al_2O_3、SiO_2 含量继续升高，就吹成实心球，也可说是脱硅锆。

第五节　电熔铁铝尖晶石、铝酸钙水泥、莫来石及制品

一、电熔铁铝尖晶石

高温状态下，FeO 与液态 Fe 平衡共存，也就是说，液态铁的存在有利于 FeO 稳定。基于这点，RHI 公司以电熔方式合成出铁铝尖晶石原料，并实现了工业化。

将 Fe_2O_3 或 Fe_2O_3 粉与氧化铝粉及少量炭粉放入电弧炉中。起弧使部分 Fe_2O_3 还原为金属 Fe 液。在高温下与金属 Fe 平衡的氧化铁液即为 FeO。此时 FeO 与加入的 Al_2O_3 反应，生成铁铝尖晶石（$FeO \cdot Al_2O_3$）。当配料中氧化铁含量偏高时，容易产生过多的液相，而在配料中适当增加 Al_2O_3 含量，就得到了铁铝尖晶石-刚玉复相材料。

二、电熔铝酸钙水泥

用高铝矾土和石灰，或者用工业氧化铝和石灰电熔方法制取高铝水泥。第一种情况用两种手段进行熔炼。首先高岭石熔融，含铁杂质在高岭石中同时转为硅铁，后来按计算引

入石灰到熔体中得到二铝酸钙并继续熔炼，熔炼产物（硅铁和铝钙熔体）容易分家。

工业氧化铝和石灰用一种手段进行熔炼。

铝钙熔体的特点是所谓单独收养结晶，它们所有可能的晶相同时析出：CA、CA_2、C_5A_3、C_3A、钙铝黄长石和玻璃[1]。

CA 和 CA_2 的结晶速度最大。相组成、结构（晶体尺寸）和水泥的水硬性取决于冷却速度、过热温度、成球瞬间的熔体黏度、存在的杂质及其他因素。在更低的温度下，成球熔体由细晶和玻璃相构成，并由它制取水泥，比用过热熔体料球制取的水泥有更高的强度。结晶相之中最有利的是二铝酸钙，其次是一铝酸盐，有利程度最小的是钙铝黄长石。加入 B_2O_3 和 CaF_2 促进结晶化，降低黏度。加入 B_2O_3 时，氧化硼进入一铝酸钙的固溶体中，引起 CA 晶格压缩和水泥石强度提高。

采用纯度较高的工业氧化铝和优质石灰石，按两种不同的配料比配合。两种水泥熟料矿物组成均以 CA 为主。一种熟料成分在 $CaO\text{-}Al_2O_3$ 二元相图上的 $C_{12}A_7\text{-}CA$ 之间；另一种熟料成分则在 $CA\text{-}CA_2$ 之间。配料分别在三相电弧炉中熔融，在回转冷却机内喷吹冷却，先粗粉碎，再将两种熟料按一定比例配合细粉碎，即得电熔纯铝酸钙水泥。

该水泥的矿物组成以 CA 为主，含适量 CA_2 和少量 $C_{12}A_7$。CA 起早硬早强作用；$C_{12}A_7$ 有极快的水化速度，但强度低；CA_2 水化速度较慢，但水化后强度高，三种矿物合理配合，使水泥某些性能优化。我国某厂电熔纯铝酸钙水泥理化性能指标见表 5-22。

表 5-22　电熔纯铝酸钙水泥的理化性能

项　目	化　学　成　分/%					1 天强度/MPa		凝结时间/min	
	Al_2O_3	CaO	SiO_2	Fe_2O_3	Na_2O	抗折	耐压	初凝	终凝
电熔水泥	79.94	17.33	0.21	0.17	0.24	5.6	37.7	24～28	35～40

我国电熔铝酸钙水泥以 CA 为主要矿物成分，次要成分有 $C_{12}A_7$ 和 $\alpha\text{-}Al_2O_3$ 等。水泥细度为 88μm 筛，筛余不大于 5%。初凝时间一般不小于 0.3h，终凝时间不大于 2h，耐火度不低于 1770℃，1d 耐压强度不小于 10MPa，抗折强度不小于 2.5MPa。

电熔生产铝酸钙水泥是将生石灰和工业氧化铝粉混合物电熔成水泥熟料，然后再加入 $\alpha\text{-}Al_2O_3$ 细粉一起混合和细磨而成水泥。

首先将生石灰破碎成小于 10mm，与工业氧化铝按 37：63 的质量比例称量配料，混合后送入电弧炉中熔融。熔体的冷却采用喷射法，即熔体从出料槽倒出时（槽口熔体在 1500～1650℃），被 0.5MPa 左右的压缩空气吹入有数十米长圆筒形冷却器中，冷却熔块。然后再将熔块破碎至 1.2mm 以下的颗粒，经振动筛分、电磁除铁后送入振动球磨机细磨至比表面大于 $5000cm^2/g$ 细粉，为电熔水泥熟料。最后用这种熟料与 $\alpha\text{-}Al_2O_3$ 细粉按 1：1 比例在混合机中混合均匀，再一起在振动球磨机中磨至比表面大于 $9000cm^2/g$ 的超细粉。在混合配料时加入 0.25% 柠檬酸钠和 0.25% 小苏打作为缓凝剂，以保证水泥在施工时的良好流动性。因为水泥中的少量 $C_{12}A_7$ 具有特别快的硬化特性，使水泥浆瞬时凝结硬化，影

---

[1]　这里和以后一些场合，用氧化物的缩写符号，象征的意思：C 为 CaO，M 为 MgO，S 为 SiO_2，F 为 FeO，A 为 Al_2O_3，H 为 H_2O，Z 为 ZrO_2，诸如此类。

响施工作业，加入缓凝剂，既能延迟水泥浆凝结时间，又能减少水泥浆的用水量。电熔水泥成品为白色，耐火度大于1770℃。

三、电熔莫来石（锆莫来石）及其制品

（一）电熔莫来石（包括锆莫来石）

电熔莫来石与烧结莫来石（见第三章）的原料基本一样，也是用工业氧化铝或天然高铝矾土、石英砂或优质高岭土配料，在电弧炉里2000℃以上的温度下熔融，基本在还原气氛中进行。随着温度升高，各氧化物的稳定性下降，而CO的稳定性却随温度升高而增大。然而化合物的稳定性取决于自由焓，自由焓越小，化合物越稳定。自由焓 $\Delta G = \Delta H - T\Delta S$，通常情况下，$\Delta H$ 即化合物的生成热起着决定性作用。随着温度升高，表示化合物无秩序程度 ΔS 变得更为重要，如图5-4所示。高温下由于CO的稳定性超过氧化物，导致氧化物被CO还原成相应的低价氧化物或金属。其还原温度：FeO 710℃，SiO_2 1550℃，TiO_2 1750℃，而 Al_2O_3、CaO和MgO要2000℃以上才会被还原。电熔莫来石的熔制温度在1850℃（莫来石和刚玉的最低共熔点）和2051.6℃（刚玉熔点）之间，FeO、SiO_2 和 TiO_2 都容易被还原。可是电熔莫来石又希望尽可能保留 SiO_2 形成莫来石（$3Al_2O_3 \cdot 2SiO_2$），因此配料中含有一定量的MgO、TiO_2 起天然矿化剂作用，抑制 SiO_2 挥发。要严格控制 Al_2O_3/SiO_2 比率，应在2.9~3.0较合适。或者将合成料混均匀后在比较高的温度下预先煅烧形成莫来石晶核，再电熔。特别是用高纯原料合成，预烧形成莫来石晶核再电熔比较好。

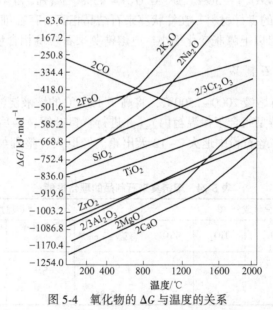

图5-4　氧化物的 ΔG 与温度的关系

当原配料 $Al_2O_3/SiO_2 = 2.2~3.2$ 时，电熔后仅有莫来石和玻璃相，当超过3.2时，就有刚玉相。有人认为缺少液相的烧结法合成莫来石主要形成 $3Al_2O_3 \cdot 2SiO_2$，而由熔体快速结晶的电熔法多数形成 $2Al_2O_3 \cdot SiO_2$。电熔莫来石结晶是粗大的纤维状，一般为1000~2000μm，烧结莫来石仅5~10μm，电熔莫来石蠕变值很小，最低为0.12%，抗侵蚀也较

烧结的好。

作者曾用工业氧化铝与高岭土（苏州土）混合配料 $Al_2O_3/SiO_2 = 2.40$，成型，1300℃预烧后在三相电弧炉中熔融，自然冷却熔块，莫来石熔料块呈黑色致密块状，肉眼可见长纤维状结晶，其理化性能见表5-23。

表 5-23　电熔莫来石的理化性能指标

编号	化学成分/%								莫来石含量/%[①]		物理指标	
	SiO_2	Al_2O_3	Fe_2O_3	CaO	MgO	TiO_2	K_2O	Na_2O	化学法	显微镜法	显气孔率/%	体积密度/g·cm^{-3}
1	24.70	73.10	0.77	0.13	0.55	0.27	0.22	1.11	75.40		2.90	2.98
2	25.57	72.60	<0.01	0.17	0.08	0.01	0.01	0.19		95.46[②]	2.1	3.02
3	22.00	71.70	0.65	0.15	0.20	2.81	0.19	<0.05		93.6[②]		

①化学法一般较显微镜法含量低 10%~15%；
②2 号、3 号试样玻璃相含量分别为 4.54%、6.40%。

另外，有的国家采用压缩空气喷吹莫来石熔融物流，冷却后得到小于 5mm 球料，其中 2~0.2mm 占 80%，小于 0.09mm 占 5.5%；也有将熔融物料注入盛满水的容器中，料流经过水层破碎成直径 15mm 的粒料，其中 5~1mm 占 65%，大于 5mm 占 33%等。

为了使铸件成为微晶结构，在配料中加入适量 ZrO_2，可以提高熔液黏度，抑制晶体长大促进形成微晶结构，减少裂纹，提高制品抗氧化铁和玻璃的腐蚀性，改善熔铸莫来石砖的性能。目前电熔锆莫来石是采用工业氧化铝和锆英石，大部分采用高铝矾土和锆英石配料熔融。

电熔锆莫来石 $w(ZrO_2) = 36\%$、$w(Al_2O_3) = 45\%$、$w(SiO_2) = 19\%$，是一种低膨胀（+0.7%）、耐化学侵蚀的良好材料。在柱状莫来石结晶相间，存在细小均匀分散的单斜锆，所以锆莫来石在 1000℃ 以上膨胀变化很小，电熔锆莫来石玻璃相含量小于 5%。

（二）熔铸莫来石制品

在电弧炉内莫来石熔液 2000~2500℃，将高于 1900℃ 的熔液浇注在预制的模型中，即水玻璃砂板模型里（铸型组合于保温箱内），并进行冒口补缩，缩后除去冒口，在 1200℃ 左右从模中取出，埋在蛭石粉中退火 7~12 天出箱。经退火、整理加工即为莫来石砖。其理化性能见表5-24。

表 5-24　熔铸莫来石制品的理化性能

制品	化学成分/%				物理指标			
	Al_2O_3	SiO_2	TiO_2	ZrO_2	容重/g·cm^{-3}	显气孔率/%	耐压强度/MPa	荷重软化温度/℃
莫来石砖	70.1~75.47	19.4~21.6	3.4	—	2.9~3.30	<10	250~500	1700
锆莫来石砖	60	25	≥3.5	7~9	>2.85	—	>300	>1700

第六节　熔铸锆刚玉制品

在 Al_2O_3-ZrO_2-SiO_2 系统中，没有发现三元化合物和三元固溶体。ZrO_2（斜锆石）含

量大于 $20\% \sim 30\%$ 的三元系统的耐火度超过 $1750℃$ 。这个系统的耐火材料，根据 ZrO_2 含量命名：AZS-20、AZS-30（国外不生产）、AZS-33、AZS-36、AZS-41、AZS-45。我国建材行业标准 JC-493—2001 中主要有三个牌号，每个牌号分成 Y（一等品）和 H（合格品）两级，其理化指标见表5-25。用熔体浇注方法制取它们。锆刚玉制品的结构是细结晶斜锆石、刚玉和硅酸盐玻璃相。生产锆刚玉耐火材料的原料是工业氧化铝（Al_2O_3 含量98%～99%，共中 α-Al_2O_3 含量小于30%）、锆英石精矿，锆英石含 $ZrSiO_4$ 93.6%（ZrO_2 67.2% 和 SiO_2 33.8%），铪和其他杂质含量由 0.5% 到 4%。无铁的锆英石精矿耐火度为 $2200℃$ 。

表5-25　玻璃窑用熔铸锆刚玉制品标准

项目		指标					
		AZS-33		AZS-36		AZS-41	
		Y	H	Y	H	Y	H
化学成分/%	Al_2O_3	余量					
	ZrO_2	32～36	32～36	35～40	35～40	40～41	40～41
	SiO_2	≤16.0	≤16.5	≤14.0	≤14.5	≤13.0	≤13.5
	Na_2O	≤1.50	≤1.50	≤1.60	≤1.60	≤1.30	≤1.30
	$CaO+MgO+Na_2O+K_2O+B_2O_3$	≤2.50	≤3.00	≤2.50	≤3.00	≤2.50	≤3.00
	$Fe_2O_3+TiO_2$	≤0.30	≤0.30	≤0.30	≤0.30	≤0.30	≤0.30
体积密度（致密部分）/$g\cdot cm^{-3}$		≥3.70	≥3.65	≥3.75	≥3.70	≥3.90	≥3.85
显气孔率（致密部分）/%		≥2.0	≥2.0	≥1.5	≥1.5	≥1.3	≥1.3
静态下抗玻璃侵蚀速度（普通钠钙玻璃 $1500℃$ ，36h）/$mm\cdot 24h^{-1}$		1.6	1.70	1.50	1.40	1.30	1.20
玻璃相初渗温度/℃		≥1400	≥1100	≥1400		≥1400	
气泡析出率（普通钠钙玻璃 $1300℃$ ，10h）/%		≤2.0	≤5.0	≤1.5		≤1.0	
玻璃相渗出量（$1500℃$ ，4h）/%		提供实测数据					
热膨胀率（$1000℃$ ）/%		提供实测数据					
体积密度/$g\cdot cm^{-3}$	PT、QX	≥3400	≥3300	≥3450	≥3400	≥3550	≥3500
	ZWS	≥3550	≥3500	≥3650	≥3600	≥3800	≥3750
	WS	≥3600	≥3550	≥3700	≥3650	≥3850	≥3800

锆刚玉制品的特点：高的耐压强度为 $300 \sim 600MPa$ （常温），超过 $1700℃$ 的温度下保持建筑强度。锆刚玉制品在 $1100 \sim 1200℃$ 范围内，由于 ZrO_2 多晶转化，与刚玉比较，抗热震性减小。

锆刚玉耐火材料像其他许多熔融耐火材料，在高温下由液相本身排出（析出）（结成水珠过程）。例如 AZS-33 含玻璃相25%，它在 $1100 \sim 1200℃$ 时析出。

实行添加少量稀土元素氧化物的方法来减小这种影响。添加 B_2O_3 （含量不大于 0.25%）促使耐火材料中形成硅酸硼玻璃相，提高热和化学的稳定性很有成效。此外，B_2O_3 促进 ZrO_2 在熔体中溶解，提高它在液相中的含量。在本质上二氧化锆使液相黏度提高，并因而减少结成水珠的后果。结成的水珠与玻璃窑大砖中以杂质形式存在的碳氧化有关系。氧化的气体状产物推出耐火材料玻璃相在玻璃窑大砖的表面上。降低碳含量，由一一般数量0.04%~0.08%到0.01%，消除结成水珠的作用很小。用氧化熔炼制度能减少渗碳。

熔化锆刚玉配料时进行以下主要反应。按 $ZrSiO_4 \xrightarrow{1540℃} ZrO_2+SiO_2$ 反应，锆英石分解。配料熔化过程中二氧化硅还原（由石墨电极的碳）到硅 $SiO_2+C \longrightarrow Si+CO_2$，它在电炉上面更冷处重新被氧化 $Si+O_2 \longrightarrow SiO_2$，并以白色絮状物形式沉淀。

SiO_2 的还原和随后的氧化，还有一氧化硅加入进行反应。

没有反应的部分 SiO_2 连接硅酸盐玻璃中的杂质和添加物，熔体结晶时增添 Fe_2O_3 和 TiO_2；SiO_2 过剩时形成莫来石；硅酸盐相在锆刚玉制品中会使它的抗侵蚀性降低。

锆刚玉耐火材料的主要缺点之一是它的化学和矿物不均质性。

最致密和难熔的 ZrO_2 很快结晶，并聚集在条形砖下部致密层，更轻的氧化物聚集在它的上部。锆刚玉制品具有致密的细晶带，为最好的结构，提高其使用性能。

锆刚玉耐火材料的相组成和性质见表 5-26。

表 5-26　锆刚玉耐火材料相组成和性质

牌　号	相　组　成/%				性　　　质				
	斜锆石和刚玉共晶	α-刚玉	斜锆石	玻璃相	耐火度/℃	显气孔率/%	0.2MPa荷重转化点/℃	1000℃导热系数/W·(m·K)$^{-1}$	平均线膨胀系数（20~1100℃）/K^{-1}
AZS-33	58~70	4~10	3~10	20~25	1820~1830	1~3	1750	3.5	60×10^7
AZS-45	60~70	6~9	8~15	12~15	1840~1850	1~3	1760	3.5	65~70×10^{-7}

电能的单位消耗为 7~8GJ（AZS-33）和 10~11（AZS-45）GJ。

一、熔铸 AZS-15 砖

原料为高铝熟料、锆英石、废旧 AZS 材料及纯碱等，经配料、混合制成配合料，投入电弧炉，用还原法熔制。浇注温度 1750~1780℃，用普通浇注法浇注，放入保温箱的铸型（水玻璃砂型板组装）除去冒口，盖上膨胀蛭石粉，自然保温 6~8 天后出箱、清理、检验、包装。制品的理化性能为：$w(Al_2O_3)=58\%$，$w(ZrO_2)=15\%$，$w(SiO_2)=21.5\%$，$w(Na_2O)=3.5\%$，其他 2%，体积密度 2.0g/cm^3，荷重软化温度不低于 1700℃。

二、熔铸 AZS-33、AZS-36、AZS-41 砖

AZS 砖的主要成分是 Al_2O_3 和 ZrO_2，限制成分是 SiO_2，熔剂成分是 Na_2O，其余为杂质成分。Na_2O 含量为 1.5% 时，则 SiO_2 全部生成玻璃相，莫来石全部分解。现代 AZS 制品生产中不再加入氧化硼、氟和稀土氧化物（镧、钇等）。对于 Fe_2O_3、TiO_2 杂质，要求总和降到 0.1% 以下。

（一）原料

三种制品使用的原料相同，唯有 ZrO_2 含量不同，可用一台电炉调整配方进行生产。

（1）氧化铝：国产 AZS 用 γ-Al_2O_3，即低温型氧化铝，要求 $w(Al_2O_3)>98\%$，个别厂家掺用 30%~50%α-Al_2O_3（高温型），国外全部用 α-Al_2O_3，因为 γ-Al_2O_3 会导致铸件产生

显微气孔，使 AZS 制品不致密。其次 γ-Al_2O_3 熔化为液体，冷凝时转变为 α-Al_2O_3，体积收缩较大，使制品开裂。同时锆铝共晶体减少，游离单斜锆增多，也会使制品冷却时容易开裂。

（2）锆英石：要求 $w(ZrO_2) \geqslant 65\%$，$w(Fe_2O_3) \leqslant 0.2\%$，$w(TiO_2) \leqslant 0.2\%$，放射性元素含量 $\leqslant 0.05\%$。

（3）脱硅锆：国产 AZS-33 不加脱硅锆，而 AZS-36、AZS-41 加脱硅锆。要求 $w(ZrO_2) \geqslant 85\%$。加入脱硅锆后，共晶体数量增加，玻璃渗出温度提高，气泡析出率减小等，使制品性能改善。

（4）纯碱：要求 Na_2CO_3 含量大于 98.5%。

（5）熟料：指能回炉利用的 AZS 废品，以及玻璃熔窑大修拆下的废砖等，严格控制加入量在 20% 左右。

（二）熔制工艺技术

还原法已被淘汰，现在都是用氧化法。其特点是长电弧；二次电压：210V、270V、320V、380V；弧长：20mm、40mm、50mm、>50mm；吹氧 1.5～3min，如果氧化程度不足，还可以二次吹氧，氧枪插入熔体三分之二处，在不同位置摆动。

电熔工艺要点：

（1）配料要严格控制在要求组成范围内（快速分析），料单耗 1.08～1.15kg。

（2）配合料投炉后要进行摊平作业，包括炉壁和炉嘴处的配合料，要捣进熔液内，使之充分熔化，因为熔化不好的料容易产生粗晶结构。

（3）熔化温度 1800～2200℃。

（4）每炉要定投料量、定功率、定时间。同时要注意三个问题：其一是长电弧（50mm），熔料电流要稳定；其二是长电弧精炼，投料完毕后，二次长弧精炼不少于30min；其三是吹氧，精炼后进行吹氧，可以使炉内的熔液温度和成分得到均化，除去残余碳，使低价氧化物转为高价氧化物，如 $FeO \rightarrow Fe_2O_3$、$TiO \rightarrow TiO_2$ 等。还可以补充氧离子，填充玻璃相中 $[SiO_4]$ 氧离子空位，使 $[SiO_4]$ 能紧密聚集，增大玻璃相黏度，提高其渗出温度。

（5）电弧炉用微机自动控制，使电弧稳定、不易断弧、节电，而且料液质量好、产品成品率高。

（三）浇注工艺技术

（1）浇注温度：1780～1840℃。提高料液温度，可提高铸件致密度。但薄的、质量小的制品，浇注温度要偏低些。

（2）浇注用冒口：AZS 料液凝固收缩 20%，采用冒口补缩后可以降低 10%。一般普通浇注（PT）和倾斜浇注（QX）采用通用冒口，无缩孔浇注（WS）用冒口要特殊制作。

（3）浇注方式：四种浇注方式（PT、QX、ZWS、WS）。普通法（PT）：按砖型大小选择通用冒口，铸件冷缩后于热态时除去冒口；倾斜法（QX）：用倾斜退火代替倾斜浇注，使缩孔集中在制品的下端部；准无缩孔法（ZWS）和无缩孔法（WS）：一般其冒口与铸件重量之比为 1:1，这种冒口连同铸件一齐退火，铸件出箱后再将冒口切除。

（4）补浇：特别是大型制品，先捅后补，其作用不仅是提高铸件容量，更重要的是增加制品有效致密层厚度，增强抗侵蚀能力。

（5）十字形浇注法：是生产蓄热室格子砖和窑顶旋砖的专用技术，特点是将缩孔扩散到惰性气体材料内，形成均匀分散的微孔，两边部很致密，具有良好的抗热震性和抗侵蚀性。

（6）浇注时，电炉倾斜角度一般是 33 号>36 号>41 号，因为 ZrO_2 易沉淀，倾角过大，产品中 ZrO_2 会增加而导致铸件开裂。

（7）低温浇注：对 AZS-41 特别重要，往往通过停电降到适当温度。这有两点好处：一是避免高温浇注发生急冷急热造成产品跨棱裂纹；二是使料液中部分 ZrO_2 沉淀缓慢，防止产品底部 ZrO_2 过多而造成裂纹。

（8）冒口处理完毕后，要及时覆盖保温材料，以免收缩不均产生裂纹。

（四）铸模制备

AZS 铸件浇注都是用硅砂型铸模，有水玻璃砂型和树脂砂型两种，其特点见表 5-27。

表 5-27　树脂和水玻璃砂型比较

砂型	硅砂颗粒形状	硅砂粒度/mm	硅砂水分/%	黏结剂用量/%	砂型板厚度/mm	砂型承托板	砂型烘干	型板透气性	铸冒尺寸	浇注环境
树脂砂型	圆形（海砂）	0.3~0.8	烘干后可用	树脂1.5~2，固化剂0.5	30~80	木板	自然烘干	良好	稍准	有烟有味
水玻璃砂型	棱角形（硅石）	0.2~0.5	1.0左右	水玻璃6~7	40	铁板	电阻炉烘干	很小	较差	良好

国外 AZS 制品皆用树脂砂模。

（五）保温退火

为了防止 AZS 铸件冷却产生裂纹，浇注好的铸件要进行保温退火，主要有两种方法：其一是保温箱退火法，现在国内外都采用此法，优点是不消耗能源，适用于各种类型产品。保温材料用硅藻土（法国）、蛭石粉（中国）、空心球（日本）、硅砂（中国沈阳）、氧化铝粉（美国），必须注意保温材料与垃圾分离，使保温隔热效果稳定；其二是隧道窑退火法，适用于长期生产某种定形产品。AZS 用隧道窑退火曲线见表 5-28。

表 5-28　AZS 用隧道窑退火曲线

产　品	最佳退火温度/℃	保温时间/h	合格率/%
AZS-33	1300~1350	2~5	95
AZS-41	1400~1450	2~6	90

（六）机械加工

退火后的铸件表面用磨料进行清理，然后再决定是否进一步研磨加工。

要保证制品尺寸精度达到 0.5mm，必须采用大型精加工设备和金刚石模具。要求预组装时，要制作尺寸精确的碹胎和高水平的预组装平台。

第七节　熔铸刚玉制品

氧化铝熔铸砖按结晶形态不同分为：含 Al_2O_3 95%～98% 的 α-Al_2O_3 砖、含 β-Al_2O_3 由 2%～5% 到 53%～50% 的 (α-β)-Al_2O_3 砖和含 Na_2O 5%～6% 及含 β-Al_2O_3 大于 97.5% 的 β-Al_2O_3 砖。熔铸的 α-Al_2O_3 耐火制品具有高强度，然而抗热震性低；β-Al_2O_3 砖的气孔率和抗热震性增强了；(α-β)-Al_2O_3 砖（含 Na_2O 3.6%～4%）的抗热震性很低，而气孔率不高（3%～5%）。氧化铝配料在闭弧时熔化（1～2h）。单位消耗电能 15～18GJ/t。熔体分铸在装备成的铁或石墨模型中，具有有利的保温帽并振动 5～8min；在有利的保温帽里几次打通形成的外皮，倒满新的一份熔体。后来打掉有利的保温帽，拆开模型（浇满后经过 12～15min），倒出的铸块安放在热箱中并填平氧化铝或白云石粉。这种类型的铸块在隧道窑里至少经过 8 昼夜退火❶。按铸件对裂开和边、角破碎的抵抗能力规定冷却速度的限制额。

电熔刚玉耐火制品总气孔率在 27%～20% 的范围内，其中开口的占 10%～12%。气孔率比较大的原因是增碳和气体饱和熔体。Al_2O_3 与电极的炭素相互作用时形成氧碳化铝 Al_4O_4C 和 Al_2OC。Al_2O_3 熔体本身低黏度的实力很快结晶而来不及排气，所以随铸件形成有大量的小气孔。用刚玉浇注的铸件，它结晶时靠放慢熔体冷却，成功地达到明显降低气孔率。减少碳含量，熔炼时间缩短到最低限度和造成炉内氧化气氛，靠经过熔液出口吸风和经过顶排除气体。熔炼时细心管理和采用空心电极，铸件的总气孔率降到 13%～8%。

体积密度小于 2.7g/cm³ 的铸件具有疏散气孔率的结构。铸件的中心和上部有不大的缩孔。体积密度不小于 2.8g/cm³ 时，呈现缩孔集中在制品上头的一半。

熔融刚玉含圆的刚玉颗粒尺寸为 0.03～0.4mm 不规则状结构；颗粒之间的间隔充填玻璃相（3%～5%）；气孔大体上是隔开的，圆的尺寸 0.01～0.3mm。制品的表面层更是多孔的，由小晶体（0.1mm）和更大的气孔（小于 1.4mm）组成。

熔铸刚玉制品现有 5 个品种：（1）熔铸刚玉砖（RA-A）；（2）熔铸 α-β 刚玉砖（RA-M）；（3）熔铸 β-刚玉砖（RA-H）；（4）熔铸铬刚玉砖（RA-K）；（5）熔铸铬锆刚玉砖（AZSC）。这些产品在国外早已生产，我国才刚刚起步。国家建材行业标准 JC/T 494—96 对 RA-M、RA-H 规定的理化指标见表 5-29。

表 5-29　熔铸刚玉制品标准（JC/T 494—96）

项　目		RA-M	RA-H
化学成分（质量分数）/%	Al_2O_3	>93.5	>92.0
	Na_2O	<4.0	<6.5
	Fe_2O_3+TiO_2+SiO_2+CaO+其他	<2.5	<1.5
体积密度（致密部分）/kg·m⁻³		>3300	>3100
常温耐压强度/MPa		>176	>26.4

---

❶　调整尺寸 600mm×300mm×200mm 铸件的冷却，冷却时间 72h。

项　　目		RA-M	RA-H
荷重软化温度/℃		>1700	>1700
静态下抗玻璃侵蚀（钙钠玻璃<1350℃，48h）/mm·24h^{-1}		<0.3	
密度/kg·m^{-3} （各种浇注方法）	PT、QX	>3000	>2800
	MS	>3100	>2900
	WS	>3200	>3000
热膨胀率/%		实测	

一、生产工艺要点

熔铸刚玉制品的生产工艺与熔铸锆刚玉制品大同小异。但原料性质不同，一些工艺参数也有一些差异，其差异如下：

（1）原料：选择煅烧好的氧化铝原料。RA-A 要求工业氧化铝 $w(Al_2O_3)$>98.5%，引入少量（0.25%~1%）氧化硼助剂；RA-H 按 $Na_2O·11Al_2O_3$ 的理论含 Na_2O 5.24%，而配料应大于 5.2%，含 Al_2O_3 91%左右。

RA-M 应控制含 Al_2O_3 94%左右，含 Na_2O 3.5%~4.5%，含 SiO_2 0.8%~1.5%。SiO_2 可以提高熔液黏度，降低 Al_2O_3 结晶能力。

RA-K：加入适量铬精矿。

AZSK：加入适量氧化铬等。

（2）熔化温度：熔化温度较高，2300~2500℃。必须是氧化熔融，且不能吹氧。氧化熔融的电弧不能像 AZS 那样长。

（3）浇注温度：浇注温度也较高，1960~2400℃。PT 浇注的冒口体积为铸件的 20%，必须补浇。

（4）浇注模型：采用石墨板型、刚玉砂型或金属水冷型（内涂保护层铝氧或石灰等）铸模，模型放尺约 2%。

（5）退火：退火温度控制非常重要，关系到产品裂纹的产生。退火方法有两种：一种是自然退火，依靠铸件外部用氧化铝粉制作的隔热层和自身的热量缓慢冷却；另一种是铸件脱模后入保温箱，退火开始温度1400℃，保温 2~4h，退火曲线见图 5-5。要求保温箱的保温性能比 AZS 的更好，不仅防止开裂，而且要防止产品内部结晶不致密。

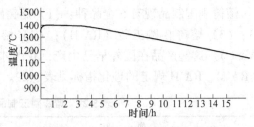

图 5-5　（α-β）-Al_2O_3 砖退火曲线

有文献介绍：KOP-95（RA-A）是质量分数 97%的氧化铝与 3%的石英砂干混后入电炉，以 2000kV·A 功率熔化，电压 150~240V 约 1h，用金属模浇注，一次约 500kg，12~15min 后移开模壁，将铸件放入隔热材料为空心球的保温箱中退火。

（6）加工：出箱产品要进行平面和曲面加工，精度和光洁度要求较高。我国已制造出专业加工设备，可加工熔铸 α-β 刚玉流槽唇砖及 U 形砖等的曲面及各种产品的平面，公差达 0.025mm，光洁度高，可达国外同类产品水平。

二、熔铸刚玉砖性能

（1）RA-A：刚玉砖，含 Al_2O_3 95%以上，刚玉（α-Al_2O_3）呈菱面体或板状结晶，真密度 3990~4000kg/m^3，熔点 2050℃，莫氏硬度 9，无玻璃相，析晶后的 α-Al_2O_3 形成微弱管状显微结构，制品的热震稳定性很差。

（2）RA-M：由含 α-Al_2O_3 45%、β-Al_2O_3 53%、玻璃相 2%组成。在 α-Al_2O_3 中引入 3%~4%的 Na_2O 得到 β-Al_2O_3，交织于 α-Al_2O_3 晶体之间，使原来的管状结构变成鳞片状结构，β-Al_2O_3 晶体亦较单独存在时小得多。抗侵蚀性比 α-Al_2O_3 差些，但制品的热震稳定性提高。

（3）RA-H：β-Al_2O_3 是氧化铝的另一种变体，分子式为：$Na_2O\cdot11Al_2O_3$ 真密度 3300~3400kg/m^3 莫氏硬度 6，含 Al_2O_3 92%~95%，熔入 Na_2O 含量可达 7%，玻璃相不足 1%。由粗大光亮的 β-Al_2O_3 晶体构成的白色制品，因晶格疏松而制品强度低，显气孔率小于 15%，实际上没有缩孔。由于 Al_2O_3 本身在 2000℃以上被钠饱和，所以高温下对碱蒸气作用非常稳定。其热稳定性是熔铸砖中最好的，但与 SiO_2 接触会使制品损坏。

（4）RA-K：熔铸铬刚玉砖，也称熔铸铝铬砖。化学组成：含 Al_2O_3 58%~60%，含 Cr_2O_3 27%~28%。这种砖呈深褐色，不含玻璃相，组织坚固，抗侵蚀性是熔铸耐火制品中最优秀的，使用寿命比 AZS 砖延长 2~3 倍。但对玻璃等易着色。

（5）AZSC：在 AZS 中引入 Cr_2O_3（熔点 2265℃），使 Al_2O_3 形成铝铬固溶体 $(Al，Cr)_2O_3$，提高 AZS 砖抗侵蚀能力。由于铬进入玻璃相，提高其黏度。虽然制品有 20%的玻璃相，但 1500℃都不渗出，抗侵蚀能力比 AZS-41 高出 2.5 倍，而不影响玻璃着色（由于侵蚀量少）。

熔铸刚玉制品理化性能见表 5-30。

表 5-30　熔铸刚玉制品理化性能

砖种牌号 成分	刚玉砖 日本东芝 MonofraxA	α-β 刚玉砖 KOP-95RA-A	法国西普 Juryam	美国维苏 Monofrax M	日本东芝 Monofrax M	北京瑞泰 RA-M	郑州振中 RA-M	β-刚玉砖 日本东芝 Monofrax H (1)	日本东芝 Monofrax H (2)	AZSC ER2161 法国西普	铬刚玉砖 (Monofrax) K3 美国金刚砂	K 美国金刚砂
SiO_2	0.08	2	1.10	1.09	2.30	2.20	0.8	0.47	1.42	13	1.77	1.98
Al_2O_3	99.34	95	94.6	95	94.13	94.40	94.64	90.98	91.3	31.5	30.4	71.04
Cr_2O_3										26	27.36	10.86
ZrO_2										26		
Na_2O	0.39	0.6	3.84	3.58	3.31	3.77	4.05	7.11	5.85	3.5	0.31	0.24
Fe_2O_3	0.20	0.7	0.07	0.06	0.09	0.09	0.10	0.07	0.22		4.57	5.16
TiO_2		0.5		0.02			0.01	0.02	0.04			1.64
CaO	0.13	0.1	0.36	0.28	0.35	0.35	0.14					0.43
MgO											6.05	8.60

（化学成分（质量分数）/%）

续表 5-30

砖种牌号 成分		刚玉砖	α-β 刚玉砖						β-刚玉砖		AZSC	铬刚玉砖 (Monofrax)	
		日本东芝 MonofraxA	KOP-95RA-A	法国西普 Juryam	美国维苏 Monofrax M	日本东芝 Monofrax M	北京瑞泰 RA-M	郑州振中 RA-M	日本东芝 Monofrax H(1)	日本东芝 Monofrax H(2)	ER2161 法国西普	K3 美国金刚砂	K 美国金刚砂
矿物组成(质量分数)/%	α-Al_2O_3	92	96			50.9		43	0	0			
	β-Al_2O_3	8				45		56	99.5	99			
	Al_2O_3/Cr_2O_3										56	63	87
	斜锆石										25	$Cr_2O_3 \cdot$ FeO,37	$Cr_2O_3 \cdot$ FeO,13
	玻璃相	无	4			4.1		1.0	0.5	1.0	19		
显气孔率/%		1.06	2.74		3~5	3.16	2.18				0~3	4.2	
体积密度/kg·m^{-3}		3520	3100	3400	3300	3390	3390	3400	3010	2990	4000	3440	
常温耐压强度/MPa			380			412	411.6	313	26.4		312		
荷重软化温度/℃			>1770	>1750	>1760	>1710	>1710	>1710			>1720		
热膨胀率(1000℃)/%					0.88	0.81	0.73				0.7		
抗玻璃侵蚀/mm·24h^{-1}						0.20			0.21	0.21			
气泡析出率/%						0	0	0	0	0			
渗出(1500℃×3h)						0			0	0			
抗侵蚀指数(钙钠玻璃)											340		

第六章　特种耐火材料

特种耐火材料，也有人称做特殊耐火材料，是用高熔点、高纯度的氧化物或非氧化物作原料，用传统陶瓷的生产方法（全细粉或全微粉）生产的耐火材料，属于陶瓷范畴，服从陶瓷的最新含义。

第一节　概　　述

随着科学技术的发展，在广泛的材料领域中出现了许多新材料。特种耐火材料就是在传统陶瓷和耐火材料的基础上发展起来的一种新型无机材料，也称做高温陶瓷材料。

传统陶瓷的生产工艺是将原料制成细粉再成型。用陶瓷的方法制造耐火材料也算是特殊工艺方法，但由于特种耐火材料化学成分的高纯度、超级的耐火性能、各种特殊性能、复杂的制品形状、特别的使用条件等，可以成为一个单独体系，作为一章在此作系统叙述。

特种耐火材料的发展与高温技术，特别是现代高新技术的发展密切相关。近代空间技术，高速飞行器（人造地球卫星）的喷射推进装备发展，尤其是喷射发动机的燃气涡轮旋转叶片、喷嘴、前锥体（雷达天线罩）、尾锥整流子等受到高温、高速气流的直接作用，难熔金属和耐热合金在高温下的断裂强度、蠕变、抗氧化性等性能达到了使用极限，必须寻找更好的特种耐火材料。先进的冶金技术，需要更耐高温、抗侵蚀、抗热震的功能材料。冶炼各种新金属、特殊合金和半导体材料的纯度要求很高，可是在熔化温度下容易与普通耐火材料起反应而使一般耐火材料受侵蚀。金属质的容器更不适合作为这些材料的熔化、蒸馏、浇铸、合金化过程的盛器或单晶生长用盛器，因为会污染冶炼的材料。还有火箭、导弹、电子等现代技术都要求高性能的耐火材料。这些特种耐火材料与传统的耐火材料相比具有以下特点：

（1）大多数特种耐火材料的材质已经超出了硅酸盐范围，而且品位高、纯度高，熔点都在2000℃以上（个别的为1728℃）。

（2）成型工艺不局限于半干成型，除了大量应用注浆法和可塑法成型外，还采用等静压、气相沉积、热压、电熔等，而且大多数采用微米（μm）级的细粉料。

（3）制品烧成温度很高（1600～2000℃，甚至更高），并在各种烧成气氛或真空中烧成。

（4）它不仅制成砖、棒、罐等厚实制品，还制成管、板、片、坩埚等薄型制品，中空的球状制品，高度分散的散状材料，还可制成透明或半透明制品，柔软如丝的纤维，各种宝石般的单晶以及硬度仅次于金刚石的超硬材料。

（5）它除了具有耐火性能外，有的还具有更好的电、热、力学、化学等性能，因此它除了用于高温工业，还广泛用于其他部门，几乎遍布国民经济各部门。

一、特种耐火材料分类

特种耐火材料概括为五方面的内容：（1）高熔点氧化物；（2）难熔化合物；（3）金属陶瓷；（4）高温无机涂层；（5）纤维增强材料。

尽管单一材料具有自己的优点，可是也有不可克服的缺点和弱点。例如，金属材料具有良好的延展性、机械强度和冲击韧性，但这种材料的强度在高温时急剧下降，并极容易氧化；有机材料的性能千变万化，但它易老化，强度低，不耐高温；无机非金属材料虽然高温性能好，但致命的弱点是脆性大，经不起冲击。所以就把几种材料用一定的方式复合在一起，让各种材料的性能取长补短，而组成一种具有综合性能的新材料。特种耐火材料的重点内容之一就是高温复合材料。它包括金属陶瓷、高温无机涂层、纤维增强材料等。

金属陶瓷既有一定的像金属一样的韧性，能经受陶瓷所不能经受的热冲击及机械冲击，又有像陶瓷那样的高温机械强度，能承受金属所不能经受的高温，因此既改善了陶瓷的脆性，又改善了金属的耐高温性，具有金属与陶瓷两者的综合性能。

高温无机涂层是一种加涂在金属或其他结构底材表面上的无机保护层或表面膜的总称。它起着改变底材外表面化学组成及结构，从而赋予新的或改善底材性能的作用。如在金属材料表面加涂一层耐高温涂层，对金属底材起隔热作用，使金属的使用温度相对提高；还有在耐热合金或石墨等材料上加涂一层抗氧化、耐化学腐蚀涂层。近年来，出现了高温电绝缘、高温耐磨、耐腐蚀、示温、温控、润滑、防粒子辐射、光谱选择吸收或发射、红外辐射等各种作用的涂层。

用纤维（晶须）与金属、塑料或陶瓷复合，可以制造出耐高温、高强度、抗疲劳等各式各样性能优良的增强复合材料。

二、特种耐火材料的性能

各种不同的特种耐火材料，虽然化学成分和结构不同，其性能也存在一定的差异，但从特种耐火材料总体来说比普通耐火材料具有许多优良的性能。

（一）热学性质

（1）热膨胀性：热膨胀性指材料的线度和体积随温度升降发生可逆性增减的性能。常以线膨胀系数或体积膨胀系数表示。大多数特种耐火材料的线膨胀系数都比较大，仅有熔融石英、氮化硼、氮化硅的线膨胀系数比较小，见表6-1。

表6-1　某些材料的线膨胀系数

材　料	线膨胀系数/$℃^{-1}$	材　料	线膨胀系数/$℃^{-1}$
Al_2O_3	$8.6×10^{-6}$（20~1000℃）	B_4C	$4.5×10^{-6}$（20~900℃）
BeO	$8.9×10^{-6}$（20~1000℃）	TiN	$9.3×10^{-6}$（20~1000℃）
MgO	$13.5×10^{-6}$（20~1000℃）	BN	$0.7×10^{-6}$（⊥）[①]　$7.5×10^{-6}$（∥）[②]（20~1000℃）
ZrO_2	$10.0×10^{-6}$（20~1000℃）	Si_3N_4	$2.5×10^{-6}$（20~1000℃）
SiO_2	$0.5×10^{-6}$（20~1000℃）	AlN	$5.6×10^{-6}$（20~1000℃）
TiC	$10.2×10^{-6}$（20~2000℃）	ZrB_2	$7.5×10^{-6}$（20~1350℃）
SiC	$5.9×10^{-6}$（20~2000℃）	TiB_2	$6.4×10^{-6}$（20~1350℃）

① （⊥）垂直于热压方向；② （∥）平行于热压方向。

（2）热传导性：各种特种耐火材料的热导率相差较大，氧化铍（BeO）与金属的热导率相当；硼化物也有较高的热导率，氮化物、碳化物次之。

（二）力学性质

特种耐火材料的弹性模量都大。大多数具有较高的机械强度，但与金属材料相比，由于脆性较大，抗冲击强度甚低。绝大多数的特种耐火材料具有较高的硬度，因此耐磨、耐气流或尘粒的冲刷性比较好。大多数特种耐火材料的高温蠕变都比较小，最大的是二硅化钼。蠕变值的大小与结晶尺寸、晶界物质、气孔率等有关。几种特种耐火材料的力学性能见表 6-2。

表 6-2 几种特种耐火材料的力学性能

性能 材质	耐压强度/MPa	抗拉强度/MPa	莫氏硬度	显微硬度/MPa	弹性模量/GPa
Al_2O_3	2900（25℃） 790（1000℃）	210（25℃） 154（1000℃）	9	29400	363
ZrO_2	2100（25℃） 1197（1000℃）	140（25℃） 105（1000℃）	7.5	—	147
TiC	1380（25℃） 875（1000℃）	860（25℃） 280（1000℃）	8~9	29400	451
B_4C	1800（25℃）	350（25℃） 160（1400℃）	9.3	39200~49000	137
AlN	2100（25℃）	266（25℃） 126（1400℃）	7~9	12054	343
Si_3N_4	530~700（25℃）	140（25℃） 110（1400℃）	9	23520~31360	46.1
TiN	1290（25℃）	238（25℃）	9	19502	245
ZrB_2	1580（25℃） 306（1000℃）	200（25℃）	8	22050	343
TiB_2	1350（25℃） 227（1000℃）	245（25℃）	>9	33026	529
$MoSi_2$	1130（25℃） 405（1000℃）	—	—	11760	421
SiC	1500（25℃）	—	9.2	27440~35280	382

（三）电学性质

大多数高熔点氧化物属绝缘体，其中氧化钍（ThO_2）和稳定氧化锆（ZrO_2）等在高温时具有导电性，见表 6-3；碳化物、硼化物的电阻都很小；有些氮化物是电的良导体，而有些则是典型的绝缘体。例如 TiN 具有金属的电导率（ρ 为 $30 \times 10^{-6} \Omega \cdot cm$），BN 则为绝缘体（$\rho$ 为 $10^{18} \Omega \cdot cm$）。所有的硅化物都是电的良导体。

（四）使用性质

（1）耐火性：特种耐火材料的熔点几乎都在 2000℃以上，最高的碳化铪（HfC）和碳化钽（TaC）为 3887℃ 和 3877℃。耐火度也很高，在氧化气氛中，氧化物的使用温度甚至

表 6-3　某些特种耐火材料的电性能

材　质	电阻率/$\Omega \cdot cm$	介电常数	介质损耗	绝缘强度/$kV \cdot mm^{-1}$
Al_2O_3	10^{14}（25℃） 10^5（1000℃）	8~11	2×10^{-3}	10~16
ZrO_2	3×10^8（25℃） 3×10^3（1000℃） 3×1.6（1970℃）	—	—	—
SiO_2	10^{15}	4	3×10^{-4}	16
TiC	6×10^{-6}（20℃） 125×10^{-6}（1000℃）	—	—	—
SiC	$10^{-3} \sim 10^{-1}$（20℃）	—	—	—
B_4C	0.8×10^{-6}（20℃）	—	—	—
BN	10^{18}（20℃） 10^5（1000℃）	4	1×10^{-3}	30~40
Si_3N_4	10^9	—	—	—
TiN	30×10^{-6}（20℃）	—	—	—
ZrB_2	$(9 \sim 16) \times 10^{-6}$（25℃）	—	—	—
TiB_2	30×10^{-6}（20℃） 60×10^{-6}（1000℃）	—	—	—
$MoSi_2$	21×10^{-6}（20℃）	—	—	—

接近熔点。氮化物、硼化物、碳化物在中性或还原性气氛中比氧化物有更高的使用温度，例如 TaC 在 N_2 气氛中可使用到 3000℃，BN 在 Ar 气氛中可使用到 2800℃。耐高温性能依次为：碳化物＞硼化物＞氮化物＞氧化物。而它们的高温抗氧化性为：氧化物＞硼化物＞氮化物＞碳化物。

（2）抗热震性：在特种耐火材料中，由于氧化铍的热导率低，大多数硼化物的热导率也不高，熔融石英的线膨胀系数特别小，所以抗热震性很好。某些纤维制品及纤维增强复合制品有较高的气孔率及抗张强度，这些材料的抗热震性也比较好。碳化硅、氮化硅、氮化硼、二硅化钼等也有较好的抗热震性。

三、特种耐火材料的组织结构

特种耐火材料是一种多晶体材料。绝大多数特种耐火材料的微观组织结构为晶相组成，而不含玻璃相，个别特种耐火材料混入微量杂质，在一定温度下形成共熔液相。晶粒与晶粒相遇的地方就形成晶粒的边界，简称晶界，对于由细小晶粒组成的多晶体来说，晶界的体积几乎占到一半以上，对晶体的性质有显著的影响。当晶粒细小时，材料具有较高的机械强度，而粗晶容易造成裂纹和缺陷，使材料的机械强度下降。特种耐火材料的结构亦含有一定量的气孔，对材料性能也有影响。所以一般要求特种耐火材料的组织结构均匀，玻璃相少，晶粒细小而均匀为好。

四、特种耐火材料的用途

（1）特种耐火材料作为高温工程的结构材料和功能材料得到广泛的应用，见表 6-4。

表 6-4 特种耐火材料的主要用途

科技领域	用 途	使用温度/℃	应 用 材 料
特殊冶炼	熔炼 U 的坩埚		BeO、CaO、ThO_2
	熔炼 Pa、Pt 坩埚		ZrO_2、Al_2O_3
	钢水连续测温套管	1700	ZrB_2、$MgO\text{-}Mo$
	钢水快速测氧探头	>1500	ZrO_2
	高级合金二次精炼炉	1700	$MgO\text{-}Cr_2O_3$
	冶炼半导体 GaAs 单晶坩埚	1200	AlN、BN
航天	导弹头部雷达天线保护罩	≥1000	Al_2O_3、ZrO_2、HfO_2 特耐纤维+塑料
	重返大气层的飞船	约 5000	石棉纤维+酚醛
	洲际导弹头部保护材料		C 纤维+酚醛
	火箭发动机、燃烧室内衬、烧嘴	2000~3000	SiC、Si_3N_4、BeO 石墨纤维复合材料
	导弹瞄准用陀螺仪	800	Al_2O_3、B_4C
飞机、潜艇	涡轮喷气发动机的压缩机叶片		C 纤维+塑料、Si_3N_4
	涡轮叶片	850~1000	TiC 基金属陶瓷、Cr_3C_2 基金属陶瓷
			涂层、B 纤维+塑料
	机身机翼结构部件	300~500	C 纤维+塑料复合材料
	潜艇外壳结构材料		C 纤维+塑料复合材料
原子反应堆	原子反应堆核燃料	≥1000	UO_2、UC、ThO_2、BeO
	核燃料的涂层		Al_2O_3、ZrO_2、SiC、ZrC
	吸收中子的控制棒		HfO_2、B_4C、BN
	中子减速剂		BeO、BeC、石墨
	反应堆反射材料		BeO、WC、石墨
新能源	磁流体发电通道材料	2000~3000	Al_2O_3、MgO、BeO、Y_2O_3、$LaCrO_3$、ZrO_2
	磁流体发电电极材料	2000~3000	$ZrSrO_3$、ZrB_2、SiC、LaB_6、$LaCrO_3$
	电气体发电通道材料	>1500	Al_2O_3、MgO
	钠硫电池介质隔膜	300	$\beta\text{-}Al_2O_3$
	高温燃料电池固体介质	>1000	ZrO_2
特种电炉	高温发热元件	1500~3000	ZrO_2、ThO_2、$MoSi_2$、SiC、$LaCrO_3$、ZrB_2、石墨
	炉膛结构材料	1500~2200	Al_2O_3、ZrO_2
	炉膛隔热材料		泡沫 Al_2O_3、Al_2O_3、ZrO_2 中空球
	高温炉观测孔	1000~1500	透明 Al_2O_3
	炉管	<1800	Al_2O_3、SiC

（2）在冶金工业中，广泛用于耐高温、抗氧化、还原或化学腐蚀的部件；熔炼稀有金属、贵金属、难熔金属、超纯金属、特殊合金的坩埚、舟皿等容器；水平连铸分离环、熔融金属的过滤装置和输送管道等。

（3）在航天和飞行技术中，用于火箭导弹的头部保护罩、燃烧室内衬、尾喷管衬套、喷气式飞机的涡轮叶片、排气管、机身、机翼的结构部件等。

（4）在电子工业中，用做熔制高纯半导体材料和单晶材料的容器，半导体固体扩散源；电子仪器设备中的各种耐高温绝缘散热部件；集成电路的基板，蒸发涂膜用的导电舟皿等。

（5）高温工业中，用做特种电炉的高温发热元件、炉管、炉膛结构材料和保温隔热材料，各种测温热电偶的内外保护套管等。

（6）在机械及国防工业中，用做磨料、磨具、切削刀具；装甲防护板等。

（7）在化工和轻工部门，用做潜水泵和化工泵机械密封环；玻璃拉丝坩埚，流料槽及玻璃池窑砖等。

（8）在医学及农业部门，用做人造关节、人造牙齿，并利用它的生物相容性等特殊性能。

五、特种耐火材料展望

从材料的微观结构来看，将利用结构的不均匀性，如微裂纹、微缺陷、晶界和界面性质，获得某种特殊性能。透光性陶瓷与今后的光通讯发展有很大关系。陶瓷固体电解质（如 $\beta\text{-}Al_2O_3$、ZrO_2 等）的利用将进一步扩大，从能源、环境、公害方面考虑将很有前途。超硬材料，如人造金刚石和立方氮化硼将进入工业生产阶段。用特种耐火材料取代金属，如 Si_3N_4 和 Al-Si-N-O 取代金属制造轴承和涡轮叶片会有很大发展。高效复合材料很有前途，也会得到很大发展。

近二十年来，非氧化物陶瓷的发展异常迅速，目前已经渗透到各个尖端科技领域，并有不断扩大的趋势。例如空间技术、航海开发、电子技术、国防科技、无损检测、广播电视等领域中正在不断涌现出性能优良的非氧化物陶瓷。随着现代科技进步，陶瓷材料发展日新月异，不但应用领域越来越广，而且制备技术也在不断创新。

第二节　高温无机涂层材料

所谓高温无机涂层是一种加涂在金属或其他结构材料表面上的耐热无机保护层和表面膜。它起着改变底材外表面的化学组成、结构及形貌，从而赋予新的或改善底材性能的作用，如提高金属底材的耐温、耐磨、抗氧化、耐腐蚀等性能。

作为高温涂层材料常用的有 Al_2O_3、Cr_2O_3、稳定 ZrO_2 等纯氧化物材料；TaC、TiC、WC 及 ZrB_2 等难熔化合物材料；Al_2O_3-Ni、MgO-Ni、WC-Co 及 Cr_2C_3-Ni-Cr 等金属陶瓷材料。

随着科学技术及涂层工艺的发展，对金属以外的结构材料，如塑料、石墨、陶瓷、耐火材料等也应用了表面涂层技术。同时，涂层的功能也不断扩大，除高温抗氧化、耐腐蚀涂层外，还开发了高温电绝缘涂层、耐磨涂层、防原子辐射涂层、高温润滑涂层、热处理保护涂层、保温涂层、红外辐射涂层、光谱选择吸收涂层。涂层材料及加涂方法也有发展。

一、涂层材料的制备

纯氧化物材料是工业纯 $\alpha\text{-}Al_2O_3$、Cr_2O_3 和以 CaO、MgO、Y_2O_3 稳定的 ZrO_2 为原料，磨成小于 $10\mu m$ 细粉，添加黏结剂（糖浆、糊精等）溶液和润滑剂（油酸）混练成泥料。用挤泥机将泥料挤成 $\phi1.5\sim3.0mm$ 条棒或压成 20mm 厚块，经干燥后放在 $1600\sim1800℃$ 下烧成，制成 $\phi1.5\sim3.0mm$ 的条棒或 $0.04\sim0.08mm$ 颗粒状涂层材料。难熔化合物材料中的碳化物由工业纯金属粉末和炭黑组成，ZrB_2 是由工业纯 ZrO_2 细粉和合成碳化硼细粉，按组分配合，混合均匀后掺加汽油、橡胶作为黏结剂混练成泥料，经压块、干燥后，在氢气保护的碳管炉内于 $1700\sim2200℃$ 下合成烧结，然后加工成 $0.040\sim0.080mm$ 颗粒状涂层材料。金属陶瓷材料是由工业纯氧化物细粉和金属粉合成碳化物细粉与金属或合金粉末，按组分配合，在无水乙醇介质下磨成小于 $10\mu m$ 细粉，掺加聚乙烯醇作为黏结剂，混练成可塑性泥料，在轧膜机上轧成 $0.5\sim1.0mm$ 薄片，然后在氢气保护的碳管炉内于 $1300\sim1700℃$ 下烧成，再制成 $0.022\sim0.044mm$ 的涂层颗粒料。

二、涂层材料的特性

涂层材质及其加涂工艺方法不同，特性也不同。其特性有：高温抗氧化耐腐蚀、高温电绝缘、高温绝热、耐磨、防原子辐射、高温润滑、红外辐射以及耐冲刷、抗热震等。几种涂层材料的特性见表 6-5。

表 6-5　高温无机涂层材料的性能

材　料		组成/%	熔点/℃	气孔率/%	线膨胀系数/℃$^{-1}$	主要特性
纯氧化物材料	Al_2O_3	≥98	2050	<10	$(5.7\sim7.4)\times10^{-6}$	耐磨、抗腐蚀、抗氧化、电绝缘
	稳定 ZrO_2（含稳定剂）	≥98.5	2710	<10	$(7\sim8)\times10^{-6}$	隔热、抗金属腐蚀
	Cr_2O_3	>98	2300	<10		耐磨、抗氧化、抗腐蚀
难熔化合物	Cr_3C_2		1895		11.7×10^{-6}	高温耐磨
	WC		2720		3.8×10^{-6}	高温耐磨
	ZrB_2		3040		6.8×10^{-6}	抗腐蚀、抗热震
金属陶瓷材料	WC-Co	$WC+5\sim15Co$		<5	$(7.2\sim8.1)\times10^{-6}$	高温耐磨、抗热震
	Cr_3C_2-NiCr	$Cr_3C_2:NiCr=3:1$		<5	11.5×10^{-6}	高温耐磨、抗腐蚀、抗火焰冲刷

三、涂层材料的选择

影响涂层材料选择的因素有：

（1）介质与压力。介质的化学性能、热过程、冲刷程度以及压力的变化（从超高真空到超高压）会对涂层影响极大，遇有辐射环境，涂层应有抗辐射性能。

（2）使用时间。高温下长时间使用的涂层，要考虑涂层与底材间的扩散，不应该影响底材的力学性能，并应适应底材的蠕变性能。高温下瞬时使用的涂层，应具有抗热震性，以免粉碎和剥落。

（3）结构底材。涂层与底材要有牢固的黏结性能（个别要求自动剥落的涂层除外）。必须使涂层有良好的润湿性，线膨胀系数及温度-热膨胀曲线相互匹配，涂层的结构与底材的晶体结构相互匹配。结构底材表面应具有足够的粗糙度，易于黏附。

（4）涂层厚度。形状复杂的工件常常有一些不易加涂的部位，使涂层厚度不易均匀。设计时，必须注明这些部位允许的最大厚度或必需的最小厚度。

（5）工艺方法。针对工件的尺寸和形状，选择最适宜的涂层工艺方法。首先以不影响底材结构强度为原则，兼顾涂层的可修补性和加工性（如表面抛光）。此外，还应考虑工艺方法的生产周期、能源条件和经济效果等。

（6）保存期。选择涂层材料时，应该注意加涂层的工件在正式使用前所允许保存的期限，以及环境条件、包装运输途中可能出现的问题，以免涂层在使用前的损坏。如果涂层是多孔的，在保存期间必须密封。有些涂层易被沾污而降低性能，需另加暂时性保护层。

四、加涂方法

加涂方式有：高温熔烧法、高温喷涂法、热扩散法、低温烘烤法、热介沉积法和火花-硬化工艺法等。其中常用的几种方法介绍如下：

（1）高温熔烧涂层。把细粉状的涂层原料与黏结剂及稀释剂一起球磨混合成浆料，加涂在工件表面上，待料浆干燥后，在空气、真空、氢气、氩气或其他保护性气氛中经高温熔烧形成涂层。熔烧涂层的特点是在加热熔烧时，涂料的部分或全部变成液体状态，并在底材表面流展，而联结成一个连续体，凝固后与底材牢固地黏结在一起而形成致密的保护层。其涂料是以玻璃熔料作为主要成分并加入氧化铝、氧化铈、氧化铬、氧化钛等耐火氧化物或金属粉、合金粉、金属间化合物，以提高其耐热性、韧性、热稳定性。其玻璃熔料有单独的配方，把配好的玻璃熔料加入到1200~1500℃的炉中熔化成均匀无气泡无夹杂物的熔体，把熔体倒入冷水中淬冷碎成小块，即为熔块。其熔烧涂料的工艺流程如图6-1所示。熔烧涂层的使用温度只能在1100℃以下。

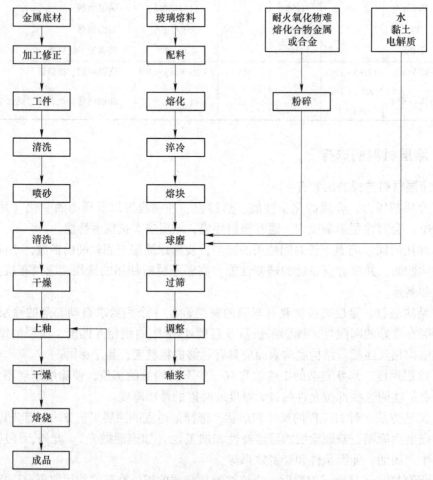

图6-1　熔烧涂层工艺流程图

例如河北理工大学等单位研制的不锈钢管陶瓷涂层。涂层的基础配方为：玻璃熔块料55%~70%（质量分数，下同），氧化铬粉1%~5%，黏土粉5%~12%，硅酸锆微粉5%~20%，其他3%~6%。将配好的料加入到球磨机中混磨，混好的料浆陈腐24h，调整黏度后用滚涂的方法，使预处理的不锈钢管在涂料表面均匀转动，然后快速抬起，以保证涂层厚度均匀。制备的涂层先在室温下自然阴干，然后在120℃烘烤；将涂好的钢管在电炉中高温烧成。升温曲线是：室温~500℃，7~8℃/min；500~1000℃，5~6℃/min；1000~1050℃保温20min。根据性能测试得出：硅酸锆微粉加入量增加，材料的抗热震性、耐磨性提高，以加入15%合适。涂层的钢管抗氧化性明显优于无涂层的钢管。

（2）火焰喷涂涂层。用氧-乙炔火焰喷枪将涂料条棒或粉末颗粒涂料熔融雾化，依靠气流将液滴喷涂在底材上。因为氧-乙炔火焰的最高温度可达3000℃，因此，除表6-5指出的涂层材料，还有二硅化钼、氧化镁加镍、氧化铬加镍、镍铝合金等金属或非金属可作为涂层材料，底材主要有软钢、不锈钢、铜合金等，差不多所有的金属制品、陶瓷制品、石墨、混凝土制品等都可以喷涂。

用氧-乙炔火焰喷涂的典型例子见表6-6。

表6-6　氧-乙炔火焰喷涂实例

涂料	组成/%	底材	涂层厚度/mm	气孔率/%	使用温度/℃	用途
氧化铝	98.6	钢铁	0.127~1.27	8~12	1982（熔）	火箭喷嘴、引擎、内衬
氧化锆	98	Mg、Al、钢铁	0.127~1.27	8~12	2412	火箭喷嘴、燃烧室
镍		钢铁	3.175	低	982	抗腐蚀
镍+氧化镁		不锈钢、Cr-Ni-Co合金	0.025~0.51		1927	后喷嘴内衬、燃烧室

（3）等离子体喷涂涂层。利用等离子体喷枪所产生的高温（8000~15000℃）高速射流，将熔融涂料颗粒粉末喷涂在底材上的涂层。由于等离子体的温度如此之高，因此一切高熔点的物质都能熔融喷涂。其涂层的气孔率比火焰喷涂的低，密度高，强度大，与底材结合的牢固。

各种金属材料、陶瓷、石墨、玻璃以及塑料等材料表面均可用电弧等离子体喷涂工艺施加涂层，见表6-7。

表6-7　等离子喷涂的几种主要涂料与底材

涂料	底材
氧化物：Al_2O_3、ZrO_2、SiO_2、BeO、MgO、Al_2O_3-SiO_2、ZrO_2-SiO_2	钢、不锈钢、Cr-Ni-Co合金、Mo、Mg、Be、Cu、Zr、石墨、陶瓷、高温塑料
难熔化合物：TiC、SiC、B_4C、WC、Cr_3C_2、TiC-B_4C、Si_3N_4、BN、TiB_2、ZrB_2	Cr、Ni、Co、Mo、合金、不锈钢、石墨
金属及金属陶瓷：Cr、Ti、W、Ni、Cd、Mo、Si、B、Cr-Ni、TiC基金属陶瓷、TiB_2基金属陶瓷	Ni-Cr-Co合金、钢、不锈钢、Mo、Zr、陶瓷、石墨

（4）爆震喷涂涂层。采用爆震喷枪，利用氧-乙炔混合气体点火爆震时产生的高温

（约 3300℃）冲击波，将熔融和半熔融的涂料粉末以约 800m/s 的速度喷涂在底材的表面上。

（5）低温烘烤补强涂层。利用无机黏结剂与低热导率的耐热材料填充剂相结合，经加固补强、低温烘烤而成型。常用填充剂材料除表 6-5 指出的以外，还有其他复合材料、难熔化合物等。黏结剂可用胶体氧化铝、胶体氧化硅等无机黏结剂、磷酸铝、磷酸锆等。为了防止黏结剂与金属底材化学反应，常加入一点像磷酸铁（$FePO_4$）一类的防锈剂。为了防止涂层的机械强度及结合强度低，采用在涂料中混合金属或陶瓷纤维的补强措施。将干燥的填充剂，防锈剂等在混合机中混合，再加入黏结剂及水在球磨机或混练机中混合成浆状或面糊状，然后用喷涂、浸渍或涂抹等方式加涂在事先用金属丝网或波纹状金属补强的底材上。较厚的涂层可分成几次加涂，每次加涂后须经空气干燥。涂层厚度一般高出底材上补强筋 0.75~1.0mm。加涂好的涂层在空气中干燥 24h 后，再按升温制度加热到 400℃，除去涂料中的物理水和结晶水固化成坚固的涂层，最高使用温度为 2760℃。因为低温烘烤涂层能够涂得较厚，所以能得到足够的温度降，有很好的隔热效果。由于涂层有金属补强，能承受扭转、振动而不破坏，因此这类涂层可应用在长时间连续工作，又经受高热应力和机械振动的绝热部位上，如喷气发动机的燃烧室、火箭助推器的管翼及尾翼的前缘。表 6-8 列出氧化铝和氧化锆两种烘烤涂层的一些性质。

表 6-8　Al_2O_3 和 ZrO_2 烘烤补强涂层的性质

涂料	加固材料	黏结剂	涂层厚度 /mm	烘烤温度 /℃	体积密度 /g·cm⁻³	气孔率 /%	抗折强度 /MPa	抗热震性	最高使用温度/℃	重复使用性
Al_2O_3	软钢、不锈钢、钼	磷酸铝	2.45~25.4	425	2.77	16.5	450(25℃) 150(975℃)	极好	1925	极好
ZrO_2	钼	磷酸锆	2.45~25.4	425	3.26	22.0	190(25℃)	极好	2200	一般

（6）气相沉积涂层。将涂料制成易挥发的原料，使其在高温时变成气相，最后产物沉积在结构底材上，形成与底材有良好黏结的致密耐热涂层。沉积涂层应用较多的是气相物质直接反应沉积在底材上形成涂层。气相反应沉积涂层的应用范围很广，对金属和非金属，如 Cr、Ni、Ta、Mo、W、合金钢、Fe、石墨、陶瓷、氧化铝、熔融石英、硬质玻璃、烧结合金等的线材、管材、棒材、板材以及其他各种形状的制品均可适用。表 6-9 列出了气相化学反应沉积陶瓷涂层的化学反应。

表 6-9　气相化学沉积陶瓷涂层的化学反应

反应生成物		反应式	反应温度/℃
碳化物	碳化硼	$BCl_3 + H_2 + C_xH_g \longrightarrow B_4C + HC + (CH)$	1200~2000
	碳化硅	$SiCl_4 + H_2 + C_xH_g \longrightarrow \beta SiC + HCl + (CH)$	1300~2000
	碳化钛	$TiCl_4 + H_2 + C_xH_g \longrightarrow TiC + HCl + (CH)$	1300~1700
	碳化锆	$ZrCl_4 + H_2 + C_xH_g \longrightarrow ZrC + HCl + (CH)$	1700~2400
	碳化钨	$W + H_2 + C_xH_g \longrightarrow 2W_2C + (CH)$	2100~2400
氮化物	氮化硼	$BCl_3 + 3N_2 + H_2 \longrightarrow BN + HCl$	1200~2000
	氮化钛	$TiCl_4 + 3N_2 + H_2 \longrightarrow TiN + HCl$	1100~1700
	氮化钽	$Ta + N_2 \longrightarrow TaN$	1000
	氮化钽+碳化钽	$Ta + N_2 + C_xH_g \longrightarrow TaC + TaN$	1000~1100

反应生成物		反 应 式	反应温度/℃
硼化物	硼化硅	$SiCl_4 + BCl_3 + H_2 \longrightarrow$ 硼化硅 + HCl	1000~1300
	硼化钛	$TiCl_4 + BCl_3 + H_2 \longrightarrow$ 硼化钛 + HCl	1000~1300
	硼化锆	$ZrCl_4 + BCl_3 + H_2 \longrightarrow$ 硼化锆 + HCl	1700~2500
	硼化铬	$Cr + BCl_3 + H_2 \longrightarrow$ 硼化铬 + HCl	1200~1600
硅化物	硅化锆	$Zr + SiCl_4 + H_2 \longrightarrow$ 硅化锆 + HCl	1100~1500
	硅化钼	$Mo + SiCl_4 + H_2 \longrightarrow$ 硅化钼 + HCl	1100~1800
	硅化钨	$W + SiCl_4 + H_2 \longrightarrow$ 硅化钨 + HCl	1100~1800
氧化物	二氧化硅	$SiCl_4 + CO_2 + H_2 \longrightarrow SiO_2 + HCl$	600~1000
	氧化铝	$AlCl_3 + CO_2 + H_2 \longrightarrow Al_2O_3 + CO + HCl$	800~1000

这类涂层的特点：涂层薄，涂层与底材之间所形成的固溶体或金属间化合物所组成，或者两种状态都存在，因此涂层与底板之间具有非常好的黏结性，例如在钼上气相沉积硅，并扩散成二硅化钼涂层；在石墨上沉积 SiC 涂层等。

涂层材料种类很多，在耐火材料的应用也越来越广泛。如防氧化涂层、抗水化涂层、红外辐射涂层等，曾在一些章节里有介绍。

江苏有人将凹凸棒土、氧化铝、碳化硅和氧化铬粉末分别按 68%、18%、8% 和 6% 的质量分数配料，混合后放入球磨机中，以刚玉球为介质，球磨 1h，过 0.074mm 筛，与 $w(K_2SiO_3) = 30\%$ 的硅酸钾水溶液，按 5∶3 的质量比配成涂料。将配好的涂料在室温下存放 24h，然后涂于钢材表面，厚度约 0.5mm，经 60℃ 干燥 2h，表面形成干燥涂层，经 850~1150℃ 保温 30~120min 高温防脱碳试验，钢材涂层防脱碳性能保持良好，通过形成致密覆盖层，以及 SiC 的氧化反应，对钢材起到防脱碳作用。

浙江有人试验用镁硅质防黏渣涂料，在钢包渣线用镁碳砖表面涂抹，大大减轻了钢包黏渣程度，并延长了渣线和包口镁碳砖的使用寿命。

涂料的主要原料有菱镁矿、石英、黏土、氧化铬微粉及磷酸盐，主要化学成分（质量分数）：SiO_2 16.38%，Al_2O_3 4.59%，Fe_2O_3 0.67%，CaO 1.42%，MgO 35.03%，Cr_2O_3 2.18%，TiO 0.18%，灼减 35.05%。涂料的灼减很大，预测在高温下有较大的体积收缩，涂料粒度 ≤0.088mm 的质量分数 80%。使用时，将涂料外加 25% 水，搅拌形成泥浆，然后在镁碳砖表面涂 3mm，自然干燥或烘烤 24h，即可使用。这种涂料不易被钢渣溶解，也不与镁碳砖反应，一定程度上保护碳不被氧化，并容易与黏附在其表面的熔渣一起脱落，从而起到防黏渣作用。

第三节 纤维增强材料

一、综述

特种耐火材料由于抗拉强度和抗冲击强度低，还不能作为轻型高强度结构材料和高温结构材料。金属-无机-有机复合材料，Mo、Ta、Nb 等耐热金属的箔、线、网与陶瓷-塑料的复合材料，用于制造火箭喷嘴、前锥体，特别是人造飞船的构件。这种材料重量轻，高温强度大，隔热性能好。现在高速飞行器的机体结构材料，几乎都趋向于采用炭素纤维和石墨纤维、Al_2O_3-SiO_2 系纤维、BN 和其他耐火纤维以及晶须增强树脂复合材料。其特点是重量轻和抗拉强度大，大部分材料是采用绕制成型法制造。宇宙飞船的重量减轻 1kg，就可以使推送它的火箭减轻 500kg；如果飞船机体结构重量能减轻 15%，则可使飞行距离和上升速度各增加 10%。表 6-10 列举出某些增强纤维的力学性能。

表 6-10 增强纤维的力学性能

纤维种类		熔点/℃	密度/$g \cdot cm^{-3}$	断面直径/μm	拉伸强度/MPa	比强度/cm	弹性模量/MPa	比模量/cm
玻璃纤维	E-纤维	700	2.55	10	0.352×10^4	13.8×10^6	0.74×10^5	2.9×10^8
	S-纤维	840	2.50	10	0.458×10^4	18.2×10^6	0.88×10^5	3.5×10^8
	4H-1	900	2.66	—	0.514×10^4	19.3×10^6	1.02×10^5	3.8×10^8
	SiO_2	1660	2.19	35	0.598×10^4	20.3×10^6	0.74×10^5	3.3×10^8
多晶体纤维	Al_2O_3	2040	3.15	3~10	0.211×10^4	6.6×10^6	1.76×10^5	5.5×10^8
	ZrO_2	2665	4.84	4~10	0.211×10^4	4.3×10^6	3.52×10^5	7.1×10^8
	C-A	3650	1.80	10	0.230×10^4	12.8×10^6	2.30×10^5	12.8×10^8
	C-HT	3650	1.90	9	0.325×10^4	17.1×10^6	3.20×10^5	16.8×10^8
	C-HM	3650	2.00	8	0.282×10^4	14.1×10^6	5.22×10^5	26.1×10^8
	BN	2980	1.90	7	0.141×10^4	7.4×10^6	0.92×10^5	4.8×10^8
多晶体系纤维	B	2300	2.62	115	0.282×10^4	10.8×10^6	3.88×10^5	14.8×10^8
	B_4C	2450	2.36		0.232×10^4	9.9×10^6	4.94×10^5	20.9×10^8
	SiC	2690	4.09	76	0.352×10^4	8.6×10^6	4.94×10^5	12.0×10^8
	TiB_2	2980	4.48		0.106×10^4	2.3×10^6	5.21×10^5	11.6×10^8
金属丝	W	3400	19.4	13	0.409×10^4	2.03×10^6	4.16×10^5	2.1×10^8
	Mo	2620	10.7	25	0.225×10^4	2.28×10^6	3.66×10^5	3.5×10^8
	不锈钢	1400	7.74	13	0.422×10^4	5.35×10^6	2.02×10^5	2.6×10^8
	Be	1280	1.83	127	0.130×10^4	7.11×10^6	2.46×10^5	13.5×10^8
	Al	660	2.80	13	0.062×10^4	2.22×10^6	0.72×10^5	2.5×10^8

目前，人们十分重视复合材料的研究，特别是纤维（晶须）补强陶瓷基复合材料是一种高比强、高比模、耐高温、抗氧化和耐磨损以及热稳定性较好的新材料。

到目前为止，广泛使用的纤维增强复合材料，主要还是集中以树脂为基的复合材料，然而它的使用温度低（环氧树脂在 150℃ 以上就不能使用）。以金属为基的复合材料，可以达到高强度、高弹性模量，但使用温度也受到限制，以钛为基的复合材料，可在 300~600℃ 范围使用。在 1000℃ 以上使用的复合材料要用高温纤维、难熔金属及其合金丝（如 Al_2O_3、B_4C、SiC、W、Mo、Nb、Ta、Re 等）来增强铁、镍、钴基的高温合金。难熔金属以及特种耐火材料的研制已经做了大量研究工作，并取得进展，预测不久会有在 2200℃ 高温下使用的纤维（晶须）增强结构材料。在脆的颗粒状陶瓷材料中引用基本体积百分之几的高弹性模量的纤维材料形成复合材料，提高几方面重要性质，像拉力强度、破坏黏度、抗热震性等。高黏度混合体的破坏说明纤维材料中应力散发的特性。裂缝扩展，其线路本身遇到纤维应该是扯断或从基质拔出。这两种现象的每一种贡献说明复合材料的破坏黏度可能是不同的，基体与纤维的内聚强度是根据组分比例及其本性、纤维直径和长度及其他因素的影响。这为创造高破坏黏度的复合材料提供前提，甚至有那种场合，当基体和纤维按自己脆的本性，重复的是复合材料破坏同时发生纤维抽出。

在众多的纤维材料中，硼纤维和炭纤维是两种高强度、高模量、低密度的增强纤维。

二、纤维增强材料的成型工艺

复合材料的加工工艺是为了使材料形成一定的形状，使增强纤维连接而不至于破坏，而且使应力从基体充分地转到纤维上去。因此对复合材料的加工工艺方法应该考虑到下面几点：

(1) 纤维与基体的稳定性。

(2) 使纤维能固紧在基体中，具有一定的抗张强度。

(3) 纤维排列和分布的方向性、均匀性。

(4) 复合时，不造成纤维强度的降低。

(5) 容易成型，并能得到制品的整体尺寸。

(6) 工艺方法简单，产量高，成本低。

(一) 以塑料为基的成型方法

(1) 积层法：把纤维或由纤维织成的布、毡等，预先在塑料或树脂中浸渍成薄片，其中塑料的含量5%左右，再切成所需的形状，干燥后把它们一层一层叠起来。同时在层间喷加适量的塑料，然后放在钢模内加热、加压，使其成型并固化成整体。这种方法的优点是每层纤维方向可任意选定。

(2) 绕线法：将连续纤维粗纱或纤维带浸渍树脂后，连续地缠绕到相当于成型体内径尺寸的芯模或衬胆上，然后在室温或加热固化。绕线时可分湿法和干法两种。

(3) 模压法：先在阴模中充满热固性树脂，再放入完全润湿的纤维，然后合上阳模，把多余的树脂从设计的模具空隙中挤出，最后加热加压固化。

(4) 喷射法：利用压缩空气将树脂胶液与硬化剂及短纤维同时喷射沉积于模具表面而制成制品。这种方法成型迅速，可制造大型、空心制品。

(5) 真空浸胶法：将绕在框架上的纤维束放入真空容器中，抽真空后注入树脂，浸渍后待充分脱泡再移入金属模具热压成型。该法适合制备较大面积的单向复合材料平板。

(6) 拉拔法：先将纤维放入树脂槽中充分浸渍，然后把排列整齐的纤维束引入玻璃管中，放入烘箱固化，完成后敲碎玻璃管得到圆柱状复合材料。此法纤维取向性好且致密，但只适合制取小尺寸小直径型材。

(7) 注射法：将纤维表面处理并切成短纤维，再与热塑性树脂（尼龙、聚丙烯、聚碳酸酯）混练成丸。然后溶融，用注射装置以较高压力将溶体注入到金属模具中，冷凝即成型。此法成型产品收缩小，尺寸准确。

(二) 以金属为基的成型工艺

(1) 热压黏结法：先将纤维绕在可转动的鼓面上，鼓面上涂有结合剂，用分离夹子使纤维固定，为了控制纤维间距均匀，可采用基体丝交替地缠绕在纤维丝之间。绕好的纤维从鼓面上取下后，切成所需的尺寸，然后放入热压模中加温，并对坯体施加一个轻微持续的压力，使之压紧并驱除结合剂。纤维与基体金属的排列可根据金属的形状而有多种形式，可平行，可交叉，可交替。热压黏结可在大气、惰性气体、真空或密闭的容器中进行。此方法广泛用于制造薄板型复合材料，尤其适合铝、镁、钛、镍基复合材料。

（2）铸造法：将纤维素通过基体金属的熔池，当纤维从熔池底部的小孔中拉出时，其表面便覆上金属，经过安置在孔下面的定型器时，决定了制品的尺寸和形状，并冷凝成型。此法简单，适用于镁-硼、铜-钨、铜-钼、铝-硼、镍-钨等金属与纤维制造棒状、管状和其他形状的复合材料。

（3）粉末冶金法：基体金属粉与纤维的均匀混合料，经过模压或等静压法成型，高温烧结成制品。烧结后的制品可进一步用热轧或热挤加工成各种复杂形状的型材，并可使混杂的短纤维定向排列。

（4）浇注法：将连续的长纤维定向均匀地分布在预制模型的型腔中，模型安放在振动台上，模型底部装有金属丝筛网和过滤纸，模型下面装有橡皮软管与真空泵连接。把配有结合剂的金属粉末浆料注入模腔，然后开动振动台，使金属粉末沉淀。把上面过量的液体介质吸出除去后继续加料，直到粉末充满模腔，然后停止振动，并开动真空泵，将坯料内残存液体和气体抽出。坯体取出后先经干燥，再加热排除黏结剂，最后经高温烧结或热压烧结，达到致密化和提高强度的目的。

（5）扩散结合法：在高温下施加静压力，让纤维与金属扩散结合。将金属箔或薄片与纤维重叠，以适当黏合剂固定纤维，先用低压力固化黏结剂，再加温加压制成预期形状的制品。此法优点是不损失纤维力学性能，有良好的界面结合。

（6）溶融金属渗透法：在真空或惰性气体气氛中，使排列整齐的纤维束之间浸透熔融金属。由于纤维与金属直接接触，故两者应润湿性好，且互相不引起反应。

（7）等离子喷涂法：金属粉末通过等离子弧变成熔体喷射到排列整齐的纤维上，急速冷却，与纤维紧密结合。

（8）电镀法：以电解沉积的方法使金属附着在纤维上。电镀后的纤维层可进一步重叠热压成型。

（9）延压法：利用延压或挤压把金属基体与纤维结合在一起并成型。

（10）镀膜法：化学镀膜法是利用与金属原子结合的气体的热分解而使金属附着在纤维上，或利用溶液中化学反应在纤维上镀膜金属。经镀膜的纤维可堆叠后热压成型制品。如炭纤维镀膜镍和热压后炭纤维增强镍。

（三）陶瓷为基的成型工艺

以陶瓷为基的纤维增强材料引起世界各国的重视，得到迅速发展。其制造方法如下：

（1）浆料浸渍-热压法：将纤维浸渍在含有基体粉的浆料中，然后通过缠绕将浸有浆料的纤维制成无纬布，经切片叠加、热模压成型和热压烧结后制得复合材料。

（2）化学反应法：包括化学气相沉积（CVD）、化学气相渗透（CVI）、反应烧结（RB）和金属直接氧化法（DMO）等。

化学气相沉积（CVD）是将纤维或晶须用有机溶剂均匀分散后，经高温固化成一定形状的骨架纤维体。该纤维体具有一定的强度，足以允许某些机械加工和置于化学气相沉积炉中操作，原料气体在纤维或晶须预成型体的空隙中发生反应，所生成微小颗粒充填沉积在纤维间的空隙中，最后形成所要求的制品。

化学气相渗透（CVI）是利用 CVD 原理，将反应气体渗入纤维预制体中，发生反应并沉积在纤维之间形成陶瓷基体，最终使预制体中空隙全部被基体陶瓷充满，从而形成致密的复合体。

反应烧结（RB）法是将短纤维或晶须与基体材料所用的原料在分散介质中均匀混合后，利用干压、等静压或注浆等工艺成型，然后在烧结炉中通过反应烧结，获得所需制品。如 BN 纤维补强反应烧结 Si_3N_4 复合制品，是将 BN 纤维剪成 10mm 左右长，与硅粉混合成型，在 1450℃氮化而成。

金属直接氧化法（DMO）是以熔融金属的直接氧化反应为基础，在金属原位形成氧化物来制得氧化物-纤维补强增韧复合材料。在高温下，金属是熔融状态，通过纤维或晶须的空隙进行渗透。在渗透前沿的金属与顶部的反应气体接触而发生氧化反应，由此在纤维或晶须的空隙中不断生成金属氧化物，从而形成纤维复合氧化物陶瓷。

（3）熔体渗透（浸渍）法：在外加载荷作用下，通过熔融的陶瓷基体渗透纤维预制体并与之复合，从而得到复合材料。目前很少用此法，因为陶瓷的熔点较高，渗透过程容易损伤纤维和导致纤维与基体间发生界面反应。另外陶瓷熔体黏度大于金属的黏度，因此熔体很难渗透。

（4）溶胶-凝胶法：利用溶胶浸渍增强骨架，然后再经热解而得到纤维补强陶瓷基复合材料。与浆料浸渍-热压法相比，溶胶中没有颗粒，易渗透，并减少对纤维的机械损伤。由于热解温度不高（低于 1400℃），且溶胶易浸润增强纤维，制得的复合材料较完整，质地较均匀。

（5）前驱体转化法：近年来发展迅速的一种纤维补强陶瓷基复合材料制备工艺。该法又称聚合法、浸渍裂解法。与溶胶-凝胶法一样，也是利用有机前驱体在高温下裂解而转化为无机陶瓷基体的一种方法。溶胶-凝胶法主要用于氧化物陶瓷基复合材料，而前驱体转化法主要用于非氧化物陶瓷，目前主要以碳化物和氮化物为主。这种方法的主要特点：在单一的聚合物和多相的聚合物中浸渍，能得到组成均匀的单相或多相陶瓷基，具有较高的陶瓷转化率。预制件中没有基体粉末，纤维不会受到机械损伤，裂解温度较低（低于 1300℃），常压烧结，因而可减轻纤维损伤和纤维与基体间的化学反应。可制造形状复杂的纤维补强陶瓷基复合材料。

陶瓷基复合材料与其他材料相比在于耐高温、密度小、比模量高，有较好的抗氧化性和耐摩擦性能。目前作为陶瓷基体的氧化物有氧化铝、氧化锆、莫来石、锆英石；非氧化物主要有氮化硅、碳化硅、氮化硼等。目前研究较多的是碳纤维增韧碳化硅和碳化硅纤维增韧碳化硅复合材料。几十年来，碳-碳复合材料研究获得巨大成就，即以碳或石墨纤维为增强体、碳和石墨为基体复合而成的材料。由碳元素组成的材料能承受极高的温度和极大的加热速率。

当今 21 世纪，随着高新技术发展，特种耐火材料的地位显得更为重要，引起各方面的关注，预计会有一些新技术、新工艺出现。

第七章 不定形耐火材料

与建材混凝土及建筑施工技术相近的不定形耐火材料，被喻为第二代耐火材料。国家标准 GB/T 4513—2000 给不定形耐火材料的定义是：由骨料、细粉和结合剂混合而成的散状耐火材料，必要时可加外加剂。

第一节 不定形耐火材料工艺基础

由耐火骨料、粉料、黏结剂、添加物构成的湿状、半湿状或干状，可直接用于构筑或修补炉窑衬体，在平常和提高温度时凝固，并在使用温度下具有有限的收缩，耐火度超过 1580℃ 的不烧材料称做不定形耐火材料（也有提出耐火度不低于 1500℃）。由于不定形耐火材料的配料工艺和施工方法与普通建筑混凝土相似，因此俄罗斯等国称之为耐火混凝土。

不定形耐火材料的生产发展对国民经济有重要意义，因为它使国民经济许多部门的各种热工设备的建筑和修理机械化作业成为可能。发达的资本主义国家不定形耐火材料占耐火材料产量的 50% 以上，日本占 70% 以上。许多场合采用不定形与定形耐火材料比小块的耐火制品有非常明显的经济优势。不定形耐火材料（大的预制块和整体内衬）与烧成制品相比，有一系列带原则性的工艺优势。不定形与定形耐火制品的比较见表 7-1。列举它们中的某些事例：通常耐火砌体的破坏是沿砖缝开始。不定形耐火材料的整体内衬完全没有砖缝。欧美有些国家称之为无接缝耐火材料。制品在氧化气体介质中烧成，而它的相组成特点是高级氧化物形态组分。而在许多场合，制品却在还原气氛中使用，使用中原来的相组成发生变化，同时矿物发生体积变化，造成制品强度下降。其次，在制品烧成过程中由液相结晶出某些矿物，使用中制品却发生相反的过程——形成液相，而矿物在其中溶解。既然液体和固体状态的体积不同（氧化物物质熔体的体积大于固体状态 10%～15%），那么在相转化时发生松动结构，引起耐火材料的自由能增高。所以烧成制品的结构和相组成

表 7-1 不定形与定形耐火制品的比较

项 目	耐火砖	不定形耐火材料
制造 1t 需要的地面面积/m^2	30～50	10～15
劳动生产率/t·(人·天)$^{-1}$	10～240	180～1200
油耗量/L·t^{-1}	200～600	20～30
动力消耗/MJ·t^{-1}	560～1080	108～180
自动生产系统转换	困难	容易
材料处理的合理化	相当困难	容易
生产设备的机械化	困难	容易
生产设备效率/t·(人·天)$^{-1}$	0.5～2.0	5.0～20.0

往往不适应使用条件。不定形耐火材料的结构和相组成在使用中产生，所以适应使用条件（好像平衡中）。与烧成制品比较，不定形耐火材料的其次优势是在同样类型耐火材料基础上，气孔率相同，而不定形耐火材料的抗热震性更高。沿砌体厚度，温度非线型降落时，在它的不同区段形成不同的温度梯度，因而发生不同的热应力。如果是烧成制品，热应力遇到一样的结构；如果是不定形耐火材料，每个区段产生适应该温度梯度的结构。所以不定形耐火材料具有较大的应力松弛能力。最后，不定形耐火材料的重要优势是它本质上小些的热导率。不定形耐火材料的主要不足是：抗磨损性较低，在一定的温度范围内的坍塌强度等。所以根本不能用耐火制品与不定形耐火材料相对立起来。

将高温条件下稳定、不形成易熔的最低共熔混合物的材料作为骨料。各种耐火无收缩的材料，原则上可以作为骨料。

致密不定形耐火材料的成分要进行选择，最终是以最低气孔率和最小收缩为原则，要保证骨料颗粒之间使放进去的黏结剂填满，必须使混合物达到易堆积性。

颗粒组成控制：当今不定形耐火材料广泛采用 Andreassen 粒度分布方程，也有采用 Funk-Dinger 方程。最主要的是用粒度分布系数 q 值来调整颗粒度组成比例，达到作业性能（流变性）和使用性能的要求。往往通过试验确定。

用两种颗粒集料的混合物，含 60% ~ 70% 大颗粒和 30% ~ 40% 细颗粒时达到最大限度的堆积，同时最大颗粒尺寸限于 20 ~ 30mm。为了保证紧密堆积，应该实现细颗粒平均直径比粗的小 6 ~ 7 倍的条件。在隔热不定形耐火材料技术中，在足够的强度下，力求取得最大的气孔率。

下面了解由分散相（粒度小于 0.09mm 的耐火原料，如水泥等）和分散介质——化学结合剂构成的分散系统。不定形耐火材料结合剂按结合剂硬化性质分为以下类型：

（1）水化结合剂乃是分散系统，其中利用高铝的、氧化铝的铝酸盐，方镁石的水泥、半水石膏，硅酸盐水泥和其他的液体结合剂作为分散相，作为分散介质——水。

（2）聚合的（缩聚的）和重结晶黏结的化学结合剂是正磷酸和它的盐，可溶解的玻璃，烷基硅酯，元素有机化合物，某些氧化物的溶胶和凝胶，氧化物的高浓度悬浮液，镁质、氧氯化物和氧硫化物的化合物等。

（3）凝聚结合剂，如耐火黏土、膨润土、硅有机物质（高于它的分解温度时硅有机物质是聚合结合剂）。

（4）有机结合剂，如焦油、焦油沥青、淀粉、糊精、热反应产物及以自己组织为基的芳香和凝聚的芳香结构与六亚甲基四胺（硬化剂）等。

（5）陶瓷结合，在散状耐火材料中，加入可降低烧结温度的助剂和金属粉末，以大大降低液相出现温度，促进低温下固-液反应而产生低-中温烧结结合。如往刚玉质干震料中加入少量硼酐，由于硼酐在 450 ~ 550℃ 生成黏性液相，随后与 $\alpha\text{-}Al_2O_3$ 发生液固反应，生成具有更高熔融温度的化合物 $2Al_2O_3 \cdot B_2O_3$（不一致熔融温度为 1035℃）、$9Al_2O_3 \cdot 2B_2O_3$（不一致熔融温度为 1950℃），而将刚玉骨料固结在一起。

决定不定形耐火材料的硬化过程：（1）耐火相与分散介质的相互化学作用——化学硬化，如 $MO + H_3PO_4 \rightarrow M(HPO_4) + H_2O$；（2）形成化学化合物的重结晶——重结晶硬化，如 $n[Si(OH_4)] \rightarrow [SiO(OH)_2]_n + nH_2O$；（3）形成水化物——水化物的硬化，如 $3(CaO \cdot 2Al_2O_3) + aq \rightarrow 3CaO \cdot Al_2O_3 \cdot 6H_2O + 5Al(OH)_3 + aq$；（4）黏附的结合。

　　根据结合剂的组成，不定形耐火材料硬化时可能经过聚合、缩聚、氢结形成等过程。

　　最终从两个基本条件选择结合剂的类型：（1）不定形材料的体积稳定性；（2）从常温到使用温度的整个温度范围内具有要求的强度。

　　体积稳定性是对不定形耐火材料的基本要求。收缩现象的最大危险能使不定形耐火材料整体破坏。同时对不定形耐火材料的破裂起作用。不定形耐火材料的拉力强度值比耐压的小得多。不定形耐火材料的收缩性质，实验室试验：在适用温度下，加热 5h，致密不定形耐火材料应该不大于 1%，而隔热的为 2%。用这些条件确定应用温度。在使用温度下，允许不定形耐火材料膨胀小于 3%。

　　制定不定形耐火材料工艺时，选择组成，必须保证它在各种使用温度条件下有足够的强度。

　　根据温度，不定形耐火材料的强度变化如下：

　　（1）在相当低的温度下（约小于 300℃）发生硬化，强度提高。

　　（2）在 300～1000℃ 范围内，大体上结合，结合剂脱水，失去化学结合水，聚合冷凝结构破坏的不定形耐火材料，强度降低（"坍塌强度"）。

　　（3）高于 1000℃ 的温度发生烧结，强度提高。

　　如果生产基建用的浇注料，力求浇注料在常温下取得最高强度。在一般不定形耐火材料工艺中，常温强度仅从可运送的观点看应该是足够的，结合剂的硬化，通常保证足够的强度（生产预制块，随后运输和装配它的足够强度为 10～30MPa）。一般的浇注料有软化的不良现象，可是它始终不造成裂缝的形成和完全破坏。不定形耐火材料强度是骨料强度、结合剂与接触相强度，特别是系统开始收缩，是热和其他应力的复杂函数。由于其中应力分布不均衡，不定形耐火材料中的组分具有不同的强度和变形性。最后将集中在高弹性模量的组分上（骨料），低弹性模量组分减小。该因素引起坚固骨料的不定形耐火材料有更高的强度。

　　不定形耐火材料组成中结合剂的数量往往取决于调和的条件。一方面黏结剂越多，常温下材料越坚固；另一方面，在这种场合，高温下形成较多的液相。于是采用结合剂的实际数量，要注意在使用温度下制品的液相数量不能超过 10%～15%。

　　不定形耐火材料的生产过程是：将块状原料破碎、粉碎、磨细、筛分分级后，按设计的配方进行配料。一般用电子秤配料称量，强制式搅拌机混合。拌好的料可输进分装机中再分装（机上配有电子秤），也可从搅拌机出口处直接分装成袋。早期的自动配料系统多采用单片机控制，使用简易键盘和 LED 数码显示作为人机交互接口。这种系统结构简单，满足一般的配料需求。随着工业生产自动化和信息化程度的不断提高，各种自动配料系统也不断涌现。河南濮耐公司设计了一种新的自动配料系统，将原来 PLC 要通过工厂自动化（FA）用 PC 机与管理计算机通信的三层结构，改为 PLC 系统可直接与生产管理用的计算机通信的两层结构。即上下位机的结构模式：以 PC 机作为上位机，PLC 作为下位机。这个系统不仅具有基本的自动配料控制功能，而且通过 RS232 总线将分布在各处的配料单元连接起来，可以在上位计算机上进行集中监控以及配方等数据管理，具有结构灵活、人机界面好、集控制和管理于一体等优点。

　　配料系统有自动控制和手动控制功能。自动控制方式由操作人员从键盘输入物料配方和其他控制参数，自动完成工艺流程控制。

系统共有 135 个给料仓，分 9 排，每排 15 个料仓，每个料仓都有独立的下料口。其中 3 排料仓为超细粉，其余为颗粒料仓。颗粒料仓为振动给料，超细粉采用星形给料机。每个配料区有一台双斗配料车，在各自专用轨道上行走。骨料斗负责粗、中颗粒配料，粉料斗负责细粉、超细粉配料，每个料斗对应专用仓泵，骨料先发送至搅拌机，粉料后发送。由红外线信号对车位进行定位，即可进行准确配料。耐火可塑料与浇注料等不同之处是混练挤泥、切坯、包装和储存等。混练虽然也是用强制式搅拌机，但是湿混，挤出长条料，经过切坯后，每 4~6 块用塑料布严密包装，并装进纸箱用塑料布封严，放入阴凉处。一般整个过程连续进行。

第二节　重要结合剂、外加剂与硬化过程评述

一、磷酸及磷酸盐结合剂

热的（工艺）萃取酸，含 H_3PO_4 不低于 73% 的正磷酸（液体）和含 H_3PO_4 45%~75% 及各种杂质小于 15% 的有实际意义。磷酸的工业产品主要是正磷酸，通常以浓度 85% 的水溶液出售，其成分为 $H_3PO_4 \cdot 0.5H_2O$，也有浓度 100% H_3PO_4。正磷酸是磷酸中最稳定的一种。热萃取酸约便宜 3 倍，所以常常在不定形耐火材料中使用。正磷酸加热时转为焦磷酸和偏磷酸，而为气体状态的氧化磷：$2H_3PO_4 \xrightarrow{260℃} H_4P_2O_7 + H_2O\uparrow \xrightarrow{700℃} 2HPO_3 + 2H_2O\uparrow \xrightarrow{1500℃} P_2O_5 + H_2O\uparrow \xrightarrow{1500℃} PO$。$H_3PO_4$ 结构由被隔开的 $[PO_4]^{3-}$ 四面体构成，本身之间由氢键结合。

耐火材料直接用磷酸作结合剂的场合很多。但在常温下磷酸并不与酸性或中性耐火材料反应，很难发生凝结与硬化。为了产生磷酸盐胶结相，在配磷中加入活性粉料，如生黏土、活性氧化铝、高铝超微粉等，磷酸在其水溶液中能离解成 $H_2PO_4^-$、HPO_4^{2-} 和 PO_4^{3-} 离子。在常温或加热时，它能与活性粉料反应，生成复式磷酸盐胶结物相，从而发生凝结与硬化。另一种办法是加入促凝剂，如铝酸盐水泥、镁砂粉、$Al(OH)_3$、NH_4F 等，在常温下也可获得较好强度。作为结合剂，一般要求磷酸浓度为 40%~60%，因此对市售磷酸要加水稀释，见表 7-2。

表 7-2　稀释工业磷酸加水量

拟配制的磷酸溶液		加水量/kg	拟配制的磷酸溶液		加水量/kg
浓度/%	密度/g·cm⁻³		浓度/%	密度/g·cm⁻³	
85.0	1.689	0	50.0	1.335	0.700
80.0	1.633	0.063	45.0	1.293	0.889
75.0	1.579	0.133	42.5	1.274	1.000
70.0	1.526	0.214	40.0	1.254	1.125
65.0	1.475	0.308	35.0	1.214	1.429
60.0	1.426	0.417	30.0	1.181	1.833
55.0	1.379	0.546	20.0	1.113	3.250

　　另外，磷酸与耐火材料中的金属（Fe）反应，容易使制品发生鼓胀。因此要在配料中加入隐蔽剂，或者原料充分除铁或采用二次混料、困料。

　　磷酸盐：磷处在最高原子价（+5 价）。主要结构环节是磷酸盐阴离子——$[PO_4]^{3-}$四面体。根据 $[PO_4]^{3-}$ 四面体的连接方式形成链状的、环状的、分支的聚合化合物，或者它还一般地自命为集聚磷酸盐（聚磷酸盐、偏磷酸盐、超聚磷酸盐）。一般的磷酸盐组成可以提出 $Mn_R P_n O_{n(5+R)/2}$ 式，式中，n 为聚合作用程度；R 为 M_2O/P_2O_5 摩尔比例（M 为阳离子）。

　　正磷酸盐：普通正磷酸盐或三取代反应，如 $Ca_3(PO_4)_2$；$MgNH_4PO_4$ 和酸性的含水正磷酸盐或二取代反应，如 Na_2HPO_4；$CaHPO_4$ 和脱水正磷酸盐或一取代反应，如 $Ca(H_2PO_4)_2$。普通正磷酸盐和含水正磷酸盐之中有差别，仅碱金属和铵的磷酸盐在水中溶解。二氢磷酸盐在水中有足够好的溶解。碱金属的正磷酸盐在水溶液中部分受水解作用。

　　偏磷酸盐：$H_n P_n O_{3n}$，式中，$n=3/8$。

　　聚磷酸盐：$H_{n+2} P_n O_{3n+4}$，式中 n 为缩聚作用程度。

　　超聚磷酸盐中的氧化物阳离子对磷阴离子的摩尔比例 $0<M_2O:P_2O_5<1$。大多数超聚磷酸盐处于玻璃状态。

　　生产不定形耐火材料采用下列磷酸盐：

　　（1）磷酸二氢铝 $Al(H_2PO_4)_3$，含 Al_2O_3 16%、P_2O_5 67%、H_2O 17%，加热到 300℃时变为非晶相，进一步加热生成 $AlPO_4$，在水中溶解的很好。

　　（2）磷酸一氢铝 $Al_2(HPO_4)_3$，含 Al_2O_3 29.8%、P_2O_5 62.3%、H_2O 7.9%，加热时变为 $AlPO_4$，在水中溶解的很好。

　　（3）磷酸铬铝 $Cr_n Al_{4-n}(H_2PO_4)_2$，式中，$n=1$，2，3，$P_2O_5/(Al_2O_3+Cr_2O_3)=2.3/3$。

　　（4）磷酸二氢铬 $Cr(H_2PO_4)_3$，含 Cr_2O_3 22.16%、P_2O_5 62.09%、H_2O 15.74%，加热时变成 $CrPO_4$，在水中能很好溶解。

　　（5）含水磷酸镁 $MgHPO_4 \cdot 3H_2O$，加热和 MgO 过剩时变成正磷酸盐 $Mg_3(PO_4)_2$，很好的溶于水中。

　　（6）聚磷酸钠 $(NaPO_3)_n$，密度为 $2.48g/cm^3$，熔化温度为 619℃，在冷和热水中都能很好溶解。

　　（7）磷酸钠结合剂，正磷酸钠 Na_3PO_4、三聚磷酸钠 $Na_5P_3O_{10}$、聚磷酸钠 $(NaPO_3)_6$。这些商品形式是干粉，可溶于水（有洗涤效力的药品）。

　　（8）黏土磷酸结合剂是耐火黏土和正磷酸，当 $Al_2O_3:P_2O_5=1:3$ 时的混合物煮沸制取。

　　应用最多的是磷酸铝结合剂。$n(P_2O_5)$、$n(Al_2O_3)$ 不同，磷酸中氢被取代的程度不同。当 $P_2O_5:Al_2O_3<1.5$ 时，溶解度很低，甚至不溶解；当比值大于 3 时，主要为磷酸二氢铝。表 7-3 为用 100%磷酸与 $Al(OH)_3$ 反应生成不同摩尔比值（M）磷酸铝。市场上还有固体状态的磷酸二氢铝，其指标见表 7-4。

　　$P_2O_5:Al_2O_3<3$ 的所有磷酸铝结合剂是准稳定的，在存放时，由于磷酸铝结晶沉渣沉析改变自己的性能。磷酸铝结合剂加热时失去水，超过 500℃的温度时，由 $Al(PO_3)_3$ 和

表 7-3 磷酸与 Al(OH)₃ 反应需用量

M 值	质量比		反应需用量/g		理论含水量/g
	P_2O_5/Al_2O_3	$H_3PO_4/Al(OH)_3$	100%H_3PO_4	Al(OH)₃	
1.0	1.392/1.000	1.256/1.000	196	156	108
2.0	2.784/1.000	2.512/1.000	392	156	216
3.0	4.176/1.000	3.768/1.000	588	156	324
3.2	4.454/1.000	4.019/1.000	627	156	346
4.0	5.568/1.000	5.024/1.000	784	156	432
5.0	6.960/1.000	6.280/1.000	980	156	540
6.0	8.352/1.000	7.536/1.000	1176	156	648

表 7-4 固体磷酸铝结合剂指标

项 目	常温水溶		高温水溶	
	A	B	C	D
$w(P_2O_5)$/%	≥65	≥63	≥60	≥57
$w(Al_2O_3)$/%	≥17	≥18	≥20	≥22
M 值	3.0	2.5	2.0	1.8

AlPO₄ 的混合物组成。超过 1000℃ 的温度下，Al(PO₃)₃ 分解析出 P_2O_5，在 1300℃ 时转为 AlPO₄。超过 1500℃ 的温度下，AlPO₄ 分解为固体 Al_2O_3 和气体状 P_2O_5。

磷酸铝铬结合剂比磷酸铝结合剂具有保持结构能力的温度范围更大很多。$Al_2O_3 \cdot xCr_2O_3(xCrO_3)yP_2O_5 \cdot nH_2O$，这是磷酸铝铬结合剂的总式，铝和铬混合的磷酸盐水溶液。

磷酸铝铬结合剂存在三价铬和六价铬。后者为高活性，并具有很大的黏附能力，然而它有毒性。在六价铬的磷酸铝铬结合剂中添加还原剂——甲醛水溶液，制取三价的磷酸铝铬结合剂。含水磷酸铝铬结合剂在喷雾干燥器里干燥，制取粉末状的磷酸铝铬结合剂。加热时磷酸盐结合剂本身发生复杂变化，其最终产物是 P_2O_5（和气体状 PO）。

磷酸盐结合剂在常温下发生缓慢的硬化；加热时，由于不定形耐火材料填料与液相相互化学作用，进行快速硬化。相互作用的产物是酸性磷酸盐或普通磷酸盐的水化物。加热超过 100℃ 时，由于新生物受到缩聚反应，形成各种类型的聚合磷酸盐。

由酸性和中性氧化物构成的硅质和硅酸铝质耐火填料，在常温下实际与磷酸盐结合剂不相互作用。由质点的黏附胶合决定这种泥料的硬化机理，并形成磷酸盐阴离子与耐火材料质点表面的氢键。提高粉碎细度，使质点的黏结强度提高。磷酸盐的黏附性质，根据聚合程度带有过激性。氧化物材料润湿角最小，相当于中等程度的聚合，等于 $n = 22 \sim 25$。

由碱性氧化物构成的镁质耐火填料，在常温下与含氢的磷酸盐结合剂相互迅速作用，形成一代、二代和三代反应的正磷酸盐。反应伴随热析出增大。镁质耐火材料在很快吸收含氢磷酸盐结合剂的基础上，氧化物与正磷酸或它没完全取代的盐处于酸-碱性质相互作用。同时形成的磷酸镁结构是易剥落的。所以含氢磷酸盐不适用镁质不定形耐火制品及泥料的生产。

镁质不定形耐火材料可用无氢偏磷酸盐结合剂。镁质不定形耐火材料中含有氧化钙时，呈现迅速形成磷酸钙，造成不定形耐火材料硬化加速。

聚合磷酸盐与聚合硅酸盐以及倾向形成循环的化合物很相似，由（PO_4^{3-}）四面体组成巨大长度的多阴离子链，两个结合共用氧原子，而由同样的四面体结合 3 个顶峰构成聚合物。磷酸盐中形成磷原子化学键时处在四面体匀称的 $3p^3$—杂化键，而 $\overset{\wedge}{O\text{—}P\text{—}O}$ 角等于 109°23′。在（PO_4）$^{3-}$ 四面体中，4 个键的每一个键都带有一定程度的 π—键性质，提高 P ＝ O 键的相重性，而且所有键相重性的变化不一样。区别磷酸盐 4 个结构群：孤立的、末尾的、中间的和分支的（见图 7-1）。仅含有孤立群的磷酸盐为正磷酸盐级，而由一个中间群组成的——偏磷酸盐级（或环行磷酸盐）。聚磷酸盐含末尾的和中间的，而超磷酸盐还要和分支群。

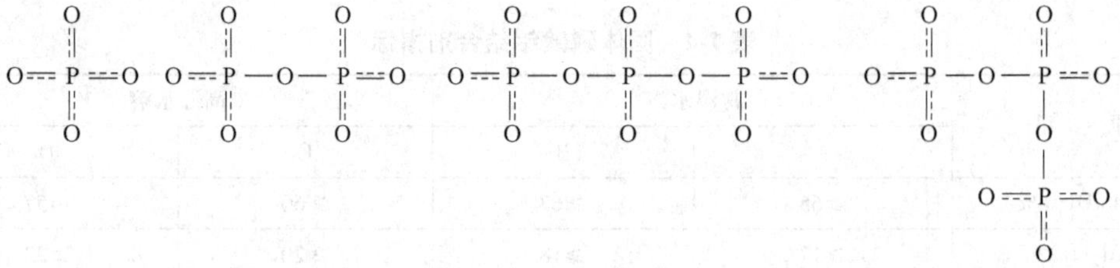

图 7-1　磷酸盐结构
a—孤立群；b—两个连接带的末尾群；c—两个末尾和一个中间群；d—两个末尾和一个分支群

孤立群中（当阳离子不在时即在溶剂中）π—键分配大致相同，键的相重数约 1.25，而黏结性能最小。集聚的磷酸盐键相重数在末尾群中提高到 1.33，而在中间群中到 1.5，分支点到 2。聚冷凝时，键的相重性提高和磷酸盐不同的原子变为不等价，并引起含有中间和分支群的磷酸盐黏结性能高。引入阳离子时，增大了分支柱，键的相重性及其不均衡性。氢的分子间结合同样已经表现出加强磷酸盐的黏结性，特别是酸性磷酸盐和普通磷酸盐的水化物。

耐火材料常用的聚合磷酸盐主要为三聚磷酸钠（$Na_5P_3O_{10}$）和六偏磷酸钠（$Na_6P_6O_{18}$）。三聚磷酸钠为白色粉末，易溶于水，pH 值 9.4~9.7。作为碱性耐火材料结合剂时，遇水溶解后会水解成磷酸二氢钠和磷酸一氢钠。这两种化合物与 MgO 反应生成钠镁复合磷酸盐而产生结合作用。六偏磷酸钠为块状玻璃体，粉碎后为白色粉末，吸湿性较强，溶于水，pH 值 5.5~7，水不溶物小于 0.15%。作为碱性耐火材料结合剂的结合机理是水解成磷酸二氢钠与 MgO 反应，在常温下可生成磷酸镁和磷酸钠复合磷酸盐，使结合强度提高，800℃前有较好强度，1000~1300℃有所下降，高温产生陶瓷结合，强度又提高。

磷酸盐结合的材料加热时所以硬化，然后强度增大的原因，主要表明两个机理：形成氢键和磷酸盐的聚合作用。低温时（100℃以下）多半是第一机理作用，提高温度为 100~600℃是第二机理。含水材料中，氢键暂时保持到 400~700℃。聚合物键合，根据结合剂成分保持到 1560℃。

在 $MO\text{-}P_2O_5\text{-}H_2O$ 系统中，显示出的黏结性程度越大，金属阳离子的离子半径越小。

晶格能小于 3500kJ/mol 的氧化物 Li_2O、Cu_2O、CaO、SrO、BaO，由于与酸急速进行反应，不形成硬化结构。晶格能等于 3600~4000kJ/mol 的氧化物 MnO、MgO、ZnO、CdO 在室温下造成硬化的，仅是氧化物预烧到 1000~1200℃ 后的复合物。黏结剂在晶格能为 4000~4150kJ/mol 的氧化物 FeO、NiO、CoO、BeO、CuO 中，原则上在室温下硬化。晶格能大于 6000kJ/mol 的其余氧化物，H_3PO_4 润湿后仅在加热时硬化。与此有关的是 SiO_2、ZrO_2、TiO_2、Cr_2O_3、Al_2O_3 和它们的化合物。描述的规律性不是很精确的，因为对硬化结构的形成能力决定于许多没考虑到的因素。实际确定氧化物 Al_2O_3、Cr_2O_3、MnO_2、Co_2O、SnO_2、PbO_2、MoO_3、TiO_2、ZrO_2 与 H_3PO_4 仅在加热时硬化；氧化物 Fe_2O_3、Y_2O_3、FeO、Mn_2O_3、NiO、CuO、SnO、V_2O_5 在室温下硬化，氧化物 CaO、SrO、BaO、MnO、HgO 与 H_3PO_4 急速进行反应而不硬化。

利用如下方法降低基础材料与磷酸盐结合剂的相互作用速度。提高金属离子 Al^{3+}、Mg^{2+}、Zr^{4+}、Cr^{3+} 等替代 H^+ 离子的程度，在磷酸盐结合剂组成中引入其他酸或盐类矿物，即多半是耐火黏土。

为了提高酸性和半酸性材料与磷酸盐结合剂相互作用强度，增大细粉的粉碎细度和引入添加物，与 H_3PO_4 的相互作用增强。这样的添加物阳离子可能是 Ba^{2+}、Ca^{2+}、Al^{3+}、Cr^{3+}、Mg^{2+}。

活化的氧化磷 P_2O_5 与硅酸盐相互作用，由于呈现易熔化合物，引起耐火材料有相当大的变化。所以在耐火材料生产中采用磷酸盐做结合剂应该看作是 SiO_2 必须参与的氧化物多组分系统，例如 $CaO\text{-}MgO\text{-}ZrO_2\text{-}SiO_2\text{-}P_2O_5$、$CaO\text{-}MgO\text{-}SiO_2\text{-}NaPO_3$。

用磷酸盐做结合剂的所有不定形耐火材料类型（喷涂、浇注、泥料、预制块等），认为不适宜与钢熔体接触，甚至是不允许的，例如喷补料回弹时，磷在钢中可能转化。

二、硫酸盐-氯化物结合剂

（一）硫酸盐结合剂

工业硫酸铝（$Al_2(SO_4)_3 \cdot 18H_2O$）为无色或淡青色固体，体积密度 1.62~1.69g/cm^3，缓慢加热可熔融。250~290℃ 脱水，无水物为白色粉末，体积密度 2.71g/cm^3，熔点 865℃，能溶于水。加热时，硫酸铝体积膨胀并变成海绵状物质。其所含的 18 个结晶水，分别于 100℃、150℃ 和 290℃ 左右三次脱除。加热到 835℃ 左右时，分解为 Al_2O_3 和 SO_3 呈气体逸出。硫酸铝在常温时水解缓慢，其溶解度随温度升高而加大。用作耐火材料结合剂的硫酸铝溶液密度一般在 1.2~1.3g/cm^3，相应浓度 34.9%~50.4%，其浓度与密度的关系见表 7-5。

表 7-5 硫酸铝溶液的浓度与密度

$Al_2(SO_4)_3$ 浓度/%	1.00	2.00	4.00	6.00	8.00	10.00	12.00	14.00	16.00	18.00	20.00	22.00	24.00	26.00
$Al_2(SO_4)_2 \cdot 18H_2O$ 浓度/%	1.94	3.88	7.76	11.64	15.52	19.40	23.28	27.16	31.04	34.90	38.80	42.68	46.56	50.44
密度/g·cm^{-3}	1.009	1.019	1.040	1.060	1.083	1.105	1.129	1.153	1.176	1.201	1.226	1.253	1.278	1.306

用硫酸铝作结合剂主要利用硫酸铝水解后生成碱式硫酸铝和氢氧化铝凝胶体而产生结合，反应如下：

$$Al_2(SO_4)_3 + 3H_2O \Longrightarrow Al_2(SO_4)_2(OH)_2 + H_2SO_4$$

$$Al_2(SO_4)_2(OH)_2 + 2H_2O \Longrightarrow Al_2(SO_4)(OH)_4 + H_2SO_4$$

$$Al_2(SO_4)(OH)_4 + 2H_2O \Longrightarrow 2Al_2(OH)_3 + H_2SO_4$$

在常温下硫酸铝溶液中存在 SO_4^{2-}、$Al(OH)^{2+}$ 和 $Al(SO_4)_3^{3-}$ 等离子，水溶液呈弱酸性，凝胶化速度很慢，必须加入能提供阳离子的促凝剂来中和阴离子 SO_4^{2-}，才能促进凝胶化。铝酸钙水泥、镁砂等能提供 Ca^{2+}、Mg^{2+} 离子，可做凝胶剂，与 SO_4^{2-} 离子反应生成长柱状或针状交叉生长的硫铝酸钙和硫酸镁等新物相沉淀析晶，使硫酸铝水解液由酸性转为中性，同时使 $Al(OH)_3$ 由溶胶转为凝胶，从而凝结与硬化。

硫酸铝水溶液呈酸性，只能做酸性和中性耐火材料结合剂。由于水解液中 SO_4^{2-} 会与金属（如 Fe）反应产生氢气，使坯体产生鼓胀，因此要二次混练，即一次混练加入60%~70%结合剂，困料24h后再次混练加入剩余结合剂的30%~40%。

硫酸铝结合的坯体常温强度不高，600℃前随温度提高而强度也提高，700~800℃时，由于硫酸铝和硫铝酸盐相继分解，释放出 SO_3 气体，使坯体结构疏松，强度下降，直到1100~1200℃时，由于得到活性 Al_2O_3 与耐火材料反应产生新的物相及发生烧结，才使强度显著提高。因此采用硫酸铝与磷酸配合使用，可有效提高中温强度。

（二）聚合氯化铝结合剂

聚合氯化铝是用含铝原料或金属铝经过盐酸的溶出、水解、聚合等物理化学处理，制成的一种氢氧化铝溶胶。聚合氯化铝可以看成是 $AlCl_3$ 水解成为 $Al(OH)_3$ 的中间产物，因此水解液呈酸性。聚合氯化铝又称羟基氯化铝或碱式氯化铝，其化学通式为 $[Al_2(OH)_nCl_{6-n}]_m$，若式中 n 接近或等于6，则可称做铝溶胶。用聚合氯化铝做耐火材料结合剂不会降低耐火度，在加热过程中聚合氯化铝脱水和分解生成的 Al_2O_3 是一种高分散度的活性氧化铝，有助于烧结。聚合氯化铝的主要物理化学性能以碱化度、pH 值、Al_2O_3 含量和密度来表示。

碱化度（B）系指聚合氯化铝中 Cl^- 被 OH^- 所取代的程度，一般以羟基与铝的当量比百分数表示，即 $B = \dfrac{[OH]}{3[Al]} \times 100\%$。

pH 值则表达溶液中游离状态的羟基离子 OH 的数量，聚合氯化铝溶液的 pH 值，一般随碱化度的升高而增大。同一碱化度的溶液，当浓度不同时，pH 值也不相同，随着浓度增大，pH 值有所降低。

聚合氯化铝溶液的 Al_2O_3 含量与密度的关系是随 Al_2O_3 含量提高而密度增大，成直线关系。而密度越大，pH 值越高，黏度（动力黏滞系数）也越大。表7-6示出聚合氯化铝密度、pH 值与黏度的关系。

表 7-6　聚合氯化铝的密度、pH 值与黏度的关系

密度/g·cm⁻³	1.2	1.2	1.25	1.25	1.28
pH 值	3.1	3.25	3.5	4.1	3.8
黏度/kPa·s	0.0053	0.0062	0.00675	0.0125	0.0107

聚合氯化铝做不定形耐火材料结合剂时，对碱化度和密度有一定要求，一般其碱化度在46%~72%之间，密度为1.17~1.23g/cm³之间，结合强度较好。做浇注料结合剂时，可用合成镁铝尖晶石、电熔MgO和矾土水泥做促凝剂，因聚合氯化铝溶液呈酸性（pH值小于5）与料中含铁物质起化学反应逸出氢气，使材料发生膨胀，因此要困料，避免制品发生开裂。聚合氯化铝可作为烧成或不烧制品、耐火可塑料、捣打料、浇注料的结合剂。

（三）氯化镁结合剂

固态氯化镁（$MgCl_2 \cdot 6H_2O$）呈白色，易潮解，有苦咸味，密度1.569g/cm³，可溶于水和乙醇，加热至100℃会失去2个结晶水，110℃开始失去氯化氢，强烈加热转变成氢氧化物。迅速加热于118℃熔融，同时分解。无水氯化镁为白色晶体，密度2.32g/cm³，熔点714℃，沸点1412℃，易潮解。

氯化镁水溶液与氧化镁混合后可制成镁水泥，又称氯氧镁水泥，具有凝结快、强度高、调制方便、合适作业时间等优点，在耐火材料行业很早就有应用。

氯氧镁水泥的硬化机理：氯化镁水溶液与氧化镁粉按一定比例配成泥料（泥浆），即为氯氧镁水泥。首先MgO与水反应生成$Mg(OH)_2$溶液，在$MgCl_2$溶液的诱导下$Mg(OH)_2$电离成Mg^{2+}和OH^-，当溶液中Mg^{2+}、OH^-、Cl^-离子浓度达到氯氧镁水化物析晶的过饱和浓度时，开始析出氯氧镁水化物，反应如下：

$$6Mg^{2+} + 10OH^- + 2Cl^- + 8H_2O \Longrightarrow 5Mg(OH)_2 \cdot MgCl_2 \cdot 8H_2O$$

因$\Delta G_{298}^{\ominus} = -291.98kJ/mol$，在常温下会自发进行反应。反应不断进行，使氯氧镁水泥浆由胶态变为凝态，最终凝结硬化。凝胶体主要物相为氯氧镁水化物和方镁石，处于无定形或隐晶质状态。

氯氧镁水泥的硬化速度与氯化镁溶液的浓度和氧化镁（镁砂）的活性有关。镁砂越细，比表面积越大，反应越快，凝结硬化速度也越快。轻烧镁石比电熔镁砂凝结硬化速度快，因此制备氯氧镁水泥时，可选用不同活性或不同细度的镁砂来控制作业时间或凝结硬化速度。

氯氧镁水泥主要用做碱性耐火材料结合剂，不用加促凝剂，镁砂细度和活性就是促凝剂。其固态$MgCl_2 \cdot 6H_2O$的加入量一般为2%~4%，常温结合强度是随氯化镁加入量增加，而结合强度提高。高温（1600℃）烧后强度并不是此规律，而是2%为宜。氯氧镁水泥的主要缺点是800~1300℃烧后强度很差，因此必须加入助烧剂。

三、有机结合剂

（一）沥青

利用煤焦油沥青、煤焦油树脂作为有机结合剂。不同牌号焦油含沥青由70%到85%，蒽油10%~25%，吸收的油3%~10%，具有软化温度45~55℃和残焦率35%~45%。众所周知，作为建筑混凝土的结合剂采用热反应性焦油（苯酚-甲醛、呋喃、聚酯、环氧等），当加入硬化剂时转为固体状态。不定形耐火材料用这样的焦油可能是迁就，胶合整块护墙板和内衬构件的不定形制品时，作为临时结合剂。

　　煤焦油沥青是以芳香族和脂肪族结构为主体的混合物，呈棕黑色，不溶于水。耐火材料领域按沥青软化温度分：软化温度小于75℃的称低温沥青；软化温度为75~95℃的称中温沥青；软化温度为95~120℃的称高温沥青；软化温度大于120℃的称特种沥青。

　　沥青的化学组成很复杂，常用的溶剂有甲苯、二甲苯、乙醚、酒精、丙酮、四氯化碳、吡啶、三氯甲烷、乙烷、氯仿、喹啉等，不同的溶剂也可搭配使用。沥青含的化学元素有C、H、S、N和O等，沥青及其组分的元素组成特点是碳含量高，而氢含量低。随着软化温度提高，碳含量有所增加，见表7-7。

表 7-7　不同软化温度（t_p）沥青的元素组成（%）

元　素　组　成	70℃				145℃			
	沥青	α	β	γ	沥青	α	β	γ[①]
C	91.94	92.42	90.81	90.92	92.93	93.20	92.10	92.46
H	4.66	3.49	4.63	5.43	4.25	3.88	4.29	4.84
S	1.43	1.53	1.52	1.18	1.35	1.72	1.68	1.32
N	0.82	0.95	0.82	0.79	0.70	0.76	0.60	0.53
O	1.16	1.55	2.19	1.68	0.76	0.74	1.35	0.85

①用苯和石油醚搭配做溶剂把沥青分离为3种组分：分别为α、β、γ。

　　沥青的密度随软化温度升高而提高，又随加热温度提高而降低。沥青的黏度与温度的关系是指数关系，在 $\lg\eta = f(1/T)$ 的线性关系式上有拐点出现，这是由于黏性流动的活化能条件改变的缘故。沥青中加入添加物如糠醛、煤油、甲苯、油酸、喹啉等，可使黏度大大降低。沥青的表面张力也随加热温度的提高而降低。沥青的润湿角（θ）也随温度提高而降低。沥青的闪点是随软化点提高而提高，沥青的热导率不大。

　　作为耐火材料的结合剂，要求沥青的固定碳含量越高越好，挥发分越少越好。固定碳含量越高，碳化后的结合力也越强。碳化率主要取决于沥青中高分子芳香族成分的含量，用碳/氢之比表示芳香度，芳香度越大，固定碳含量越高。

　　沥青作为结合剂，残碳量高，易成石墨化碳。800℃时的残碳量是耐火材料结合剂的重要指标，表7-8列出沥青结合剂的残碳率。

表 7-8　沥青结合剂的残碳率（800℃）

沥　青	残碳率/%	酚醛树脂	残碳率/%
中温沥青（88℃）	50.10	热塑性树脂	46.70
高温沥青（138℃）	56.57	热固性树脂	46.60
改性沥青（114℃）	52.03	沥青改性树脂	29.90

　　沥青作为结合剂，广泛用于镁碳砖、铝碳砖及不定形耐火材料。但生产和使用过程会释放有害气体，污染环境。现已研制出环保沥青，有害成分少，软化点高，残碳率高。

　　沥青加热过程：大约在240℃开始出现质量损失，530℃达到最大值，640℃又迅速降低，为芳香缩合物网状堆积层成长并脱氢效应，在此过程中芳香高缩合物分子密集堆砌，结果形成半焦炭化。

（二）树脂

近年来，有机结合剂用量最大的是酚醛树脂。它是用苯（或甲酚、或二甲酚、或间苯二酚）与甲醛（或糖醛）混合物在催化剂作用下缩聚得到的树脂。它是一种非水性有机结合剂。

用酚醛树脂取代沥青做结合剂的原因主要有：（1）碳化率高（52%）；（2）黏结性好，坯体强度高；（3）常温下碳化速度可以控制；（4）有害物质含量少，改善作业环境；（5）烧后制品强度高。根据所用原料成分、配比、催化剂及制造工艺不同，酚醛树脂分为3类：（1）热固性酚醛树脂和热塑性酚醛树脂；（2）液态酚醛树脂（可分水溶性和醇溶性树脂）和固态酚醛树脂（有粒状、块状和粉状）；（3）高温固化型（固化温度为130~150℃）、中温固化型（固化温度为105~110℃）、常温固化型酚醛树脂（固化温度为20~30℃）。

（1）酚醛树脂的合成：以苯酸和甲醛为原料，按不同比例和采用不同催化剂可制成具有不同结构和性能的热塑性树脂和热固性树脂。

1）热塑性酚醛树脂：又称酚醛清漆，是用甲醛（F）与苯（P）按摩尔比 $F/P = 0.6 \sim 0.9$，在酸性催化剂（盐酸或草酸、硫酸等）作用下反应生成的酚醛树脂。由于 F/P 小于1，故反应后得到的是线型或支链型结构的大分子，在这些大分子中不存在未反应的甲羟基，所以长期或反复加热条件下，它本身不会相互交联转变成体型结构的大分子，因而呈热塑性。但其分子中苯环上羟基的邻位和对位上还存在未作用的活性反应点，所以这类树脂在六次甲基四胺，又名乌洛托品或甲阶酚醛树脂或多聚甲醛的作用下会进一步反应交联，形成既不溶又不熔的体型结构的大分子而固化。

2）热固性酚醛树脂：又称甲阶酚醛树脂或A阶酚醛树脂，用甲醛（F）与苯酚（P）按摩尔比 $F/P = 1 \sim 3$，在碱性催化剂（如氢氧化钠、氢氧化铵、氢氧化钡和氢氧化钙等）作用下反应生成的酚醛树脂。由于这类树脂分子中含有羟甲基，继续受热时还会进一步相互缩合形成高度交联的体型结构大分子，即不溶不熔状态的末期酚醛树脂（即丙阶或C阶酚醛树脂），因此这类含有羟甲基的酚醛树脂是热固性的。

（2）酚醛树脂的性质：

1）热塑性（线型）酚醛树脂一般为无色或微红色透明的脆性固体，熔点60~100℃，也有粉状和液体状产品。其游离酚含量一般不大于9%，固体含量在98%以上（未加乙醇时），凝胶化速度在150℃时为65~90s（加入14%乌洛托品）。热塑性酚醛树脂熔融黏度随温度升高而下降。在相同温度下，黏度随相对分子质量增大而升高。热塑性酚醛树脂可溶于有机溶剂中，如甲醇、乙醇、甘醇等酒精类溶剂和丙酮、二恶烷等溶剂中，酚醛树脂的黏度与所用溶剂也有关系。耐火材料结合剂一般要求其具有高浓度和低黏度，可根据使用要求选择不同的溶剂。

固体状和粉末状热塑性酚醛树脂的熔点与分子量的大小有关，高分子量的酚醛树脂熔点高，加入苯酚可降低熔点。

2）热固性（甲阶）酚醛树脂：一般以液体状态使之，也有固体状和粉末状产品。液状甲阶酚醛树脂的黏度与树脂相对分子质量的大小和树脂的含量有关，常温下（25℃）的黏度在0.02~100Pa·s范围内，随着温度升高黏度降低，同时随存放时间延长而升高，存放时间过长会凝固而无法使用，一般夏季存放 2~3 个月，冬季长些。

甲阶酚醛树脂有可溶于水的和可溶于有机溶剂的两类。水溶性的是由于有亲水性的甲羟基（—CH$_2$OH）所致。经过脱水后的甲阶酚醛树脂溶于各种有机溶剂中，如甲醇、乙醇、甘醇、丙醇等，标准型的甲阶酚醛树脂为溶于有机溶剂型的。耐火材料用国产液状酚醛结合剂的一般性能见表 7-9。

表 7-9　耐火材料用酚醛树脂结合剂

型号	25℃黏度 /Pa·s	水分/%	固含量 /%	残碳率 /%	游离酚 /%	pH 值	外观
PF-5311	$(37\sim43)\times10^2$	4.5~6.0	75~80	45~48	11.0~14.0	6.5~7.0	棕红液态
PF-5320	$(95\sim115)\times10^2$	2.0~3.0	78~82	42~46	9.5~11.5	6.8~7.5	棕红液态
PF-5321	$(130\sim150)\times10^2$	2.0~3.0	77~82	42~46	9.5~11.5	6.8~7.5	棕红液态
PF-5322	$(150\sim160)\times10^2$	2.0~3.0	78~82	43~47	9.5~11.5	6.8~7.5	棕红液态
PF-5323	$(170\sim200)\times10^2$	2.0~3.0	78~82	43~47	9.5~11.5	6.8~7.5	棕红液态
PF-5405	$(75\sim95)\times10^2$	1.5~2.5	75~80	43~48	10.0~12.0	6.5~7.5	棕红液态
PF-5406	$(80\sim100)\times10^2$	2.0~3.0	75~80	41~45	7.0~10.0	6.5~7.5	棕红液态
PF-5420	$(4\sim8)\times10^2$	7.0~9.0	68~72	38~40	10.0~14.0	6.8~7.2	棕红液态

（3）酚醛树脂的硬化：作为耐火材料的结合剂必须硬化才能使制品获得强度。酚醛树脂种类不同，硬化方法也不同，见表 7-10。

表 7-10　酚醛树脂硬化方法

种　类	形　态	硬　化　方　法	备　注
热塑性酚醛树脂	固态状	加入乌洛托品+加热	热塑性
	粉末状	加入乌洛托品+加热	热塑性
	粉末状	加热	热硬性
	液态状	加入乌洛托品+加热	热塑性
热固性酚醛树脂	固态状	加热	热硬性
	粉末状	加热	热硬性
	液态状	加热	热硬性
	液态状	加酸+常温放置	热硬性

热塑性酚醛树脂普遍采用乌洛托品作为硬化剂，一般乌洛托品的加入量为热塑性酚醛树脂的 5%~15%，也可以采用甲阶酚醛树脂或多聚甲醛等。热固性酚醛树脂的硬化，一种办法是加热到 160~250℃；另一种办法是液态热固性酚醛树脂加入酸，当 pH 值小于 2 时，常温下便能固化。常用的酸有盐酸或磷酸（可溶解在甘油或乙二醇中使用）、甲苯磺酸、苯磺酸、石油磺酸等。

（4）酚醛树脂的碳化：碳化率高低直接影响含碳耐火材料的性能。酚醛树脂的碳化率与焦油沥青相当，为 52%左右，比其他树脂都高，在加热过程中分解出的有害气体少，现已取代焦油沥青在耐火材料中广泛应用。酚醛树脂的碳化过程与焦油沥青不同，为固相碳化，碳化产物通常为各向同性的无定型碳，难以石墨化。而沥青有助于碳的石墨化，因此经不同温度处理后沥青炭的结晶度要比树脂高，真密度也比树脂炭大，如沥青炭真密度从 800℃时的 $1.47g/cm^3$，1700℃时增加到 $2.13g/cm^3$；同样树脂炭的真密度从 $1.23g/cm^3$ 增加到 $1.54g/cm^3$，因此树脂炭的抗氧化能力也比沥青炭差。不过用酚醛树脂作结合剂可以在常温下混料，烘干后制品强度高，炭化后制品气孔率低，整个生产过程对环境的污染程度要比沥青小。将树脂与沥青混合使用可以充分发挥二者的优点，约20%的树脂与约80%的沥青混合作为含碳耐火材料结合剂最合适。

还有各种改性酚醛树脂，如间苯二酸改性树脂、甲酚改性树脂、烷基酚醛树脂、密胺改性树脂、尿素改性树脂和沥青树脂等。

另外，焦油、蒽油、洗油在低温下有良好的结合性，可作为耐火材料结合剂，也可与沥青等配合使用，具有一定的可塑性和结合性，在高温下易石墨化。

（三）纤维素结合剂

纤维素结合剂是一类具有结合作用的高分子化合物，分子式为 $(C_6H_{10}O_5)_n$，耐火材料多用甲基纤维素（MC）和羧甲基纤维素（CMC）作暂时结合剂，在不定形耐火材料中常用做增塑剂和泥浆稳定剂（防沉剂）。甲基纤维素（MC）呈白色，无毒无味的纤维状有机物，溶于水，而水溶液有黏性。加热时黏度下降，会突然发生凝胶化，冷却后又恢复成溶胶状。MC水溶液具有优良的浸润性、稳定性，是一种非离子型表面活性剂，在耐火泥浆中用MC作悬浮剂，既可做防止固体粒子沉淀的添加剂，也可以改善泥浆的铺展性和提高黏结力。

羧甲基纤维素（CMC）是含钠的纤维素，故又称羧甲基纤维素钠。也是一种无味的白色絮状粉料，易溶于水，水溶液为透明胶体，pH值为8~10，可作耐火泥浆、涂料、浇注料的分散剂和稳定剂。因为它是一种有机聚合电解质，因此也是一种暂时性的高效有机结合剂。用它做结合剂能很好地吸附于耐火材料颗粒表面，很好地浸润和连接颗粒。由于CMC是阴离子高分子电解质，吸附在颗粒表面可以降低颗粒间的相互作用，起到分散剂和保护胶体的作用，因而可提高制品的密度、强度和减小烧后组织结构不均匀现象。CMC烧后没有灰分，低熔物也很少，不降低耐火材料的耐火性能。

（四）亚硫酸纸浆废液（木质素磺酸盐）

亚硫酸纸浆废液是造纸生产的纸浆废液经发酵提取酒精后得到的。用亚硫酸盐蒸煮含纤维素的造纸原料，废液的主要成分为木质素磺酸盐，不是单一的化合物，而是同系列化合物的混合物，因此溶液经过发酵、提取酒精后再经浓缩就成为可直接使用的结合剂。不过现在大都使用固体粉末状木质磺酸盐作结合剂。它是用石灰乳中和亚硫酸酵母液再经过滤、喷雾干燥而制得，还有的增加磺化脱糖处理等工艺，可制得脱糖木质素磺酸钙或木质素磺酸钠。

木质素磺酸盐为相对分子质量范围在4000~150000之间的聚合物，相对分子质量的大小对制成结合剂的黏度和结合强度有一定影响。相对分子质量太小时，黏度低，结合强度也低；相对分子质量太大时，黏度也高，造成混料不均，耐火材料浸润性下降，结合强度下降。一般认为相对分子质量平均控制在41000~51000之间，有较高的结合强度。用于耐火材料结合剂的亚硫酸酵母液的性能为：干物含量47%~62%，木质素磺酸盐平均相对分子质量 31000~51000，黏度 1.0~29.0Pa·s。

木质素磺酸盐既可单独使用，也可与其他结合剂联合使用，作为半干法成型制品的结合剂，一般控制水溶液密度在 1.15~1.25g/mL 之间，加入量在 3%~3.5%。当坯体加热到 300℃以上时，木质素磺酸盐会分解并烧掉，剩下少量 CaO 或 Na_2O，对制品性能无影响。木质素磺酸盐也是阴离子表面活性剂。在不定形耐火材料中使用时，可起到减水剂的作用。以粉末或溶液形式加入耐火泥料中，可改善泥料中细粉的分散状况，降低泥料之间的摩擦力，因此提高泥料的可塑性和成型性能。

（五）聚乙烯醇（PVA）

PVA 大体上是非晶质聚合体，在水中常温的溶解度不大，需加热才能溶解，表 7-11 所示为 PVA 的溶解水平。

表 7-11　PVA 的级别与溶解水平

级　别	超　级	完全级	中　级	部分级	低　级
水溶解作用水平/%	99.3	98.0~98.9	95.0~97.0	87.0~89.0	79.0~81.0

当 PVA 颗粒在水中分散时，颗粒的边缘迅速膨胀后会成团，因此要将 PVA 粉末放入冷水（38℃以下）中，并不断搅拌使颗粒膨胀。在开始溶解前就均匀地分布在水中，在不断搅拌中逐渐升温。部分水解级 PVA 至少要加热到 85℃；完全水解或超水解级要加热到 95℃，保温约 30min。不可将 PVA 粉末直接加到热水中，也不能搅拌太剧烈，以免带入过多空气。

PVA 溶液的黏度与加入量及相对分子质量有关。固含量 4%水溶液的黏度见表 7-12。随聚合度与相对分子质量的增加，PVA 水溶液的黏度增大。PVA 一般作为耐火材料临时结合剂，最常用的为相对分子质量较大的部分水解级。PVA 在高温下烧掉，不影响耐火材料纯度。

表 7-12　PVA 溶液黏度和相对分子质量的关系

级　别	聚合度	相对分子质量范围	4%溶液黏度/JCP
超低级	150~300	13000~23000	3~4
低级	350~650	31000~50000	5~7
中间级	700~950	60000~100000	13~16
中高级	1000~1500	125000~150000	28~32
高级	1600~2200	150000~200000	55~65

注：1JCP = $1×10^{-3}$Pa·s。

四、水化结合剂

铝酸钙水泥结合剂：不同类型的铝酸钙水泥化学与矿物组成见表 7-13。在铝酸钙水泥中，能发生水化反应生成水硬性水化物的矿物是 CA、CA_2、$C_{12}A_7$ 和 C_4AF。其凝结和硬化速度按如下次序递减：$C_{12}A_7 > C_4AF > CA > CA_2$。$C_{12}A_7$ 是一种水化速度很快的瞬凝矿物；CA 水化速度稍快，凝结硬化速度适中；CA_2 水化速度缓慢，凝结硬化时间较长；C_2AS 基本上不发生水化反应。因此各种铝酸钙水泥，由于它们含水硬性矿物相对数量不同，其凝结和硬化速度也不同。

表 7-13 不同类型铝酸钙水泥化学与矿物组成

类　型		化学成分（质量分数）/%				矿物组成（主晶相）
		SiO_2	Al_2O_3	CaO	Fe_2O_3	
低铁型铝酸钙水泥	CA-50	5~7	53~56	33~35	<2.0	CA、CA_2、C_2AS
	CA-60	4~5	59~61	23~31	<2.0	CA_2、CA、C_2AS
	低钙水泥	3~4	65~70	21~24	<1.5	CA_2、CA、C_2AS
高铁型铝酸钙水泥	一般型	4~5	48~49	36~37	7~10	CA、C_4AF、C_2AS
	超高铁型	3~4	40~42	38~39	12~16	CA、C_4AF、C_2AS
纯铝酸钙水泥	CA-70	<0.1	71~73	20~23	<0.1	CA_2、CA
	CA-75	<0.1	75~76	23~26	<0.1	CA、CA_2
	CA-80	<0.1	79~81	18~20	<0.1	CA、$\alpha\text{-}Al_2O_3$、$C_{12}A_7$

以 CA 为主的铝酸钙水泥，一般是养护 3 天后所达到的强度为标号，如 CA-50 水泥，其标号与对应的物理性能见表 7-14。以 CA_2 为主矿物的铝酸钙水泥养护 7 天后所达到的强度为标号。

表 7-14 CA-50 水泥的物理性能

标　号	比表面积 /$m^2 \cdot g^{-1}$	抗压强度/MPa		抗折强度/MPa		凝结时间/h	
		1 天	3 天	1 天	3 天	初凝	终凝
425	>4500	26.0	42.5	4.0	4.5	约1	≤8
525	>5500	46.0	52.5	5.0	5.5	约1	≤8
625	>6500	56.0	62.5	6.0	6.5	0.5~1	≤6
725	>7000	66.0	72.5	7.0	7.5	0.5~1	≤6

CA-60 水泥主要矿物为 CA_2 和 CA，CA 可以促进 CA_2 的水化。CA-70、CA-75、CA-80 水泥的主要矿物均为 CA_2 和 CA，并含有 $C_{12}A_7$，易速凝。电熔铝酸钙水泥 Al_2O_3 含量比 CA-80 更高，主要矿物为 CA，次要矿物为 $C_{12}A_7$ 和 $\alpha\text{-}Al_2O_3$，初凝不小于 0.3h，终凝不大于 2h。

近年来有人研究化学合成高纯铝酸钙水泥，在常温下先合成铝酸钙水化物沉淀，然后以此为前驱体，经 1100℃ 煅烧，获得具有稳定矿物相、高活性、高 CA 的纯铝酸钙水泥，化学成分与 CA-70 相近，矿物组成中 CA_2 含量较 CA-70 少 70% 左右。

还有人研究含镁铝尖晶石的铝酸钙水泥。采用工业氧化铝 55%（质量分数）与白云石 45% 混合或用石灰石，镁砂粉及铝矾土配料制备水泥。主要矿物为 CA、MA、CA_2，初凝时间 280min，终凝 320min，耐火度 1630~1650℃（Secar71，耐火度 1610~1630℃），抗渣性好。

铝酸钙水泥的凝结与硬化速度与养护温度有关，CA_2 矿物随养护温度提高，凝结硬化速度加快，而 CA 有些反常，20℃ 左右较快，到 30℃ 时又变慢，高于 30℃ 又变快。铝酸钙水泥水化时有放热现象，不同铝酸钙矿物的水泥水化热不同（CA 384.7J/g，CA_2 414.0J/g，$C_{12}A_7$ 752.7J/g，C_4AF 543.6J/g）。因此采用快硬矿物的水泥做结合剂，应采取降温措施，特别是在夏季使用时，防止过热而影响浇注料表面及内在质量。但以 CA_2 为主的水泥，因凝结速度慢可采取蒸汽养护，促进水化，加速凝结硬化速度。

铝酸钙水泥水化时生成的水化物随养护条件不同而异，其水化工艺流程如下：

$$CaO \cdot Al_2O_3 + H_2O \xrightarrow{<21℃} CaO \cdot Al_2O_3 \cdot 10H_2O$$
$$（或\ 2CaO \cdot Al_2O_3）$$
$$\downarrow 21\sim35℃$$
$$2CaO \cdot Al_2O_3 \cdot 8H_2O + Al_2O_3 \cdot aq$$
$$\downarrow >35℃$$
$$3CaO \cdot Al_2O_3 \cdot 6H_2O + Al_2O_3 \cdot aq$$

在 35℃ 以上时主要是 C_3AH_6 和铝胶（$Al_2O_3 \cdot aq$），而在常温下只有 C_3AH_6 是稳定水化物，C_2AH_8 和 CAH_{10} 为亚稳定水化物，随温度升高和时间延长，它们均会转化为 C_3AH_6，这种转化会引起强度下降，其原因是：（1）CAH_{10} 和 C_2AH_8 为六方针状或片状水化物，而 C_3AH_6 是立方粒状水化物，因而 C_3AH_6 的结合强度不如 CAH_{10} 和 C_2AH_8；（2）CAH_{10}、C_2AH_8 和 C_3AH_6 的密度分别为 $1.72g/cm^3$、$1.95g/cm^3$ 和 $2.53g/cm^3$，以及 $Al_2O_3 aq$ 转变为结晶相的密度增大，使胶结物空隙率增大，而使强度下降。

铝酸钙水泥水化物加热到 300℃ 以上时，C_3AH_6 会脱水分解成 CaO 和 $C_{12}A_7$，而铝胶脱水成无定形 Al_2O_3，加热到 600℃ 以上时，部分无定形 Al_2O_3 会与 CaO 反应生成 CA，进一步加热到 900℃ 以上时，余下的 Al_2O_3 与 $C_{12}A_7$ 反应生成 CA（或 CA_2），有的 CAH_{10} 来不及转化成 C_3AH_6 也会直接脱水变成 CA，到 900℃ 以上，CA 也会与过剩的 Al_2O_3 反应生成 CA_2。由于铝酸钙水化物在脱水和分解过程中水合键被破坏，同时由于低密度水化物转化成高密度水化物，摩尔体积缩小，空隙增大，因此经中温热处理的铝酸钙水泥结合浇注料的强度出现明显下降。加热到高温时发生烧结产生陶瓷结合，强度得到提高。如黏土质、高铝质浇注料使用普通硅酸铝水泥做结合剂，铝酸钙与硅酸盐在 1100℃ 开始相互作用，形成易熔化合物钙长石 $CaO \cdot Al_2O_3 \cdot 2SiO_2$ 和钙铝黄长石 $2CaO \cdot Al_2O_3 \cdot SiO_2$，提高了浇注料的机械强度，但降低耐火性能。矾土水泥结合的浇注料在高温下形成液相，降低应力，明显降低弹性模量和提高抗热震性，同时液相封闭大气孔，防止熔渣渗入。矾土水泥结合浇注料一般使用温度低于 1450℃，而纯铝酸钙水泥浇注料使用温度可以到 1700℃。

铝酸钙水泥浇注料也可以加入一些改善施工性能的外加剂，如促凝剂、缓凝剂、减水剂（分散剂）、增塑剂等。

安迈铝业公司通过控制水泥的矿相来精确控制水泥的凝固时间。为了适应不同使用要求，将 Al_2O_3 含量 70% 和 80% 的高纯铝酸钙水泥又进行品种划分：含 Al_2O_3 70% 水泥分为 CA-14 和 CA-270 水泥。CA-270 水泥对浇注料来说，具有非常低的加水量、极好的流动性和高强度。含 Al_2O_3 80% 水泥也分两个品种：CA-25R（普通型）和 CA-25C（浇注型），CA-25C 的施工时间比 CA-25R 长，加水量低。铝酸钙水泥的胶砂强度见表 7-15。

表 7-15　铝酸钙水泥胶砂强度

水泥种类	耐压强度/MPa			抗折强度/MPa		
	6h	1 天	3 天	6h	1 天	3 天
CA-50	20	40	50	3	5.5	6.5
CA-60	85（28 天）	20	45	10（28 天）	2.5	5.0
CA-70	16	30	40		5.0	6.0
CA-80		25	30		4.0	5.0
电熔水泥		71			2.5	
化学合成水泥	35	70	79	5.7	10	11.5

铝酸钙水泥的硬化机理是指具有水硬性的铝酸钙矿物与水发生化学反应而实现的凝结硬化过程。纯铝酸钙水泥主要矿物是二铝酸钙（CA_2）和数量不多的铝酸一钙（CA）、七铝酸十二钙（$C_{12}A_7$）等矿物相，几种矿物相的基本性质见表 7-16。

表 7-16　铝酸钙矿物的基本性质

矿相	熔点/℃	初凝时间 （h：min）	终凝时间 （h：min）	流动值 /mm	耐压强度 /MPa
CA_2	1750	18：00	20：00	260	25
CA	1600	7：00	8：00	260	60
$C_{12}A_7$	1420	0：05	0：07	180	15

五、硅酸盐结合剂

（一）水玻璃

常采用水玻璃、硅酸乙酯、硅溶胶等硅酸盐结合剂。

水玻璃即碱金属硅酸盐，其化学通式为 $R_2O \cdot nSiO_2 \cdot mH_2O$，$R_2O$ 指碱金属氧化物，如 Na_2O、K_2O、Li_2O。水玻璃包括最普及的钠水玻璃（最廉价的）、程度最低的钾水玻璃和不常提到的锂水玻璃。这类碱金属硅酸盐溶于水中会水解而形成溶胶，溶胶具有良好的胶结性能，因此广泛用做无机材料胶结剂。

用二氧化硅对碱金属氧化物的摩尔比率，即模数及密度、黏度表示水玻璃的组成和性质。水玻璃的模数通常在 2.65~3.4 范围内，密度为 1.36~1.5g/cm³。如果模数不小于 3.0 称中性水玻璃，小于 3.0 称碱性水玻璃，实际上无论中性还是碱性水玻璃，水解后的水溶液均呈碱性。

水玻璃中的化学关系显露出离子的、胶体的和聚合物溶液性质。一方面，水玻璃的组织结构类似玻璃熔体和它凝固形态的组织结构；另一方面，有硅酸盐胶体溶液和凝胶。用模数 M、密度 ρ 和黏度 η 来衡量水玻璃的物理性质。模数的计算式为：

$$M = 1.023 \frac{SiO_2}{Na_2O}$$

式中，SiO_2 和 Na_2O 分别指百分含量；1.023 指 SiO_2 与 Na_2O 的相对分子质量之比率。密度可用波美计直接测量，密度与波美度（Be'）之间的关系：$\rho = \dfrac{145}{145-Be'}$ 或 $Be' = 145 - \dfrac{145}{\rho}$。其作业性能主要取决于黏度，而黏度随密度与模数而变。密度相同的情况下，模数越高，黏度越大；模数小的水玻璃溶液，黏度随密度的变化较缓慢，这与胶态二氧化硅的含量有关。黏度随温度升高而降低。

保证水玻璃的胶结性能主要是它在干燥介质如空气中脱水，即排除水分引起硅酸钠分子的聚集作用，形成硬的坚固物质。为了保证材料在水玻璃的基础上硬化，如果不干燥它，必须引入专用添加物——硬化剂。水玻璃不定形耐火材料的性能，在很大程度上决定于硬化剂的类型。最普及而且到现在仍比较好的硬化剂是氟硅酸钠（Na_2SiF_6）。

按阶段进行的硬化过程，有下列反应：

（1）原产品的水解作用：

$$2(Na_2O \cdot mSiO_2) + 2(m+1)H_2O \Longleftrightarrow 4NaOH + 2m[Si(OH)_4]$$

$$Na_2SiF_6 + 4H_2O \Longleftrightarrow 2NaF\downarrow + 4HF + Si(OH)_4$$

（2）化学的相互作用：

$$4NaOH + 4HF \Longleftrightarrow 4NaF\downarrow + 4H_2O$$

（3）形成硅酸凝胶（总过程）：

$$2(Na_2O \cdot mSiO_2) + 2(m+1)H_2O + Na_2SiF_6 \longrightarrow 6NaF\downarrow + 2(2m+1)[Si(OH)_4] + 4H_2O$$

这个过程被证实是制备水玻璃和氟硅酸钠的混合溶液，硬化物在 X 衍射线的照片上存在 NaF 和 Na_2SiF_6 线。

（4）硅酸凝胶的聚合作用：

$$n[Si(OH)_4] + [SiO(OH)_2]_n + nH_2O \longrightarrow (SiO_2)_n + 2nH_2O$$

硅酸凝胶聚合作用，一般温度下进行的很慢，同时发生新生物的强度逐渐提高。加热时聚合作用过程加快。加热试样在 60~170℃ 发生吸附水和化学结合水同时排除；在 230~250℃ 硅酸结合和硅氧四面体的聚合作用破坏；在 750~800℃ $NaHF_2$ 按 $NaHF_2 \rightarrow NaF + HF\uparrow$ 分解反应和 980℃ 时氟化钠熔化；1000℃ 时，烧红的试样在 X 衍射线照片上存在 SiO_2（鳞石英）和 NaF 线。

具有氟硅酸钠的水玻璃硬化过程的典型变化是初始混合系统的 pH 值为 10，硬化后 pH 值为 7。

制取水玻璃耐热浇注料，作为硬化剂可以利用硅酸钙：β-$2CaO \cdot SiO_2$ 和 γ-$2CaO \cdot SiO_2$ 及 $CaO \cdot SiO_2$，例如生产的铬铁渣制成粉末形式。

水玻璃是非常易熔的，降低耐火度。因此用水玻璃制备的镁质不定形耐火材料，指定在 1600℃ 温度以下使用。最普遍用水玻璃制取硅质-石英大砖。这种大砖（有时到 18t）有成效地用做轧钢车间均热炉内衬。用 0~40mm 废硅砖颗粒为 55%~60%，磨细的硅石 17%~20%，水玻璃为 17%~18% 和氟硅酸钠 1% 配料，用风锤捣打制备大砖。其化学成分：SiO_2 90%~92%；Al_2O_3 1.5%；Na_2O 3%。使用时，氧化钠气化，部分向大砖的热表面迁移。在硅质-石英大砖形成结晶连生体时，氧化钠同时有矿化剂作用。

耐火材料用液态水玻璃模数一般为 2.3~3.2，体积密度为 1.25~1.4g/cm³，可根据使用要求选择。现在市售水玻璃有液态和固态（速溶固态水玻璃）两种，其技术条件分别见表 7-17 和表 7-18。

表 7-17 液态水玻璃技术条件

类 别	一		二		三		四		五	
等 级	1	2	1	2	1	2	1	2	1	2
水不溶物含量/%	<0.2	<0.4	<0.2	<0.4	<0.2	<0.6	<0.2	<0.4	<0.2	<0.8
铁（Fe）含量/%	<0.02	<0.05	<0.02	<0.05	<0.02	<0.05	<0.02	<0.05	<0.02	<0.05
20℃相对密度 Be′	35.0~37.0		39.0~41.0		44.0~46.0		39.0~41.0		50.0~52.0	
$w(Na_2O)$/%	>7.0		>8.2		>10.2		>9.5		>12.8	
$w(SiO_2)$/%	>24.6		>26.0		>25.7		>22.1		>29.2	
模数 M	3.5		3.2		2.5		2.3		2.3	

表 7-18 固态水玻璃技术条件

规 格	Ⅰ型	Ⅱ型	Ⅲ型	Ⅳ型
$w(Na_2O)$/%	25.5~29.0	23.0~26.0	21.0~23.0	18.5~22.5
$w(SiO_2)$/%	49.0~53.0	51.0~55.5	56.0~62.0	55.0~64.0
模数 M	2.1±0.1	2.3±0.05	2.85±0.05	3.00±0.05
溶解速度/s（30℃）	<60	<80	<180	<240
容重/g·mL^{-1}	0.30~0.80	0.40~0.80	0.50~0.80	0.50~0.80
细度（通过120目）/%	>95	>95	>95	>93

一般制造耐火制品、捣打料等可直接使用液态水玻璃，而制备耐火浇注料、喷射料（喷涂或喷补料）时，既可用液态水玻璃也可用固态水玻璃。但使用固态水玻璃时，必须用速溶水玻璃。用水玻璃作结合剂，由于其中含有 Na_2O，它会与氧化物高温反应生成低熔物相，降低耐火材料使用温度，因此必须根据使用条件，特别是使用温度酌情采用。

（二）硅酸乙酯

它是由四氯化硅与乙醇反应生成的化合物，再经水解而制得的水溶液。硅酸乙酯的分子式为 $Si(OC_2H_5)_4$，又称正硅酸乙酯或原硅酸乙酯。硅酸乙酯靠水解液中含有的醇性硅溶胶起结合作用。硅酸乙酯与水互不溶解，可溶于甲醇、乙醇、异丙醇和丁醇等醇系列溶剂中。四氯化硅与乙醇反应制备硅酸乙酯的反应式为：$SiCl_4 + 4C_2H_5OH \rightarrow Si(OC_2H_5)_4 + 4HCl$。如果采用的乙醇为含水工业乙醇，并有酸性或碱性催化剂存在的条件下，则所得的产物为正硅酸乙酯和聚硅酸乙酯的混合物，因为水的存在会引起硅酸乙酯水解和聚合作用。

硅酸乙酯为无色或淡棕色液体，密度为 $0.932g/cm^3$，沸点为 168.8℃，熔点-82.5℃。硅酸乙酯本身无结合能力。

若用硅酸乙酯做耐火材料结合剂，必须经过水解方可使用。硅酸乙酯的水解反应在仅有水的条件下进行得很缓慢，一旦受酸或碱的催化作用，其水解速度大大加快。硅酸乙酯水解液的稳定性，主要是靠加入的酸或碱来调整。pH 值在 1.5~2.5 之间出现凝胶时间较长，水解液最稳定。低于或高于此范围，水解液易出现凝胶。因此，一般水解液应控制

pH 值 = 2. 0~2. 5 之间，以便与耐火材料混合后保持一定的作用时间（施工或成型时间）。但成型后又必须使水解液由溶胶转变成凝胶，使成型体发生凝结和硬化，就需要加入一种迟效性促硬剂。由于硅酸乙酯水解液呈酸性，促硬剂可采用碱性化合物，如轻烧 MgO 粉、铝酸钙水泥（CA、CA_2）和聚磷酸钠等。

（三）硅溶胶

无色或乳白色透明的胶体溶液，它是由 SiO_2 胶体粒子分散在水溶液中形成的，具有良好的胶结性能。

硅溶胶胶粒中心部分胶核是由 SiO_2 的聚集体构成的，而胶核 SiO_2 的结合是通过 SiO_2 粒子表面上形成的硅醇基（Si—OH）解离出 H^+，使硅与氧结合成硅氧烷（—Si—O—Si—）产生的。

硅溶胶产品的性能随用途不同而异，其中 SiO_2 含量波动较大，可以从 15% 到 50%。其典型性能见表 7-19。

表 7-19　硅溶胶结合剂的典型性能

产品代号		A	B	C	D	E	F
25℃时的密度/g·cm^{-3}		1. 2	1. 2				
密度/g·cm^{-3}		1. 21	1. 2	1. 35	1. 18	1. 21	1. 24
胶粒尺寸/μm		7~8	13~14	16	19~20	13	10~20
比表面积/m^2·g^{-1}		340	220			235	
pH 值（25℃）		9. 9	10. 2	9. 2	3~4	9. 8	9. 5~10. 5
25℃时黏度/Pa·s		0. 6	0. 5	1. 2	0. 3	0. 5	0. 5
化学成分（质量分数）/%	SiO_2	30. 0	30. 0	45. 0	20. 0	30. 0	30. 0
	Na_2O	0. 50	0. 40			0. 46	0. 60
	Na_2SO_4	0. 03	0. 03				
	氯化物	0. 01	0. 01				

一般做耐火材料结合剂的硅溶胶中 SiO_2 含量为 25%~30%，Na_2O 含量不大于 0. 30%，密度为 1. 1~1. 18g/cm^3，黏度为 0. 005~0. 03Pa·s，pH 值为 8. 5~9. 5，可作为酸、碱、中性耐火材料结合剂。作为半干法机压耐火材料结合剂只用硅溶胶，不必加外加剂。做不定形耐火材料结合剂时，尤其是喷涂料，必须加促硬剂来调节凝结硬化速度。加入酸时，凝胶化时间受 pH 值影响，pH 值在 8. 5~10. 5 时最稳定；加入碱性氧化物或氢氧化物来调节胶凝时间，提高溶液中阳离子浓度，使溶液中 pH 值提高，使胶粒失去带电性，产生凝聚作用；加入适量的电解质会降低胶粒所带的电荷量，从而使胶粒发生凝聚作用。

硅溶胶凝聚为固体便不可逆。硅溶胶中悬浮粒子表面积和体积之比很大，因此它能够均匀地包裹被胶结的物质表面，结合强度高。做耐火材料结合剂时，其凝结时间长短，还受环境温度、原材料的吸附性、吸水率等影响，同时也受硅溶胶本身存放时间的影响，注意选择合适的外加剂来调节其凝结硬化时间。

六、ρ-Al₂O₃ 结合剂

在 Al_2O_3 的固体形态中，$ρ-Al_2O_3$ 是一种不稳定和不太规则的非晶相氧化铝。工业制备的 $ρ-Al_2O_3$ 粉料中，$ρ-Al_2O_3$ 含量大致在 60%左右，个别达到 80%。表 7-20 所示为 $ρ-Al_2O_3$ 结合剂的典型性能。实际上 $ρ-Al_2O_3$ 是一种活性 Al_2O_3，比表面积大，表面能高，加一定量水混合后经过养护会发生反应，生成三羟铝石和勃姆石凝胶体，从而产生结合作用。其反应如下：$ρ-Al_2O_3+3H_2O→Al_2O_3·3H_2O$（三羟铝石），$ρ-Al_2O_3+(1~2)H_2O→Al_2O_3·(1~2)H_2O$（勃姆石凝胶）。

表 7-20　ρ-Al₂O₃ 结合剂典型性能

产地		中国 A	中国 B	日本	美国 A	美国 B	美国 C	安迈 Alphabond300	安迈 Alphabond500
化学成分（质量分数）/%	Al₂O₃		>93.0	93.4	90.4	90.3	90.3	88	83
	SiO₂	<0.06	<0.04	0.02	0.2	0.2	0.2	0.3	0.3
	Fe₂O₃	<0.03	<0.05	0.03				CaO 0.1	CaO 0.6
	Na₂O	<0.50	<0.40	0.33	0.4	0.4	0.4	0.5	0.3
	LOI	<6.00	5±1	6.20	6.6	6.7	6.5	25~250℃ 4.1	25~250℃ 6.5
比表面积/m²·g⁻¹		200~250	>200					194	165
中位径 d_{50}/μm					2.6	2.6	2.6	3.3	6.2

注：安迈铝业 Alphabond300 及 500 的密度为 3.20g/cm³。

$ρ-Al_2O_3$ 的水化物相受温度的影响很大，养护温度低于 5℃时，难以发生上述反应，15℃左右养护 2 天才有三羟铝石和少量勃姆石凝胶生成，30℃左右养护 1 天便有三羟铝石和勃姆石凝胶生成，养护温度越高，$ρ-Al_2O_3$ 的水化反应越快。三羟铝石的生成量也受 H_2O 与 $ρ-Al_2O_3$ 质量比影响，一般以 9 比 10 时生成量较高，低于此值时生成量下降。另外，添加剂也有一定的影响。例如加入 0.15%~1%碱金属盐类，在 5℃养护，可促进三羟铝石生成，但高温效果不显著；添加有机羧酸类，在 30℃以下会抑制三水铝石生成，而会大大促进勃姆石凝胶生成，有助于提高强度。因此用 $ρ-Al_2O_3$ 作结合剂时，应添加合适的分散剂和助结合剂。分散剂有硅酸钠、聚磷酸钠、聚烷基苯磺酸盐和木质素磺酸盐等。助结合剂有活性 SiO_2 微粉、结合黏土等。有研究加入 0.1%六偏磷酸钠或 0.16%非离子型高分子分散剂，延缓水化时间，改善浇注料强度。$ρ-Al_2O_3$ 水化物加热到 100~150℃之间发生剧烈脱水。脱去吸附水，290~300℃三羟铝石脱水，450℃左右勃姆脱水，500℃以上转变为其他晶型的 Al_2O_3，1000℃以上完全转化为 $α-Al_2O_3$。$ρ-Al_2O_3$ 可做刚玉质浇注料结合剂，如 70%电熔刚玉骨料、30%$ρ-Al_2O_3$ 做基质组成的混合料，加入 21.5%水调和，制成试样的耐压强度：150℃时为 137MPa，300℃时为 234MPa，1400℃时为 22MPa。

单纯用 $ρ-Al_2O_3$ 结合的浇注料，因中温水化物脱水，使结合结构破坏，强度下降，因此要引入辅助剂。助结合剂和分散剂对刚玉浇注料强度的影响见表 7-21。

表 7-21 助结合剂和分散剂对刚玉浇注料强度的影响

编号	电熔刚玉 (<7mm)/%	α-Al_2O_3 粉 /%	ρ-Al_2O_3 粉 /%	助结合剂/%	分散剂 /%	水/%	常温抗折强度/MPa	常温耐压强度/MPa
1	66.0	16.8	6.6	5.1	0.11	5.1	109.8	917.3
2	66.4	19.0	6.6	2.8	0.11	5.5	105.8	686.0
3	65.3	21.5	6.0	0	0.11	6.6	62.7	392.0
4	64.6	18.5	7.2	0		7.7	74.5	470.4

七、陶瓷结合不定形耐火材料原理

生产陶瓷结合不定形耐火材料，主要是工艺加工使某些氧化物（SiO_2、Al_2O_3 等）的高浓度泥浆有黏结性能。高稠度陶瓷结合剂制备方法依不同类型而有所不同，但采用湿法细磨则是共同的。例如制取两性配料组成的陶瓷结合剂方法之一就是将 Al_2O_3、ZrO_2 或二者的混合物放在不同浓度的正磷酸水溶液中进行湿法细磨，将固相的机械活化过程及相互化学反应过程同时进行，制取综合性结合剂系统。在制取悬浮液的过程中，由于各个相的相互作用便直接形成溶胶。确定由离子电位值高的氧化物与水形成高浓度泥浆，其中随着水的排除发生聚冷凝，随着形成硅氧烷结合，因为高浓度泥浆硬化产物具有较大的强度。在高浓度泥浆+氧化物填料系统中，填料表面原子参加聚冷凝反应，泥浆和填料之间形成坚固的键合。又有氢键出现在泥浆与填料的接触面上，加强泥浆的黏结性能，发生所谓的"冷烧结"。如果成型和干燥的陶瓷半成品（填料+泥浆），在液体介质（碱、酸、盐等）中加以养生，按陶瓷组分的化学活性，随后的干燥或水热处理，还更要增加内聚强度。根据处理的形式，陶瓷的气孔率和它的化学成分与原来半成品比较改变不大（或实际没有改变）。这种陶瓷获得使用强度（许多场合是与烧成材料项目比较），是强化化学活性接触结合的结果（强化化学活性接触结合过程）。

陶瓷不定形耐火材料乃是非均质多分散的复合物，由 50%~70%（按体积）的大颗粒（大块的）陶瓷骨料组成，颗粒之间的气孔由其细分散的泥浆充满（浸满）。不同本性（化学成分、变态结构）的骨料和泥浆的固相可能像一种一样，骨料可能像多孔一样为无孔的，单一颗粒和多颗粒的。

陶瓷不定形耐火材料有两个基本类型——具有坚硬定位的骨架（骨料颗粒彼此具有直接接触）和漂浮的骨架（骨料颗粒之间不是直接接触）。具有坚硬骨架材料的成型采用分开堆积方法，起初模型填充无孔或多孔骨料，后来在有骨料的模型中注满泥浆。漂浮骨架的陶瓷不定形耐火材料按一般混合及成型工艺。

制备陶瓷不定形耐火材料可以像不成型（捣打型料）一样的成型（类似陶瓷制品的成型），不烧和烧成的。

利用陶瓷不定形耐火材料原理，可以制取指定尺寸（其中有大的）大型制品和均匀的密度。陶瓷不定形耐火材料的性质位于烧成和不烧耐火材料之间的中间位置。它们的主要差别是使用中具有高的体积不变性和没有坍塌强度。

目前高稠度陶瓷结合剂悬浮液已大量用做低水泥浇注料、无水泥浇注料、尖晶石浇注料的结合剂。如德国 Plibrico 公司钢包内衬的含尖晶石低水泥浇注料，含 Al_2O_3 93%、MgO 4.8%、SiO_2 1.2%、CaO 0.5%（质量分数），不但用于包壁、包底，还用于渣线，有中间检修后，使用寿命超过 500 次。用它做结合剂克服了水玻璃、水泥、磷酸盐等结合剂的浇注料力学性能及体积密度低的问题。其次它与湿法有关，不含有毒成分，既可保护环境，还可以二次利用废料（用后），所以陶瓷结合不定形耐火材料有较好的发展前景。

八、外加剂

在不定形耐火材料中，外加剂应用越来越广。从某种意义上讲，材料性能的好坏，很大程度上取决于外加剂。不定形耐火材料的外加剂，系指增加质量 5% 以下，并能按要求改善基本组成材料性能和作业性能的物质。

（一）分散剂（减水剂）

耐火浇注料用的分散剂与建筑混凝土所用的分散剂有相同之处，也有不同之处。相同之处是均用于分散无机非金属固体粉末与水组成的分散体系，其分散作用机理相似；不同之处在于耐火材料是由铝酸盐水泥与耐火矿物原料组成，而建筑混凝土是由硅酸盐水泥及其掺合料组成，两者的矿物组成不同，对分散剂的吸附能力不完全一样，因而分散作用效果不完全相同。

（1）分散剂的作用：分散剂是一类加入到干物料中并加水搅拌后，能保持浇注料流动值基本不变时，可显著降低拌合料用水量的化合物，因此又称减水剂。减水剂溶于水后，能吸附于分散相（固体微粒子或胶体粒子）表面，提高溶液中粒子表面的 ξ 电位（动电电位）或形成空间限制效应（空间位阻），增大粒子间的排斥力，结果会使分散粒子组成的聚集结构中包裹的游离水释放出来，从而在粒子间起润滑作用和分散粒子的作用。分散剂的作用有：1）降低浇注料拌合用水量，降低制品和砌体的气孔率，提高体积密度；2）降低水泥用量，有利于提高浇注料纯度；3）改善浇注料流动性，易于施工，提高施工效率；4）可配制流态浇注料，以实现管道输送新拌浇注料；5）可实现浇注料的自流平、自密实作用；6）可配制高密度、高强度浇注料。

（2）分散剂类别与作用机理：分为无机分散剂和有机分散剂两大类。

1）无机分散剂：主要是电解质类化合物。它溶于水中能解离出阳离子和阴离子团，具有导电性能。用于耐火浇注料的无机分散剂主要有焦磷酸钠、聚磷酸钠、多聚磷酸钠、超聚磷酸钠、硅酸钠、磷酸钠等。对由铝酸钙水泥并加有 SiO_2 微粉的耐火浇注料，一般采用三聚磷酸钠或六偏磷酸钠分散效果较好。

在耐火浇注料中，用无机电解质作分散剂时，其加入量有一定限制，一般加入量为 0.1%~0.3%。加入量不足，分散效果不好；加入量过多，不但不起分散作用，还可能起反作用，导致分散粒子发生凝聚作用。

2）有机分散剂：有机分散剂的分散作用（稳定作用）机制有两种：其一离子型分散剂是静电斥力和粒子表面吸附而产生的空间位阻共同起作用，若吸附层薄，静电斥力起主导作用，若吸附层厚，溶剂化层厚，则以空间位阻为主导作用；其二非离子型分散剂，则是以空间位阻起主导作用。

有机分散剂主要为表面活性剂。20 世纪 50 年代前后，在建筑混凝土行业开发用木质素磺酸盐及其衍生物，主要用木质素磺酸钙及木质素磺酸钠，属于阴离子表面活性剂，混凝土行业称为 M 减水剂，具有亲水性能，被水泥颗粒吸附可使其表面溶剂化水膜增厚，ξ 电位提高，有助于水泥颗粒分散，有一定的缓凝作用，称为普通减水剂（第一代）。普通减水剂还包括柠檬酸盐（钠），也属阴离子表面活性剂，有一定的缓凝作用，适合作铝酸一钙（CA）快凝矿物为主的水泥减水剂，减水效果为 10%～15%，供振动施工浇注料使用。

20 世纪 60 年代初，日本等国在建筑混凝土中使用聚磺酸盐类化合物。我国在 20 世纪 80 年代也推广应用此类高效减水剂，并在耐火浇注料中使用，取得显著效果。这类化合物主要有萘磺酸钠甲醛缩合物、多环芳烃磺酸盐缩合物、三聚氰胺磺酸盐、甲醛缩合物。

近一二十年，新型高效减水剂的研究和开发也有较快进展，相继开发出对胺基萘磺酸盐甲醛缩合物、磺化聚苯乙烯、马来酸磺酸盐聚氧乙烯酯、多元醇磺酸盐、环氧乙烷和环氧丙烷共聚物、磺化脂肪酸聚氧乙烯酯、磺化铜酸缩聚物等，并由此派生出超塑化剂、流化剂、泵送剂等。高效减水剂的基本特点是：（1）对水泥有强的分散作用，能大大提高新拌浇注料的流动性，减水率可达 15%～25%；（2）无促凝或缓凝作用；（3）引气作用小，有利于降低制品气孔率。高效减水剂更适用于调配管道输送泵灌型和自流平浇注料。把这些称为高效减水剂（第二代）。

20 世纪 80 年代初开发成功第三代减水剂，称为特效减水剂。主要是聚羧酸盐系化合物，包括聚丙烯酸盐及其共聚物、顺丁烯二酸共聚物。此类化合物是国外 20 世纪 80 年代初开发成功的，近一二十年来发展很快，通过改变合成单体的比例，制得了多种复杂的聚丙烯酸盐接枝共聚物，具有不同的特性，并已获得广泛应用。近几年，我国耐火材料行业也正在研究利用此类减水剂开发新型自流浇注料。聚丙烯酸盐共聚物的化学结构通式为：

$$\left[-CH_2-\underset{\underset{COOR_2}{|}}{\overset{\overset{R_1}{|}}{C}}-CH_2-\underset{\underset{COONa}{|}}{\overset{\overset{R_4}{|}}{C}}-CH_2-\underset{\underset{X}{|}}{\overset{\overset{R_4}{|}}{C}}- \right]_n$$

它是由 3 个不同类型丙烯酸单体合成的共聚物。结构式中 R_1 为 H 或 CH_3、R_4 为聚氧乙烯醚化合物支链，X 为极性基，如 CN 或离子型基团（如 SO_3）。改变共聚物中不同单体的本性和相对比例可以产生一系列理化性质和功能差别的产物。

还有混合官能基聚合物，包括四元共聚丙烯酸盐接枝共聚物，以及同时含磺酸基和羧酸基的其他共聚物。总之，利用不同阴离子的官能基和极性官能基（羟基、乙醚、酰胺、胺等），可以得到用作特效减水剂的各种各样的聚合物和共聚物，以满足不同矿物组成的水泥粉料分散的需要。

现在还可通过采用不同化学结构的单体和调整它们之间的比例得到不同性能的多元接枝共聚物特效减水剂。

特效减水剂对水泥的分散作用是由于减水剂的分子吸附在固-液分散体中的固体微粒表面上，其分散性能取决于带同电荷粒子间的静电斥力和吸附层产生的空间位阻。传统高效减水剂如萘系 NSF、三聚氰胺 MS 是阴离子型的线型聚合物，它们在水泥粒子上的吸附量较大，因而带多电荷，粒子之间产生较强的静电斥力，对水泥基有较强的分散作用，但是它们的吸附层厚度较小（1~3nm），因而空间位阻较小。特效减水剂聚丙烯酸盐的接枝共聚物分子中具有长的聚乙烯支链，它们被粒子吸附后形成空间梳状排列，其吸附量较小，因此 ξ 电位小。但其吸附层较厚（约 7mm），能产生强的空间斥力，因此分散粒子的分散作用优于传统的高效减水剂，而且其掺量也较低，减水率可达 20%~30%。国内外广泛用于高性能混凝土、流态混凝土、自密实和自流平等混凝土中。目前在耐火材料行业主要用于泵灌耐火浇注料和自流型耐火浇注料的配制。

复合高效减水剂为第四代减水剂。近十多年来，国内外还有人在研究由两种或两种以上的高效减水剂按一定的比例复合在一起，弥补各组分自身某些性能的不足，同时又使其中的某一性能由于协同作用而产生叠加效应。这类减水剂就称为复合高效减水剂。

这类复合高效减水剂的组合形式多种多样，有聚羧酸盐与木质素磺酸盐复合，有萘磺酸盐甲醛缩合物与木质素磺酸钙复合，有三聚氰胺甲醛缩合物与木质素磺酸钙复合，有羟酸基烯烃、磺酸基烯烃共聚物等。这类复合减水剂不仅能提高复合物的减水率，还有助于克服单一减水剂的某些缺点，如萘磺酸盐系减水剂与木钙系减水剂复合，可克服萘磺酸盐系减水剂的经时流动值损失过快的缺点。

（二）促凝剂与迟效促凝剂

能缩短浇注料凝结和硬化时间的添加物称为促凝剂。由于浇注料结合剂种类及结合方式不同，促凝剂也不一样。

（1）水化结合用的促凝剂：其作用在于促凝剂能加速水泥矿物的水解和水化反应，缩短诱导期，加快水化物相的析出，从而加速凝结和硬化。对于铝酸钙水泥来说，所采用的促凝剂多数为碱性化合物，如 NaOH、KOH、$Ca(OH)_2$、Na_2CO_3、K_2CO_3、Na_2SiO_3、K_2SiO_3、三乙醇胺、碳酸锂等锂盐、水化氧化铝等。

（2）化学结合用促凝剂：是促凝剂与结合剂经化学反应生成新的胶结物相或凝胶而产生的结合。不同结合剂的浇注料所采用的促凝剂也不同。如用磷酸或磷酸盐作结合剂，其促凝剂有：活性 $Al(OH)_3$、滑石、NH_4F、MgO、铝酸钙水泥、碱式氯化铝等。而以水玻璃作结合剂的促凝剂有氟硅酸钠、磷酸铝、磷酸钠、金属硅、石灰、硅酸二钙、聚合氯化铝、乙二醛、CO_2 等。

（3）凝聚结合用促凝剂：溶胶和超细粉结合的不定形耐火材料属于凝聚结合，溶胶或超细粉微粒子在悬浮液中吸附来自电解质的异号离子，使微粒表面达到"等电点"，发生凝聚而产生结合。因此凝聚结合的促凝剂是电解质类化合物，必须根据溶胶或超细粉粒子所带电荷性质（正电荷或负电荷）来选择合适的电解质，其加入量通过试验来确定。也可以加入酸或碱调节 pH 值，使微粒表面达到"等电点"而发生凝聚。作为促凝剂的电解质化合物很多，如 NaCl、KCl、$CaCl_2$、$MgCl_2$、K_2SO_4、$MgSO_4$、$AlCl_3$、$Al_2(SO_4)_3$、$Al(OH)_3$、硅酸钠、铝酸钠、磷酸钾铝等。

（4）迟效促凝剂：能使浇注料的结合剂经过一定作业时间之后才发生凝结与硬化的物质。是一类与水混合后需经过水解才能提供与浇注料中微粉表面电性不同的物质，如 SiO_2 微粉浆体中的 SiO_2 粒子带负电荷，而迟效促凝剂必须能够提供带正电荷的物质。因此以 SiO_2 超微粉为主要结合剂的浇注料，可以选择铝酸钙水泥或镁砂粉为迟效促凝剂。因为铝酸钙水泥水解过程中可缓慢释放出 Ca^{2+} 和 Al^{3+} 离子、镁砂可缓慢水解提供 Mg^{2+} 离子，吸附于 SiO_2 粒子表面后，使粒子失去电性而发生凝聚，起着迟效促凝作用。

（三）缓凝剂

缓凝剂是能延缓浇注料凝结与硬化时间的添加剂。用铝酸钙水泥结合的浇注料，由于气温变化或水泥本身含有快硬性物相（如 $C_{12}A_7$），往往会出现快凝现象，造成没有足够的作业时间，这时就要加缓凝剂来调节作业时间。缓凝剂的作用机理比较复杂，主要有两个方面：其一是缓凝剂与结合剂解离出的正离子形成络合物抑制了水化物生成或水化反应物结晶析出，从而延缓凝结与硬化；其二是缓凝剂吸附于水泥粒子表面，并形成薄膜，阻止了水泥粒子与水接触，抑制了水泥水解和水化反应速度，从而起到缓凝作用。

用于铝酸钙水泥的缓凝剂有：低浓度的 $NaCl$、$BaCl_2$、$MgCl_2$、$CaCl_2$、柠檬酸、酒石酸、葡萄糖酸、乙二醇、甘油、氢氧化钡、淀粉、磷酸盐、木质素磺酸盐、硼酸、柠檬酸钠、$Mg(OH)_2$、糖、海水及一些酸和酸性化合物。

（四）防爆剂（快干剂）

防止不定形耐火材料构筑衬体在烘烤过程中由于内部产生的蒸汽过大而发生爆裂的物质称为防爆剂，也称快干剂（可快速烘烤的添加剂）。不定形耐火材料构筑的衬体透气性很差，特别是致密浇注料，如果烘烤速度过快，就会出现衬体内部产生的蒸汽压超过材料的结合强度，产生爆裂，因此要加防爆剂（快干剂）。

不定形耐火材料防爆剂有：活性金属粉末、有机化合物和可燃有机纤维。

（1）活性金属粉末：一般应用金属 Al 粉，其作用在于：$2Al + 6H_2O \rightarrow 2Al(OH)_3 + 3H_2\uparrow$。在浇注料尚未凝固前 H_2 气从浇注料内部逸出时形成毛细排气孔，从而提高透气性。选用时，注意细度和加入量（一般加入 $0.2\% \sim 0.3\%$ 为宜）。使用不当会使衬体产生裂纹、鼓胀而破坏衬体结构，如果 H_2 气逸出量过大会有爆炸危险。

（2）有机化合物：其中有乳酸铝、偶氮酰胺等，它们能使浇注料基体产生连通的微气孔（或微裂纹）使烘烤时产生的蒸汽易排出，而不破坏衬体。

（3）可燃有机纤维：在浇注料中无序分布的有机纤维，在衬体加热烘烤时会收缩和烧掉，在衬体内形成连通的网状毛细排气孔，降低衬体烘烤时产生过大的内部蒸汽压，防止爆裂。

可采用天然植物纤维，如纸纤维、稻草纤维、麻纤维和棉纤维。也可用人工合成纤维，如聚乙烯纤维、聚丙烯纤维等。要求纤维燃点要低，在浇注料脱水分解产生大量水蒸气之前就燃烧掉，形成微细排气通道。纤维直径要小些，最好 $\phi 1.5 \sim 3.5\mu m$，纤维长度要适当，一般以 $5 \sim 10mm$ 为好。纤维加入量要适当，作者试验得出：$0.2\% \sim 0.3\%$ 比较合适。

也可用铝粉与有机纤维复合加入，其含量为 $0.2\% \sim 0.3\%$。

（五）增塑剂

增塑剂是不定形耐火材料中的可塑料、涂抹料、喷射料及耐火泥浆用的一种加入物。加入增塑剂能使混合料的可塑性增强，也就是说混合泥料在外力作用下产生一定的应变而不破裂，外力解除后，仍保留其应变后的形状。

常用的增塑剂有：塑性黏土，最好是球黏土，膨润土和各种氧化物微粉，有机类有甲基纤维素（CM）、羧甲基纤维素（CMC）、木质素磺酸盐、烷基苯磺化物等，一般用无机和有机复合增塑剂为好。

（六）起泡剂和消泡剂

（1）起泡剂：能降低液体表面张力，使液体在搅拌或吹气时产生大量均匀而稳定泡沫的物质称做起泡剂，也称引气剂或加气剂。在制备泡沫轻质浇注料中常引用起泡剂。其中有松香皂、树脂皂素脂、石油磺酸铝、水解血、松香热聚物、烷基苯磺酸盐、羧酸及其盐类等。还有金属铝粉，其活性很大，与水发生反应放出氢气，在浇注料中形成气泡。但铝粉的粒度和加入量要适当。

（2）消泡剂：能使浇注料或耐火泥浆在拌和及振动成型时产生的气泡很快消失（逸出）的物质。消泡剂的种类很多，有异辛醇、异戊醇、高碳醇等醇类，脂肪酸及其盐类，酰胺类，磷酸脂类，有机硅化合物，各种卤素化合物，如氯化烃、氟化烃、四氯化碳等。用于不定形耐火材料（浇注料、泥浆、涂料）的消泡剂应是水溶性的，通过试验来确定合理的加入量。

（七）凝胶剂与絮凝剂

使胶体溶液（或悬浮液）中的微粒（或悬浮微粒）发生聚凝的物质称为凝胶剂。而发生絮凝的物质称为絮凝剂。聚凝与絮凝的差别是：聚凝过程的沉淀析出物比较紧密，而过程比较缓慢；而絮凝过程的沉淀物比较疏松，而且沉淀过程比较迅速，沉淀物中附带有部分溶剂。

凝胶剂主要是无机电解质和无机酸，也有些有机物和有机酸，使胶粒（或悬浮微粒）的聚凝能力与其异号离子的大小有关，异号离子价数越高，其聚沉能力也越高。用含高价离子的电解质作凝胶剂，其作用更有效。

絮凝剂主要是有机高分子物质，由于高分子化合物吸附在溶胶粒子上，高分子化合物在粒子间起着一种"桥联作用"而产生絮凝。

絮凝剂分阳离子型、阴离子型和非离子型三种，即聚乙烯吡、啶环氧氯丙烷缩合物等；聚丙烯酸、海藻酸、羧基乙烯共聚物等；聚丙烯酰胺、尿素甲醛缩合物、水溶性淀粉、聚乙烯醇、聚氧乙烯等。

（八）解胶剂与反絮凝剂

使凝聚或团聚的胶粒（微粒）转化为溶胶或均匀分散的悬浮微粒的物质，或者能使稠厚的胶体转变成自由流动的溶胶的物质称为解胶剂，也称反絮凝剂。但解胶剂与反絮凝剂的作用机理不同。

解胶剂一般是电解质类化合物。加入解胶剂的目的是提高粒子之间的相互斥力，使聚集在一起的胶体粒子均匀分散开。离子的解离度与交换能力相反，即低价离子能交换出高价离子。作为结合黏土的无机类解胶剂有：$NaOH$、Na_2CO_3、Na_3PO_4、焦磷酸钠、三聚磷酸钠、六偏磷酸钠、铝酸钠等。也可以由它们与水溶性有机酸（柠檬酸、没食子酸、草酸、酒石酸钾、酒石酸钠等）组成复合解胶剂。

反絮凝剂一般是有机高分子化合物，其作用与絮凝剂相反，其作用原理是：这类高分子化合物吸附在溶胶粒子表面上形成保护膜，在胶体粒子相互靠近时，吸引力大大削弱，互相排斥力大大增加，使胶体粒子不发生絮凝。一般反絮凝剂有甲基纤维素、羧甲基纤维素类有机化合物。

（九）抑制剂

采用酸性化学结合剂，如磷酸、酸性磷酸铝、硫酸铝等的不定形耐火材料，由于原料中的铁与酸作用，产生氢气会引起成型好的坯体或衬体发生鼓胀而破坏。因此一般要经过困料，使铁与酸充分反应放出氢气后再成型。这样就费时、费工，而多了一道工序。为了简化工艺，不经困料直接使用，就要在拌料时加入抑制剂。

抑制剂是一种络合剂，它与金属反应生成络合物，从而抑制鼓胀作用。这类抑制剂有：CrO_3、双丙酮酒精、磷酸铁以及 NH-66 型抑制剂，其主要化学成分为碘氧鞣酸铋。在磷酸耐火浇注料中加入 0.12% 左右成型后不发生开裂鼓胀等现象，对制品的性能无影响，并略有提高。

（十）膨胀剂

防止不定形耐火材料在使用中产生体积收缩的物质称做膨胀剂，也叫体积稳定剂或防缩剂。膨胀剂的加入量相比其他外加剂要多，往往作为配料的一部分，在 10% 以内，通过试验确定。其防缩原理有以下三类：

（1）热分解法：利用膨胀剂在高温下热分解原位生成新的矿物相，新矿物的真密度小于原矿物，新矿物的体积大于原矿物相，补偿其他物料的烧结体积收缩。如在配料中加入一定量的蓝晶石，在高温下蓝晶石转变为莫来石和氧化硅，即 $3(Al_2O_3 \cdot SiO_2) \rightarrow 3Al_2O_3 \cdot 2SiO_2 + SiO_2$。体积膨胀为 16%～18%（理论推算），可以补偿烧结收缩。此类膨胀剂有"三石"、叶蜡石等。

（2）高温化学反应法：在不定形耐火材料配料中，基质部分加入一部分膨胀剂能在高温下或使用温度下相互反应生成一种新物相，其真密度小于反应前两种物相的真密度。如在含有 α-Al_2O_3 微粉的料中加入一定量的 SiO_2 微粉，高温下二者反应生成莫来石，可产生约 15% 的体积膨胀，补偿烧结收缩。

在刚玉质、铝镁质等不定形耐火材料中，合理调配 MgO 与 Al_2O_3 的量，在高温下生成尖晶石，可产生 7.5% 左右的体积膨胀，补偿烧结收缩。

（3）晶型转化法：利用某些物质在高温下的晶型转化而拌随的体积变化作为膨胀剂，如在某些硅酸盐质、氧化物-碳化硅-碳质捣打料中，加入适量一定粒度的硅石粉，借助石英转化为鳞石英和方石英时产生的体积膨胀效应（分别为 12.7% 和 17.4%）来补偿烧结收缩，获得体积稳定的衬体。

（十一）保存剂

能使可塑料或捣打料保存一定时期，而作业性能不变或变化不大的物质称做保存剂。用化学结合的可塑料、捣打料，如用磷酸或磷酸二氢铝结合，由于它们与 Al_2O_3 反应生成不溶性的正磷酸铝 $AlPO_4 \cdot xH_2O$ 而使混合料变干，失去作业性（可塑性），因此需要有与

Al^{3+} 离子生成络合物的隐蔽剂，以抑制不溶性 $AlPO_4 \cdot xH_2O$ 的生成，而延长保存期。

可作为磷酸或酸性磷酸盐结合的可塑料或捣打料保存剂有：草酸、柠檬酸、酒石酸。还有乙酰丙酮、磺酸水杨酸、糊精等也具有保持作业性的作用。

对于不定形耐火材料的外加剂，还有助烧结剂、矿化剂、防氧化剂等。一般情况采用的不多，在一些章节中会有所提及，不做专门介绍。

第三节　氧化物及非氧化物超微粉在耐火材料中的作用及制备

一、超微粉在耐火材料中的作用

在陶瓷耐火材料中人们早就发现提高粉料的细度能促进制品烧结，并带来一系列优良性能。随着科学技术进步，对细粉料的制备及应用进行深入研究，从理论到实践对粉料有一定认识，因此提出了微粉、超微粉和纳米粉的划分和命名。

随着耐火材料工艺技术的进步，在各种耐火材料的生产配料中，普遍添加微粉、超微粉，甚至纳米粉原料。尤其特种耐火材料几乎全部采用微粉及超微粉配料，而在不定形耐火材料中已成为不可缺少的组分，由于超微粉对不定形耐火材料有突破性的发展，超微粉的出现才有凝聚结合形式及高性能浇注料。本节所说的超微粉，也有叫超细粉，它包括微粉、超微粉及纳米粉。

随着高新技术的发展，耐火材料生产技术也从传统的以 mm 计量颗粒尺寸向精细陶瓷领域的 μm、nm 计量单位发展。而且在耐火材料中的应用越来越广。

微粉、超微粉与较粗的物料相比，比表面积、表面原子数及表面能都急剧增大，化学反应速率显著提高，光学性质发生显著变化。它加入配料中，使制品的烧成温度显著降低，烧结时间可以缩短。由于泥料的堆积性、吸附性、流变性、熔融性等都发生了变化，因此制品的强度和韧性、密度、电性、磁性等均发生了显著变化。因此，合成耐火原料、特种耐火材料等要求把原料加工成微粉或超微粉。由于它的凝聚作用，可作为不定形耐火材料的结合剂，特别是低水泥、超低水泥和无水泥浇注料是必不可少的。用微粉和超微粉调整泥料的颗粒组成，并调节制品的显微结构，特别是基质部分的显微结构。

微粉与超微粉的颗粒尺寸判定标准，各行业也不一样，耐火行业也不统一。国内外耐火材料行业普遍为 $5\mu m$ 作为二者划分的界限，即大于 $5\mu m$ 的粉料称为微粉，小于 $5\mu m$ 的细粉称做超微粉。也有人以 $1\mu m$ 为界限，限定大于 $1\mu m$ 的细粉为微粉，小于 $1\mu m$ 的细粉为超微粉。作者比较倾向后一种说法。因为微米之"微"字应该有两层意思，"微"既表示很小，也有"微"米的意思，超微米一定比微米更小，所以小于 $1\mu m$ 的颗粒定为超微粉。微粉颗粒尺寸的上限应该是不大于 $10\mu m$，如果是 $100\mu m$，微粉的特性就不多了。

纳米粉是指颗粒尺寸小于 $0.1\mu m$（100nm）的超微粉。现在纳米技术在耐火材料中应用。国际公认：$0.1 \sim 100nm$ 为纳米尺寸空间，尺寸 $1 \sim 100nm$ 划为纳米体系，小于 $1nm$ 称为团簇。它与超微粉有些重叠，往往超微粉中有大量纳米粉。加入纳米粉可进一步降低耐火材料的烧结温度，如 Al_2O_3 的烧结温度一般在 $1700 \sim 1800℃$ 以上，而纳米 Al_2O_3 在 $1150 \sim 1400℃$ 即可烧结到 99% 的相对密度。在刚玉砖中引入 4%~8% Al_2O_3 微粉，1%~2% α-Al_2O_3 纳米粉，使烧结温度降至 $1400 \sim 1520℃$，制品的密度和强度大幅度提高。

纳米粒子应该是 1nm 的颗粒，即 $0.001\mu m$ 以下的粒子。由于尺寸相当微小，表面原子占相当大的比例，因而表面能高，具有高活性，极不稳定，很容易与其他原子结合，其熔点和烧结温度比常规粉体低得多，比超微粉还要低，在耐火材料应用中将会改变工艺参数。

在不定形耐火材料中使用最多的是 SiO_2 微粉和超微粉。有人把它称做"氧化硅微粉结合剂"。随着科技进步，除了常用的 SiO_2 和 Al_2O_3 超微粉外，越来越多的超微粉得到广泛应用，这些超微粉包括各种氧化物（如 ZrO_2、MgO、BeO、TiO_2 等）、硅酸盐（如 $ZrSiO_4$、$MgO \cdot SiO_2$、$2MgO \cdot SiO_2$ 等）、钛酸盐、氮化物（如 Si_3N_4、AlN、BN、TiN 等）、碳化物（如 SiC、WC、TiC、B_4C 等）和硼化物（如 TiB_2、ZrB_2 等）。它们除了在特种耐火材料、功能耐火材料中应用，近年来在不定形耐火材料中的应用也越来越多。在浇注料中，超微粉的基本作用机理是填充骨料、粉料堆积留下的空隙，否则空隙就会被水填充满，因此超微粉充填的好，浇注料用水量就会减少。

氧化物超微粉在水中形成胶体粒子，根据疏水型胶体稳定性理论，胶体质点间存在着范德华力，而质点相互接近时，又因双电层的重叠而产生排斥力。超微粉的分散与凝聚，取决于胶体粒子之间的吸引力与排斥力的相对大小，当引力起主导作用时，胶粒就会发生凝聚。因此若使胶粒发生凝聚，必须克服双电层重叠而产生的排斥力。减少排斥力可往胶体溶液中加入电解质，使反离子进入胶粒双电层中的扩散层，扩散层厚度变薄，排斥力下降，当扩散层压缩到紧密层叠合时，胶粒的 ξ 电位为零，即为"等电点"，此时凝聚能力最强。不同"等电点"时的 pH 值不同，SiO_2 胶体"等电点"pH 值为 2.5 左右，Al_2O_3 为 8.9 左右，Cr_2O_3 为 6.8 左右等。

超微粉的实际结合机理可能比上述要复杂一些。例如三种 SiO_2 超微粉：（1）最细小于 $0.5\mu m$ 约占 60%，呈球形粒；（2）超微粉主要粒度 $3\sim8\mu m$，片状晶体；（3）超微粉粒度最粗，其中 $8\sim20\mu m$ 和 $20\sim24.5\mu m$ 几乎各占一半，严格说已不算微粉了。将三种超微粉分别做相同配方的浇注料，其冷态强度：（1）最高，（2）次之，（3）最低。而三种超微粉浇注料用水量也不同：（1）最低，仅 4.8%~6.5%；（2）、（3）粉试样无减水作用，用水量高达 8.0%~9.5%。因为（1）粉为球形，表面有活性，易形成水化膜，有效降低颗粒之间摩擦力。（2）、（3）粉颗粒多棱角边角，表面活性小。因此应用超微粉时，应该注意超微粉的种类、颗粒尺寸、颗粒形状、研究最佳的加入量问题。

二、超微粉的制备方法

生产微粉和超微粉的方法主要有两大类，即机械粉碎法和化学合成法。还有一个新进展，就是合适的先进磨机与某些化学制备方法综合使用。其实化学合成法也并非化学作用一步到位，往往是用化学法制取高纯料，然后还要进行适当研磨，才能获得微粉和超微粉。

（一）机械粉碎法

目前大宗微粉和超微粉主要依靠机械粉碎法生产。常用的粉碎设备有振动磨、气流磨、胶体磨（包括均化器等）、高速机械冲击磨、球磨机等。

喷射气流磨是超细粉碎较好的设备，生产出小于 $1\mu m$ 的物料，可以达到亚微米级，即 0.1~0.5μm。其结构原理为空气压缩机产生的压缩空气从喷嘴喷出，粉体在喷射气流中互相碰撞而粉碎。粉碎物粒度分布均匀，粉碎物可在瞬间取得；由于是靠物料之间的碰撞来完成的，几乎不会发生主体的磨损和异物的混入；没有驱动部分，维护和清扫容易，可以在 N_2、CO_2 及惰性气氛中粉碎，如图7-2所示。

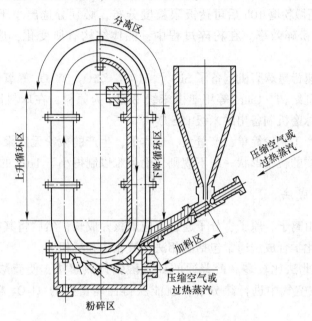

图7-2　导向式气流磨结构工作原理图

还有的采用振动磨或球磨机湿法粉碎，水力分级，分级后将产品脱水，干燥。为了提高粉碎效率，除强化分级外，有时还添加助磨剂及添加剂。

我国研制成功粒径小于1μm的高纯 α-Al_2O_3 超微粉，$w(Na_2O) < 0.02\%$，生产工艺流程如图7-3所示。

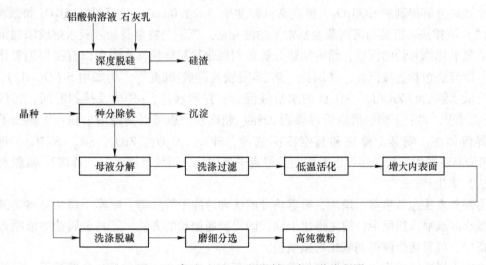

图7-3　高纯 α-Al_2O_3 超微粉生产工艺流程图

采用的主要设备为 4L 刚玉磨，介质为 2~20mm 刚玉球，转速为 880~1430r/min，填充率为 30%~50%，湿磨 10h 以上（可加助磨剂）。分选采用高纯离子水搅拌，虹吸管分离。搅拌 0.5~1.0h 后分选上层乳浊分散液，而 >1μm 沉淀物返回磨细再分选，上层乳液分离出来后可加沉淀剂快速沉淀，分离上清液，然后蒸发烘干，得到合格超微粉。值得注意的是：α-Al$_2$O$_3$ 超微粉磨 10h 后可达极限粒度分布，必须分选出小于 1μm 后再加入少量新料再磨，提高粉碎效率。在粉碎过程中，晶体结构有所变化，应用该材料要充分注意。

Michel 等用高速行星球磨机制备了 SiO$_2$、Al$_2$O$_3$、ZrO$_2$、Y$_2$O$_3$ 等氧化物粉体，大部分纳米晶体呈现出混乱结构。Datta 等用亚微米级 β-SiC 为原料，在球料比为 12:1 的条件下，在水中用高能球磨机制备出纳米级 β-SiC。

机械粉碎法生产工艺较简单，产量大，成本低，生产的微粉无团聚。可是粉碎过程难免混入杂质，粉碎物的粒子形状一般不规则，而且难以制得小于 1μm 的超微粉。

（二）化学合成法

化学合成法指由离子、原子、分子通过反应成核并成长，然后将其收集、处理而获得微细颗粒的方法。化学合成法通常包括固相法、液相法和气相法。

（1）固相法：此法比较多。最普通的如硫酸铝铵热解法，使硫酸铝铵 [Al$_2$(NH$_4$)$_2$(SO$_4$)$_4$·24H$_2$O] 在空气中进行热分解，就能获得性能良好的 Al$_2$O$_3$ 粉末。其分解过程如下：

$$Al_2(NH_4)_2(SO_4)_4 \cdot 24H_2O \xrightarrow{约200℃} Al_2(SO_4)_3 \cdot (NH_4)_2SO_4 \cdot H_2O + 23H_2O \uparrow$$

$$Al_2(SO_4)_3 \cdot (NH_4)_2SO_4 \cdot H_2O \xrightarrow{500~600℃} Al_2(SO_4)_3 + 2NH_3 \uparrow + SO_3 \uparrow + 2H_2O \uparrow$$

$$Al_2(SO_4)_3 \xrightarrow{800~900℃} \gamma\text{-}Al_2O_3 + 3SO_3 \uparrow$$

$$\gamma\text{-}Al_2O_3 \xrightarrow{1300℃,\ 1~1.5h} \alpha\text{-}Al_2O_3$$

上述热分解得到的 α-Al$_2$O$_3$，纯度高，粒度小（d<1.0μm），为高纯 α-Al$_2$O$_3$ 超微粉。

（2）液相法：沉淀与溶剂蒸发是常见的液相法。沉淀是将金属盐溶液水解或添加沉淀剂生成氢氧化物和盐的沉淀，然后加热分解得到氧化物超微粉。有时可以直接得到氧化物沉淀。沉淀法包括直接沉淀、共沉淀、溶胶-凝胶与凝胶-沉淀等。例如用 Si(OC$_2$H$_5$)$_4$ 的酒精溶液水解后与 ZrOCl$_2$·8H$_2$O 的水溶液混合，控制水量、pH 值及搅拌时间，实现溶胶-凝胶过程，再经干燥、煅烧后可得到 ZrSiO$_4$ 超微粉。也可以制备纳米粉，干燥技术有超临界流体法、喷雾干燥法和真空冷冻法等。SiO$_2$、Al$_2$O$_3$、ZrO$_2$、SiC、Si$_3$N$_4$、MgO、TiN 和尖晶石等纳米粉，还可以采用微波等离子反应法、溶胶燃烧法（又称溶胶-凝胶燃烧合成法）来生产。

溶剂蒸发法包括喷雾干燥法、喷雾热分解法和冷冻干燥法等。喷雾干燥法是将溶液分散成微小液滴喷入热风中，使之迅速干燥，即得到超微粉的方法。若将金属盐溶液喷入高温设备中，可直接分解得到氧化物超微粉。

冷冻干燥法已成为制备高性能超微粉的主要方法之一。其原理是：在低温下，凝胶中的水冻结成冰，然后迅速抽真空降低压力，在低温低压下冰直接升华成蒸汽，经过几个步骤实现液固分离。当冰冻时，体积膨胀变大，水在相变过程中的膨胀力使原先相互靠近的凝胶粒子适当地分开，因此冷冻干燥形成的固态阻止了凝胶的重新聚集，所以干燥的粉末再经适当热处理就可得到超微粉。

（3）气相法：通常是通过蒸发-凝聚和气相反应方法来实现的。由蒸发或反应生成的气体若在固体表面上不均匀成核则生成薄膜、晶须或晶粒；若在气相中造成较大的过饱和，则可以在气相中均匀成核，通过控制平衡条件、成核速度与晶粒生长速度，可制得超微粉。例如，我国大量使用的 SiO_2 超微粉，就是金属硅厂及铁合金厂在冶炼金属时，将高纯石英、焦炭投到电弧炉内，在 2000℃ 的高温下，石英被还原成硅（Si），即成为硅金属，有 10%~15% 的硅化为蒸气，随气流上升，遇到氧结合成 SiO_2，逸出炉外时，SiO 遇到冷空气，空气中有足够的氧（O_2）与它结合成 SiO_2，即为 SiO_2 超微粉。

（三）化学、机械粉碎联合法

化学法种类很多，制备技术复杂，工艺设备不通用，投资大，成本高，难以大规模生产。而采用化学、机械粉碎联合法，能够克服单纯用机械法和单纯化学法的缺点，可以大规模地生产出超微粉。通过实例说明生产工艺原理如下：

将 $Al(OH)_3$ 脱水，然后加入复合添加剂（一种卤化物），既是晶型控制剂，又是晶核转化剂。将加入复合添加剂的 Al_2O_3 原料经 1350~1450℃ 煅烧，γ-Al_2O_3 转相为晶粒细小、均匀、Na_2O 含量降低的 α-Al_2O_3，经研磨成 α-Al_2O_3 超微粉。

机械合金化法制备纳米粉是把不同种类微米、亚微米级粒子的混合粉体经高能球磨机粉碎形成合金超微粉，在一定情况下形成金属间化合物，涉及化学反应。

目前使用微粉和超微粉最多的是不定形耐火材料，以 SiO_2 超微粉用量最大，其次是 Al_2O_3 超微粉。随着技术进步，锆质、SiC、氧化铬、碳质等以及氧化物、碳化物、氮化物、硅化物的微粉和超微粉将得到越来越广泛的应用。

第四节　溶胶-凝胶过程

溶胶（Sol）又称胶体溶液，是分散体系中保持固体物质不沉淀的胶体，这里的分散介质主要是液体。胶体中的固体粒子大小常在 1~5nm，也就是在胶体粒子的最小尺寸，因此比表面积十分大。溶胶是一种状态，不是物质。

凝胶（Gel）又称冻胶，是在溶胶失去流动性后，一种富含液体的半固态物质，其中液体含量有时可高达 99.5%，固体粒子则呈连续的网络体。凝胶是一种柔软的半固体，由大量胶束组成三维网络，胶束之间为分散介质的极薄的薄层。所谓"半固体"是指表面上是固体而内部仍含液体，后者的一部分可通过凝胶的毛细管作用从其细孔逐渐排出。凝胶与溶胶是两种互有联系的状态，乳胶冷却后即可得到凝胶；加电解质于悬胶后也可得到凝胶。凝胶能转化为溶胶。溶胶向凝胶转变过程，主要是溶胶粒子聚集成键的聚合过程。溶胶和凝胶也可以共存。

一、溶胶-凝胶法的基本概念

溶胶-凝胶法是制备材料的湿化学方法中一种崭新的方法。溶胶-凝胶技术是一种由金属有机化合物、金属无机化合物或两者混合物经过水解缩聚过程，逐渐凝胶化及进行相应的后处理而获得氧化物或其他化合物的新工艺。

溶胶-凝胶法研究的主要是胶体分散体系的一些物理化学性能。所谓胶体分散体系是指分散相大小在 1～100nm 之间的分散体系，在此范围内的粒子具有特殊的物理化学性质。分散相的粒子可以是气体、液体或固体，比较重要的是固体分散在液体中胶体分散体系——溶胶。溶胶是指微小的固体（1～100nm）颗粒悬浮分散在液体中，并且不停地进行布朗运动的体系。根据粒子与溶剂间相互作用的强弱，习惯上分为亲液溶胶和憎液溶胶两种。前者固液之间没有明显的界面，如淀粉水溶液，在本质上属于热力学稳定体系。后者有明显的相界面，属于热力学不稳定体系。

凝胶是指胶体颗粒或高聚物分子相互交联，空间网络状结构不断发展，最终使得溶胶液逐步失去流动性，在网状结构的孔隙中充满液体的非流动半固态的分散体系，它是含有亚微米孔和聚合链的相互连接的坚实的网络。凝胶干燥后形成干凝胶或气凝胶，这时它是一种充满孔隙的多孔结构。溶胶-凝胶技术是溶胶的凝胶化过程，即液体介质中的基本单元粒子发展为三维网络结构——凝胶的过程。

二、氧化物（氢氧化物）溶胶

某些氧化物的溶胶具有黏结性质。它在耐火材料工艺中应合理应用，其特性有以下几点：

（1）溶胶溶液具有比较好的黏附和黏结性能。

（2）p-元素和 d-元素的所有难熔氧化物实际上都可以取得溶胶状态。

（3）溶胶干燥和灼烧时析出水蒸气，相当于形成氧化物，而气体状有害物质数量最低。

（4）热处理溶胶得到的氧化物具有最大的反应能力，其中包括烧结能力。

现在，利用溶胶制取显微球晶须（10～2000μm）和其他纤维材料。在溶胶的基础上制备保护金属的涂层（例如浇钢的钢锭模）。溶胶作为结合剂在陶瓷耐火制品和不定形耐火材料中应用。利用溶胶-凝胶过程主要制取纯氧化物和一般原子水平上的组分共（同）沉淀。应用某些溶胶-凝胶过程研究较少。

三、二氧化硅水溶胶[①]

二氧化硅水溶胶是活泼、发乳白光的液体，由 5～100nm 和更大的二氧化硅质点（分散相）和水（分散介质）构成，在保证系统稳定性的前提下，SiO_2 质量分数到 50% 及以上。水溶胶对凝胶形成的稳定性决定于介质的 pH 值，而 pH 值=7.2～7.5 时，具有最大的稳定性。可是同时质点被合并，降低溶胶的黏附能力。质点最小尺寸相当于 pH 值=2，这样的介质适合于最大表面积的质点，然而系统变为不稳定。用氢氧化铝转化它的质点表面形态扩大二氧化硅水溶胶的稳定范围。按结构铝酸盐类似硅酸盐，所以二氧化硅表面上容易形成硅酸铝，增加它的负电荷。由于溶胶变为长时间稳定，而在 pH 值约为 2.5 时，可能会扩大它的实际利用。根据结合材料的评定，用试验方法选择变性剂成分、二氧化硅浓

度和 pH 值。

通过硅酸 $x\mathrm{SiO_2 \cdot yH_2O}$ 形成阶段和它的聚冷凝 $\mathrm{(HO)_3{\equiv}Si{-}OH + HO{-}Si{\equiv}(OH)_3 \longrightarrow}$ $\mathrm{(HO)_3{\equiv}Si{-}O{-}Si{\equiv}(OH)_3 + H_2O}$ 进行硅溶胶的制取过程。在这个反应中，随着形成硅氧烷结合 $(\equiv\mathrm{Si{-}O{-}Si}\equiv)$ 发生硅烷醇群 $(\equiv\mathrm{SiOH})$ 冷凝，而随后某些分子部分分解 (pH 值大于 2.3)。

已知有几种方法制取硅溶胶：在高温和高压下，二氧化硅在水中溶解；电解硅酸钠溶液；四氯化硅溶液水解作用：$\mathrm{SiCl_4 + 2H_2O \longrightarrow SiO_2 + 4HCl}$；用气体氟处理硅酸钠；硅胶悬浮液分散；硅酸乙酯 $(\mathrm{C_2H_5O})_4\mathrm{Si}$ 分解等。最简单和经济有利的方法是离子交换法。按这个方法让稀释的水玻璃（含 $\mathrm{SiO_2}$ 35~40g/L，模数 $\mathrm{Na_2O/SiO_2}$=2.8~3）水溶液经阳离子交换过滤器过滤（标号 KY-2 离子交换树脂）。由于水玻璃中钠的阳离子对氢的阳离子交换取得硅酸 $x\mathrm{SiO_2 \cdot yH_2O}$ 聚冷凝混合物溶液，它蒸发到需要的浓度。在耐火材料生产中，作为结合剂应用的胶态二氧化硅溶液的特点具有以下指标：$\mathrm{SiO_2}$ 浓度 200~300g/L；介质 pH 值为 10~10.2；对絮凝作用的稳定性——保持 1 年落到沉淀中的 $\mathrm{SiO_2}$ 数量不超过 10%。硅溶胶不能冷却到 0℃ 以下温度。

在耐火材料工业中，作为黏结剂的还有铝、铬、锆等氢氧化物的水溶液。考虑到氢氧化铝溶胶的特殊工艺性质（固体物质形式制取的可能性，能够溶解在水中），利用它做结合剂可能最有前途，像用来制造成型的烧成制品一样用来制造不定形耐火材料粉料、火泥以及喷涂用的材料。

为了方镁石制品取得最大的机械强度，适当利用铝和锆溶胶粉料，为了刚玉和黏土砖获得最大强度，适当利用硅溶胶。溶胶可以接受的浓度，对无水氧化物为 0.75%~1.5% (80~160g/L)。建议成型泥料中液相和固相的比例为液：固=1:10。

用锆溶胶制取的方镁石制品，干燥后耐压强度为 50~60MPa，可以用于不烧制品。加热到 700℃ 时，由于脱水发现强度下降，进一步烧成时靠烧结使制品强度提高。

硅酸盐结合剂硬化的先决条件是在添加物——硬化剂作用下含硅（硅酸盐）的化学结合，或一般无它时，而尤其提高温度向聚合作用的能力。聚合作用是随着形成更坚固的硅氧烷结合引起氢氧团排除。

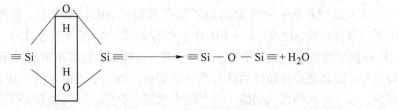

硅酸盐黏结剂的硬化过程在于造成胶体溶液，保证硅氧四面体聚合作用的条件。硅酸向聚合溶胶作用的能力（聚合形成硅酸溶胶）取决于溶液的 pH 值。由于引入添加物——硬化剂 pH 值改变，造成溶胶稳定性的变化，因此这使硅酸凝胶的形成对聚合作用可能加速或减速。

四、氧化铝溶胶的制备

根据所用原料不同，$\mathrm{Al_2O_3}$ 溶胶的制备方法分为三种：

（1）有机盐原料法：以有机盐（如异丙醇铝）为原料制备 Al$_2$O$_3$ 溶胶是目前诸多制备方法中研究和应用最为广泛的一种。在拥有搅拌、回流和加料功能的装置里，将有机原料滴加入水中（通过控制滴加速度、可以调配溶胶性质的目的）80℃下剧烈搅拌，蒸发除去大部分醇，加胶溶剂使沉淀成胶，高于 80℃下，回流数小时，即可制得透明溶胶。此过程中同时发生水解和聚合两个反应。

水解：

$$\overset{\overset{\displaystyle H^+}{\displaystyle |}}{Al—OR} + H_2O = Al—OR + OH^-$$

$$\overset{\overset{\displaystyle H^+}{\displaystyle |}}{Al—OR} + H_2O = Al—OH + ROH + H^+$$

聚合：

$$\overset{\overset{\displaystyle H^+}{\displaystyle |}}{Al—OR} + H_2O = Al—OR + OH^-$$

$$\overset{\overset{\displaystyle H^+}{\displaystyle |}}{Al—OR} + \overset{\overset{\displaystyle H^+}{\displaystyle |}}{Al—OH} = —Al—OR + OH^-$$

$$\overset{\overset{\displaystyle H^+}{\displaystyle |}}{Al—OR} + Al—OH = —Al—O—Al + ROH + H^+$$

当水解反应速度大于聚合反应速度时，生成的溶胶粒径小，反之则粒径大。

胶溶剂：通常向水解产物中加入酸作为胶溶剂。但硫酸和大部分有机酸都不能作胶溶剂。

最佳温度 80℃，过高温度易造成蒸发。

利用有机醇盐水解，可以制得纯度高、粒度分布均匀的溶胶。

添加剂：加入阳离子交换树脂，不但可增加溶液酸性，加速水解反应，还可避免不必要的副反应的发生。

（2）无机盐原料法：可将金属铝煮解在盐酸或 AlCl$_3$ 溶液中，得到透明无色的铝溶胶。也可以将分析纯 Al(NO$_3$)$_3$·9H$_2$O 和柠檬酸按一定配比溶于水中，用浓 HNO$_3$ 和浓 NH$_3$·H$_2$O 调解溶液 pH 值，得无色透明溶液。过滤后，将该溶液在一定温度下缓慢蒸发，即可得具有一定黏度和流动性的淡黄色透明溶胶。或者不用蒸发的方法，将得到的沉淀离心分离后，按一定比例加入硝酸，并在超声水浴中作用，即可得到铝溶胶。该方法可保证整个制备过程在室温下进行，节省能耗。

（3）粉体分散：直接采用已有工业产品为原料，如 SB 粉或氧化铝粉，通过粉体分散制得溶胶。

SB 粉是一种勃姆石粉体，主要成分是 γ-Al$_2$O$_3$ 的含量 76.2%，其余为水分。先让 SB 粉与蒸馏水混合成一定浓度的悬浊液，加热至 85℃后激烈搅拌，加入一定量的 HNO$_3$，在激烈搅拌和 85℃条件下回流一定时间就得到 γ-AlOOH 溶胶。

还可通过分散拟薄水铝石来制取氧化铝溶胶。称取一定量的拟薄水铝石，加水搅拌均匀分散，滴加酸直至拟薄水铝石混浊液变成溶胶状态。

五、化学混合

制取成分复杂的耐火材料时，当利用两个或更多单个占有的组分，必然有成分的混合或混匀（均匀化）阶段。显然，材料质点尺寸越小的混合，可能使混合物达到的均一性越高。可是固体物质细粉碎需要消耗很大的能量，导致研磨体破坏产物污染可磨碎的材料。

原料的泥料均匀化要求，在特种耐火材料工艺中是非常严格的，为了使耐火材料具有希望的物理化学性质，其中引入不多的合金添加物组分。泥料中引入不多的固体形式的添加物时，实际上不可能使基础的固体粉末状材料达到高程度的均一性。在这种场合，混合物在高温下长时间烧成，由于进行扩散过程，能达到必要的均一性。

混合组分处于分子的时候——零散状态（例如气体或液体形式），混合物也许容易达到高均匀性。大家知道，分子-分散物质（气体和相互溶解的液体）能很快被混合，并形成高均匀性系统。

正是分子-分散系统的这个性质，规定基本上用化学混合法，其预先估计到原物质在溶液中转化（实际暂时没有利用气体系统），溶液形式的混合（有时组分通过一种溶剂共同溶解，在这种场合溶解过程中发生混合）而组分从固相中共同析出，后来把它与液体分开，干燥和灼烧取得均质材料，最后利用普通陶瓷工艺方法直接制取制品。化学混合的名称决定于完成其过程利用的化学程序：原物质溶解，从溶液中析出组分。

着重强调指出：从溶液中析出组分，应该在固相中实现，这样一来，为了保持溶液有高的均质性，即在沉淀阶段不应该发生组分分开。从溶液析出组分，不论什么形式的低溶解化合物，通常它们是共同沉淀的方式析出（缩写共同沉淀还称共（同）沉淀）。保证组分在沉淀物中的转移和组分在固相中的析出，根据组分的化学性质和预先试验研究的结果选择沉淀剂的化学成分。

化学混合组分最普及的方法是它们的氢氧化物共（同）沉淀，因为许多元素在水中，实际上形成不溶或低溶氢氧化物。在其他类型的化合物中，共（同）沉淀不那么常见，因为其他级别的一般低溶化合物相当少。此外，这里的限制因素是随后必须排除阴离子。

利用化学混合研究制取氧化钇稳定的二氧化锆做例子。在耐火材料中它的质量分数为 15%～18%。利用氧氯化锆 $ZrOCl_2 \cdot 8H_2O$（这主要是商品可溶性锆盐）作为原含锆物质。最后由计算的 1kg 盐对 0.5L 水在水中溶解，溶液与机械的（不溶解的）混杂物过滤。

氧氯化锆溶解时发生盐的水解作用，伴随形成酸，保证随后的含钇化合物（钇的氧化物、氢氧化物或碳酸盐）溶解，在其加热时实现。其组分发生溶解的化学反应：

$$ZrOCl_2 + 2H_2O \rightleftharpoons Zr(OH)_3Cl + HCl$$
$$Y_2O_3 + 6HCl \rightleftharpoons 2YCl_3 + 3H_2O$$

制取的溶液用水稀释到 ZrO_2 40～60g/L，并把它加入到氨（沉淀剂）12%水溶液中，按反应同时产生氢氧化锆和氢氧化钇，同时（共）沉淀：

$$Zr(OH)_3Cl + YCl_3 + 4NH_4OH \rightleftharpoons Zr(OH)_4\downarrow + Y(OH)_3\downarrow + 4NH_4Cl$$

过滤氢氧化物沉淀，用水洗净，干燥和灼烧制取等轴结构，对热冲击稳定的 Y_2O_3 和 ZrO_2 固溶体。如果利用 ZrO_2 不加入 Y_2O_3，那么制品具有单斜结构，接近 1150℃ 发生可逆的多晶转化，伴随约 3% 的体积变化而破坏制品。

与机械混合比较，化学混合有以下优点：

（1）降低材料的煅烧温度而高速度地进行化学过程，形成晶体结构；

（2）制品性能的再现性提高和废品减少；

（3）提高制品的质量和使用过程中的使用指标。

这种化学混合方法，由于有好的前景，越来越广泛地在实验室和工厂实践中应用。

六、化学分散

把液体作用下的固体粉碎过程称做化学分散。研究这个过程适用于固体的实质是提出干的金属氢氧化物——干凝胶。干凝胶是一种凝结结构的固体，由它排除分散介质。

为了解释化学分散过程的实质，必须更详细地研究氢氧化物的化学本质和它形成凝结结构的原理。可以用氢氧化铝作例子。

反应沉淀形成的氢氧化铝质点，最初的化学形态是单基物 $Al(OH)_3 \cdot nH_2O$，其组织见下面的结构式：

$$
\begin{array}{ccc}
 & H_2O & \\
HO & & OH \\
 & \diagdown | \diagup & \\
H_2O & -\!\!\!-Al-\!\!\!- & OH_2 \\
 & \diagup | \diagdown & \\
 & OH & \\
\end{array}
$$

单基物的溶液集聚时，它们之间开始相互作用，导致形成聚合物，单基物个体联合数相对较大。聚合作用在化学本性其中在于单基物接近时形成所谓移去电桥，使金属离子结合在一起。

$$
\ -\!Al-OH \longrightarrow \longleftarrow HO-Al-\ \longleftrightarrow\ -Al \begin{array}{c} O \\ H \\ \\ H \\ O \end{array} Al-
$$

移去电桥，与金属—氧极化的共价键一样（标明接连不断线），形成附属的输出—接受体键（标明细条线）。

使 3p—铝电子与 2p—氧电子成对引起主键的产生。形成 3 个铝的主键，填满 3p—轨道，而形成两个氧的主键（第一个与金属，第二个与氧）填满 2p—轨道。可是氧外层还剩下两个不分担的电子对 $2s^2$ 和 $2p^2$，而铝外电子层有 5 个自由量子格子，在第二轨道。氧能够借给铝电子对使用，而最后——量子格子产生附加的输出—接受体键。

起初有胶体质点尺寸的氢氧化物聚合，后来它们合并（絮凝作用）形成凝结物（凝块），随后凝结物在泥料中联合起来，导致形成有代表性的凝结结构的水凝胶。

水凝胶的凝结结构乃是由移去电桥结合的金属离子构成无秩序的空间网。这种结构素有脱水收缩现象，表现自我随意缩小水凝胶体积，同时向外析出凝胶圈子中含有的分散介质。结构元素之间形成凝胶时决定自紧密能力，形成的结构配位数较小，不适应最紧密的结构状态。后来由于热的流动引起质点重新配置，使配位数增大，造成凝胶压缩并从它的分散介质挤出。

　　分散介质存在凝胶小链子，若是漂浮在它的表面上而同时保持结构元素比较高的迁移率，凝胶网中不可能聚集应力。分散介质保证液相参与使质点有扩散能力。就是在这种情况下，凝胶进行收缩，而老化过程甚至在室温下就有相当大的速度进行。

　　老化的化学历程在于奥克索尔油（一种干性油）的铦氧镝中移去电桥改变。从氢氧化物群劈下质子的方法或从两个氢氧化物群劈下水分子的方法进行奥克索尔油过程。

$$\begin{array}{c}{}^{H}_{O}_{O}_{H} \longrightarrow \left\langle {}^{O}_{O} \right\rangle +2H^+; \quad {}^{H}_{O}_{O}_{H} \longrightarrow -O- +H_2O\end{array}$$

　　凝胶干燥时发生类似脱水的收缩过程，所不同的是，凝胶网的结构元素靠孔穴内的液体蒸发同时发生结构中的配位数增大。如果分散的液体在高于沸点的温度下干燥，那么最后蒸发进行得很迅速。同时水凝胶的收缩比胶凝也进行的快得多。在该场合液体蒸发时凝胶网小链子若是传到先填满分散液体的空隙中，造成键倾向性变化，质点之间的距离增大和它们相互定方位的变化。所有这些使凝胶网中形成应力，甚至靠热运动不可能排除，因为在干燥温度下固体实际不发生扩散。

　　这样一来，干凝胶作为水凝胶干燥的产物是凝结结构，不含分散介质，而特点是凝胶网中应力高度集中。

　　分散介质性质对干凝胶性质予以很大的影响。如果分散介质是盐的溶液（论其本身是氢氧化物沉淀后的母液），那么溶剂蒸发时发生溶液浓度增大，它的过饱和而使固体结晶盐沉淀到凝胶网腔中。如果使干凝胶后来与溶剂重复接触，那么盐储存在干凝胶网中被溶解，造成固体物体的完整性破坏和它的小尺寸质点自我随意散开。

　　着重强调指出，这个效应强烈地依赖于干凝胶中沉淀盐的性质，也取决于盐的本性和溶液浓度。如果母液分散介质起作用，盐浓度很大，那么它在干凝胶网中沉淀开始不久后水凝胶开始干燥，因为溶液很快达到过饱和。在这种情况下，固体盐先充满分散介质占据干凝胶网的空洞。这些空洞的体积仅略微缩小。沉淀盐的其他性质发生在母液浓度适度或不大时。加热大块砖时，这种水凝胶埋葬在它的网腔内，水蒸气压力开始增加，而它终于起到这样的作用：网腔最弱的地方发生壁破口，并沿它形成通道继续送出水蒸气。溶剂蒸发同时发生通道口附近溶液过饱和，而在这里有晶体物质沉淀。仍旧在腔中的溶液，当它还没有完全蒸发之前，继续向通道口进入。而析出的盐形成特殊的透镜状间层沉淀。正是由这样的事实得出盐沉淀的这种性质，仅在器皿有限的面积发生溶液蒸发。形成盐沉淀面有重大的工艺意义，因为对它的溶剂容易相互作用可能实现干凝胶的化学分散。

　　溶剂对含盐干凝胶的作用，造成转向填满空洞。同时溶剂掺入空洞中伴随盐溶解，凝胶结构元素可以伸缩，由于产生分散压力而明显降低物体强度。对质点尺寸小的和作出任意形状的干凝胶大块因此自我随意发生散开。换句话说，作为分散介质的水溶液含有盐，凝胶干燥制取的干凝胶乃是干燥时水蒸发过程中沉淀的固体物体，由盐的间层对各种尺寸的大块做空间划分。溶剂的相反作用，最后实现"化学刀"的作用，溶解的盐间层并因而切开质点尺寸小的干凝胶大块。这样一来，化学分散是在液体作用下，固体物体（干凝胶）破碎，吸收该物体并与它的部分组成进行相互物理化学的作用。着重强调指出：化学分散不需要消耗能量——它靠干凝胶在干燥阶段蓄积应力型能量来实现。

化学分散必要的前提是干凝胶里有可溶性盐和应力，要在保证干凝胶结构中形成应力的条件下进行干燥。由试验得出：其他条件相同，随着干燥温度提高，分散效率高，证明凝胶网中的应力更是高度集中。可是干燥温度不应该超过与排除结构水有关的物质热分解点。与这个条件有关的温度界限上限，许多氢氧化物为约 200℃，最适宜的干燥温度范围为 110~170℃。

虽说分散程度实际不依赖温度，可是分散过程的速度却依赖于实行作业的温度，温度越高，过程进行得越快。从干燥室直接到分散液体中实际上提高分散速度，合理的制干凝胶。液体的数量应该是足够的，为了分散后重量，盐颗粒表面层上面剩下少许游离液（这是最小体积，最大的体积不限制）。根据干凝胶和溶剂的本性以及温度，实现这个过程时，继续分散由几分钟到几小时。

含盐干凝胶是调整分散性的有效因素。含盐干凝胶也能用变形方法改变沉淀物质溶液浓度和沉淀剂溶液浓度以及它在过滤器上洗涤时，从水凝胶排除部分母液。第一个作法最方便。

改变分散液体成分，还能够调节产物的分散性。于是采用水——丙酮混合物作为分散剂，在氢氧化铝和氢氧化锆干凝胶分散时能够增加大颗粒的产量，即利用液体，其中凝胶网的盐溶解度低些，可能减缓分散过程的速度而增加大颗粒的产量。

干凝胶干燥程度对分散性有影响，因此湿度是调整干凝胶分散性方便而有利的因素。

所有这些影响因素，暂时仅研究品质的。

着重强调指出：化学分散可能取消粉碎工艺的循环作业。调节化学分散制度的参数，力求取得希望颗粒组成的产品，灼烧它，然后用普通陶瓷工艺方法直接成型制品。

生产任何类型的氧化物制品可以利用化学混合和分散方法。它的效果是原料加工工艺没有污染，确定制取的氧化物粉末和它的组成，必须对最初原料加工阶段的组分完全混合，排除粉碎作业，稳定制品性能，做有一定目的任务的鉴定和检测。

七、凝胶结合技术在不定形耐火材料中的应用

凝胶结合技术在不定形耐火材料中具有很大潜力。凝胶结合耐火材料不同于传统结合剂结合的耐火材料，它的结合强度来自凝胶，凝胶不含化学结合水，干燥过程简单快速，避免耐火材料坯体破坏。另外，因为胶体黏性较好，在低温下凝胶结合耐火材料的透气性较好，这有利于水分的排除，使抗热震性能提高。

凝胶结合泵送料，由于稳定性好，在高炉出铁沟应用可代替超低水泥浇注料，其抗热震性明显高于水泥结合浇注料（包括低水泥和超低水泥浇注料），其残余强度是低水泥浇注料的 4~5 倍。凝胶结合硅质浇注料可用于焦炉炉顶、炉墙和炉底的修补，也可用于玻璃窑顶和投料口的修补。现在大多数高炉出铁沟使用凝胶结合泵送料。它具有施工容易、干燥和加热迅速的特点，同时具有良好的抗热震性、抗氧化性和附着性，可延长使用寿命，降低成本。在铸造行业，凝胶结合泵送料可用于化铁炉的炉缸、炼铁炉炉缸和渣沟。$w(Al_2O_3) = 50\%$ 的凝胶结合浇注料可用于搅拌器。$w(Al_2O_3) = 60\%$ 的用于铁水包，寿命显著提高，还节约成本。含 SiC 凝胶结合泵送料用于化铁炉钢壳的修补，不仅保护钢壳，同

时减少 10%~15% 的焦炭消耗。凝胶结合泵送料用于加热炉，不仅减少施工时间，还可使炉膛内衬寿命提高 3 倍。凝胶结合预制块可用于电炉盖三角区、钢包盖、高炉出铁沟的撒渣器、中间包钢流控制元件等。高铝 $[w(Al_2O_3)=90\%]$ 凝胶结合泵送料也可用于高温竖窑内衬。$w(Al_2O_3)=70\%$ 的凝胶结合泵送料是当前在高温回转窑中应用最好的耐火材料。

还有硅胶结合喷射料，它具有低尘、低反弹、混料均匀、分层少、性能改善等优点。硅胶结合喷射料像其他泵送料一样湿法混合，用泵通过导管推进，促凝剂在导管的端部凭借高压空气流注入，高压空气流迫使料从喷嘴喷出射在目标上。促凝剂使料变浓，几秒钟内失去流动性。好的喷射料关键是有合适的促凝剂。促凝剂应有的特点是：能使泵送料快速变浓，对浓度变化的敏感性较低，保持料有较高的可塑性，能适应不同组成，保持泵送料的性能不变。

第五节 不定形耐火材料的颗粒组成及作业性能

一、不定形耐火材料颗粒组成

在不定形耐火材料生产工艺中，对原料粒度组成的控制十分重要。粒度级配的合理与否，不仅影响制成体的物理性能，如气孔率、体积密度、透气性、力学性能、弹性模量等。还影响材料的作业性能，如流变性、可塑性、涂抹性、铺展性、附着率（或回弹率）等，也影响最终的使用性能，如抗热震性、抗熔体的渗透性和侵蚀性、耐磨性、耐冲刷性及高温结构强度。对于颗粒组成控制，现在趋向多级颗粒级配，也与定形耐火材料一样采用 Andreassen 方程（连续颗粒）和 Furnas 方程（间断颗粒）堆积理论做指导。Furnas 方程（见第四章第二节）中以 D 与 $CPFT$ 的关系在对数坐标轴上（lg-lg 图）作图时，其粒度分布为曲线分布，如图 7-4 所示，图中的 $K=D_S/D_L$。

Andreassen 的连续颗粒分布方程为：$CPFT/100=(D/D_L)^q$，粒度分布曲线见图 7-5。

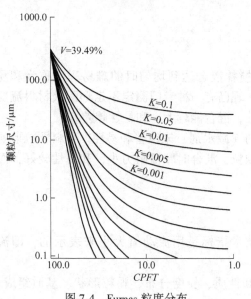

图 7-4　Furnas 粒度分布

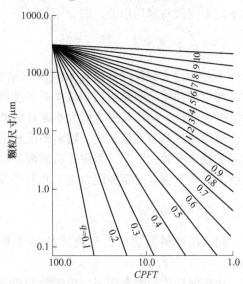

图 7-5　Andreassen 粒度分布

Dinger 和 Funk 修正的方程式（有最大粒度 D_L 和最小粒度 D_S 限制）为：

$$CPFT/100 = (D^q - D_S^q)/(D_L^q - D_S^q)$$

其粒度分布曲线见图 7-6。不管应用哪个方程，主要是控制粒度分布系数 q 值，而 q 值大小是根据作业性能（流变性能）和使用性能要求，通过试验来确定的。

在不定形耐火材料中对颗粒要求最严格的是浇注料，自流和泵灌浇注料要求更严格，如自流型和泵灌型浇注料要求临界颗粒 5mm，q 值控制在 0.21~0.26 之间，大于 0.26 时自流性变差。而对振动型浇注料临界颗粒最大放宽至十几毫米，其 q 值允许在较大范围内波动，一般在 0.26~0.35，根据使用要求来确定。

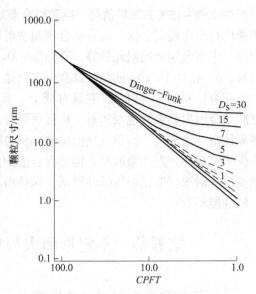

图 7-6　Dinger-Funk 和 Andreassen 粒度分布
（$D_L=300$，$q=0.8$，$D_S=30$，15，7，5，3，…，0.03）

不过粗放的颗粒配料大都采用三级颗粒配料，即粗（大于 1.5mm）：中（1.5~0.074mm）：细（小于 0.074mm）捣打料为 40：20：40（或 40：25：35）；振动施工浇注料为 40：30：30（或 40：35：25）；自动浇注料为 40：30：30。现在普遍采用多级颗粒配料，有的为 6 级颗粒配料，而基本上都遵守 Andreassen 方程或 Furnas 方程。

二、不定形耐火材料的作业性能

不定形耐火材料施工操作的难易程度一般用作业性能的好坏来评价。同时也影响施工效率和施工体的质量。不同施工方法的不定形耐火材料，对作业性能的要求也不同。为此对不定形耐火材料的作业性能介绍如下。

（一）和易性

不定形耐火材料混合料加水或液体结合剂搅拌混合达到均匀时的难易程度称为和易性。与材料性质、颗粒组成和液体的黏度有关。现已有一种专门测定不定形耐火材料流变特性的流变仪，测定其混合能大小来评估和易性，混合能越大，和易性越差。

可以通过调节颗粒组成、粉料细度和分散剂（减水剂）来改善和易性。骨料颗粒形状对和易性也有较大影响，采用球状或近似球状颗粒，混合时摩擦阻力小，和易性较好，而片状、柱状等混合时摩擦阻力大，和易性差。

（二）流动性

耐火浇注料振动或自流施工的一个重要技术指标是用流动值大小来表示的，即流动性。

影响流动值的因素很多，包括骨料的品种和性质、粒度分布、颗粒形状、基质组成、分散剂（减水剂）性质及加入量等。

浇注料流动值测定多采用跳桌法。也有人提出跳桌法的不足，并提出新法。

（三）触变性

含浆体的不定形耐火材料或浆体状，在搅动或振动（外力）作用下，能发生流动和摊平，而静置后不再流动的特性称为触变性。浇注料在凝结发生之前的一定时间内是个可逆过程，是评估浇注料作业性的重要指标。

浇注料触变性好坏主要由基质的触变性来决定。基质由粉料-水体系构成，可用转筒式黏度计测定剪切速率γ与剪切应力τ之间的关系，有如下特点：

随剪切速率γ升高，剪切应力τ也随之升高，到达某一确定值后，逐渐降低剪切速率，剪切应力也相应下降，将γ与τ的关系绘制在γ-τ坐标图上，可以看出上行路线与下行路线并不重合，形成一个月芽形圈，如图7-7所示，圈的面积越大，表示越难触变，触变性越小越好。

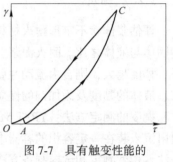

图 7-7　具有触变性能的
体系的流变曲线

除浇注料外，耐火涂料、压注料、耐火泥浆等也具有触变性。改变不定形耐火材料触变性，可加入少量分散剂或解胶剂。

（四）凝结性

不定形耐火材料加水或液体状结合剂拌合后，拌合料逐渐失去触变性或可塑性而处于凝固状态的性质称为凝结性。这一段过程所需时间称为凝结时间。拌合料由黏-塑性体或黏-塑-弹性体转变成塑-弹性体的时间为初凝时间，由塑-弹性体变成弹性体的时间为终凝时间。

含粗骨料的不定形耐火材料凝结时间的测定标准尚在统一，而基质部分凝结时间可使用国家标准 GB146《水泥浆凝结时间测定法》来测定。测定时将大于$100\mu m$骨料筛除，用粉料加水或液体结合剂与促凝剂组成的拌合料来测定。将标准稠度的泥浆装入维卡仪（凝结时间测定仪）的试模内，按规定操作程序反复测定，由加水拌合起至维卡仪上的测定指针沉入浆体中直到距离模底板为$0.5\sim1.0mm$时的时间为初凝时间，而指针沉入浆体中距上表面不超过$1.0mm$时的时间为终凝时间。

对于浇注料，要满足施工作业，一般要求初凝时间不得早于40min，而终凝时间不得迟于8h。对喷射料要求凝结时间越短越好，如湿式喷射料，要求喷到受喷面上能立即发生闪凝，防止喷涂层脱落或倒塌。

（五）硬化性

不定形耐火材料加入液体结合剂拌和成型，经过养护或加热烘烤固化而产生强度的性质称为硬化性。硬化原理是由于结合剂发生水化反应产生水化物或发生化学反应生成胶结物或由于凝聚作用生成团聚体或发生缩聚反应生成聚合物，将集料颗粒结合在一起而硬化。

从流变学观点，即是材料由黏-塑-弹性体转变成弹性体的过程。这需要一定时间，因此一般要有一定时间养护或烘烤来表示硬化性。

不定形耐火材料发生硬化作用是有条件的，结合剂不同，硬化条件也不同。如用铝酸钙水泥作结合剂的浇注料，在常温潮湿环境下养护发生硬化称为水硬性材料；用水玻璃结合的浇注料要在常温干燥条件下养护发生硬化的材料称为气硬性材料；用有机树脂类结合的捣打料或热补料，要在加热烘烤（200~300℃）条件下才能硬化称为热硬性材料。

（六）稠度

评估浆体状不定形耐火材料流动性的标准称为稠度，即浆体（固体粉料-水系悬浮液）中固体与液体之比。耐火泥浆、压注料、涂料等不定形耐火材料的流动性与稠度有密切关系，稠度越大，则自由流动性就越小。流动值大小还与固体粉料的粒度分布、粒子的形态、液体的黏度及添加剂的性质和加入量有关，尤其是分散剂和解胶剂。

稠度的测定方法：YB/T 512 对耐火泥浆稠度试验方法是采用一定质量的铝质圆锥体自由沉入装在一定容积的容器中浆体内的深度，来衡量其稠度。YB/T 5202 规定致密耐火浇注料稠度测定和试样制备方法，是将浆体倒入固定体积的容器中，测定浆体从容器下部固定直径的出料口流出时间来相对评估稠度，流出时间越短，稠度越小。

（七）铺展性

用抹刀将耐火泥浆、涂抹料等涂敷于耐火制品或砌体表面，衡量难易程度的指标称为铺展性。一般要求这些涂敷材料在抹敷过程中，既易于均匀铺展开，又不发生干涸或流淌。

这类不定形耐火材料呈浆状或膏状，其铺展性好坏主要靠外加剂来调节，如增塑剂、保水剂等，具体有塑性软质黏土、羧甲基纤维素、甲基纤维素、钠盐、木质素磺酸盐、糊精、硅溶胶等，其中羧甲基纤维素、甲基纤维素既能增塑又有保水作用。

铺展性目前尚无确切的测定方法，多数以施工者感觉为准。耐火泥浆可按 YB/T 5122 的规定测定黏结时间来衡量铺展性好坏。

（八）可塑性

块状耐火泥料在外力作用下产生形变而不开裂，外力解除后能保持变形后的形状的性质称为可塑性。可塑性用可塑性指数来表示，是衡量施工难易程度的重要指标。

可塑性指数的测定方法有 YB/T 5119 规定的试验方法，按此法测定一般要求耐火可塑料的可塑性指数在 15%~40% 之间较合适。影响可塑料可塑性指数的因素比较多，主要有以下几点：

（1）粗骨料大于 100μm 与细粉小于 100μm 之比，一般是随细粉含量增大，可塑性提高，细粉越细，可塑性越好。这是因为细度提高，粒子间接触点增多，易于位移所致。

（2）固-液相之间的比例，可塑料的含水量一般波动在 9%~15%（质量比），水分含量太低或太高均难以获得合适的可塑性指数。

（3）增塑材料，如塑性黏土或增塑剂的性质与加入量对可塑性指数的影响也比较大，要求增塑材料有一定的保水性能和在集料颗粒之间起润滑作用。

（九） 附着性

喷射机将喷涂料喷射到受喷涂的衬体上，附着量的百分率称为附着率；相反，未附着的失落量的百分率则称为回弹率。附着率是喷射耐火材料的重要作业指标。附着率越高，回弹率越低，喷射效果越好。影响附着率的因素很多，主要有以下五个方面：

（1）喷射料的颗粒组成，骨料与粉料之比为 60：40，粗骨料的临界颗粒不易过大，一般以 8mm 为宜，含量小于 20% 为好。细粉含量要足以将骨料颗粒包埋住。喷射时，粗骨料能"软着陆"于基质中，否则骨料易脱落。

（2）由细粉与液体组成的泥料应当是一种黏-塑性泥料，具有一定的屈服值，受喷射气流和喷射料的冲击时，只发生塑性变形，而不发生流淌，需要加入增塑剂或絮凝剂调节。

（3）作为喷射料的载体气流压力与流速要适当，气压过大使冲击力过大，易引起喷射料回弹；如果气压过小，难以使喷射料形成致密的喷涂层，也容易发生脱落。

（4）喷嘴与受喷面的距离要适当，一般为 0.8～1m，喷枪要与受喷面成直角，否则都会使附着率降低。

（5）喷射喷补料时，受喷衬体表面越粗糙越易黏附。而喷射喷涂料时，受喷炉壳上应有适当的锚固件（锚固钉或龟甲网），以增强喷涂层结构强度。

（十） 马夏值

马夏值是高炉出铁口炮泥的特性值。该值是由马夏试验机测定的，测定时，对置于试验机中模型内的炮泥进行挤压，使泥料通过模型下部一定直径的出料口挤出时的压力为马夏值，其单位为 MPa。该模型相当于实际泥枪的缩小模型，一般高炉炮泥的马夏值是根据泥枪的挤压力来确定的，波动在 0.45～1.4MPa 之间。炮泥的马夏值随炮泥的作业性（黏塑-弹性体）不同而波动。对炮泥作业性的基本要求是：

（1）良好的可塑性，挤出泥柱不发生断裂或松散，并能在出铁孔内侧壁形成泥包。

（2）在出铁孔内能发生适当的烧结，并具有一定的抗侵蚀性和抗冲刷性，以保护铁孔内侧的衬体，因此炮泥配制中要加增塑剂、润滑剂和助烧剂。

第六节 各种浇注料

浇注料是用浇注方法施工，无需加热处理就能硬化的不定形耐火材料。一般在使用现场以浇注、振动、喷射、自流的方法成型，也可以制成预制件使用。

按气孔率分为：致密浇注料（采用致密骨料）和气孔率大于 45% 的隔热耐火浇注料（见第九章）。

按结合剂分为：水硬性结合浇注料（主要是各种水泥）、化学结合浇注料（主要有水玻璃、硫酸铝、磷酸盐，一般通过加入促硬剂进行化学反应而硬化）、凝聚结合浇注料（主要有 SiO_2、Al_2O_3 等超微粉结合）、水化-凝聚结合浇注料（水泥+SiO_2 超微粉结合）。

按施工方法分：自流浇注料、振动浇注料、喷射浇注料。

按骨料分：黏土质、高铝质、硅质、碱性骨料（镁砂、白云石等）、特殊骨料（有碳质、碳化物、尖晶石、锆英石、氮化物等）和隔热骨料（多孔骨料）。实际使用还采用某些混合料。

一、铝酸钙水泥结合浇注料

以铝酸钙水泥为结合剂，以黏土熟料或高铝熟料、刚玉料、莫来石料等为骨料和粉料，按一定配合比加水搅拌，振动成型并经潮湿养护后而成。

（一）普通铝酸钙水泥

普通铝酸钙水泥就是用天然高铝矾土与石灰石按一定比例配料，煅烧而制成的水泥，也叫矾土水泥。其中 CA-50、CA-60 水泥结合的浇注料，一般采用耐火黏土熟料或高铝矾土熟料作集料，骨料用量 70%～73%，水泥用量 10%～20%，粉料总量 27%～30%。常用的一般配料比见表 7-22。

表 7-22　普通铝酸钙水泥结合浇注料配料（质量分数/%）

编号	CA-50 或 CA-60	粉料	骨料			减水剂	水（外加）
			<15mm	10～5mm	<5mm		
1	15（CA-50）	15（黏土）	70（黏土）				10～11
2	14（CA-50）	14（高铝）		40	32	0.95	7～8
3	12（CA-50）	15（高铝）		38	34	0.15	8
4	15（CA-60）	15（高铝）		35	35		10
5	12（CA-60）	12（铬渣）		41	35		9

注：根据使用条件选择集料及水泥加入量。

由于矾土水泥以 CA 为主，在常温下凝结硬化速度较快。水化初期（10h 内）放热量较大，约为总水化热的 80%，故在夏季养护过程，必须随时喷水冷却，冬季要用湿麻袋或塑料薄膜覆盖，以便使浇好制品或衬体表面潮湿。矾土水泥浇注料成型后一般经过 1～3h 就可以达到初凝，6～8h 达到终凝，强度增长较快，养护 1 天可达到极限强度 75% 左右，3 天可达 85%～95%，7 天后基本达到极限强度。几种矾土水泥结合浇注料的理化性能见表 7-23。

（二）CA-60 水泥浇注料

由于 CA-60 水泥以 CA_2 矿物为主，约占 60%，所以凝结硬化速度略慢于 CA-50 水泥，放出的水化热也不如 CA-50 水泥集中，一般在 7 天之内逐渐放完。在 CA-60 水泥中先依靠 CA 水化放出的水化热促进 CA_2 水化，因此要加快硬化速度，可采用蒸汽进行养护，蒸汽养护后的水化物为 C_3AH_6，这样养护后的烘干强度虽然不如常温养护后的烘干强度，但不存在 CAH_{10} 和 C_2AH_8 转化为 C_3AH_6 造成强度下降的问题，强度损失小。CA_2 水化时有一定量的铝胶（$Al_2O_3 \cdot aq$）生成，形成水化物晶体——凝胶体混合胶结物，可减轻水化物晶体转化时引起的结构破坏。

表 7-23 矾土水泥结合浇注料的理化性能

料 种	化学成分/%			体积密度/g·cm⁻³		冷态抗压强度/MPa			烧后线变化/%			拌和用水量/%
	Al_2O_3	SiO_2	CaO	110℃	1000℃	110℃, 16h	1000℃, 3h	使用温度, 3h	110℃, 16h	1000℃, 3h	使用温度, 3h	
黏土质	45	43	5.6	2.1	2.02	23	13	42 (1450℃)	0	0.2	+0.2 (1450℃)	10~13
高铝质	73	15	6.0	2.5	2.45	43		60 (1500℃)	0	0.2	0.5 (1500℃)	10~13
刚玉质	82	10	5.5	2.8	2.76	50		65 (1600℃)		0.2	0.5 (1600℃)	10~13

CA-60 水泥浇注料的强度发展速度比 CA-50 水泥浇注料慢，一般要 7 天接近极限强度为 50MPa 左右，中温强度下降幅度也小些。而 CA-60 水泥 CaO 含量比 CA-50 水泥低些，高温下生成的 C_2AS 或 CAS_2 低熔物相也要少些，故使用温度比同材质的矾土水泥浇注料要高些。

这类浇注料价廉、易得、施工方便，20 世纪 60~80 年代我国曾广泛推广这种浇注料，目前在锅炉、石化工业炉、冶金系统的中低温（1300~1500℃）热工设备上仍广泛应用。

（三）低钙铝酸盐水泥浇注料

因为低钙铝酸盐水泥的主要矿物是 CA_2，几乎不含 CA。因此用这种水泥做结合剂的浇注料，在常温下养护时强度增长很慢，养护早期强度低，约 28 天才能达到最高强度。一般养护 1 天的强度仅为极限强度的 15%~17%，3 天为 35%~40%，7 天为 50%~60%，21 天为 85%~90%，到 28 天耐压强度达 50~70MPa。为加速硬化速度，通常采用 80~100℃水蒸气养护，16~24h 就可以达到最高强度，但要比常温下长期养护的强度低些，但热处理后的强度下降率要比常温下养护的小些。这是因为蒸汽养护生成的水化物是 C_3AH_6，而不是 CAH_{10} 和 C_2AH_8，所以低钙铝酸盐水泥浇注料的热态强度比 CA-50 水泥或 CA-60 水泥浇注料高些。

（四）纯铝酸钙水泥浇注料

由于主要化学成分为 Al_2O_3 和 CaO，杂质含量很少，因此选用的骨料和粉料应该是耐火性能高的高级耐火原料，通常是特级矾土熟料、电熔或烧结刚玉、高纯合成莫来石、镁铝尖晶石、铬刚玉、铝铬渣等。一般是耐火骨料 60%~70%，粉料 15%~20%，纯铝酸钙水泥 10%~20%，加水量 8%~10%，掺加少量减水剂，以便减少用水量，改善流动性，提高致密度。

纯铝酸钙水泥矿物组成主要是 CA_2 和少量 CA。也有一种电熔纯铝酸钙水泥，主要矿物为 CA 和少量 $C_{12}A_7$ 以及少量 α-Al_2O_3 掺和料。前者初凝时间 1h 左右，终凝 6~8h，而后一种初凝为 15~30min，终凝 4h 之内，这种水泥一般需要加缓凝剂方可使用。

化学合成纯铝酸钙水泥各龄期（6h、1 天和 3 天）的强度均比烧结法水泥发展的快，其 1 天的强度几乎是烧结法水泥（CA-70）3 天强度的 2 倍。

纯铝酸钙水泥浇注料物理性能随所用的骨料和粉料的材质性能不同而异，如用刚玉骨料和粉料配制的浇注料养护 3 天后的耐压强度为 40~50MPa。加热 110℃，24h 后冷态耐压强度为 50~60MPa，密度为 2.95~3.10g/cm³，气孔率为 18%~20%，线变化率为 0；1500℃，3h 后，耐压强度为 60~80MPa，密度为 2.90~3.05g/cm³，气孔率为 17%~19%，线变化率为+0.5%。主要原因是 CaO 与 Al_2O_3 反应生成六铝酸钙，发生体积膨胀所致。

　　选择板状氧化铝作集料，纯铝酸钙水泥结合剂，其配料比及性能见表 7-24。电熔铝酸钙水泥 Al_2O_3 含量比 CA-80 还高，主要矿物 CA，次要矿物 $C_{12}A_7$ 和 α-Al_2O_3，因凝结快，要加缓凝剂。其浇注料的配料及性能见表 7-25。

表 7-24　板状氧化铝浇注料的配料比与性能

配料比（质量分数）/%							密度 /g·cm⁻³	抗折强度 /MPa	最高使用温度 /℃	最高温度线变化率 /%
板状氧化铝粒度/mm					纯铝酸钙水泥	Al_2O_3				
2.4~5.0	1.2~2.4	0.6~1.2	0~0.3	0~0.02						
15	15	20	25	5	20	96	2.5	11~15	1800	-0.9

表 7-25　电熔铝酸钙水泥结合刚玉浇注料性能

编号	配合比（质量分数）/%				耐压（抗折）强度/MPa					烧后线变化率/%		荷重软化温度/℃		体积密度 /g·cm⁻³	显气孔率 /%
	水泥	骨料	粉料	水	1天	110℃	1000℃	1400℃	1500℃	1400℃	1500℃	kd	2%		
1	18	电熔刚玉	电熔刚玉	9	49 (6.1)	40 (9.0)	28 (4.8)	59 (8.5)	50 (10.5)	-0.26	+0.14	1620	1740	2.89	19.4
2	18	烧结刚玉	电熔刚玉	8.7	44 (7.1)	33 (7.9)	24 (4.1)	80 (14.5)	58 (13.8)	-0.64	+0.23	1470	1710	2.84	

　　外加剂以复合型为好，如以酒石酸或柠檬酸与碳酸氢钠组成复合减水剂为 CB 型，再加水泥质量的 0.1%~0.05% 的木质素磺酸钙称为 CBM 型等。减水剂对刚玉浇注料性能的影响见表 7-26。

表 7-26　减水剂对刚玉浇注料性能的影响

减水剂		用水量/%	减水率/%	耐压强度/MPa		
名称	占水泥/%			3 天	110℃	1000℃
无减水剂		11.5		17.3	19.4	11.2
CB	0.09	8	30	41.2	42.0	36.4
CBM	0.1	9	22	50.4	41.7	28.7
TNH	2.0	7	39	36.0	63.0	44.7

　　水溶性密胺树脂称为 TNH 型，以上均有缓凝效应。

　　纯铝酸钙水泥结合刚玉浇注料，一般采用骨料 70%、细粉 30%、水泥用量 10%~15% 而刚玉细粉 15%~18% 的配合较好。粉料多时，包裹骨料多余，用水量增多，高温烧结收缩大，性能降低；粉料少时，不足以包裹骨料，组织结构不紧密，性能也差。下面用实例说明两种水泥对浇注料性能的影响。

　　1 号配方：板状刚玉 3~1mm 40%，1~0.5mm 30%，<0.5mm 20%，CA-80 水泥 10%。

2 号配方：板状刚玉同 1 号配方，MA 尖晶石水泥 10%。

两种浇注料试样 1500℃烧后鉴定：1 号矿物成分为 α-Al$_2$O$_3$ 和 CA$_6$；2 号试样还有 MA 尖晶石。将两种试样加热 1000℃，水冷 20 次后的强度损失率：1 号试样为 12%，2 号试样为 5%。可见用含 MA 尖晶石水泥浇注料有较好的耐火及物理力学性能。

二、低水泥、超低水泥及无水泥浇注料

普通浇注料水泥用量多（15%~20%），用水量大（10%~15%），水泥颗粒分散性差，水泥胶结作用不能全部发挥，导致浇注料气孔率大，强度低。中温时，水泥水化物脱水，结构发生变化，而陶瓷结合尚未形成，造成强度急剧下降。又因水泥多，高温下生成低熔相多，对高温性能不利。为了克服普通浇注料的缺点，必须将 CaO 含量降低。

为了实现不定形耐火材料的高致密性、高强度、抗渣性等，以满足苛刻的使用条件，结合体系一方面向"纯净化"的方向发展，尽可能减少或消除由结合物带入的杂质成分；另一方面向着在加热过程中减少结合物的挥发和分解，从而减少对材料结构产生破坏作用的"稳定化"方向发展。这就导致 Al$_2$O$_3$-SiO$_2$ 系的浇注料要限制铝酸钙水泥的加入量，以减少或避免 CaO 的不利影响。因为对于 Al$_2$O$_3$-SiO$_2$-CaO-(Fe$_2$O$_3$，TiO$_2$，R$_2$O 等) 的多元体系，1300℃左右即可出现液相，降低材料的热态强度和荷重软化温度。就 Al$_2$O$_3$-SiO$_2$ 系浇注料的热态强度而言，形成莫来石结合有高的热态强度，CaO 或铝酸钙水泥应尽量减低，甚至不用。而对于 Al$_2$O$_3$-MA(MgO) 系浇注料，铝酸钙水泥却是合适的结合剂，其 CaO 与 Al$_2$O$_3$ 可生成 CA$_6$ 高熔点相（1860℃分解熔融）。SiO$_2$ 则要严格限制，否则热态强度会急剧下降。对 MgO 基的浇注料，则采用 MgO-SiO$_2$-H$_2$O 系统的凝聚结合。

凝聚结合代表浇注料结合方式的发展方向。所谓凝聚结合是指具有或接近胶体粒子尺寸的微粒物质，依靠范德华力（包括氢键的吸引）发生凝聚而产生结合作用。胶体类结合剂和超微粉的浆体在迟效促凝剂的作用下可产生这种结合。无水泥浇注料结合体系的新的一种结合方式是由 SiO$_2$ 超微粉与 MgO 和 H$_2$O 作用产生的 MgO-SiO$_2$-H$_2$O 凝聚结合。加热过程中失重少，且在较宽温度范围内逐渐脱水，因而快速升温对结构的破坏作用不大。随着温度升高，SiO$_2$ 与 MgO 反应生成高熔点相镁橄榄石（M$_2$S），可避免其他种结合剂如聚磷酸钠带入 Na$_2$O 或水泥带入 CaO 的不利影响。并可以大幅度改善浇注料的流动性，提高其致密度。

20 世纪 70 年代初，法国拉发杰（Lafarge）公司研究成功低水泥浇注料，后来又开发成功超低水泥浇注料，20 世纪 80 年代在世界各国推广应用。我国对耐火浇注料制定了国家标准（GB/T 4513—2000），其定义是：主要以干状交货，加水或其他液体混合后浇注施工。亦可制备成预制件交货。按产品中 CaO 含量的定义，与美国 ASTM 规定相同。

（1）普通浇注料（MCC）：含水泥的水硬性结合的耐火浇注料，CaO 含量大于 2.5%。

（2）低水泥耐火浇注料（LCC）：CaO 含量 1.0%~2.5% 的耐火浇注料。

（3）超低水泥耐火浇注料（ULCC）：CaO 含量 0.2%~1.0% 的耐火浇注料。

（4）无水泥耐火浇注料（NCC）：CaO 含量小于 0.2% 的耐火浇注料。

与普通（传统）耐火浇注料不同的是低水泥、超低水泥浇注料中是用与浇注料主材质化学成分相同或相近的超微粉取代部分或大部分铝酸钙水泥，同时加入微量的分散剂（减水剂）和一定量的迟效促凝剂。而无水泥浇注料是完全用超微粉或氧化物溶胶做结合剂。

　　低水泥、超低水泥和无水泥浇注料的凝结与硬化机理与普通铝酸钙水泥不同。水泥主要依靠水化结合。而低水泥浇注料是水化结合与凝聚结合共存，超低水泥浇注料是以凝聚结合为主，无水泥浇注料为凝聚结合机理。产生凝聚结合的原理是：加有 SiO_2 超微粉的硅酸铝系统浇注料其凝结硬化过程为：当 SiO_2 超微粉与水混合后，由于 SiO_2 超微粉活性很高，会与水作用形成胶粒，此胶粒表面因 Si—OH 基解离成 $Si—O^- + H^+$，而使胶粒带负电。带负电的胶粒会吸附铝酸钙水解过程中缓慢溶出的 Al^{3+} 和 Ca^{2+} 离子，使胶粒表面 ξ-电位下降。当吸附达到"等电点"（即胶粒不带电）时，即发生凝聚，从而产生结合作用。再通过干燥作用便发生硬化。

　　低水泥、超低水泥和无水泥浇注料有以下优点：

　　（1）浇注料中 CaO 含量较低，可减少材料中低共熔相的生成，从而提高了耐火度、高温强度和抗渣性，特别是无水泥浇注料性能更好。

　　（2）浇注料的拌和用水量只有普通耐火浇注料的 $\frac{1}{2} \sim \frac{1}{3}$（4%~6%），因而气孔率低，体积密度高。

　　（3）成型养护后生成的水泥水化物少，甚至无，加热烘烤时不存在大量水合键破坏而使中温强度下降，随着热处理温度的提高而逐渐烧结，强度也逐渐提高。低水泥、超低水泥和无水泥浇注料的骨料和粉料有黏土质、高铝质、莫来石质、刚玉质和含碳与碳化硅质等。特别是无水泥浇注料选用超微粉或硅溶胶、铝溶胶做结合剂取决于骨料的化学成分。如刚玉质浇注料应选用氧化铝超微粉或氧化铝超微粉加氧化硅超微粉。硅酸铝质浇注料可用氧化硅超微粉或氧化硅与氧化铝超微粉配合使用，或用硅溶胶做结合剂。

　　（4）浇注料的颗粒组成做适当调整，就可以配成自流浇注料和泵灌浇注料。

　　低水泥、超低水泥和无水泥浇注料有振动成型和自流成型。振动成型浇注料，一般配料组成为：耐火骨料 60%~70%，耐火粉料 18%~22%，纯铝酸钙水泥 4%~8%（低水泥型）或 1%~3%（超低水泥型），SiO_2 超微粉或活性 α-Al_2O_3 微粉 3%~6%，微量分散剂。自流成型浇注料的配料与振动成型相似，但粒度组成有些差异。自流型浇注料一般骨料临界颗粒不大于 6mm，SiO_2 微粉含量在 5%~6%，同时要用高效分散剂。

（一）低水泥浇注料

　　就是将铝酸钙水泥用量减少，用微粉或超微粉代替一部分铝酸钙水泥。根据浇注料含 CaO 在 1.0%~1.5% 之间及所用铝酸钙水泥的含 CaO 量，计算水泥的加入量。一般加入铝酸钙水泥 8% 以下，浇注料的凝结与硬化过程是由水泥结合和凝聚结合共同作用。我国从 20 世纪 80 年代后期开始对低水泥浇注料进行大量研究，结果介绍如下：

　　湖南科技大学研究人员分别采用焦宝石 [硬质黏土熟料，$w(Al_2O_3) = 44.88\% \sim 46.53\%$]、三级矾土熟料 [$w(Al_2O_3) = 61.86\%$]、特级矾土熟料 [$w(Al_2O_3) = 85.24\%$] 作集料，CA-60、CA-70 水泥及 SiO_2 微粉 [$d_{50} = 6.35\mu m$，$w(SiO_2) = 91.07\%$] 作结合剂，并采用三聚磷酸钠、六偏磷酸钠、柠檬酸钠、酒石酸钠和酒石酸钾钠作为 SiO_2 微粉的分散剂。先研究分散剂的分散效果，即测定配料泥浆的稠度和流动度，其结果是：六偏>三聚>柠檬酸钠>酒石酸钾钠>酒石酸钠。因此选择六偏磷酸钠作分散剂。配料见表 7-27。

表7-27 铝硅质低水泥浇注料配料（质量分数/%）

编号	骨料/mm			六偏磷酸钠（外加）	SiO₂超微粉	水泥
	3~1	1~0.088	<0.088			
1	焦宝石 45	焦宝石 18	三级矾土熟料 27	0.2	4.5	CA-60, 5.5
2	三级矾土熟料 45	三级矾土熟料 18	三级矾土熟料 27	0.2	4.5	CA-60, 5.5
3	特级矾土熟料 45	特级矾土熟料 18	特级矾土熟料 27	0.2	4.5	CA-70, 5.5
4	焦宝石 45	焦宝石 18	三级矾土熟料 27	0.2	4.5	CA-50, 5.5

其浇注料的性能测试结果见表7-28。

表7-28 铝硅质低水泥浇注料的性能

项　　目		1	2	3	4
加水量/%		6.5	7.7	6.0	6.8
显气孔率（105℃×24h）/%		16.5	21.3	16.0	18.0
烧后线变化率/%	105℃×24h	-0.11	-0.21	-0.09	-0.10
	900℃×3h	-0.15	-0.44	-0.05	-0.15
	1300℃×3h	-0.30	-0.57	-0.14①	-0.30
耐压强度/MPa	105℃×24h	44.9	29.0	61.5	40.1
	900℃×3h	71.9	42.5	72.6	48.6
	1300℃×3h	82.2	55.0	102.9①	69.1
抗折强度/MPa	105℃×24h	6.8	5.5	8.7	6.5
	900℃×3h	9.1	7.2	6.4	8.7
	1300℃×3h	>12.3	10.4	>12.3①	11.8

注：编号与表7-27相对应。

①为1500℃烧后。

从表7-28上看出以下几点：

（1）4种低水泥浇注料用水量均低于7%，而铝酸钙水泥结合（不加微粉）浇注料用水量一般为9%~13%，而低水泥浇注料减少3%~7%。

（2）低水泥浇注料的显气孔率较铝酸钙水泥结合浇注料要降低3%~6%（显气孔率不大于18%）。

（3）低水泥浇注料的强度明显高于水泥结合浇注料。特别是中温阶段（800~1200℃）烧后强度会普遍降低（与烘干相比），是由于水泥结合用水量大、浇注料结构疏松及中温阶段水泥的水化物脱水、结构被破坏而基质细粉尚未烧结所致。低水泥浇注料由于 SiO₂ 微粉作用，而中温阶段的强度不但不下降，反而有所提高（如表7-28中900℃烧后强度均高于烘干强度）。

低水泥浇注料所用集料对浇注料性能也有很大影响。如1号配方用烧结致密的焦宝石比4号配方用烧结不太好的焦宝石的浇注料用水量少，其显气孔率和强度等技术指标都要好。2号配方用烧结不太好的三级矾土熟料，尽管 Al₂O₃ 含量高，用它配料的浇注料加水量大（7.7%），气孔率高（显气孔率21.3%），强度低。特别是烧后线变化率较焦宝石配料大1倍。3号配料用特级矾土熟料，含 Al₂O₃ 高，烧结致密，颗粒呈棱角状，用它配制的浇注料, 用水量少 (6%), 气孔率低, 烧后线变化率小, 强度高。

洛耐院研究用红柱石 $[w(Al_2O_3) = 57.4\% \sim 59.1\%$、$w(SiO_2) = 38.9\% \sim 40.8\%]$ 及二级高铝熟料 $[w(Al_2O_3) = 76.26\%]$ 和焦宝石 $[w(Al_2O_3) = 45.32\%]$ 作集料, 纯铝酸钙水泥及 SiO_2 和 Al_2O_3 微粉结合的低水泥浇注料。其配料组成见表 7-29。浇注料的性能见表 7-30。

表 7-29　红柱石、矾土熟料、焦宝石浇注料配料比 (质量分数/%)

浇注料种类	红柱石/mm		矾土熟料/mm		焦宝石	SiO_2 和 Al_2O_3 微粉	纯铝酸钙水泥	水(外加)
	8~0.09	≤0.074	8~0.09	≤0.044	8~0.09mm			
红柱石浇注料	70	10				15	5	5.1
红柱石-矾土浇注料	28	10	42			15	5	5.5
红柱石-焦宝石浇注料	28	10			42	15	5	5.7
矾土熟料浇注料			70	10		15	5	6.2

表 7-30　红柱石、矾土熟料、焦宝石浇注料的常温性能

浇注料种类	显气孔率/%			体积密度/g·cm⁻³			耐压强度/MPa			抗折强度/MPa	
	110℃×24h	1300℃×3h	1500℃×3h	110℃×24h	1300℃×3h	1500℃×3h	110℃×24h	1300℃×3h	1500℃×3h	110℃×24h	1500℃×3h
红柱石浇注料	11	16	14	2.70	2.60	2.54	77	43	68	16	14
红柱石-矾土浇注料	12	17	16	2.62	2.57	2.54	113	50	59	20	14
红柱石-焦宝石浇注料	12	16	13	2.51	2.44	2.44	55	49	66	13	16
矾土-熟料浇注料	18	19	19	2.59	2.52	2.48	103	59	52	17	13

从表 7-30 中看出: 红柱石及含红柱石浇注料显气孔率较低, 而高铝熟料及含高铝熟料的红柱石浇注料 110℃烘干强度较高。

加热线变化为: 红柱石及红柱石-高铝熟料浇注料 1300℃、3h 后显膨胀, 而高铝熟料浇注料显收缩; 1500℃、3h 各浇注料均显膨胀, 浇注料中红柱石越多, 膨胀量越大。1300℃、5~25h 过程的压蠕变率见图 7-8。可以看出: 压蠕变试验 25h 后, 红柱石浇注料 A、红柱石-焦宝石浇注料 A-C、红柱石-矾土浇注料 A-B 和高铝矾土熟料浇注料 B 的蠕变率分别为: -0.06%、-0.25%、-0.46%和-1.93%。红柱石浇注料及含红柱石浇注料均有较强的抗蠕变性, 高铝矾土浇注料抗蠕变性较差。

各浇注料的高温抗折强度见图 7-9。1300℃时, 浇注料本身液相较多, 使强度大幅度下降, 而红柱石杂质含量较少, 所以高温强度较高, 1500℃液相更多, 强度更降低。

红柱石浇注料 (A)、红柱石-焦宝石浇注料 (A-C)、红柱石-高铝熟料浇注料 (A-B) 的热震稳定性 (1100℃—水冷) 均大于 65 次, 高铝矾土浇注料 (B) 为 47 次。从热震试样的外观来看: 红柱石-焦宝石 (A-C) 浇注料几乎看不到有裂纹, 红柱石浇注料 (A) 的裂纹也很细小。因为红柱石的线膨胀系数小于高铝熟料, 所以热震稳定性好。

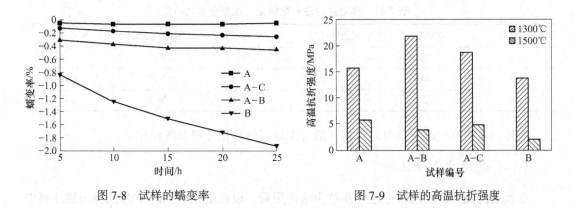

图 7-8　试样的蠕变率　　　　　　　　　　　图 7-9　试样的高温抗折强度

1000℃时，红柱石浇注料（A）的热导率为 1.8W/(m·K)，红柱石-高铝熟料浇注料（A-C）为 1.8W/(m·K)，而高铝熟料浇注料（B）为 2.2W/(m·K)，可见高铝熟料浇注料稍大于红柱石及含红柱石浇注料。

近年来，低水泥浇注料发展很快，已成为不定形耐火材料的主体，广泛用于钢铁、石化、建材、电力、机械等各领域。浇注料集料的品种很多。用天然原料虽然成本低，但热态（1300℃以上）强度低，限制了使用温度及高温使用寿命。从天然原料发展用人工合成原料，如刚玉、莫来石、尖晶石、锆刚玉、锆莫来石、碳化硅及含碳材料等。

另外，SiO_2 微粉、水泥、外加剂等也影响浇注料的高温强度，因此可选择 α-Al_2O_3 微粉等替代 SiO_2 微粉。利尔公司采用板状刚玉作骨料及细粉，高纯尖晶石 [$w(Al_2O_3)$ = 76.67%、$w(MgO)$ = 22.86%] 细粉、α-Al_2O_3 微粉、纯铝酸钙水泥作结合剂，安迈铝业公司生产的分散性氧化铝 ADS 作减水剂。当配方为板状刚玉 89%、α-Al_2O_3 微粉 5%、纯铝酸钙水泥 5%、ADS1% 时，浇注料的高温抗折温度（1550℃，1h）为 12.4MPa。当一部分板状刚玉细粉被尖晶石粉取代，浇注料的高温抗折强度随之增大。这是由于 CaO 与 Al_2O_3 反应生成 CA_6 晶体穿插在刚玉与尖晶石之间，强化了骨料与基质的结合。以加入 6% 尖晶石比较合适，超过 6%，增强幅度减小。

在低水泥刚玉浇注料中，α-Al_2O_3 微粉粒度不同，对热态抗折强度和抗热震性影响较明显。例如：白刚玉<8mm 70%，≤0.074mm 19%，α-Al_2O_3 微粉（<5μm 和<2μm）6%，Secar71 水泥 5%，FS+FW 外加 0.2% 配料。当 α-Al_2O_3 微粉 5μm 与 2μm 的质量比为 3∶1，即<5μm 4.5%、<2μm 1.5% 时，1400℃、0.5h 热态抗折强度最高为 19.2MPa，当<5μm 与<2μm 比为 1∶3 时，浇注料的抗热震性最好。

瑞泰公司研究水泥回转窑预分解系统用多功能浇注料，采用陶瓷废料 [$w(Al_2O_3)$ = 21.68%、$w(SiO_2)$ = 71.32%] 作骨料与矾土熟料粉 [$w(Al_2O_3)$ = 84.2%]、碳化硅粉料和骨料配制低水泥浇注料。其配料比如表 7-31 所示。

研究了 SiC 加入量对浇注料性能的影响，随着 SiC 加入量增加，浇注料流动性变差，但浇注料的体积密度增大。其强度变化情况为：A、B 两组试样的 1100℃ 烧后强度较 110℃ 烘干强度有所上升；C 组试样由于 SiC 含量高（50%），材料没有发生烧结，强度来源于水泥，因此强度降低了。1350℃ 烧后，A、B、C 三组试样强度均有所升高，主要是形成针状莫来石及 SiC 氧化引起体积膨胀而使材料结构更致密。

表 7-31　多功能浇注料配料比（质量分数/%）

试样号	陶瓷废料	矾土熟料粉	SiC	铝酸钙水泥	SiO_2 微粉
A	53	22	15	3~7	3~7
B	43	17	30	3~7	3~7
C	28	12	50	3~7	3~7

上述浇注料有抗结皮及耐碱性能，适合水泥回转窑预分解系统使用。

（二）超低水泥浇注料

在低水泥浇注料的基础上进一步减少水泥用量，根据水泥中 CaO 含量换算出浇注料中 CaO 含量在 0.2%~1.0% 之间，即为超低水泥浇注料。一般浇注料的配料加入铝酸钙水泥 2.5%~5%。在浇注料中，随着水泥用量减少，CaO 含量降低，微粉和超微粉数量增加，浇注料的用水量减少，耐火性能提高。随着微粉增多，流动性和抗渣性改善，凝固时间缩短，烘干及中温处理后强度基本不变。

超低水泥浇注料是凝聚硬化机理，水泥则起迟效促凝剂的作用。因此超微粉对浇注料的作用机理及性能的影响具有非常重要的意义。

洛耐院研究用白刚玉作骨料（8~0.088mm 65%）和细粉（<0.088mm），纯铝酸钙水泥 3%。分别采用三种不同的超微粉：SiO_2（$d_{50}=0.44\mu m$）、$\alpha\text{-}Al_2O_3$（$d_{50}=0.32\mu m$）和 Cr_2O_3（$d_{50}=0.61\mu m$），不同的加入量：分别为 1%、3%、5%、7%、9%，而相应减少白刚玉细粉（<0.088mm）加入量。结果得出：超微粉加入量相同，超微粉品种不同，浇注料需水量不一样，uf-SiO_2 最少，uf-Al_2O_3 其次，uf-Cr_2O_3 最多。三种超微粉随加入量增加，需水量增多的规律是一致的，但浇注料烘干后的显气孔率却随超微粉加入量增加而降低。超微粉加入量相同时，烘干后的显气孔率不同，也与需水量一样，uf-SiO_2 的浇注料显气孔率也比较低，uf-Al_2O_3 的其次，uf-Cr_2O_3 的显气孔率最高。1600℃烧后，加 uf-SiO_2 的试样显气孔率降低，而加 uf-Al_2O_3、uf-Cr_2O_3 试样显气孔率增大。加入 uf-SiO_2 5%、uf-Al_2O_3 7% 的试样强度最大，加入 uf-Cr_2O_3 试样随加入量增加，其强度逐渐增大。微粉粒度对浇注料性能的影响与低水泥浇注料相同。

如果不添加 SiO_2 超微粉等添加物，可以进一步提高刚玉浇注料的纯度，例如安迈铝业公司采用基质优化和组合配方，即将基质预先组合好，使浇注料的配方简化为：刚玉颗粒+组合基质+水泥，其中纯刚玉质超低水泥浇注料的配方为：板状刚玉颗粒（6~0mm）70%；基质组合（AIM-99）27.5%；CA-270 水泥 2.5%。其中的基质组和（AIM-99）化学成分为：$w(Al_2O_3)=99.5\%$，$w(Na_2O)<0.3\%$，$w(Fe_2O_3)<0.1\%$，主晶相为 $\alpha\text{-}Al_2O_3$，粒度<0.045mm。计算得出浇注料 $w(Al_2O_3)=98.77\%$，$w(CaO)=0.65\%$，纯度比低水泥浇注料高。

一般刚玉质超低水泥浇注料（优化组合除外）的外加剂有：三聚磷酸钠、六偏磷酸钠、萘磺酸盐甲醛缩合物和聚氰胺类缩合物等，通常加入 0.15%~0.80%，用水量 4%~7%，成型后自然养护，不得淋水。

超低水泥浇注料多为高档浇注料，即使用性能要求比较高的浇注料，大多数选用原料比较纯、杂质含量少的人工合成原料，如刚玉、莫来石、氧化锆等。例如高炉铁水沟浇注料，随着高炉大型化，出铁沟用耐火材料越来越多地使用浇注料，高炉用 Al_2O_3-SiC-C 质浇注料，即属于超低水泥浇注料。代表性的配料见表 7-32。

表 7-32 高炉出铁沟浇注料配料比 （质量分数/%）

致密刚玉 5~0mm	碳化硅 1~0mm	CA-80 水泥	石墨粉	SiO_2 超微粉	活性 α-Al_2O_3 超微粉	柠檬酸
69	15	3	2	4	7	外加 0.012

在浇注料中必须掺加快干剂或防爆剂，主要有铝粉、乳酸铝、聚苯乙烯纤维和炭纤维等，以适应快速烘衬。

出铁沟浇注料有高档品、中档品及低档品之分。高档品主要由电熔致密刚玉、板状刚玉配制，供大中型高炉使用。中档品用棕刚玉配制，供中小高炉使用。低档品用高铝熟料配制。

近年来围绕 Al_2O_3-SiC-C 系铁沟浇注料有很多研究，以天然原料电熔的亚白刚玉代替以工业氧化铝电熔的致密刚玉的超低水泥铁沟浇注料在大型高炉铁水沟使用，取得相同的使用效果，节约了成本。用烧结法生产的板状刚玉代替电熔法致密刚玉配制的铁沟浇注料，在出铁主沟渣线部位使用，对于原来的开裂剥落现象明显改善，具有良好的抗冲击性能，消除了浇注料工作衬内的拉应力，解决了浇注料的开裂问题。出铁沟分为渣线和铁线，渣线要求有较好的抗渣性，而铁线要求对氧化铁有较高的抗侵蚀能力。表 7-33 列出了大型高炉主沟铁线与渣线用 Al_2O_3-SiC-C 浇注料的主要性质。

表 7-33 大型高炉出铁主沟用 Al_2O_3-SiC-C 浇注料性质

类别		化学成分（质量分数)/%					抗折强度/MPa		耐压强度/MPa		体积密度 /g·cm^{-3}		线变化率 /%
		Al_2O_3	SiC	C	MgO	SiO_2	110℃ ×24h	1450℃ ×3h	110℃ ×24h	1450℃ ×3h	110℃ ×24h	1450℃ ×3h	1450℃
渣线	1	56~60	15~30				4.0~ 8.0	6.0~ 7.0	35~ 40	56~ 60	2.9~ 3.0	2.85~ 2.90	0.1~ 0.2
	2	19	73	3.5		3.5	5.4	12.1	20	50	2.58	2.55	
铁线	1	70~75	12~15				3.5~ 4.5	5.5~ 7.0	35~ 40	45~ 65	2.9~ 3.0	2.85~ 2.95	0.1~ 0.3
	2	69	12	2.2	13	3.5	6.2	10.4	37	46	2.88	2.84	

从表 7-33 中看出：渣线 SiC 含量高于铁线，因为 SiC 可以提高抗渣能力。SiC 含量问题引起广泛关注，欧美一些国家的 Al_2O_3-SiC-C 质浇注料含 SiC20% 左右，日本的浇注料中 SiC 含量 70% 左右，我国一些研究认为 SiC 含量 35% 为宜。进一步增大 SiC 含量，流动性变差，体积密度下降，残余膨胀量增大，抗渣性变差。因此提高 SiC 含量必须选择好的分散剂，调整好颗粒组成，以改善施工性能。铁线中应增加 MgO 含量，以抵抗 FeO 的侵蚀，因为尖晶石抗 FeO 侵蚀能力较强。

郑州大学研究了粒度分布对超低水泥刚玉质浇注料流变性的影响，采用亚白刚玉骨料（5~3mm、3~1mm、1~0mm）和白刚玉细粉（<0.088mm 和 <0.043mm），SiO_2 微粉（d_{50} =

0.51μm，$w(SiO_2)=97.5\%$）和 α-Al_2O_3 微粉 ［$w(Al_2O_3)=99.65\%$］，Lafage、Secar71 水泥，聚羧基乙醚为分散剂。粒度级配按 Andreassen 粒度分布理论，通过研究超低水泥刚玉质浇注料的不同粒度分布（即 q 值）对浇注料的剪切应力和剪切速率与时间的关系、黏度和屈服应力与时间的关系来研究其浇注料流变行为的影响。采用加拿大进口的流变仪来测定浇注料的流变性。

超低水泥浇注料含纯铝酸钙水泥 2%，SiO_2 微粉 4%，Al_2O_3 微粉 4%，q 取 0.2～0.3 之间，每隔 5min 用流变仪测定一次，可以看出浇注料的剪切应力随 q 值减小而增加，特别是 q=0.23 时，浇注料的剪切应力随实验时间延长而呈快速增加的趋势。随 q 的减小，浇注料的塑性黏度和屈服应力明显上升，尤其当 q=0.23 时，浇注料的屈服应力远高于其他试样，且随时间变化较大。

分布系数（q）值较高的试样，显示了较好的流变性。但是粗颗粒较多的浇注料，喷射施工时反弹率高，附着率低，因而不适合湿式喷射施工。而 q 值较低时，中细颗粒比例较高的浇注料具有更好的流变性。在结合系统用 2% 的 SiO_2 微粉等量替代 Al_2O_3 微粉时，加水量由 5.4% 减至 5.2%，即使加水量减少，但流变性大为改善，同时试样的流变行为随时间延长保持稳定，使施工性能受时间的影响大大降低，流动性也明显改善。对于泵送和喷射施工的浇注料，因物料在输送管道内移动时，受到来自管道壁的摩擦阻力（剪切力），其流变性的好坏与作业性能以至能否泵送有直接关系，因此对浇注料流变性的研究对泵送（或喷射）浇注料显得尤为重要。

（三）无水泥浇注料

不含水泥而靠微粉或溶胶产生凝聚结合的可浇注成型的耐火材料称为无水泥耐火浇注料。它与非水泥结合耐火浇注料的区别是其与主体材料化学成分相同的氧化物或化合物的微粉或溶胶作结合剂，使浇注料的杂质含量减少，提高耐火性能和抗渣性能，在使用中产生自结合，有助于提高高温结合强度。而非水泥结合浇注料，虽然不用水泥，可是用化学结合剂或聚合结合剂。

无水泥浇注料的凝结硬化机理是靠加入的分散剂（解胶剂或反絮凝剂）和迟效促凝剂先使浇注料加水拌和时具有一定的流动性（或触变性），经自流或振动成型后，靠迟效促凝剂使浇注料发生凝结和硬化。所采用的迟效促凝剂在水中能缓慢水解和电离出与微粉粒子或胶体粒子表面所带电性相反的离子，当粒子表面吸附反离子达到"等电点"时，粒子便会发生凝聚作用而聚合在一起，再通过干燥作用便发生硬化。因此无水泥浇注料的硬化过程较慢。

无水泥浇注料也是由耐火骨料和粉料、氧化物微粉（<10μm）或溶胶、微量分散剂和适量迟效促凝剂组成。对微粉或溶胶的物理性状有一定要求。要求微粉细度要小于 10μm，微粉越细，凝结作用的效果越好。所用的微粉有 SiO_2、Al_2O_3、Cr_2O_3、ZrO_2、MgO 质微粉或超微粉，以及黏土细粉等，视浇注料主体材质不同而选用之。所用的溶胶主要是氧化铝和氧化硅溶胶。无水泥浇注料可单独用氧化物微粉或超微粉作结合剂，也可以单独用硅溶胶或铝溶胶作结合剂，也可用微粉与溶胶配合作结合剂。选用哪种结合剂取决于集料的材质，如刚玉质浇注料应选择反应性氧化铝或氧化铝微粉加氧化硅微粉作结合剂。硅酸铝质浇注料可选氧化硅质微粉或硅溶胶作结合剂。无水泥浇注料与有水泥浇注料相比，凝结与

硬化速度要慢些，常温养护后的强度要低些。因此宜于在使用现场直接浇注成型整体内衬。

1. 微粉结合无水泥浇注料

由于进一步限制了 CaO 含量（<0.2%），因此一般都选用高纯原料做集料，如采用电熔刚玉作骨料和粉料，分别采用 SiO_2 超微粉、$\alpha\text{-}Al_2O_3$ 超微粉及 SiO_2 和 Al_2O_3 复合超微粉三组试样，其配料比和工艺相同。试样的烘干强度也基本相同，可是随着加热温度提高，$\alpha\text{-}Al_2O_3$ 超微粉结合浇注料强度提高幅度较小，而 SiO_2 超微粉结合浇注料强度提高较明显，SiO_2 和 Al_2O_3 复合超微粉结合浇注料强度提高的幅度最大。

无水泥浇注料也可选用板状刚玉、致密刚玉等优质原料作骨料和粉料，一般超微粉加入量为 5%~15%，如采用复合超微粉，选用 SiO_2 超微粉 5%，而 $\alpha\text{-}Al_2O_3$ 超微粉 10%，外加剂品种与超低水泥浇注料基本相同，优选有机高效减水剂，用水量 4%~6%，刚玉质无水泥浇注料成型后在不低于 10℃ 的条件下自然养护，不得淋水，养护 3 天后的性能指标见表 7-34。

表 7-34 自然养护 3 天后无水泥浇注料理化指标

化学成分（质量分数）/%		耐压强度 /MPa			抗折强度 /MPa			高温抗折强度（1400℃）/MPa	线变化率（1500℃后）/%	体积密度/g·cm⁻³	
Al_2O_3	CaO	110℃	1000℃	1500℃	110℃	1000℃	1500℃			110℃	1500℃
96	0.1	20	56	90	1.8	12	22	2	-0.18	3.20	3.18

采用活性 $\alpha\text{-}Al_2O_3$ 或水化氧化铝结合剂可获得 Al_2O_3 含量 99% 以上的高纯刚玉质浇注料，例如用安迈铝业公司生产的 $\alpha\text{-}Bond300$ 结合剂的典型配方见表 7-35。

表 7-35 高纯刚玉浇注料配料比（质量分数/%）

板状刚玉（6~0mm）	组合基质（AIM-99）	水化氧化铝（α-Bond300）	加水量（外加）	计算 Al_2O_3 含量
70	27.5	2.5	4.7	99.4

有人研究无水泥、无 SiO_2 微粉，而由 $\alpha\text{-}Al_2O_3$ 超微粉结合的纯刚玉质浇注料。其中分散剂焦磷酸钠（$Na_2P_2O_7$）及 $\alpha\text{-}Al_2O_3$ 超微粉（<1μm）对浇注料流动性有较大影响，认为焦磷酸钠加入量的最佳值是 0.02%~0.05%，$\alpha\text{-}Al_2O_3$ 超微粉的加入量为 15% 时，具有最大的流动值。

采用天然高铝矾土熟料及棕刚玉为原料生产无水泥浇注料，可以扩大原料来源，降低成本，能使无水泥浇注料扩大应用范围。如采用特级矾土熟料 [$w(Al_2O_3)$ = 88.08%、$w(SiO_2)$ = 5.83%] 和棕刚玉 [$w(Al_2O_3)$ = 94.04%、$w(TiO_2)$ = 2.65%] 为骨料和粉料，$\alpha\text{-}Al_2O_3$ 微粉（d_{50} = 3.5μm）、SiO_2 微粉（d_{50} = 9.8μm）、Secar71 水泥为结合剂，研究了无水泥浇注料的性能。其颗粒配比为：5~3mm20%，3~1mm35%，1~0mm15%，<0.074mm10%，<0.044mm12.5%，SiO_2 微粉 5%，$\alpha\text{-}Al_2O_3$ 微粉 2%，水泥 0.5%。当颗粒配比及微粉、水泥的加入量固定不变时，改变特级矾土熟料与棕刚玉的比例得出：全矾土熟料试样的加水量为 4.8%，全棕刚玉试样为 3.7%；当配料中改变矾土熟料与棕刚玉的

比例时，加水量在 3.7% 到 4.8% 之间波动，随矾土颗粒的增加，加水量增多。110℃、24h
烘干及 1250℃、3h 烧后试样的显气孔率的变化规律与加水量一致，即加水量多而气孔率
也高。而体积密度及抗折强度与气孔率相反。1250℃ 热态抗折强度，全棕刚玉试样为
5.3MPa，全矾土熟料为 14.9MPa；而棕刚玉配料中加入 ≤0.044mm 矾土熟料 12.5% 的试
样抗折强度最高达 22.1MPa；矾土熟料颗粒加入棕刚玉细粉 22.5% 试样的抗折强度为
8.3MPa，仅高于全棕刚玉，低于全矾土试样。可见加入矾土熟料有利于莫来石形成，提
高热态抗折强度。

　　2. 硅铝溶胶结合无水泥浇注料

　　目前耐火浇注料主要采用硅、铝溶胶结合剂。溶胶的胶体粒子一般为 0.1~1μm 之间，
属胶体分散体系，具有很高的表面自由能，为热力学不稳定体系，加入凝胶剂便可产生凝
胶而赋予材料一定的结合强度。

　　常见的硅溶胶为白色透明液体。耐火材料用硅溶胶含 SiO_2 25%~30%，Na_2O 小于
0.3%，黏度 0.005~0.03Pa·s，pH 值 8.5~9.5，密度 1.1~1.18g/cm^3，是浇注料的良好
结合剂。特别是以莫来石或刚玉为集料的浇注料用硅溶胶作结合剂，可算是"自结合"，
不带入任何杂质。

　　有人采用合成莫来石作骨料和粉料，分别用硅溶胶、铝溶胶作结合剂配合活性 Al_2O_3
微粉 [粒度 <5μm，$w(Al_2O_3) = 98.97\%$]、SiO_2 超微粉 [粒度 <1μm，$w(SiO_2) = 89.14\%$]
的浇注料。纯电熔合成莫来石粒度为 8~3.2mm、3.2~1mm、1~0mm 及 <0.076mm 四级，
其级配以堆积密度逐接近 Furnns 曲线的理想配比。其中硅溶胶结合浇注料的配方为：硅溶
胶 [pH = 9~9.5，$d = 1.178$nm，$w(SiO_2) = 27.31\%$] 8%，活性 Al_2O_3 微粉 5.48%；铝溶
胶结合浇注料配方：水合铝溶胶，含 Al_2O_3 6.85% 加入 8.1%，活性 SiO_2 超微粉 0.227%，
活性 Al_2O_3 微粉 0.075%。其原则是：(1) 流变试验和成型性能比较合适；(2) 结合剂与
外加剂超微粉的比例刚好是完全生成莫来石的比例，达到"自结合"。

　　结果是硅溶胶结合浇注料结构致密，性能好，随温度升高更加致密。莫来石的生成及
生长情况很好，液相量适中，液相收缩和莫来石形成产生的膨胀作用几乎抵消，形成的莫
来石发育于大颗粒周围形成致密环带，"自结合"形成莫来石便应在 1100℃ 时就已发生
(低于相图上指的温度)。

　　铝溶胶结合浇注料作业性差，致使浇注料整体孔隙多，裂缝大，非常疏松。高温下，
由于生成莫来石及出现液相，整体较紧密。1500℃ 时，由于莫来石晶粒长大，液相量少，
整体比较疏松，因此浇注料很少采用铝溶胶作结合剂。

　　有人用板状刚玉和合成莫来石作骨料，白刚玉和莫来石细粉作粉料，硅溶胶作结合剂
的浇注料。其骨料分为 8~5mm、5~3mm、3~1mm、1~0mm 的四级颗粒级配，并加入白
刚玉和莫来石 ≤0.043mm 的粉料，以及 α-Al_2O_3 微粉，其配料比见表 7-36。

表 7-36　硅溶胶结合浇注料配方（质量分数/%）

板状刚玉	莫来石	白刚玉粉	α-Al_2O_3 微粉	促凝剂	硅溶胶（外加）
32	51.5	10	6	0.5	10

　　也有全部为刚玉、硅溶胶结合浇注料。如采用致密刚玉 [$w(Al_2O_3) = 99.88\%$] 作骨

料，白刚玉作粉料，加入 $\alpha\text{-Al}_2\text{O}_3$ 微粉，其配料比为：致密刚玉骨料 64%，白刚玉粉 29.5%，$\alpha\text{-Al}_2\text{O}_3$ 微粉 6%，促凝剂 0.5%，外加硅溶胶 8%。

将配料充分搅拌均匀后，振动成型，12h 即可脱模，并直接进行 110℃、24h 烘烤。在不同温度下保温 3h 热处理后的性能如表 7-37 所示。

表 7-37　硅溶胶结合浇注料热处理后性能

热处理温度及时间	常温抗折强度/MPa		常温耐压强度/MPa		永久线变化率/%		体积密度/g·cm⁻³	
	莫来石刚玉	刚玉	莫来石刚玉	刚玉	莫来石刚玉	刚玉	莫来石刚玉	刚玉
110℃×24h	5.2	4.25	39.9	41.4	0	0	2.74	
815℃×3h	7.5	6.60	72.8	57.2	0	0	2.74	3.26
1100℃×3h	8.6	27.10	115	178.2	0	0	2.74	3.25
1400℃×3h	9.9	29.82	125	181.8	0.063	0.063	2.73	3.24

两种浇注料的荷重软化温度超过 1650℃（现在实验室只能做到 1650℃）。1100℃—水冷循环次数超过 100 次，100 次基本上没有出现裂纹。莫来石刚玉试样 100 次后经 110℃、24h 烘干，其耐压强度为 104MPa，强度保持率接近 90%，刚玉试样保持率为 75.6%。而同样的低水泥刚玉莫来石浇注料经过 49 次热震后几乎完全开裂。硅溶胶结合的两种浇注料，1100℃时已有较好的烧结，1100℃和 1400℃处理后试样的性能指标基本相近。这是由于硅溶胶中纳米 SiO_2 反应活性高，并与 $\alpha\text{-Al}_2\text{O}_3$ 微粉填充在气孔间隙，二者之间接触极易发生反应形成莫来石，降低了烧结温度，而提高了浇注料的中温强度。显微结构和能谱分析得出：浇注料气孔周围的微小晶粒已发生了莫来石化反应，并有其他复合型晶体存在，由于刚玉莫来石晶体与其他复相晶体的热膨胀系数不一致，引起热膨胀失配产生较多的微裂纹，这些微裂纹使主裂纹能量降低，使主裂纹扩展方向得到分散和偏转，能吸收材料的弹性应变能，使抗热震性有很大的提高。

硅溶胶结合刚玉-莫来石浇注料在厚度 330mm 及 400mm 的炉墙及炉顶上应用，浇注 12h 后脱模，烘烤 24h 就投入正常生产，即做到了半天脱模 1 天烘炉。而普通浇注料要 1 天以上脱模，烘炉要 9~10 天以上，这样使炉窑的利用率提高，节约了烘炉燃料，同时也不会排出有害气体，符合节能减排增效的要求。

由于铝溶胶主要成分是 Al_2O_3，所以有较高的耐火性能。以板状刚玉为骨料，用铝溶胶作浇注料的结合剂，与纯铝酸钙水泥及水合氧化铝结合浇注料进行对比，具有较好的中温力学性能，1000℃时，水泥和水合氧化铝结合浇注料力学性能降低，而铝溶胶结合浇注料没有这种现象。以铝溶胶结合浇注料具有较高的热态强度、最小的失重率，因此干燥过程比较安全，干燥快，节约时间。也不会排出有害气体，符合节能减排增效的要求。

三、MgO-SiO₂-H₂O 结合浇注料

20 世纪 80 年代以来，国内外在研究 $\text{Al}_2\text{O}_3\text{-MgO-SiO}_2$ 系材料高温结构和性能变化，发现采用 $\text{MgO-SiO}_2\text{-H}_2\text{O}$ 结合体系可使耐火材料获得良好的性能。20 世纪 90 年代 $\text{MgO-SiO}_2\text{-H}_2\text{O}$ 结合 $\text{MgO-Al}_2\text{O}_3$ 系钢包内衬浇注料得到广泛应用。

20 世纪 90 年代初就有人用轻烧 MgO 粉代替水玻璃作为铝镁浇注料的结合剂。认为轻

烧 MgO 结合的铝镁浇注料比水玻璃结合的浇注料，工艺简单，施工方便，抗渣性好，钢包使用寿命长。许多研究证明：在含 MgO 细粉的浇注料中，SiO_2 微粉有减弱氧化镁水化的作用。SiO_2 微粉-MgO 细粉结合浇注料（无水泥）具有高强度，这是由于 SiO_2 微粉与 MgO 细粉在水中先形成溶胶，在水溶液中 SiO_2 胶粒是带负电的，MgO 粒子在水化过程中会缓慢放出 Mg^{2+} 离子，当 Mg^{2+} 离子被带负电的 SiO_2 胶体粒子吸附，并使 SiO_2 胶体粒子表面达到"等电点"时，SiO_2 粒子即发生凝聚作用，从而达到结合作用。近年来采用 MgO-SiO_2-H_2O 结合的钢包浇注料较多，一些中小钢包普遍采用特级高铝矾土熟料作集料，以及烧结镁砂粉、SiO_2 微粉和微量分散剂。一般烧结镁砂粉 6%~8%，SiO_2 微粉 2%~3%。大型钢包采用纯氧化铝-氧化镁质浇注料，骨料用电熔白刚玉、板状刚玉或亚白刚玉，粉料为刚玉细粉或微粉、活性 α-Al_2O_3 微粉、镁砂粉、SiO_2 微粉及分散剂组成。试验得出：MgO 含量应控制在 6%~8%，高于此范围，抗侵蚀性变差，低于此范围，抗熔渣渗透性变差。SiO_2 微粉控制在 0.5%~2.5%，加入 SiO_2 微粉能提高浇注料的强度和调节线变化率，加入量不易过高，过高时，不但抗侵蚀性下降，而且抗热震性也变差。

有人研究 MgO-SiO_2-H_2O 结合矾土基浇注料。采用二级矾土熟料 [$w(Al_2O_3)$ = 82.02%] 和焦宝石 [$w(Al_2O_3)$ = 45%] 作骨料，临界粒度为 5mm，粉料为二级矾土熟料细粉、电熔镁砂细粉 [$w(MgO)$ = 98.57%]、活性 α-Al_2O_3 微粉、SiO_2 微粉 [$w(SiO_2)$ = 91.21%]。将配料搅拌均匀后浇注成型，24h 后脱模，养护 24h 后于 110℃ 24h 烘烤，再将试样经 1100℃、3h 及 1400℃、3h 热处理。固定骨料与细粉的质量比为 68：32，加水 6.5%，SiO_2 微粉 5%，研究电熔镁砂含量对浇注料性能的影响，镁砂加入量对浇注料强度的影响见图 7-10。镁砂细粉加入量对试样烧后线变化率的影响见图 7-11。加入镁砂粉试样表现膨胀，随加入量增大而变大，过度膨胀导致裂纹增多，强度下降。

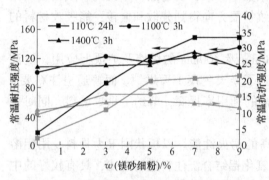

图 7-10　镁砂细粉加入量对试样强度的影响

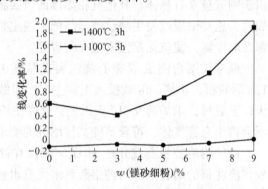

图 7-11　镁砂细粉加入量对试样烧后线变化率的影响

固定电熔镁砂加入量为 4%，改变 SiO_2 微粉加入量对试样耐压强度的影响见图 7-12。对烧后线变化的影响是：1100℃ 3h 烧后，随 SiO_2 微粉加入量增加表现线收缩率增加；而 1400℃ 3h 烧后表现随 SiO_2 微粉增加，线膨胀增大。

从上述看出：单独用 SiO_2 微粉或电熔镁砂粉，浇注料试样 110℃ 24h 烘干后的强度均较低，当二者同时存在时，则强度大幅度提高。认为是由于存在硅酸镁类水化物在颗粒表面形成网络结构使强度提高。1100℃ 烧后，基质内存在相当数量的针状堇青石，1400℃ 热处理后原位形成莫来石和尖晶石，方镁石消失。由于以上的变化有较大的体积效应，因此 1400℃ 热处理后均表现为膨胀，加入镁砂粉过多（超过 7%）试样膨胀过大，导致试样出

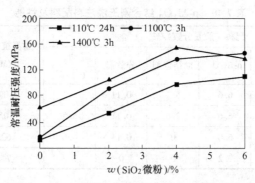

图 7-12 SiO₂ 微粉加入量对试样耐压强度的影响

现裂纹，致使强度下降。因此 MgO-SiO_2-H_2O 结合矾土基浇注料，电熔镁砂粉加入量 $3\%\sim 5\%$、SiO_2 微粉 4% 左右为宜。

具体列出 MgO-SiO_2-H_2O 结合与低水泥结合浇注料的配料及性能见表 7-38、表 7-39。

表 7-38 配料比 (质量分数/%)

浇注料名称	矾土骨料	焦宝石骨料	α-Al₂O₃ 微粉	SiO₂ 微粉	矾土细粉	电熔镁砂细粉	铝酸钙水泥	水 (外加)
MgO-SiO₂-H₂O 结合浇注料	43	25	3	4	21	4		6.5
低水泥浇注料	43	25	3	5	19		5	6.5

表 7-39 性能对比

浇注料名称	抗折强度/MPa			耐压强度/MPa		
	110℃×24h	1100℃×3h	1400℃×3h	110℃×24h	1100℃×3h	1400℃×3h
MgO-SiO₂-H₂O 结合	13.2	15.3	16.3	99.0	138	156
低水泥结合	10.8	15.1	16.6	84.0	127	140

浇注料名称	体积密度/g·cm⁻³		线变化率/%		(1100℃—水冷) 3 次后强度保持率/%	
	110℃×24h	1400℃×3h	1100℃×3h	1400℃×3h	抗折	耐压
MgO-SiO₂-H₂O 结合	2.55	2.52	-0.1	0.5	44	89
低水泥结合	2.54	2.52	-0.1	0.1	29	82

四、ρ-Al₂O₃（水化氧化铝）结合浇注料

ρ-Al_2O_3 作结合剂不引入 CaO，使浇注料的纯度提高，特别是刚玉集料的浇注料。一般选择电熔或烧结刚玉作骨料，α-Al_2O_3 细粉作粉料，除 ρ-Al_2O_3 结合剂外，还有助结合剂，一般选择 SiO_2 超微粉，并加入分散剂，如硅酸钠、聚磷酸钠、聚烷基苯磺酸盐类和木质素磺酸盐类等。其具体配料及对性能的影响见表 7-40。

表 7-40　ρ-Al_2O_3 结合刚玉浇注料配料及性能

| 编号 | 配料（质量分数）/% | | | | | | 常温抗折强度/MPa | 常温耐压强度/MPa |
	电熔刚玉（<7mm）	α-Al_2O_3 微粉	ρ-Al_2O_3	助结合剂	分散剂	水（外加）		
1	66.0	16.8	6.6	5.1	0.11	5.1	109.8	917.3
2	66.4	19.0	6.6	2.8	0.11	5.5	105.8	686.0
3	65.3	21.5	6.0	0	0.11	6.6	62.7	392.0
4	64.6	18.5	7.2	0	0	7.7	74.5	470.4

从表 7-40 看出：减少或不加助结合剂，导致浇注料水量增多，强度降低。分散剂也有此效应，但从 4 号试样的指标来看，不加助结合剂和分散剂，增加 ρ-Al_2O_3 结合剂，也可获得较好的指标，说明添加剂的变化范围较大。

ρ-Al_2O_3 结合刚玉浇注料，ρ-Al_2O_3 与助结合剂高温形成莫来石结合，而纯铝酸钙水泥结合形成低熔物钙黄长石和钙斜长石，因此 ρ-Al_2O_3 结合刚玉浇注料不但耐火性能提高，而且强度也增大。冶金、化工等部门提出的 Al_2O_3 含量大于 98% 的浇注料，用纯铝酸钙水泥结合难以达到，而用 ρ-Al_2O_3 结合刚玉浇注料使用效果很好。如某厂引进美国炭黑炉，使用日本产纯铝酸钙水泥结合刚玉浇注料，一般使用 3 个月（一个周期），改用 ρ-Al_2O_3 结合刚玉浇注料，使用 4~5 个月（1.5 个周期）。观察发现 ρ-Al_2O_3 结合刚玉浇注料具有热稳定性好、使用过程不开裂等优点。

采用白刚玉颗粒（<8mm）和细粉（<0.063mm）、镁砂粉（<0.088mm）、SiO_2 和 α-Al_2O_3 超微粉配料，ρ-Al_2O_3 结合浇注料。随着 MgO 粉增加，流动性变好，加入 0.3% 六偏磷酸钠作分散剂，获得好的流动性。加入 3%ρ-Al_2O_3，浇注料的抗热震性、抗渣侵蚀及渗透性均优于纯铝酸钙水泥结合的浇注料。

ρ-Al_2O_3 结合 SiC 质浇注料，采用 SiC 作骨料 [2~0mm，$w(SiC) \geq 97\%$] 和粉料 [<0.088mm，$w(SiC) \geq 99\%$]，SiO_2 超微粉、ρ-Al_2O_3 作结合剂，聚磷酸钠 0.1%~0.2% 作分散剂。浇注料经热处理后表面无氧化现象，其性能指标见表 7-41。

表 7-41　ρ-Al_2O_3 结合碳化硅质浇注料性能

热处理温度及时间	显气孔率/%	体积密度/g·cm^{-3}	抗折强度/MPa	耐压强度/MPa	线变化率/%
100℃×24h	19	2.58	8.5	64	
1200℃×3h	23	2.55	27.1	93	-0.24
1500℃×3h	21	2.56	25.9	91	-0.32

1100℃—水冷循环 5 次，抗折强度损失率 16.2%。试验得出：随着 ρ-Al_2O_3 加入量增加，浇注料的硬化时间变短。ρ-Al_2O_3 水化形成水化物，如果数量太大，给烘烤带来不便，一般认为 ρ-Al_2O_3 加入量以 6%~9% 为宜。

随着 SiO_2 超微粉加入量增多，浇注料常温强度增大，但带来的杂质增多。SiO_2 与 Al_2O_3 反应生成莫来石，而 SiC 氧化也会产生一定量的 SiO_2，因此 SiO_2 超微粉控制在 2%~4% 为宜。

ρ-Al_2O_3 结合 SiC 质浇注料 800℃ 热处理时，强度略有降低，因为 ρ-Al_2O_3 水化产物

Al(OH)$_3$和 AlOOH 完全分解，没有形成新的结合体系。1000℃时强度开始增大，是由于 SiO$_2$ 超微粉及 SiC 氧化生成的 SiO$_2$ 与 ρ-Al$_2$O$_3$ 分解生成的活性 Al$_2$O$_3$ 反应形成莫来石，提高了浇注料的强度。随着热处理温度提高，莫来石生成量增多，浇注料强度进一步增大。w(SiC)＝73%的浇注料试样 1520℃ 3h 热处理，局部表面出现少量釉状物，估计在此温度下长期使用会使 SiC 氧化。这种浇注料在 1000～1500℃ 具有很好的高温性能。

实质上这种浇注料属于莫来石结合碳化硅质浇注料。由于 SiC 本身热导率高、热膨胀系数小，而莫来石的热膨胀系数也小，因此这种浇注料高温强度大，热震稳定性好，而且耐磨性也好（因 SiC 硬度大），可在建材、电力、有色金属冶炼等行业应用。

"自结合"体系：所谓"自结合"，是指采用与系统中主成分一致、不含杂质成分的结合体系。如采用水合氧化铝取代铝酸钙水泥的高纯 Al$_2$O$_3$-MgO 质钢包浇注料。与采用铝酸钙水泥做结合剂相比，其荷重软化温度和抗渣性都得到提高。

宝钢研究用 ρ-Al$_2$O$_3$ 代替纯铝酸钙水泥作 Al$_2$O$_3$-SiC-C 质铁沟浇注料的结合剂。铁沟料的配料组成见表 7-42。

表 7-42　ρ-Al$_2$O$_3$ 结合铁沟料的配料与水泥结合铁沟料配料（质量分数/%）

浇注料	致密刚玉/mm		SiC/mm			α-Al$_2$O$_3$+SiO$_2$ 微粉	球沥青	Secar71 水泥	ρ-Al$_2$O$_3$	分散剂（外加）
	8～3	3～1	3～1	1～0.088	<0.088					
水泥结合	29	23	3	17	14.5	8.5	3	2	0	0.12
ρ-Al$_2$O$_3$ 结合	29	20	6	17	11.5	8.5	3	0	5	0.12

与水泥结合的铁沟料相比，ρ-Al$_2$O$_3$ 结合的具有较高的强度和较好的抗渣性。由于 ρ-Al$_2$O$_3$ 具有强烈的常温水解特性，水解太快，使浇注料在短时间内失去流动性，造成浇注料无法正常施工，因此选择合适的分散剂及加入缓凝剂硼酸或采用缓凝型 ρ-Al$_2$O$_3$ 显得很重要。

宝钢研究人员选择了聚羧酸盐、六偏磷酸钠+萘磺酸盐甲醛缩合物、聚丙烯酸钠、三聚氰胺甲醛缩合物等，聚羧酸盐最好，但价格昂贵，其次是六偏磷酸钠+萘磺酸盐甲醛缩合物的流动值最大。而加入硼酸可使 ρ-Al$_2$O$_3$ 结合浇注料在 90min 后仍有良好的流动性，能满足施工要求。

ρ-Al$_2$O$_3$ 结合浇注料，其集料可用天然原料，也可用合成原料，对酸、碱或中性原料都适用。与硅石原料结合存在低共熔点（1595℃），若在不高的温度下使用，可制备具有高强度、体积稳定的浇注料。与碱性原料，如镁砂等反应生成尖晶石，提高浇注料的性能。而与中性耐火原料配合效果更好。

ρ-Al$_2$O$_3$ 又称水合氧化铝、过渡型氧化铝或中间氧化铝，它在纯 Al$_2$O$_3$ 的所有形态中是唯一具有常温水化能力的形态。

用 ρ-Al$_2$O$_3$ 作结合剂使用，应注意以下问题：
（1）ρ-Al$_2$O$_3$ 活性好，要始终密封保存，注意防潮。
（2）养护温度，以 30℃ 为宜。
（3）需加助结合剂及外加剂。

五、磷酸及磷酸盐结合浇注料

磷酸及磷酸盐是浇注料的传统优良结合剂。我国在 20 世纪 60 年代曾大力推广和应用磷酸和磷酸二氢铝结合的浇注料，并取得很大成效。由于铝酸钙水泥，以及 SiO_2 和 α-Al_2O_3 等微粉及超微粉的出现，水泥、低水泥及超低水泥结合浇注料，由于施工方便、性能好，逐渐取代了磷酸及磷酸盐结合的浇注料。不过由于磷酸及磷酸盐结合的浇注料高温性能好，脱模后能立即使用，缩短烘炉时间，尤其是固体磷酸二氢铝的出现，给施工带来方便，因此现在仍有些地方使用磷酸及磷酸二氢铝结合的浇注料。

以磷酸、磷酸盐和聚磷酸盐作结合剂，与耐火集料、外加剂（促凝剂）配制成可浇注的耐火材料称做磷酸盐结合耐火浇注料。

磷酸盐分为两类：其一是用于中性或酸性耐火材料结合剂，是磷酸或磷酸二氢铝等酸性结合剂；其二是用于做碱性耐火材料结合剂，如镁质、镁铝质浇注料的结合剂：三聚磷酸钠、六偏磷酸钠。

酸性磷酸盐结合剂与酸性和中性耐火材料不发生反应，或反应速度很慢，要加入促凝剂。常用的有 MgO、CaO、Al_2O_3 等，要控制加入量和细度。浇注料中液体磷酸或磷酸二氢铝控制比重 1.4~1.45，加入量 13%~15%。由于磷酸或磷酸二氢铝在常温下会与集料中金属铁反应产生 H_2 气，因此要经过二次混练，困料 24h，或加入抑制剂。

采用固体磷酸铝作结合剂，简化了生产程序，如广东珠海某公司采用 PA 型固体磷酸二氢铝作结合剂，氧化镁粉作硬化剂，NH 复合抑制剂制备刚玉质浇注料：刚玉骨料（临界粒度 2.5mm）60%，细粉 40%，外加 2%SiO_2 超微粉和 6%PA 型固体磷酸二氢铝，加水 3%~5%。搅拌均匀后倒入模中成型。试样在模内自然养护 24h，脱模后立即热处理。

硬化剂 $w(MgO) \geqslant 90\%$，加入 0.5% 时硬化时间 3h，烘干后试样变形鼓出；加入 1.0% 时硬化时间 2h；加入 1.5% 时硬化时间 0.5h，硬化太快，施工困难，但浇注料的耐压强度大幅度提高，热处理后由鼓胀变为收缩，硬化剂加入量 0.75%~1.25% 较合适。试验得出 NH 抑制剂加入 0.05%~0.15% 比较合适。制备的浇注料与国产耐磨材料性能对比如表 7-43 所示。

表 7-43　固体磷酸铝结合刚玉浇注料与其他耐磨材料性能

材料名称	体积密度/g·cm⁻³		常温抗折强度/MPa		常温耐压强度/MPa		线变化率/%
	110℃	815℃	110℃	815℃	110℃	815℃	815℃×3h
固体磷酸铝结合刚玉浇注料	3.15	3.10	20.5	21.2	90.4	105.3	−0.15
某高耐磨材料	3.04	2.97	11.3	13.1	88.3	97.3	−0.30
SH3531 规范电子耐磨材料	2.90~3.10	2.80~2.95	>10	>10	>80	>80	0~−0.3

有人采用固体磷酸铝结合 Al_2O_3-SiC 质浇注料，致密刚玉作集料，SiC 细粉（12%）、富镁尖晶石作促凝剂（>12%），NH-66 作抑制剂（0.12%），固体磷酸铝作结合剂（6%）。固体磷酸二氢铝结合刚玉浇注料的力学性能优于液体磷酸铝结合的产品。由于磷酸铝结合浇注料具有较好的强度和抗热震性，因此一般用于温度波动频繁的工业炉衬和中温耐磨衬体，也常用于修补料。

固体磷酸二氢铝结合的 Al_2O_3-SiC-C 质铁水包浇注料，平均使用寿命 8000 次，是当时国内铁水包寿命的 4 倍。该浇注料用特级矾土熟料 $[w(Al_2O_3) = 86.2\%]$ 作骨料，添加适量板状刚玉中颗粒，引入 α-Al_2O_3 和 SiO_2 复合超微粉。临界颗粒为 8mm，8~5mm、5~3mm、3~1mm、≤1mm 和 0.15~0.074mm 为中颗粒，≤0.074mm 及 ≤0.005mm 为细粉，根据 Andreassen 方程，对 q 在 0.25、0.27、0.29 时的粒度级配进行调整，确定碳化硅 $[w(SiC)=98\%]$ 加入量 16%，鳞片石墨 $[w(C)=99\%]$ 加入量 2%，$\alpha\text{-}Al_2O_3$ 微粉 8%，SiO_2 微粉 2%，铝酸钙水泥 3%，蓝晶石细粉 4%，固体磷酸二氢铝 6%，加水 10%，浇注料流动性和强度最高，使用效果最佳。用这种浇注料施工简单，烘烤方便，拆包容易，使用时间（寿命）长（40 天以上）。聚磷酸盐是碱性浇注料的重要结合剂，常用三聚磷酸钠和六偏磷酸钠，在常温下溶于水，并能与碱性粉料中的 MgO 或 CaO 发生化学反应，生成复合磷酸盐而使材料硬化，但反应速度较慢，因此宜作碱性浇注料的结合剂，不必加促凝剂。如三聚磷酸钠与水作用生成磷酸二氢盐和磷酸一氢盐，然后这两种盐与 MgO 或 CaO反应生成复合磷酸盐而硬化。

三聚磷酸钠在水中溶解度与温度有关，随温度升高，溶解度加大。要增大加入量，就要适当提高水温，可加速聚磷酸钠溶液与碱性材料中 MgO 的反应，加快硬化速度。

六偏磷酸钠极易溶于水，在常温下可以任意比例与水混合，其水溶液黏度随温度升高而降低。水解产物也易于 MgO 或 CaO 反应生成复合磷酸盐而发生硬化。为了提高碱性浇注料的高温强度，在配料中加入少量 CaO 材料。聚磷酸盐结合镁质浇注料的物理性能见表 7-44。

表 7-44 聚磷酸盐结合镁质浇注料物理性能

性能	体积密度/g·cm⁻³		显气孔率/%		耐压强度/MPa		抗折强度/MPa		线变化率/%	
	110℃×24h	1500℃×3h	110℃×24h	1500℃×3h	110℃×24h	1500℃×3h	110℃×24h	1500℃×3h	110℃×24h	1500℃×3h
指标	2.8~2.9	2.8~2.85	8~14	16~20	60~80	40~70	8~12	4~6	-（0.1~0.5）	-（0.1~1.0）

六、水玻璃结合浇注料（耐酸浇注料）

水玻璃结合浇注料的骨料和粉料来源广泛，既可用硅酸铝质、硅质、半硅质，还可以用于镁质、镁铝质等耐火浇注料。由于水玻璃较黏稠，拌料和振动时间增长。20 世纪 70年代出现速溶性固体水玻璃，可以与耐火骨料、粉料混装在一起，现场加水拌料，浇注，使用方便。

这种浇注料由于加热到 800~1000℃时氟化钠和氧化钠的熔融，液相量增多，硅胶作用减弱，因此荷重软化温度较低。同时水玻璃结合浇注料使用温度也相对较低，高铝质的使用温度为 1400℃，黏土和半硅质使用温度为 1000℃，镁质使用温度为 1600℃。因此应尽量减少水玻璃和氟硅酸钠的加入量或用高模数的水玻璃。可是水玻璃结合浇注料常温强度高，加热过程强度降低较小，因此有较高的高温耐磨性。特别能抵抗除氢氟酸以外的酸介质和钠盐熔融物的侵蚀。黏土和半硅质水玻璃浇注料的耐酸度大于 93%，可以满足耐酸热工设备的使用要求。

在 800~1200℃的温度下能抵抗酸性介质腐蚀的浇注料称为耐酸耐火浇注料。几种常用骨料和粉料原料的耐酸度：铸石 98%，石英石大于 97%，黏土熟料 92%~97%，蜡石92%~96%，安山岩大于 94%。这种浇注料的一般组成为：耐酸耐火骨料为 60%~75%，粉料为 25%~30%，水玻璃为 13%~16%（外加），氟硅酸钠作为促硬剂，一般为水玻璃的12%左右，水玻璃模数（M）高些的，可降低 Na_2O 含量，提高耐酸性。一般采用 $M=2.6~$

3. 2，密度 1. 38～1. 42g/cm³ 的水玻璃溶液。水玻璃耐酸耐火浇注料的耐酸度见表 7-45。

表 7-45　耐酸浇注料的组成及耐酸度

组成材料		耐酸度/%
骨　料	粉　料	
黏土熟料	石英粉	96. 8
黏土熟料	黏土熟料	97. 2
蜡石	石英粉	93. 5
蜡石	黏土熟料	93. 0
蜡石	蜡石粉	92. 7

这种浇注料在酸中浸泡时，具有较好的强度稳定性。一般随浸泡时间延长，其耐压强度略有提高，见表 7-46。

表 7-46　浇注料在酸中浸泡时间与强度的关系

浸泡时间	耐压强度/MPa				
	空气中	H_2O 中	10%H_2SO_4 中	10%HNO_3 中	10%HCl 中
1 个月	25. 6	26. 4	30. 0	—	—
1 年	—	26. 3	33. 0	30. 1	34. 9
2 年	28. 3	20. 5	37. 4	35. 1	42. 0

这种耐酸浇注料抗磷酸、氢氟酸、高脂肪酸的腐蚀性较差。

这种浇注料主要用作防腐蚀烟道和烟囱内衬、贮酸槽罐、酸洗槽内衬、硝酸浓缩塔内衬、酸回收炉内衬及其他受酸性高温气体腐蚀的容器内衬等。

现在已有固体速溶水玻璃，系白色粉末状物料。适用于液体状水玻璃的所有使用范围，给浇注料生产带来方便，特别是现场施工及计量方便。如浙江大学研制、某厂生产的 PV 型粉状硅酸钠产品指标如表 7-47 所示。

表 7-47　PV 型粉状水玻璃指标

型　号	模数 (M)	$w(SiO_2)$/%	$w(Na_2O)$/%	溶解速度 (30℃)/s	堆密度 /kg·L^{-1}	细度(120 目筛 通过率)/%
PV Ⅰ	2. 00+0. 10	49. 0～53. 0	25. 0～29. 0	<50	0. 2～0. 8	≥90
PV Ⅱ	2. 30+0. 10	52. 0～55. 0	23. 0～26. 0	<60	0. 5～0. 8	≥90
PV Ⅲ	2. 85+0. 10	58. 0～62. 0	21. 0～23. 0		0. 5～0. 8	≥90
PV Ⅳ	3. 00+0. 10	59. 0～64. 0	19. 0～22. 0		0. 5～0. 8	≥90
PV Ⅴ	3. 40+0. 10	62. 0～67. 0	18. 0～21. 0		0. 5～0. 8	≥90

七、耐碱浇注料

在中高温下，能抵抗碱金属氧化物（如 K_2O、Na_2O）侵蚀的浇注料称为耐碱浇注料。通过试验得出：Al_2O_3 含量低于 30% 的半硅质耐火材料受碱侵蚀后，表面形成正长石保护釉层，抵抗碱的侵蚀性良好，因此耐碱浇注料的骨料普遍选择低铝黏土熟料、矾土熟料、废陶瓷等，粉料为高硅质黏土熟料、叶蜡石等，使得浇注料在高温下与碱金属氧化物反应，生成高黏度的液相，形成表面一层釉保护，阻止碱金属的渗透。结合剂为铝酸钙水泥或水玻璃，可加适量硅微粉。

现在使用耐碱浇注料最多的是水泥窑，在预热器系统、上升烟道等部位使用。作者采用废陶瓷作骨料 70%、废黏土砖粉（<200 目）18%、CA-50 水泥 7%、硅微粉 5%、三聚磷酸钠 0.16% 的配料，振动浇注成型，24h 后脱模，烘干后体积密度 2.10～2.20g/cm³，耐压强度大于 70MPa，抗折强度大于 7MPa，1100℃、3h 烧后耐压强度在 70MPa 以上，最高达 120MPa，在水泥窑上使用效果良好。也有的采用含 $w(Al_2O_3) = 35.6\%$、$w(SiO_2) = 55.5\%$ 的黏土熟料作集料，为了提高中温强度，往往加入 5% 左右钾长石。耐碱浇注料实际上就是采用 Al_2O_3 含量较低、SiO_2 含量较高（大于 70%）的半硅质集料的低水泥浇注料。

八、耐磨浇注料

能抵抗高温固体物料或载有固体粉料的气流摩擦或冲击的浇注料称为耐磨浇注料。

耐磨浇注料由高硬度的耐火骨料和粉料及高强度结合剂和外加剂组成。高硬度材料有电熔刚玉、碳化硅、烧结良好的高铝矾土熟料、莫来石等。结合剂有高标号铝酸钙水泥或磷酸二氢铝及硬化剂、高效分散剂。

耐磨浇注料要使骨料和粉料的颗粒达到最紧密堆积，按 Andreassen 粒度分布方程，取粒度分布系数 $q = 0.26～0.35$ 进行配制。

北京科技大学等单位以 Andreassen 方程为基础，用废陶瓷、氧化铝和氧化硅微粉、纯铝酸钙水泥、防爆纤维等原料，制成循环流化床锅炉用耐磨浇注料，其配料及性能指标见表 7-48。

表 7-48 耐磨浇注料配料比及性能

编号	配料比（质量分数）/%									900℃处理后抗折强度/MPa	900℃—水冷3次后抗折强度/MPa	强度保持率/%	磨损量/cm³
	废陶瓷/mm		焦宝石	董青石	石英砂	特级矾土	Al_2O_3 +SiO_2 微粉	纯铝酸钙水泥	外加剂				
	5～1	<1	≤0.088	≤0.088mm	≤0.088mm	≤0.088mm	≤0.044mm							
JP-3	43	25	16				5	6	5	0.32	13.8	1.4	10	5.17
A	43	25		16			5	6	5	0.32	12.5	2.55	20.8	5.96
D	43	25		7	7	2	5	6	5	0.32	14.35	4.65	32.4	5.24

研究认为颗粒级配对浇注料的性能有显著影响，试样 JP-3 骨料和基质堆积紧密，显气孔率小，强度大，耐磨性好。废陶瓷颗粒耐磨性好，但抗热震性差，加入焦宝石（A 试样）抗热震性能有所改善。加入董青石、焦宝石和石英砂试样（D）综合指标较好。

中钢耐火公司生产的高强超耐磨 Al_2O_3-CaO-Fe_2O_3 浇注料，是先合成原料，用工业氧化铝 [$w(Al_2O_3) = 97.82\%$]、钙系氧化物 [$w(CaO) = 55.70\%$] 和铁系氧化物 [$w(Fe_2O_3) = 86.83\%$、$w(SiO_2) = 4.85\%$] 共同磨粉。加结合剂压制荒坯，在隧道窑 1620℃ 煅烧。其合成料的化学成分为：$w(Al_2O_3) = 40.4\%$，$w(Fe_2O_3) = 13.6\%$，$w(CaO) =$

39.41%，$w(SiO_2)=1.20\%$；体积密度 3.13g/cm³，吸水率 0.7%。将合成料破粉碎，与高铝水泥、超微粉等配合，制成耐磨浇注料。其理化指标见表 7-49。

表 7-49   耐磨浇注料性能

料　别	化学成分（质量分数）/%			耐压强度	体积密度（110℃×	常温磨损量
	Al_2O_3	CaO	Fe_2O_3	（110℃×24h）/MPa	24h）/g·cm⁻³	/cm³
要求指标	42.5±3	33.9±3	12.8±2	≥95	2.6±1	<4
国外某公司生产的	41	36	13	95	2.60	5.3
中钢耐火公司生产的	43	34	13	107	2.64	3.8

用白刚玉为原料代替合成料，相同的结合剂和添加剂制成低水泥刚玉浇注料，其性能指标对比如表 7-50 所示。

表 7-50   刚玉与合成料两种原料的浇注料性能

料　别	耐压强度/MPa	体积密度/g·cm⁻³	磨损量/cm³
Al_2O_3-CaO-Fe_2O_3 合成料	107（110℃×24h）	2.64（110℃×24h）	3.8
白刚玉	120（1500℃×3h）	3.05（1500℃×3h）	6.6

这种 Al_2O_3-CaO-Fe_2O_3 高强耐磨浇注料在循环流化床发电锅炉制粉系统中使用，效果良好，受到用户好评。

循环流化床锅炉的不同部位采用不同材质、不同性能的耐火材料。如 ABB-CE 公司对循环流化床锅炉工作衬用耐火材料要求见表 7-51。

表 7-51   浇注料的理化指标

料别	$w(Al_2O_3)$/%	$w(Fe_2O_3)$/%	热导率（815℃）/W·(m·K)⁻¹	显气孔率/%	永久线变化率/%	耐压强度/MPa	815℃烧后磨损量/cm³
抗剥落低水泥浇注料	35~45	<1.5	14.9	<25	<-0.2	>52	<12
抗侵蚀浇注料	45~55	<1.5	18~19.2	<17.5	<-0.3	>63	<10
高强浇注料	70~80	<1.5	19.8~22.3	<20	<-0.3	>84	<7

对氧化铝悬浮焙烧炉用耐磨浇注料的理化性能要求与循环流化床锅炉用耐磨浇注料相似，但不加 SiC。炼油催化裂化装置用耐磨浇注料是用电熔或烧结刚玉（板状刚玉）为集料，高标号纯铝酸钙水泥加反应性氧化铝作结合剂，要求浇注料 Fe_2O_3 含量小于 0.05%。加热炉用耐磨浇注料是用电熔刚玉（亚白刚玉或棕刚玉）作骨料，粉料由刚玉粉、α-Al_2O_3 和 SiO_2 微粉及 Cr_2O_3 微粉或锆英石微粉、纯铝酸钙水泥组成。将浇注料做成预制块，经 1500℃高温处理后使用。也可以加一定量 SiC 后，预制成加热炉滑轨砖。

作者曾用烧结良好的特级矾土熟料、合理的颗粒级配，用磷酸二氢铝作结合剂制备耐磨浇注料，其耐磨系数小于 5cm³，最好的为 2.88cm³。

耐磨浇注料的耐磨性能一般在高温使用时表现出来，因此应该有高温耐磨性测试指标。我国已有一些研究资料和设备，但尚无高温耐磨性标准检验方法。

九、碱性耐火浇注料

按材质分为以下几种浇注料：

（1）镁质耐火浇注料，由电熔镁砂或烧结镁砂为骨料及细粉配制而成的浇注料，其结合剂有以下几种：1）水玻璃（前面已介绍）带进大量 Na_2O（或 K_2O）和 SiO_2，使耐火性能大幅度降低；2）高镁水泥结合剂的浇注料，虽然具有荷重软化温度较高、烧后线变化小等优点，但随热处理温度升高，特别是在 $400 \sim 1200℃$ 之间，由于镁砂水化生成的 $Mg(OH)_2$ 脱水而失去胶结作用，使骨料和粉料的结合疏松，浇注料强度下降，易产生剥落现象；3）聚磷酸盐结合剂在 $1400℃$ 以上由于 P_2O_3 挥发，浇注料强度有所下降，但下降幅度不大，浇注料具有荷重软化温度高、抗热震性能好等优点，被广泛应用。使用较多的磷酸盐有三聚磷酸钠、六偏磷酸钠等。为了提高高温强度，往往适当加入碳酸钙等含钙材料，高温下稳定存在 $Na_2O \cdot 2CaO \cdot P_2O_5$ 相，提高结合强度。无论何种结合剂都难以克服镁质材料的水化问题，干燥过程易产生裂纹，因此可添加适量 SiO_2 超微粉解决水化问题。

镁质浇注料的颗粒级配为：$5 \sim 2.5$mm 33%，$2.5 \sim 1.2$mm 22%，$1.2 \sim 0.6$mm 25%，$0.6 \sim 0$mm 20%，用浓度30%六偏磷酸钠水溶液为结合剂，铝酸钙水泥作促凝剂，有的掺加烧结剂，如铁鳞或黏土粉等。配制时，先将骨料与2/3的六偏磷酸钠溶液拌和，待骨料表面全部润湿后，再掺加粉料，搅拌均匀，最后加剩余的1/3六偏磷酸钠溶液，继续搅拌 $1 \sim 2$min。振动成型，自然养护三天，不得淋水。环境温度不得低于10℃，越高越好。其配料比及性能见表7-52。

表 7-52　镁质耐火浇注料的配料比和性能

编号	配料比（质量分数）/%					显气孔率/%
	镁砂骨料	镁砂细粉	铝酸钙水泥	烧结剂	六偏磷酸钠	
1	65	35			9	16.2
2	65	30	5		9	15.3
3	65	30	5	铁鳞0.2	10	15.6
4	65	28		黏土粉2.0	10	16.5
5	80（电熔镁砂）	12	8			8.1

编号	荷重软化温度 (4%)/℃	烘干体积密度 /g·cm⁻³	耐压强度/MPa			热震冷却方式	25次后质量损失率/%
			110℃	1000℃	1400℃		
1	1405	2.82	91.2	19.1	34.8	空气	2.15
2	1450	2.91	101.5	34.8	36.8	空气	2.26
3	1455	2.81	87.7	32.8	35.8	空气	2.40
4	1440	2.78	88.2	26.5	28.9	水	3.15
5	1520	2.88	53.4	25.5	43.1		

从表7-52看出：掺加烧结剂作用不大，铝酸钙水泥不但不降低耐火性能，反而提高了荷重软化温度，1400℃烧后耐压强度从 19.1MPa 提高到 34.8MPa，是由于形成 $Na_2O \cdot 2CaO \cdot P_2O_5$ 矿物所致。用电熔镁砂，其荷重软化温度提高，显气孔率降低。

研究了电熔镁砂［$w(MgO)=97.47\%$］作骨料和粉料，SiO_2 微粉（$d_{50}=0.65\mu m$）和活性 $\alpha\text{-}Al_2O_3$ 微粉（$d_{50}=0.57\mu m$）作结合剂的浇注料。得出：当电熔镁砂 91%~92%、活性 $\alpha\text{-}Al_2O_3$ 微粉 6%、SiO_2 微粉 3%时，浇注料的各项性能指标较好。用 SiO_2 微粉要加适量三聚磷酸钠分散剂。

（2）镁铝质耐火浇注料，由镁砂、镁铝尖晶石、刚玉、氧化铝粉、高铝熟料细粉等配制，结合剂有水玻璃、氧化硅和氧化铝微粉、铝酸钙水泥、磷酸盐等。镁铝质浇注料抗热震性好，并有抑制熔渣渗透的作用。

例如采用高纯镁砂（8~1mm）56%，98 电熔镁砂（≤1mm）13%，镁铝尖晶石 $w(MgO)25.5\%$，$w(Al_2O_3)71.3\%$，≤1mm 3%~5%，≤0.088mm 7%~10%，SiO_2 微粉、$\alpha\text{-}Al_2O_3$ 微粉、亚白刚玉粉的总量为 16%~18%，外加六偏磷酸钠配料的镁铝质浇注料。1500℃烧后的显气孔率 13%~16%，体积密度 2.84~2.92g/cm^3，烧后线变化率 0.3%~0.4%。110℃烘干耐压强度大于 85MPa，1500℃烧后 40~75MPa。由于镁铝尖晶石促进了亚白刚玉粉和 $\alpha\text{-}Al_2O_3$ 微粉生成尖晶石，对浇注料的烧结和强度有一定提高。

（3）镁硅质耐火浇注料，可用镁砂和硅石粉或镁橄榄石配制镁硅质浇注料。用氧化镁和 SiO_2 微粉配制的浇注料施工性能好，浇注料中加入 12%硅粉，可得到残余收缩极小的碱性浇注料，由于 SiO_2 含量增加，炉渣对浇注料的侵蚀程度增大。

（4）镁钙质耐火浇注料，MgO-CaO 系材料有很多优点，但容易水化的问题限制了它的应用范围。武汉科技大学研究人员采用水化碳酸化处理镁钙砂制备的水结合浇注料的物理性能等同或优于普通镁质浇注料的物理性能。

所用的镁钙砂 $w(MgO)=40.60\%$、$w(CaO)=57.49\%$，显气孔率小于 5%，体积密度大于 3.25g/cm^3，镁砂 $w(MgO)=96.25\%$、$w(CaO)=1.02\%$。基本配料：镁钙砂 5~2mm 44%，镁砂 2~0mm 56%，外加聚磷酸钠结合剂（<0.088mm）2%，外加水 5%~6%。

同时做了对比试样，即用未处理的镁钙砂及全镁砂试样，配料比例完全相同。将配料搅拌均匀后振动成型，养护 12h，经 110℃、12h 烘烤，1100℃、3h 和 1500℃、3h 热处理。观察试样的外观，未处理的镁钙砂试样烘干后水化严重，不但引起龟裂，而且由于膨胀已断裂成块状。处理的镁钙砂试样未见到任何水化现象，表面光滑平整。

众所周知，水化碳化处理的镁钙砂表面有 8~9μm 厚的 $CaCO_3$ 改性层，$CaCO_3$ 于 850℃分解，1100℃烧后观察及测试，对浇注料性能没有造成多大影响。镁钙质浇注料的基本性能见表 7-53。

表 7-53　镁钙质及镁质浇注料性能

材　　质	处理条件	体积密度 /g·cm^{-3}	显气孔率 /%	抗折强度 /MPa	耐压强度 /MPa	烧后线变化率 /%
镁钙质浇注料	110℃×12h	2.90	12	8.20	73.3	
	1100℃×3h	2.87	17	6.40	40.4	-0.08
	1500℃×3h	2.94	15	15.6	54.3	-0.50
镁质浇注料	110℃×12h	2.87	14	11.5	74.6	
	1100℃×3h	2.76	22	3.90	33.3	-0.05
	1500℃×3h	2.88	18	15.6	47.9	-0.70

从表 7-53 中看出：1100℃烧后试样的强度较低，镁钙砂和镁砂浇注料是相同的。这主

要是磷酸盐结合相发生分解，1500℃有明显的烧结，因此强度有较大提高。可见经水化碳化处理的镁钙砂完全可以用来制备浇注料，其性能指标等同于镁质浇注料。

（5）镁碳质耐火浇注料，由镁砂、石墨、沥青、液体酚醛树脂配制而成，加入适量的金属粉剂（如铝粉、硅粉、镁粉、硅钙粉等），添加有机酸做固化剂（可在常温下固化）。高温也不会变软、变形，常温至1000℃以上都有稳定的强度。同镁碳砖相比，气孔率高，抗侵蚀性差等，加热时易放出可燃性气体和有害气体。MgO-C质浇注料中比较理想的炭素材料是石墨，但石墨表面与水不浸润，分散性差，密度小及片状结构等问题，难以较多量的引入浇注料中，因此必须对石墨进行预处理。处理方法有多种，其基本原理是将石墨表面形成一个亲水的薄膜。如采用三氯化钛水解共沉积处理，使石墨表面吸附一层亲水的水合二氧化钛，经过加热处理形成 TiO_2 膜。也有的用有机聚合高分子表面活性剂溶于水中，将石墨浸泡一定时间，经80℃干燥处理，使石墨表面吸附一层亲水的高分子膜。还有的采用镁碳造粒法，用树脂作结合剂，用机械挤压使石墨黏附在镁砂表面，经110℃、6h处理使酒精挥发，200℃、2h处理使树脂固化。

中国地质大学研究以电熔镁砂 $[w(MgO)=97\%]$ 为骨料，中档镁砂 $[w(MgO)=96.01\%]$ 细粉为粉料，分别与有 TiO_2 薄膜的石墨（编号为A）、镁碳造粒（编号为B）和引入废镁碳砖（编号为C）配料，计算浇注料的石墨含量控制在7%，硅微粉做结合剂，CA-80水泥为促凝剂。配好的料在搅拌机中混合均匀后振动成型，然后110℃、24h烘干，并经900℃、3h（埋炭）和1600℃、8h（埋炭）热处理，其浇注料的性能见表7-54。

表7-54 MgO-C质浇注料性能指标

编号	加水量/%	流动值/mm	耐压/抗折强度/MPa			显气孔率/%			线变化率/%	
			110℃×24h	900℃×3h	1600℃×8h	110℃×24h	900℃×3h	1600℃×8h	900℃×3h	1600℃×8h
A	7.5	120	28.6/2.7	17.8/3.7	3.0/18.1	17.4	22.2	24.2	-0.36	0.42
B	7.0	125	46.5/10.6	24.8/5.7	22.5/3.8	15.9	20.0	22.3	-0.50	0.40
C	7.5	118	29.3/8.5	21.2/4.0	20.2/3.5	16.5	20.3	23.8	-0.45	0.38

所有 MgO-C 浇注料热处理后强度降低，1600℃处理后强度最低。由于 MgO 热膨胀系数大（ $13.5\times10^{-6}/℃$ ）而石墨热膨胀系数小，高温下二者产生很大的热应力，使 MgO 与石墨发生分离，导致气孔率增加，结构疏松，强度变差。

洛耐院研究锆英石 $[w(ZrO_2)=65.5\%、w(SiO_2)=30.0\%]$ 和电熔锆刚玉粉对镁质浇注料性能的影响。认为加入适量的锆英石（3%~12%）和氧化铝（5%~15%）降低镁质浇注料的常温强度，但对高温抗折强度影响不大，能提高其抗热震性及改善镁质浇注料的抗渣渗透性。

河北理工大学研究在镁质浇注料中加入氮化硅铁粉（ $Fe\text{-}Si_3N_4$ ）3%，并外加 B_4C 粉 0.1%~0.5%。得出：随着 B_4C 加入量增加，浇注料烘干强度下降，中、高温处理后强度变大，而高温抗折强度下降。

十、纤维增强浇注料

（一）不锈钢纤维增强浇注料

这种浇注料的骨料分为黏土质、高铝质、硅质、镁质等，一般以铝酸钙水泥做结合剂，加入钢纤维 0.6%~2.5%。根据钢纤维含铬、镍等元素不同，分为 302、310、330 等不同牌号。增加铬含量可提高钢纤维的抗氧化性，增加镍含量可提高钢纤维的高温韧性和机械强度，高温抗折强度是 330>310>302。不锈钢纤维增强耐火浇注料具有高温下整体性好、耐磨性和抗热震性强等特点。

不锈钢纤维的成分及性能见表 7-55。

表 7-55　不锈钢纤维的成分及性能

牌　　　号		330	310	304	446	430
合金成分（质量分数）/%	Cr	14~17	24~26	17~19	23~27	16~18
	Ni	33~37	18~22	8~12	≤0.6	≤0.6
	Si	1.5	1.5	1.0	1.0	≤1.8
	Mn	2.0	2.0	2.0	1.5	<0.8
	C	0.15	0.25	<0.12	0.20	<0.12
熔点范围/℃		1400~1425	1400~1450	1400~1450	1425~1510	1425~1510
870℃弹性模量/GPa		1.34	1.24	1.24	0.965	0.827
870℃抗拉强度/MPa		193	152	124	52.7	46.9
870℃线膨胀系数/℃$^{-1}$		17.64×10^{-6}	18.58×10^{-6}	20.16×10^{-6}	13.14×10^{-6}	13.68×10^{-6}
500℃热导率/W·(m·K)$^{-1}$		21.6	18.7	21.5	24.4	26.3
室温下密度/g·cm^{-3}		8.0	8.0	8.0	7.5	7.8
临界氧化温度/℃		1235	1100	1040	1200	820

不锈钢纤维的化学成分、长度、直径都可以按要求调整。不锈钢纤维断面呈不规则的月牙形，表面自然粗糙，比圆形的表面积大，与耐火浇注料基质结合牢固。

不锈钢纤维中金属 Cr 含量高，可提高抗氧化性，金属 Ni 含量增加，可提高纤维的高温韧性和机械强度。应用不锈钢纤维要注意以下问题：

（1）根据使用条件选择适当的钢纤维，加入量一般在 1%~3%。

（2）混合搅拌时，先加水搅拌均匀后再加钢纤维搅拌均匀。

（3）振动成型时，最好采用附着式振动器，从模型外部施加振动力，以使钢纤维无取向而均匀分布。如果用振动棒成型，振动棒走向应交错进行，使钢纤维布向合理。也可用平面板振动台做预制件。

北京通达公司在 $w(Al_2O_3)$ = 75% 的浇注料中加入耐热不锈钢纤维，与不加钢纤维的同样浇注料进行性能对比，发现在中温（1100~1400℃）时，随着钢纤维增加，浇注料的体积密度增大，1500℃处理后的体积密度变化不大；随着钢纤维增多，中温时浇注料的抗折强度提高，可是 1500℃处理后，添加 3% 钢纤维的试样抗折强度反而下降。可能是高温时钢纤维全部氧化分解，失去增韧作用；加入 1%、2% 钢纤维浇注料的耐压强度明显提高，加入 3% 钢纤维试样的耐压强度也有所降低；1400℃高温抗折强度测试结果发现，加入 2% 钢纤维试样的高温抗折强度最高。高温膨胀率研究发现：在室温~1200℃时，添加钢纤维数量对浇注料的膨胀率几乎没有影响，温度高于 1200℃时，加入钢纤维的数量越大，浇注料的膨胀率越大。综合考虑：浇注料中钢纤维合适的添加量为 1%~2%。

钢纤维增强刚玉质浇注料，110℃烘烤后及 1100~1200℃高温处理的抗折强度主要取决于浇注料母体强度及浇注料与钢纤维之间的黏结强度。研究认为各种工艺因素对钢纤维增强刚玉质浇注料在 1100~1200℃ 处理后抗折强度的影响，基本上与它在 110℃ 烘烤后抗折强度的影响相似。加钢纤维增强浇注料是相应不加钢纤维浇注料抗折强度的 1.4~2.7 倍。

加钢纤维对浇注料抗热震的影响比较复杂，经 1100℃—水冷循环 10 次后，钢纤维增强浇注料残存抗折强度是相应不加钢纤维浇注料的 2~4.5 倍。

钢纤维在浇注料中，低温增强增韧明显，因钢纤维的熔融温度和临界氧化温度较低，长期在高温下使用就不那么合适。由于高温下钢纤维熔融和氧化会损伤浇注料的组织结构，使用寿命受到影响，因此一般钢纤维浇注料以 1200℃ 左右使用效果最好，只能在短期内在更高的温度下使用。例如考虑铁水罐罐沿工作温度不高（≤1100℃），武钢采用以 $w(Al_2O_3) \geqslant 65\%$ 的铁水脱硫喷枪浇注料的再生料为原料，研制了罐沿浇注料，其中再生料为 61%~76%（15~10mm 14%~16%，10~5mm 8%~12%，5~3mm 16%~19%，3~1mm 12%~15%，1~0.297mm 9%~11%，<0.297mm 2%~3%），再生钢纤维 2.5%~3.0%，三级高铝熟料（<0.09mm）7%~8%，SiO_2 和 $\alpha\text{-}Al_2O_3$ 复合超微粉 6%~8%，蓝晶石（<0.104mm）5%~7%，铝酸钙水泥 6%~8%，再生硅酸铝短纤维 3%~5%，复合减水剂 0.2%~0.3%。这种浇注料在武钢高铝砖砌筑的 120t 脱硫铁水罐罐沿工作衬使用，一次浇注平均使用寿命由原来的 300 次延长到 845 次。目前钢铁行业的铁水脱硫喷枪普遍采用钢纤维浇注料。

（二）　多晶耐火纤维增强浇注料

多晶纤维对浇注料的增强效果是：在低温时不及钢纤维在浇注料中的增强效果，而在高温时则优于钢纤维的增强效果。多晶耐火纤维增强浇注料的条件如下：

（1）化学相容性：在使用温度下，多晶纤维与浇注料各成分无明显的化学反应或形成固溶体，同时在该温度下晶体纤维的性能不退化。

（2）均匀分布：晶体纤维必须在基质中均匀分散，使外应力均匀地传递到每根纤维，纤维聚集或很大范围内没有纤维都会影响其应有的效果或在基质中造成缺陷。

（3）弹性模量和线膨胀系数的匹配：要求纤维要有较高的弹性模量，当受到外应力作用时，通过基质的弹性变形，把应力传到纤维上，实现改善性能的目的。纤维与浇注料基质线膨胀系数的差异不大时，界面结合力适当，保证诸如转移载荷、拔出效应等补强效应起到应有的作用。如果线膨胀系数相差过大时，二者界面上产生较大应力或产生缺陷或造成明显开裂。

（4）合适的添加量：当添加量少时，纤维起不到明显效果；添加量过大，纤维不易分散，也不易达到目的。

（5）合适的长径比：纤维必须有相应的直径和长度。由于两者有线膨胀系数的差异，若纤维直径超过一定值，热处理后在基质中就会产生微裂纹，所以纤维直径必须在某一临界值以下。N.克劳森（Claussen）认为纤维直径应与基质粒度为同一数量级。为了便于分散，纤维长度也要适当。

高铝浇注料添加莫来石纤维可改善浇注料的性能。浇注料的组成为：高铝矾土熟料 $w(Al_2O_3)=82\%$、$w(SiO_2)=6\%$、$w(CaO)=2.8\%$，莫来石晶体纤维 $w(Al_2O_3)=80\%$、

$w(SiO_2) = 20\%$。直径 $3 \sim 15\mu m$，加入时长度 $2 \sim 5mm$。浇注料引入 1% 晶体纤维时的性能变化见表 7-56。

表 7-56 莫来石晶体纤维对高铝浇注料性能影响

料别	体积密度/g·cm⁻³			线变化率/%		耐压/抗折强度/MPa			热态抗折强度 (1100℃×0.5h) /MPa
	110℃×24h	1000℃×3h	1400℃×3h	1000℃×3h	1400℃×3h	110℃×24h	1000℃×3h	1400℃×3h	
高铝浇注料	2.96	2.97	2.98	-0.28	-0.74	16.9/5.0	103.8/8.2	114.0/19.4	8.3
加晶体纤维高铝浇注料	2.94	2.95	3.01	-0.28	-0.98	30.8/6.7	141.9/23.2	128.8/20.3	9.1

从表 7-56 中看出：热处理后强度均有提高，特别是 1000℃ 处理后比 110℃ 烘干强度提高 183%。1000℃ 处理后晶体纤维没有退化，而且加强了纤维与基质的结合，起到载荷转移和拔出效应作用，达到增强的目的。110℃ 烘干，纤维与基质没有很好结合，所以效果不明显。1400℃ 热处理后纤维有所退化，没有起到应有的作用。

多晶氧化铝纤维直径 $6 \sim 8\mu m$，长度小于 1mm，化学成分与耐火原料一致，工作温度可达 1600℃，所以多晶氧化铝纤维具有优良的相容性，是耐火浇注料较好的纤维增强材料。多晶氧化铝纤维增强低水泥和无水泥刚玉质浇注料，从常温至高温的很大温度范围内具有高强度的一致性，可同时满足施工和使用要求。其理化性能指标见表 7-57。

表 7-57 氧化铝纤维增强超低水泥及无水泥浇注料性能

料别	化学成分（质量分数）/%		线变化率/%			抗折/耐压强度/MPa		
	Al₂O₃	CaO	110℃×24h	1000℃×3h	1500℃×3h	110℃×24h	1000℃×3h	1500℃×3h
超低水泥浇注料	>80	<1.0	-0.027	-0.2	+0.04	5.1/32.6	16.3/144.7	17.7/144.2
无水泥浇注料	>80	<0.1	+0.1	-0.1	+0.2	3.5/16.0	17.8/102.9	15.8/151.7

料别	显气孔率/%/体积密度/g·cm⁻³			热态抗折强度 (1400℃×1h)/MPa
	110℃×24h	1000℃×3h	1500℃×3h	
超低水泥浇注料	18/2.87	18/2.86	18/2.86	4.55
无水泥浇注料	18/2.88	17/2.88	17/2.88	5.0~6.2

观察材料组织的均一性，可用材料的中温、高温加热后的抗折强度比值来说明，比值越小，可认为组织越均匀一致，使用中不易剥落。从表 7-57 看出加氧化铝纤维的超低水泥浇注料，1500℃ 抗折强度/1000℃ 抗折强度的比值为 1.09，而无水泥浇注料为 0.89，比值都不大，而近于 1。说明材料的组织较均一，能较好地适应炉窑内温度波动较大的场合。而 1400℃ 的热态抗折强度也比较高，对抵抗钢水冲刷和撞击的机械破坏作用很有利。两种浇注料的抗热震性也非常好，经过急冷急热试验结果是 23 次后表面无裂纹。在均热炉炉口、突出带和加热炉烧嘴等实际使用也得到证实。

两种浇注料的中温和高温线变化率都较小，在 +0.2% 之内，在使用中显示了较好的耐热冲击性和体积稳定性。浇注料的抗渣性也很好，由于施工用水量少、密度高、气孔率低，在应用中发挥了较强的作用。

碳纤维增强浇注料：俄罗斯研究人员使用牌号 Ровиллон12k 石墨纤维作为刚玉尖晶石

低水泥浇注料增强材料。浇注料的组成为：板状氧化铝 50%~70%，电熔尖晶石 10%~15%，氧化铝细粉+硅微粉 20%~25%，高铝水泥 4%~5%。试用的石墨纤维长度 6~12mm，并用表面活性剂对其进行处理。加入石墨纤维时，以混酯酸作为润湿剂，占纤维质量的 0.5%~1.0%。

添加石墨纤维 0.05% 以下的低水泥浇注料的强度会提高，显气孔率和体积密度实际没有变化；加入 0.05% 以上会引起浇注料结构疏松，强度下降。加入 0.05% 石墨纤维的低水泥浇注料 1000℃ 处理后，耐压强度从 58MPa 提高到 105MPa，1600℃ 处理后达到 115MPa，高于不添加纤维浇注料的强度。1600℃ 氧化气氛热处理，石墨纤维仍留在制品中。

第七节　不同施工方法的不定形耐火材料

上节介绍的浇注料基本是采用浇注振动施工方法。本节介绍浇注振动施工以外的不定形耐火材料。

一、自流浇注料

自流浇注料亦称无振动浇注料，是在低水泥和超低水泥浇注料的基础上发展起来的一种无需振动即可流动和脱气的可浇注耐火材料。其特点是不降低或不显著降低浇注料性能的条件下，适当加水就可以浇注成各种形状的施工体，尤其适用于薄壁或形状复杂无法振动成型的部位和多拱地方，而且施工没有噪声，有人称它为继低水泥、超低水泥浇注料之后的第四代耐火浇注料。自流浇注料由骨料、粉料和高效分散剂组成，其关键是超微粉粒度、数量与高效分散剂的合理运用，使浇注料能达到自流和自动铺展开。例如，红柱石自流浇注料的理化性能对比见表 7-58。

表 7-58　红柱石自流与同材质振动浇注料的物理性能

指　标	自流浇注料	振动浇注料
混合用水量/%	5.9	4.5
110℃ 干燥后体积密度/g·cm^{-3}	2.76	2.87
110℃ 干燥后显气孔率/%	14	9
110℃ 干燥后耐压强度/MPa	100	110
1200℃ 烧后耐压强度/MPa	110	125

（一）自流浇注料的特点

自流浇注料以其混合后流动性为特征，具有这种流动性的浇注料无需人为施加外力即可流动和脱气。与超低水泥振动浇注料相比具有以下特点：

（1）自流，在自重作用下无需振动即可流动。

（2）自平，有导流板存在时能自我找平。

（3）施工体表面平整。

（4）具有可泵性。

（5）施工时间短，无噪声，劳动条件好。

（二）　自流浇注料的硬化机理

自流浇注料与振动浇注料在基本组分方面没有大的差别。自流浇注料之所以不需外力而流动是通过加入反絮凝剂（悬浮剂），使其内部带不同电荷的微粉颗粒之间产生排斥力而产生流动。因此其硬化机理与超低水泥浇注料的硬化机理一致，仍由水泥结合和凝聚结合共同起作用。

（三）　自流浇注料的流变学机理

自流浇注料属于含有一定数量骨料的高分散胶体体系，其流动性可以用扩大的牛顿公式表示：

$$dr/dt = \tau^n/\eta$$

式中，dr/dt 为变形速度；τ 为剪切应力；n 为胶体特性有关的参数；η 为黏度系数。

对于普通浇注料，当振动力对剪切应力达到或超过屈服剪切应力时，材料发生流动，此时 η 也随之减小到最小值 η_{min}。对于自流浇注料只有靠自身的重力来克服屈服剪切应力，η 是恒定值。因此要使骨料既悬浮于浆体之中，又随浆体一同流动，且不离析、不泌水，则要料浆保持合适的黏度（η），尽可能地降低屈服剪切应力。

以刚玉质自流浇注料为例研究自流浇注料的流动性。浇注料的流动性受粗颗粒-粉体-液体体系的流变特性影响。对刚玉质自流浇注料研究结果大致如下：

（1）骨料的品种不同，自流度有差别。分别用体积密度为 $3.42g/cm^3$、$w(Al_2O_3) = 99.4\%$ 的电熔白刚玉，体积密度为 $3.82g/cm^3$、$w(Al_2O_3) = 94.5\%$ 的电熔棕刚玉，体积密度为 $3.83g/cm^3$、$w(Al_2O_3) = 98.7\%$ 的电熔亚白刚玉和体积密度为 $3.83g/cm^3$、$w(Al_2O_3) = 98.9\%$ 的电熔致密刚玉作骨料，材料配合比和用水量完全相同时，浇注料的自流率分别为 82%、144%、155% 和 157%。因为亚白刚玉吸水率为 0.6%，白刚玉为 3.1%，故白刚玉配料的浇注料自流率比其他三种骨料的低。因此一定要选择体积密度大、吸水率低和杂质少的刚玉材料作自流浇注料的骨料。

（2）骨料颗粒大小对流动性也有影响。临界颗粒小，颗粒表面积大，需要较多结合剂。当结合剂一定时，液态结合剂显得少，而降低流动性。临界颗粒过大，易产生下沉，悬浮性差，流动性明显降低，刚玉颗粒 4～5mm 为宜。采用近似球形、吸水率低的骨料便于流动。

（3）颗粒级配是浇注料最紧密堆积的基础，同时也是流动性的关键。刚玉质浇注料改变粒度分布，即使配方相同，浇注料的物理性能也可能发生变化。基本能满足自流刚玉浇注料的颗粒级配为：大于 1mm（粗）20%～60%；1～0.045mm（中）10%～40%；<0.045mm（细）30%～50%。也有试验得出：>1mm 35%～50%、1～0.045mm 16%～37%、<0.045mm 23%～41% 时，浇注料的流动性好。

（4）颗粒形状对流动性亦有较大影响。通常片状或柱状颗粒不利于流动，最好是接近球形颗粒。

（5）基质组成的影响。一般认为对浇注料流动性影响较大的是细粉部分，尤其是超微粉、分散剂的种类及加入量，对流动性起决定性作用。

（6）合适的用水量。在耐火浇注料中，增加水量能降低泥料的黏度，提高流动性。但也给浇注料带来一些负面影响，如凝结硬化时间长、显气孔率增大、强度降低等。因此自流浇注料在基本组成确定之后，应选择最佳用水量，一般是与低水泥浇注料用水量相当或增多0.5%。

近年来自流浇注料发展很快，如合成氨气化炉和炭黑反应炉用纯刚玉质自流浇注料；出铁沟用 Al_2O_3-SiC-C 质自流浇注料及自流修补料；钢包透气砖自流修补料等。应用范围还在进一步扩大。

二、自流渗浆浇注料

该浇注料是由 Alcon 公司开创的一种全新的整体施工技术。自流渗浆浇注料的施工原理是：将干态的球形粗颗粒料堆积在模中形成"骨架"，然后倒上由细料组成的浆体状自流浇注料，使其自流渗入孔隙中而达到致密化。粗颗粒料（粒度可达20mm左右）约占60%，浆体状自流浇注料（小于1mm）约占40%（其加水量为9%左右）。有的粗骨料为人工合成球料，如板状刚玉、尖晶石等，可以不用加工，直接利用高温煅烧的球料。这样只有40%的浆料采用加工的细颗粒及粉料，加工量减少，生产成本降低。

自流渗浆浇注料在原料加工、烘烤行为、抗热震性、抗渣性、荷重软化温度、热态抗折强度、冷态耐压强度等方面均很好，唯有冷态抗折强度偏低。在130t钢包底应用，经过3次小修，寿命达到862次，该种浇注料吨钢消耗为0.16kg。德国一家钢厂，在125t电炉顶三角区使用该料，寿命超过700次，最高763次，远高于原用板状刚玉基的 Al_2O_3-MA 振动浇注料350~400次的水平。自流渗浆浇注料，就是将自流细粉浇注料填充骨料的空隙，见图7-13。郑州大学研制的自流细粉浆料如下：白刚玉粉（<0.044mm）为78.5%，α-Al_2O_3 微粉（d_{50}=1.8μm）为20%，α-Al_2O_3 纳米粉（平均粒径<100nm）为1.5%，外加聚丙烯酸盐 FJ-11 为0.3%，外加聚羧酸酯醚 FJ-1 为1.5%，外加水为15.5%，浆体黏度小，呈宾汉姆体。

原理：模具内用干粗颗粒如板状刚玉和尖晶石CDS充填形成骨架，空隙用自流细粉浇注料填充

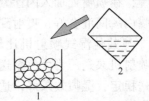

图7-13　渗浆浇注技术原理
1—粗颗粒料约60%；2—添隙浇注料
约40%（H_2O 含量9%~9.5%）

三、喷射料

利用高速气流作为耐火材料的载体进行喷射施工的耐火材料称为喷射耐火材料。人们把这一类施工法称之无模施工法，已成为今后不定形耐火材料的主要发展方向之一，目前喷射耐火材料仅次于浇注料，已居第二位。

20世纪80年代以来，不定形耐火材料的喷射施工技术得到广泛应用，而且不断扩大。目前欧美国家、日本、澳大利亚等国家不仅在热工设备的修补采用喷射施工技术，而且还应用到钢包、加热炉、焚烧炉、水泥窑等热工设备的新衬施工中。我国近年来在这方面也取得了明显进展，特别是湿式喷射施工，无论在施工质量，还是在环境友好方面都是一种很好的施工方法。喷补施工面不用支撑模板或模胎，省工省力，提高作业效率，并且可以实现机械化、自动化。

喷射料和喷射设备是实现喷射施工的两个重要方面。喷射法按物料的状态可分为两

大类：

（1）冷物料喷射法。按进入喷嘴前物料的润湿程度分为 5 种：1）干式法；2）潮式（半湿式）法；3）湿式法；4）泥浆法；5）混合法。

（2）熔融物料喷射法。是靠可燃气体燃烧的高温火焰或等离子弧将耐火物料熔融或半熔融后喷射黏附于受喷补衬体上。按热能来源不同可分为三种：1）火焰法；2）等离子法；3）溅渣法（转炉溅渣护炉法）。此外，按受喷衬体的表面温度状态分为：1）冷态喷涂或喷补，指受喷衬体处于常温下；2）热态喷涂或喷补，指受喷衬体表面温度在 700℃以上。

喷射料施工装备结构形式较多，目前常用的喷射施工设备有以下几种：

（1）旋转布料筒的供料喷射机。冷物料干式喷射法用。物料经敞开式贮料仓进入旋转布料筒，布好料的筒旋转一定角度，压缩空气将物料送入输料管道直到喷嘴，在喷嘴处与水混合后喷射到受喷衬体上。允许骨料最大粒径 5~8mm，工作风压 0.2~0.5MPa，料管直径 $\phi25~50$mm，型号不同，喷射量在 1~3m³/h。

（2）螺旋泵喷射机。冷物料湿式喷射法用。由料仓、螺旋给料器、混合机、漏斗、单轴偏心泵、橡胶输送管、带压缩空气入口的喷嘴组成。压缩空气压力大于 0.39MPa。此设备多用于喷射具有一定屈服值的泥料，如中间包涂料之类。

（3）双活塞泵喷射机。冷物料湿式喷射法用。由两个油压泵来控制两个活塞，其中一个活塞从料仓中抽泥料时，另一个活塞将活塞筒内的泥料挤入摆动输料管。这样两个活塞泵交替抽料、挤料操作，再由摆动输料管连续不断地将料输入橡胶软管，由橡胶软管将泥料送到喷嘴，在喷嘴处加入闪速絮凝剂，在喷嘴内瞬间混合好，喷射到受喷衬体上。与其他湿式喷射机比较，双活塞泵喷射机泵送压力大，泵送距离长，泵送稳定，湿喷效果好，适合泵送高黏度泥料。

（4）燃气火焰喷射装置。如图 7-14所用的喷嘴有单排式和双排式，以丙烷气为燃料，加氧气获得火焰温度可达 2400~2500℃。此装置火焰温度高，喷涂料附着率高，附着牢固，喷涂（补）层致密。湿式泵送喷射料用泥浆泵特性见表 7-59。

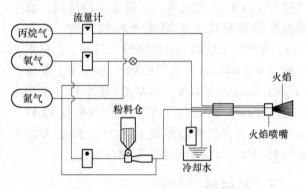

图 7-14　燃气火焰喷射装置示意图

表 7-59　湿式泵送喷射料用泥浆泵特性

类　型	挤压泵	螺旋泵	气压回转泵	双活塞泵	
出料口尺寸/mm	50.8	28.1	50.8	76.2	152.4
管道尺寸/mm	50.8~38.1	50.8~38.1	50.8~38.1	76.2~38.1	152.4~50.8
功率/kW	2.5	3.7	3.7	18~23	25
泵送压力/MPa	0.29	2.45	0.49	14.31	13.72
泵送料量/m³·h⁻¹	约3	约3	约3.2	1.5~3.8	2.6~16.0

类　型	挤压泵	螺旋泵	气压回转泵	双活塞泵	
低水泥浇注料湿喷效果	差	差	差	好	好，长距离差
优　点		挤压系统好用好修		稳定泵送	泵送速度高
缺　点		不能泵送高黏度材料		清洗费时间	

　　配料：重质喷涂料的骨料和粉料普遍选择硅酸铝材料，临界颗粒尺寸小于 5mm，采用铝酸盐水泥和水玻璃结合，一般水泥为 20%～25%，水泥过多，粉尘量增加，喷涂层收缩也随之增大。

　　中重质喷涂料是在重质的基础上掺加 3%～6% 的膨胀珍珠岩或 5%～10% 的多孔熟料配制而成的。

　　轻质喷涂料的品种较多，有黏土多孔熟料、轻质砖砂、陶粒和珍珠岩等。

　　耐火喷涂料在喷涂过程中，耐火骨料的回弹率和粉料的飞扬，致使颗粒级配发生较大变化，见表 7-60，也影响喷涂料的性能。因此必须调整颗粒级配，使喷涂粉尘少，黏附性好，还不会使输送管道堵塞，满足喷涂的实际要求。

表 7-60　喷涂料的颗粒组成（%）

骨料名称	5~1.2mm			1.2~0.3mm			<0.3mm		
	要求	实际	喷后	要求	实际	喷后	要求	实际	喷后
耐火熟料	42	50	39	38	37	39	20	14	21
蛭石	15	32	}27	15	22	}34	30	26	}40
陶粒或轻砖砂	40	38		40	40		20	22	

　　喷涂的效果不但取决于材料本身，也决定于喷涂机具和喷涂工艺参数，喷涂料的施工配合比，必须根据试喷情况调整和选定，才能进行喷涂。

　　喷涂作业对于保证喷涂料的质量和回弹量有重要影响。喷枪口与受喷面的距离一般控制在 0.8～1.2m 之间。喷枪口与受喷面应保持垂直方向。由于喷涂料的骨料质量大，在喷射流中运动易回弹，耐火粉料和结合剂的质量小，在喷射流外部运动易飞扬，因此喷枪口应以螺旋形轨迹移动，喷涂风压一般为 0.1～0.6MPa，一次喷涂厚度以喷涂料不滑移或不坠落为准。但每次喷涂层也不宜太薄，以免增加回弹率。以铝酸钙水泥结合的耐火喷涂料，向上喷涂时为 20～50mm；水平喷涂时为 30～60mm；向下喷涂时为 50～100mm。

　　回弹率：即回弹失落（未黏附）的料量与喷射出的总料量之比。与多种因素有关，其中与喷涂的部位关系很大（底板或平板回弹率为 5%～10%；倾斜或垂直壁面为 10%～20%；向上喷涂为 25%～30%）。同时，开始喷涂时回弹率较大，当附着喷涂料形成塑性层后，粗骨料易嵌入，回弹率逐渐减小，一次喷涂厚度不宜小于 20mm。回弹的料，水泥含量很少，主要为粗骨料，不宜再利用。当喷涂料初凝后，用刮刀将模板或基线以外多余物料刮掉，然后再喷浆或抹灰整平。

　　喷补是用喷射施工方法修补热工设备内衬，使炉衬达到或接近均衡损毁，并能有效地延长炉衬寿命，降低耐火材料消耗，而且施工简便、工期短。

　　炼钢转炉和电炉用碱性干式喷涂料是用烧结和电熔镁砂或镁钙砂做骨料和粉料，聚磷酸钠或水玻璃作结合剂及外加剂配制而成。采用固体速溶水玻璃，模数 2.5~2.7 较合适，也可以用聚磷酸钠加消石灰作结合剂。一般干式碱性喷涂料粒度组成为：3~1mm 40%，1~0.088mm 20%，<0.088mm 40%。其理化性能指标为：$w(MgO)$ 70%~95%，$w(CaO)$ 2%~10%，体积密度 2.5~2.7g/cm^3，1000℃烧后抗折强度 3~6MPa，1500℃烧后为 5~9MPa。

济钢钢包采用无碳预制件砌筑和小修喷补新材料的德国专利技术。该技术主要以炉渣—钢液—耐火材料之间相互作用为出发点，在钢包使用过程中，耐火材料表面形成性能优良的反应层，并使残层与新层牢固地结合在一起。钢包小修喷补采用德国进口的搅拌机和喷补机，按德国喷补工艺在常温下进行喷补。主要有对残层微处理、剔除残钢、用喷补机进行喷补，喷补后通过渣与料焊接的原理达到与原有新衬体相同的使用效果。无碳钢包材料的组成与性能指标见表 7-61。

表 7-61　无碳钢包材料的组成及性能

名称	化学组成（质量分数）/%				线变化率/%		常温耐压强度/MPa	高温抗折强度（1450℃×3h）/MPa
	Al$_2$O$_3$	MgO	CaO	SiO$_2$	1100℃×3h	1600℃×3h		
包底浇注料	90	5	1.2	0.2	0.05	0.03	110	19
预制件	90	5	1.1	0.2	0.03	0.02	110	18
喷补料	80	10	5.0	1.5	0.01	0.04	65	

耐火喷补料制备的关键有以下几点：一是合理选用主要原料的材质；二是选择合适的结合剂和添加剂；三是确定最佳的颗粒组成。其材质和结合剂的选择，见表 7-62。对于添加剂，如常用增塑剂有：黏土和羧甲基纤维素，助烧结剂有：氧化铁、蛇纹石、橄榄石、硼砂等。

表 7-62　喷补料的品种与材质

使　用　设　备	结　合　剂	材　质	使　用　部　位
转　炉	磷酸盐 磷酸盐+碳	MgO 质 MgO-CaO 质	炉帽、耳轴 出钢口等
钢　包	磷酸盐 硅酸盐	MgO 质、MgO-CaO 质 MgO-Cr$_2$O$_3$ 质、硅质、高铝质	渣线、侧壁水口砖周围
真空脱气装置 （RH、DH）	磷酸盐 硅酸盐	MgO 质、MgO-CaO 质 MgO-Cr$_2$O$_3$ 质	浸入管，上升、下降环流管
出铁沟	硅酸盐	Al$_2$O$_3$-SiC-C 质	渣线、铁水线
高炉内衬	铝酸钙水泥	黏土质、高铝质 Al$_2$O$_3$-SiC 质	炉身及炉身下部
电　炉	硅酸盐 磷酸盐	MgO 质、MgO-CaO 质 MgO-Cr$_2$O$_3$ 质	侧壁、渣线、熔池

任何喷补料的颗粒组成对喷补质量都有重要作用。大多数采用细颗粒料，可以使喷补料容易黏住内衬，并随后烧结。如焦炉硅砖砌体的喷补料（硅石和废硅砖的碎块）采用下列颗粒组成：0.5~0.2mm 20%~23%，0.2~0.06mm 30%~35%，<0.06mm 40%~45%。

颗粒组成取决于喷补层的厚度。厚度小于 10~15mm 的喷补层，适当采用细分散泥料，因为这种厚度的单独收缩不起作用。如果喷补层厚度到 300mm，收缩影响较大，颗粒组成向增加大颗粒方向改变。喷补机能够输送更大的颗粒（10mm），半干法喷补比湿法粗颗粒多，临界颗粒也较大，有时达 3~7mm，甚至更大。

颗粒组成对喷补过程的回弹及喷补回弹效应有影响。喷补料可能挂上原内衬的致密层，然而同时也可能被弹回。这样一来，喷补料同时出现两种现象：正的，造成致密层和坚固层；负的，喷补料消耗增大（其中有宝贵的水泥）。实际是不可能摆脱回弹的。这与喷补本性有关的原因很多。在一股喷补流中，通常是 20 份材料不得不对 1 份空气，同时按体积空气约占 99%，是动能的主要体现者，混合料与料中大质点表面撞击的瞬间回弹，而仅有水泥和填料细粉以及成为塑性的黏土能够保住。所以最初层为 5~10mm，基本由膏状水泥和可塑的结合剂构成。随着这个层厚度增大，大质点的骨料开始停滞在其中，然后回弹固定在一个水平上。回弹中水泥含量按喷补料中的一般水泥含量不超过 10%~15%，根据质点尺寸，回弹概率用下式计算：

$$P = 17.5 - 0.11 \times (12.3 - d)^2$$

式中，d 为颗粒尺寸。

喷补料颗粒组成与回弹率的关系如图 7-15 所示。图中虚线是当量公式计算的，实线为实际上的回弹。

回弹率不仅是颗粒组成决定的，还取决于许多其他因素。喷射流的运动速度、喷嘴与修补表面的距离、喷嘴对修补表面的倾斜角、混合物的组成（水泥量、添加物的存在、混合物的黏附性等）、质点形状和它的表面状态对回弹量具有本质上的影响。

根据实践经验，喷补工艺可以考虑以下参考数据：喷嘴与修补表面的距离要保持 1~1.5m 的范围。泥料组成中加入小于 2% 的黏土物质以及石棉，使黏附性增强，对某些泥料的物理化学性质几乎没有影响。

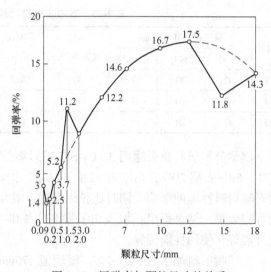

图 7-15　回弹率与颗粒尺寸的关系

目前湿法喷射技术已成为不定形耐火材料研究的热点。

耐火材料的湿式喷射是指预先将由粗、中、细颗粒耐火原料和结合剂、分散剂组成的混合料与水拌和成可输送的湿料，由特殊的泵送装置通过硬管或软管输送到喷嘴，根据湿料的流变特性和施工要求可在管子靠近喷嘴处加或不加由压缩空气输送的促凝剂，再借助高压空气通过喷嘴把湿料喷射到施工体的面上。该施工方法既可以用于构筑新衬，也可用于旧衬的修补。目前美国、日本、澳大利亚和欧洲一些国家作为修补施工，还应用到钢包、加热炉、焚烧炉、水泥窑等热工设备新衬的施工。

湿式喷射施工有如下优点：

（1）喷射料的最大粒度选择范围宽，可与常规振动或自流浇注料的相当。

（2）施工面不需支撑模板或模胎，可直接喷射到衬体上形成要求的形状，实现所谓无模施工。

（3）喷射时不产生粉尘，改善了作业环境。

（4）喷射时回弹率很低，可减少材料的浪费。

（5）湿式喷射所形成的衬体的物理性能可优于干式喷射料、捣打料和可塑料。

（6）施工效率高，省时省力。

但湿式喷射施工也有不足。一般施工体的物理性能比同材质振动浇注的性能要低，如气孔率要高、抗渣性要差。

宝钢姚金甫等人研究认为湿法喷射料必须具有一定的自流性才能实现稳定的泵送。要得到较好的自流性，喷射料的粒度组成非常重要。以烧结莫来石（M70）为骨料和粉料，添加 SiC 细粉、α-Al$_2$O$_3$ 和 SiO$_2$ 超微粉、棕刚玉微粉、纯铝酸钙水泥结合的超低水泥喷补料。得出<1mm 的细颗粒含量（质量分数）为 20% 时，细粉（<0.088mm）含量为 38%~41%。Audreassn 方程中 q 值在 0.23~0.25 之间，喷射料的自流性和性能较好。SiC 细粉粒度分布为山坡陡峭型也会使喷射料有较好的自流性。合理的微粉组合可使颗粒和基质之间具有较好的结合性，有利于改善喷射料的泵送性能。比较合理的配料见表 7-63。

表 7-63　湿法喷射料配料比（质量分数/%）

编号	莫来石（M70）/mm			SiC (≤0.088mm)	α-Al$_2$O$_3$ (≤1μm)	SiO$_2$ 微粉 (≤0.7μm)	刚玉微粉 (≤5μm)	棕刚玉微粉 (≤5μm)	高铝微粉 (≤5μm)	铝酸钙水泥
	骨料	≤1	≤0.088							
1	42	20	7	11	9.5	3.5	5			2
2	42	20	7	11	9.5	3.5		5		2
3	42	20	7	11	9.5	3.5			5	2

濮耐公司研究鱼雷罐用 Al$_2$O$_3$-SiC 喷射浇注料。采用烧结莫来石（M70）（质量分数）50%，SiC+石墨 20%，白刚玉 12%，CA-80 水泥 3%。研究了 SiO$_2$ 微粉、Al$_2$O$_3$ 微粉加入量对喷射料性能的影响。同时比较铝酸钠、氯化钙、聚合氯化铝、聚丙烯酰胺 4 种促凝剂的促凝效果。结果得出：加入 SiO$_2$ 微粉 8% 和 Al$_2$O$_3$ 微粉 4%，以聚丙烯酰胺为促凝剂施工性能好，使用性能优异。

上述喷射料加水 6.5%~7%，流动值 170mm，110℃ 16h 烘干体积密度为 2.57g/cm^3；常温抗折强度：110℃ 16h 烘干为 14.6MPa，1500℃ 3h 为 27.2MPa；永久线变化率 −0.05%。采用双活塞泵湿式喷射施工，喷注层厚 50mm 左右，附着率 98% 以上，喷注层养护 24h，按指定升温速度烘烤 24h 开始使用，鱼雷罐寿命由 1000 次提高到 2000 次还在使用。

中间包湿式碱性喷涂料，一般用螺旋泵喷射施工，泥料喷射到永久衬上。喷涂料由烧结镁砂或镁钙砂、结合剂、增塑剂和有机纤维组成。要求镁砂的 CaO/SiO$_2$ 比可控制在 2 以上，也允许加入少量生白云石或石灰石细粉，提高 CaO 含量，除有利于钢液净化外，还有利于涂层解体脱落。结合剂可采用速溶聚磷酸盐或速溶水玻璃或复合聚磷酸盐。增塑剂有软质黏土、羧甲基纤维素、木质素磺酸钙等。加入有机纤维，一般以天然植物纤维为好，要求直径 10~40μm，长 1~5mm，加入量在 0.5%~3% 内调控。喷涂层厚度是按使用要求确定的，要求使用 20~30 炉次为 45~60mm，使用 30~40 炉次为 60~80mm。

随着钢铁冶金技术的发展，对中间包的要求已不单纯是长寿命，而对钢的洁净作用和保温效果提出较高要求，于是有超轻质（体积密度 $1.4g/cm^3$）镁质喷涂料。目前超轻质喷涂料的制造方法主要有：采用轻质骨料、添加纤维和调节粒度组成、加入发泡剂。我国采用后两种方法较多，如宝钢电炉厂所用的超轻质中间包喷涂料的配料比为：w（骨料+纸纤维+玻璃纤维）：w（硅微粉）：w（发泡剂烷基磺酸盐 FL）：w（稳泡剂胺类有机物 M）：w（三聚磷酸钠）：w（其他添加物）$=100：3：0.05：0.02：0.25：0.05$。制得喷涂料理化指标为：$w(MgO)=83.36\%$，$w(CaO)=1.56\%$，$w(SiO_2)=5.66\%$，$110℃$、24h 烘干体积密度 $1.45g/cm^3$，耐压强度 2.12MPa，$1500℃$、3h 烧后体积密度 $1.40g/cm^3$，耐压强度 6.1MPa。

生产应用：采用螺旋搅拌机搅拌，湿法喷涂中间包的包壁和包底，均无裂纹，仅包壁夹角处有一点小裂缝，属允许范围。

湿法喷射不足的地方是喷补层的气孔率比较高及单位时间内抛出的数量减少。湿法喷射通常用于新内衬喷涂及内衬损伤不大的区域，预防局部损坏的地方。

热（火焰）喷补：用压缩空气把耐火骨料、粉料、助熔剂或发热剂等的混合物输送至喷嘴，用高热值燃料与其混合，瞬间耐火粉料变成熔融或半熔融状态，进而喷射黏附到炉衬的方法。根据燃料种类分为：液体热喷补，使用的燃料为煤油；气体热喷补，燃料为天然气；固体热喷补，燃料为煤粉。现在都采用气体（丙烷）燃料加氧气助燃，可获得高达 $2400\sim2600℃$ 高温。耐火材料质点在火焰中局部被熔化，并有好的黏附性，而且质点回弹得较少。喷射粉料在火焰中加热到熔融的时间主要取决于粒子大小。粉料在火焰中滞留时间 $0.05\sim0.005min$，在如此短的时间内要使材料熔融，其颗粒直径必须小于 0.2mm，还受材料本身的熔点影响，熔点高的材料，颗粒直径必须更小。此外火焰中粉料浓度也影响粒子球化（熔融）速度，氧化铝、尖晶石浓度越大，熔融比率下降。而 MgO 由于熔点高达 $2800℃$，丙烷-氧气火焰的极限温度为 $2300\sim2600℃$，MgO 不能熔融成球状，只能与其他氧化物或熔渣组成火焰喷补料，表 7-64 所示为 MgO 与其他氧化物或炉渣组成的火焰喷涂层的理化性能。

表 7-64　不同火焰喷补料喷补层的理化指标

材　　质		MgO-转炉渣	MgO-Al_2O_3		MgO-Al_2O_3-CaO	MgO-Al_2O_3-Cr_2O_3
化学成分（质量分数）/%	MgO	81.7	77.5	49.8	64.0	10.1
	CaO	7.7	1.4	0.6	21.3	0.3
	Al_2O_3	3.1	17.1	47.8	10.6	73.4
	SiO_2	7.0	2.3	1.1	1.5	1.7
	Cr_2O_3					4.3
体积密度/$g\cdot cm^{-3}$		3.14	3.24	3.34	3.28	3.12
显气孔率/%		8.40	7.40	5.5	0.5	9.8
耐压强度/MPa		251.3	200.8	239.8	518.3	332.1
抗折强度/MPa	室温	61.0	37.9	29.2	138.3	77.0
	1400℃	0.5	12.8	11.5	0.4	11.5

用气体和液体火焰喷补时，在天然气或煤油的氧气流中，细粉喷补料在炉衬的表面上

形成坚固并致密的喷补层（气孔率约3%）。可是这样的层热稳定性差，容易产生龟裂，甚至局部剥落。如果在火焰中加入20%~30%焦炭粉，同时会取得多孔的喷补层，热稳定性更好，可是不太坚固。尺寸为1.0~0.1mm的焦炭在空气-氧气流（98%氧）中1400℃下燃烧时间至少0.8s，而耐火材料质点由喷嘴到喷补的表面飞行时间约为0.1s。这样一来，在火焰中部分燃烧的燃料的主要燃烧过程在喷补层中发生，而在燃烧的地方留下开口气孔。如果喷补层进一步发生烧结过程，会使气孔率降低和强度提高。烧结强度，在喷补料物质成分和颗粒尺寸一定时，取决于喷补表面的温度。例如，炼钢炉内衬用方镁石细粉喷补时，喷补表面的温度应该不低于$MgO\text{-}FeO$和$MgO\text{-}Fe_2O_3$系固溶体开始变形温度。

　　用火焰喷补时，烧结喷补层的气孔率，首先还是决定于喷补粉料的成分，例如用方镁石细粉喷补时，喷补层的气孔率约20%。用石灰喷补时，由结晶石灰、硅酸二钙、石灰结合剂和气孔组成的喷补层达到整体性。要使喷补层烧结，可以在喷补料中有放热混合物，其组成如下：铝粉4.13%、氧化铁11%、氟化钙1.67%、白云石16.6%和镁砂66%。目前火焰喷补在炼钢转炉内衬上广泛应用。

　　用火焰喷补方法得出喷补铸块作业法。即耐火材料细粉在烧嘴火焰的高温作用下被熔化，在炉衬的表面上形成耐火材料层。硅酸铝喷补铸块与普通烧成制品比较：当化学成分相同时，提高了耐磨性，然而高温荷重变形指标更低，其强度相当于熔融耐火材料。已在加热炉炉底、中间包、混铁型铁水罐等的金属流冲击层应用。

　　以用镁碳砖及铝镁碳砖砌筑的150t连铸精炼钢包为例，介绍钢包内衬卧式火焰喷补技术及设备。火焰喷补料主要组成（质量分数）是：MgO 45%~55%，CaO 20%~30%，FeO_x 18%~24%，SiO_2 4%~8%。MgO、CaO作为主要成分，引入FeO_x和SiO_2在火焰喷补过程中形成低熔点物质，提高喷补料的附着率和可烧结性。一般以液相量占喷补料总质量的35%为宜。粒度控制1~3mm质量分数在80%以上。

　　图7-16示出了钢包卧式火焰喷补工艺流程。火焰喷补时，天然气携带着无烟煤煤粉和喷补料喷出。煤粉和喷补料分别装在两个喷粉罐中，天然气先经过煤粉喷粉罐，携带硫

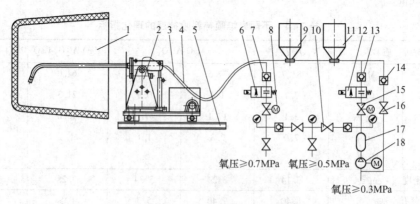

图 7-16　钢包卧式火焰喷补工艺流程

1—钢包；2—卧式火焰喷补机；3—输氧胶管；4—喷砂胶管；5—钢轨；6—电控换向阀；7，13—$1\frac{1}{2}''$单向阀；

8—电动球阀；9—喷砂罐；10，16—$1\frac{1}{2}''$球阀；11—喷煤粉罐；12—电控换向阀；14—$\frac{1}{2}''$单向阀；

15—电动球阀；17—储气罐；18—气泵

化煤粉后再经过喷补料喷粉罐携带喷补料。喷补料从喷嘴喷出后经过火焰高温区到达内衬壁表面，由于时间短，达不到熔融状态，但有一定的温升；而钢包浇完钢之后温度在1000℃左右，经过火焰喷枪的近距离高温加热后，在喷补区域局部可达1800℃以上，经过火焰加热的喷补料接触到高温熔融状态的钢包内衬壁表面而被吸附为一体。

钢包在喷补之前内衬壁表面会黏附一些残钢、残渣，如果量大，要采用火焰枪清除，而少量零散小块残渣则不必清除，喷补时会被高温火焰熔化而流失，还能对喷补料起到高温黏结剂的作用。

火焰喷补层一次喷补后，厚度在20mm以上，有充足的耐钢液、炉渣的侵蚀量。火焰喷补可在两炉使用间隙进行。喷补层对钢包内衬镁碳砖的保护作用有：（1）对镁碳砖表面脱碳层的固化作用；（2）减轻高温钢液对镁碳砖表面的直接冲刷作用；（3）抑制镁碳砖表面层的氧化，保证内衬砖不会受到严重侵蚀；（4）表面新的火焰喷补层有效保护了内衬-喷补层的结合界面。

钢包内衬火焰喷补采用常规燃料天然气和无烟煤粉，要求天然气发热值不小于 $3.35 \times 10^7 J/m^3$，含微量气化水或油，以防水、油使气力输送固体粉料中出现湿料黏管壁而导致输送管内径减小。要求无烟煤发热值不小于 $3.5 \times 10^7 J/kg$，煤粉粒度不大于0.1mm，其中≤0.08mm占80%以上，含水量不大于0.5%，燃尽后产生的煤灰占煤粉总质量的10%以下，必须采用硫含量小于1%的优质煤。

钢包内衬卧式火焰喷补是可操作性强且工艺技术先进的修补方式，其配套设备机械化、自动化程度高，使钢包内衬向永久化迈进。同时新的火焰喷补层对钢液有吸气、去杂、脱硫等功能。

真空脱气炉主要用 Al_2O_3-尖晶石材料。采用工业烧结氧化铝、烧结镁砂和烧结尖晶石为原料的火焰喷补料，研究镁砂粒度对火焰喷补料性能和尖晶石形成的影响。制备四种 Al_2O_3-MgO 喷补料，其中烧结氧化铝和烧结镁砂质量分数均为91.5%和8.5%，而烧结镁砂的粒度分别为 $300\sim150\mu m$、$150\sim95\mu m$、$75\sim10\mu m$ 和 $300\sim10\mu m$。为便于对比，制备一组 Al_2O_3-尖晶石材料，其中烧结氧化铝和尖晶石的质量分数分别为70%和30%，粒度分布分别为 $150\sim10\mu m$ 和 $300\sim10\mu m$。试验模拟实际使用环境，燃烧丙烷和氧气的混合气体产生火焰，粉末靠氧气流来输送，用黏附效果来衡量火焰喷补施工性能的优劣。

结果发现：材料颗粒过粗，特别是大于 $150\mu m$ 时，由于材料的回弹黏附效果较差；当材料过细时，特别是小于 $75\mu m$，在喷射过程中，由于材料分散而没有到达施工体，也造成黏附效果差。烧结镁砂在 $150\sim75\mu m$ 范围内的黏附效果最好，此时材料的回弹和分散损失最少，在喷补层中 MgO 含量也是最高的。Al_2O_3-尖晶石材料，由于 Al_2O_3 和尖晶石在火焰中熔融，黏附效果也较好。MgO 熔点高，在火焰温度下几乎没有熔化，但由于它和熔融 Al_2O_3 复合而被黏附在施工体上。在材料中，由于 MgO 与 Al_2O_3 反应形成尖晶石，尖晶石含量高的喷补体显气孔率低，抗侵蚀性提高。由于尖晶石的形成，Al_2O_3-MgO 比 Al_2O_3-尖晶石材料更致密。综上所述，采用粒度 $150\sim75\mu m$ 的烧结镁砂，制备的 Al_2O_3-MgO 火焰喷补料性能最好。

溅渣护炉：其基本原理是在炼钢过程中加入富镁材料，以便形成 MgO 达到饱和状态的终渣，其组成和性能相当于耐火材料，出钢后留下部分终渣，用氮气喷吹溅到炉壁上形成耐火涂层，达到护炉目的。美国 LTV 钢公司 1991 年开发，现已推广到全世界。我国也得到成功应用，炼钢转炉寿命普遍在 20000 炉次以上。

喷射施工技术适用广泛，各行各业的热工设备均可采用喷涂方法代替砌砖或一般振动浇注方式施工。既可新建内衬，也可喷补旧衬。如新型干法水泥窑生产线，除窑口、喷煤管外均可用喷射施工，与砖砌或浇注相比可缩短工期一半以上。喷射施工及喷射料的发展方兴未艾，颇有发展前途。

四、干式振捣料

干式振捣料是不加任何水或液体，而有少量临时结合剂和助烧剂的耐火混合料，经振动或捣打获得致密施工体且无需养护和烘烤便能使用的材料。其工艺原理是：掺加低、中温高效复合烧结剂和超微粉，保证各温度下物料的化学和陶瓷结合。合理的颗粒级配是提高干式振动料致密度和减少粗颗粒偏析的决定因素。一般干式振动料选用的颗粒级配为：粗∶中∶细＝（20～30）∶（30～40）∶（30～40）。提高干式振捣料的体积密度，能有效提高其抗侵蚀能力和热传导性能。

干式振捣料的材质有硅砂或硅石、锆英石、刚玉、莫来石、碱性振动料（镁质、镁铝质）和含碳及碳化硅振动料（刚玉-碳化硅-碳质、氧化铝-碳质、氧化镁-碳质、氧化镁-氧化钙-碳质等）。热固性酚醛树脂、硅酸盐、硫酸盐、硼酸盐、磷酸盐等可作为热固性结合剂和陶瓷烧结剂，可根据不同使用要求合理选择。干式振动料用于高炉出铁沟和渣沟、有芯感应炉炉底及熔沟等，具有优良的耐火性能，可满足使用要求。

干式振动或捣打料在不定形耐火材料领域中已成为一个重要的材料，其用途和用量有增加之势。主要是因为有以下优点：

（1）施工方便，可快速烘烤，甚至不经烘烤即可使用。

（2）使用中的温度梯度使其烧结和致密化是由表及里的，裂纹不宜扩展和贯穿。

（3）内部未烧结层的密度低于烧结层的密度，使衬体热导率降低，热损失减少。

（4）残衬易于解体。

干式料在铸造业的工频感应电炉、炼钢超高功率电炉底、特钢冶炼电炉、铝电解槽等的应用效果较好。最近国内新的动向是连铸中间包的工作衬越来越多地采用碱性干式料，而不再用已十分流行的镁质涂料。目前，国内已有几十家钢厂、几百台连铸机成功应用了中间包定径水口快速更换和工作衬采用干式料技术，使中间包的连浇炉数，即寿命成倍提高。如山东莱芜钢厂率先应用此技术，2002 年单个中间包的平均连浇炉数达到 100 炉，时间大于 50h。

镁钙质中间包干式料有利于冶炼洁净钢，在干式料中引入 CaO 要比在浇注料中引入容易得多，可以避免 CaO 的水化问题。国外有在钢包的永久衬使用干式料的，即先砌工作层的砖，留出空腔，再倒入干式料。

（一）硅质干式振捣料

硅质干式振捣料主要用于熔化钢、铁和有色金属（铜）的无芯感应炉内衬。其理化性能和使用范围见表 7-65。

硅质干式料是以石英为主要原料，加入少量烧结剂配制的混合料。石英原料有硅石、脉石英、石英砂和熔融石英等，配制时必须注意粒度级配，一般最大颗粒为 3～5mm，可

表 7-65　无芯感应炉用硅质干式料性能

名　称	$w(SiO_2)/\%$	粒度范围/mm	烧结温度/℃	最高使用温度/℃	适合使用范围
S-98	≥98	0~4	≥1650	≥1700	碳钢、低合金钢
S-97	≥97	0~4	≥1450	≥1650	铸铁、碳钢
S-96	≥96	0~4	≥1200	≥1500	铜、铜合金
S-95	≥95	0~4	≥1200	≥1250	黄铜

按 5~1.5mm 20%~30%、1.5~0.088mm 30%~40%、<0.088mm 30%~40%配料。作为烧结剂的化合物有硼酸（H_2BO_3）和硼矸（B_2O_3）的场合较多，加入量不超过 2%，一般根据使用温度在 0.3%~1%之间调整，具体加入量根据衬体厚度和所需烧结层厚，以及衬体背面的冷却强度来确定。要借助于附着在模胎上的附着振动器施工。

使用大晶粒的结晶硅石作主要原料的干式振捣料使用寿命通常较短，只有 100 多炉。使用微晶硅石为主要原料，以氧化铜作矿化剂制成的干式振捣料使用寿命比大结晶硅石料提高 1~1.5 倍。但我国微晶硅石很稀少，黄万钦研究用结晶硅石，即脉石英 [$w(SiO_2)=$ 98.8%~99.2%]，采用自解的复合添加物 FM 为烧结剂，并与传统的硼矸烧结剂进行对比，认为 B_2O_3 的熔点低（470℃），SiO_2-B_2O_3 二元系的低共熔点为 372℃，使干式料耐火性能差，在使用过程中外层粉体层以较快的速度变薄直至消失。而复合添加物 FM 熔点高于 1250℃，提高了干式料耐火性能和使用寿命。例如在江苏某厂 1.5t 中频感应炉使用寿命提高 3 倍以上。

河南科技大学研究得出：用石英砂 [$w(SiO_2)=99.34\%$] 三级颗粒级配：3~2mm 35%，1~0mm 25%，<0.074mm 40%，加入 α-Al_2O_3 微粉 4%~5%作烧结剂，硼酸 1%为助烧剂，配制的硅质干式料性能较好。认为 α-Al_2O_3 微粉与 SiO_2 在高温下生成性能优良的莫来石，使材料达到烧结，避免单一硼酸烧结剂产生过多液相的危害作用。

某铜业公司用 2t 中频无芯感应炉熔炼球墨铸铁，高铬、低铬铸铁。采用干式捣打炉衬，干式料的配料比为：3.35~2.36mm 10%，2.36~0.85mm 30%，0.85~0.425mm 30%，<0.053mm 30%；硼酸 1.6%~1.8%，搅拌均匀。打结工艺是：（1）线圈打结，选用绝缘胶泥，均匀涂覆在感应线表面，厚 8~15mm，捣固石英砂时，自上而下逐个移动弹簧圈，直至炉衬打结完毕；（2）打结炉底厚约 280mm，分四次填砂，每次厚不大于 100mm；（3）打结炉壁厚 110~120mm，分批打结，每次厚不大于 60mm。打结后坩埚模不取出，烘干和烧结时起感应加热作用。2t 中频无芯感应炉衬寿命由 510 炉提高到 1057 炉。

（二）硅酸铝质干式振捣料

以黏土熟料或莫来石或高铝矾土熟料为主要原料，加少量烧结剂而成的混合料。主要有两种类型：

（1）防渗保温型：如用于铝电解槽槽底的阴极炭块下面的防渗保温层，根据 Al_2O_3-SiO_2-Na_2O 三元系平衡图，只要选择 Al_2O_3 40%~50%、SiO_2 50%~60%的硅酸铝材料作干式防渗保温料就能满足要求。

用于铝电解槽干式防渗保温料的性能为：$w(Al_2O_3+SiO_2)≥90\%$，耐火度≥1620℃，自然堆积密度 1.55~1.65g/cm^3。

研究新型干式防渗料，采用焦宝石骨料为：5～3mm、3～1mm、1～0mm，三级矾土熟料细粉<0.088mm，钠长石粉<0.074mm，熔融石英粉<0.074mm，并加入 CaF_2 和甲基纤维素。其配料比为：焦宝石 64%，三级高铝熟料 24%，钠长石 3%，熔融石英 8%，CaF_2 1%，$w(Al_2O_3)/w(SiO_2) = 0.85$，捣实密度 1.85～1.95g/cm³。

某公司采用黏土熟料和三级高铝熟料生产干式防渗料，颗粒配比为：5～3mm 25%，3～1mm 35%，1～0.088mm 40%，外加<0.074mm 细粉，松散堆积密度 1.40～1.50g/cm³，捣实密度 1.95～2.05g/cm³，$w(Al_2O_3+SiO_2)>90\%$，热导率（350℃）0.3～0.39W/(m·K)。在电解过程中，由于 Na_2O 与 NaF 的渗透作用，与防渗料发生反应，生成霞石与 SiF_4 反应如下：

$$Na_2O + Al_2O_3 + SiO_2 \longrightarrow Na_2AlSiO_4（霞石）$$

$$NaF + Al_2O_3 + SiO_2 \longrightarrow Na_2AlSiO_4（霞石） + SiF_4$$

在凝固温度以上，霞石黏度很大，堵塞防渗料气孔，在凝固温度以下霞石起屏障作用，阻挡或减缓电解质继续向下渗透，保护下面保温层，从而延长电解槽使用寿命。

（2）直接作中频感应炉内衬：这类干式料的材质及用途见表 7-66。

表 7-66　硅酸铝质干式料性能和用途

名称	材质	化学成分（质量分数）/%		粒度范围 /mm	烧结温度 /℃	使用温度 /℃	应用（感应炉内衬）
		Al_2O_3	SiO_2				
A-80	高铝质	80	11	0～6	1200	1650	铸铁/钢
M-80	莫来石质	80	17	0～6	800	1400	铝、铝合金
M-77	莫来石质	77	18	0～6	1600	1600	Mn 合金钢
C-35	黏土质	35	60	0～6	800	900	锌

要求颗粒紧密堆积，采用多粒级配料，原料的杂质要少。烧结剂有硼酸、硼酸钠、甲长石或钠长石，具体根据使用条件来确定种类和加入量。

（三）刚玉质干式料

刚玉质干式料主要用作熔沟式感应炉和无芯感应炉熔池内衬，其性能如表 7-67、表 7-68 所示。

表 7-67　熔沟式感应炉内衬用刚玉质干式料性能

名　称	化学成分（质量分数）/%		粒度范围 /mm	结合形式	最高使用温度 /℃	应用部位
	Al_2O_3	SiO_2				
A-98	≥98		0～6	烧结	1700	熔池
A-94	≥94	2	0～6	烧结	1650	熔池
A-88	≥88	9	0～6	烧结	1700	熔池

刚玉质干振料属于中性材料，是由刚玉做骨料、粉料及烧结剂、外加剂组成。为了使刚玉干振料在中温（1000～1250℃）具有一定的结构强度，在使用中又无液相，可采用硼酸、硼矸作为烧结剂。

表 7-68　无芯感应炉内衬用铝镁质干式料性能

名　称	化学成分（质量分数）/%		粒度范围 /mm	烧结温度 /℃	最高使用温度 /℃	应用部位
	Al$_2$O$_3$	MgO				
AM-90	90	6	0~5	1600	1750	熔池
AM-85	85	13	0~6	1600	1750	熔池
AM-84	84	11	0~6	1600	1750	熔池

　　加入硼酸粉料，首先与刚玉粉料反应，与骨料表面发生反应，因此刚玉干振料基质的液相量比整体干式振捣料高得多。可以根据烧结温度、烧结层厚度，调整和控制 B$_2$O$_3$ 加入量。根据相图 B$_2$O$_3$ 的量以低于 1952℃ 低共熔点的含量为宜，即硼酸用量应该在 8% 以下。

　　某进口刚玉质干振料的化学成分为：$w(\text{Al}_2\text{O}_3) = 86.1\%$，$w(\text{SiO}_2) = 0.74\%$，$w(\text{Fe}_2\text{O}_3) = 0.6\%$，$w(\text{CaO}) = 0.2\%$，$w(\text{MgO}) = 11.07\%$，$w(\text{灼减}) = 0.35\%$，主要由刚玉、方镁石组成。我国制取与进口干振料使用寿命接近的配料为：电熔致密刚玉（5~0mm）89%，电熔镁砂（<0.63mm）10%，苏州土（<0.09mm）0.5%，硼酸（<0.09mm）0.5%。煅烧后干式振捣料的物理性能见表 7-69。

表 7-69　烧后刚玉质干式振捣料物理性能

料别	线变化率 （1500℃×3h）/%	体积密度 /g·cm^{-3}	显气孔率 /%	耐压强度 /MPa
国产料	5.83	2.59	33	31
进口料	3.92	2.67	30	13

　　进口料耐压强度只有 13MPa，说明进口料没有或仅有极少量的烧结剂。国产料烧结剂加入量也不多，中低温烧结剂硼酸 0.2%~0.5%，高温烧结剂苏州土 0.5% 左右。

（四）碱性干式料

　　按用途分大概有三种：其一是作工频感应炉内衬；其二是连铸中间包内衬；其三是电炉炉底衬。

　　（1）感应炉用碱性干式料：有两种类型，即镁质干式料和铝镁质干式料。其理化性能见表 7-70。

表 7-70　镁质和铝镁质干式振捣料性能

名称	化学成分（质量分数）/%		体积密度 /g·cm^{-3}	烧结温度 /℃	最高使用温度 /℃	应用范围
	MgO	Al$_2$O$_3$				
M-95	95		2.65	1600	1800	熔炼合金钢
M-87	87	10	2.60	1600	1750	熔炼合金钢
M-85	85	12	2.60	1200	1700	熔沟感应器
M-80	80	16	2.60	1100	1700	熔沟感应器

干式料所用原料为电熔镁砂和电熔尖晶石。电熔镁砂 $w(MgO) = 96\% \sim 98\%$，$CaO/SiO_2 \geqslant 2.0$，其中方镁石晶粒越大越好，体积密度大于 $3.54g/cm^3$，电熔尖晶石体积密度大于 $3.48g/cm^3$。碱性干式料粒度范围 $0 \sim 5mm$，颗粒级配要达到紧密堆积。要加入高温和中低温烧结剂，如 Al_2O_3 细粉或超细粉在 $1200℃$ 开始发生固相反应生成尖晶石，$1600℃$ 时形成原位反应的烧结层，加入少量硼酸或硼酸盐，与 MgO 细粉反应生成 $3MgO \cdot B_2O_3$（熔点 $1358℃$），形成烧结层。

（2）中间包用碱性干式料：中间包是连铸工艺的重要部分。1995 年以前，中间包工作衬主要用硅质绝热板，平均使用寿命 6h 左右，最高不过 10h 左右，使用寿命低，抗侵蚀差，而且对钢水有污染。1995 年后逐渐被镁质或镁钙质涂料所取代，使用寿命得到提高，平均在 10h 左右，最高达 24h，对钢水有净化作用。但有喷涂时劳动强度大、养护时间长、烘烤工艺复杂等缺点。2000 年以来，随着中间包快速更换水口技术的推广，对中间包工作衬提出更高要求，新型碱性干式料得到应用和推广。干式料施工方便，烘烤简单，劳动强度大幅度降低，而且任何气候条件都可以施工，使用寿命长，达到 40h 以上。

中间包用碱性干式料是由烧结镁砂、镁钙砂或电熔镁砂、镁钙砂及中、高温烧结剂，少量低温结合剂组成。烧结剂有镁钙铁砂、软质黏土、硼酸盐、铁鳞等。加入少量低温结合剂的目的在于带模烘烤 $200 \sim 300℃$ 后产生强度，使衬体具有保型性，一般结合剂为粉状酚醛树脂。长治钢铁公司等单位对所用中间包干式料进行研究：分别采用电熔镁砂 $[w(MgO) > 97\%]$、烧结镁砂 $[w(MgO) > 95\%]$ 及两种固体酚醛树脂，其中一种含有促凝剂；烧结剂三种，分别为偏磷酸盐、聚磷酸盐、硅酸盐；改性剂两种，分别为含 Cr_2O_3 天然原料、含 Al_2O_3 合成原料。骨料与基质料配比为 $65 : 35$，其中骨料采用 $5 \sim 3mm$、$3 \sim 1mm$ 和 $<1mm$ 三级颗粒级配。基质料包括 $<0.044mm$ 和 $<0.088mm$ 两种细粉。分别用电熔镁砂、烧结镁砂与上述不用的结合剂、烧结剂、改性剂进行试验。结果表明：电熔镁砂比烧结镁砂为主要原料的干式料性能好，使用寿命长。电熔镁砂干式料平均寿命 40h 以上，烧结镁砂的可达 24h。

结合剂以含有促硬剂的固体酚醛树脂为好，加入量 6% 为宜；烧结剂以偏磷酸盐为好，加入量 2% 为宜；改性剂以含 Al_2O_3 的改性剂为好，加入量 3% 为宜。电熔镁砂（牌号 TQG-2）和烧结镁砂（牌号 TQG-1）干式料理化指标见表 7-71。

表 7-71　烧结和电熔镁砂干式料理化指标

牌号	$w(MgO)$ /%	耐压强度/MPa			体积密度/g·cm⁻³			线变化率 (1550℃×3h)/%
		270℃×3h	1000℃×6h	1550℃×3h	270℃×3h	1000℃×6h	1550℃×3h	
TQG-1（烧结）	≥80	≥27	≥14	≥30	≥2.20	≥2.05	≥2.15	-0.32
TQG-2（电熔）	≥88	≥27	≥13	≥25	≥2.30	≥2.21	≥2.30	-0.58

由于不用水调和，可用烧结镁钙砂配制成不同 CaO 含量的干式料，有利钢液净化，大幅度提高中间包工作衬的使用寿命，可多炉连铸，用后残衬更容易拆除（脱落）。但在烧成过程中，酚醛树脂分解出部分甲酚、甲醛、二甲酚等成分，对环境有较大污染。并且固化后的残碳对钢水污染，对低碳钢等不适应。包钢耐火厂对镁质干式料结合剂进行了探索，得出以偏硅酸盐、磷酸盐和硼酸盐复合添加，加入量为 6% 左右效果好。并且加入 α-

Al_2O_3 和 $CaCO_3$ 混合微粉，在高温下生成尖晶石伴随体积膨胀，弥补体积收缩。利用 $CaCO_3$ 分解产生部分微气孔增加隔热性能。

浙江红鹰集团对中间包干式料容易发生坍塌和局部剥落问题进行研究发现：在干式料中引入玻璃纤维，同时加入防爆纤维，可以有效改善干式料坍塌和剥落问题，以及加入复合抗氧化剂 Al 粉和 Si 粉，加入硼酸促进镁砂烧结等，也有一定效果。

（3）电炉底镁钙铁质干式料：由预合成的镁钙铁砂和烧结或电熔镁砂，按一定颗粒级配的混合料，一般不另加助烧剂。炉底总厚度一般不小于 450mm，分层振捣，每层 100～150mm。采用平底振捣机，从围边到中心反复振捣。几种电弧炉炉底用 $MgO\text{-}CaO\text{-}Fe_2O_3$ 质干式料性能见表 7-72。

表 7-72　$MgO\text{-}CaO\text{-}Fe_2O_3$ 质干式料理化性能

项　目		MCF-86	MCF-84	MCF-82	MCF-77
化学成分 （质量分数）/%	MgO	86.0	84.0	82.2	77.0
	CaO	4.5	9.0	9.2	16.0
	Fe_2O_3	7.0	5.2	5.8	5.5
自然堆积密度/$g \cdot cm^{-3}$		2.3～2.4	2.3～2.4	2.3～2.4	2.3～2.4
振捣后体积密度/$g \cdot cm^{-3}$		2.55～2.65	2.55～2.65	2.55～2.65	2.55～2.65
1600℃烧后体积密度/$g \cdot cm^{-3}$		2.9～3.1	2.9～3.1	2.9～3.1	2.9～3.1
1600℃烧后线变化率/%		－（1.0～2.0）	－（1.0～3.0）	－（1.0～3.0）	－（1.5～3.5）

五、可塑料

采用捣固法施工的具有一定可塑性的耐火泥料称为耐火可塑料。一般要制成泥坯状使用，施工时用捣锤捣打会产生塑性变形而不发生碎裂或塌落，作用力解除后仍保持变形后的形状。美国 ASTM 中规定变形指数大于 15% 者为可塑料，小于 15% 者为捣打料。我国规定变形指数在 15%～40% 之间为可塑料。可塑指数大于 40% 时，受捣打振动作用易发生塌落，可塑指数小于 15% 时，捣打易发生碎裂，难以捣固密实。

耐火可塑料是不定形耐火材料的重要品种，20 世纪 50 年代中期开发的，与水泥耐火浇注料相比，具有中温强度不下降、高温强度高、抗热震性好和抗剥落性强等优点，因此发展较快。

但可塑料常温强度低、捣固劳动强度大、施工效率低。20 世纪 70 年代有些可塑料被黏土结合浇注料代替，我国 20 世纪 80 年代也由黏土结合浇注料取代可塑料在轧钢加热炉应用。近年来又由低水泥、超低水泥浇注料逐步取代了黏土结合浇注料。但由于可塑料的价格便宜，特别是修补内衬，采用可塑料比较方便，仍在使用。

可塑料按耐火骨料品种分为：黏土质、高铝质、莫来石质、刚玉质、铬质、碳化硅和含锆质等；按结合剂分为生黏土与硫酸铝、磷酸、磷酸盐、水玻璃和树脂等复合结合剂；按常温硬化性质分为气硬性和热硬性耐火可塑料。

生黏土是重要结合剂，也是基质料，要求用高可塑性黏土，一般用量为 10%～15%；化学结合剂与生黏土配合使用，普遍采用密度为 1.2g/cm^3 左右的硫酸铝溶液，一般加入量为 5%～12%。磷酸和磷酸盐结合剂易与黏土发生化学反应失去塑性。水玻璃带进 Na_2O，降低耐火性能，而且易形成薄膜，影响水分排除，不利于衬体干燥，除铬质耐火可塑料外，一般不用。

由于生黏土在干燥和高温使用时产生收缩，加入蓝晶石等做膨胀剂。也可加入适量的超细石英、电熔刚玉等细粉代替部分黏土，对减少收缩、提高高温结构强度有利。外加剂还有塑化剂、增强剂、保存剂和抑制剂等。纸浆废液、环烷酸、木质素磺酸盐及无机、有机的胶体保护剂均可作为增塑剂。草酸、脂肪族胺、酒石酸可作为保存剂。膨润土、锂辉石等为烧结剂。

耐火可塑料的一般生产工艺流程为：配料→混练→挤泥→切坯→包装→贮存。为了消除拌和料中的气体，增强可塑性，混练后的泥料应困料 24h 以上；挤泥或再加真空脱气措施，可塑料的质量会更好。耐火可塑料的可塑性对施工和贮存都非常重要。生产中常以可塑性指数——试样受冲击力后的塑性变形高度与原试样高度的百分比进行控制，一般为 15%～40%，实际多采用 20%～35%，低于 20% 时，泥料干硬，施工困难，高于 35% 时，泥料太软，不易捣实，而且加热后收缩也大。

耐火可塑料使用温度因材质而异，如普通黏土质为 1300～1400℃，优质黏土质为 1400～1500℃，高铝质为 1500～1600℃，刚玉质为 1500～1900℃。在工业炉上应用时，必须与非金属或金属锚固件共同配合使用，即用捣打、振动或挤压方法施工衬体时，必须加锚固件及支撑件，才能发挥耐火可塑料性能的优势，提高使用寿命。

（一）黏土结合可塑料

黏土结合可塑料的配料组成一般是：耐火骨料 55%～65%，粉料 20%～30%，结合黏土（软质）10%～15%。骨料粒度组成：8～5mm 35%～40%，5～3mm 30%～35%，<3mm 25%～30%；耐火粉料要求小于 0.074mm 占 90% 以上，结合黏土<0.074mm 占 95% 以上。由于生黏土在干燥和加热冷却后产生收缩，加入一定量蓝晶石、石英等膨胀剂，在高温时由于形成莫来石有 10%～12% 的体积膨胀，可抵消黏土的收缩，一般是蓝晶石小于 0.2mm，加入 12%～20%。

（二）磷酸结合可塑料

以磷酸或磷酸铝作结合剂，高铝矾土熟料或刚玉等作集料，加塑性黏土和保存剂配制的塑性泥料为磷酸结合可塑料，具有较好的中高温结合强度及耐磨性和抗热震性。

由于磷酸物质可能与粉料中的 Al_2O_3 反应生成不溶性的正磷酸铝（$AlPO_4 \cdot xH_2O$）沉淀物，使可塑料过早硬化而失去施工性能，需加入一定的保存剂抑制磷酸与氧化铝反应。保存剂有草酸、柠檬酸、酒石酸、乙酰丙酮等，其中以草酸效果较好，加入量 1%～4%，保存期 6 个月至 1 年。磷酸结合可塑料的骨料和粉料的粒度组成与黏土结合相似。生产时应采取二次混练工艺，第一次混练加入 3/5 的磷酸溶液，困料 24h，第二次混练加入剩余的 2/5 磷酸溶液，混均达到所需的可塑性指数时，再压制或挤压成坯，并用塑料膜将坯体密封存放。

中钢耐火集团研制发电锅炉用高铝可塑料。采用特级高铝熟料 [$w(Al_2O_3) = 85.51\%$] 与刚玉配料，磷酸与磷酸盐混合结合剂（3%），并加入蓝晶石作膨胀剂。其研制品与进口产品的性能指标见表 7-73。

表 7-73　磷酸结合高铝可塑料性能

料别	最高使用温度/℃	体积密度/g·cm⁻³	耐压/抗折强度/MPa		烧后线变化率/%		化学成分(质量分数)/%	
			110℃×24h	1500℃×3h	110℃×24h	1500℃×3h	Al₂O₃	SiO₂
研制品	1650	2.84~2.88	64.1~65.0/9.5~10.7	61.2~63.8/12.8~15.2	-(0.21~0.42)	-(0.91~0.92)	84.42	6.21
进口产品	1650	>2.72	20~27/6.5~7.7		-(0.3~0.7)		82~85	6~11

用刚玉作骨料，粉料、黏土-磷酸泥浆作结合剂的一种刚玉质可塑料。黏土-磷酸泥浆用 25% 的正磷酸与软质黏土按 84∶16 的比例配制，并煮 5min 而成。使用的增塑剂有亚硫酸酒精废液、环乙烷基酸、木质素磺酸盐、木质素磷酸盐和胶质膨润土等。黏土-磷酸结合刚玉质可塑料的配料比为：生黏土（2μm）20%，电熔刚玉（5~0mm）80%，外加黏土-磷酸泥浆 10%。

通常加热到 1200~1300℃ 以上，可塑料开始烧结，冷态强度提高。1200℃ 以上由于部分可塑料呈软化状态，热态强度降低。与其他不定形或定形耐火材料相比，可塑料的热震稳定性好。刚玉质可塑料的性能见表 7-74。

表 7-74　黏土-磷酸泥浆结合刚玉可塑料性能

w(Al₂O₃)/%	加热线变化率/%		常温抗折强度(110℃×24h)/MPa	热态抗折强度(1000℃×1h)/MPa	最高使用温度/℃
	110℃×24h	1500℃×24h			
90.0	-0.10	-0.80	13.2	>20	1900

（三）硫酸铝结合可塑料

硫酸铝是固态物质，使用时必须将其溶解于水中，调成水溶液使用。

配料组成为：耐火集料 80%~84%，可塑性黏土 10%~12%，外加蓝晶石 5%~6%，硫酸铝溶液（密度 1.15~1.20g/cm³）9%~13%。粒度组成与黏土结合可塑料相似，也是二次混练、困料、包装。硫酸铝结合可塑料的力学强度比黏土结合的高。

也可用磷酸与硫酸铝复合使用，如刚玉质可塑料使用浓度 35%~45% 的磷酸加入量 9%~11%，当与硫酸铝复合使用时加入 5%~6%，再加密度 1.23~1.28g/cm³ 硫酸铝 5%~7%，其可塑料的性能指标基本相同。为了抵制黏土收缩，可以加入一部分电熔刚玉超微粉代替黏土。某公司专利介绍：用高活性无定形 Al₂O₃ 细粉代替生黏土生产无黏土可塑料，其可塑性好，具有较高的常温强度、优良的线变化性能。

六、捣打料

捣打料与浇注料的组成相似，其差别是捣打料的耐火粉料较多，结合剂用量较少。通常捣打料多用于与熔融物直接接触的部位，所以要求捣打施工体要有良好的体积稳定性、致密性和耐侵蚀性。一般选用烧结良好或电熔材料作为捣打料的骨料和粉料。其材质比较广泛，有黏土质、高铝质、镁质、白云石质、锆质及碳化硅质、锆碳质等。根据使用需要和骨料材质选用合适的结合剂，如酸性捣打料常用硅酸钠、硅酸乙酯和硅溶胶等做结合剂，碱性捣打料使用镁的氯化物和硫酸盐以及磷酸盐及其聚合物做结合剂，也常用含碳较高、高温下形成碳结合的有机结合剂。锆质捣打料常用芒硝做结合剂，白云石捣打料用焦油沥青或树脂做结合剂等。有些捣打料不用结合剂而用少量助熔剂，以促进其烧结。

捣打施工质量十分重要，通常用气锤捣打或用捣打机捣打，捣打一次加料厚度为 50~150mm。耐火捣打料可以在常温下进行施工，如采用可形成碳结合的热塑性有机材料做结合剂，多采用热态搅拌的方法，将混合料搅拌均匀后立即施工，成型后依据混合料的硬化特点采取不同的加热方法促进硬化和烧结。对含有无机质化学结合剂的捣打料，当自行硬化达到相当强度后即可拆模烘烤。含有热塑性炭素结合剂的材料，待冷却至具有相当强度后再脱模，脱模后在使用前应迅速加热使其碳化。不含常温下硬化结合剂的材料，常在捣实后带模进行烧结。耐火捣打料的烧结，既可在使用前预先进行，也可在第一次使用时采用合适的热工制度的热处理来完成。捣打料的烘烤制度，根据材质不同而异。

由于捣打料的施工作业时间较长，劳动强度较大，对工作环境的影响也较大，已逐步被其他不定形耐火材料所代替。唯有高炉出铁的免烘烤捣打料在应用。在普通捣打料的基础上，采用一种新的结合系统，在使用过程中不产生水蒸气，从而达到施工后无需烘烤即可直接出铁的目的。另外，由于受热后料中有更多的残碳，可提高捣打料的使用寿命。这种新型铁沟料可用于中小高炉出铁主沟以及需要快速修补的出铁沟所有部位。

中小高炉出铁沟捣打料主要成分为：$w(Al_2O_3) = 15\% \sim 69\%$，$w(SiC+C) = 10\% \sim 25\%$；渣沟料的主要成分为：$w(Al_2O_3) = 35\% \sim 45\%$，$w(SiC+C) = 15\% \sim 30\%$。要求高铝熟料杂质含量低，烧结好（吸水率<4.5%）。颗粒组成为：8~2mm 40%~60%，2~0.074mm 10%~20%，<0.074mm 30%~40%，黑色碳化硅小于 100 目，炭素材料可采用石墨或冶金焦。为了提高捣打料的作业性和使用中的烧结性能，可以加入软质黏土或膨润土。用焦油(或蒽油)+沥青作结合剂，无需加水，捣打后无需烘烤可直接通铁水。但使用中烟气较大，会污染环境。用液态酚醛树脂作结合剂也无需烘烤，可直接通铁水，也是免烘烤捣打料，对环境污染较轻。但保存期短，最好是现场调配直接使用。为了防止炭素材料氧化，通常加入金属 Al 粉、Si 粉及浸润剂，使 SiC、炭素材料与矾土熟料很好地混合在一起，加硅石细粉作防缩剂。

直流电弧炉底捣打料，即导电 MgO-C 质捣打料，用在钢针型直流电弧炉底电极上，用该捣打料作冷补和喷补使用。在更换新的底电极时，在底电极上部捣打一层导电捣打料，然后在每使用 12~20 次后再进行热补，试验证明该捣打料具有良好的导电性和耐用性。其性能指标见表 7-75。

表 7-75　MgO-C 质捣打料性能

料别	化学成分(质量分数)/%		电阻率 /kΩ·m	耐压强度 /MPa	显气孔率 /%	体积密度 /g·cm⁻³	热自流值 /mm
	MgO	C					
捣打料	>85	>7	0.18~0.21	20~30	15~17	2.7	
热补料	>80	>6	2~6	14~16	24~26	2.5~2.6	130

还有一种值得提出的钢包透气砖填缝用刚玉捣打料：透气座砖与包底砖直接接触，但二者的材质不同，线膨胀系数相差较大（座砖为刚玉质，底砖为含炭材料），高温下产生较大的剪切应力，使透气砖寿命降低，一些钢厂在座砖与包底之间增加填缝材料，而本钢

采用一种刚玉捣打料作为填缝材料，使用效果较好。

捣打料采用棕刚玉颗粒 $[w(Al_2O_3)=95.55\%]$、白刚玉细粉 $[<0.074mm, w(Al_2O_3)=99.33\%]$ 为主要原料，引入少量 SiC（$<0.088mm$）、聚磷酸盐结合剂。配料为：$5\sim1mm$ $60\%\sim64\%$，$<1mm$ 共磨粉 $36\%\sim40\%$，其中结合剂 $12\%\sim16\%$，烧结剂 $6\%\sim8\%$，外加剂 $2\%\sim4\%$，使用时加水 $4.5\%\sim5.5\%$ 即可捣打。结果透气砖吹通率从 84% 提高到 99%，使用寿命提高 16.8%。而且在更换透气砖时，只需拆除捣打料，即可取出用后残余透气砖，不用破坏包底整体结构，提高施工效率。

七、耐火涂料（涂抹料）

由耐火骨料、粉料、结合剂及添加剂混合而成，可以涂抹的不定形耐火材料称做耐火涂料或涂抹料。顾名思义，即用手工或机械涂抹在其他耐火材料表面上的材料。这种料的组成与其他不定形耐火材料差不多，只是骨料颗粒要小些，加水调节呈膏状，有一定的可塑性。可是应用的耐火材料范围比较广泛，有硅质、镁质、刚玉质、硅铝质、镁铝质、铝锆质、尖晶石质、碳化硅质等。结合剂种类也比较多，如铝酸钙水泥、磷酸盐、硫酸盐、硅酸盐等，通常加入适量的可塑黏土，微量添加剂。

涂抹料的应用也比较广泛，大致分为 3 种：（1）制作衬体；（2）做保护层；（3）做密封涂料。在某些场合采用多种材料制成复合涂层，使用中发挥每一种涂层的特长，以达到最佳的使用效果。

在涂抹前必须把被涂基面清理干净，保持适宜的温度。某些部位还要在基面上刷一层特定的泥浆，然后将配制好的涂抹料按顺序均匀涂抹在基面上，使用前要进行干燥，然后烘烤到一定温度再投入使用。

过去曾有人将涂料和涂抹料分开，认为涂抹料临界颗粒比较大，涂层较厚，用人工或机械涂抹的涂料称涂抹料，如中间包涂料等；而泥料为全细粉（$<1mm$），无大颗粒，涂层较薄，一般小于 $1mm$，用人工涂刷或喷涂的材料称为涂料。不过二者合一统称涂料也很合情合理，如中间包的涂抹料，人们普遍习惯称做中间包涂料。耐火涂料的种类很多，制备方法及用途等也各有不同，介绍如下。

（一）中间包涂料

在前面介绍碱性干式料中已谈到 2000 年前，我国连铸中间包工作衬普遍采用镁质或镁钙质涂料，涂抹在中间包永久层的表面上，厚度一般在 $35\sim40mm$。这类碱性涂料通常由烧结或电熔镁砂及镁钙砂制备，但由于镁钙砂易水化，可以用生白云石引进 CaO 或抗水化镁钙砂与镁砂按一定比例配料。涂料的临界颗粒为 $3\sim5mm$，大于 $0.088mm$ $60\%\sim65\%$，小于 $0.088mm$ $35\%\sim40\%$。有机纤维 $0.5\%\sim2.5\%$（天然植物加工的短纤维较好），随着纤维加入量增加，体积密度降低，一般控制在 $1.9\sim2.3g/cm^3$ 较好。外加剂主要有增塑剂，如软质黏土、膨润土、硅微粉、消石灰等，也起烧结作用。中间包的 CaO 含量越高，净化钢液的作用越好。但 CaO 含量高的涂料制备上有一定难度，一般在 $10\%\sim50\%$ 之间。

用镁橄榄石代替镁砂，镁橄榄石热导率低，耐火度高，不水化，化学稳定性好，具有良好的抗金属熔液渗透性。而且资源丰富，分布广泛，可以说是既节能环保又可降低成本。新疆八一钢厂生产的镁橄榄石质中间包涂料配料：镁橄榄石 40%（其中 $2.5\sim1.0mm$

25%，1.0~0.5mm 15%），中档烧结镁砂 48%（其中 0.5~0.1mm 25%，<0.088mm 23%），轻烧氧化镁粉（<0.088mm）5%，外加七水硫酸镁 2.5%，纸纤维 2%，硼砂和防爆纤维各 0.1%。根据季节不同可适当调整。加水量 25%+3%，人工涂抹时，附着性良好。与镁质涂料使用寿命相当，可达 10~14h。其隔热保温性能比镁质涂料更好，使用后翻包时，与永久衬之间易于分离。

（二）热辐射涂料

热辐射涂料指在红外波段具有高辐射能力或者选择性辐射特性的涂料，可以涂刷或喷涂或熔射于工业炉衬体表面形成涂层，提高炉壁表面热辐射率、热利用率，达到节能效果。

在任何温度下，能够全部吸收和发射任何波长（0.1~100μm）的辐射能的物体称为黑体，在某温度下单位面积单位时间所辐射的能量称为该物体的辐射能。在同一温度下，某一物体的辐射能与黑体的辐射能之比称为该物体的辐射率 ε，又称为黑度 ε，黑度越高的物体，辐射能力越强。常见耐火材料的黑度见表 7-76。

表 7-76　几种耐火材料的辐射率（ε）

材料名称	黏土砖	硅砖	镁砖	硅线石砖	莫来石砖	刚玉材料	碳化硅材料	ZrO_2-CaO-SiO_2 材料	耐火纤维材料
温度/℃	1000	1000~2000	1100	1010~1560	700	1010~1560	1000~1400	800~1600	1100
辐射率（ε）	0.35~0.65	0.8~0.85	0.38	0.432~0.78	0.4	0.18~0.52	0.82~0.92	>0.9	0.35

从表 7-76 可以看出：硅砖及 SiC 材料的黑度较大，ZrO_2-CaO-SiO_2 系材料的黑度最大。

SiC 质热辐射涂料是用 SiC 粉料（<0.1mm）、结合剂和外加剂组成。结合剂可采用有机类溶胶或硅酸盐、磷酸盐、硼酸盐；外加剂有防沉降剂，如羧甲基纤维素、阿拉伯树脂、糊精等；塑化剂如软质黏土、膨润土、硅微粉等。

ZrO_2-CaO-SiO_2 系材料是常见辐射涂料的基础体系，有较高的耐火度、结构强度和很好的耐高温腐蚀性。为了提高其黑度，可增加高黑度的氧化物，如 Al_2O_3、Cr_2O_3、Fe_2O_3、MgO、CaO 等，它们的正离子半径与 Zr^{4+} 相近，可以取代 Zr^{4+} 或掺杂于 ZrO_2 晶体间隙中形成固溶体，从而增加杂质能级，提高远红外线波段的辐射能力。

通常是将氧化锆或锆英石与增加黑度添加的氧化物混合预烧结后再粉碎至 400 目以下使用。此粉料与由 SiO_2、SiC 和高岭土组成的粉料（<300 目）按比例配制成涂料的基体材料。结合剂是由磷酸二氢铝、硅溶胶和水溶性聚乙烯醇按 6:3:1（质量比）配制而成，pH=3。分散剂为六偏磷酸钠，防沉降剂为羧甲基纤维素及钛白粉，成膜剂为蓖麻油等。此涂料的工作温度为 800~1450℃，黑度 ε>0.9。作为电热加热炉、燃气加热炉内衬的热辐射涂料，节能达 10% 左右。

涂料的组成与结合剂的选择对其寿命有较大影响。这里所说的寿命包括两方面：一方面是指涂料本身的寿命；另一方面指辐射能力的变化，辐射能力随时间延长而逐渐减弱直至消失。

（三）防氧化涂料

防氧化涂料是涂于含碳材料，如铝碳质长水口、浸入式水口及镁碳质材料表面，防止含碳制品在烘烤和使用过程中碳被氧化的不定形耐火材料。基本原理是涂层在烘烤和使用温度下能在含碳耐火材料表面形成分布均匀、附着良好、有足够黏度而不流淌的釉层，将含碳材料与空气隔离，防止碳的氧化。

防氧化涂料的主要原料有钾长石、钠长石、石英石、碳酸锂、氧化铝、黏土、硼化物及钡的化合物等。结合剂与添加剂和其他涂料基本相同，常用结合剂有硅酸乙酯水溶液、硅溶胶、水玻璃及磷酸盐等。考虑涂料与碳的结合问题，可加入所谓"偶联剂"改善附着性，可用硅烷系偶联剂和钛酸酯系偶联剂。

防氧化涂料在含碳制品涂抹厚度一般不超过1mm，因此涂料的固体颗粒不宜太大，一般小于0.03mm，调成浆体密度 $1.6 \sim 1.8 \mathrm{g/cm^3}$。有人研制了连铸三大件的防氧化涂料，主要原料的化学成分见表7-77。

表 7-77　防氧化涂料主要原料化学成分（质量分数/%）

原料	钾长石	锂辉石	石英	硼熔块
SiO_2	73.16	64.86	99.42	56.64（B_2O_3）
Al_2O_3	15.61	24.12		13.13
K_2O+Na_2O	10.91	0.26		7.24

将各种原料磨成<0.044mm，按石英40%、硼熔块40%、钾长石15%、锂辉石5%、外加色剂5%和结合剂50%~70%的质量分数配制。将配好的料加入球磨机中，使料∶球∶结合剂的质量比为1∶2∶（0.5~0.7）。结合剂是一种溶剂，湿磨2~5h出磨，料浆经过0.125mm筛子，控制料浆密度为 $1.62 \sim 1.80 \mathrm{g/cm^3}$。用两层刷涂方式涂于连铸三大件产品，每层厚0.25~0.45mm，涂层厚度控制在0.6~1mm。涂后坯体在60~70℃干燥房烘干2~5h，然后在1000℃下烘烤12h以上，涂层与水口等三大件表面附着良好，没有出现裂纹及鼓泡现象，强度较高。实际使用后发现水口外部有8mm左右轻微氧化，其余未被氧化，釉层黑亮，没有裂纹。青岛耐火厂采用焦宝石、石英粉、长石粉、滑石粉配料，湿磨泥浆<0.043mm >75%，密度1.6~1.65g/cm³，使用时添加结合剂16%，搅拌均匀即可涂抹，其涂层化学成分见表7-78。

表 7-78　整体塞棒涂层化学成分（质量分数/%）

料　别	SiO_2	Al_2O_3	Fe_2O_3	CaO	MgO	K_2O	Na_2O
青岛厂涂料	70.29	18.58	1.92	0.07	2.00	3.90	1.09
美国涂料	73.78	17.62	1.08	0.26	0.44	1.45	4.70

涂料在铝炭质整体塞棒涂抹使用后，提高使用寿命86%，与美国涂料水平相同。

北京钢铁研究总院研究出1200℃、1600℃和1800℃以下使用的防氧化涂料。1200℃以下主要用石英、硼砂、锆英石、黏土和SiC等来配制；1600℃以下主要使用 $MoSi_2$、SiC、B_4C、SiO_2 等原料来配制；1800℃以下主要使用SiC、Si_3N_4、Al_2O_3 等原料来配制。

将所用的原料加工成<0.076mm，采用有机和无机复合酸结合溶剂，以及少量性能调节剂。涂料的线膨胀系数与含碳耐火材料基本相匹配，并具有自动"愈合"本身和含碳耐火材料在使用中形成微裂纹的能力。

还有一种用硅酸钠、苛性钾、磷酸钙、黏土和硅胶混合而成的涂料，用于 Al_2O_3-SiC-C 质及 MgO-C 质材料抗氧化很有效，特别在 1000℃ 以下效果最好，因为磷硅酸盐全部熔化形成均一结构，完全封闭了耐火材料表面，阻止了碳与空气接触，与未涂料的耐火材料相比，重量损失减少 50%。

（四）耐酸涂料

耐酸涂料是由酸性或半酸性粉料（<0.088mm）、结合剂和涂料助剂调制而成的涂料。酸性和半酸性材料有叶蜡石，耐酸度为 92%～96%，硅石大于 97%，铸石 98%，安山岩大于 94%，焦宝石 92%～97%。为防止涂层干燥中发生开裂，可加入耐热玻璃短纤维或硅酸铝短纤维（3～7mm）。

结合剂有水玻璃、硅溶胶、磷酸二氢铝等，可引入有机树脂提高黏结力和抗龟裂性能。可选用的有机树脂有水溶性甲基硅醇钠、聚醋酸乙烯乳液、聚丙烯酸酯乳液、水性尿素树脂等。用硅溶胶作结合剂可选择 SiO_2 含量为 30%～45% 的硅溶胶，使用时可加入硅烷偶联剂或有机树脂乳液。用磷酸二氢铝作结合剂时，需要高温烘烤才能固化，也可加入固化剂使其固化成膜。固化剂有金属氧化物、氢氧化物、硼酸盐、硅氟化物等。

耐酸涂料主要用于酸性气体通过的烟道和某些有酸性介质反应设备的内衬等表面涂层。

（五）耐碱涂料

耐碱涂料由耐碱粉料、结合剂和涂料助剂配制而成，具有抗碱蒸气侵蚀的作用。耐碱粉料有焦宝石、矾土熟料、铝铬渣、锆英石、铬刚玉等，粉料粒度小于 0.5mm，其中小于 0.074mm 要占 60%～70%。结合剂可用铝酸钙水泥或水溶性硅酸钠（固体水玻璃），涂料助剂包括分散剂（聚磷酸钠、聚丙烯酸钠、柠檬酸钠等）、防沉降剂（羧甲基纤维素、膨润土）和助烧结剂等。

耐碱涂料主要用于碱蒸气沉积与腐蚀的烟道和相当的工业炉衬体表面保护涂层。

（六）滑板涂料

滑板经过多次使用，不可避免地存在舌形区拉痕、起毛、黏附钢水等现象，一定程度上影响滑板的使用。日本耐火材料工作者开发出一种具有润滑作用的滑板涂料，经我国宝钢、舞钢等单位使用，可减小滑板的滑动阻力，增大润滑效果，防止钢水在舌形区黏附，提高滑板寿命。这种涂料是用特殊方法将天然高纯石墨微细化和胶粒化之后添加水溶性结合剂精制而成的。外观为灰黑色水溶性黏稠液体，黏度 1～2Pa·s。滑板涂料（25℃ 旋转法）固体含量 30%～35%，炭素 25%～30%，总挥发物 68%～70%。用刷子涂于冷态滑板工作面上，涂抹效果好，黏附力强，厚度在 0～1mm 之间调整，5～10min 自行硬化快干，具有一定强度。该涂料属于一种水溶性涂料。

唐钢研究：以石墨为基料，浓度 20%～30% 的黄色糊精为成膜材料。基本配料比是：

石墨 20%~30%，分散剂、抗氧化剂等 5%~10%，成膜材料 60%~70%。要求石墨含 C>97.5%，灰分<1.0%，水分<0.5%，pH 值 6~7，<1μm >90%。将配好成膜液置于专用搅拌机边搅拌边加入石墨和添加剂，搅拌均匀达到黏度 2.3Pa·s，固体含量 34.6%，炭素 26.4%为好。经包钢、新余钢厂等单位使用，效果接近国外水平。

有人研究滑板涂料的配料为：土状石墨 70%，鳞片石墨 20%，黏土 3%，膨润土（悬浮剂）2%，复合防氧化剂 1.5%~3.0%，表面活性剂 A 及复合型 0.5%~0.8%，涂料密度 1.25g/cm³，粒度小于 0.5mm。滑板涂后快干，防氧化，易滑动，并可提高滑板寿命。

还有人研究铝炭滑板用涂料。以鳞片石墨与六方氮化硼为基料，糊精与水玻璃（$M=1$）为黏结剂，膨润土与羧甲基纤维素钠（CMC）为悬浮剂，再加入 3%的抑制氧化剂 $MoSi_2$。黏结剂糊精：水玻璃=1:6，pH=7.0；悬浮剂膨润土：CMC 为 1~4。将膨润土倒入水中，搅拌 10min 再加入 CMC，pH=7.0。将各种配好的料放入球磨机中湿磨 20h。涂料黏度 0.5~1.5Pa·s，易于涂刷，涂于滑板表面，室温干燥 2 天，1200℃热处理后，氧化失重率 0.6%。

新乡学院研制的铝锆碳滑板防氧化涂料是以石墨和纳米炭黑为主要原料，配以结合剂、分散剂和去离子水等。先将去离子水和结合剂按一定配比倒入杯中搅拌均匀。再将表面改性后的鳞片石墨、分散剂和纳米炭黑按一定配比混合均匀。最后将以上两者混合均匀，即得到滑板涂料。

将涂料涂刷于铝锆碳滑板表面，自然干燥 24h 后在空气中不同温度下加热 2h，测量质量损失率，结果见图 7-17。

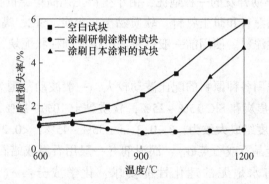

图 7-17 铝锆碳滑板试块的质量损失率-温度曲线

由于涂料在表面形成一层保护膜，提高了滑板的高温抗氧化能力。

上海有人研制了滑板润滑剂，主要原料为鳞片状石墨微粉（2~5μm），h-BN 微粉作抗氧化剂（小于 5μm），锂基膨润土作悬浮剂，日本进口的有机高分子结合剂和国产无机结合剂、聚乙烯烷基醇醚（OP-10）作石墨表面活性剂，工业纯正丁醇作消泡剂，去离子水为分散介质。与日本润滑剂相比，在 200~800℃高温下表现出更好的润滑性。实际应用表明：在滑板表面形成润滑剂涂层后，能满足滑板 4~5 次连滑要求，与日本进口产品使用效果相似。

（七）快硬耐磨涂抹料

安徽瑞泰公司研究快硬耐磨涂抹料配比（质量分数）：低铝莫来石（1~5mm）29%，

（0.09~1mm）24%，棕刚玉（≤0.09mm）16%，高铝矾土熟料（<0.02mm）8%，硅微粉8%，纯铝酸钙水泥15%，聚丙烯酸乳胶9%（外加），耐热钢纤维4%（外加），三聚磷酸钠+有机酸0.3%（外加）。此快硬耐磨涂抹料易涂抹、硬化快、使用寿命长，可作为快速修补料，可用于使用温度<500℃的内衬，可取代磷酸盐结合涂抹料。常温养护7h，抗折强度9~10MPa，110℃烘烤达21~22MPa，耐压强度99~105MPa。

八、高炉炮泥与压注料

（一）高炉炮泥

高炉炮泥是用液压或挤压机施工的不定形耐火材料。液压或挤压机俗称泥炮或泥枪，这类半硬质塑性耐火泥料主要用于堵塞高炉出铁口，所以俗称炮泥，应该属于耐火挤压料。

炮泥是由骨料、粉料、结合剂和液体组成的 Al_2O_3-SiO-SiC-C 质材料，对炮泥作业性的基本要求是：（1）良好的可塑性，挤出的泥料为致密泥柱，不发生断裂或松散；（2）良好的润滑性，平稳挤入出铁孔内，不发生梗阻；（3）在出铁孔处达到一定程度烧结，形成泥包，保护出铁口内侧衬体。

对施工性能要求，通常用"马夏值"来衡量，一般要求马夏值 0.45~1.4MPa。按结合剂不同，分为有水炮泥和无水炮泥。

（1）有水炮泥：早期开发的一种炮泥，由于生产工艺简单，价格低廉，现在一些中小高炉仍在使用。由黏土熟料和矾土熟料、软质黏土、焦炭、SiC、高温沥青和添加剂组成，加水混练制成的可塑性泥料。使用前一般用挤泥机挤成圆柱状泥块，使用时泥块放入泥炮中再挤压入出铁口内。

按使用条件，炮泥用各种原料的配比波动较大，一般波动范围为：高铝矾土熟料和黏土熟料为50%~60%，焦炭和SiC 15%~25%，软质黏土10%~15%，高温沥青5%~10%，添加剂3%~5%。其粒度组成大致为：3~0.21mm 35%~45%，<0.21mm 55%~65%。添加剂有膨胀剂（一般用蓝晶石或石英砂）、润滑剂（一般用石墨或蜡石粉）及助烧剂（一般用长石类矿物）。对有水炮泥的理化性能要求：化学成分：$w(Al_2O_3)=25\%~35\%$，$w(SiO_2)=35\%~50\%$，$w(C+SiC)=15\%~25\%$。体积密度（1300℃，3h）1.6~1.85g/cm³，显气孔率（1300℃，3h）30%~35%，耐压强度（1300℃，3h）3.5~5.6MPa，烧后线变化率（1300℃，3h）+0.2%~-2.0%，马夏值0.45~1.4MPa。

（2）无水炮泥：无水炮泥是用焦油-沥青或树脂为结合剂的炮泥。不加入水，但与有水炮泥相似，不过在原料的纯度方面有些提高，如用档次较高的高铝矾土熟料以及刚玉等。

1）焦油-沥青结合炮泥：焦油与沥青可分开加入，也可先将沥青熔化与焦油混合调制成混合结合剂加入炮泥中，湿混练成具有一定塑性的泥料。液状焦油-沥青结合剂的技术性能一般要求为：恩氏黏度（$E_{50℃}$）14~16，密度1.1~1.2g/cm³，固定碳17%~18%，水分微。加入量通常控制18%~23%，加入量大，有利于降低马夏值，提高作业性能，但其他理化指标可能降低。不同骨料炮泥的性能指标见表7-79。

表 7-79　不同骨料炮泥的性能

骨料名称	体积密度 /g·cm^{-3}	显气孔率 /%	抗折强度 /MPa	耐压强度 /MPa	线变化率 /%	结合剂加入量/%	马夏值 /MPa
黏土熟料	1.81	31	1.95	6.93	-0.17	23.0	0.473
矾土熟料	2.03	33	3.10	9.50	+0.23	21.7	0.472
棕刚玉	2.11	29	3.40	13.60	+0.20	20.0	0.645

有人研究在炮泥中加入高铝粉煤灰（15%），与未加的炮泥质量指标相近。焦油沥青结合炮泥造价低，使用时不蒸发大量水汽，有利于保护高炉炉缸炭砖，现在中小高炉仍在应用。但会发出有害气体，污染环境。

2）树脂结合炮泥：现代大型高炉多用树脂结合炮泥。档次较高，由电熔刚玉（多为棕刚玉）、SiC、石墨、软质黏土、沥青、焦炭粉和添加剂（包括 Si_3N_4 或氮化硅铁）组成。其树脂为液状酚醛树脂加乌洛托品等硬化剂，也可以用液态甲阶酚醛树脂，或二者的混合物为结合剂。树脂的平均分子质量对炮泥的硬化速度有显著影响，平均分子质量越大，硬化速度越快，从而影响挤压作业。适合炮泥用酚醛树脂，通常为淡棕色透明液体，黏度 30~50Pa·s（5~25℃），体积密度（25℃时）1.21g/cm^3，游离酚小于5%，游离甲醛小于0.9%，水分小于1.0%，固定碳40%~45%。

有人用棕刚玉作骨料，焦炭、SiC、SiO_2 微粉、α-Al_2O_3 微粉作细粉，加入氮化硅铁细粉、焦油和树脂混合结合剂，其配料比见表7-80。

表 7-80　炮泥的配料组成及性能

编　　号		1	2	3
配料（质量分数）/%	棕刚玉	62	57	52
	碳化硅粉	13	13	13
	焦炭粉	12	12	12
	SiO_2 微粉	2	2	2
	α-Al_2O_3 微粉	4	4	4
	氮化硅铁粉	0	5	10
	复合添加剂	7	7	7
	混合结合剂（外加）	16~20	16~20	16~20
耐压/抗折强度/MPa	900℃×2h	17.2/6.1	18.3/6.2	19.5/6.3
	1500℃×2h	22.1/6.7	23.3/6.9	24.9/7.1
显气孔率/%	900℃×2h	27.6	26.7	27.8
	1500℃×2h	27.4	27.6	28.8
烧后线变化率/%	900℃×2h	-0.17	-0.17	-0.20
	1500℃×2h	-0.26	-0.29	-0.29
体积密度/g·cm^{-3}	110℃×24h	2.14	2.17	2.18
	900℃×2h	1.98	2.00	1.96
	1500℃×2h	1.99	1.97	1.94
侵蚀指数		100	95	85
开孔难易程度（2000m^3 高炉现场使用）		较差	较好	好

在 2000m³ 高炉上使用比不加氮化硅铁的炮泥使用效果好，不但保证长时间出铁，减少出铁次数，而且减少了炉前的操作工序，大大降低了工人劳动强度，提高了劳动生产率。

从表 7-80 中看出：随氮化硅铁加入量增加，炮泥强度增大，侵蚀指数降低，含氮化硅铁 10% 时最好，再进一步增加 $Fe-Si_3N_4$ 加入量，则炮泥强度下降，侵蚀指数增大。

某大型高炉用无水炮泥的配料见表 7-81。

表 7-81　某大型高炉无水炮泥配料比

| 原料 | 焦炭粉 (<1mm) | 黏土 (<0.074mm) | 云母 (<0.074mm) | 碳化硅 (<0.074mm) | 刚玉 | | 氮化硅铁 (<0.074mm) | 高铝矾土 (<0.074mm) | 沥青 (<1mm) | 焦油 (外加) |
					3~0.074mm	<0.074mm				
数值 (质量分数) /%	14	10	6	8	22	12	10	14	4	18

通过模拟多梯度铁口温度，炮泥在不同温度处理后的性能见表 7-82。

表 7-82　某大型高炉无水炮泥不同温度处理后的性能

项　　目	200℃×24h	500℃×2h	800℃×2h	1100℃×2h	1400℃×2h
耐压强度/MPa	11.0	10.5	9.95	10.4	10.7
抗折强度/MPa	5.6	5.5	5.2	5.5	5.6
体积密度/g·cm⁻³	2.14	2.02	1.99	1.98	1.96
显气孔率/%	15.3	15.1	27.2	16.4	27.5
线变化率/%	−0.08	−0.13	−0.17	−0.20	−0.26

从表 7-82 中看出：500℃、800℃ 中温强度降低主要是沥青焦油的变化，800℃ 前没有烧结，失去结构水，造成结构疏松，强度降低。1100℃ 后强度显著提高，1400℃ 更有所提高，主要是氮化硅铁、黏土、绢云母等原料组分发生化学反应，生成新物相，互相交织在一起使强度提高。

有人研究在炮泥中添加金属 Al 粉和 Si 粉能提高炮泥强度，尤其 Si∶Al 质量比为 4∶1 时效果更好。

濮耐公司为韩国 5250m³ 高炉生产的 RF4 系列环保型炮泥的理化性能见表 7-83。

表 7-83　RF4 系列炮泥理化指标

| 项　目 | 化学组成(质量分数)/% | | | 线变化率 /% | 耐压强度 /MPa | 抗折强度 /MPa | 高温抗折强度 (1400℃×1h)/MPa | 体积密度 /g·cm⁻³ | 显气孔率 /% |
	Al_2O_3	SiO_2	SiC+C						
开工期 RF4₁	≥34.0	≤30.0	>25.0	+0.5	>15.0	>4.0	>3.8	>1.85	<28.0

项　目	化学组成(质量分数)/%			线变化率/%	耐压强度/MPa	抗折强度/MPa	高温抗折强度(1400℃×1h)/MPa	体积密度/g·cm⁻³	显气孔率/%
	Al_2O_3	SiO_2	SiC+C						
护炉期 RF4₂	≥38.0	≤28.0	>28.0	+0.5	>18.0	>5.5	>4.2	>1.90	<27.0
正常期 RF4₃	≥40.0	≤25.0	>33.0	+0.5	>21.0	>7.0	>5.0	>1.95	<25.0
低温高强 RF4₄	≥42.0	≤24.0	>35.0	+0.5	>26.0	>9.0	>5.5	>2.00	<24.0

　　RF4 系列炮泥可以任何比例复合，过渡期间两种炮泥配比可以由前一种为主逐渐过渡到后一种为主，避免因更换炮泥牌号而影响铁口的稳定性。

　　RF4 系列炮泥在开口过程中无黑烟，无火箭炮，无潮口现象，而且在其开口出铁过程中不喷溅，铁口深度变化不大。尤其正常期炮泥改善配方 RF4₄ 平均出铁时间 200min 以上，日平均出铁 7.5 次，连续 20 天炮泥平均单耗 0.26kg/t。

　　日本新日铁开发了碱性无水炮泥。其组成为：氧化镁 25%~60%，轻烧氧化镁 8%~15%，焦炭 12%~15%，有时还加入电熔刚玉和碳化硅，改性酚醛树脂作结合剂，用量 15%~20%。这种炮泥显气孔率 25%~32%，1450℃高温抗折强度 3.2~4.5MPa。

　　英国开发了 SiO_2 炮泥，硅质料含量达到 64%~68%，无烟煤 12.8%，焦油 16.6%。加热至 1250℃，2h 后耐压强度 4.08MPa。我国几家铁厂炮泥配方见表 7-84。

表 7-84　我国几家铁厂无水炮泥配方

组成	配方(质量分数)/%								粒度/mm
	熟料	碳化硅	焦粉	棕刚玉	黏土	绢云母	沥青	蒽油	
W 钢	5		60		25		10	13~15	0~3
B 钢		18	16	42.3	13		10.7		
A 钢	32.6	3.3	48.0			5.7	9.3	14.6	0~3
S 钢		10	50	5	21	4	10	混合油	0~3
BA 钢	15~20	5~10	30~35	10~15	30~35			适量	
M 钢	5		60		25		10	16	0~3
C 钢	8		53		27		12	适量	0~3
T 钢	14	19	24	15	23	9	6	15	
JP4000m³		12.7	12.7	35	10.6	8.5		20.5(煤焦油)	

　　其工艺流程为：准确配料→顺序搅拌→加油碾压→合格铁口炮泥→入库保存→使用。

　　炮泥马夏值控制很重要，马夏值增加过快，炉前开口困难，作业难度加大，影响出渣、铁作业。马夏值与高炉产量的关系见表 7-85。

表 7-85　高炉产量与马夏值的关系

高炉日产量/t	<4000	<5000	<6000	<7000	<8000	<9000	>9000	>9500
马夏值/MPa	0.40~0.42	0.42~0.45	0.45~0.48	0.49~0.52	0.52~0.55	0.55~0.59	0.59~0.64	0.65~0.72
出铁次数/次·天$^{-1}$	5~6	6~7	9~10	10~12	12~14	11~13	11~13	12~14

对于大型高炉，铁口炮泥应有适度的可塑性，方便炉前操作；气孔率适宜，便于排出水分和气体；体积稳定性好，避免产生裂纹渗漏铁水和煤气；烧结性能好，强度高，耐火度高，耐铁水和渣的冲刷和侵蚀；开口性能好，开口机容易钻孔；同时炮泥对环境污染要小。

宝钢无水炮泥的性能指标：$w(SiC)=10.7\%$，$w(Si_3N_4)=4.36\%$，显气孔率由 30.3% 降到 24.7%~21.5%，体积密度由 1.98g/cm^3 提高到 2.50~2.74g/cm^3，抗折强度由 0.41MPa 提高到 5MPa，耐压强度由 6.2MPa 提高到 18MPa 左右。

炮泥中焦油或蒽油、沥青中含有致癌物质苯并芘上万个 ppm，环保结合剂的苯并芘含量可以降到 500ppm 以下。按欧盟环保标准：炮泥采用环保型酚醛树脂苯并芘含量小于 0.05μg/kg，不冒黄烟。

据悉，武钢开发出新型环保炮泥，其关键是环保指标苯并芘含量（质量分数）仅为 0.00333%，比最苛刻的欧洲标准 0.005% 还低三分之一。

（二）耐火压注料

耐火压注料是指用泵进行挤压施工的不定形耐火材料，也称压入料。通常所用的压力在 1~2MPa 之间。主要用来填充耐火材料之间的缝隙，以及耐火材料与炉壳之间的缝隙，修补炉衬过大收缩或剥落产生的裂缝等。由于要用泵将料压注到炉子中，因此压注料应有很好的流动性，属于宾汉型流体，屈服值很小，具有自流性。耐火压注料有水系压注料与非水系压注料之分：

（1）水系压注料：用水或含水液态结合剂配制的压注料。凡是不与水发生水化反应的物料，如硅质、黏土质、高铝质、刚玉质、锆英石等材料均可配制成水系压注料。其结合剂有铝酸钙水泥、水玻璃、磷酸二氢铝等。为了控制作业时间，要加入适当的促凝或缓凝剂。为了防止压注料静置时或泵送中发生泥料偏析，必须加有泥浆稳定剂，使泥浆中的固体粉料处于均匀的悬浮状态，一般采用水溶性有机物，如甲基纤维素、羧甲基纤维素、糊精之类，也可通过调节液状结合剂的黏度或 pH 值来控制泥浆的稳定性。

压注料的临界颗粒尺寸是根据充填缝隙大小来确定的，如充填 10mm 左右缝隙，临界颗粒应不大于 2mm，粒度组成按 Andreassen 粒度分布方程，分布系数 q 值可取 0.21~0.26，在此范围内，适当调节固/液之比，使其具有较好的流动性和充填密度。

上海某厂研制的 RH 浸渍管热态压入修补料，采用板状刚玉 70%、双峰 α-Al$_2$O$_3$ 微粉 6%、电熔镁砂粉 [$w(MgO)=98.6\%$] 6%、尖晶石粉 [$w(Al_2O_3)=78\%$] 11%、Secar71 水泥 7%、外加剂 0.2%、水 7.5% 的配料。其颗粒组成为：>2mm 5.3%，2~1mm 9.6%，1~0.5mm 19.1%，0.5~0.088mm 24.5%，0.088~0.044mm 8.3%，<0.044mm 33.2%。相

应的国外产品化学成分：$w(Al_2O_3) = 86.47\%$，$w(MgO) = 10.21\%$，$w(SiO_2) = 0.45\%$，$w(CaO) = 2.03\%$，$w(Fe_2O_3) = 0.34\%$。

（2）非水系压注料：以树脂等液态有机结合剂调制的压注料。主要用于高炉和转炉砌体的填缝料。用于高炉炉壳与冷却壁之间空隙的是高铝质压注料，主要原料是刚玉或高铝熟料。用于转炉的压注料主要是 MgO-C 质压入料，主要是镁质、镁钙质、镁铝质、镁钙铁质等，炭素材料主要是石墨，还有 SiC。其颗粒组成与水系压注料相似，临界颗粒不大于 3mm。

结合剂主要为甲阶酚醛树脂，作为促硬剂（固化剂）的物质有苯磺酸、甲苯磺酸、氯苯磺酸与石油磺酸等。其中苯磺酸价格较低，最适用。使用时，可将苯磺酸先溶于水中，使其密度达到 $1.2g/cm^3$ 左右，再与树脂混合均匀后使用。

压注料要经过长距离输送，经压力（最高可达 18MPa）压入炉内再黏结硬化，控制好凝结时间及流动性十分重要，应根据实际情况选用合适的添加剂。

因为压注料中含有炭素材料，应加入适当的防氧化剂。压注料的性质见表 7-86。

表 7-86　压注料的性质

种类	化学成分(质量分数)/%				耐压强度/MPa				体积密度/g·cm⁻³			
	Al_2O_3	SiO_2	MgO	C	110℃×24h	300℃×3h	1000℃×3h	1500℃×3h	110℃×24h	300℃×3h	1000℃×3h	1500℃×3h
Al_2O_3-SiC-C	29.68	43.78		22.92	28.1		11.9		1.78		1.67	
MgO-C			95	5	36		10.0		2.30			2.29

刚玉质压入料由刚玉细骨料和细粉、纯铝酸钙水泥和外加剂组成，外加水 10% ~ 12% 调成膏状和浆体，利用挤压施工。典型的刚玉质压入料理化指标见表 7-87。

表 7-87　刚玉质压入料的理化性能

化学成分(质量分数)/%		烧后线变化率/%			热态抗折强度
Al_2O_3	SiO_2	110℃×24h	1000℃×3h	1500℃×3h	(1400℃×1h)/MPa
95	0.5	−0.03	−0.15	+0.50	3.62

中小高炉可用棕刚玉，颗粒配比为：0.5 ~ 0.12mm 9%、0.12 ~ 0.076mm 21% 和 <0.076mm 70%。可用水玻璃和复合外加剂，用水调成泥浆状。大中高炉用树脂作结合剂。

采用焦油及树脂作结合剂，既难以固化，中低温烘烤时又产生有害气体，材料的体积稳定性也比较差，因此采用硅溶胶结合压入料。有人用合成莫来石作骨料 [$w(Al_2O_3) > 62.4\%$、$w(SiO_2) = 33.6\%$]，α-Al_2O_3 微粉、高铝熟料粉 [$w(Al_2O_3) = 82.5\%$，<0.043mm]、硅溶胶结合剂及减水剂、固化剂配制压入料，在不同温度处理后的性能见表 7-88。

硅溶胶结合压入料的各项指标均优于树脂结合的压入料，特别是热震稳定性特别好，经 1100℃—水冷循环 100 次基本没有裂纹，而树脂结合一般在 10 次左右就开裂。实际应用，施工性能和使用性能都很好。

表 7-88　不同温度下处理后压入料的性能指标

处理条件	110℃×24h	815℃×3h	1100℃×3h	1400℃×3h
抗折强度/MPa	5.7	21.5	26.3	29.3
耐压强度/MPa	28.9	90.2	108.5	124.6
线变化率/%		−0.25	−0.20	−0.18
体积密度/g·cm⁻³		2.38	2.39	2.39

九、耐火泥浆

耐火泥浆在国家标准中又称做砌筑接缝材料。这种材料可用于抹刀或类似工具施工，也可用于灌缝或浸蘸砌块。这种材料可分为三类：

（1）水硬性耐火泥浆：细耐火骨料、耐火粉料和以水泥为结合剂的混合料。

（2）热硬性耐火泥浆：细耐火骨料、耐火粉料和磷酸或磷酸盐等热硬性结合剂组成的混合料。

（3）气硬性耐火泥浆：细耐火骨料、耐火粉料和硅酸钠等气硬性结合剂组成的混合料。

耐火泥浆是定型耐火制品的接缝材料，与传统的耐火泥用途一样。耐火泥组成单一，制备简单，砖与砖之间黏结不强，只起填充作用，砖缝往往成为内衬损毁的薄弱环节。20世纪60年代研制的701号泥浆和90年代研制的901号泥浆，使砌体在高温下形成整体，施工和使用性能有很大的改善，炉窑内衬的使用寿命也得到提高。

一般来说，耐火泥浆的化学性质要与所砌筑的耐火制品化学性质相同或相似，因此与耐火制品的分类相同，有硅质、半硅质、黏土质、高铝质、刚玉质、锆英石质、镁质、镁铝质、含碳或碳化硅质泥浆。按加入调和液的性质又分水系泥浆和非水系泥浆，还有不加调和液的干式火泥。按泥浆的功能又分为隔热耐火泥浆、防缩耐火泥浆和缓冲耐火泥浆等。

（一）硅质耐火泥浆

硅质耐火泥浆由硅石粉、废硅砖粉、结合黏土以及结合剂、外加剂配合而成。其临界颗粒不超过1mm，一般根据砌体的砖缝大小来确定，如焦炉硅砖砖缝设计要求3~7mm，泥浆最大颗粒1mm完全能满足要求，而且黏结强度要好，操作容易。如果砖缝2mm，而泥浆最大颗粒1mm就不合适，0.5mm较合适。一般是0.5~0.074mm占40%，<0.074mm占60%。采用化学结合剂，如水玻璃、磷酸盐等，有的加糊精、纤维素、硅微粉等改善作业性，加硼砂提高砌体抗热震性，并且加铁鳞、木质素磺酸盐等。还要注意泥浆的作业性质，如稠度，合理的稠度是320~380mm之间，缝大的稠度接近320mm，缝小的稠度接近380mm；其次是黏结时间在60~120s比较合适。

硅质泥浆主要用于砌筑焦炉、高炉热风炉和玻璃窑的硅砖。焦炉用泥浆的$w(SiO_2)=85\%~90\%$，荷重软化温度为1400~1500℃；热风炉用泥浆要求$w(SiO_2)>94\%$，荷重软化点>1600℃；玻璃窑用泥浆$w(SiO_2)=94\%~96\%$，荷重软化温度为1600~1620℃。国内外一些硅质泥浆性能见表7-89。

表 7-89　国内外一些硅质泥浆性能

国别	牌号	耐火度/℃	荷重软化温度/℃	黏结强度/MPa		$w(SiO_2)$/%	$w(Fe_2O_3)$/%	黏结时间/s
				110℃干后	1400℃×3h			
日本	MA-53012	1690	1560	0.2	3.29	>90	1.07	127
美国	W11	>1710	1590	0.36	裂开	96	0.45	104
中国	某厂	>1690	1580	0.25	1.64	94	1.5	119
中国	G3″	>1710	1610	2.2	3.5	94.32	0.43	145

(二) 硅酸铝质泥浆

硅酸铝质泥浆包括黏土质、高铝质、莫来石质及刚玉质耐火泥浆。根据要求分别用黏土熟料、高铝矾土熟料、合成莫来石及电熔或烧结刚玉加软质黏土组成，或者加 SiO_2 超微粉代替软质黏土。硅酸铝泥浆的粒度范围，一般为 0.5~0.074mm 占 50%，<0.074mm 占 50%，根据砖缝的大小，其粒度也可以调节，尤其临界颗粒大小可以适当调整。

硅酸铝泥浆的结合剂主要是水玻璃及磷酸盐系列，外加剂有减水剂，如聚磷酸盐、聚丙烯酸钠、亚甲基萘磺酸盐等，防止调制好的泥浆发生固液分离的稳定剂，如甲基纤维素、羧甲基纤维素等，也可以通过调节 pH 值来稳定泥浆（悬浮液），防缩剂如蓝晶石、石英等。

我国 20 世纪 70 年代开始利用磷酸或磷酸盐作结合剂，调制硅酸铝泥浆，并得到广泛应用，如 701 号泥浆，后来经多次改进，称为新型泥浆及 901 号泥浆。901 号泥浆的技术指标如表 7-90 所示。

表 7-90　901 号泥浆的技术指标

材质牌号		黏土质 NP-45	高铝质		莫来石质 MP-55	刚　玉　质				
			LP-55	LP-70		GP-60	GP-70	GP-80	GP-85	GP-90
耐火度/℃		>1750	>1770	>1790	>1770	>1790	>1825	>1850	>1850	>1850
抗折强度/MPa	110℃烘后	>2.5	>2.5	>2.5	>3.0	>3.0	>3.0	>3.0	>3.0	>3.0
	烧后	>7.0 (1200℃)	>7.0 (1400℃)	>7.0 (1400℃)	>7.0 (1400℃)	>7.0 (1500℃)	>7.0 (1500℃)	>7.0 (1500℃)	>7.0 (1500℃)	>7.0 (1500℃)
荷重软化温度/℃		>1250	>1300	>1350	>1400	>1510	>1570	>1670	>1670	>1700
$w(Al_2O_3)$/%		>45	>55	>70	>55	>60	>70	>80	>85	>90

注：黏结时间 1~2min，粒度>0.5mm <1%，≤0.076mm ≥50%，砌筑时不得流淌。

以上为水系硅酸铝泥浆。如砌筑含碳材料时，水蒸气会有破坏作用，需要非水系泥浆。非水系泥浆是用液态有机结合剂，多数采用液态酚醛树脂来调制的，用无水乙醇调节酚醛树脂黏度。树脂结合硅酸铝质泥浆的理化性能如表 7-91 所示。

表 7-91   树脂结合硅酸铝质泥浆性能

材　质		高　铝　质		黏土质
		HLP-50	HLP-70	HNP-45
抗折强度 /MPa	300℃×24h	>0.5	>0.5	0.5
	1400℃×3h	>5.0	>5.0	>5.0
粒度组成/%	>0.5mm	<2	<2	<2
	<0.074mm	>50	>50	>50
$w(Al_2O_3)$/%		>50	≥70	≥45
耐火度/℃		>1770	≥1790	≥1750

（三）碱性泥浆

砌筑碱性耐火制品接缝的泥浆称为碱性泥浆。与碱性制品一样也分为镁质、镁铝质、镁硅质等泥浆。可用与制品相同的原料或废砖粉碎后配料。粒度由 0.5～0.074mm 与 <0.074mm 两部分组成，配比为：（70～75）：（25～30），结合剂有氯化镁（卤水）、硫酸镁、三聚磷酸钠、六偏磷酸钠、水玻璃等，用这些化合物的水溶液调制的碱性泥浆，具有一定的作业时间及结合强度，普遍采用卤水和聚磷酸钠作结合剂。非水系碱性泥浆是用液态酚醛树脂调制，用无水乙醇来调节其作业性能。

（四）碳化硅和炭素泥浆

碳化硅泥浆由碳化硅粉料与结合剂、添加剂调制而成，临界颗粒可取 0.5～1mm 之间，其中大于 0.074mm 占 40%～50%，小于 0.074mm 占 50%～60%，也分为有水泥浆和无水泥浆。有水泥浆的结合剂可用水玻璃或酸性磷酸盐或硅微粉+铝酸钙水泥；无水泥浆是液态酚醛树脂或焦油+蒽油+沥青。有水泥浆还要添加增塑剂，如软质黏土、硅微粉或水溶性有机高分子化合物。稳定剂如甲基纤维素、羧甲基纤维素、木质磺酸盐等，但必须与结合剂相匹配。

碳质与含炭泥浆也称炭糊，用于砌筑高炉炭砖及混铁炉、鱼雷罐的铝碳砖接缝料或填缝料。按所填充缝隙的宽度不同分为粗缝糊与细缝糊。

（1）粗缝糊：填充较粗的缝隙，配料组成为：冶金焦炭（0～1mm）40%～60%；无烟煤（0～8mm）20%～30%；土状石墨（0～8mm）0%～20%；煤焦油 10%～15%；煤沥青 5%～12%；蒽油 2%～4%。对其性能要求：灰分小于 8%，挥发分小于 12%，1000℃热处理后耐压强度不小于 15MPa。

（2）细缝糊：用于 1～2mm 缝隙的接缝料，其配料组成为：冶金焦炭（0～0.5mm）50%～60%；土状石墨（0～0.5mm）10%～20%；煤沥青 10%～20%；蒽油 0%～28%；煤焦油 0%～35%；柴油 0%～6%。性能要求：灰分小于 8%。挥发分小于 35%。

此外也可用液态酚醛树脂作结合剂，这种炭质泥浆与粗细缝糊在配料及性能方面有些不同。在配料中可用部分碳化硅或刚玉、高铝熟料代替冶金焦炭，还可引入 Si 或 Al 粉来提高泥浆抗氧化性和高温结合强度。

十、引流砂和支撑剂

(一) 引流砂

作为钢包底部水口填充材料,一方面要求在较低温度下烧结,避免加入钢水时引流砂上浮,造成事故;另一方面引流砂往往造成座砖与水口内壁"结瘤",要采用烧氧管吹氧引流的方式进行开浇,不但影响连铸操作的顺利进行,同时也不利于环保。首钢改用镁橄榄石引流砂,自动开浇率由最初的 7%~9% 提高到 87%。东北某钢厂电炉钢包用镁质和镁钙质引流砂,自动开浇率不足 50%。华北某厂转炉精炼钢包使用硅质和镁质引流砂,自动开浇率仅 40%,而改用铬质引流砂,自动开浇率平均达 97.5%。

以铬铁矿为主要原料的铬质引流砂,选择临界颗粒为 3mm,其中 >1mm 占 55%,<1mm 占 45%,加入润滑剂,降低颗粒之间摩擦力,在高温下铬铁矿脱熔分解后,能在还原剂作用下形成二次尖晶石,产生体积膨胀,有利于提高自动开浇率,因此要加还原剂。有人研究采用铬铁矿 $[w(Cr_2O_3)=46.48\%$、$w(Fe_2O_3)=28.01\%$、$w(MgO)=10.15\%$、$w(Al_2O_3)=14.30\%]$ 加入 70%,石英砂 $[w(SiO_2)=99.5\%]$ 加入 30%,外加石墨粉 0.4% 配料。

开始烧结温度、耐火度、安息角和体积稳定性是衡量引流砂质量的主要指标。研究认为:当配料化学成分为 $w(Cr_2O_3)=35.69\%$、$w(SiO_2)=32.04\%$、$w(Al_2O_3)=4.93\%$、$w(MgO)=8.57\%$、$w(Fe_2O_3)=4.38\%$、$w(FeO)=9.53\%$ 时,其安息角为 29.3°,堆积密度为 $3.07g/cm^3$,1200℃、1h 烧结较好,1650℃、1h 烧后取出冷却开裂,作为引流砂使用较好。

根据引流开浇原理和对引流砂的要求,引流砂应具有良好的流动性及化学稳定性、适中的粒度、较好的压实性、合理的高温性能等。为此应选择一种颗粒级配合理、熔点适中并能适时调节、高温下长期使用能产生较大量极高黏度液相的材料,并且该材料具有较好的隔热性。河南舞钢引用多种材料材质,经过多次试验,最后选用石英砂 $[w(SiO_2)>96\%$、$w(Fe_2O_3)<1.2\%]$ 和钾长石 $[w(K_2O\cdot Al_2O_3\cdot 6SiO_2)>90\%]$ 的配料,石英砂占 89%~93%,钾长石占 7%~13%。临界颗粒 3mm,按 3~2mm、2~1mm、1~0.5mm 的三级配料,配比为 (4~6):(15~17):1。将骨料表面的尖锐、不规则棱角用机械处理方法使其成为球状体。实际使用表明:由原来自动开浇率不足 60%,用此材料之后,自动开浇率一直稳定在 75%~85%,平均 84.08%。

(二) 支撑剂

支撑剂是一种球状的陶瓷颗粒产品,主要用于石油井下支撑,以增加石油天然气产量,要求有较高的压裂强度。本不属于耐火材料,由于所用原料及制造方法与某些耐火材料的工艺技术相同,特别是有人把支撑剂作为浇注料的添加物,所以在此作简要介绍。

有人研究支撑剂的强度:用矾土生料 $[w(Al_2O_3)=67.14\%$、$w(灼减)=14.43\%]$ 与黏土为主要原料,加入锰矿粉和 $CaCO_3$ 粉。其配料比为:生矾土 (0.074mm) 85%~95%,黏土 (0.074mm) 5%~15%,外加锰矿粉 5%,$CaCO_3$ 粉 2%,混合均匀滚成球粒后 1360℃热处理,体积密度 $2.59g/cm^3$,耐压强度 275MPa。支撑剂成品见图 7-18。

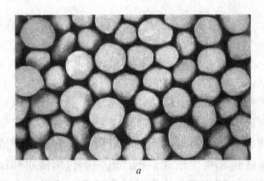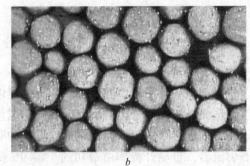

a　　　　　　　　　　　　　　　　　　b

图 7-18　支撑剂成品

a—成品陶粒；b—陶粒坯体料

河南耕生耐火公司研究在高铝质低水泥浇注料中加入支撑剂及烧前的支撑剂生坯，其化学成分见表 7-92。粒度 0.45~0.9mm，堆积密度 1.67g/cm³，体积密度 3.18g/cm³，生坯堆积密度 1.44g/cm³。

表 7-92　支撑剂及其生坯化学成分（质量分数/%）

料　别	Al_2O_3	SiO_2	Fe_2O_3	TiO_2	灼　减
熟　料	76.65	12.02	3.13	3.30	0.04
生　坯	69.00	10.60	2.71	3.10	10.18

高铝浇注料采用 $w(Al_2O_3)=70\%$ 的矾土熟料作骨料（8~1mm、<1mm）及粉料（<0.074mm、0.043mm）硅微粉6%，Secar71水泥5%，聚磷酸钠复合减水剂0.1%。研究分别加入支撑剂2%、4%、6%、8%代替高铝矾土熟料<1mm部分颗粒；另有一系列加入支撑剂生坯代替浇注料<0.074mm部分细粉。结果表明：引入支撑剂或支撑剂坯体对高铝浇注料的流动性和常温物理性能影响不明显，但对110℃、24h和1350℃、3h处理后的常温力学性能不利。以支撑剂坯体代替部分细粉的方式与支撑剂熟料相比，效果要好些，对浇注料高温处理后的强度及加热永久线变化率影响不明显。

武汉科技大学研究支撑剂用二级矾土生料，黏土为原料，加入锰矿粉5%和碳酸钙2%为烧结剂，热处理温度1360℃，试样的耐压强度达275MPa。

第八节　预制件和不烧制品

预制件及不烧制品不用烧成，工艺简化，节约能源，降低了成本。在当前能源短缺、重视环境保护的情况下，意义重大，应该广泛提倡，大力发展预制件和不烧制品的生产。

一、预制件

越来越多的用户为了提高热工设备的周转率和利用率，缩短施工、养护和烘烤所占用的时间，希望采用预制件筑衬。近年来，预制件的品种和数量激增。常见的包括高炉出铁沟、电炉顶、钢包底、中间包、挡渣堰、冲击板、加热炉烧嘴、高炉风口、陶瓷燃烧器等预制件。

钢包使用浇注料预制件使用效果达到或超过了现场整体浇注工作衬。如本钢160t炉外精炼钢包工作衬的侧壁采用 Al_2O_3-MgO 质钢包浇注料预制块，平均出钢温度为 $1660\sim1720℃$，钢水在钢包中平均待钢时间为 $80min$，分别采用 RH（占10%）、LF（占20%）和 AHF（占70%）精炼钢水的使用条件下，一次性使用寿命为 130 次左右。

用浇注料做成的各种预制件因具有以下优点，近年来呈现用量增加的趋势：

（1）不需要在现场浇注施工，只需拼装组合，使筑衬简化，也省去了现场的施工机具。

（2）由于在交货时已完成了浇注、养护、干燥和烘烤步骤，为用户节省了大量时间，可加快设备周转率和利用率，也使用户的使用更加方便。

（3）筑衬施工可以不受环境或季节条件的限制，而浇注料在某些地方盛夏和隆冬时节无法在自然条件下现场施工，除非采取人为措施。

（4）可以制成各种大小不同、形状各异的预制件，尤其适合制作机压成型难以实现的大型和异形构件，大者可重达数吨（高炉出铁沟上用的撇渣器、电炉顶），小的仅有 $1kg$ 左右，而且也可以制成形状比较复杂的制品（如蓄热式加热炉上用的挡板砖，其通孔直径仅 $4\sim5mm$，壁厚为 $2\sim3mm$）。

预制件的日益广泛应用是不定形耐火材料施工和应用技术方面的一个值得重视的动向，也是不定形耐火材料生产厂家获得高附加值的一个好途径。

几乎所有的不定形耐火材料，如浇注料、捣打料、喷涂料、可塑料等都可以做成预制件。可以人工捣打，也可以采用机械振动捣打。可以预制成小块做拼合使用，也可以用风动捣打方法制成大块，由几十公斤到几吨，有的达十几吨。用捣打方法的泥料水分为 $4\%\sim8\%$，加入模型中的泥料每层厚度为 $30\sim50mm$，每层捣打 $2\sim3$ 次，锤头在表面上如象棋的程序来回移动，然后将表面泥料掘松再加下一层泥料，这样反复进行，直到达到形状和密度要求。也可以采取振动成型，重量比较小的预制件可以在振动台上成型，边振动边加料直到表面泛浆，再修整抹平表面，即为成品。大型预制件也可用振动棒振动成型，如我国普遍应用的电炉出钢槽，就是一个大的预制件。

预制件可以根据要求做成各种形状，如预制件上有孔洞，其孔的胎模要有 $1\%\sim2\%$ 的锥度，便于抽出模芯。有些预制件要埋设钢筋，应尽量远离受热面，并做成"凸"字形为宜。有的在配料中加入硅酸铝纤维和细金属丝（不锈钢）制取加固泥料，提高预制件的强度和抗热震性。大型预制件要埋装吊环，其顶端尽量远离受热面，间距应大于 $200mm$，埋设深度为 $100\sim200mm$，吊环钢筋直径随预制件单重增加而增加，见表7-93。

表7-93 预制件单重与吊环钢筋直径的关系

预制件单重/t	0.4	0.6	1.0	1.5	2.0	3.0	4.0
钢筋直径/mm	6	8	10	12	14	16	18

预制件的养护制度与同材质的浇注料、可塑料、捣打料等相同。堆放预制件时，预制件之间要用木条垫上，吊环向上，标志向外；筑炉时，预制件之间的缝隙用同材质的泥浆找平和填充饱满。

预制件一般由耐火厂或专业施工队生产，由于生产条件比现场施工条件好，而预制件的性能有所提高，又比较稳定，同时在预制件出厂筑炉前，可以预先经 $500\sim600℃$ 低温处理，排除大部分水，即缩短烘炉时间。预制件贮存运输方便，可实现机械化筑炉，颇有发展前途。

北京联合荣大公司研发的高炉冷却壁用金属陶瓷预制件是由耐火材料和硅酸钙粉末以及金属耐热钢纤维按一定比例配制的。大量的钢纤维加入耐火材料中，与金属相比，使用温度大幅度提高，可达1200℃；克服了普通耐火材料韧性差的弱点，抗折强度提高，可达50MPa以上，而且耐压强度也有很大提高，是基材的1.5~2倍，并具有高的热导率，介于金属和耐火材料之间，是非金属材料无法达到的。可望彻底解决目前普遍存在的衬砖脱落与铜冷却壁渣皮不稳定问题，使用寿命是原来镶砖使用寿命的5倍以上。

二、不烧制品（砖）

不烧制品，从耐火材料工艺角度来看，除了简化烧成工序外，与传统耐火材料生产工艺没有什么差别。而从配料的原则、使用结合剂和外加剂来看，又与不定形耐火材料相同，因此不烧制品应属于不定形耐火材料范畴。不烧制品与现场施工的不定形耐火材料相比，具有外形尺寸准确、性能稳定等优点。与烧成制品比较，不烧制品具有成品率高、不用炉窑、节约能源、生产成本低和性能优良等优点。

像浇钢滑板、炼钢用MgO-C砖等使用条件苛刻的地方都可以用不烧制品，其他部门就不应该有不能用不烧制品的地方。按现代耐火材料的工艺技术水平应该有能力开发出更多的不烧制品取代传统的烧成品。有人甚至认为耐火材料高温烧成是多此一举。法国英格瓷（IMERYS）提出不烧红柱石砖，并介绍了配料组成，如表7-94所示。

表7-94　不烧红柱石砖配料（质量分数/%）

牌　　号		A58P	A53R	AB67P	AB63P	AE74P	AE67R
棕刚玉（1~4mm）						42	42
85级铝矾土熟料（1~4mm）				40	44		
红柱石	1~4mm	40	43				
	0~1mm	20	20	22	22	22	23
	0~0.20mm	16	7	20	13	17	10
煅烧氧化铝（<100号）		12	12	6	6	7	7
石墨（<100号）		4	8	4	8	4	8
SiC98/99（0~0.2mm）			6		6		6
液态树脂			4				4
树脂粉			+0.4		+0.4		+0.4
液态磷酸铝		3		3		3	
黏土RR40（<30号）		3		3		3	
膨润土（<100号）		1		1		1	
红柱石含量		76	70	42	35	39	33
磷酸铝粉		1		1		1	

近年来，不烧制品发展迅速，大有取代所有烧成制品的可能，如传统使用的黏土质浇钢砖，用水玻璃结合的不烧砖，从质量指标及使用效果都不差。磷酸盐结合的高铝质不烧

砖，不但完全可以取代传统的高铝质烧成砖，而在水泥窑过渡带使用的效果，还优于烧成高铝砖。有些新的不烧制品，如镁炭砖、铝炭砖和 Al_2O_3-SiC-C 质不烧砖，在炼钢炉和钢包等热工设备上使用，烧成制品有无法比拟的效果，可以说发生了更新换代的变化。下面对主要的不烧制品做简要介绍。

（一）水玻璃结合不烧制品

水玻璃结合的不烧制品品种繁多，应用广泛。水玻璃可以用酸、碱、中性耐火材料结合剂。其泥料的临界颗粒尺寸一般为 6mm 或 8mm，甚至到 10mm，水玻璃模数一般为 2.4～3.0，密度为 1.38～1.50g/cm³；成型后烘烤温度为 100℃ 左右，时间不少于 48h。温度也可以高些，如到 600℃。这种制品的显气孔率比较低，荷重软化温度也低。如果存放和运输时间长，或受潮，或水淋，砖的表面会"长毛"、起层或疏松等，这是由于 Na_2O 与空气中的 CO_2 反应生成碳酸钠的缘故。由于水玻璃带入 Na_2O，降低耐火性能，使用范围有限。

（二）磷酸或磷酸盐结合不烧制品

磷酸广泛用于硅质、硅酸铝质、氧化铝质及锆质等材料的结合剂。磷酸盐，如三聚磷酸钠、六偏磷酸钠等广泛用于镁质、镁铬质、镁铝质等碱性耐火材料的结合剂。磷酸或磷酸盐结合的不烧制品具有荷重软化温度高、耐压强度高、抗热震性好等优点。中国比较有代表性的磷酸（盐）结合的高铝不烧砖用于水泥回转窑过渡带、炼钢电炉顶，聚磷酸钠结合的镁铬不烧砖用于水泥回转窑烧成带取得比较好的使用效果。

磷酸或磷酸盐不烧砖的生产工艺：先将称好的料干混 1min，然后加入结合剂用量的 60%，湿混 2～3min，然后出料，用塑料布把料盖严困料 16h 以上，再进行二次混练。如果原料中铁含量低，或掺加酸抑制剂，拌和料倒出后即可成型。成型合格的制品送至干燥室烘干，温度为 100℃ 左右，时间 48h 以上。水泥窑用高铝砖和镁质不烧砖，烘干温度为 500℃ 以上。

在磷酸不烧高铝砖配料中掺加蓝晶石、硅石和 SiO_2 超微粉，能显著提高荷重软化温度和强度，同时对不烧砖的力学性能也有帮助。在粉料中掺加少量软质黏土，可增加泥料黏性并起润滑剂的作用，便于成型，烧结剂有利于高温性能提高。

东北某厂采用高铝矾土熟料 $[w(Al_2O_3)=87.33\%]$ 和莫来石 $[w(Al_2O_3)=73.15\%$、$w(SiO_2)=21.87\%]$ 为骨料，矾土熟料临界颗粒为 10mm，莫来石最大颗粒 3mm，添加蓝晶石、硅线石及锆刚玉细粉，工业磷酸作结合剂。制品成型后经 110℃ 烘干，580℃ 热处理。制品理化指标为：$w(Al_2O_3)=78\%～83\%$，$w(Fe_2O_3)<1.8\%$，显气孔率 14%～17%，体积密度>2.90g/cm³，耐压强度>80MPa，荷重软化温度 1550～1600℃，重烧线变化率（1550℃×2h）当莫来石加入量在 16% 以内时为<1.0%，热震稳定性 1100℃—水冷循环超过 20 次，加入锆刚玉粉提高抗侵蚀性。该制品在炼钢电炉顶使用，比当时使用的烧成高铝砖寿命提高 1 倍左右。

还有采用 $w(Al_2O_3)=90\%$ 的高铝料，加白刚玉细粉、α-Al_2O_3 微粉、磷酸铝铬结合剂。制品显气孔率 14%～15%，抗热震（1100℃—水冷）>46 次，在电炉上使用寿命也较烧成高铝砖提高 1 倍。

将热处理后的不烧高铝制品立即投入油浸罐中，浸渍焦油沥青 2h，制品的显气孔率能降到7%以下。一般磷酸盐结合的高铝砖要经过500~600℃烘烤，有人研究在180~200℃低温烘烤高铝电炉顶砖，该砖同样是用阳泉高铝矾土熟料，加入刚玉细粉，广西泥作塑化剂，蓝晶石作膨胀剂，磷酸二氢铝作结合剂，压力成型后经180~200℃烘烤，制品耐压强度>78.5MPa，使用效果与高温烘烤制品相近。

用聚磷酸钠结合的镁铝尖晶石不烧砖：以烧结镁砂 [$w(MgO)=95.16\%$] 为骨料，镁铝尖晶石为粉料，骨料5~3mm、3~1mm、<1mm三级颗粒配比为：1:2:1，骨料与粉料之比为6:4。烧结镁砂和镁铝尖晶石90%，SiO_2 和 Al_2O_3 微粉及结合剂10%，聚磷酸钠0.8%~1.0%。工艺流程为：粗颗粒和中颗粒混练→2/3结合剂→细粉→剩余1/3结合剂→混练→出料→压制成型→自然干燥→200~300℃烘烤24~48h→成品。不烧镁铝尖晶石砖的理化指标见表7-95。

表 7-95　不烧镁铝尖晶石砖理化指标

化学成分(质量分数)/%		耐压强度/MPa			体积密度(200℃×24h)/g·cm⁻³	显气孔率(200℃×24h)/%	线变化率(1400℃×3h)/%	荷重软化温度(0.6%)/℃	热震稳定性(1100℃—水冷)/次
MgO	Al₂O₃	200℃×24h	1000℃×3h	1400℃×3h					
78.53	11.06	>90	>60	>55	>2.90	13	0.4~0.6	>1480	>5

（三）树脂结合不烧砖

（1）铝炭砖：用含 Al_2O_3 和炭素材料做原料，树脂等做结合剂，有时掺加 SiC、金属 Si 等外加物制成的碳结合耐火制品。

由于使用的原料不同，制品的质量也有差别，如骨料和粉料有特级、一级高铝熟料，也可用白刚玉、棕刚玉等材料；炭素有鳞片状石墨及中温沥青等；碳化硅有特级、一级，也有致密碳化硅；酚醛树脂固定碳含量不小于75%，游离酚不大于6%，残碳量不小于43%，含水率不大于2%，密度为 1.1g/cm³ 左右。泥料的临界颗粒为 6~8mm，一般配料比：粗颗粒40%~60%，细颗粒5%~20%，耐火粉料15%~25%，SiC 4%~10%，鳞片石墨5%~15%，结合剂4%~6%，掺加超微粉、抗碱剂和膨胀剂等。混练时先加粗颗粒和结合剂，待颗粒完全被结合剂包裹后再加细粉，混练 15~20min，在摩擦压砖机上成型，其中成品经200~250℃热处理。致密型铝炭砖经过抗碱试验后，强度不但不降低，反而提高。抗渣试验时，铁水溶损指数是：铝炭砖为0%~2.81%，而炭块一般为25%左右。致密型铝炭砖与氮化硅结合碳化硅砖相比，在同样的抗渣试验条件下，前者失重率约0.7%，棱角完整有斜裂纹；后者失重率为0.9%左右，棱角完整有斜裂纹，说明铝炭砖抗渣性优良，而成本只有氮化硅结合碳化硅砖的 $\frac{2}{3}$。因此已广泛用于炼铁高炉上，取得良好的使用效果。

铝炭（Al_2O_3-C）不烧滑板在20世纪80~90年代国内炼钢企业大量使用，目前在50~60t钢包上仍见到不烧铝炭质不烧滑板，特别是又出现了不烧复合滑板，既节能减排，又降低成本。

近年开发的金属复合 Al_2O_3-C 质滑板，采用不烧成或低温处理，节能减排，经济效益显著。郑州大学研究 Al-Si 金属复合低碳 Al_2O_3-C 材料，加入 ZrB_2，其配料为：板状刚玉骨料65%，α-Al$_2$O$_3$微粉5%，Al-Si复合粉8%，石墨粉2%，ZrB$_2$（<0.15mm）0.5%～2%，刚玉粉（0.043mm）18%～19.5%。采用150MPa压力成型，200℃烘干，并进行700℃热处理。当加入ZrB$_2$大于1%时，可提高高温抗折强度和热震稳定性。制品的理化指标：w(Al$_2$O$_3$)=84.5%，w(C)=3.15%，w(Al+Si)=8.18%，体积密度3.07g/cm^3，显气孔率1.5%，常温耐压强度162MPa。

（2）铝镁炭砖：是用高铝熟料、刚玉、镁铝尖晶石、镁砂和鳞片状石墨等材料，掺加碳化硅等外加物，用水玻璃或酚醛树脂等做结合剂配制的泥料，经高压成型和低温处理而成的制品，在钢包等热工设备上使用获得良好效果。

铝镁炭砖常用配料比：高铝骨料58%～68%，高铝粉料20%～30%，镁砂粉6%～12%，炭素材料3%～12%。水玻璃做结合剂时，其模数为2.4～3.0，用量为6.5%～8.5%；酚醛树脂结合剂用量5%～7%，有时掺加软质黏土2%～5%和适量的外加剂。一般用水玻璃做结合剂的制品性能较差，这是由于水玻璃在高温下与基质反应生成部分低熔物，而且还与碳发生氧化还原反应，削弱了碳的结构；树脂结合的制品形成碳的网络，实现碳结合，因此砖的性能好。所以水玻璃结合制品一般用于小型钢包，树脂结合制品用于大、中型钢包内衬。

铝镁炭砖的生产工艺和热处理与铝炭砖基本相同。

天津钢管公司钢包底用铝镁炭砖，采用特级矾土熟料［w(Al$_2$O$_3$)=90.03%，8～5mm］12%～17%，棕刚玉［w(Al$_2$O$_3$)=95.41%，5～0mm］42%～50%，氧化铝微粉［w(Al$_2$O$_3$)=99.55%］+棕刚玉细粉（<0.088mm）9%～11%，194石墨（CF、C）93.80%，电熔镁砂［w(MgO)=96.86%，<0.088mm］8%，镁铝尖晶石［w(Al$_2$O$_3$)=74.48%，w(MgO)=23.08%，<0.088mm］10%，复合添加剂4%，酚醛树脂结合剂3%～3.5%。烘干后制品的体积密度>3.05g/cm^3，耐压强度>40MPa，抗折强度>8MPa，显气孔率<10%，1500℃线变化率0%～1.5%。

铝镁炭砖所用原料不同，制品的抗渣性不同。大连某公司研究，采用棕刚玉［w(Al$_2$O$_3$)=95.04%］、特级矾土熟料［w(Al$_2$O$_3$)=90.2%］、电熔镁砂［w(MgO)=97.0%］、鳞片石墨［w(C)>94%］及金属Al粉为基本原料，热固性酚醛树脂为结合剂，分别配制棕刚玉（80%）+镁砂（10%）+石墨（10%）和棕刚玉（40%）+特级矾土熟料（40%）+镁砂（10%）+石墨（10%）两组试样，同时又各配一组加入2%Al粉试样，制成4组不同配料的铝镁炭砖，成型后经230℃、12h热处理。从每组砖中取出4块砌于中频炉内，然后在炉内放入60kg碎钢，启动电源，待碎钢熔化后加入碱度4.98的炉渣，每隔1h更换1次渣，如此循环10次结束，冷却后取出砖，测量侵蚀深度和面积，结果得出：加入2%金属Al粉的铝镁炭砖抗侵蚀能力明显提高。砖中增加棕刚玉，减少铝矾土含量，抗渣性也会提高。

（3）镁碳砖：日本于20世纪70年代开发的新型耐火制品，最初用于超高功率电炉的热点部位。后来又用于转炉各部位，比烧成油浸镁白云石砖使用寿命提高1倍以上。我国在20世纪70年代末期研制出镁碳砖，并在电炉和转炉上推广使用，取得显著成效。

镁碳砖是用镁砂、炭素材料、有机结合剂及外加剂合理配制，经混练、高压成型和热处理而成的碳结合碱性制品。在我国，已经对镁碳砖进行了大量的理论研究和实际生产，综合起来大致如下：

1) 对原料有严格的要求，要采用 MgO 含量高的电熔镁砂或烧结镁砂，要求 MgO 含量大于 95%，CaO/SiO_2 大于 2，镁砂的结晶要大，一般使用电熔镁砂，也有的使用烧结镁砂，或者二者混合使用，对镁砂的要求见表 7-96。

表 7-96　生产镁碳砖用镁砂的理化指标

品　种		化　学　成　分/%				体积密度/g·cm⁻³
		MgO	SiO$_2$	CaO	灼　减	
电熔镁砂	DMS-98	98	0.6	1.2		3.50
	DMS-97.5	97.5	1.0	1.4		3.45
	DMS-97	97	1.5	1.5		3.45
	DMS-96	96	2.2	2.0		3.45
烧结镁砂	MS-98	98	0.5	1.5	0.3	3.30
	MS-97a	97	1.0	1.5	0.3	3.30
	MS-97b	97	1.0	1.5	0.3	3.25
	MS-96a	96	1.5		0.3	3.30
	MS-96b	96	1.5	1.6	0.3	3.25

要求石墨结晶发育完整、纯度高的鳞片状石墨，含碳要大于 92%，石墨加入量为 8%~20%，石墨鳞片越大，则镁碳砖抗氧化性和抗剥落性越好，碳含量越高，则灰分及挥发分越少越好。要求石墨的技术条件见表 7-97。用酚醛树脂或沥青做结合剂，或者两者并用，其性能见表 7-98、表 7-99。

沥青固定碳含量比合成酚醛树脂高，碳化组织的石墨化度和氧化温度均比酚醛树脂高，但沥青含有复杂的稠环芳香烃类物质，高温下挥发出对人体有害物质，污染环境，因此尽量少用或不用。

表 7-97　生产镁碳砖用石墨技术条件

牌　号	固定炭/%	灰分/%	挥发分/%	水分/%	粒度/mm
LG-I 99	99	1.0	0.4	0.5	0.147
LG-I 98	98	2.0	0.4	0.5	0.147
LG-I 97	97	3.0	0.5	0.5	0.147
LG-I 96	96	4.0	0.5	0.5	0.147
LG-I 95	95	5.0	0.6	0.5	0.147
LG-I 94	94	6.0	0.6	0.5	0.147
LG-I 93	93	7.0	0.8	0.5	0.147
LG-I 92	92	8.0	0.8	0.5	0.147

表 7-98　酚醛树脂的性能指标

类　别	外　观	固定炭/%	黏度/Pa·s	游离酚/%	挥发分/%	pH 值
热塑性酚醛树脂	棕红色	75	3~6	8	25	<7
热固性酚醛树脂	黄褐色	75	3~6	10	15	7

表7-99 沥青性能指标

类 别	软化温度/℃	β树脂含量/%	灰分/%	固定炭/%
改性沥青 a	170	38	0.45	55
改性沥青 b	110	28	0.47	45

为了抑制砖中碳的氧化，提高强度，通常加入金属铝粉、硅粉、镁铝合金粉、镁钙合金粉、碳化硅、碳化硼等，加入量为1%~6%。

2）对制砖有严格要求，为了将泥料混练均匀，要将酚醛树脂预热到35~45℃，按镁砂骨料、结合剂、石墨、镁砂等细粉和添加剂的顺序加料，并混练15~45min。一般都选择公称压力10MN以上的压砖机成型，而且严格按先轻后重的操作原则并多次加压，使砖坯达到高密度，可采用能抽真空、排气的压砖机成型。

成型后的砖坯经过200~250℃热处理（32h以上）。有人研究表明：低于200℃时，强度高，但显气孔率也高；高于250℃时，强度低，显气孔率高。在200~250℃时指标最好。

3）对制品的理化指标有严格要求，见表7-100、表7-101。

表7-100 超高功率电炉用镁碳砖的理化指标

等级	化 学 成 分/%						显气孔率/%	耐压强度/MPa	体积密度/g·cm⁻³	耐压强度[1]/MPa
	MgO	SiO₂	CaO	Al₂O₃	Fe₂O₃	C(外加)				
I	≥97	≤0.4	≤2.0	≤2.0	≤0.30	≥14.0	≤3.5	≥30	≥3.14	≥20
II	≥97	≤0.4	≤2.0	≤2.0	≤0.30	≥9.0	≤3.5	≥40	≥3.14	≥30
III	≥98	≤0.4	≤1.0	≤2.0	≤0.30	≥14.0	≤3.5	≥30	≥3.17	≥20
IV	≥98	≤0.4	≤1.0	≤2.0	≤0.30	≥9.0	≤3.5	≥40	≥2.92	≥25

[1] 600℃热处理后的耐压强度。

表7-101 国产镁碳砖规定的理化指标

项 目	I			II			III		
	MT-10A	MT-10B	MT-10C	MT-14A	MT-14B	MT-14C	MT-18A	MT-18B	MT-18C
MgO/%	≥80	≥78	≥76	≥76	≥74	≥74	≥72	≥70	≥70
C/%	≥10	≥10	≥10	≥14	≥14	≥14	≥18	≥18	≥18
显气孔率/%	≤4	≤5	≤6	≤4	≤5	≤6	≤3	≤4	≤5
体积密度/g·cm⁻³	≥2.90	≥2.85	≥2.80	≥2.90	≥2.82	≥2.77	≥2.90	≥2.82	≥2.77
耐压强度/MPa	≥40	≥35	≥30	≥40	≥35	≥25	≥40	≥35	≥25
常温抗折强度/MPa	≥6	≥5	≥4	≥14	≥10	≥5	≥12	≥7	≥5
抗氧化性（1400℃，0.5h）	提供实测数据								

（4）MgO-CaO-C砖：MgO-CaO-C砖没有像MgO-C砖那样大量生产及广泛应用的主要原因是CaO易水化，生产工艺比较难控制。但CaO具有净化钢水作用，在冶炼不锈钢、纯净钢及低碳钢等优质钢种时作用显著，受到重视。

　　MgO-CaO-C 砖一般选择合成镁白云石、电熔白云石、烧结白云石等含游离 CaO 的原料为骨料，基质部分为电熔镁砂和石墨。结合剂选择不含水或少含水的焦油沥青、无水树脂等，其典型配料比如表 7-102 所示。

表 7-102　MgO-CaO-C 砖配料比（质量分数/%）

镁钙质原料			电熔镁砂	石墨	添加剂	结合剂
8~5mm	5~1mm	1~0mm	（≤0.088mm）	（LQ-196）		
25~35	25~35	10~15	15~25	10~20	2~3	2.5~6

　　混料、成型及热处理等工艺与 MgO-C 砖基本相同。成型好的砖坯一般要用无水树脂进行表面处理，防止 CaO 水化，用沥青作结合剂的制品，热处理之后可再用焦油沥青浸渍。

　　山东一家公司生产不烧镁钙炭砖的配料见表 7-103。

表 7-103　不烧镁钙炭砖配料组成（质量分数/%）

电熔镁钙砂	烧结白云石		电熔镁砂	195 鳞片石墨
（8~3mm）	3~1mm	1~0mm	（<0.074mm）	（<0.147mm）
25	30	15	27	3

　　结合剂采用固含量>84%、残碳量>42%的无水树脂。用压力为 6.3MN 压机成型，砖坯体积密度>2.95g/cm³，最高热处理温度 250℃，处理时间 24h，然后进行浸蜡处理，石蜡软化点 50~60℃，浸渍时间 15~20min，冷却后用泡沫塑料和银铂纸进行防潮包装。砖的理化性能指标见表 7-104。

表 7-104　山东镁钙炭砖理化指标

编 号	化学成分(质量分数)/%			体积密度 /g·cm⁻³	显气孔率 /%	耐压强度 /MPa	抗折强度 /MPa
	MgO	CaO	C				
1	>70	4~10	>10	3.03	<3.0	>35	>18
2	75~80	8~12	8~10	3.00	<4.0	>40	>15
3	55~70	25~35	2~4	3.00	<5.0	>50	>20

　　生产的制品在旱季可储存半年以上，雨季 3~4 个月。在 90t AOD 炉炉帽上使用，效果较好。

　　（5）低碳镁碳砖：随着钢铁工业发展，低碳钢、超低碳钢、洁净钢的比例在增大。普通镁碳砖对钢水增碳、石墨消耗量增大。传统 MgO-C 砖热导率高，热损耗量大，因此可望降低 MgO-C 砖的碳含量。普通 MgO-C 质耐火材料碳含量 10%~20%，而一般低碳 MgO-C 质耐火材料碳含量不超过 8%。随着碳含量降低，在 MgO-C 砖中碳不能形成连续相结构，使镁碳砖的抗热震性、抗渣性受到影响。为了解决碳含量低而又要形成连续相的问题，应降低炭粒子的尺寸并高度分散，优化基质配料，严格控制颗粒组成，可以改善砖的热震稳定性及抗渣渗透性。在酚醛树脂引入能石墨化的前驱体，原位形成纳米炭纤维，改善结构的增强作用，从而提高砖的热震稳定性和高温强度。同时高效抗氧化剂，保护碳不被氧化。近几年，以日本为代表应用纳米技术的低碳镁碳砖已有较大发展。所用的低碳镁碳砖大致可分为两类：其一是在使用条件下原位形成纳米炭纤维结合的低碳镁碳砖，这种砖 $w(C) = 1\%$，在 VOD 钢包上使用是传统镁铬砖寿命的两倍；其二是纳米结构基质低碳镁碳砖，砖中 $w(C) = 3\% \sim 5\%$，日本作为镁铬砖的替代品，广泛用于 RH 精炼炉，使用寿命优于传统镁铬砖。

国内低碳镁碳砖的开发和应用也取得较大发展。有的采用纳米尺寸的炭源和高效抗氧化剂，$w(C) = 4\% \sim 6\%$ 的低碳镁碳砖已成功用于 120t VOD 精炼钢包的渣线与包壁，冶炼不锈钢，最高温度 1750℃，我国开发的低碳镁碳砖使用寿命与进口的镁碳砖相当。表 7-105 列出两种低碳镁碳砖的典型性能指标。

表 7-105　低碳镁碳砖典型物理化学性能

牌　号	200℃烘烤后				1000℃×3h 处理后（还原气氛）				
	显气孔率 /%	体积密度 /g·cm⁻³	耐压强度 /MPa	抗折强度 /MPa	显气孔率 /%	体积密度 /g·cm⁻³	耐压强度 /MPa	抗折强度 /MPa	线变化率 /%
DMT-4	2.4	3.15	109.2	43.4	10.1	3.04	38.7	15.4	−0.03
DMC-6	1.8	3.12	88.0	35.7	8.0	3.01	47.0	9.8	+0.22

牌　号	1650℃×3h 处理后（还原气氛）					化学成分（质量分数）/%	
	显气孔率 /%	体积密度 /g·cm⁻³	耐压强度 /MPa	抗折强度 /MPa	线变化率 /%	MgO	C
DMT-4	10.1	3.04	60.1	10.7	+0.06	93.1	4.10
DMC-6	8.0	3.01	72.1	9.9	+0.25	86.62	5.85

武汉科技大学研究低碳镁碳砖，主要原料为电熔镁砂 $[w(MgO) = 96.7\%]$、鳞片石墨、环保沥青、金属 Al 粉，结合剂为酚醛树脂 $[w(固定碳) > 45\%]$。研究配方如表 7-106 所示。

表 7-106　试验低碳镁碳砖配方（质量分数/%）

原料＼编号	0	1	2	3
电熔镁砂（<3mm）	91	91	91	91
石墨粉	6	5	4	3
Al 粉	3	3	3	3
环保沥青	0	1	2	3

随着环保沥青加入量增加，制品的耐压强度显著提高，线变化率减小，但体积密度也下降。所谓环保沥青，是用煤焦油制得中间相沥青，在中间相沥青的基础上得到一种低分物质少、有害成分少、软化点高、残碳量高的特殊沥青，其差热分析曲线见图 7-19。

环保沥青高温炭化后，与树脂炭形成镶嵌结构，易石墨化，提高了残碳率，因而对抗

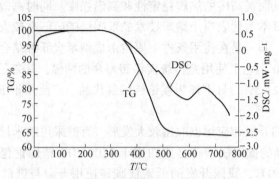

图 7-19　环保沥青差热分析曲线

侵蚀和抗热震有利。

有人研究在低碳镁碳砖配料中加入单质硅和含铁物质，可以提高制品的抗水化性质。

中国地质大学研究低碳镁碳砖，采用电熔镁砂 89.5%（质量分数）、鳞片状石墨 3.75%、炭黑和沥青各 1.5%、热塑性酚醛树脂 4% 及六次甲基四胺（乌洛托品）固化剂，再分别单独加入 Al 粉、Si 粉和 Al-Mg 合金各 4%，以及 Al+Si 和 Al+Al-Mg 合金的复合添加剂。结果是单独加入比复合加入抗氧化性好。而单独加入 Al 粉抗氧化性最好，其次是 Si 粉、Al-Mg 合金粉。还有人研究 β-Sialon 对低碳镁碳砖的影响等。

低碳镁碳砖是镁碳砖的发展方向之一，镁碳砖的低碳化，可以降低材料的热导率，提高材料的抗氧化性，并有利于与渣结合形成致密工作层，阻止熔渣侵蚀。目前低碳镁碳砖的研究方兴未艾，期望取得更好的成果。

（6）低碳 MgO-CaO-C 制品：低碳 MgO-CaO-C 砖具有高温稳定性、抗高碱度渣侵蚀、净化钢水的作用，广泛用于各种精炼钢包上。MgO-CaO-C 材料的低碳化，可以降低材料的热导率，但砖的弹性模量升高，抗热震性变差。有人研究了石墨种类对低碳 MgO-CaO-C 砖性能的影响，采用镁钙砂 [$w(MgO)=76.28\%$、$w(CaO)=21.84\%$] 作骨料，电熔镁砂细粉（<0.088mm）并分别采用大鳞片状石墨 [$w($固定碳$)=96.93\%$、<0.149mm]、细鳞片状石墨 [$w($固定碳$)=98.53\%$、<0.044mm]、微孔化石墨 [$w($固定碳$)=95.20\%$、<0.074mm]。配料比为：电熔镁钙砂颗粒 70%，镁砂细粉 27%，石墨 3%，外加酚醛树脂 4%，乌洛托品 0.4%。按配方称好料，混匀后在 400MPa 压力下成型，于 260℃ 温度下固化 12h，并在 1650℃（埋石墨）热处理 3h。结果是石墨种类对低碳 MgO-CaO-C 砖的物理性能影响不大。加入大鳞片石墨的制品抗氧化性和抗渣性较好，加入微孔石墨的制品抗热震性最好。考虑整体性能，采用大鳞片石墨与微孔石墨各半制砖，制品的性能如表 7-107 所示。

表 7-107　低碳 MgO-CaO-C 砖物理性能

编号	体积密度/g·cm⁻³		显气孔率/%		耐压强度/MPa		线变化率/%	高温抗折强度/MPa
	260℃	1650℃	260℃	1650℃	260℃	1650℃	1650℃×3h	1450℃×0.5h
1	3.01	2.96	2.2	10.5	64.0	38.1	-0.1	5.2
2	2.99	2.94	2.6	12.0	62.5	35.9	-0.2	4.9

（四）铝酸镁（$MgAl_2O_4$）结合 Al_2O_3-MgO 不烧砖

为了满足洁净钢等优质钢的需求，钢包用耐火材料向无碳化发展，采用铝酸镁结合的不烧 Al_2O_3-MgO 砖符合要求。浙江一家公司采用特级矾土熟料 $[w(Al_2O_3)=88.32\%，5\sim3mm，3\sim1mm，1\sim0mm]$ 作骨料，亚白刚玉 $[w(Al_2O_3)=97.85\%]$ 细粉、电熔镁砂细粉 $[w(MgO)=96.35\%]$ 和 $\alpha\text{-}Al_2O_3$ 微粉作基质，铝酸镁 $[w(MgAl_2O_4)>99\%]$ 作结合剂。生产工艺是：将称好的配料在混料机中混练，先加入骨料，再加入适量水预混 5min，然后加入结合剂混 5min，最好投入预混好的粉料，混 20~30min 出料。在 200MPa 压力下成型，然后在 180℃下 12h 烘干。制品的耐压强度随铝酸镁加入量增加而提高，加入铝酸镁 2% 时，耐压强度 48MPa，而加入 10% 时，为 105MPa；显气孔率随铝酸镁添加量增加而降低，加入 2% 时，显气孔率 20.5%，而加入 10% 时，为 12.9%；可是线变化率随铝酸镁添加量增加也增大，加入 2% 时，1600℃ 线变化率 +1.0%，而加入 10% 时，为 +2.3%。当然线变化率与镁砂加入量也有一定关系。研究得出：加入镁砂 8%~10%，铝酸镁 6% 时，制品的综合性能指标比较好，如表 7-108 所示。

表 7-108　铝酸镁结合 Al_2O_3-MgO 不烧砖物理指标

显气孔率/%			体积密度/g·cm⁻³			耐压强度/MPa			线变化率 (1600℃× 3h)/%	渣渗透深度 (1600℃× 3h)/mm	1100℃—水冷 2 次后耐压强度保持率/%
180℃× 12h	1100℃× 3h	1600℃× 3h	180℃× 12h	1100℃× 3h	1600℃× 3h	180℃× 12h	1100℃× 3h	1600℃× 3h			
11.3	15.9	18.6	3.23	3.14	3.02	108	93	75	+2.52	10	76.2

铝酸镁结合剂的化学成分与制品体系的主成分一致，没有杂质成分，能显著提高制品的抗渣性，同时制品在高温下有一定的膨胀率，使钢包内衬有较好的整体性，砖缝变小，抗侵蚀能力提高。众所周知，砖缝是钢液、熔渣侵蚀和渗透的薄弱环节，减小砖缝、砖有微膨胀性是钢包衬砖所要求的技术条件。

（五）凝胶粉结合的不烧制品

河北理工大学研究铝镁不烧砖采用铝硅凝胶粉 $[w(Al_2O_3)=72.28\%、w(SiO_2)=16.65\%]$ 作结合剂，棕刚玉骨料、白刚玉、电熔镁砂粉作基质，烘干制品的强度，随金属 Al 粉加入量增加（从 1% 到 4%）而增大；而显气孔率也降低。如果用 Cr_2O_3 粉代替白刚玉粉，其制品性能更好。

不烧制品节能环保，简化了生产工艺，符合当今国家的产业政策，大有前途。

（六）不烧镁钙砖

辽宁科技大学研究用镁钙砂 $[w(CaO)=50\%]$ 作骨料，高纯氧化镁细粉配料，无水树脂作结合剂，并分别加入 TiO_2、ZrO_2、锆英石粉，采用 5~3mm 25%、3~1mm 30%、1~0mm 15%、<0.088mm 30% 的四级配料，高压成型，220℃ 热处理 24h。不烧镁钙砖的显气孔率，随添加物添加量的增加而降低，添加物对制品的强度影响不大。不烧镁钙砖烧

后线变化受添加物的影响，添加 ZrO_2 的制品收缩最大，添加锆英石制品体积最稳定。添加物对抗渣性有很大影响，以添加 4% ZrO_2 或锆英石为最好，添加 TiO_2 也可提高抗侵蚀能力。

随冶炼技术的发展，含碳滑板不能满足连铸生产。铝炭及铝锆炭滑板要在 1350℃ 左右烧成，耗能、耗时、污染环境。有人用板状刚玉、莫来石、Al_2O_3 微粉、铝粉、硅粉、碳化硅粉和新型结合剂等主要原料，研制出无碳不烧刚玉-莫来石质滑板砖，满足钙处理钢、高氧钢、超低碳钢连铸的需要。

第八章　耐火纤维及制品

人类很早就知道棉花保暖，棉花呈纤维状，耐火棉同样呈纤维状，用于给高温热工设备保温。所谓耐火纤维，通常指使用温度为1260℃以上的纤维材料，而石棉、矿渣棉等的使用温度多在600℃以下，本章不做介绍。

第一节　耐火纤维种类及性质

耐火纤维是一种柔软并富有弹性的纤维状耐高温材料。不言而喻，它是与纺织技术相关的耐火材料，近30年来发展较快，且被喻为第三代耐火材料。它的基本特性是热导率低，大约为一般轻质耐火制品的1/5；体积密度小，为一般轻质耐火制品的1/5~1/10；抗热震和抗机械振动性能好。各种工业炉窑用耐火纤维不仅有显著的节能效果，还推动了施工方法的改进和结构创新，使炉窑向高效、节能、轻型化方向发展。特别是国家大力提倡节能减排，发展耐火纤维，意义重大。

纤维结构的难熔材料是高效耐火材料的新品种。按相组成把它划分成玻璃状的、微晶-玻璃的（西塔尔硅微晶玻璃）和晶体纤维的（晶须或黏胶丝）。耐火纤维分类及使用温度见表8-1。

表8-1　耐火纤维分类及使用温度

分　类	名　　称	使用温度/℃
天　然	石　棉	≤600
非晶质	玻璃纤维	≤600
	矿渣棉	≤600
	玻璃质氧化硅纤维	≤1200
	普通硅酸铝纤维	≤1000
	高纯硅酸铝纤维（Al_2O_3 42%）	≤1100
	高铝硅酸铝纤维（Al_2O_3 52%~53%）	≤1200
	含铬硅酸铝纤维（Cr_2O_3 3%~5%）	≤1200
	含锆硅酸铝纤维（ZrO_2 15%~17%）	≤1350
	石英玻璃纤维	≤1550
多晶质	莫来石纤维	≤1400
	氧化铝纤维	≤1500
	氧化锆纤维	≤2000
	氮化硼纤维	≤1600
	碳化硼纤维	≤2000
	碳化硅纤维	≤1800
	碳纤维	≤2500
	硼纤维	≤1500
	钛酸钙纤维	≤1100

分　类	名　　称	使用温度/℃
单晶质	碳化硅纤维	≤2000
	氧化铝纤维	≤1800
	碳化硼纤维	≤1800

按纤维长度分：长纤维，长度在 0.2m 以上，也称连续纤维；短纤维，长度在 0.2m 以下，耐火纤维基本上都属于短纤维。在二氧化硅（石英玻璃纤维）❶ 和 SiO_2-ZrO_2、SiO_2-HfO_2、SiO_2-GeO_2、SiO_2-ThO_2 二元系材料的基础上制取长纤维材料。

纤维材料的典型性质是它对拉力有高的强度。在某种场合，纤维强度接近材料的理论强度。例如理论强度为 2~2.5MPa 时，石英纤维在液体氮介质中的扯破强度为 1.8MPa。随纤维粗度减小，它的强度提高。高强度的原因是：在尺寸很小的试样中，存在危险结构缺陷（裂隙）的概率减小；均质性结构；定方位的结构和微裂纹顺着纤维轴。

纤维材料的弹性模量与纤维直径有微弱的关系或没有关系。因此，线的最大相对变形比大试样大得多。所以纤维的变形性（又意味着抗热震性）比大试样高些，这成为纤维材料的第二个特性。纤维本身的密度实际等于大试样密度，然而用许多纤维组成的制品，在足够的强度下，它的体积密度更是小很多。利用这种特性制造纤维隔热耐火材料。应用这样的耐火材料，在技术上不仅促使热损失减少，而且又解决了材料消耗量减少的问题。纤维材料的隔热性能成为它第三个典型特性。

纤维材料按强度性质接近片状晶体材料和空心球。

现在超过 100 种物质取得玻璃和线型晶体。耐火材料工业最有实际意义的为 Al_2O_3-SiO_2 系、多晶纤维材料和碳、SiC 线状结晶等。由纤维和基质（重的物质）组成的复合材料（混合）也很有意义（见第六章第十节），其高强度和比较低的体积密度相配合。这种材料在数量上很有发展前景，在普通耐火材料的生产范围内将要增大，因为复合材料技术可以把各种好性质成分集中，这种方法能制取预先指定的高性能制品。

第二节　非晶质耐火纤维

一、Al_2O_3-SiO_2 系耐火纤维

Al_2O_3-SiO_2 系纤维的制取方法：非晶质纤维是将原料在电弧炉或电阻炉中熔融，用压缩空气、高温蒸汽等喷吹熔融液流股，或者用离心甩丝法工艺进行纤维化。现在非晶质硅酸铝纤维普遍采用电阻炉的连熔连吹成纤工艺。与电弧炉相比，电阻炉的能耗较低，噪声较小。

电阻炉内有三根电极埋入熔料中（不产生电弧），通过熔料的电流使炉温达 2000℃ 以上，熔化的物料通过流料口小股流出，用压缩空气喷吹流股，使液流充分分散，在冷却过程中迅速凝成丝状，即为硅酸铝纤维。没有被吹散的粒状料称渣球，通常以渣球量来衡量

---

❶　近年掌握了毛细（空结构）石英长线的生产。

纤维质量。

用高岭石或耐火黏土制取的纤维即为普通硅酸铝纤维。其化学组成如下：Al_2O_3 43% ~ 54%，SiO_2 43% ~ 54%，Fe_2O_3 0.6% ~ 1.8%，TiO_2 0.1% ~ 3.5%，CaO 0.1% ~ 1%，B_2O_3 0.03% ~ 1.2%，K_2O+Na_2O 0.2% ~ 2.0%。高岭石纤维属于人造短纤维，乃是高温玻璃。纤维平均直径为 2.3 ~ 2.8μm，纤维长度很分散，由几毫米到 250mm。

上述化学成分的纤维，超过 1150℃温度发生玻璃相的脱玻璃作用并形成莫来石和方石英结晶，同时发生收缩并呈现Ⅱ种应力（为要结晶化的结果）。由于这有降低纤维强度的现象，所以高岭石纤维一般长期的使用温度，最高不能超过 1150℃，我国提出为 1000℃左右。短期使用温度允许在 1200℃以下，我国提出为 1260℃。

由于用天然原料制成的普通硅酸铝纤维杂质含量较高，所以使用温度较低。采用纯度较高的工业氧化铝粉和硅石做原料的高纯硅酸铝纤维的长期使用温度为 1100℃（中国）。进一步提高 Al_2O_3 含量，采用纯度较高的工业氧化铝，使纤维的 Al_2O_3 含量达到 60% ~ 62%，这就是高铝纤维，使用温度为 1200℃左右（中国）。Al_2O_3 含量较高，在制造时纤维的收得率较低。

为了提高纤维的抗热震性，在熔体中添加各种氧化物。用氧化铬（约 4%）使玻璃形态转化，提高使用温度到 1400℃。氧化铬能提高纤维玻璃黏度，并阻止结晶化（特别是方石英）。Cr_2O_3 的主要作用是在纤维接触的地方防止本身之间烧结（附着）。在 1450℃下用氧化铬使高岭石纤维变态，大约含 63% 的针状莫来石和 37% 方石英。

二氧化锆能阻止莫来石结晶化，并促使个别纤维平均长度增长 2 ~ 3 倍。

采用某些其他添加物（TiO_2、MgO、Na_2O、MnO 等）对纤维的抗热震性没有发生明显的影响。

高岭石纤维的氧化铝含量在 43% ~ 54%，像对温度和反玻璃化速度一样，对纤维性质没有发生实质性影响。

喷吹法制得的纤维直径小，通常在 2 ~ 3μm，纤维短（小于 50μm）；而用甩丝法制得的纤维较粗，直径在 2 ~ 5μm，纤维较长且强度大，渣球量也少些，生产效率也高些。不过短而细的纤维柔软性好些。

在实际生产中，同一种生产方式，因工艺条件不同，所得纤维的性质也有差别，如在甩丝法中有二辊与三辊两种不同形式。一般是三辊式生产的纤维较粗，渣球含量高，但产量大，一般用于高密度毯。二辊式生产的纤维较细长，渣球含量较低，产量也较小，一般用于低密度毯的生产。

如果熔液黏度大，表面张力小，则纤维变粗，渣球含量高。反之则纤维细而短，渣球量也多。如果黏度过小，或表面张力过小，则不能成纤。

熔体黏度及表面张力主要取决于化学成分与温度。每个品种都有一个合适的温度，如生产普通与高纯型硅酸铝纤维针刺毯用纤维的适宜温度波动于 1900 ~ 2000℃之间。

二、$CaO\text{-}MgO\text{-}SiO_2$ 系陶瓷纤维

武汉科技大学等单位研究用天然硅灰石、滑石、生石灰以及石英砂等为主要原料，用熔融甩丝法制得玻璃态纤维，使用温度不高。纤维的化学成分为：SiO_2 61.1% ~ 61.66%，CaO 30.51% ~ 33.29%，MgO 4.90% ~ 6.84%。这种纤维在人体中有一定的溶解度，可减少

对人体的危害。

一般非晶质纤维材料使用温度不高（低于耐火材料的定义温度），但应用范围较广，因为它用在隔热保温层，属于中低温部位，与传统耐火材料是有区别的，因此有人提出隔热保温材料不提耐火度的要求，似乎有一些道理。

三、石英玻璃纤维

连续石英玻璃纤维是石英玻璃熔融后，由外力拉引成长的无机非金属纤维。连续纤维一般单丝直径 $3\sim10\mu m$，可以纺织加工成纱、布、带等。

制备方法有棒拉丝法、坩埚熔融拉丝法、溶胶-凝胶法等。

石英玻璃棉是以石英为原料，采用氢氧焰喷枪，吹制形成无定形、白色的无气味、无挥发成分的超细蓬松石英棉，通过收集装置收集。

石英玻璃棉具有极佳的抗热冲击能力，而热导率低，同时具有卷曲的外形，该材料可以在 1550℃ 高温中使用。

第三节　多晶质氧化物耐火纤维

多晶质氧化物耐火纤维属于高档纤维材料。由于具有使用温度高、容重小、蓄热少、热导率低、耐腐蚀等优点，在冶金、陶瓷、航天、核工业等部门得到广泛应用，引起国内外各行各业的高度重视，同时也取得了一些新成果。目前工业化生产耐火材料级多晶氧化铝纤维主要化学成分为：Al_2O_3 77%～92%，SiO_2 3%～28%。国内厂家有 Al_2O_3 72%、80% 和 95% 三个牌号，还有氧化锆纤维。

一、多晶莫来石纤维

众所周知，Al_2O_3-SiO_2 系材料电熔后的熔液，随 Al_2O_3 含量增大，黏度降低，Al_2O_3 含量超过60%难以成纤。因此 $w(Al_2O_3)$ 为72%左右的莫来石纤维要用溶胶法或有机先驱体法等化学方法制取。

按第二种方法制造多晶莫来石纤维（微晶型），是以氯化铝、金属铝粉及硅溶胶等为原料。首先在氯化铝水溶液中溶入一定量的金属铝粉，以提高溶液中的铝含量。再加入一定的硅溶胶、硼酸和磷酸混匀，将混合液加热浓缩，具有合适黏度后加入适量的乙醇或醋酸等稳定剂，混合均匀后即为胶体溶液，在 20～50℃、相对湿度为 20%～49% 时进行纤维化。用胶体法或有机纤维先驱体法、喷吹或甩丝、拉丝方法制取多晶莫来石纤维（微晶玻璃）。纤维随后在 800～1300℃（一般在 1200℃）的温度下热处理。多晶莫来石纤维长期使用温度为1350℃。

二、多晶氧化铝纤维

英国 I.C.I 公司 Saffil 型人造短纤维的多晶（微晶）Al_2O_3 纤维制取工艺，在铝盐（90%）与形成纤维的聚合固化剂（10%）的基础上用胶体法制造，其中包括准备纺纱的复合物、纤维成型及其热处理、制品加工等工序。原材料是可溶性铝盐，如氧氯化物、碱式乙酸盐、碱式硝酸盐。形成纤维的材料使用聚乙烯醇（树脂）、聚乙烯乙酸酯（树脂）、聚乙烯氧化物、胶态 SiO_2、硅有机聚合物等。

为使 $\gamma\text{-}Al_2O_3$ 在 $\alpha\text{-}Al_2O_3$ 中不发生再结晶，于是要注意热处理过程。选择这样的热处理工艺，在900℃时，在其下 γ-相转为 δ-相，而最后为 θ-相；在1150~1200℃为 $\beta\text{-}Al_2O_3$。这样连续性的变化（快速加热），没有发生大的体积变化，制取微晶玻璃纤维有决定性作用。

这种方法制取的纤维含 Al_2O_3 95%、SiO_2 5% 和杂质 0.2%，或者 Al_2O_3 85% 和 SiO_2 15%，尺寸由 5~50nm 的微晶氧化铝构成，均匀分布在非晶（玻璃态）的基质中。纤维使用温度为 1400~1600℃。它突出的特性是对酸和碱作用有大的阻力，在还原介质和真空中的稳定性。纤维具有高强度，对拉力 $p_B \approx 1000MPa$。在 Saffil 型纤维基础上的隔热制品的特点是低的热导率，$\lambda_{1000} = 0.2W/(m \cdot K)$ 和 $\lambda_{1600} = 0.68W/(m \cdot K)$；低的质量热容，$c = 1.005kJ/(kg \cdot K)$。认为耐火材料内衬最紧张和最重要的区段采用 Saffil 型纤维材料比用高岭石棉为基的制品更有效。

目前国外氧化铝纤维的制造方法比较多，如溶胶纺丝法、混合液纺丝法、内门法、基体纤维浸渍溶液法等，而使用比较多的是：

（1）淤浆法。以氧化铝粉为主要原料，加入分散剂、流变助剂、烧结助剂等分散于水中，制成可纺浆料，经挤出成纤、干燥、烧成后，制得直径在 200μm 左右的氧化铝纤维。

（2）溶胶-凝胶法。这是一种新型的成型方法。一般以铝的醇盐或无机盐为原料，同时加入其他有机酸催化剂，溶于醇/水中，得到混合均匀的溶液，经醇解/水解和聚合反应得到溶液，浓缩溶液达到一定黏度后进行纺丝，得到凝胶纤维，随后进行热处理得到氧化铝纤维，其工艺流程见图8-1。

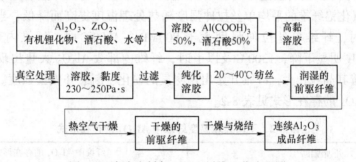

图 8-1 溶胶法制备 Al_2O_3 纤维工艺流程图

我国在 30 年前就进行了氧化铝纤维的研究，并取得成功。主要是 Al_2O_3 95% 级的氧化铝纤维，可是在国产纤维的实际应用中发现，由于 Al_2O_3 95% 多晶氧化铝纤维在高温下出现较明显的由晶粒生长而引起的粉化现象，实现长期使用温度均不超过 1500℃。Al_2O_3 90% 的多晶氧化铝纤维，在高温下由于晶粒抑制剂 SiO_2 的作用，粉化程度低于 Al_2O_3 95% 的氧化铝纤维。

我国主要采用溶胶-凝胶法制备多晶氧化铝纤维，其具体制备过程如下：

（1）胶体制备：主要原料有金属 Al 粉、结晶氯化铝（$AlCl_3 \cdot 6H_2O$）、硅溶胶。

将金属 Al 粉按一定比例加入热的结晶氯化铝水溶液中，制取聚合氯化铝母液，经过滤后加入硅溶胶，其目的是提高母液的黏度及引入 SiO_2。硅溶胶加入按 Al∶Si = 95∶5，即为 $95Al_2O_3$ 纤维。使与 Al_2O_3 在晶界处生成莫来石，抑制晶粒长大，提高纤维的稳定性。搅拌均匀后再加入有机成纤助剂，国内外普遍采用羟乙基纤维素、聚环氧乙烷、聚乙烯基吡咯烷酮、聚乙二醇、聚乙烯醇、乳胶、乙酰丙酮和冰乙酸等高分子有机成纤助剂。搅拌聚合后浓缩制得不同黏度、流变性、成纤性和稳定性的溶胶。

（2）纤维化：溶胶经喷吹或离心甩丝法制得纤维坯体。

喷吹法：胶体黏度 25~300Pa·s，喷吹压力 300kPa。喷吹环境：温度控制在 60℃ 以下，相对湿度 60% 以下（喷吹莫来石纤维，控制喷吹压力 60~450kPa，温度 20~50℃，湿度为 20%~49%）。喷吹法得到的纤维直径细（4μm 以下），而且长度也短（10~100mm）。

离心甩丝法：将胶体用压力输送到一个高速旋转的离心盘上，离心盘的线速度很高，通常在 40~45m/s 之间。在离心力的作用下，胶体通过盘上的小孔或狭缝被甩成纤维坯体。另外还有采用离心喷吹法。

无论是喷吹还是甩丝，都是在极短时间内完成的，因而环境的温度和湿度对纤维坯体尺寸及成纤效率影响很大，如果温度太高、湿度太大，溶剂挥发很快，得到的纤维粗而短，渣球含量高；相反，温度太低、湿度太小，溶剂不能很快挥发，纤维坯体不能及时干燥固化，会产生黏连、结团现象，而且纤维坯体也粗，渣球也多。

（3）干燥与热处理：在常温到 110℃ 范围内干燥。热处理温度在 1100~1400℃，Al_2O_3 90% 的纤维 1400℃ 热处理较好。

有人研究了升温速率和烧成温度对 Al_2O_3 95% 的多晶氧化铝纤维强度的影响。将甩丝得到的凝胶纤维用不同的升温速率升到 400℃，保温 1h 后再以 3℃/min 的升温速率升温至 600℃，保温 1h，测定单丝拉伸强度。结果是 400℃ 以下以 0.5~1℃/min 的升温速率、400~600℃ 以 3℃/min 的升温速率到 600℃ 保温 1h，单丝平均拉伸强度大于 1000MPa（最高）。95 多晶氧化铝纤维的平均单丝拉伸强度随热处理温度提高而降低，当热处理温度为 1000~1100℃ 时，纤维单丝拉伸强度大于 800MPa，1200℃ 时，纤维内部开始出现 α-Al_2O_3，纤维强度明显下降，1300℃ 及以上时，纤维内部 α-Al_2O_3 大量出现，并逐渐成为主晶相，伴随着其晶粒长大，纤维开始出现明显的粉化、断裂并失去强度。不同热处理温度，纤维中 Al_2O_3 的存在形式见表 8-2。

表 8-2　不同处理温度纤维中 Al_2O_3 的存在形式

处理温度/℃	纤维中 Al_2O_3 的存在形式
1000	δ、θ
1100	δ、θ
1200	δ、θ 和少量 α
1300	α、θ
1400	α

用喷吹法及甩丝法得到的纤维都是短纤维，不能满足纺织制品生产的高强度要求。为了制得长纤维，即连续纤维，必须改变纤维的成纤方式，它是通过一个特殊的漏板设备，将胶体从吐丝嘴中吐出纤维丝，再由多根纤维丝合并拉伸成纤维束，经热处理而成长纤维。其制胶、纤维化与热处理等几个阶段与短纤维的生产方式相似。

我国也有人采用先驱体法实为浸渍法制取 95 多晶氧化铝纤维，即用经膨化的合成纤维为基体，浸渍在 $AlCl_3$ 溶液中，然后低温排除基体，最终经烧成制得氧化铝纤维。但工艺繁琐，难以连续生产。

三、多晶氧化铝纤维的性质

晶体纤维在使用过程中不存在析晶问题，但存在晶体长大的现象，长期使用温度1400~1500℃。90氧化铝纤维1500℃、8h重烧收缩率为1.1%。氧化铝晶体纤维性质见表8-3。

表8-3　多晶氧化铝纤维性质

种　类	化学成分(质量分数)/%		主晶相	纤维直径 /μm	长短 /mm	热导率 /W·(m·K)⁻¹	线变化率 (1300℃× 6h)/%	使用温度 /℃
	Al_2O_3	SiO_2						
莫来石纤维	72~74	20~22	莫来石	2~7	短（20~50）	<0.67	<1	1320（长期）
莫来石纤维	72~74		莫来石	2.5	短		(1400℃×12h) 0.5	1350（长期）
氧化铝纤维	95.1	4.51	θ-Al_2O_3	4	短	(1200℃) 0.21	(1600℃×24h) 3.3	
氧化铝纤维	94.82	4.96	γ-Al_2O_3	2~7	短 (10~120)	(1200℃) 1.04	(1500℃×6h) 2.57	1400（长期）
氧化铝纤维	90		α-Al_2O_3	3~7	短		(1500℃×8h) 1.1	1500
氧化铝纤维	80	20		3	短			1600（最高）
氧化铝纤维	80	20	α-Al_2O_3		短			1250（最高）

目前市场上供应较多的多晶氧化铝纤维有代表性的三种类型是：

（1）Al_2O_3 95%的多晶氧化铝纤维，最早的牌号是"sfaffil"（英国 I.C.I 公司），其化学成分约为：Al_2O_3 95%、SiO_2 5%。

（2）Al_2O_3 80%的多晶氧化铝纤维，牌号是"ALCEN"，化学成分约为：Al_2O_3 80%、SiO_2 20%。

（3）Al_2O_3 72%的多晶莫来石纤维，最早牌号是"Fibermx"，化学成分为：Al_2O_3 72%、SiO_2 28%。

四、稳定氧化锆纤维

氧化锆纤维制造技术主要有三种方法：

（1）浸渍法：将粘胶丝（如水合纤维素）或整个织物浸在2~2.5M的二氯氧锆或硝酸氧锆溶液中，于20~25℃浸泡3~6h，这样处理的材料在空气中干燥，然后进行热解和煅烧，挥发有机组分得到具有一定拉伸强度的氧化锆纤维。用这种方法制得的短纤维，尽管工艺较为简单，但前驱体中的ZrO_2含量低，有机成分含量高，在烧结过程中体积收缩大，有机物分解导致晶粒间空隙较多，因而得到的纤维强度较低，而且不能得到致密和连续的氧化锆纤维。

(2) 混合物：将有机聚合物（如聚乙烯醇）与粒径范围在 500~5000nm 的锆盐或 ZrO_2 微粉粒子均匀配制成混合溶液，用常规方法（如离心甩丝法、气流喷吹纺丝、喷丝头法等）纺丝，再烧结固化成纤维，这种方法中需制备亚微米级的 ZrO_2 或锆盐粉末，工艺复杂，很难得到高强度的连续纤维。

(3) 溶胶纺丝法：这种方法得到的前驱体的锆含量高，纺丝性能好，不必加入其他助剂，因此在烧结过程中不存在因助剂分解而残存的缺陷，经烧结晶化就可获得高强度连续纤维，而且工艺简单，适于工业化生产。通过溶胶-凝胶法合成含有 ZrOZr 聚合长链的溶胶。干法纺丝纺成的纤维在纺丝辊上干燥变成凝胶纤维，热处理除去挥发分，然后煅烧氧化物骨架，制得的纤维具有良好的力学性能。

国外氧化锆纤维大都采用有机锆盐为原料，生产成本较高。用无机锆盐为原料，不仅避免用昂贵的醇盐和金属有机化合物，而且过程操作简单，设备也不复杂，适合工业化生产。因此我国大都采用溶胶-凝胶法无机盐制备氧化锆纤维。其主要原料为工业级氧氯化锆（$ZrO_2 + HfO_2$ 质量分数为 ≥36%，SiO_2 质量分数为 ≤0.005%，Fe_2O_3 质量分数为 ≤0.002%，Na_2O 质量分数为 ≤0.005%，K_2O 质量分数为 ≤0.005%，TiO_2 质量分数为 ≤0.005%，CaO 质量分数为 ≤0.010%），稳定剂为硝酸钇，有机助剂为柠檬酸、醋酸。

(1) 胶体制备：将氧氯化锆和硝酸钇按 $Y_2O_3 : ZrO_2 = 3$ 配合，溶于蒸馏水中，形成透明溶液，在恒温下不断搅拌，并加入一定量的柠檬酸（柠檬酸与氧氯化锆之比为 0.3~0.4），反应一定时间后再加入一定比例的醋酸（随醋酸增加，凝胶时间延长）继续反应 1h，然后在真空条件下浓缩得到具有一定黏度的溶胶，冷却至室温。

(2) 纤维化：控制好胶体黏度是制造纤维的重要条件。不同成纤方法，要求黏度各不相同，如喷吹 ZrO_2 纤维胶体黏度在 50~350Pa·s，胶体黏度和喷吹压力成正比，黏度大，喷吹压力高，黏度小，喷吹压力低。

纤维化条件，即在纤维化过程中的湿度和温度，尤其是湿度，通常相对湿度要低于 60%，最好是 20%~30%，空气过于干燥，纤维易于固化，由于干燥过快，纤维变脆和变碎，如果湿度过大，不仅纤维不能变硬，甚至吸收水分，使纤维之间粘连结块。温度要求不太苛刻，控制在 5~90℃即可。

(3) ZrO_2 纤维的晶型转化稳定：纯氧化锆不能直接用做耐火材料，因为在 1000℃左右 ZrO_2 由单斜转化为假立方晶形，同时有很大的体积效应，必须加入 CaO、MgO 和 Y_2O_3 加以稳定，以 Y_2O_3 为好。

(4) ZrO_2 纤维的热处理：一般在 600~1500℃，随使用温度而变，如果使用温度低，热处理温度可低些，使用温度高，热处理温度也要高些。

稳定化氧化锆纤维也是一种多晶纤维。在醋酸锆水溶液或醋酸锆与氧氯化锆的混合水溶液中加入一定量的 YCl、$CaCl_2$ 或 $MgCl_2$ 稳定剂，加热浓缩至具有合适的黏度，即得到胶体溶液，再在一定的温度和湿度下，用喷吹、甩丝或拉丝工艺进行纤维化，干燥后于 600~1500℃热处理，便得到稳定化氧化锆多晶纤维。也可以用有机纤维先驱体法，即将有机纤维在锆盐水溶液中浸渍一定时间，再热处理，即得到氧化锆纤维。

氧化锆纤维分为短纤维和长纤维：

(1) 氧化锆短纤维：国外氧化锆基短纤维的研究开发起步较早，生产技术已趋成熟，工艺稳定，已在许多领域获得应用，是多晶耐火纤维的主要品种。与国外相比，国内氧化锆基短纤维在技术水平和产品质量上都存在一定差距，生产工艺和设备也相对落后。主要有三门峡高科绝热材料公司和江西赣州圣泰隆陶瓷纤维公司生产氧化锆短纤维，山东鲁阳公司生产少量的 ZrO_2 短纤维产品。我国生产的氧化锆短纤维长度 2~5mm，直径 7~10μm，拉伸强度 0.24~0.41GPa。

（2）氧化锆长纤维：目前氧化锆基长纤维（连续纤维）的制造技术掌握在少数几个科技发达国家手中，如美、日、法、德等国，我国尚属空白，是国家研究的一项重点项目。

国外氧化锆基连续纤维（长纤维），都是用溶胶-凝胶法生产的。溶胶纺丝法制备氧化锆连续纤维的纺丝装置如图 8-2 所示，流程如图 8-3 所示。

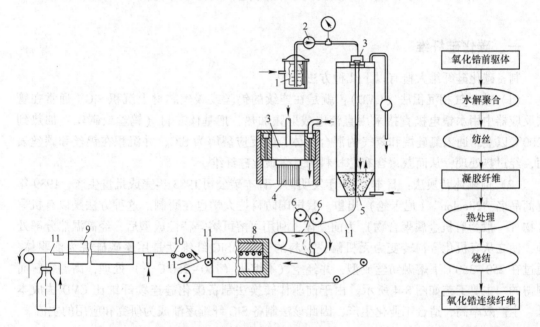

图 8-2 溶胶纺丝法制备氧化锆连续纤维的纺丝装置
1—前驱体溶液；2—计量泵；3—多孔喷丝板；4—纤维束；
5—热空气发生器；6—拉伸辊；7—传送带；8—预热电阻炉；
9—高温管式炉；10—传送辊；11—多丝纤维束

图 8-3 溶胶纺丝法制备
氧化锆连续纤维的流程图

美国专利介绍：用醋酸锆为原料，与聚合物混合，加入 ZrO_2 晶粒为 100nm 左右（单斜相）的硝酸稳定的 ZrO_2 溶胶，过滤，浓缩到黏度在 80~90Pa·s，然后挤压通过喷丝板，烧结得到直径为 9~25μm、拉伸强度为 1.25GPa 的连续纤维。

国内某研究单位通过电化学、溶胶凝胶化学、溶剂热化学与凝胶纺织技术，结合现代分析及检测技术，使用低成本的氯氧化锆及有机添加剂为原料，得到的锆前驱体可纺性稳定，烧结后的纤维光滑致密。采用了以下工艺制备氧化锆基连续（长）纤维：前驱体溶液 $\xrightarrow{\text{电解}}$ 溶胶 $\xrightarrow{\text{调整}}$ 可纺性溶液 $\xrightarrow{\text{老化纺丝}}$ 凝胶连续纤维 $\xrightarrow{\text{预处理}}$ 半陶瓷化纤维 $\xrightarrow{\text{烧结}}$ 氧化锆连续纤维。

氧化锆纤维最重要的特性是高强度、高模量、很低的热导率和非常好的耐热性。一般来说，它可以在高温下连续使用，在某些场合使用温度甚至可达到 2600℃。氧化锆连续纤维强度可达 2GPa 以上，在大气中 2500℃时，仍保持完整的纤维状态，还具有抗冲击性，用于耐烧蚀隔热功能复合材料方面，具有得天独厚的性能。

其他氧化物多晶纤维的制取方法与稳定氧化锆纤维差不多，也是制取多晶连续线；磨细分散的氧化物基于各种结合剂中；用有聚合固化剂的金属盐溶液纺纱；用高黏性高浓度的胶体溶液；用有机纤维浸渍难溶化合物溶液等。

通过纺丝头抽出（像 Saffil 那样）、气体喷吹、离心甩丝等方法制线。用溶液制线的要点是随后的快速烧成。

第四节　多晶质非氧化物耐火纤维

一、碳化硅纤维

制备碳化硅纤维大概有以下几种方法：

（1）化学气相沉积法（CVD）：就是在连续的钨丝或碳丝芯材上沉积 SiC。通常在管式反应器中用水银电极直接采用直流电或射频加热，把基体芯材（钨丝或碳丝）加热到 1200℃以上，通入氯硅烷和氢气的混合气体，经反应裂解为 SiC，并沉积在钨丝和碳丝表面，经过热处理，从而获得含有芯材料的复合碳化硅纤维。

（2）前驱体转换法：日本 1975 年发明的，日本碳公司 1983 年完成批量生产，1989 年以商品名 "Nicalon"（尼卡纶）出售。我国国防科技大学也在研制。这种方法是以有机聚合物（一般为有机金属聚合物）为前驱体，利用可溶可熔等特性成型后，经高温热分解处理，使之从有机化合物转变为无机陶瓷材料的方法。SiC 纤维就是用聚碳硅烷为前驱体，通过在 250~350℃下熔融纺丝成型，并经空气不熔化（160~250℃下）处理，高温裂解而制得的。主要工艺如图 8-4 所示。由于前驱体转换法制备碳化硅连续纤维比 CVD 法成本低，生产效率高，适合工业化生产，因此该法制备 SiC 纤维逐渐成为研究和应用的主流。

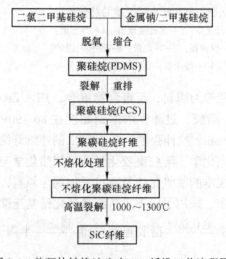

图 8-4　前驱体转换法生产 SiC 纤维工艺流程图

（3）超微细粉烧结法：这种方法采用 α-SiC、β-SiC 微粉与聚合物的溶液混合纺丝，经挤出、溶剂蒸发、煅烧、预烧结及烧结等步骤制得 SiC 纤维。所得纤维大量富碳，丝径较粗，强度较低，抗氧化性差。但由该法制得的 SiC 纤维是迄今所有多晶陶瓷纤维（包括其他方法制得的 SiC 纤维）中具有最佳抗高温蠕变特性的纤维。

（4）炭纤维转换法：活性炭纤维（ACF）是 20 世纪 70 年代发展的第三代新型功能吸附材料。转换法制备 SiC 纤维包括三大工序：第一是活性炭纤维制备；第二是在一定真空度的条件下，在 1200~1300℃下，ACF 与 SiO₂ 发生反应而转化为 SiC 纤维；第三是在氮气氛下进行热处理（1600℃）。其工艺路线如图 8-5 所示。

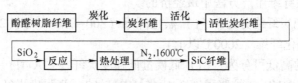

图 8-5　炭纤维转化法制备 SiC 纤维流程图

气态 SiO 是通过加热硅（Si）和 SiO₂ 混合物获得的。活性炭纤维是价廉的酚醛树脂经纺丝、炭化和活化而得到。该工艺简单、成本低。得到的 SiC 纤维全部由 β-SiC 微晶构成，氧含量很小，仅 5.9%。

以上四种方法制得 SiC 纤维的主要性能见表 8-4。

表 8-4　碳化硅纤维的主要性能

制取方法	商品名	拉伸强度/GPa	拉伸模量/GPa	密度/g·cm^{-3}	直径/μm
CVD 法	SCS-6	4.48	430	3.0	142
前驱体转换法	Nicalon	3.0	220	2.5	14
超微细粉烧结法		1.2	880	2.0	25
炭纤维转换法		1.0	180	2.1	20

二、炭纤维

人类制造炭纤维的历史已有 100 多年，最初制得的炭纤维气孔率高、脆性大，且容易氧化。通过多年的研究和发展，现在制备炭纤维的方法主要是前驱体法，即将有机纤维在高温惰性气氛中处理，使有机纤维在成分和结构上发生变化，把有机纤维中大部分非碳元素驱除；同时经历低温（200~300℃）弱键断裂和主键架桥、中温（400~500℃）芳香环缩合和高温（大于 800℃）结晶化几个阶段，从而把无规则有机结构转化成晶体排列较规整的碳含量达 90%~100% 的无机型炭纤维。制取炭纤维用的有机纤维有下面几种：

（1）人造丝（C₆H₁₀O₅）ₙ，由于加热时它不熔化，可以直接碳化，但人造丝分子中碳含量低（45%），氧含量高，因而碳化率很低。另外，在碳化过程中发生一系列复杂的反应，使内部分子排列变乱，因此 1000℃碳化所得到的纤维强度和弹性模量低。要把碳化温度提高到 2000℃，同时还要对纤维加一定的拉应力，但给工艺带来困难。

（2）聚丙烯腈纤维（C₃H₃N），不能直接在惰性气氛中碳化，要在空气中，在强力下对它进行一次低温预氧化。碳化过程分 3 个阶段：首先将聚丙烯腈在 200~300℃空气中加热 20h 以上进行氧化，然后在氢气中加热到 1200℃ 碳化处理，最后在氢或氩气中缓慢升温到 2500℃ 以上进行石墨化处理，最终制成直径为 7~9μm 的炭纤维。

（3）木质纤维（含 C、H、O、S 等元素），是用黏浆废液溶解在碱溶液中，再加入聚乙烯醇拉制成的一种纤维，可在 1000℃ 氮气氛中直接碳化，而且时间较短，收得率可达 50%。但最后多一道除碱工序。

（4）特种沥青（含 C、H 元素），是石油系的碳氢化合物，在 900℃ 以上进行热解得到重质沥青状物质，碳含量 90% 以上，将它处理调成树脂后，熔融拉丝纺制成直径 5~15μm 的前驱体纤维。预氧化后再进行碳化成炭纤维。800℃ 时碳化就基本上完全，转化率 99% 以上，是现有炭纤维生产方法中最经济的。

按碳化温度可把炭纤维分为：（1）黑化纤维（300~500℃）；（2）炭化纤维（500~1800℃）；（3）石墨化纤维（2000℃ 以上）。

按模量或强度的高低可分为：（1）低模量低强度炭纤维（A 型），热解温度 1000℃ 左右，弹性模量 0.2×10^6 MPa，抗张强度 2.1×10^3 MPa；（2）高强度炭纤维（Ⅱ 型），热解温度 1500℃ 左右，抗张强度 2.8×10^3 MPa，但弹性模量只有 0.28×10^6 MPa，密度 1.75g/cm³ 左右；（3）高模量炭纤维（Ⅰ 型），热解后的纤维再在 2500~3000℃ 之间进行石墨化处理，弹性模量提高到 $(0.4~0.45) \times 10^6$ MPa，密度达 2.0g/cm³。炭纤维与一般炭质材料具有同样的性质。

三、硼纤维

硼纤维具有其他纤维难以比拟的强度、模量和密度，是制备高性能复合材料的重要增强纤维材料。制造方法有：用卤化物还原、卤化硼热解、有机硼化物热解、熔融硼拉丝等。通常采用的是卤化物还原，即气相沉积法。

气相沉积法是用很细的（10μm）钨丝，使其加热到 1000~1200℃，钨丝由绕丝盘连续地经过通有三氯化硼（BCl_3）和氢气（H_2）的混合气体的沉积室（蒸涂室），在热的钨丝上发生下列反应而形成直径 0.1mm 的硼纤维：$BCl_3 + H_2 \rightarrow B + HCl$。

实际析出过程非常复杂，反应物的浓度、流速、副产品 HCl 的浓度及钨丝的温度等均是影响沉积速度和效率的因素。通常反应温度高一些为好，但太高会产生结晶，影响纤维强度，因为高强度硼纤维是无定形的。而生成无定形硼的温度范围非常窄。

由于硼纤维的生产工艺复杂，钨丝又很贵，所以硼纤维价格昂贵。在研究用玻璃纤维或炭纤维代替钨丝作芯材，或者根本不用芯材，而溶化的硼直接喷射，使其在未形成小滴之前就硬化成硼纤维。硼纤维的性能见表 8-5。

表 8-5　硼纤维性能

拉伸强度/MPa	拉伸模量/MPa	压缩强度/MPa	线膨胀系数/℃⁻¹	硬度（Knoop）	密度/g·cm⁻³
3600	400	6900	4.5×10^{-6}	3200	2.57

四、氮化硼纤维

氮化硼纤维可用化学法制取。即用化学的方法使母体纤维变成氮化硼纤维。其中母体纤维可以是金属硼纤维或硼酐（B_2O_3）纤维。一般多用硼酐来制取氮化硼纤维。在较低温度下在氨气中加热，使它发生化学作用，先形成硼氨（$B_2O_3 \cdot NH_3$）中间化合物，成为一种晶型很不稳定的氮化硼纤维，对中间产物进行处理，最后形成氮化硼纤维。化学法制得的氮化硼纤维，纯度可达 99%，密度为 $1.8 g/cm^3$，纤维直径为 $5 \sim 7 \mu m$，长度为 $50 \sim 380 mm$，抗张强度为 1400MPa，伸长率为 2%~3%，弹性模量为 $(4 \sim 7) \times 10^4 MPa$。

五、氮化硅纤维

现已有商品，这类纤维也是通过有机硅聚合物前驱体转化法制备的，例如：将聚环氨烷以及多羧硅烷作为前驱体进行干式纺丝，在惰性气体或 NH_3 中烧成，可得到白色、具有优异耐热性能的 Si_3N_4 纤维。

第五节　晶　须

晶须是一种直径为纳米级至微米级、具有高度取向性的短纤维单晶材料。晶体内杂质少，无晶粒边界，晶体结构缺陷少，结晶相成分均一，其强度接近原子间的结合力，是最接近于晶体理论强度的材料，具有很好的比强度和比弹性模量。

实验室研制的晶须不下百余种，但得到实际应用的只有几种。大多数晶须具有耐高温、高热稳定性、高模量的特点。

晶须为线状结晶的单晶结构，"须"的直径不超过 $10 \mu m$，长度对直径的比率为 $20 \sim 100$，也有可能超过 1000。用以下方法制取晶体纤维：气相沉淀、化学反应法（最普及的方法）、由溶液结晶、"须"在电场中生长等。

一、氧化物晶须

原料物质安置在梯度炉里，在这里它被汽化，由气相结晶沉淀。物质的蒸汽被转移到更冷地带，其中在一定的温度梯度下而发生结晶化。线状结晶均匀生长同时引起螺旋状（轴向）位错，由于"须"尖上发生台阶生长，物质对这个台阶合并方式像靠气相原子沉淀一样，物质以扩散方式沿旁侧表面向晶须尖生长。这是比较慢的过程。由气相沉积得到 MgO、Al_2O_3 等氧化物线状晶体。

化学反应形成线状晶体比用气相进行的快很多，可是根据晶体长度也算是由 0.5h 延长到 20h。用氧化物还原到金属镁蒸汽状态的反应：$(MgO) + (CO) \rightleftharpoons (Mg) + (CO_2)$，并氧化 $(2Mg) + (O_2) \rightarrow (2MgO)$ 及氧化物冷凝为"须"状。

铝在湿氢气中氧化制取氧化铝的线状晶体，同时进行下列反应：

$$\{2Al\} + (H_2O) \longrightarrow (Al_2O) + (H_2)$$
$$(Al_2O) + 2(H_2O) \longrightarrow \langle Al_2O_3 \rangle + (2H_2)$$
$$\{2Al\} + (3H_2O) \longrightarrow \langle Al_2O_3 \rangle + (3H_2)$$

二、SiC 晶须

SiC 晶须硬度高、模量大，抗拉强度也大，而且耐高温，是金属基和陶瓷基复合材料的最好增强增韧材料。有六方晶系的 α-SiC 和立方晶系的 β-SiC 晶须。20 世纪 60 年代就开始研究 SiC 晶须，主要生产国是美国和日本。我国于 20 世纪 70 年代初用碳热还原法制备 SiC 晶须，还以炭黑和稻壳为碳源进行 SiC 晶须生长的研究，为产业化生产提供理论和工艺依据。

辽宁科技大学研究人员以硅微粉、白炭黑、硅溶胶为硅源，炭黑为碳源，采用碳热还原法合成 SiC 晶须。结果表明，硅微粉、白炭黑与炭黑反应可生成 SiC 晶须；硅溶胶与炭黑反应不生成 SiC 晶须。其中以硅微粉与炭黑反应生成的 SiC 晶须质量最好，数量也多，最佳配比为：$n(C) : n(SiO_2) = 33$，合成温度为 1500℃，保温 3h。

碳化硅"须"的制取过程是采用碳氢化合物和氯甲硅烷进行反应，反应式为：

$$SiCl_4 + CH_4 \Longrightarrow SiC + 4HCl$$

三、Si_3N_4 晶须

制备方法有三种：

（1）气相法：将 $SiCl_4$、H_2、N_2 混合加热到 1250℃，便可在 Fe 涂层的石墨基质上生成 Si_3N_4 晶须。

（2）液相法：将熔融的 Si 在氮气中氮化，加热到 1550~1600℃制得 Si_3N_4 晶须。

（3）固相法：将 SiO_2、C 混合在氮气中加热或将 SiO_2、Si 在 N_2、H_2 的气氛中加热可制得 Si_3N_4 晶须。也可将 Si_3N_4 与 NH_3 在室温下加压，然后加热除去氮化铵，继续加热使氮化物逐步分解，生成高活性、高纯度的 Si_3N_4 超细粉，继续加热到 1400~1450℃，可得直而光滑的 Si_3N_4 晶须，是一种无缺陷的晶须。

四、$K_2Ti_6O_{13}$晶须

六钛酸钾晶须，不仅具有优异的力学性能，而且还有优异的隔热性能，比如低热导率、高红外反射率和随温度升高热导率不升反降的性质，在隔热材料领域具有良好的应用前景。

$K_2Ti_6O_{13}$晶须可采用 KDC（Kneading-Drying-Calcination）法合成，用水将纯碳酸钾和 TiO_2 原料混合制成浆料，然后将浆料经 100℃干燥，最后在 1000~1100℃下热处理制成 $K_2Ti_6O_{13}$晶须，长径比为 10~20，属于低长径比。

高长径比（50~60）晶须要采用二步法合成，先合成四钛酸钾（$K_2Ti_4O_9$）晶须，也是用 KDC 法，然后酸洗脱 K，最后在 900~1000℃热处理得到 $K_2Ti_6O_{13}$晶须。

五、硼酸铝晶须

制备方法：

（1）熔融法：将 Al_2O_3 与 B_2O_3 经 2100℃熔化，再缓冷析出晶须。

（2）气相法：将 B_2O_3 在 1000~1400℃气态的氟化铝气氛中通入水蒸气，使之起反应生成硼酸铝晶须。

（3）内熔剂法：用 B_2O_3 和高硼酸钠作熔剂，与 Al_2O_3 在 1200~1400℃温度下反应生成硼酸铝晶须。

（4）外熔剂法：在 Al_2O_3 与 B_2O_3 中加入仅作熔剂的金属氧化物、碳酸盐或硫酸盐，加热到 800~1000℃可得到 $2Al_2O_3 \cdot B_2O_3$，进一步加热到 1000~1200℃则得到 $9Al_2O_3 \cdot 2B_2O_3$ 晶须，这种晶须需进一步进行解纤处理。这种方法适合于工业化生产。

六、氧化锌（ZnO）晶须

ZnO 晶须具有一种特殊的空间，四脚星状结构，ZnO 具有导电性。一些晶须的性能见表 8-6。

表 8-6　一些晶须的性能

晶　须	密度 /g·cm^{-3}	直径 /μm	长度 /μm	拉伸强度 /MPa	弹性模量 /MPa	莫氏硬度	线膨胀系数 /℃$^{-1}$	熔点 /℃	耐热性 /℃
SiC	3.18	0.05~7	5~200	21	490	9	4.0×10^{-6}	2690	1600
$K_2Ti_6O_{13}$	3.30	0.1~1.5	10~100	7	280	4	6.8×10^{-6}	1370	1200
$Al_{18}B_4O_{13}$	2.93	0.5~1	10~20	8	400	7	4.2×10^{-6}	1950	1200
ZnO	5.78	5	2~300	10	350	4	4.0×10^{-6}	1720	
Si_3N_4	3.20	0.1~0.6	5~200	1~4	350		3.0×10^{-6}	1900	1700
MgO	3.60	3.0~10	200~300	1~8			13.5×10^{-6}	2850	2800
Al_9B_2	2.93	0.5~5	10~100	8	400		1.9×10^{-6}	>1950	

第六节　耐火纤维制品

纤维制品生产工艺的重要因素是结合剂的类型和把它引入纤维中的方法。根据使用条件采用方法如下：结合剂物质在纤维形成过程中以溶液、乳浊液、悬浮液和细粉分散和雾化；在纤维上喷射薄层结合剂；纤维骨架浸渍；用液体状态结合剂浇纤维；机械混合。制取纤维制品用结合剂应该满足以下条件：保证对纤维高的黏附；硬化后足够的内聚；有易分散的能力和覆盖纤维的细薄膜；阻止纤维中形成莫来石；防止收缩，纤维材料在很大程度上不增加热导率和体积密度。利用聚乙烯乙酸脂（树脂）分散硅溶胶、水玻璃，磷酸铝铬结合，耐火黏土、膨润土等作为结合剂。

成型系统（纤维+结合剂）乃是可塑的黏性糊或流动液体的悬浮液。制品成型的主要方法有振动加压成型、真空压砖法（排除相当大部分的分散介质）、泥浆浇注。按织造工程技术取得织物制品。

硅酸铝棉及其基础上制品的主要性质是高的热稳定性和低的热导率。用高岭石棉制造的体积密度为 95kg/m^3 的制品，在 100~700℃ 温度范围内的热导率约为 0.2W/(m·K)，而广泛用做隔热层。用热导率 λ 对体积密度 V 的积 λV 评价隔热效率。这个积越小，隔热越有效。Al_2O_3、ZrO_2 和 SiO_2 为基的制品 λV 积相应等于 10.5、3.4、1.8。热射线❶反射程度的反射率值不小，反射率的标准额暂时没有确定。

---

❶　有关纤维隔热材料的反射率值，可用下面例子证明：按 J. Arner，Ceram，Soc，1982，No.3.141~146 页报道：用石英纤维材料的釉化方块砌筑的宇宙器械外表面。由于与空气摩擦表面升温时的热约 90% 被反射，而器械表面的温度不超过 1200℃。如果热射线没有反射，那么根据飞行速度，宇宙器械表面温度可能达到大于 10^4℃。

一、耐火纤维毯

将散状耐火纤维自然沉降于集棉器网上，并形成均匀的棉坯，经"针刺"制毯工艺（一种带有倒钩的针在纤维坯表面上下钩刺的方法）获得无结合剂的干法针刺毯。

这种制品柔软，富有弹性，拉伸强度高，具有优良的加工性能，为二次制品的主导产品。

二、耐火纤维毡

耐火纤维毡与毯的区别是毯不含结合剂，而毡含有结合剂。以耐火纤维为原料，加入羧甲基纤维素（CMC）、树脂或乳胶等有机结合剂，有的还加入硫酸盐或磷酸盐等无机结合剂，通过结合剂使纤维间保持结合定型，并获得一定形状和良好的加工性能、施工强度的纤维毡。

耐火纤维毡有干法和湿法两种生产方法：

（1）湿法：首先用水槽漂洗分离渣球，除去渣球后的纤维棉浆中加入 0.5% 左右的有机结合剂，用压力 1MN 的塑料液压机成型。常用的有机结合剂有甲基纤维素和聚乙烯醇。也可采用无机结合剂，如磷酸铝、硫酸铝等。用无机结合剂成型后的制品一般强度较大，但发脆，故加入量不宜过多。水溶液结合剂有利于去除非纤维料和杂质，以改进制品的性能。但是这种工艺同时又会导致纤维长度的缩短及强度降低，抗热流冲蚀性能也降低。硅酸铝耐火纤维毡成型后的湿毡整形后，用无机结合剂浸渍，然后装入塑料袋中保存，根据需要剪成或切割成各种不同形状使用。由于湿毡有柔软的成型性，对炉衬的拐角处及各种复杂的炉型都适用。其性能见表 8-7。

表 8-7　硅酸铝纤维湿毡的理化性能

最高使用温度/℃	体积密度/g·cm⁻³	熔点/℃	抗折强度/kPa	加热线变化/%			热导率/W·(m·K)⁻¹			化学成分/%		
				800℃×24h	900℃×24h	1000℃×24h	300℃	400℃	500℃	Al₂O₃	SiO₂	Na₂O
1200	（100℃干燥后）0.38	1760	（100℃干燥后）1735		1.0	2.0	0.105	0.128	0.151	37.6	59.8	0.5

（2）干法：为了解决湿法的不足，发展了干法成毡工艺。干法生产是沿用纺织工艺方法，采用与制毯方法相同的针冲机进行生产，如图 8-6 和图 8-7 所示。

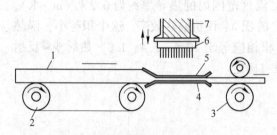

图 8-6　针冲机的主要部件
1—坯料；2—带式给料器；3—输送辊；4—底板；
5—导卫板；6—针盘；7—针梁

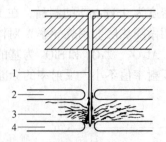

图 8-7　纤维毡的"针冲"
1—针；2—导卫板；3—陶瓷纤维毡；
4—底板

将散状纤维棉由带式给料机送入针冲机的压入辊，通过针梁上的毡针"针冲"毡坯，实现毡制品的锁紧，底板和导卫板使纤维料在冲压和针冲过程中保持在受压条件下进行控制，用改变针梁上下运动和带式给料机的速度来增加或减少单位面积冲孔数量。一般要求密度越大，单位面积的冲孔数量就越多。针冲毡制品具有较高的抗张强度和优良的延伸性能，因而在使用时，受力产生弯曲和拉伸而不被撕裂。其性能见表8-8。

表 8-8　硅酸铝纤维针刺毡的主要理化指标

项　目	低温型 LT	标准型 RT	高纯型 HP	高温型 HT
颜色	白色	白色	白色	白色
纤维直径/μm	2~4	2~4	2~4	2~4
抗拉强度/kPa	55.2~69	69~96.6	62.1~69	55.2~69
加热线变化（保温 24h）/%	≤5.0 (1093℃)	≤3.5 (1232℃)	≤3.5 (1230℃)	≤3.5 (1399℃)
热导率[①]/W·(m·K)$^{-1}$	0.084 (316℃)	0.130 (538℃)	0.159 (760℃)	0.187 (871℃)
最高使用温度/℃	980	1200	1200	1370
Al_2O_3 含量/%	40~44	46~48	47~49	52~55
Fe_2O_3 含量/%	0.7~1.5	0.7~1.2	0.1~0.2	0.1~0.2

① 体积密度为 128kg/m³ 的热导率。

还有用含热固性有机结合剂的纤维为原料，经集棉、预压、热压固化定型及后处理（纵、横剪切）等工序制成纤维毡。

碳和石墨纤维毡：碳和石墨纤维是人造纤维，如聚丙烯腈纤维、纤维素纤维或沥青纤维，是在不存在氧气的条件下热解制得的。以聚丙烯腈纤维为原料制造碳和石墨纤维毡的生产工艺如图 8-8 所示。

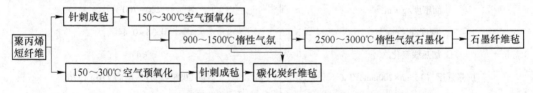

图 8-8　聚丙烯腈短纤维基碳和石墨纤维毡工艺流程图

以石油沥青或煤沥青为原料制造的碳和石墨纤维毡的生产工艺见图 8-9。

图 8-9　沥青基碳和石墨纤维毡工艺流程图

1000℃左右炭化制得的炭纤维毡适用于 1800℃以下和压力高于 133MPa 的高温炉隔

热，而石墨纤维毡可用于高真空（$1.33×10^{-4}$~$1.33×10^{-10}$Pa）及超过 1800℃ 以上的条件下使用。

柔软的炭和石墨纤维材料可用易炭化的树脂浸渍制成各种形状的刚性纤维制品，如板、管等。炭和石墨纤维板的性能见表 8-9。

表 8-9　炭和石墨纤维板的性能

种　类	体积密度 /g·cm⁻³	碳含量/% (不低于)	热导率/W·(m·K)⁻¹		耐压强度 /MPa	抗弯强度/MPa		最高使用温度/℃		
			1500℃	2000℃		横向	纵向	空气	真空	保护气氛
炭纤维板	0.16	95	0.14	0.25	1.5~2.0	0.45	0.77	310	1800	3000
石墨纤维板	0.16	99	0.14	0.25	1.5~2.0	0.70	0.88	390	2200~2500	3000

三、耐火纤维纸

20 世纪 50 年代，美国研制成功以硅酸铝纤维作原料，按造纸工艺制成隔热耐火纤维制品。我国于 1973 年亦研制成功，以散状喷吹纤维为原料，加入一定比例结合剂、填料及助剂等添加物，经打浆、除渣、配浆、长网成型、真空脱水、干燥、剪切、打卷等工序制成纤维纸。

纸的规格见表 8-10，理化指标见表 8-11。

表 8-10　中国硅酸铝纤维纸的规格

宽度/mm	厚度/mm	卷筒长/m
300、600	0.5、1.0、2.0	任意

表 8-11　中国硅酸铝纤维纸的理化性能

项　目	指　标
长期使用温度/℃	1000
面密度/g·m⁻²	200~700
密度/g·cm⁻³	0.35~0.44
加热线变化/%	<4
抗张强度（15mm×200mm）/Pa	纵向 2085~2597，横向 116~1776
热导率/W·(m·K)⁻¹	700℃，0.095；900℃，0.108；1000℃，0.135

四、耐火纤维绳

按使用条件，有两种编织方法：一种是采用硅酸铝纤维毡（毯）条为芯材，外用无机纤维捻入不锈钢丝或镍铬铁及耐热耐蚀合金钢丝，用编织机编织而成，从而使制品有一定的抗拉强度；另一种是用硅酸铝纤维加入 15%~20% 有机质纤维，直接纺成丝，再编制成耐火纤维绳，它是不能支承荷重的轻质绳。我国生产的硅酸铝纤维绳规格见表 8-12，其性能见表 8-13。

表 8-12 中国硅酸铝纤维绳规格

直径/mm	7	10	13	16	19	22	25
单重/g·m⁻¹	60	70	80	130	160	190	260

表 8-13 中国硅酸铝纤维绳的物理性能

含水率/%	高温烧失率/%	密度/g·cm⁻³	抗拉强度/N	
			常温拉伸最大荷重	900℃烧后拉伸最大荷重
≤3	600℃时≤10 800℃时≤15	0.6~1.0	加不锈钢丝补强绳 （φ12.5mm绳）882 未补强绳（φ12.5mm绳）392	补强绳 470.4 未补强绳 372.4

五、耐火纤维砖

以耐火纤维为原料，配以氧化铝微粉，加入结合剂，压制而成的耐火纤维制品。

六、耐火纤维板

以耐火纤维为原料，加入结合剂，用湿法压制成的板状耐火纤维制品。

它与耐火纤维砖的差别是体积密度小，隔热性能更好，见表 8-14。纤维板与毡不同的是板的体积密度大，耐压强度高。

表 8-14 耐火纤维板、砖的主要理化性能

名　称	体积密度/g·cm⁻³	热导率/W·(m·K)⁻¹	加热线变化/%	耐火度/℃
耐火纤维板	0.20~0.60	0.116~0.093（600℃）	2.0~5.3（1230℃，6h）	
耐火纤维砖	0.50~0.60	0.116~0.093（600℃）		1730

某纤维公司推出杜热™（Silplate®）高密度纤维板，声称耐火度高、密度高、强度高，又具有低热导率，在不锈钢精炼钢包中使用，可增加钢包容积，降低能耗。其性能见表 8-15。

表 8-15 杜热纤维板性能

牌　号	密度 /g·cm⁻³	耐压强度（应变10%） /MPa	抗折强度 /MPa	最高使用温度/℃	热导率/W·(m·K)⁻¹		
					350℃	600℃	750℃
Silplate1012	1.0	9.4	8.04	1104	0.279	0.345	0.371
Silplate1308	0.8	3.5	2.67	1340	0.159	0.182	0.210

七、氧化铝纤维制品

氧化铝纤维制品也分干法和湿法成型。干法是将高温热处理的纤维坯体，按计量交叉叠铺在木模中，轻微加压成型，脱模后在氧化气氛中，根据要求于 1000~1400℃ 的温度下烧成制品。湿法是置于真空中成型，脱膜后制成各种形状，如板状、筒状等各种异形或标准形制品。

八、混合纤维制品

混合纤维制品是硅酸铝纤维和多晶氧化铝纤维按一定比例混合，湿法真空成型工艺制成的耐火纤维制品。传统的硅酸铝纤维使用温度在 1200℃ 以下，而多晶氧化铝纤维能承受 1600℃ 高温。可是对于工作温度在 1200~1500℃ 的热工设备用多晶氧化铝纤维保温隔热是不经济的（价格昂贵），因此考虑用混合纤维制品。其中氧化铝纤维起骨架作用，硅酸铝纤维起填料作用。加热时，由于氧化铝纤维热缩率小，制品的整体尺寸变化不大，而硅酸铝纤维则分别在各自的小块内收缩，不影响整体尺寸。在较高的温度下，SiO_2 从硅酸铝纤维经两者的接点过渡到氧化铝纤维上，生成莫来石在两者之间的搭桥。这样 α-Al_2O_3 与莫来石之间形成平衡，对于建立稳定的网络结构有利。研究表明：在承受高温之前，纤维之间的黏结主要靠黏结剂。而承受高温一段时间之后，纤维之间的黏结力主要靠形成的莫来石黏结相。这种接点莫来石的产生使混合纤维制品具有像砖一样的抗侵蚀性能。这正是混合纤维制品比用同种工艺制成的原纤维制品更优越的物理性能的原因。混合纤维制品的物理性能见表 8-16。

表 8-16　混合纤维制品的物理性能

类　型	体积密度/g·cm⁻³	使用温度/℃	荷重软化温度/℃	挠曲强度/MPa	抗拉强度/MPa		线收缩率（加热 5h）/%	
					变形 5%	变形 10%	1205℃	1427℃
A 型混合纤维	0.16~0.19	1427	1816	551~689	137.8~172.3	172.3~206.7	0.6	1.2
B 型混合纤维	0.14~0.17	1650	1871	413.4~551	103.3~137.8	137.8~172.3	0.6	1.5

多晶氧化铝的含量与最高使用温度的关系如图 8-10 所示。

可是现行混合纤维配方中多晶氧化铝纤维的含量一般都低于 60%。当多晶纤维的含量达到 60% 时，再增大加入量对制品收缩率的影响很小，如图 8-11 所示。因此多晶纤维含量更高是不经济的。

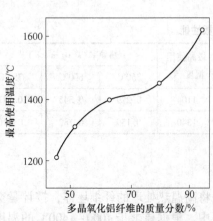

图 8-10　多晶氧化铝纤维含量与混合纤维最高使用温度的关系

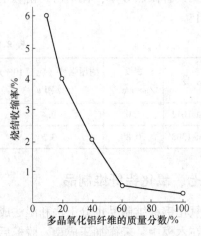

图 8-11　多晶氧化铝纤维的加入量与混合纤维收缩率的关系

图 8-11 是混合纤维在 1400℃、保温 24h 后的收缩率。硅酸铝纤维与多晶莫来石纤维各 50% 的混合纤维制品（表 8-16 中的 B 型混合纤维），其化学组成相当于莫来石，从化学组成角度，这种配比似乎更有利于接点莫来石的形成。从表 8-17 中可以看出，同样煅烧温度下，50% 混合纤维比 75%（氧化铝纤维）∶25%（硅酸铝纤维）形成莫来石更多。

表 8-17　氧化铝纤维∶硅酸铝纤维 = 75∶25 与 50∶50 相变化对比

煅烧温度[①]/℃	氧化铝纤维（%）∶硅酸铝纤维（%）	α-Al_2O_3/%	莫来石/%	方石英/%
1400	75∶25	45	44	3
	50∶50	36	47	5
1500	75∶25	43	47	——
	50∶50	28	60	——
1600	75∶25	35	64	——
	50∶50	15	85	——

① 保温 24h。

有人用含 Al_2O_3 72%、80%、95% 的多晶纤维与普通硅酸铝纤维和高铝纤维混合制成的制品，可在 1400℃ 温度下长期使用。

九、氧化锆纤维制品

用氧化锆纤维同样可以生产纤维毯、毡、板、纸、绳、模块及浇注料等纤维制品。尤其纤维布是氧化锆连续纤维的制品，由氧化锆连续纤维编织而成，不使用任何黏合剂和结构支撑物，具有低热传导率、超高温稳定性、理想使用温度 2200℃、熔点 2590℃。适用于高能电池隔膜、晶体生长熔炉的绝热材料和热气体过滤器、强碱液过滤材料，如钢液过滤器和浓碱液过滤器，过滤强碱液可以有效提高固碱的质量。

十、耐火纤维模块

耐火纤维模块又称隔热纤维组件，是以纤维毯等纤维制品按一定方式折叠，并配以适合直接安装的金属或陶瓷材料制成的，与锚固件而构成块状纤维材料，也可以由纤维叠堆而成纤维模块。

（一）模块简介

近年来工业炉的炉墙、炉顶采用全纤维内衬，由于纤维密度小、质量轻，炉窑可以采用较轻的钢架支撑结构。可将纤维加工成各种异形模块，适应炉壳内壁各种形状。纤维模块具有良好的抗机械振动与冲击的能力，化学稳定性也好，例如冷轧带钢的退火炉，从加热段到冷却段、从炉顶室到炉底室全部采用了纤维模块内衬，如图 8-12 所示。

耐火纤维模块是将耐火纤维毯按一定的宽度折叠成手风琴状，然后以一定量的预压缩，并在压缩状态下捆起来，最后预埋装锚固件折叠压缩而成。纤维模块不含任何结合剂，折叠毯解除捆扎后会在不同的方向上相互挤紧，不产生缝隙，图 8-13 为折叠压缩模块形式的示意图。

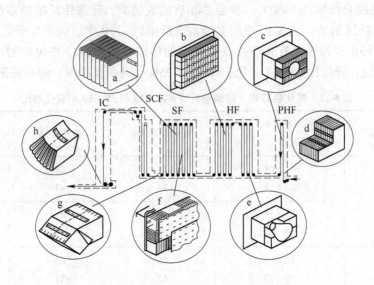

图 8-12　冷轧连续退火炉的内衬结构示意图

a—基本型模块；b—加热段炉墙模块；c—预热段安装烧嘴的中空型模块；d—异形模块；
e—喇叭口形模块；f—缝上铝布内衬的模块；g, h—特殊形状模块

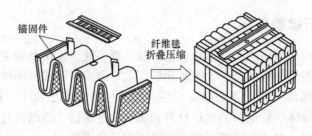

图 8-13　纤维模块形成示意图

（二）模块安装

安装步骤如下：

（1）炉壳准备：除锈、划线、标记锚固件位置。

（2）焊接短锚固钉，除掉焊渣，铺上耐热岩棉板。

（3）安装纤维模块，用长杆套筒扳手紧固。

（4）确认模块安装时接缝是否错开，折叠方向是否错开。

（5）检查模块之间是否有间隙，进行填充塞缝。

（6）抽掉空心套管，剪掉捆带，抽出侧面夹板。

纤维模块在炉壁上安装方法如图 8-14 所示。

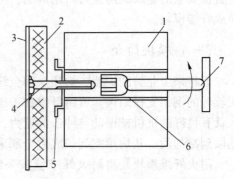

图 8-14　纤维模块的安装示意图

1—模块；2—隔热岩棉；3—炉壳；4—短锚固钉；
5—背部压条；6—空心套管；7—套管扳手

（三）纤维模块内衬的优越性

纤维模块内衬与传统耐火材料内衬相比具有以下优势：

（1）重量轻：纤维模块内衬比轻质隔热砖轻70%以上，比轻质浇注料轻75%～80%，可以大大降低炉窑钢结构负荷，延长炉体使用寿命。

（2）热容量低：纤维模块热容量仅为轻质隔热砖的1/7，大大减少操作控制的热耗，尤其对间歇式操作的加热炉等起到非常显著的节能效果。

（3）热导率低：纤维模块400℃时，热导率<0.11W/(m·K)；600℃时，<0.22W/(m·K)；1000℃时，<0.28W/(m·K)；约为轻质黏土砖的1/8，轻质浇注料的1/10。

（4）抗热震及抗机械振动性能优良：纤维模块具有柔软性，对剧烈温度波动和机械振动有良好的抵抗能力。

（5）施工简便：锚固钉焊接方便，特殊的锚固方式解决了传统模块安装速度较慢的问题。折叠模块在解除捆扎后会在不同方向上相互挤压，不产生缝隙，炉衬无需烘干和保养，安装后可以直接使用。

十一、耐火纤维浇注料

用耐火纤维做骨料和填充料，用化学结合剂配制成可浇注的材料。可浇注或手工涂抹施工，也可做预制块使用。其性能和使用温度见表8-18。

表 8-18　耐火纤维浇注料性能及使用温度

编　号		1	2	3	4	5	6
使用温度/℃		1000	1000	1050	1100	1200	1250
Al_2O_3 含量/%		>36	>36	>50	>60	>65	>70
体积密度/g·cm^{-3}		0.5~0.6	0.7~0.8	0.9~1.0	1.1~1.2	1.2~1.3	1.3~1.4
烘干耐压强度/MPa		0.2	0.3	0.6	1.0	1.0	1.1
烧后线变化/%	温度/℃	1000	1000	1100	1150	1200	1250
	数值	-2.0	-2.0	-1.8	-2.0	-2.8	-2.1
热导率/W·(m·K)$^{-1}$	温度/℃	600	800	1000	1150	1200	1200
	数值	0.13	0.14	0.15	0.17	0.22	0.29

耐火纤维原棉亦可以直接用做高温隔热的填充材料。耐火纤维隔热泡沫料是以水和磷酸混合液做结合剂，通过专用喷枪，喷涂于耐火砖或金属壁面，凝结和养护时间随陶瓷泡沫料材质不同而不同，凝结时间波动于2～30h之间，养护时间波动于4～24h之间。由于其固有的冷硬性能，在凝结和养护过程中不需要加热，并与被喷涂表面具有优良的附着性能。其密度、热导率、强度、使用温度及化学性质，可根据要求通过改变原料成分和配比而变化。其性能如下：体积密度240～960kg/m^3，抗折强度0.35～1.4MPa，最高使用温度1260～1592℃。

其基本工艺过程是将耐火纤维棉破碎后直接掺入各种耐火散料中，根据使用温度要求，选用不同的基质料和结合剂，经搅拌、加水（加水量达100%～120%）后，浇注成型。

耐火纤维浇注料的配料关键是耐火纤维的加入量和加入方法。目前分散纤维的加入方法有风机注入法和悬浮法，散状耐火纤维加入量为 7%～15%（质量分数）。耐火纤维浇注料的最大问题是由于加水量较大，加热时收缩率大；耐火纤维在浇注料中分散不均，造成结构强度不理想。

浇注料的施工方法也很重要，必须混练均匀，焊接好锚固钉，分层分部浇注，可交叉作业，也可用人工直接涂抹或投射施工。

耐火纤维浇注料中的纤维形状，决定了浇注料成型后的强度和绝热效果。将耐火纤维制成颗粒状，采用粒状耐火纤维作骨料，这种耐火纤维（3mm，长度 3～4mm，堆积密度 0.7～0.8g/cm³，耐压强度 12MPa，500℃热导率为 0.082～0.13W/(m·K)），既能提高浇注料强度，又有低的体积密度和低的热导率，而且抗热震性显著提高。粒状耐火纤维浇注料的体积密度为 1.8～2.0g/cm³，烘干耐压强度达 10～12MPa，1400℃ 达 32～35MPa，500℃热导率为 0.42～0.52W/(m·K)。

十二、耐火纤维喷涂料

陶瓷纤维喷涂技术已有 30 多年的发展历史，但传统的喷涂技术存在一些不足，如反弹率高、空气中纤维含量高、对人体有害等。

20 世纪 90 年代初，奇耐联合纤维公司开发了 Foamfrax® 发泡喷涂纤维隔热系统，是在拥有专利喷涂设备中将纤维散棉与无机和有机发泡结合剂混合，形成均匀的泡沫-纤维混合物，通过发泡喷涂设备的送料软管和喷嘴将混合物喷射到目标表面上。使用特殊的发泡结合剂和具有专利的安装方式，使纤维和发泡结合剂充分混合，在安装过程中显著减少纤维反弹，从而明显减少空气中的纤维含量。

按容量分三类：

（1）普通容量系列：安装、烧结后容量为 128kg/m³，使用的纤维为 1260℃ 等级的耐火陶瓷纤维。

（2）高容量系列：安装、烧结后容量为 256kg/m³，使用 1430℃ 等级耐火纤维。

（3）最高容量系列：安装、烧结后容量为 368～480kg/m³，使用的耐火纤维为 1649℃等级多晶莫来石纤维和 1260℃ 等级可溶性纤维。

将纤维与结合剂（有机、无机结合剂与水混合配制而成）混合均匀后，通过气压将混合物从喷嘴喷到目标上。可以在原有炉衬上喷涂一层纤维，也可采用锚固件锚固而喷成全厚度纤维的新炉衬。如图 8-15 所示，作为窑车底板隔热支撑块，减轻窑车重量，蓄热减少，热效率提高。

十三、耐火纤维可塑料

耐火纤维可塑料与浇注料在材料配比上的最大不同是浇注料加促凝剂（CA-50 水泥等），而可塑料不加促凝剂，要加入增塑剂和活性黏土，采用捣打施工。

采用耐火纤维作骨料，纸浆废液作增塑剂，再加黏土等基质材料混配，水量控制在一定范围，混配成不聚合的散状湿料，装在密封的容器中，困料 12h 后，放入挤压机内挤压成具有很好塑性的块状坯子，最后将坯子按质量装袋保存，密封保存 40～90 天。

a　　　　　　　　　　　　　　　　　　　b

图 8-15　使用喷涂作窑车底部支撑块

a—在窑车底部喷涂约 203mm 厚的 Foamfrax$^{®}$ HD；b—喷涂完成后的窑车底部

第七节　耐火纤维存在的问题与改进

我国耐火纤维的产量虽然很高（每年 10 万吨以上），但大部分为非晶质 Al_2O_3-SiO_2 系耐火纤维，使用温度不高。而高温型多晶质纤维产量不大，品种不多，像使用温度较高的 ZrO_2 多晶质纤维，目前只有短纤维及制品，力学性能较国外产品存在较大差距，在连续纤维方面几乎是空白。

耐火纤维很细，在生产和使用过程中容易产生粉尘，污染空气。硅铝系纤维吸入人体吸附在气管和肺中很难除去，危害身体健康。而以 SiO_2-CaO-MgO 系纤维，在人体内有一定溶解度，武汉科技大学在这方面研究取得一定成果，还有待进一步开发和提高。

为了满足对可溶于肺液的隔热纤维的需求，Unifrax Corp.，Niagara Falls，N.Y 研制出一种新型隔热纤维 Isofrax。这种纤维可替代耐火纤维，持续使用温度达到 1260℃，具有优异的隔热性能，并有较宽的安全使用温度范围，如果吸入肺部，能快速溶解于肺液中，并且易于从肺中排除（即它具有很低的生物持久性）。可将这种纤维制成各种形状的产品，如人造短纤维，真空浇注成各种形状的制品（管、环等），以及毯、块、纤维布、纤维纸等。

该纤维主要由 MgO 和 SiO_2 组成，其中 SiO_2 72%~87%、MgO 19%~26%、Al_2O_3 0~2.5%、ZrO_2 0~3.5%；纤维平均直径 3~5μm；使用温度达到 1400℃ 时，仅有中等程度收缩，1500℃ 时才熔化。

这种纤维毯与铝硅纤维毯放在一起，上面施以 1kPa 压力，1260℃ 下保温 72h，结果两种纤维之间未发生任何反应。而与其他纤维混合时，该纤维表现出较高的反应性，高温下收缩也有所增加，因此必须考虑与其他纤维混合使用的问题。这种纤维对熔融铝有优异的抵抗能力。

该纤维的毯、模块已在许多高温领域使用，如陶瓷窑、煅铁炉和炼铝炉、石化工业的乙烯炉使用效果很好，全部由这种纤维模块组成的炉衬，在 1260℃ 温度下使用 28 天后，整个系统收缩率小于 2.0%。

生物溶解性试验，它在模拟肺液中的溶解率很高，达到 150ng/(cm² · h)，远高于铝

硅纤维的小于 $20ng/(cm^2 \cdot h)$，对人体的危害性大大降低。

还有一些 MgO、CaO 与 SiO_2 含量在 99% 左右的高纯纤维，也就是所谓的可溶解纤维，但使用温度不高。其主要性能见表 8-19。

表 8-19　可溶解纤维板的性质

项　　目	1	2	3	4
体积密度/$g \cdot cm^{-3}$	0.32	0.32	0.24	0.29
加热线收缩率/%	1.2 （870℃，24h）	0.8 （1100℃，24h）	0.95 （870℃，24h）	0.95 （870℃，24h）
热导率（600℃）/$W \cdot (m \cdot K)^{-1}$	0.11	0.11		
分类温度/℃	800	1100	1260	980

CaO-MgO-SiO_2 纤维在高温使用时容易析晶，而且发生收缩、粉化，影响使用效果。武汉科技大学采用非均相成核法在纤维表面制备 ZrO_2 包覆层。通过二氯氧锆的水解，在 CaO-MgO-SiO_2 纤维表面形成一层 ZrO_2 包覆层，可以显著抑制 800℃ 时纤维的析晶，1000℃ 时只能抑制方石英析出，对其他物相析晶没有明显抑制作用。降低了纤维在肺液中早期溶解速率，但对纤维的长期生物可溶性影响不大。

第九章　隔热耐火材料

隔热耐火材料的重量比同质的普通耐火材料轻，所以一般又称它为轻质耐火材料。经研究表明：用隔热耐火材料砌筑炉窑等热工设备比用一般耐火材料可节省能耗 2/5～3/5。而且炉窑重量减轻，墙壁减薄，达到了"节能降耗"的目的。

随着经济发展，各种炉窑的能源消耗及热损失与日俱增，开发增加炉窑蓄热效果、减轻炉窑质量，而且使用温度高、体积密度小、强度高的轻质耐火材料具有很好的发展前景。

随着科学技术进步，隔热耐火材料的制造技术和品种获得了较快的发展。从生产工艺角度来看，制备隔热耐火材料几乎包括了生产耐火材料的所有方法。隔热耐火材料是耐火材料体系的重要组成部分。由于它的特殊结构，气孔率不小于 45%。几乎所有耐火材料都追求高致密度，唯有它追求具有一定强度的低密度。所以在生产工艺方面，除了按耐火材料的传统工艺或特殊工艺如特种耐火材料、不定形耐火材料外，还要有降低制品体积密度、增加气孔率的方法，为此本章分节叙述各种隔热耐火材料的制造工艺方法。

第一节　隔热耐火材料的品种及隔热原理

一、隔热耐火材料的种类

隔热耐火材料的分类方法很多，各国也不尽相同。几种常用的分类方法如下：

（1）按体积密度分：隔热耐火材料的体积密度一般不大于 $1.3g/cm^3$，个别要求 $1.5g/cm^3$，常用隔热耐火材料的体积密度档次为：$0.6g/cm^3$、$0.8g/cm^3$、$0.9g/cm^3$、$1.0g/cm^3$。体积密度不大于 $0.4g/cm^3$ 的耐火材料，又称为超轻质隔热耐火材料。

（2）按使用温度分：使用温度低于 600℃的为低温隔热耐火材料，如硅藻土砖；使用温度为 600～1200℃的为中温隔热耐火材料，如轻质黏土砖、硅酸铝纤维制品等；使用温度高于 1200℃的为高温隔热耐火材料，如轻质硅砖、氧化铝空心球砖等。各种隔热耐火材料的使用温度如图 9-1 所示。

（3）按原料的化学矿物组成分为：黏土质、硅质、高铝质、刚玉质、硅藻土、膨胀珍珠岩、硅酸铝纤维等。

（4）按材料的形态分为：定形隔热制品、不定形隔热材料、粒状隔热材料、纤维隔热材料和复合隔热耐火材料等。

二、隔热原理

由一般耐火材料砌筑的工业炉窑，通常能源利用率不到 30%。热导率是高温热工设备设计必不可少的重要数据。用隔热保温材料砌筑炉窑，可以减小墙壁厚度和热损失。在稳

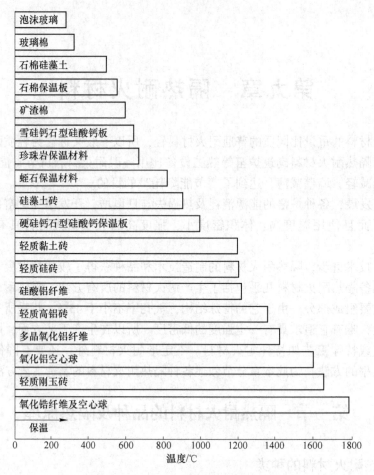

图 9-1　各种隔热材料的使用温度范围

定的热量传导中傅里叶公式为：

$$Q = \lambda F \tau \frac{\mathrm{d}T}{\mathrm{d}\tau}$$

式中，Q 为传热量；F 为传热面积；τ 为传热时间；$\dfrac{\mathrm{d}T}{\mathrm{d}\tau}$ 为温度梯度；λ 为热导率。

　　众所周知，λ 值越大，传热量越大。$1/\lambda$ 称为热阻，表示阻碍传热的能力，热阻越大，炉壁外表面温度越低，热量损失就越少。选择 λ 值小的材料，热量损失减小。气体的 λ 值比固体的小得多（见表9-1）。所以材料的气孔能显著地降低材料的 λ 值，因而要求隔热耐火材料必须是高气孔率。气孔率越高，λ 值越小，近似的定量关系为：

$$\lambda \approx \lambda_0 (1 - P)$$

式中，P 为气孔率。

　　另外，气孔大小对 λ 值也有一定的影响。低温时隔热耐火材料的热导率随气孔径增大而降低，800℃以上特别是 1000℃以上热导率随气孔径增大而迅速提高。因此高温时采用气孔径小的隔热耐火材料，而低温时采用气孔径大的隔热耐火材料。隔热耐火材料的组织结构类型，按固相与气相的存在方式和分布状态分为三类：

温度/℃	水蒸气	空　气	氢　气	二氧化碳
0	0.01716	0.02452	0.1716	0.01442
500	0.06346	0.03364	0.3476	0.05192
1000	0.11971	0.07788	0.5135	0.08221
1500	0.18317	0.09084	0.6274	0.1024

表 9-1　一些气体的热导率　　　$[W/(m \cdot K)]$

（1）气相为连续相而固相为分散相的隔热材料。

（2）固相为连续相而气相为分散相的隔热材料。

（3）气相与固相都为连续相的隔热材料。

在气孔率相同时，气相为连续相的显微结构比固相为连续相的热导率小，而纤维及制品的热导率更小。对于超轻的纤维材料，则并不是容重越小，λ 值越小，而是某一容重时 λ 值最小，该容重称为最佳容重。随温度升高，对应的最佳容重变大。隔热耐火材料的固相，由于化学矿物成分的差异，各种耐火材料的热阻率差别很大，如图 9-2 所示。一般规律是晶体结构越复杂，热导率越小，因此制造隔热耐火材料，即 λ 值小、热阻（$1/\lambda$）大的耐火材料，必须选择合适的材质，制造气孔率高的耐火材料。

大多数非氧化物的热导率大于氧化物的热导率，固相中的玻璃相热导率比晶相热导率低，随温度升高，玻璃相热导率升高。而结晶相不同，随着温度升高其热导率下降。

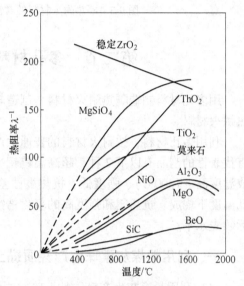

图 9-2　各种纯氧化物的热阻率（$1/\lambda$）与温度的关系

三、耐热性

有些隔热耐火材料使用温度较低，如膨胀珍珠岩，超过 800℃，体积收缩 22%~30%，1000℃收缩 80%，1100℃时，材料变成密实体，完全失去隔热作用。因此有些人提出隔热耐火材料主要取决于一定温度下收缩变形大小，不提耐火度。国际上一般都以重烧收缩量不大于 2%的温度作为隔热耐火材料的使用温度范围，也作为隔热耐火材料与纯耐火材料的区别之一。

四、强度

由于隔热耐火材料气孔率高，强度相对较低，但为了保证运输和施工的需要，必须要有一定的强度，特别有些与火焰接触的隔热制品，提高强度非常重要。隔热制品的强度随体积密度增大而提高，在体积密度相同时，固相连接强度较高，气相连接强度较低，如泡沫法生产的隔热耐火制品比可燃物烧烬法的制品强度要高，还与孔径大小有关，见图 9-3。降低气孔径是提高强度的有效技术。

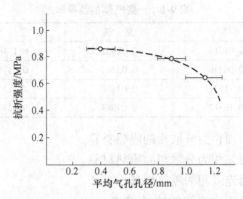

图 9-3　隔热耐火材料的常温抗折强度与平均气孔孔径的关系

第二节　多孔材料法制造隔热耐火材料

用多孔材料制造隔热耐火材料是制造轻质耐火材料的主要方法，特别是低温使用的隔热耐火材料。

利用多孔材料，按耐火材料的普通生产工艺能生产出隔热耐火制品，即轻质砖。比较有代表性的制品有以下 7 种。超高温钨钼冶炼炉炉衬材料为传统氧化锆空心球砖，存在烧成温度高（1800℃）、强度低、抗热震性差等缺点，使炉体寿命较低。洛耐院开发的在较低温度下烧成、抗热震和强度高的氧化锆空心球砖，使用寿命成倍提高，性能指标达到国际领先水平。

一、利用粉煤灰漂珠生产轻质黏土砖、高铝砖

（1）利用粉煤灰生产轻质黏土砖，原料为粉煤灰、黏土熟料、硬质黏土、软质黏土及锯木屑。

将粉煤灰过 4~6 目筛除去杂质，锯木屑过 8 目筛，黏土熟料过 16 目筛，硬质黏土过 24~32 目筛，软质黏土过 24 目筛，采用合适的配料比见表 9-2，在搅拌机中加水混练。用挤泥的方法成型，然后将砖坯送到隧道干燥器中干燥 18~24h（进口温度 40~45℃，出口温度 100~120℃），砖坯水分为 8% 以下装窑烧成，烧成温度为 1200℃。其制品的理化指标见表 9-3。

表 9-2　粉煤灰轻质黏土砖配方

1.0 轻质黏土砖			1.3 轻质黏土砖		
原料名称	配料比/%	颗粒度/目	原料名称	配料比/%	颗粒度/目
粉煤灰	36	4~8	粉煤灰	26	4~8
黏土熟料	5	16	黏土熟料	17	16
硬质黏土	—	—	硬质黏土	20	24~32
软质黏土	43	24	软质黏土	28	24
锯木屑	16	8	锯木屑	9	8

表 9-3　两种黏土轻质砖的理化性能

指标 类别	化学成分/%			体积密度 /g·cm⁻³	耐压强度 /MPa	显气孔率 /%	耐火度 /℃
	SiO_2	Al_2O_3	Fe_2O_3				
1.3砖	54	38.7	2.5	1.21	5.8	48	1690
1.0砖	57	35	2.7	0.94	4.4	60	1670~1690

从表9-3中看出，指标完全达到国家标准。粉煤灰为发电厂丢弃的废物，废物利用不但降低成本，而且减少了环境污染。

（2）利用漂珠生产轻质黏土砖，漂珠含 Al_2O_3 26%~38%，有的达42.32%，而其他杂质含量也不高，与某些耐火黏土组成相近。以漂珠为主，与适量的结合黏土、黏土熟料细粉混合。为了调节密度，提高透气性，可以加入锯木屑、煤粉等可燃物；为了提高耐火性能，可加入适量高铝熟料粉替代黏土熟料粉；为了提高砖坯及制品强度要加入纸浆废液、磷酸铝、硫酸铝等结合剂。将上述各种原料，通过计算得出各种体积密度的砖坯配方，通过试验取得各种体积密度的黏土质轻质砖工艺流程。精确称量各种物料，在混料机均匀混练后，用手打或机压或振动成型砖坯，干燥后经1100~1250℃、保温8~12h烧成。制品的理化指标达到国家标准规定的各项指标，见表9-4。

表 9-4　黏土质隔热耐火砖（GB 3994—1983）

项目	指标									
	NG-1.5	NG-1.3a	NG-1.3b	NG-1.0	NG-0.9	NG-0.8	NG-0.7	NG-0.6	NG-0.5	NG-0.4
体积密度/g·cm⁻³ （不大于）	1.5	1.3	1.3	1.0	0.9	0.8	0.7	0.6	0.5	0.4
常温耐压强度/MPa （不小于）	6	5	4	3	2.5	2.5	2	1.5	1.2	1
重烧线变化不大于2% 的试验①温度/℃	1400	1400	1350	1350	1300	1250	1250	1200	1150	1150
热导率/W·(m·K)⁻¹ （平均） [温度(350±25)℃]	0.70	0.60	0.60	0.50	0.40	0.35	0.35	0.25	0.25	0.20

①砖的工作温度不超过重烧线变化的试验温度。

目前，国内的轻质黏土制品大部分采用此法生产。体积密度为 0.6g/cm³ 以上的制品工艺成熟，超轻质制品采用特殊结合剂也能制造出合格产品。

（3）利用漂珠生产高铝轻质砖，山西神头、娘子关、太原二电厂的漂珠 Al_2O_3 含量高、杂质少，见表9-5，耐火度达1630~1670℃，容重310~340kg/m³，粒径2~200μm，壁厚1~25μm，热导率0.1W/(m·K)。

表 9-5　山西漂珠的化学成分　　　　　　　　　（%）

产地	SiO_2	Al_2O_3	Fe_2O_3	CaO	MgO	K_2O	Na_2O	SO_2	C
神头	51.63	42.32	2.26	0.89	0.43	0.37	0.17	0.06	0.61
娘子关	56.21	36.48	2.42	0.97	1.28	0.56	0.45	1.29	2.01
太原二电厂	54.50	38.04	2.50	0.55	0.99	1.68	0.48	0.06	1.67

采用特级高铝熟料（Al_2O_3 含量大于 85%）细粉与漂珠配合，用有机和无机结合剂混合，机压或手工成型，烧成温度为 1250~1300℃，保温时间为 8~12h，自然冷却，其产品的理化指标见表 9-6。

表 9-6　轻质高铝砖的理化指标

名　称	Al_2O_3 含量 /%	Fe_2O_3 含量 /%	体积密度 /g·cm^{-3}	耐压强度 /MPa	重烧线变化（1400℃，12h） /%	热导率（351℃） /W·(m·K)$^{-1}$
试制品	49.70	1.61	0.78	5.14	0.2	0.10
生产品	49.90	1.72	0.81	4.90	1.86	0.31

从表 9-6 所示理化指标可以看出完全符合国家标准规定 LG-0.8 的各项指标。预计 LG-1.0、LG-0.9 完全可用此法生产，LG-0.7 以下牌号的高铝轻质砖如果采用此法，尚待研究。表 9-7 示出了高铝隔热砖的理化指标。

表 9-7　高铝隔热砖的理化指标（GB 3995—1983）

项　目		指　标						
		LG-1.0	LG-0.9	LG-0.8	LG-0.7	LG-0.6	LG-0.5	LG-0.4
Al_2O_3 含量/%		48						
Fe_2O_3 含量/%		2.0						
体积密度/g·cm^{-3}	（不大于）	1.0	0.9	0.8	0.7	0.6	0.5	0.4
常温耐压强度/MPa	（不大于）	4.0	3.5	3.0	2.5	2.0	1.5	0.8
重烧线变化不大于2%试验温度[①]/℃		1400	1400	1400	1350	1350	1250	1250
热导率/W·(m·K)$^{-1}$[平均温度(350±25)℃]		0.5	0.45	0.35	0.35	0.30	0.25	0.20

① 砖的工作温度不超过重烧线变化的试验温度。

二、利用硅藻土生产硅藻土轻质砖

最普通的硅藻土隔热砖是原矿按砖的形状切出，在 800~850℃ 的温度下烧成，或在硅藻土里加入少量可塑黏土和锯木屑混练，成型并烧成，即可生产出硅藻土隔热砖。可是要生产低密度（0.4~0.5g/cm^3）制品，要用高品位的硅藻土（SiO_2 含量大于 80%）、纯硅藻土（SiO_2 含量为 96%~97%）。还要有造孔手段，因为直接用天然硅藻土制砖难以达到低密度，如用浙江嵊州市硅藻土制砖的体积密度为 1.1g/cm^3。普遍采用的造孔办法如下：

（1）气泡法，即配料中加入起泡剂，一般生产的体积密度为 0.4~0.5g/cm^3 制品，多用此法。

（2）掺入造孔材料，如锯木屑或聚苯乙烯微粉。添加锯木屑法比较普遍，一般筛去大于 3mm 的锯木屑。锯木屑的加入量按以下进行估算：假设锯木屑容重 250kg/m^3，实木容重 750kg/m^3，即锯木屑中实木含量为 250/750＝33.3%。再假设所用硅藻土直接烧后容重为 1200kg/m^3，欲制造 600kg/m^3 的制品时，则需造孔（1.2－0.6)/1.2＝50%。显然生产 1m^3 制品，需要硅藻土（干基）600kg，锯木屑为 750×50%＝375kg。若硅藻土的塑性不够，要加入结合黏土，湿锯木屑要有 100 天的陈腐期。还有加入漂珠控制制品的容重，并使制品的使用温度提高到 1000℃。

（3）掺入轻质材料，如膨胀珍珠岩、漂珠等。漂珠与硅藻土的配合比是比较容易求得的。假设硅藻土的烧后容重为 $1200kg/m^3$，漂珠为 $400kg/m^3$，欲生产 $700kg/m^3$ 容重的制品，硅藻土和漂珠的用量分别为 x 和 y，可由下式求得：

$$x + y = 700 \tag{9-1}$$

$$x/1200 + y/400 = 1 \tag{9-2}$$

求得生产 $1m^3$ 制品的硅藻土用量 x 为 450kg，则漂珠用量 y 为 250kg。

漂珠加入量可略低于求量。如果用膨胀珍珠岩，其容重为 $40\sim300kg/m^3$，亦可用计算配料。硅藻土轻质制品的生产工艺流程，如图 9-4 所示。

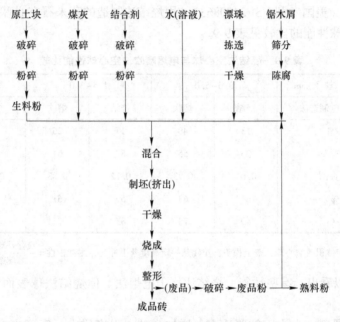

图 9-4　硅藻土制品挤出成型工艺流程

挤泥成型时水分 30% 左右为宜，将泥料挤成泥条，用钢丝切割制成砖坯。一般自然干燥 15 天，含水分 15% 以下装入窑中烧成，平均收缩 3.6%~8.5%。在烧成过程中，150℃ 时有毛细孔水逸出，300℃ 以上则结晶水脱水，800~900℃ 烧结。

用纯硅藻土原料时，也可以加入石灰做结合剂和矿化剂，促进烧成时鳞石英的转化，有利于提高制品的耐热性能和降低高温下的重烧收缩。有许多厂家采用半干法成型。硅藻土隔热制品的性能见表 9-8。

表 9-8　硅藻土轻质隔热砖性能

指　标 ＼ 产　地	美国	英国	德国 A	德国 B	德国 C	日本	中国 A	中国 B	中国 C
最高使用温度/℃	1093	870	950	1100	1070	1200	（耐火度）1280	（耐火度）1280	（耐火度）1280
容量/g·cm⁻³	0.61	0.51	0.42~0.50	0.70	0.45	0.5	0.5	0.55	0.65
耐压强度/MPa	4.8	1.7	0.4~0.7	0.3~0.7	0.6~0.8	1.0	0.5	0.70	1.1
热导率/W·(m·K)⁻¹	0.245	0.141	0.128	0.179	0.126	0.163	0.143	0.159	0.163

三、空心球制品

用空心球做骨料，加入一定数量相应材质的细粉及结合剂或低熔物质，如膨胀珍珠岩等，经配料、混合、成型、干燥和烧成而制得空心球轻质隔热制品。

所用的空心球，一般采用电熔喷吹法制取。也可以把加入过氧化氢气体发生剂的浇注泥浆滴出，由压缩空气吹出的细滴，经干燥、烧成，即得空心球（德国专利 DBP828521）。或者用可燃烧有机物或低熔物做成芯丸，放在旋转的圆盘里，含有一定水分的氧化物黏附在芯丸上，形成一个外壳，然后放在高温下烧成，其中芯丸烧失挥发掉，而外壳达到烧结，形成空心球（美国专利 USP2420863）。用烧结法制造的莫来石空心球与电熔喷吹法生产的氧化铝空心球性能的比较见表 9-9。

表 9-9　烧结法空心球与电熔喷吹法空心球性能比较

空　心　球	粒径/mm	3.0~5.0		1.5~3.0		0.5~1.5	
	制造法	烧结	熔吹	烧结	熔吹	烧结	熔吹
有缺陷的球/%		13	40	17	25	25	30
球形度/%		93	55	87	61	81	56
堆积密度/g·cm^{-3}		0.64	0.73	0.72	0.83	0.78	0.82
总气孔率/%		61	63	59	61	53	64
耐冲击性[1]/%		80	78	83	75	89	68

[1] 在模中放入一定体积的空心球，盖上模头，重物从一定高度落下冲击，耐冲击性 $= \dfrac{\text{残存好球数}}{\text{总球数}} \times 100\%$。

从表 9-9 可以看出：有些性能，烧结法优于电熔法。但烧结法球表面粗糙，而且壁厚及大小不易控制。

空心球作为骨料，大小比例要适宜，增加小球，强度增大，密度也增大；增加大球，制品的强度下降。某单位生产氧化铝空心球制品的配料比见表 9-10。

表 9-10　某单位氧化铝空心球砖配料比　　　　　　　　　　（%）

编　号	>5mm	5~3mm	3~2mm	2~1mm	1~0.5mm	0.5~0.2mm	α-Al$_2$O$_3$微粉	20%硫酸铝溶液（外加）	水（外加）
1	1	14	18	24	13		30	5	4
2		15	18	24	13		30	5	4
3			20		15	10	30	5	4~5
4				25	20	25	30	5	4~5

（1）α-Al$_2$O$_3$ 微粉是工业氧化铝经 1450~1500℃ 煅烧后，用球磨湿磨成的细粉。加入微粉的目的是使制品烧成时，细粉之间及细粉与空心球之间发生再结晶作用，产生比较大的结合强度。细粉过多，势必会降低制品的气孔率，增大密度，热导率提高，隔热效果降低。

混料时，先将一定比例的各种空心球颗粒进行干混，然后加入结合剂及适量的水继续混合，使它们均匀地分布在球粒的表面上，再加入细粉充分混合，使细粉均匀地粘附在球的表面上，并使水分和结合剂分布均匀。

一般采用木模型，在振动台上加压振动成型。成型后砖坯强度很低，对于一些异形制品需要先烘一烘，使之具有一定强度后再脱模。脱模后砖坯送入干燥器中，经100℃左右干燥，烧成温度为1500~1750℃，保温8h左右。制品的性能见表9-11。

表9-11　某单位刚玉空心球砖的性能

编号	烧成温度 /℃	气孔率 /%	密度 /g·cm⁻³	耐压强度 /MPa	温度/℃			热导率 /W·(m·K)⁻¹	抗热震性 (1300℃)/次
					热面	冷面	平均		
1	1750	65.5	1.23		800	460	630	0.94	3（水冷）
					1100	580	840	0.92	>21（风冷）
2	1500	66.9	1.18	3.8	800	450	625	0.81	3（水冷）
					1100	570	835	0.88	>21（风冷）

刚玉等空心球砖在使用时，可以直接接触火焰，并适应多种气氛下的高温使用。刚玉空心球砖一般使用温度为1600℃，最高使用温度高达1800℃。

（2）氧化锆空心球砖是以氧化锆空心球（65%~70%）和氧化锆细粉（30%~35%）为原料，另加硼酸水溶液做结合剂，混合均匀后用振动加压成型，砖坯干燥后，在1700~1800℃的温度下烧成。

氧化锆空心球以氧化钙或氧化钇或氧化镁做稳定剂，熔融喷吹而成；氧化锆细粉是氧化锆加稳定剂后电熔冷凝，再经破碎、磨细而成的。

这种氧化锆空心球制品，一般显气孔率为55%~60%，体积密度为2.5~3.0g/cm³，耐压强度>4.9MPa，热导率为0.23~0.35W/(m·K)，作为热工设备的内衬可以直接接触火焰，最高使用温度为2200℃。

四、膨胀蛭石制品

经膨化处理的蛭石呈片状，含有大量气孔，堆积密度为0.1~0.39g/cm³，热导率为0.052~0.064W/(m·K)，有良好的隔热性能。可用水泥、水玻璃或沥青等做结合剂，通过轻压或振动成型制成各种形状，经热处理后成为蛭石制品，其主要技术性能指标见表9-12。

表9-12　膨胀蛭石隔热制品性能

项　目	水泥结合制品	水玻璃结合制品	沥青结合制品
体积密度/g·cm⁻³	0.43~0.50	0.40~0.45	0.36~0.40
常温耐压强度/MPa	≥0.245	≥0.495	≥0.196
热导率/W·(m·K)⁻¹	0.093~0.140	0.082~0.105	0.082~0.105
最高使用温度/℃	600	800	90

五、膨胀珍珠岩制品

与蛭石一样，将一定粒度的珍珠岩与水泥、水玻璃及磷酸盐等结合剂混合，经干燥、焙烧等工序制成制品，也可以为不烧制品，其制品的性能指标见表9-13。

表9-13　膨胀珍珠岩制品的物理性质

项　目	水泥结合制品	水玻璃结合制品	磷酸盐结合制品	沥青结合制品
体积密度/$g \cdot cm^{-3}$	0.3~0.4	0.2~0.3	0.2~0.25	0.3~0.4
耐压强度/MPa	0.49~0.98	0.59~0.95	0.98~0.99	0.196
热导率/$W \cdot (m \cdot K)^{-1}$	0.058~0.087	0.056~0.065	0.044~0.052	0.081~0.104
最高使用温度/℃	600	650	1000	60
吸水率/%	110~130 (24h)	120~180 (96h)		

六、六铝酸钙（CA6）制品

六铝酸钙因含有大量微气孔而使热导率很低，以 CA6 为主晶相的微孔轻质骨料于1998 年问世以来已成功地用做隔热耐火材料，如某公司生产的 CA6 的典型性能见表9-14。

表9-14　六铝酸钙理化性能

化学成分（质量分数）/%					堆积密度 /$g \cdot cm^{-3}$	密度 /$g \cdot cm^{-3}$	粒度 /mm	相组成
Al_2O_3	CaO	Na_2O	SiO_2	Fe_2O_3				
91	8.5	0.40	0.07	0.04	0.4~0.5	0.8	6~3 3~1 <1	主晶相 CA6， 少量 CA2、 α-Al_2O_3

在振动台浇注成型，经 12h 养护，110℃、24h 干燥，1450℃、16h 烧成。得到以 CA6为主，少量 CA2、CA 和刚玉的多孔结构，CA6 为片状结构的轻质制品。

七、钛酸铝空心球隔热制品

采用钛酸铝-莫来石-镁铝尖晶石质空心球，大（3mm）：中（2mm）：小（1mm）球质量比为 3：4：3，加入填充细粉 20%，以及 5% 的 PVA+$Al_2(SO_4)_3$ 复合结合剂，可塑成型，1500℃、1h 烧成，制得体积密度为 1.27g/cm^3、热导率为 0.126W/(m · K)、耐压强度为 6.43MPa 的空心球隔热砖。

钛酸铝空心球，其中钛酸铝 63%，莫来石 27%，尖晶石 10%，球壁厚 0.5~0.7mm，成型泥料水分 25%，结合剂加入 5%，填充细粉成分与空心球一致。

第三节　泡沫法生产隔热耐火制品

一般工艺流程：配料 $\xrightarrow{\text{加水}}$ 混料 $\xrightarrow{\text{加泡沫}}$ 混料——浇注——脱模——干燥——烧成——切割——成品。

泡沫法生产隔热耐火材料的实质是在泥料中加有泡沫剂（松香皂泡沫剂、皂素脂泡沫剂、石油磺酸铝泡沫液等），使泥料中产生气泡而形成多孔耐火材料。

一、泡沫剂的制备

制造这种耐火材料的关键是泡沫剂的制备。泡沫剂实质上是一种表面活性物质。泡沫是空气在液相中的分散体系，空气为分散相，液体是气泡分离的分散介质。在气体—液体的界面上形成吸附层，表面活性越大，形成的吸附层越坚固，吸附固体细粒的能力也越强。吸附层的稳定性与泡沫浓度有关。气体与液体所生成的胶体溶液的 pH 值对稳定性也有影响，大多数泡沫剂的 pH 值在 8~9 之间。当表面活性物质分子在表面层内的排列呈不饱和状态时，泡沫最为稳定，此时泡沫剂可以充分水化，而与水牢固地结合在一起。泡沫剂的质量一般由泡沫坚韧性、泌水量、发泡倍数 3 个性能指标来鉴定。常用松香皂做泡沫剂，将松香（31%）、NaOH（6.1%）、水（62.9%）的混合物放入耐碱侵蚀的加热器中，加热到 70~90℃，加热时不断搅拌，松香全部溶解皂化。冷却后在 0.147mm 筛网上，用食盐洗涤 3~4 次，然后再用清水冲洗 1~2 次，使 pH 值达到 8~9，即得到浅黄色膏状松香皂。常用明矾或硫酸铝做泡沫稳定剂。水胶溶液在热态下与松香皂的乳状液体混合，混合物用水稀释到松香含量为 10% 的液体，然后在此状态下保存。进入生产的泡沫剂还需加水稀释到密度为 1.0~1.10g/cm³。含松香皂 0.5%（以松香计算）、水胶 0.5%（水胶干重计算）和水 99% 时，放入打泡机中打泡后，便可制得小而均匀的白色泡沫，其体积密度为 0.04~0.05g/cm³。

我国在泡沫剂配制方面积累了一些经验，各地配制方法、种类较多，其中常用的几种泡沫剂见表 9-15。

表 9-15　某些工厂泡沫剂组成　　　　　　　　　　　　　　（%）

编　号	松　香	Na_2CO_3	黄糊精	NaOH	明　胶	水　胶
1	31.25	37.5	31.25			
2	40	10			50	
3	40			10	50	
4	40.5			54.5		4.5

为了提高泥浆起泡后的稳定性，在打浆时可加入料粉中 0.3% 的骨胶，骨胶必须在溶解后加入，否则仍有团块物残留在泥浆中。有人采用十二烷基硫酸钠（$CH_3(CH_2)_{11}SO_3Na$，相对分子质量为 272.38），白色粉末溶于水，加稳定剂，十二烷基硫酸钠∶水＝1∶30，稳定剂加入泡沫剂的 1.2%，打泡 8min 为好。

打泡机的转速为 200r/min 左右，搅拌时间为 6~8min。如转速太快，泡沫搅拌过度，组织过细，泡沫发脆；转速太慢，泡沫未充分搅拌，形成不均匀结构，对浇注料产生不良影响。

二、泡沫法生产轻质砖

用泡沫法可以生产黏土质、硅质、高铝质、刚玉质等各种隔热制品。其中高铝和刚玉质隔热制品用此法生产的较多，简述如下。

（1）高铝质隔热制品，将细粉碎的结合黏土、矾土熟料及筛分好的锯木屑，按比例配好，并与水搅拌成泥浆，再与制备好的泡沫按比例在搅拌机中混合，制成泡沫泥浆。泡沫与泥浆比例视制品的体积密度大小而定。体积密度为 0.51~1.26g/cm³ 的泡沫泥浆，可制成体积密度为 0.4~1.0g/cm³ 的制品。

采用木模或金属模，浇注成型。砖模放在有垫纸的干燥板上，砖模工作面要涂润滑油。为了防止制品产生大气泡而影响组织结构，应缓慢注入泡沫泥浆，并在模内将泥浆翻拌或振动排气，用木板刮掉余浆。

浇注好的砖坯带模在 40℃ 左右温度下干燥 18~20h，待砖模周边拉开 3~5mm 缝隙时脱模，脱模后继续干燥，如果用隧道干燥器，其入口温度不应超过 40℃，出口温度不超过 150℃。砖坯残余水分不大于 3%，大砖不大于 1% 可以装窑。干燥过程十分重要，如果干燥不当会出现裂纹、凹心、掉棱角、黏模等废品。

一般采用倒焰窑烧成，亦可用隧道窑烧成。一般用硅砖搭架装窑，将砖坯码在架内，码架高度一般不超过 1.6m。根据体积密度大小和 Al_2O_3 含量高低，确定装窑部位和止火温度。一般体积密度低、Al_2O_3 含量低的砖坯装在上部，而二者高的装在下部。一般烧成温度在 1320~1380℃，保温 5~8h。Al_2O_3 含量越高的制品，止火温度越高，甚至高达 1580~1620℃。

由于浇注成型制品烧后的形状一般不规则，需要研磨或切割整形，使外形符合使用要求，其理化指标达到国家标准规定的各项指标。

高铝隔热砖的耐火度高，抗热震性好，常用做炉窑的高温隔热层；优质高铝隔热砖可用于与火焰直接接触的炉窑内衬，但不宜用于受熔渣直接侵蚀的场合。由于轻质高铝砖在还原气氛下化学稳定性好，因此以氢气、CO 等气体作保护气氛的炉窑一般都采用高铝质隔热衬里。轻质高铝砖使用温度为 1350~1500℃。

（2）刚玉质隔热制品，可以利用各种牌号的工业氧化铝，经过 1550~1600℃ 预烧，使 $\gamma\text{-}Al_2O_3$ 完全转变为 $\alpha\text{-}Al_2O_3$，然后经过振动磨机磨细，使氧化铝的粒径小于 30μm，要求小于 3μm 达到 70%~80%。颗粒不能太粗，否则会严重破坏泡沫，以及使泥浆分层。在氧化铝粉料中加入适量黏土、明矾和水等配成泥浆，然后将制成的泡沫加入泥浆中搅拌均匀。混合物中的总含水量约 80%，接着将拌有大量泡沫的泥浆在模型中浇灌成型。成型后的坯体连同模具一起在 60~70℃ 的烘房里干燥 4 天左右脱模，脱模后再进行干燥，干燥后的砖坯残余水分在 3% 以下可以装窑烧成。装窑方法与轻质高铝砖相同，最后在 1300~1600℃ 温度下烧成，总烧成时间为 50~60h，出窑后的制品没有准确的外形尺寸，要进行机械或手工加工制成密度为 0.8~1.3g/cm³、耐压强度为 4MPa、气孔率为 70%~80%、热导率为 0.17W/(m·K)、使用温度为 1500~1700℃ 的刚玉隔热制品。

（3）硅质隔热制品，某厂采用泡沫法生产轻质硅砖，将 65% 石英石和 35% 废硅砖磨成小于 0.088mm 细粉，外加 14% 石灰乳、1.5% 铁鳞、0.5% 骨胶、3% 木质磺酸钙和 45%~48% 的水，在装有卵石球的球磨机中湿磨 10h 以上，泥浆全部通过 0.048mm 筛网。采用松香加碱皂化发泡剂，并在打泡机中打泡。

磨好的泥浆放入打浆筒内，加入泥浆重量为 0.1%~0.15% 的明矾，搅拌 2min，然后加入打好泡的泡沫剂，加入量为泥浆重量的 1%，泡沫泥浆容重为 0.65g/cm³。在多孔铝板条或地面上放上无底木模，在铝板条或地面与木模之间放上废报纸，然后将泥浆灌入模内，使表面凸起，并进行带模干燥，干燥温度为 30~45℃。干燥 24h 后脱模，48h 后翻砖侧放，96h后砖坯水分小于3%，装入倒焰窑内与普通硅砖一起烧，烧成温度与普通硅砖一样，为1350~1375℃，保温32h。烧后制品要经切磨才能达到使用要求。理化性能见表9-16。

表9-16　泡沫法轻质硅砖的理化性能

编　号	化学成分/%			体积密度 /g·cm^{-3}	显气孔率 /%	耐压强度 /MPa	真密度 /g·cm^{-3}	荷重软化温度/℃	耐火度 /℃	热导率 /W·(m·K)$^{-1}$
	SiO$_2$	Fe$_2$O$_3$	CaO							
1号	92.44	2.72	2.57	0.6	76.1	7.35	2.34	1600	>1650	0.302
2号	92.14	3.28	3.50	0.4	81.2	1.96	2.34	1500	1670	0.267

（4）钙长石隔热制品：钙长石分子式：CaO·Al$_2$O$_3$·2SiO$_2$。用高岭土、黏土熟料和石膏加起泡剂可以制出体积密度为0.30~0.45g/cm^3、耐压强度为1.0~1.8MPa的钙长石质隔热耐火制品。它是美国具有代表性的耐火隔热砖，使用温度为1260~1427℃。日本1958年开始制造，此种制品体积密度小，热导率低，抗热震性好，抗还原性气氛，其工艺流程如图9-5所示。

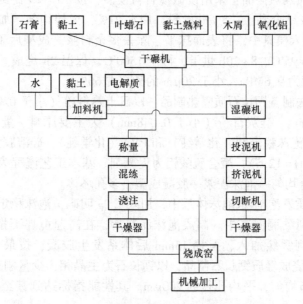

图9-5　钙长石隔热砖的生产流程

南京某高校用铝酸钙水泥为增强剂，石灰、轻质碳酸钙、苏州土、叶蜡石以及隔热废砖为主要原料，并加有ZnO为助烧剂，研究泡沫法生产钙长石轻质隔热耐火材料。得出原料配比为：铝酸钙水泥：石灰：轻质碳酸钙：苏州土：叶蜡石：废隔热砖=23.18：0.38：18.38：19.96：26.64：11.46，添加$w(ZrO_2)=0.3\%$。按配方配料，称好料加水搅拌，制成浆，再引入泡沫，再次搅拌制成料浆，控制料浆水固比为0.71时，浇注成型，室温养护7h，即可脱模。坯体在105℃下干燥12h，然后在1350~1380℃之间保温2h烧成。室温~1000℃升温速度为3℃/min，1000~1380℃为1℃/min。利用XRD分析制品的相组成，发现1000~1100℃开始形成钙长石，1100~1380℃随温度升高，钙长石形成量增大，1350℃钙长石生成反应基本完成，并制得容重低于550kg/m^{3}的轻质隔热砖。

（5）钙长石结合莫来石隔热砖：钙长石理论组成为：$w(CaO)=20.37\%$、$w(Al_2O_3)=36.0\%$、$w(SiO_2)=43.63\%$，具有密度小、线膨胀系数小、热导率低等特点。以钙长石为主的隔热耐火材料由于钙长石熔点不高（1550℃），其轻质隔热耐火制品使用温度一般不超过1260℃。为了提高使用温度，采用钙长石结合相莫来石为主晶相的轻质制品。因此采用蓝晶石为主要原料，白水泥为胶结材料，按泡沫法生产工艺流程，在泥浆与泡沫混合过程中加入减水剂、生坯增强剂，成型后110℃、72h烘干，烧成温度1400℃，保温5h，制品除了切割，还要精磨，使制品表面光洁，尺寸精确。制品的物理性能见表9-17。

表 9-17　泡沫轻质制品物理性能

制　　品	体积密度 /g·cm^{-3}	耐压强度 /MPa	线变化2%的温度 /℃	热导率（350℃±25℃） /W·(m·K)$^{-1}$
钙长石结合莫来石砖	0.5	≥3.5	≥1450	≤0.15
高铝砖	0.5	≥1.5	≥1250	≤0.25
黏土砖	0.5	≥1.2	≥1150	≤0.25

（6）镁橄榄石质隔热制品：采用镁橄榄石与镁砂，按75∶25比例配料，共磨至小于0.076mm，加入15%结合黏土、5%硅微粉，加水21%，搅拌均匀，加泡沫制成料浆，稠度值60mm，然后注入模具中，将表面抹平，除去多余料浆。成型后于40℃保温16~20h后脱模，坯体于80~95℃、8~10h烘干，再于1500℃、保温2h烧成。制品的耐压强度为23.0MPa，抗折强度为9.6MPa，小于20μm的微孔占66%。

（7）泡沫胶凝法制备钙长石质隔热制品：以矾土熟料粉（小于0.048mm）、高岭土熟料粉（小于0.048mm）、硅灰石粉（小于0.048mm）为主要原料，蛋白质发泡剂（工业级，液体）、明胶为泡沫稳定剂（化学纯）和PVA（化学纯），硅溶胶为胶凝剂（工业级，质量分数为30%，pH=12.5），聚合硫酸铝为促凝剂。基本工艺流程为：制备黏稠泥浆和制备泡沫，两者混合均匀→泡沫泥浆→胶凝成型→多孔坯体。

每100mL蛋白质发泡剂-水泡沫体系中，加入1.2g明矾，泡沫稳定性最好，再将聚合硫酸铝促凝剂分散到黏稠泥浆中。制成泡沫泥浆后，在高速搅拌下按1L泡沫泥浆加入137mL硅溶胶的比例缓缓加入，搅拌15min后体系发生胶凝，按最佳工艺成型，并于1280℃、保温0.5h烧成轻质钙长石制品，以钙长石为主晶相，少量刚玉相的多孔结构体，多为封闭气孔，分布均匀，平均孔径约200μm。其性能指标达到甚至超过德国的Jm砖，见表9-18。

表 9-18　泡沫凝胶法制钙长石制品性能

砖　　别	体积密度 /g·cm^{-3}	热膨胀率/% （室温~1100℃）	800℃热导率 /W·(m·K)$^{-1}$	常温抗折强度 /MPa	常温耐压强度 /MPa
中国砖	0.40175	0.46	0.16	0.98	1.3
德国 Jm23 砖	0.43	0.5	0.17	0.90	1.1

第四节　气化法生产隔热耐火制品

气化法亦称化学法，在配料中引入能够起化学作用而产生气体的物质，利用化学反应来获得气泡，用这种方法生产高气孔率的隔热耐火材料就是气化法生产轻质耐火材料。与泡沫法的差别是不用制造泡沫和泡沫泥料，一般是将泥料浇注到模型中以后才发生起泡。气化法生产的隔热耐火材料也分为不定形浇注料和制品两种。

一、刚玉、莫来石轻质隔热制品

俄罗斯研究人员利用高铝黏土或高岭石质黏土加氟化氢铵（$NH_4F \cdot HF$）经 1350～1400℃烧成，在富选 Al_2O_3 同时，产生气相并改变原来结构成为多孔陶瓷。当高岭土与氟化氢铵按 1:0.5 比例配料时，在 1400℃烧后可得到单一莫来石；当配料比为 1:0.7 时，可获得莫来石刚玉；当氟化氢铵过量时，可得到刚玉-莫来石陶瓷。它们的密度为 0.5～0.8g/cm³，耐压强度为 4.5～6MPa，这种陶瓷材料很有发展前景。

二、气化法生产轻质隔热制品

以前制造轻质耐火材料是用低浓度的泥浆浇注成型，泥浆中水的体积占 50%～60%，引入百分比很小的半水（收敛性）石膏，这种泥浆很快凝固成坯体，干燥后半成品的气孔率为 50%左右。必要时要在泥浆中引入烧烬添加物。

气化法也采用石膏做结合剂，同时引入天然混合体发泡剂白云石（石膏为 5%～6%）。泥浆混合时加入磷酸，经化学反应析出 CO_2。采用磷酸比较合理，与硫酸、盐酸等强酸比较，泥浆起泡持续时间增加到 14min，而硫酸或盐酸为 1～2min，并且起泡程度增加到 3 倍。此外，经过加热，磷酸与氧化铝反应，能增强半成品强度。

刚玉轻质砖配料细粉干混后，快速（1～2min）湿润和搅拌。干料:酸溶液等于 1:0.7，pH 值为 3.3～4，泥浆密度为 1.40～1.45g/cm³ 时，将泥料直接浇注到用 2mm 厚金属板制的模内，模型没有底和盖，但有密封纸。泥料浇到模型高度一半时，白云石中的 $CaCO_3$ 与 H_3PO_4 发生以下反应：

$$CaCO_3 + 2H_3PO_4 \longrightarrow Ca(H_2PO_4)_2 + CO_2 + H_2O \tag{9-3}$$

$$CaCO_3 + H_3PO_4 \longrightarrow CaHPO_4 + CO_2 + H_2O \tag{9-4}$$

$$3CaCO_3 + 2H_3PO_4 \longrightarrow Ca_3(PO)_2 + 3CO_2 + 3H_2O \tag{9-5}$$

白云石中的氧化钙（67%）形成一代和二代磷酸钙水溶液，而少数（33%）为碱式磷酸盐。白云石中的 MgO 形成难溶性的磷酸镁。

由于泥浆析出 CO_2 气泡，并要凝固和变得坚固，浇好的坯体要等 2h 后才从模中取出。坯体在 60℃下干燥 3 天，在干燥器里坯体排出水分 97%。制品在 1600℃下烧成，保温 10h，总烧成时间为 95h。

还有用铝粉与氢氧化钙反应达到排出气体的目的。研究得出的工艺参数是：能够排出气体并使坯体凝聚的混合物含石膏 8%、$Ca(OH)_2$ 6%、铝粉 0.3%，排气反应见下式：

$$3Ca(OH)_2 + 2Al + 6H_2O \longrightarrow 3CaO \cdot Al_2O_3 \cdot 6H_2O + 3H_2 \uparrow$$

曾用不烧不磨的工业氧化铝粉 85%、石膏 10%、磨细的石油焦 5%，外加密度为 1.745g/cm³ 的磷酸 15%，制造轻质砖，坯体强度不高，在 1750℃下还不能烧结。最好的解决办法是将不烧的工业氧化铝磨细到小于 20μm，并添加苛性镁石，其配方为：上述起泡及凝聚混合物 14%，磨细的不烧氧化铝 81%，苛性镁石 5%。

具有铝粉和氢氧化钙的氧化铝泥浆剧烈起泡，要靠泥浆温度和水分变化来加以调节，磨细的氧化铝使泡沫稍微增加，并能减缓坯体的凝固速度，同时能增加坯体强度。浇注到模型中的坯体 1h 后取出，在 60℃ 温度下持续干燥 2 天，约有 93% 的水分排出，坯体线收缩率 6.7%，烧成温度 1650℃，保温 20h，烧成线收缩 16%。

添加石膏和磷酸制造轻质刚玉制品，应用盐酸水溶液（1:1）处理，除去其中的 CaO 和 P_2O_5 杂质，由于清洗使制品的 Al_2O_3 含量由 90.04% 提高到 99.02%，而 $CaO+MgO+P_2O_5$ 杂质含量由 9.13% 降到 0.11%。制品的气孔率提高 2.1%，而密度降低 0.1g/cm^3，同时 0.1MPa 荷重变形开始温度由 1250~1320℃ 提高到 1550~1610℃。

气化法制造轻质耐火材料比泡沫法生产工艺简单得多，由于制品有独特的结构，温度为 400~1400℃ 之间（热面上）的热导率要比泡沫法制品低得多（1.5~2.5 倍）。

据专利（日本特许 14—14224）资料：把含有 $Mg(OH)_2$ 的氧化镁粉加热后滴入酸就形成多泡状颗粒，然后用它制砖，可获得轻质制品。

用纯度为 99.3%~99.7% 的氧化镁加起泡剂，可以制成体积密度为 0.60~1.70g/cm^3、耐压强度为 4~40MPa 的隔热制品。

三、泡沫玻璃

以细粉碎的中碱平板玻璃粉为主要原料，添加 0.2%~0.5% 的发泡剂（炭）及氧化剂和添加剂，填入钢模中，加热到 850℃ 保温和缓冷，最后经切割和磨平而得尺寸一定的轻质保温隔热制品。这种制品具有均匀独立的封闭气孔结构，气孔直径约 1mm，占总体积的 80%~90%。这种结构使泡沫玻璃具有质量轻、热导率小、强度高、无吸水吸湿现象等特点。其质量指标见表 9-19。

表 9-19　泡沫玻璃轻质保温材料质量指标

项　目	体积密度/g·cm^{-3}	热导率/W·(m·K)$^{-1}$	耐压强度/MPa	抗折强度/MPa	吸水率/%	线膨胀系数/℃$^{-1}$	使用温度范围/℃
指　标	0.14~0.17	0.052~0.064	0.5~0.7	>0.7	<0.2	9×10^{-6}	-200~+400

因为使用温度范围宽，从超低温到中温，广泛应用于各种保温保冷工程中。

四、矾土基莫来石隔热制品

江西某高校采用发泡法与添加造孔剂相结合的办法制备莫来石隔热制品。以高铝矾土、高岭土为骨料（7:3），外加 2% 滑石粉、2% $CaCO_3$ 粉，$MgSO_4$、$CaSO_4$ 作发泡剂，煤粉为造孔剂，PVA 溶液为结合剂，干压成型，1500℃ 烧成。制品的气孔径为 100~300μm，气孔率为 52.3%，体积密度为 0.97g/cm^3，耐压强度为 25.1MPa，热导率为 0.143W/(m·K)。

五、化学发泡法制备隔热耐火制品

唐山保温材料厂等单位用粉状发泡剂 a 和 b 直接拌入原料中，使其发生化学反应产生气体，在砖内产生小气泡，可以制备各种材料材质的隔热耐火制品。结合剂为软质黏土，发泡剂 a 是一种过氧化物，发泡剂 b 为一种催化剂，二者均为市售化学工业品，溶于水。

（1）发泡剂产生气体量的计算：1mol 发泡剂 a 产生 0.5mol 的气体，若取浓度为 M、体积为 V 的 a 溶液，在温度为 T 时，使 a 完全分解，产生气体的体积由下式计算：

$$V_{气} = MVRT/(2P) \qquad (9\text{-}6)$$

式中，M、V 分别为 a 的浓度和体积；P 为产生气体分压；T 为实验温度，K。

（2）发泡剂用量计算：隔热制品的体积密度与原料有关，当原料一定时，发泡剂用量由下式计算：

$$V_{气} = V_{模} = V_{模}\rho_{砖}/\rho_{料} \qquad (9\text{-}7)$$

式中，$V_{模}$ 为模具体积；$\rho_{砖}$、$\rho_{料}$ 分别为制品和原料的体积密度；$V_{气}$ 为所需气体体积。

将式 9-7 代入式 9-6，可求出所需发泡剂的用量。

发泡剂 a 的用量决定了砖的体积密度，发泡剂 b 的用量用来控制反应速率，同时控制砖的气孔大小，通过搅拌时间控制气泡分布状况。工艺简单，易操作，其制品技术指标为：体积密度为 0.70g/cm^3，耐压强度为 25MPa，热导率（350℃）为 0.24W/(m·K)，重烧收缩小于 2%温度为 1300℃。

第五节　烧烬加入物法生产隔热耐火制品

烧烬加入物生产隔热耐火材料，是历史上比较悠久的一种生产方法，现在仍在广泛应用。我国于 20 世纪 40 年代就用此法生产出黏土质隔热砖，50 年代能生产出体积密度更小的隔热砖。到目前为止，仍有一些工厂用此法生产黏土质和高铝质隔热制品。常用的可燃添加物有锯木屑、软木粉、木炭、无烟煤粉、焦炭粉、稻壳、聚苯乙烯、萘等。但有膨胀的可燃添加物会引起坯体开裂，大于 0.147mm 的可燃添加物会使制品有过大的收缩。锯木屑是最常用的添加物，或单独使用或与其他可燃物混合使用。锯木屑以横锯硬木屑为最好，最高添加量为 30%~35%。添加量过多，降低泥料结合性能，成型困难，成型后干燥时容易产生膨胀，砖坯的强度低。锯木屑以小于 1.5~2mm 为好，必须筛去长条纤维状的，而取粒状的锯木屑。可燃添加物放入泥料中，均匀混合，然后用挤坯法、半干法或泥浆浇注法成型，干燥后烧成，可燃添加物在烧成过程中烧掉，留下气孔，成为隔热耐火制品。

近年来，高铝或刚玉等轻质制品普遍采用聚苯乙烯发泡珠粒作为烧烬添加物。把发泡珠粒按一定比例配入泥料中，用半干法成型，其固定在砖坯中，烧成后制品留下均匀的球形气孔，使砖成为多孔结构，密度降低。由于球粒基本上不吸水，成型后坯体含水率较低，制品干燥不易变形，成品尺寸较准确，不需要磨砖改制，制品就可以达到要求的尺寸。为了帮助传递水分，防止砖坯开裂，普遍采用锯木屑与发泡珠粒复合使用。

采用烧烬加入物法生产黏土及高铝质隔热制品时，要选择高可塑性结合黏土，并要有足够的耐火性能。还可以加入塑化剂、如膨润土等。为了调节制品的密度，可以数种方法共用。采用一定的多孔材料和烧烬添加物并用等。

单纯采用烧烬加入物法生产硅质隔热耐火材料较多。用两个具体实例说明：

例1　某厂用铁门硅石为原料，其含 SiO$_2$ 大于 98%，Al$_2$O$_3$ 0.3%~0.5%；用灰分小于 10%的焦作无烟煤粉，或灰分小于 15%的安阳焦屑配入灰分小于 1.0%的 3 号石油焦做烧烬添加物，添加物过 3mm 筛。配料比为：

$$
\begin{array}{ll}
\text{硅石圆锥粉} & 20\% \\
\text{硅石筒磨粉} & 50\% \\
\text{可燃添加物} & 30\%
\end{array}
$$

其中可燃添加物有两种配比：一种是焦作无烟煤粉 20%，3 号石油焦 10%；另一种是安阳焦屑 20%，3 号石油焦 10%。并外加石灰乳混合液 6%（消石灰加铁鳞细粉）。泥料在湿碾机内混合 12~15min，碱度 1.5~2.0，水分 6.5%~7%，并在摩擦压砖机上成型，砖坯体积密度 1.73g/cm³。砖坯在隧道干燥器里干燥，热空气进口温度为 100~130℃，出口温度小于 90℃。装窑砖坯的残余水分小于 0.5%。在隧道窑中烧成，最高温度为 1400℃，保温 40~50h。

制品含 SiO_2 92.54%，耐火度为 1670~1690℃，荷重软化温度为 1560~1630℃，气孔率为 45%~55%，体积密度为 1.04~1.20g/cm³，耐压强度为 4.6MPa，热导率为 0.605W/(m·K)。

例 2　某厂用石英砂岩（SiO_2 97%~98%）和抑山硅石（SiO_2 98%~99%），以 2:1 配料混合，其颗粒组成见表 9-20，配料比见表 9-21。

表 9-20　某厂硅质隔热制品配料颗粒组成

原　料		>1mm	1~0.5mm	0.5~0.1mm	<0.1mm
组成/%	颗粒料	1.5	1.40	61.5	23.0
	球磨粉	—	—	<6.0	>94
	焦炭粉	0.4	12.7	57.0	29.9

表 9-21　硅质隔热砖配料比

编　号	硅石混合料/%		可燃添加物 /%	水分 /%	备　注
	颗粒料	球磨粉			
1	60	40	40	7~8	可燃物为焦炭（外加）
2	60	40	35+5	7~8	可燃物为焦炭+稻壳（外加）

用摩擦压砖机成型，砖坯体积密度 1.80~1.85g/cm³，干燥后砖坯残余水分小于 1%，在隧道窑与普通硅砖同时烧成。硅质隔热制品的理化性能见表 9-22。

表 9-22　某厂及日本硅质隔热砖的理化性能

产　品	SiO_2 含量 /%	体积密度 /g·cm⁻³	气孔率 /%	耐压强度 /MPa	重烧线变化 /%	荷重软化 温度/℃	热导率 /W·(m·K)⁻¹	热膨胀率 (1000℃)/%
1 号	91.8~92.6	1.11~1.16	50.3~52.5	7.154~13.03	+0.19~0.2[①]	1480~1560	0.30	1.03
2 号	92.4	1.12	52.1	9.31	+0.2[①]	1480	0.28	0.88
日本规定	>90	<1.15		>4.9	<0.5[②]	>1400	0.44	1.1~1.3
日本实际	94.05	1.08		5.88	0.1[③]	—	0.49	—

① 1450℃，2h；② 1550℃，3h；③ 1200℃，2h。

用烧烬加入物法生产的硅砖，一般来说，体积密度偏大，透气率高，隔热性差，机械强度低，比用泡沫法生产的制品差。

轻质硅砖比同密度的黏土砖热导率小，荷重软化温度高，高温不收缩，可在 1550～1600℃温度下长期使用，可直接接触炉气热面，可用于大跨度炉顶，可延长使用寿命。

有人用含 MgO 98.5%的工业氧化镁，加入石油焦制成体积密度为 $1.5g/cm^3$ 的镁质隔热制品。

我国甘肃某厂以废石膏模型、废高硅黏土砖、软质黏土、生矾土、锯木屑为原料，用半干法机压成型，1250℃烧成，保温 8h 生产出体积密度为 $0.99g/cm^3$、耐压强度为 1.41～1.57MPa、重烧线变化（1200℃，12h）为-0.4%～-0.6%的钙长石隔热制品。

还可以用烧烬加入物法生产镁橄榄石轻质保温制品。西安建筑科技大学采用粒度 $d_{50}=40.48\mu m$ 的陕西商南镁橄榄石作原料，其化学成分 $w(MgO)=45.48\%$、$w(SiO_2)=41.07\%$、$w(Fe_2O_3)=7.29\%$、$w(灼减)=4.64\%$，石油焦作烧烬物，粒度小于 $76\mu m$，灰分小于 0.5%；分别采用 CMC、硅溶胶、$MgCl_2 \cdot 6H_2O$ 作结合剂。当镁橄榄石占 60%、石油焦占 40%时，制品 1359℃烧成，CMC 结合试样有一部分开裂；硅溶胶结合试样强度较低，而 $MgCl_2 \cdot 6H_2O$ 结合试样比较好，耐压强度 4.99MPa，体积密度 $1.28g/cm^3$。1300℃烧成的试样，耐压强度 3.58MPa，体积密度 $1.15g/cm^3$，线变化率-11.42%，结构紧密，外观较好。

北京科技大学用烧烬加入物法生产刚玉莫来石轻质制品。原料：电熔刚玉 $w(Al_2O_3)=99.56\%$，$<43\mu m$；γ-Al_2O_3，$<10\mu m$，$w(Al_2O_3)=97.21\%$；α-Al_2O_3，$<10\mu m$；硅线石 $<74\mu m$，$w(Al_2O_3)=56.21\%$，$w(SiO_2)=39.81\%$；苏州土 $w(Al_2O_3)=37.12\%$，$w(SiO_2)=48.31\%$；蒙脱石黏土 $w(Al_2O_3)=20.23\%$，$w(SiO_2)=54.81\%$。经过不同配比试验研究得出：刚玉 35%、α-Al_2O_3 20%、硅线石 15%、γ-Al_2O_3 13%、苏州土 13%、蒙脱石黏土 4%的配料比较好。烧烬物为锯木屑或聚苯乙烯塑料球，控制制品体积密度 $1.4g/cm^3 \pm 2\%$。

采用真空挤泥机挤出成型，对烧成温度及保温时间试验得出：1700℃、保温 20h 烧成制品的各项指标较好。同时针对锯木屑及聚苯乙烯塑料球的尺寸大小对制品性能的影响进行研究得出：随着锯木屑粒度增大，制品强度增大，而相近粒度的塑料球代替锯木屑，制品强度大幅度提高，而热导率也增大；可是重烧线收缩，随着锯木屑粒度减小而迅速增大，抗热震性提高；当用聚苯乙烯塑料球代替木屑时，制品抗热震性迅速降低。考虑制品的综合性能，以 1～2.83mm 的锯木屑作为烧烬物的制品适合作间歇炉窑的内衬，以聚苯乙烯塑料球粒度 2～4mm 作烧烬物的制品适合作连续炉窑内衬，二者复加效果更好。其制品的性能指标见表 9-23。

表 9-23　刚玉莫来石轻质隔热制品性能

添加物	耐压强度 /MPa	抗折强度 /MPa	热导率（800℃） /W·(m·K)$^{-1}$	重烧线变化 （1700℃，12h） /%	抗热震性 （1100℃⇌水冷） /次	荷重软化 温度/℃	体积密度 /g·cm^{-3}
锯木屑	8.8	2.9	0.56	0.04	15	1657	1.4
塑料球	15.7	4.2	0.66	0.02	4	1657	1.4

生产刚玉轻质隔热制品，一般要求锯木屑尺寸小于 2mm，塑料球直径 0.5～2mm，采

用复合加入物，可以生产密度 $0.5 \sim 1.0 \mathrm{g/cm^3}$ 的轻质刚玉制品。例如：采用刚玉细粉及 1450℃ 煅烧的氧化铝球磨粉，加入适量的添加物和结合剂，采用振动或浇注成型，1690℃ 烧成，制品的理化指标为：$w(\mathrm{Al_2O_3}) = 96.85\%$，$w(\mathrm{SiO_2}) = 2.6\%$，$w(\mathrm{Fe_2O_3}) = 0.13\%$，体积密度为 $0.88 \mathrm{g/cm^3}$，耐压强度为 6MPa，重烧线变化率（1550℃，3h）为 -0.25%。

湖南某公司采用莫来石熟料（≤5mm 50%，≤0.8mm 20%，≤0.18mm 30%）、工业氧化铝、高岭土及聚苯乙烯塑料球、锯木屑、结合剂配制莫来石轻质隔热砖，其配料见表 9-24。

表 9-24　轻质莫来石砖配料（质量分数）　　　　　　　　（%）

编　号	莫来石熟料	工业氧化铝	聚苯乙烯塑料球	高岭土	锯木屑	结合剂
1	45	25	2.5	30	4	7
2	45	27	2.5	28	4	7
3	50	20	2.0	30	6	7
4	50	22	2.0	28	6	7

采用高频振动加压成型，干燥后 1400℃ 保温 4h 烧成，制品外观较白，表面光洁，理化指标见表 9-25。

表 9-25　轻质莫来石砖理化指标

编　号	化学成分（质量分数）/%		体积密度 /g·cm⁻³	耐压强度 /MPa	荷重软化温度/℃	重烧线变化率（1400℃，12h）/%	热导率（350℃）/W·(m·K)⁻¹
	$\mathrm{Al_2O_3}$	$\mathrm{Fe_2O_3}$					
1	63.8	0.63	0.80	5.50	1430	-0.4	0.34
2	65.2	0.60	0.84	5.75	1430	-0.3	0.37
3	60.3	0.58	0.99	6.76	1410	-0.5	0.38
4	61.7	0.70	1.04	7.57	1410	-0.4	0.41

烧烬添加物可全部用锯木屑，例如用磨细的工业氧化铝粉 95%、磨细的石灰（CaO 计）5%，外加 30% 小于 4mm 锯木屑，用发酵酒精水溶液作结合剂，泥料水分（42.5 ± 2.5）%。泥料混匀后用半自动浇注机进行泥浆浇注，泥浆从定量加料器倒入振动台上模型里，均匀地灌满模型，振动（6±2）s，砖坯干燥后 1520℃ 保温 8h 烧成。制品收缩 10% ~ 13%，然后根据要求的形状和尺寸进行切割和研磨。

石油焦作烧烬物也可以生产质量较高的轻质刚玉制品。其生产工艺是先在工业氧化铝里添加小于 0.06mm 的 $\mathrm{TiO_2}$ 1%，磨细后制成团块，并经 1700 ~ 1720℃ 煅烧成熟料，将熟料破碎至 0.5 ~ 3mm 和小于 0.5mm 两部分。轻质制品的配方是：刚玉熟料 0.5 ~ 3mm 34%，小于 0.5mm 13%，氧化铝细粉 38%，石油焦 15%，外加发酵酒精 1%；制品在 30 ~ 50MPa 压力下成型，砖坯密度（2.45 ± 0.03）$\mathrm{g/cm^3}$，1750℃ 保温 6h 烧成。制品可在 1750 ~ 1800℃ 温度下使用。

烧烬添加物法生产的隔热制品种类很多，而且烧烬的添加物种类也在扩大，有的是废物利用，如甘蔗渣、稻壳等。

第六节　复合隔热保温制品

一、硅钙板

硅钙板按化学矿物组成分为两类：

（1）普通硅钙板：化学成分中 $CaO/SiO_2 \approx 0.8$，矿物组成为托贝莫来石（Tobermorite，$5CaO \cdot 6SiO_2 \cdot 5H_2O$）；

（2）硬硅酸钙板：化学成分中 $CaO/SiO_2 \approx 1.0$，矿物组成为硬硅酸钙（Xonotite，$6CaO \cdot 6SiO_2 \cdot H_2O$）。

（一）原料

硅质原料主要是硅藻土，含 SiO_2 最轻的一种原料，并为无定形 SiO_2，在 100℃以下的温水中容易与石灰起反应，生成胶体。也可以用膨润土、粉煤灰、石英砂、硅灰、硅质页岩粉等。

钙质原料：以石灰为主，最好选用 CaO 有效含量不小于 85% 的石灰。新鲜石灰加水消化成石灰浆，CaO 粒径小于 1μm。不仅有良好的悬浮性，还容易附着在 SiO_2 颗粒表面上。

增强纤维：石棉虽然属于良好的增强纤维，但由于硅酸镁对人体有害，国际上禁用。现在代替的有无碱玻璃纤维、耐碱矿棉纤维、纯水镁石纤维等。其中纯水镁石纤维是中国特有的含水碳酸盐纤维，对人体无害。代替石棉的有机纤维有纸浆、麻丝、聚丙烯丝等。

为了促凝、增强及降低容重，需要加入助剂，包括水玻璃、硅钙粉、SiO_2 超微粉、聚丙烯酰胺等。其中水玻璃为促凝剂，硅钙粉和 SiO_2 超微粉起核化晶种作用。聚丙烯酰胺的作用如下：一是促凝；二是因其分子链长，可将分散相连接在一起，形成网状结构，起增强作用。

（二）生产工艺

按配料比称好原料，与水一起放入搅拌器中混合搅拌，硅藻土中非晶态 SiO_2 在 100℃以下与消石灰发生凝胶反应，形成 SiO_2 粒子表面吸附 CaO 的颗粒团凝胶化。

这种颗粒团在蒸压釜中饱和蒸汽的温度和压力作用下发生水热反应，水热合成。当 CaO/SiO_2 为 0.8 左右时，先生成富钙的 $CaO \cdot SiO_2 \cdot H_2O$，进一步生成低结晶度的托贝莫来石（$5CaO \cdot 6SiO_2 \cdot 5H_2O$），最后转为孔隙率 90% 以上的高结晶度托贝莫来石骨架，经干燥除去孔隙中的水分，就成为硅钙保温材料，加以整形就成为制品。当 CaO/SiO_2 为 1.0 左右时，就成了硬硅酸钙（$6CaO \cdot 6SiO_2 \cdot H_2O$）。硅钙板可锯，可钉，可制成板、块或管等形状。

（三）硅钙板性能

我国的硅钙板性能如下：体积密度分为：$240kg/m^3$、$220kg/m^3$、$170kg/m^3$ 三种，国

际上多数规定不大于220kg/m³。耐压强度 0.4MPa 以上，抗折强度 0.2MPa 以上，热导率（70℃±5℃）0.049~0.064W/(m·K)。托贝莫来石板最高使用温度为650℃，硬硅钙石板为1000℃，另一种是托贝莫来石和硬硅钙石混合型板。因此硅钙板具有容重小、热导率低、强度高、施工方便、损耗率低等优良性能。

二、超细 SiO₂ 微粉复合隔热材料

　　该材料是英国开发的一种隔热材料，它的热导率比其他所有隔热材料都低，甚至比静止空气还小，如图9-6所示，是以超细 SiO₂ 粉为主要成分，以无机纤维为增强材料，并添加使红外线不透明的微粉状添加剂，经混合、压制成型而制得体积密度为 0.24g/cm³ 左右的板状、块状和管状的隔热制品，可在 950 ~ 1025℃下长期使用。

　　微粉复合隔热材料的热导率仅为一般隔热砖的 1/3 ~ 1/4。其原因有：SiO₂ 本身就是热导率低的物质；另外在超细 SiO₂ 微粉复合隔热材料中，传导热量的颗粒断面面积及颗粒之间的接触面积较小，因而热导率自然就较小。

　　从气体对流传热方面，一般多孔材料当温度及温差变化较大时，容易引起气体对流。而超细 SiO₂ 复合材料，由于孔隙微细，气体难以产生流动。气体分子热运动也可以引起热量传递，但由于

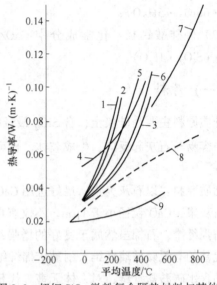

图 9-6　超细 SiO₂ 微粉复合隔热材料与其他
隔热材料的热导率的比较
1—矿棉（64kg/m³）；2—玻璃纤维；3—矿棉（128kg/m³）；
4—硅钙板；5—耐火纤维（96kg/m³）；
6—耐火纤维（128kg/m³）；7—氧化锆纤维；
8—静止空气；9—超细 SiO₂ 微粉复合隔热材料

SiO₂ 微粉复合材料中空隙直径比气体分子的平均自由程短，因而不存在气体分子间的碰撞引起的热传递现象。

　　此外，由于复合材料中添加有使红外线不透明的添加剂，因此它与一般的隔热材料不同，能隔断辐射传热作用。

　　超细 SiO₂ 微粉复合隔热材料有良好的隔热性能和耐热性能，是一种很有发展前途的隔热保温材料。

　　SiO₂ 纳米孔隔热材料分为溶胶-凝胶法 SiO₂ 气凝胶隔热材料和气相法 SiO₂ 纳米粉末基隔热材料，因其内部孔径同为纳米尺寸，所以统称为 SiO₂ 纳米孔隔热材料。

　　SiO₂ 气凝胶隔热材料耐火度不高，高于600℃长时间使用会出现 SiO₂ 结晶，纳米孔隙结构被破坏，而且制造工艺复杂，难以实现工业生产。

　　气相法 SiO₂ 粉末可以大量生产。这种隔热材料是将气相法 SiO₂ 纳米粉末、微粉状的

辐射热遮蔽材料和无机纤维状物质均匀混合后，经加压成型制成，材料的体积密度为 0.24~0.40g/cm³，抗折强度为 0.35MPa，800℃热导率为 0.036W/(m·K)，使用温度可达 1000℃。

三、稻壳灰轻质制品

稻壳占稻谷重量的 25%~30%，粮食加工、酿酒等行业排出大量稻壳废物。将这些稻壳在高于 900℃煅烧，获得带有开口气孔的网络结构（闭口气孔率 8%）的稻壳灰。其化学成分为：SiO_2 90%~96%，Al_2O_3 0.7%~1.4%，K_2O 0.84%~1.4%，Na_2O 0.3%~1.6%，Fe_2O_3 0.02%~1.3%，CaO 0.5%~2.2%，MgO 0.1%~2.0%。由于杂质含量较高，耐火度为 1410~1500℃。

经研究，采用 55%稻壳灰，45%黏土（小于 0.15mm），外加 0.6%的低温黏结剂 AS 水溶液，混合后用半干法成型，双面加压，砖坯水分小于 4%，干燥后 1200℃左右烧成，其制品的物理性能见表 9-26。

表 9-26 稻壳灰轻质砖的物理性能

砖 名	体积密度/g·cm⁻³	耐压强度/MPa	热导率/W·(m·K)⁻¹	使用温度/℃
稻壳灰轻质砖	0.61	0.81	0.12	1200
嵊州硅藻土砖	0.62	0.56	0.15	900

注：与硅藻土砖对比。

四、微孔隔热制品

日本美浓窑业以稳定 ZrO_2 为原料，利用凝胶浇注法，在不加造孔剂的情况下开发出新型隔热耐火材料。将含有高凝胶分子的稳定 ZrO_2 粉浆凝胶化后冷冻，冷冻凝胶体冷冻干燥成型，然后将成型体在空气中经 1500℃、2h 烧成。结果制品的气孔率为 80.3%，气孔径为 20~100μm，孔壁厚 5μm，孔内部结构呈现类似竹子竹节层状，可更好地抑制热传递。该多孔体热导率为 0.27W/(m·K)，具有良好的节能效果。俄罗斯研究人员开发出刚玉隔热制品新工艺。在混合料中加入微孔工业氧化铝、低收缩的结合剂，将结合剂（细磨的氧化铝细粉）、憎水的微孔骨料（未经磨细的工业氧化铝）和能发泡的聚苯乙烯混合，并加水溶液混合，将泥料浇注到封闭的带孔模具中，进行电加热，在高于 80℃时聚苯乙烯球开始发泡，模内压力开始升高到 0.4MPa，在压力作用下，结合剂的物理水分排出，有助于浇注料的密实，拆模后坯体放在托盘上烘干，然后烧成。研制的制品平均体积密度为 0.8~1.0g/cm³，某些性能超过传统工艺生产的产品，如表 9-27 所示。

表 9-27 用微孔骨料制备刚玉隔热制品性能

指 标	试 制 品			传统制品
	1	2	3	
平均密度/g·cm⁻³	0.8	0.9	1.0	1.3
耐压强度/MPa	4.0~6.5	6.0~10.5	8.0~14.5	3.5~6.2
1200℃热导率/W·(m·K)⁻¹	0.34~0.36	0.38~0.39	0.42~0.43	0.67

　　这种生产工艺体现在以下几个方面：生坯干燥时间显著缩短；工业氧化铝不用预先细磨；制品不需要切割和打磨；可以取消干燥工段。而传统工艺，工业氧化铝要细磨，生坯干燥要 2 天，切割打磨下来的废料达 40%。因此该工艺可实现节能减排，减少原料消耗。

　　SiO_2 气凝胶是由胶体粒子相互交联构成的具有空间网络结构的纳米多孔材料，其气孔率可高达 80%~99%，典型的气孔径在 50nm 左右。网络胶体的颗粒尺寸为 3~20nm，它有极小的体积密度与热导率，可是 SiO_2 气凝胶的强度与韧性都较低，为了提高其强度和韧性，常加入纤维增强材料。用溶胶-凝胶与超临界干燥技术，以莫来石纤维为增强材料（0~4% 质量分数），得到的莫来石纤维增强 SiO_2 气凝胶复合隔热材料，热导率与温度及体积密度的关系如图 9-7 所示。

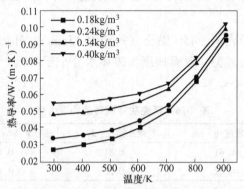

图 9-7　不同密度的 SiO_2 气凝胶复合材料热导率与温度的关系

　　从图 9-7 上可以看到其热导率很低，随着莫来石纤维含量增加，体积密度增大，热导率提高。但随温度提高，热导率差别在逐渐减小，同时，随莫来石纤维加入量增加，复合隔热制品的强度也提高。

　　另一种微孔隔热材料是以微孔 SiO_2 与蛭石制成三明治结构，以锆英石为降低辐射传热的添加剂，得到低导热的微孔隔热制品。其热导率与温度的关系如图 9-8 所示。

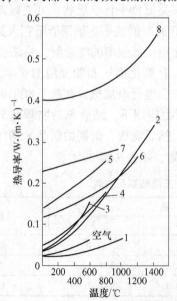

曲线	材料	材料密度 /$kg \cdot m^{-3}$
1	PROMALIGHT®-310	350
2	陶瓷纤维板	250
3	矿物纤维板	150
4	硅酸钙板	250
5	轻质耐火砖	500
6	蛭石板	400
7	轻质耐火混凝土	800
8	轻质耐火砖	1040

图 9-8　微孔隔热制品的热导率与温度的关系

可见，虽然所制得的牌号 PROMALIGHT-310 微孔隔热材料的体积密度高于其他隔热材料，但热导率仍低于其他隔热材料，甚至低于静止空气。

英国某公司以 SiO_2 微粉为原料，以无机纤维为增强材料，并添加降低辐射的材料，得到体积密度为 0.24g/cm^3 左右的多孔隔热材料，其热导率与温度的关系如图9-9所示。

从图上看到其热导率很低，同样低于静止的空气热导率。

当前，大部分微孔隔热制品的固相材料都是无定形或微晶体，在高温下会析晶并长大，同时气孔也会长大，因此目前这类制品使用温度低于 1000℃，可以短时间在高温下使用，如做火箭、导弹的隔热材料。

武汉科技大学研究了纳米 SiO_2 和纳米 TiO_2 的粒径、颗粒形态及配比对轻质保温材料热导率的影响。不同粒径（分别为 120nm、100nm 和 80nm）的 SiO_2 和 TiO_2 粉体加黏结剂，充分混合分散均匀，然后在液压机上以 10MPa 压力成型，脱模后经 110℃、2h 烘干，900℃、保温 3h 烧成。随着 SiO_2 粒度减小，均有不同程度的团聚，难以分散均匀，因此 120nm 的 SiO_2 较好，TiO_2 的引入可大幅度降低热导率，粒度 100nm、加入质量分数 20% TiO_2 时，轻质隔热保温材料热导率最低，见图9-10。

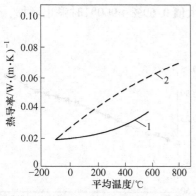
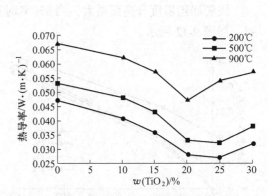

图 9-9　超细 SiO_2 微粉隔热材料的热导率与温度的关系　　　图 9-10　TiO_2 加入量对材料热导率的影响
　　　　1—超细 SiO_2 微粉隔热材料；2—静止空气

纳米 SiO_2 微孔隔热材料，虽说是热导率最低的固体材料，但其强度低，脆性大，造价昂贵，难以大量生产。有人研究用白炭黑为多孔骨架，玻璃纤维增强的复合隔热材料。首先将玻璃纤维预处理，是将纤维放入炉中 410℃ 处理 2h，冷却后放入质量分数为 30% 的酸处理液中（按纤维与酸溶液质量比为 2:13 加入），密封 24h，再用纯水反复漂洗至中性，于 70℃ 干燥后将其分散，并干燥保存。

将白炭黑、TiO_2 分别与玻璃纤维配料，并球磨 12h 使原料混合均匀，然后袋装密封回弹，压制成型，并于 900℃ 保温 2.5h 热处理，自然冷却。从表9-28看出，经预处理的玻璃纤维-白炭黑复合材料（B）比未处理的复合材料（A）性能好，以玻璃纤维 20% 的性能最好。

表 9-28　玻璃纤维-白炭黑复合材料性能（玻璃纤维 20%）

牌　号	热导率/W·(m·K)$^{-1}$			耐压强度 /MPa	线变化率 (900℃)/%
	200℃	500℃	900℃		
A	0.035	0.040	0.052	5.42	—
B	0.029	0.033	0.043	12.5	-0.08~-0.09

五、高强微孔高温隔热板

为了降低钢包的热损失，许多钢厂在钢壳与永久衬之间砌隔热材料，这样会减小钢包的有效容积。从国外进口一种隔热硬质保温板（尺寸为110mm×110mm×12.7mm），体积密度低（1.2g/cm³），显气孔率为53.5%，热导率315℃为0.24W/(m·K)、600℃为0.31W/(m·K)，而500℃、750℃、900℃、1000℃的线变化率分别为0.07%、0.13%、0.64%和1.64%，做钢包隔热材料不但不增大厚度，甚至减小其厚度，大幅度提高钢包的保温效果。剖析得出：以镁橄榄石作骨料，膨胀蛭石为填充料，结合系磷镁水泥系统。硅溶胶控制硬化速度增强结合。

浙江某公司仿制高温隔热板：采用镁橄榄石40%，膨胀蛭石60%，外加金云母、磷酸和硅溶胶作为复合结合剂。混好的泥料在液压机上成型，压力分别为40MPa、50MPa、60MPa，控制压力，因蛭石有很大的压缩性，要保证制品有大量微气孔，从而达到隔热效果，压力越大，膨胀蛭石絮状物之间孔隙越小，中、高温有利于降低热导率，加入具有反射热辐射作用的外加物，有效降低热导率。热导率变化如图9-11所示。

线膨胀随温度升高而增大，当850℃时达到最大值0.69%，900℃时停止增加，开始收缩，如图9-12所示。

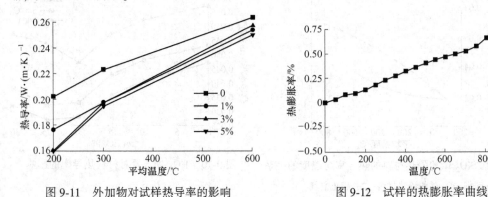

图9-11　外加物对试样热导率的影响　　　　图9-12　试样的热膨胀率曲线

第七节　不定形隔热材料

一、颗粒状隔热填料

颗粒状隔热填料是直接利用多孔材料的颗粒作为填充隔热层。利用多孔材料本身的空气及颗粒周围空气层产生隔热的效果。如硅藻土、膨胀珍珠岩、膨胀蛭石、氧化物空心球、耐火纤维棉等，这些天然或人造多孔材料，稍加处理即可使用，在现场填充即可成为有效的绝热层。

二、浇注的隔热耐火材料

由多孔材料做骨料和掺和料，并与胶结材料混合制备的不定形隔热材料，采用浇注法施工。不定形隔热耐火材料的性能主要取决于轻质骨料和胶结材料的性能。

（一）多孔轻质骨料类

选择哪一种轻质骨料主要取决于浇注料的使用温度。使用温度为600~900℃的，采用膨胀珍珠岩、膨胀蛭石、硅藻土、陶粒等；使用温度为900~1200℃时，采用轻质黏土骨料及页岩陶粒、漂珠、粉煤灰等；使用温度1200℃以上，采用氧化物空心球等，具体情况见表9-29。

表9-29　多孔骨料的常用温度范围和体积密度

多孔骨料种类	常用温度/℃	体积密度/g·cm^{-3}
浮　石	<500	0.5~0.6
膨胀蛭石	800~1000	0.08~0.15
陶　粒	<1000	0.4~1.0
膨胀珍珠岩	<1000	0.05~0.4
漂　珠	<1000	0.25~0.6
轻质砖砂	<1200	0.4~1.3
发泡二氧化硅	<1500	0.2~0.35
氧化锆空心球	<2200	—
黏土质多孔熟料	<1400	0.8~1.0
氧化铝空心球	<1600	0.45~1.0

（二）胶结材料

通常使用硅酸盐水泥、铝酸钙水泥、水玻璃和磷酸盐作为胶结剂。

硅酸盐水泥用于低温使用的隔热浇注料。用水泥胶结的隔热浇注料，加水混合后，生成各种水化物使水泥凝结硬化，具有强度。在加热升温时，由于结晶水排除和含水化合物被破坏，强度逐渐下降，在400~800℃时，强度下降最大；1000~1200℃后，由于发生固相反应和出现液相以及烧结作用，逐渐使强度有所提高；1300~1400℃后，由于形成陶瓷结合，强度大大提高。

采用磷酸盐作为结合剂，浇注料从低温到高温都有很好的机械强度。磷酸盐胶结剂几乎可用于所有各种轻质耐火骨料，但其硬化条件有所不同。碱性材料用正磷酸盐胶结时硬化速度很快，因此需要用能减缓硬化速度的磷酸盐胶结剂；中性材料的硬化速度适中，而酸性材料要加热到350℃才硬化，因此要采用冷态下促进硬化的胶结剂。如在磷酸铝溶液中加入适量的硫酸铝和纸浆废液，可提高磷酸铝对膨胀珍珠岩的胶结性能。

磷酸盐结合的浇注料从常温至400℃左右时，其强度随着温度升高而增加；500~600℃时，强度有所下降；到800℃时，强度下降到最低值，但仍能保持烘干后耐压强度值的70%左右；到1200~1400℃，由于磷酸盐大量分解，P_2O_5排出，组织疏松，但此时也开始出现液相和烧结作用，强度仅有所降低，如图9-13所示。尽管如此，磷酸盐胶结的不定形轻质浇注料，其机械强度仍是较高的。水玻璃结合的浇注料强度也较高。

各种多孔材料浇注料分别叙述如下：

（1）轻质砖砂浇注料，在轻质耐火制品生产中，有一些残缺废品或切割下来的边角料。按体积密度0.4~1.5g/cm^{3}有多种级别轻质砖，如高铝轻质砖、黏土轻质砖、莫来石轻质砖、硅质轻质砖、硅藻土砖等，把这些废砖破碎成颗粒料，均可做浇注料的骨料，采用同材质的耐火粉料或骨料调节浇注料的体积密度和性能。浇注料堆积密度随着破碎后的颗粒大小和砖体积密度不同而异。例如，体积密度为 0.8g/cm³ 的黏土砖破碎后为 20~10mm 颗粒堆积容重约 0.47g/cm³，10~5mm 为 0.49g/cm³，5~1.2mm 为 0.58g/cm³，1.2~0.15mm 为 0.75g/cm³ 左右，即随着颗粒减小，堆积容重不断增大。在可能情况下，尽量放大临界颗粒尺寸，这样可降低浇注料的体积密度，提高性能。

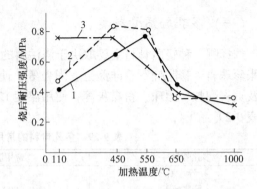

图 9-13　磷酸盐结合膨胀珍珠岩浇注料的
强度与温度和结合剂的关系
1—磷酸铝为 100%；2—磷酸铝为 83%，纸浆废液为 17%；
3—磷酸铝为 62.5%，硫酸铝为 21%，纸浆废液为 16.5%

轻质砖砂最大粒径为 20mm 或 10mm，如果还要作为喷涂料使用，最大粒径为 5mm，小于 0.088mm 的粉料要占 70% 以上，甚至要达到 90%。外加物主要是膨胀剂（蓝晶石、硅线石等）、减水剂（三聚磷酸钠、MF、NF、NNO、JN、SM、磺化焦油减水剂等），有时还掺加软质黏土，用量为 3%~6%，既可做烧结剂，又起到结合剂的作用。

轻质浇注料的配制与普通浇注料基本相同。不过要将称好的轻质骨料先倒入强制式搅拌机中，先加用水量的一半，湿混均匀后，再加耐火粉料和水泥等，并加余下的水混练。浇注时，振动时间要短些，避免轻骨料上浮造成分层。

在配制轻质砖砂耐火浇注料时，为了降低体积密度，一般掺加膨胀珍珠岩、陶粒和蛭石等，一般用量为 2%~10%。可是烧后线收缩增大，强度显著下降。因此，要根据使用要求，合理配制浇注料，使其达到满意的结果。

（2）多孔熟料浇注料是以多孔熟料为骨料和掺和料，与结合剂、外加剂配制的可浇注的隔热的耐火浇注料。多孔材料一般指人工预制的，品种较多，有黏土质、高铝质、蜡石质、硅质、含锆质、氧化铝质等。配制的浇注料体积密度为 1.0~1.7g/cm³，使用温度为 1300~1600℃，是耐火浇注料的重要品种。

多孔熟料的制造方法与相关的隔热制品制造方法相同或相似，具体见随后隔热制品制造的有关介绍。

多孔熟料浇注料，按配合比的要求，称量各种原材料后加水混练，振动成型，自然养护 1 天拆模，然后继续养护 2 天，养护期间不得淋水，因拌和水量大，足以满足高铝水泥水化的需要。浇注料的配合比和骨料堆积密度见表 9-30 和表 9-31。

表 9-30　浇注料的配合比和骨料容重

	编　号		1	2	3	4	5
配合比/%	多孔熟料 骨料粒径 /mm	5~1.2	29	20	25	31	29
		1.2~0.15	27	39	32	34	34
		<0.15	2	4	19①	5	7
	高铝水泥		42	37	24	30	30
	水		36	42	35	34	31
骨料堆积容重/kg·m⁻³			680	600	700	975	990

①含二级矾土熟料粉 17.7%。

表 9-31　普通多孔熟料浇注料的性能

编　号		1	2	3	4	5
材　质		黏　土　质		高　铝　质		
耐压强度/MPa	110℃	7.8	4.9	6.8	7.0	15.2
	1200℃	2.5	2.0			
	1300℃			7.4	6.1	5.8（1400℃）
抗折强度/MPa	110℃	2.1	1.3	2.6	2.9	3.9
	1200℃	1.1	0.9			
	1300℃			4.0	2.8	6.7（1400℃）
高温抗折强度/MPa	1400℃	0.95[①]	0.90[①]	0.4	0.8	0.4
烧后线变化/%	1200℃	-0.46	-0.39			
	1300℃			-0.30	-0.41	-0.49（1400℃）
耐火度/℃		1630	≥1630	>1650	>1650	>1650
体积密度/g·cm⁻³		1.25	1.30	1.52	1.70	1.79

①温度为1200℃。

从表 9-30 可以看出：水泥用量多，烘干强度高，高温烧后强度低，掺加矾土熟料效果更好。在保证强度要求的条件下，尽量减少水泥用量，增加高铝粉用量，还可以看出：大颗粒少，中颗粒多，性能较差，故应适当增加大颗粒的比例，或者将最大颗粒放至 10mm。

（3）陶粒浇注料，指以陶粒为轻骨料，与陶粒粉或硅酸铝质粉料、结合剂及外加剂配制而成的浇注料。有时掺加少量的轻质砖砂、漂珠、膨胀珍珠岩和蛭石等轻骨料，调整浇注料的体积密度及其性能。这类浇注料的体积密度为 0.6 ~ 1.7g/cm³，使用温度为 800 ~ 1300℃。

陶粒是用易熔黏土、页岩、粉煤灰和煤矸石等原料，经过煅烧而制成的球状多孔颗粒，是一种优良的人造轻骨料。由于陶粒原料和煅烧工艺等因素不同，陶粒的颗粒容重也不同，能在水上漂浮的称轻陶粒，沉入水下的称为重陶粒。根据陶粒品种的不同，可配制不同种类的高强度陶粒浇注料。在轻陶粒浇注料中，最大粒径为 10mm 的可振动成型或手抹施工，最大粒径为 7mm 的也可喷涂作业，掺入高铝质隔热砖的颗粒，有利于提高使用温度。在轻陶粒浇注料中，10 ~ 5mm 30%、5 ~ 1.2mm 40% 和小于 1.2mm 30% 的轻陶粒级配，混合后的堆积密度为 560kg/m³。在生产工艺相同时，随着陶粒用量增加，高铝水泥用量减少，水灰比增大，浇注料体积密度下降，强度也随之明显降低，如图 9-14 所示。因此在配制陶粒浇注料时，陶粒与结合剂用量应合适，并尽量降低用水量，方能

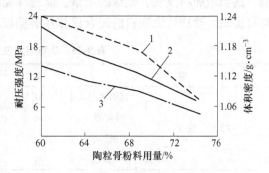

图 9-14　陶粒骨料粉料用量与性能的关系
1—体积密度；2，3—分别为烘干和1000℃耐压强度

配制成性能优良的陶粒耐火浇注料。

在重陶粒浇注料中，随着掺入的轻陶粒用量增加，体积密度不断降低，烘干强度明显下降。掺入 40% 以下的轻陶粒，烘干强度大于 22MPa，体积密度为 1.4~1.6g/cm³，能满足水泥窑的要求。重陶粒耐火浇注料的配合比和性能见表 9-32（表中的水骨体积比指 525号高铝水泥与陶粒骨料之比）。

表 9-32　重陶粒耐火浇注料的配合比和性能

编　号		1	2	3	4	5	6
陶粒品种/%	轻陶粒		20	40	60	80	混用
	重陶粒	100	80	60	40	20	
陶粒混合堆积密度/kg·m⁻³		1020	900	810	750	710	880
水骨体积比		1:3.5	1:3.5	1:3.5	1:3.5	1:3.5	1:3.0
水灰比		0.68	0.66	0.60	0.63	0.62	0.43
耐压强度/MPa	3 天	24.4	20.5	20.7	12.7	13.9	22.5
	110℃	25.2	23.3	22.1	19.6	16.8	24.8
	1000℃	13.7	14.3	10.7	10.3	9.5	18.4
烧后线变化/%	1200℃	+0.30	-0.09		-0.71		
体积密度/g·cm⁻³		1.54	1.46	1.39	1.28	1.26	1.50

重陶粒是尚未完全烧透的陶粒，在二次煅烧时一般呈膨胀状态，其值可达到 5%~20%。重陶粒在浇注料中，其膨胀可以抵消浇注料的部分收缩，使之线收缩减小或略呈膨胀，不会使浇注料产生膨胀或开裂。

采用软质黏土与页岩混磨成球经 1450℃ 煅烧的陶粒，由于耐火度较高（1450~1550℃）故称高温陶粒。采用高温陶粒的浇注料又称高温陶粒浇注料。此外，还有用优质页岩陶粒，掺加部分膨胀珍珠岩和漂珠的低热导率的陶粒浇注料，为了提高强度还掺加部分高可塑黏土。

（4）膨胀珍珠岩浇注料，一般选择最大粒径 5mm 的膨胀珍珠岩作为骨料，不大于 0.05mm 的颗粒不超过 10%，硅酸盐水泥、高铝水泥、水玻璃、磷酸、磷酸铝等作为结合剂。适当增加粉煤灰、漂珠的用量，能提高浇注料的强度。但体积密度有所增大，热导率略有提高。珍珠岩浇注料的配合比和性能见表 9-33。

表 9-33　珍珠岩浇注料的配合比和性能

编　号		1	2	3	4	5
配合比/%	高铝水泥	54	58	62	58	48
	珍珠岩	46	42	38	28	32
	漂珠				14	20
	水	84	80	76	60	68
耐压强度/MPa	110℃	0.7	1.0	1.3	2.2	3.0
	900℃	0.6	0.9	0.6	1.6	1.7

编　号		1	2	3	4	5
烧后线变化/%	900℃	-0.9	-0.7	-0.6	-0.1	-0.6
热导率/W·(m·K)$^{-1}$	500℃	0.14	0.15	0.15	0.18	0.18
	700℃	0.18	0.18	0.17	0.22	0.24
体积密度/g·cm^{-3}		0.45	0.49	0.56	0.70	0.66

珍珠岩浇注料一般使用温度为600~900℃，用硅酸盐水泥作为结合剂完全能满足要求，配制浇注料时，应先将珍珠岩用水湿润，搅拌均匀后再加余下水，料色均一后即可出料。成型时，保证振动时间，确保压缩比为1.6~1.8，以确保耐火浇注料的体积密度。砖坯自然养护3天，当温度高于25℃时，初凝后进行潮湿养护。

（5）空心球浇注料，用人造空心球，有氧化铝、氧化锆、氧化镁、莫来石、镁铝尖晶石、镁铬尖晶石空心球等做骨料。结合剂主要有氧化铝水泥、结合黏土、磷酸铝和硫酸铝等，工业氧化铝粉或刚玉粉做粉料，掺入外加剂或外加物配制的可浇注材料。

氧化物空心球浇注料的特点是荷重软化温度高，强度大，因此使用温度高（一般在1500~1700℃）。氧化铝空心球浇注料的性能见表9-34。

表9-34　氧化铝空心球浇注料的性能

浇注料品种		氧化铝水泥			低水泥	硫酸铝
耐压强度/MPa	110℃	27.1	19.0	15.9	9.7	7.4
	1500℃	32.2	22(1000℃)	13.3	26.6	21.2
抗折强度/MPa	110℃	9.1	5.4	8.0	4.9	
	1500℃	10.8		5.4	13.7	
荷重软化温度/℃	0.6%	>1600				1650
热导率/W·(m·K)$^{-1}$	1000℃	0.80	0.82	0.82	0.65	0.76
化学成分/%	Al$_2$O$_3$	94.8	80.8	93.7	95.4	95.8
	Fe$_2$O$_3$		0.6	2.66(Cr$_2$O$_3$)	0.13	
	CaO	3.4	3.3	3.17	2.18	
体积密度/g·cm^{-3}		1.60	1.46	1.64	1.58	<1.3
使用温度/℃		1650	1600	1600	>1600	>1600

目前使用最多的是Al$_2$O$_3$空心球，其次是ZrO$_2$空心球。洛耐院研究氧化锆空心浇注料，得出：$w(ZrO_2)=99.04\%$的空心球，粒度5~3mm、3~1mm、1~0mm，自然堆积密度1.8~2.5g/cm^{3}的为60%~70%，m-ZrO$_2$微粉（<5μm）不超过12%，再加入一定量CaO稳定的立方ZrO$_2$细粉（<0.044mm），$w(ZrO_2)=95.37\%$，$w(CaO)=4.43\%$，添加MgO-Al$_2$O$_3$物质0.8%~1.5%及复合磷酸铝，可制得体积密度小于2.8g/cm^3、耐压强度大于40MPa的ZrO$_2$空心球浇注料。

（6）漂珠，也属于空心球，粒径一般为40~200μm，有一定活性。由于质轻能降低浇注料的体积密度，成为调节浇注料体积密度的外加物，用量一般为5%~15%。随着漂珠用量增加，浇注料的体积密度下降，但耐压强度无明显变化。

空心球浇注料的性能对比见表9-35。

表 9-35　几种空心球浇注料性能

空心球品种	堆积密度 /g·cm⁻³	真密度 /g·cm⁻³	熔点 /℃	1100℃热导率 /W·(m·K)⁻¹	晶　型	$w(Al_2O_3)$ /%	$w(ZrO_2)$ /%
氧化铝	0.5~0.8	3.94	2040	0.46	α-Al_2O_3	>99	
氧化锆	1.6~3.0	5.7	2550	0.30	立方 ZrO_2	0.5	>92
漂　珠	0.3		耐火度>1650	0.10	莫来石	35	

据报道，郑州大学等单位利用氮化反应将漂珠制成 β-Sialon 空心球。在漂珠中加入过量的活性炭，粒度大于100μm 的漂珠，1500℃氮化处理，可得 β-Sialon 空心球，具有球表面粗糙、密度低、空心大等特点。

铝酸钙水泥对高铝轻质浇注料的性能影响很大，采用超轻质骨料 $[w(Al_2O_3)=91.0\%]$、纯铝酸钙水泥 $[w(Al_2O_3)=80.2\%]$，按表9-36配方制备浇注料，随水泥加入量增加，浇注料的体积密度增大，强度也增大，但线膨胀系数减小。

表 9-36　高铝轻质浇注料配料比（质量分数）　　　　　　　　　（%）

编　号	超轻质氧化铝骨料		纯铝酸钙水泥
	3~1mm	1~0mm	
1	40	25	35
2	40	20	40
3	40	15	45

有人采用 Al_2O_3 空心球60%、α-Al_2O_3 微粉27%~32%、电熔镁砂粉5%~10%、硅微粉3%，外加减水剂0.1%、防爆剂0.1%配制浇注料，随 MgO 增加，耐压强度、抗热震、显气孔率和永久线变化率均增大。

（7）六铝酸钙（CA_6）微孔轻质隔热浇注料：用合成的六铝酸钙作骨料，加入 $Al(OH)_3$ 粉、铝酸钙水泥或磷酸盐等制作浇注料，振动成型后，试样在室温下养护24h，脱模后相对湿度不低于90%条件下养护24h，110℃、24h 烘干，1500℃、5h 烧后制品的体积密度0.92~1.03g/cm³，常温耐压强度2~8MPa；试样在1400℃保温14天后，水泥结合浇注料大约有0.2%的收缩，磷酸盐结合浇注料有0.2%~0.8%的膨胀，而强度没有明显变化；试样在1500℃保温14天后，其微孔尺寸和气孔率仍保持稳定，气孔平均尺寸1~3μm。显气孔率65%~70%；即使在1700℃下煅烧，虽有约10%的收缩，但没有出现熔融迹象。上述试样300~1400℃的热导率为0.33~0.5W/(m·K)，这种浇注料有很高的耐火度，而且隔热性能、高温体积稳定性与抗热震性都非常好。

（三）玻璃球及熔融石英浇注料

（1）玻璃球轻质浇注料：用玻璃球（制造平板玻璃废料）作骨料、珍珠岩粉作粉料、铝酸钙水泥结合的轻质浇注料，其配料比见表9-37，浇注料性能见表9-38。

表 9-37 玻璃球浇注料配料比（质量分数） （%）

编　号	玻　璃　球	SK35 黏土	珍珠岩粉	氧化铝水泥	水（外加）
A		55	15	30	30.7
B	35	35		30	26.1
C	35	35	10	30	35.4
D	35	35	15	30	41.4

表 9-38 玻璃球浇注料的性能

编　号	1000℃×3h			1200℃×3h			1300℃×3h		
	线变化率 /%	体积密度 /g·cm⁻³	抗折强度 /MPa	线变化率 /%	体积密度 /g·cm⁻³	抗折强度 /MPa	线变化率 /%	体积密度 /g·cm⁻³	抗折强度 /MPa
A	-0.42	1.17	1.55	-0.91	1.20	1.62	-0.25	1.16	2.47
B	-0.41	0.99	3.48	0.08	0.97	6.25	1.52	0.93	6.46
C	-0.52	0.83	1.62	-0.46	0.82	3.23	0.38	0.82	3.43
D	-0.73	0.78	1.24	-0.87	0.78	2.53	-0.31	0.79	2.93

（2）熔融石英浇注料：利用熔融石英本身热导率低的特性而配制的一种高热阻、低导热性浇注料，浇注料中熔融石英的粒度范围为 19mm 至 44μm。浇注料的理化性能见表 9-39。

表 9-39 熔融石英浇注料理化性能

种　类	化学成分（质量分数）/%				体积密度 /g·cm⁻³	耐压强度/MPa		线变化率/%		使用温度 /℃
	SiO₂	Al₂O₃	CaO	MgO		110℃ 干后	加热后	110℃ 干后	1093℃ 加热后	
普通 浇注料	70.4	24.3	5.4		1.905	41.4	34.5	0	-0.1~ -0.4	1000(循环变化) 1370(恒温)
高强 浇注料	96.4	0.5	2.8	0.11	1.860	44.8	67.6	0.3		

熔融石英浇注料可以抵抗激烈的温度变化，因为熔融石英线膨胀系数很小，抗热震性非常好。由于热导率低，用途广泛。

三、加气隔热耐火浇注料

由耐火粉料、结合剂和加气剂等组成，耐火粉料和结合剂与泡沫法所用材料相同。加气剂通常是某些金属粉末，它们与酸反应生成氢气而形成多孔状浇注料。也有用白云石或方镁石加石膏（做稳定剂）与硫酸反应，或利用碳酸钙加水发生乙炔形成气体而起加气作用。还有用黏土熟料粉、矾土熟料粉或工业氧化铝粉做粉料时，用磷酸做结合剂，因磷酸与铁反应产生氢气起到加气作用，制成加气隔热耐火浇注料。以磷酸加气浇注料应用较多，其技术性能指标见表 9-40。

表 9-40　磷酸加气隔热耐火浇注料的技术性能

体积密度 /g·cm⁻³	显气孔率① /%	热导率/W·(m·K)⁻¹			耐压强度/MPa				使用温度 /℃
		常温	750℃	1000℃	250℃	500℃	1200℃	1300℃	
0.85~1.3	55	0.22~0.41	0.45	0.51	4.0~7.0	7.0~15.0	6.5~12.0	8.0~15.0	1200~1600

①体积密度为 $1.2g/cm^3$。

四、轻质喷涂料

一般采用轻骨料与结合剂、添加剂制备泥浆，采用喷射法施工。具体实例在第 7 章的喷射料中已有叙述。

五、隔热保温涂料

用于耐火衬体外表面的保温涂料使用温度在 700℃ 以下，而用于内表面的使用温度在 1100℃ 以上。隔热保温涂料的基体材料有膨胀蛭石粉、珍珠岩粉、硅藻土粉、石棉绒、轻质黏土熟料粉，以及矿渣棉、玻璃棉和硅酸铝纤维等，其配合比例根据要求的热导率、体积密度和使用温度来确定。结合剂有硅酸盐水泥、铝酸盐水泥、固体水玻璃、酸性磷酸二氢铝等，增塑剂主要是膨润土和可塑性黏土。例如，体积密度为 $0.36~0.50g/cm^3$、350℃ 的热导率为 $0.06~0.12W/(m·K)$ 的以珍珠岩或膨胀蛭石为主的保温涂料，用于裸露于大气中的工业炉砌体外表面保温。

用于内表面层耐火保温涂料的基体材料有轻质黏土熟料、高铝熟料、莫来石熟料、轻质氧化铝熟料等制成的粉体（小于1mm）、氧化铝空心球（小于1mm）、漂珠、各种耐火纤维等，根据使用条件选择，结合剂有硅酸乙酯水解液、固体水玻璃、硅溶胶、硫酸铝水溶液、酸性磷酸铝等，选用哪种结合剂要加入相应的固化剂，如选用水溶性水玻璃作结合剂，要选用氧化锌、氟硅化物、缩合磷酸盐、硼酸盐等作固化剂，而采用的助剂与普通耐火涂料相似。

主要用于高温炉窑内衬表面和热风管道内壁涂料，也用于耐火纤维毡、纤维制品内衬表面，抗气流冲刷和烟气腐蚀。

六、轻质不烧砖及预制件

（一）轻质不烧砖

众所周知，用烧成方法生产轻质隔热制品，由于半成品以及成品强度较低，经常造成意外的破损。而不烧制品，由于成型后坯体强度较高，不但可减少破损，而且从生产工艺角度，由于不用烧成，简化了生产工艺，可以节约能源、提高成品率、降低成本。

目前，不烧隔热制品基本上是采用多孔熟料法生产。其关键是采用合适的结合剂和膨胀剂，保证制品的强度和使用温度下的体积稳定性。如采用改性高铝水泥做结合剂，蓝晶石做膨胀剂的漂珠，结合黏土不烧隔热制品，体积密度为 $0.74g/cm^3$，在 1200℃ 3h 烧后的线收缩率为 1.44%，105℃烘干后的耐压强度为 3.16MPa。有人用硫酸铝、水玻璃、矿渣硅酸盐水泥做结合剂，用机压成型的漂珠黏土隔热制品，制品的强度明显高于同类型的烧成制品，见表 9-41。

表 9-41　烧成与不烧黏土质隔热砖的性能

国家牌号	烧成黏土隔热砖		不烧黏土隔热砖	
	体积密度/g・cm^{-3}	耐压强度/MPa	体积密度/g・cm^{-3}	耐压强度/MPa
NG-0.7	≤0.7	≥1.96	0.61	4.8
NG-0.8	≤0.8	≥2.45	0.73	6.6
NG-0.9	≤0.9	≥2.45	0.81	7.9
NG-1.0	≤1.0	≥2.94	0.98	12.8

水泥回转窑内，碱的循环富集对窑衬侵蚀严重。尤其对新型干法窑，碱对砖侵蚀更严重，传统的黏土砖加隔热砖组成的双层窑衬已不能适应，而采用 Al_2O_3 含量小于30%的耐碱隔热砖取得较好的使用效果。

这种制品是采用自制的高硅轻骨料（Al_2O_3 30.71%、SiO_2 63.42%、Fe_2O_3 1.71%）与稻壳灰（SiO_2 96.07%）混合，加化学结合剂制造的不烧耐碱砖，能满足使用要求，其制品的物理性能指标见表9-42。

表 9-42　耐碱不烧隔热制品的物理性能

产　地	牌　号	体积密度/g・cm^{-3}	耐压强度/MPa	热导率/W・(m・K)$^{-1}$
中　国	R-1	1.60~1.65	20	0.58（350℃）
德　国	Orylex-150	1.55~1.65	15	0.60（300℃）
	Refratherm-150	1.55~1.65	20	0.50（350℃）
日　本	OL-145	1.48	13	0.64（350℃）
	OL-150	1.60	15	0.70（350℃）
丹　麦	L150	1.50	20	0.58（400℃）

（二）预制件

在砂浆搅拌机中，粉料与水混合均匀后，加入配制好的泡沫液再搅拌2min，即为浇注料。泡沫的加入量，根据浇注料容重的要求而定。可以浇注在木模中，浇灌前用水湿润木模，使其不吸收泡沫浇注料中的水分，并在内壁涂一层薄薄的油类物质（最好采用塑料薄膜），以便容易脱模。将浆料慢慢倒入模内，浇好后用刮刀刮平，在20℃左右的环境中硬化，4~5h后脱模。盖上湿麻袋，浇水养护3天后自然硬化。注意环境温度对硬化起很大作用。夏天温度过高，使表面过干而引起开裂、下沉现象。湿度也很重要，应该保持潮湿环境。

某厂采用400号矾土水泥60%、黏土熟料细粉40%，外加水45%和适量的泡沫剂配制的轻质浇注料，生产出容重为 0.5~0.7g/cm^3 的预制块，其气孔率为71%以上，常温耐压强度为1.6MPa，耐火度为1530℃。

其实各种轻质浇注料都可以做成预制件。

七、隔热耐火泥

砌筑隔热耐火制品，往往需要近似同材质的隔热耐火泥。一般采用与制品同样的原料为主，加入轻质填料，如轻质砖粉、漂珠、硅藻土等，并加入有机及无机复合黏结剂（干粉）。用轻质料调节火泥的密度、热导率，用结合剂调节黏结时间及黏结强度等。

我国过去砌隔热砖也用普通火泥，近年来在引进外国热工设备中开始采用轻质火泥砌轻质砖。随着技术发展，轻质隔热火泥的生产将会提高。

第十章　热工设备用耐火材料的选择及应用技术

炉窑等热工设备内衬是由耐火材料构筑的，提高其使用寿命是人们一贯的追求。因为使用寿命提高了，耐火材料消耗减少，就做到了节能减排，低碳环保，并且使停炉检修时间减少，提高生产效率。

我国热工设备用耐火材料的使用寿命普遍不高，改革开放以来，虽然有很大进步，但比起工业发达国家仍有较大差距。为了提高热工设备的使用寿命，一般从提高耐火材料质量着手，但效果并不显著，例如炼铁高炉中段用高铝制品，采用高纯原料刚玉、铬刚玉、刚玉莫来石，在制造工艺方面高压成型，高温烧成，使制品达到高强度、高密度，可是使用寿命仅延长 1~2 年，而使用碳化硅制品，从蚀损数据比较提高 6.8 倍。韶关冶炼厂在处理铅锌的烟化炉炉底用铝铬钛砖比高铝砖寿命提高 8 倍。某厂混铁炉原用高铝砖和镁砖砌筑，使用寿命不到 1 年，改用整体浇注，使用寿命 3~5 年。青岛一家公司的保护渣熔化炉的池壁使用镁铬砖寿命 30 天，使用熔铸锆刚玉砖寿命 50 天，使用镁钙砖寿命 70 天，这样的实例还有很多，可见热工设备选择合适的耐火材料多么重要。

耐火材料品种繁多，性能各异，热工设备的种类也不少，而且同一热工设备不同部位的使用条件也不一样，由此可见，一种热工设备要选择到合适的耐火材料，并非易事。本章就各种类型的热工设备根据使用条件，如何选择耐火材料，通过理论和实例做概括论述。耐火材料工作者应该熟悉热工设备的结构及使用条件；高温技术工作者要熟悉耐火材料的理化性能，二者结合研究热工设备选用耐火材料的综合技术，做到经济效益好，所用的费用最低，质量最高，效果最好。

耐火材料应用技术已变为耐火材料的主导技术，而且发展相当迅速。例如炼钢转炉使用 MgO-C 质耐火材料，使用寿命大幅度提高，而采用激光测厚技术、溅渣护炉技术，又进一步延长炉役寿命，炉龄普遍在 20000 炉以上。我国武钢、莱钢、三明钢厂达到或超过 30000 炉，莱钢创造了一个炉役 37271 炉钢水的纪录。

耐火材料应用技术，不但包括炉窑设计、内衬用耐火材料施工、修炉、拆炉，而且还包括使用情况的了解和研究、炉内调查、监视、损毁速度及掌握损毁速度的规律、损毁机理的研究等一系列内容。显然，根据耐火材料的使用结果，注意选择耐火材料，并做好使用过程的保护，可提高使用寿命。

第一节　热工设备用耐火材料的选择

一、选择耐火材料应注意的技术问题

任何热工设备选择耐火材料，都必须注意以下几个问题：

（1）耐火材料的耐火性能。众所周知，耐火材料在高温下不软化、不变形是最基本的

性能。可是品种不同的耐火材料，荷重软化温度是不一样的，要使热工设备在操作过程中，特别是在最高使用温度下不丧失结构强度、不变形、不坍塌，选用的耐火材料荷重软化温度必须高于最高使用温度（我国目前能够直接测试的荷重软化温度为 1690~1700℃，超过此温度，只能通过相图分析说明）。例如：天津炭黑厂引进美国炭黑生产技术，炭黑反应炉的燃烧室、喉管、反应段、急冷段等部位，均采用低水泥刚玉质浇注料，使用寿命仅 3 个月。改用高纯刚玉砖使用寿命达 8 个月以上，急冷段达 2 年以上。其原因是浇注料的耐火性能不够高。炭黑炉的最高使用温度达 1920℃。通过相图分析，在使用温度下，浇注料的液相量达 20%~30%，而高纯刚玉砖出现液相的温度接近 Al_2O_3 的熔点（2025℃），当材料内部液相量达到一定比例时，就会软化变形，并很快被冲蚀掉。

（2）热工设备内的气氛条件。任何热工设备都是在一定气氛条件下作业的。有些耐火材料对气氛条件十分敏感，如含碳耐火材料的弱点就是易氧化，因此不易在氧气氛条件下使用；含 Fe_2O_3、TiO_2 高的耐火材料不宜在还原气氛条件下使用；氧化铬、氧化镁质耐火材料不宜在真空条件下使用等。气氛对耐火纤维及制品的影响更明显。在含 N_2 50%、H_2 50%的气氛条件下，耐火纤维的热导率比在空气中大 1 倍，在含 H_2 100%的气氛中比在空气中大 2 倍。在氢气保护炉内选用氧化铝空心球隔热制品比较好。综上所述，热工设备选择耐火材料时，气氛条件不可忽视。

中钢耐火材料公司对山西某厂的澳斯麦特铜熔炼炉渣线用后铝铬残砖进行了 XRD、SEM 和 EDS 分析，结果表明：在使用过程中，铝铬砖中的 Al_2O_3、Cr_2O_3 与渗入熔渣中的 FeO 反应，生成高熔点的铁铝尖晶石和铁铬尖晶石，从而阻止炉渣对耐火材料的进一步侵蚀，延长炉衬寿命，而渣中 SiO_2 和 CaO 主要与砖中 Al_2O_3 反应生成硅酸盐相 $Ca(Al_2Si_2O_8)$。

（3）注意节能降耗。在全球大力发展低碳经济、加强环境保护的形势下，节能减排成为我国的产业政策。热工设备是节能减排、降耗的重点对象，选择耐火材料是保证实现的基础。热工设备使用寿命提高，耐火材料就减少了消耗，同时节约了能源，减少了废物排放。为了直接达到节能的目的，热工设备应选择合适的轻质隔热耐火材料，特别是直接受到化学侵蚀的部位，可以在非工作层砌筑轻质隔热耐火材料或复合砖、保温盖等。如某厂162t 连铸钢包设保温盖，采用耐火纤维保温盖比黏土浇注料重量减轻 90%以上，使用寿命是浇注料的 4 倍以上，不用烘烤，节约能源。

（4）综合砌筑热工设备。所谓综合砌筑，就是在热工设备的不同部位砌筑性能不同的耐火材料，或同一性能而尺寸不同的耐火材料。众所周知，任何热工设备内衬各部位耐火材料的损毁程度是不同的，有轻重之分，往往是个别部位损毁严重，影响整个热工设备的使用寿命。例如安钢 600t 混铁炉，原用镁砖、高铝砖砌筑，使用寿命不足 1 年，采用综合砌炉，特别是侵蚀严重的部位改为 Al_2O_3-SiC 砖，使用寿命达到 3 年以上。

综合砌炉要讲究综合的技术经济效果，根据各部位的实际使用条件，选择合适的耐火材料，或者将侵蚀严重部位的耐火材料尺寸放大，使内衬变厚，做到经济合理。使得同一热工设备不同部位的耐火材料寿命同步，废弃耐火材料的排放量很少，最好达到零排放。

二、热工设备类型与耐火材料的选择

按耐火材料的使用条件，热工设备大致分为三种类型，每种类型如何选择耐火材料大致介绍如下。

（一）高温条件下耐火材料受熔融金属、非金属、熔渣及其蒸汽等的化学侵蚀作用的热工设备

如高炉、转炉、电弧炉、水泥窑、玻璃窑、钢包等，在这种条件下使用的耐火材料占50%左右。

耐火材料与侵蚀物接触发生化学反应，对耐火材料来说，往往是致命的，耐火材料工作者也非常重视这种条件下耐火材料损毁机理的研究。在理论方面，侵蚀物与耐火材料的化学反应，可以从四个标准理论来推测耐火材料的选择方向。

（1）标准化学热力学 ΔG_T：通过耐火材料与侵蚀物之间反应的吉布斯自由能的变化来判断反应进行的方向及反应程度。选择耐火材料的原则应该是在使用条件下，耐火材料对接触的侵蚀物具有热力学稳定性，即 $\Delta G^{\ominus} > 0$，反应不能进行。例如前述的炭黑反应炉用耐火材料，在高温下还要受炭黑粒子的化学侵蚀。高纯刚玉砖含 Al_2O_3 99.5%以上，Al_2O_3 与 C 反应的自由能为：

$$1/3Al_2O_{3(s)} + C_{(s)} = CO_{(g)} + 2/3Al_{(g)}$$
$$\Delta G^{\ominus} = 106100 - 42.65T, \quad T = 2051℃$$

T 为开始进行化学反应的温度（2051℃），炭黑炉最高使用温度为 1920℃，因此高纯刚玉砖不会与炭黑发生反应，所以高纯刚玉砖使用寿命长。

山西、安徽、云南等地有色冶炼引进顶吹浸没式澳斯麦特熔炼炉与吹炼炉。熔炼炉熔炼温度约 1200℃，烟气中 SO_2 浓度约 11%。吹炼炉是熔炼炉出来的铜锍在其中进行吹炼，吹炼温度 1300℃左右，SO_2 浓度 14% 左右。两炉用同样的镁铬砖，熔炼炉虽然温度低，SO_2 浓度低，但砖的寿命也低，为 60~90 天。而吹炼炉温度高，SO_2 浓度也高，寿命也高，约半年。通过热力学计算，吹炼炉氧压高，使 FeO 氧化为 Fe_3O_4，Fe_3O_4 熔点 1597℃，附在炉衬工作面上，形成了渣保护层。而熔炼炉由于氧压不够高，渣中 FeO 不能形成 Fe_3O_4 保护层，所以炉衬寿命低。

如何才能在熔炼炉衬上形成高熔点化合物保护层呢？根据热力学计算，如果耐火材料中含有大量独立存在的 Cr_2O_3 或 Al_2O_3 或铬刚玉，就会使熔渣中 FeO 发生反应，由氧化物生成 $FeO \cdot Cr_2O_3$ 和 $FeO \cdot Al_2O_3$ 尖晶石，标准吉布斯自由能变化如下：

$$FeO_{(1)} + Cr_2O_{3(s)} = FeO \cdot Cr_2O_{3(s)}$$
$$\Delta G^{\ominus} = -84038 + 27T$$
$$FeO_{(1)} + Al_2O_{3(s)} = FeO \cdot Al_2O_{3(s)}$$
$$\Delta G^{\ominus} = -71086 + 11.89T$$

在 1473K（1200℃）时，上述反应的 $G^{\ominus}$ 皆为负值，分别为 -44267J/mol 和 -535721J/mol。即液态纯 FeO 与 Cr_2O_3 或 Al_2O_3 能自发生成熔点为 2100℃的铁铬尖晶石和熔点为 1780℃的铁铝尖晶石。

但 FeO 是在 $FeO-SiO_2-CaO$ 熔渣中，其反应式为：

$$(FeO) + Cr_2O_{3(s)} = FeO \cdot Cr_2O_{3(s)}$$
$$(FeO) + Al_2O_{3(s)} = FeO \cdot Al_2O_{3(s)}$$

吉布斯自由能变化为：

$$\Delta G_{(FeO \cdot Cr_2O_3)} = \Delta G^{\ominus} + RT\ln 1/a_{(FeO)} = -84038 + 27T - RT\ln a_{(FeO)}$$

$$\Delta G_{(FeO \cdot Al_2O_3)} = \Delta G^{\ominus} + RT\ln 1/a_{(FeO)} = -71086 + 11.89T - RT\ln a_{(FeO)}$$

假设熔渣中 FeO 的活度比 0.4 还小，$a_{(FeO)} = 0.2$，在 1473K 时，$\Delta G_{(FeO \cdot Cr_2O_3)} = -24550J/mol$，$\Delta G_{(FeO \cdot Al_2O_3)} = -33855J/mol$。

热力学计算结果，生成铁铬和铁铝尖晶石的吉布斯自由能均为负值，说明澳斯麦特铜熔炼炉熔渣的 FeO 能与炉衬中存在的 Cr_2O_3 和 Al_2O_3 反应形成尖晶石保护层，采用铬铝质耐火材料可使澳斯麦特铜熔炼炉内衬寿命提高。因此山西某冶炼厂采用辽宁某厂生产的铬铝尖晶石砖，其使用寿命由原来镁铬砖的 60 天提高到一年。

（2）标准化学动力学 Δv_{at}：一般耐火材料为非均质体，而侵蚀物，特别是熔渣的化学成分也非常复杂，在高温下二者不发生作用的极少，可通过化学动力学研究侵蚀物与耐火材料的反应机理及反应速度，从而选择抗侵蚀的耐火材料。从图 10-1 可以看到：当侵蚀物溶解耐火材料未达到平衡时，界面上接触面积 S，形成扩散层（隔离层）厚 δ，饱和浓度产生在紧接耐火材料的表面层，距表面一定限度以外为溶液浓度。溶解速度 v 可以通过溶液浓度变化进行计算：

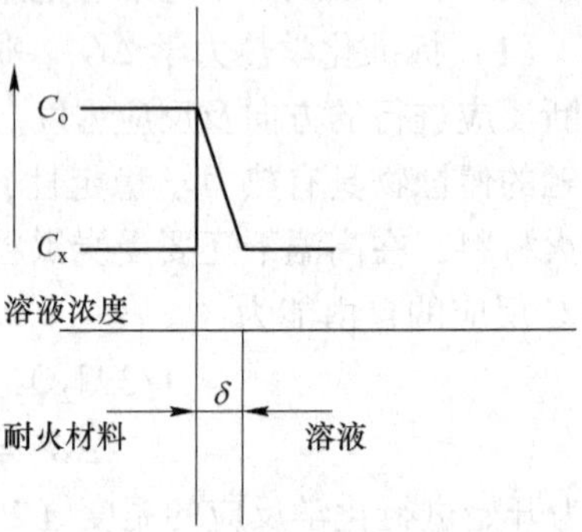

图 10-1　耐火材料侵蚀示意图

$$v = D/\delta (C_o - C_x)S$$

式中，D 为扩散系数；δ 为形成扩散层厚度；C_o 为最大浓度（相当于饱和浓度）；C_x 为溶质中溶解耐火材料的实际浓度；S 为界面上接触面积。

当耐火材料与熔体接触，由扩散层向熔体扩散，如果溶解速度大，扩散速度小，耐火材料表面形成饱和溶液（接触层），同时停止溶解耐火材料。例如碱性渣钢包内衬用半酸性的蜡石砖，使用寿命比偏中性的黏土砖、高铝砖长，蜡石砖不黏渣，使用后的钢包内衬表面光洁如涂釉。这是因为蜡石砖含 SiO_2 高（65%~70%），在高温及碱性熔渣作用下，砖的表面产生一定量的高黏度液相，形成很厚的隔离层（扩散层）附于内衬表面，阻止熔渣渗透，从而降低了耐火材料的溶解速度，提高了使用寿命。

如果溶解速度小，扩散速度大，熔体沿气孔渗入耐火材料中，使耐火材料的液相含量增大，形成新相，可能是固溶体或化合物，使耐火材料的组织结构发生质变，当温度波动时，就会使耐火材料发生溶解或剥落。例如 RH 炉渣对镁铬砖的侵蚀，由于渣中的 Al_2O_3、Fe_2O_3 等 R^{3+} 和镁铬砖中镁铬尖晶石的 Cr^{3+} 交换，生成镁铝尖晶石和镁铁尖晶石变性，因体积效应，使镁铬砖鼓涨开裂，导致损毁。

为了求得熔体对耐火材料的侵蚀速度，可以标定耐火材料中某一化学成分的变化作为浓度变化计算侵蚀速度。

（3）标准表面能：熔体与耐火材料的表面能关系可用下式表示：

$$\sigma_{12} = \sigma_1 - \sigma_2 \cos\theta$$

式中　σ_{12}——两相界面能；

σ_1，σ_2——两相各自的表面能。

高温条件下，一般通过测定熔体与耐火材料的接触角 θ 来衡量熔体对耐火材料的润湿性：$\theta \leqslant 90°$时为润湿，$\theta \geqslant 90°$时为不润湿。当熔体对耐火材料润湿性好时，熔体就易与耐火材料进行化学反应，使耐火材料受到侵蚀。当$\theta < 90°$时，耐火材料表面粗糙度越大，对耐火材料的侵蚀就会越严重。一般耐火材料表面都有气孔，熔体沿气孔渗入耐火材料内部，渗透越深，变质层就越厚，溶解或剥落的体积越大，耐火材料损毁速度加快，使用寿命缩短。根据泊桑（Poiseuille）公式：

$$L^2 = (r\cos\theta) \frac{\sigma}{\eta} \times \frac{t}{2}$$

式中，L为熔体渗入深度；σ为熔体表面能；r为毛细管半径；θ为润湿角；η为熔体黏度；t为作用时间。

为了阻止熔体渗透，耐火材料工作者对热工设备用耐火材料做过大量研究。例如：为了防止炉外精炼用刚玉透气砖产生剥落，在基质中加入Cr_2O_3，使砖中形成铝铬固溶体和含Cr_2O_3玻璃相，与熔渣接触形成高黏度液相，阻止熔渣渗透。也有的加入铝镁尖晶石，吸收渣中的Fe_2O_3和MgO，形成尖晶石致密层，并使渣黏度变大，阻止渣的渗透。还有人对微孔刚玉和板状刚玉耐火材料的抗渣性进行对比，认为抗渣性基本相同。

通过测量熔体对耐火材料的润湿角、气孔径、熔体黏度、作用时间等，计算熔体渗入深度，推测选择耐火材料的方向。

（4）标准电化学$\varphi_m^{\ominus}$：含碳耐火材料广泛用于各种热工设备。碳是良好的电子导体，熔渣是离子导体，碳、熔渣、金属熔体之间造成含碳耐火材料的电化学侵蚀，即$C_{(s)} + (Fe^{2+}) + (O^{2-}) \rightarrow Fe_{(s)} + CO_{(g)}$。

可以通过测量并计算电极浓差电池的电动势来推算电化学反应。为了阻止电化学侵蚀，可在含碳耐火材料中引入比碳电极电位更低的物质，如Al、Si、Ca等，或者电阻大的物质，如BN。

受化学侵蚀的耐火材料，通过以上四个理论标准，初步确定选择耐火材料的方向。

（二）高温条件下耐火材料同时受到强烈的机械作用的热工设备

如均热炉、加热炉等，在这种条件下使用的耐火材料占20%~30%，应选择强度高、热震稳定性好的耐火材料。如均热炉过去用黏土砖砌筑，受钢锭磨损及装料机夹钳碰撞等作用，使用寿命1年左右，而用浇注料使用寿命2~3年，某厂大型均热炉炉口用黏土结合浇注料比砖砌体的使用寿命提高3~4倍。

不定形耐火材料，因施工整体性好、强度高（耐压强度为100MPa以上）、耐磨性好、抗热震、不剥落，使用寿命长。

这种热工设备还要注意隔热节能。在连续作业的热工设备内，在外壁（冷面）加强隔热优于内壁（热面）隔热。在间歇周期性设备内，采用内壁（热面）隔热优于外壁隔热。例如某钢管厂加热炉用7.6cm厚的氧化铝纤维毡贴面，使用7个月完好无损。某锻造厂锻造炉，使用砖砌体，由于热震和机械碰撞，砖衬损坏很快，每年要换两次砖，使用氧化铝纤维贴面，使用温度1340℃，贴面耐Fe_2O_3侵蚀，不发生热震损坏，节约燃料25%。

（三）在高温条件下没有或基本没有强烈的化学反应和机械碰撞作用的热工设备

如箱式电炉、罩式窑、梭式窑等，在这种条件下使用的耐火材料约占30%。遍布冶金、机械、化工、石油、建材、轻工等各行各业，对节能减排的意义很大。

这类热工设备选择耐火材料的方向是保温性能好的轻质隔热耐火材料，提高热工设备的热效率，大幅度降低能耗。

轻质隔热耐火材料的品种很多，既有定形制品，也有不定形耐火材料，还有耐火纤维及其制品、硅钙板等，它们的理化性能、隔热效果、销售价格等都不同，选择轻质隔热材料，除了注意前面提出的技术问题外，特别要注意经济性问题，需通过计算寻求最经济的隔热方案。

设全年费用为 P，则

$$P = P_旧 + P_失$$

式中，$P_旧$ 为材料及施工费用折旧，元/（m^2·年）；$P_失$ 为热量损失费用，元/（m^2·年）。当 P 最小时为最好。

$$P_旧 = C\gamma s/n$$

式中，C 为耐火材料单价，元/kg；γ 为材料容重，kg/m^3；s 为厚度，m；n 为内衬寿命，年。

$$s = \lambda/q_3(t_h - t_c)$$

式中，λ 为热导率，W/（m·K）；q_3 为冷面散失热量，kJ/（m^2·h）；t_h 为内衬热面温度，℃；t_c 为内衬冷面温度，℃。

$$P_失 = q_3 tK$$

式中，t 为年工作时间，h/年；K 为热量折合价格，元/kJ。

$$K = W/(Qm)$$

式中，W 为燃料单价，元/t；Q 为燃料发热量，kJ/kg；m 为燃料利用系数。

$$m = (总供热量 - 烟气带走热量)/总供热量$$

做好上述计算，要先做好炉衬设计，搜集原始资料，其中包括温度参数（t_h、t_c）、物性参数（λ、γ、最高使用温度等）、经济参数（C、W、Q、m 等）、操作参数（t、n、K 等）。计算后与原用材料对比，确定耐火材料的选择方向。例如某船舶锅炉原用石棉板及黏土砖砌筑，总重量 6t，而改用普通耐火纤维毡+高铝纤维毡+高铝纤维复合砖+涂料，总重 0.88t，投资费用后者比前者高 30 倍，但节油 396t（相当于使用 1200h），8 个月可以抵消投资高出部分。高铝纤维砖使用寿命高于黏土砖，同时减少维修费用，还可以降低舱内温度，改善作业环境，自重减轻 5.12t，可以增加载重量。

耐火纤维体轻，节能效果显著，能满足各种热工设备的需要。要想既节能又经济，可以在热面用高档次的纤维制品，冷面用低档次纤维制品，如矿渣棉之类。德国一座烧特种耐火材料的间歇窑，采用氧化铝纤维内衬，使用温度大于 1400℃，纤维热面稳定，节约燃料 40%。

三、模拟实验

本着"实践是检验真理的唯一标准"的原则，将上述理论计算筛选出来的耐火材料，模仿实际或近似实际的使用条件做模拟实验。通过实验结果及耐火材料性能检测的大量数据进行对照分析，最后选定的耐火材料才能认可是为合适的。

一般来说，理论和实践的结果应该是一致的，但某些热工设备用耐火材料也有例外，如水泥回转窑有大量的 K_2O、Na_2O 等碱富集、循环，其内衬应首选碱性耐火材料，其次是中性耐火材料，可是用镁砖（碱性）、高铝砖（中性）均因碱、硫、氯等以 K_2SO_4、KCl 等形式沉集在耐火制品的气孔中，形成致密层，当温度波动时，由于体积效应产生"碱裂"，使内衬剥落而损毁，内衬使用寿命不长。而使用含 SiO_2 75%、Al_2O_3 25%（质量分数）的半硅质制品，与碱接触产生体积稳定的正长石及黏度较高的玻璃体，不发生"碱裂"，使用寿命长。这个结果是实践得出来的，用化学热力学等理论难以推测。耐火材料的损毁机理非常复杂，既有化学作用，也有物理作用，往往多种因素并存，只有通过实验才能获得真实可靠的结论。目前比较多的模拟试验，主要是抗渣对比实验，有静态坩埚法，也有动态回转法，不但用一块砖做试验，还可以用多块砖砌筑一个小型试验炉，模仿实际使用条件进行实验。对于不直接接触侵蚀物的一些热工设备，模拟试验不多，主要根据材料的理化性能指标，今后应该加强模拟实验工作。

不过最结合实际的是在生产的热工设备内，选择有代表性的部位砌筑实验砖，既能与原用耐火材料做对比，又能得出真实可靠的结果。

武钢高炉铁水沟主沟浇注料，以致密刚玉、亚白刚玉为主要原料，一次通铁量 9 万吨左右，改用棕刚玉、矾土熟料为主要原料，挡渣坝与沟头采用预制块，铁线及渣线采用复合浇注，使高炉主沟一次通铁量提高到 14 万吨，部分高炉达 18 万吨。使用棕刚玉、矾土降低了成本，使用效果反而得到提升。当然这与耐火材料的性能与使用条件相适应有关。就高炉主沟而言，浇注料的高温耐磨性及高温抗折强度对使用寿命有决定性作用，而采用棕刚玉、高铝矾土熟料，增加 SiC 含量，提高抗侵蚀、抗冲刷能力，选择合适的减水剂及添加剂，使浇注料加水量控制在 4%~6%，使浇注料致密，获得最佳性能，延长使用寿命。因此选择耐火材料与使用条件紧密结合起来，做到既节约了成本，又提高了使用寿命。

第二节　真空脱气处理装置用耐火材料的选择

一、真空处理的作用

根据钢的炉外真空处理过程的作用，作为用高质量金属发展炼钢生产的基础之一，估计这是冶金方向。钢从炉中放出的半成品——具有一定的硫和磷含量的非脱氧金属，进行炉外真空处理。在炼钢设备以外的钢炉外真空脱气处理装置上，实施半成品的进一步处理（脱气、脱氧和合金、按化学成分精炼以及搅拌）。这种技术可以使冶炼的周期缩短，减少脱氧和合金添加物的消耗，提高品级和减少金属的剔出废品，排除粗坯防白点❶处理和轧制。降低钢中的氧含量，靠溶解在金属熔体中的碳自脱氧，这种脱氧剂像硅和铝保证实际完全消化（靠钢的氧这种氧化剂而排除氧化）。

在真空处理过程中达到使金属熔体化学成分和温度均匀。合金添加物的金属好消化，能够校正钢的最终成分。

在高温条件下，钢真空处理时进行下列过程：脱气，即降低溶解在金属中气体状产物

---

❶　白点称作内部裂缝，析出氢引起的。清除白点的有效手段是真空处理。如果不真空处理，为了消除白点，粗坯要在专用室内，一般经过三昼夜的慢冷。

的浓度；溶解在钢中的碳和氧之间相互化学作用，随着形成气体状产物反应，然后它从反应带离开；由于渣和金属熔体与耐火材料组分相互作用，耐火材料内衬发生破坏，氧化耐火相还原的气体状态产物，随后选别排除的还原过程。耐火材料成分中含有氧化物的氧化、还原和蒸发过程，引起耐火材料体积变化，对其强度和质量造成损失。

二、真空下耐火材料的变化

工业耐火材料在高温（到 1700℃）下、真空（0.678Pa）中的稳定性按下列顺序降低：以氧化钙稳定的二氧化锆为基的耐火材料、刚玉（Al_2O_3 99%）、提高纯度基础上的白云石材料、莫来石结合刚玉材料（Al_2O_3 90%）、电熔刚玉（Al_2O_3 90%）、镁铬的和方镁石材料。

镁、铬、硅和铝的氧化物，在压力低于 133Pa、温度低于 1600℃下，即钢的真空处理温度下能够被还原。所以含游离状态的氧化物，特别是氧化硅和氧化铬的耐火材料不适宜在真空设备内衬上应用。一般要氧化硅结合在莫来石中，而氧化铬在镁铬尖晶石中，热力学序列反应概率，在某些场合与动力学序列不一致。可是氧化物耐火材料在真空室的稳定性，不仅取决于汽化反应和一氧化碳的还原，然而溶解在钢中的碳又直接还原，并且耐火材料氧化物与钢的碳，在真空室中相互作用的某些反应比汽化反应在更低的温度下进行。

真空装置中牵涉到耐火材料使用问题，在真空处理过程中，由于气体强烈析出，补充加重钢的紊流性相当大，真空处理持续时间达到 90min，并在许多场合采用感应搅拌钢。

关于这种或那种类型耐火材料的可行性，应按它的汽化度或按碳的氧化物或溶解在钢中碳的还原。例如对 CO 热力学的稳定性，在高温下 Al_2O_3 比 MgO 高些，可是从耐火材料的 Al_2O_3 被钢中的碳还原，局部和 CO 还原为铝。金属铝溶解到钢中，然后被氧化，并形成氧化物，是钢的非金属夹杂物的污染源。刚玉耐火材料的寿命实际上是不高的。

方镁石耐火材料的损毁是以方镁石溶解进渣中的方式进行的，渣乃是钢和合金添加物的氧化产物。方镁石被还原，全部还原到金属镁。金属镁在钢中不溶解，而从金属熔池飞出凝结，然后又在耐火材料砌体上被氧化。此外，镁质耐火材料是非热稳定的。已知镁质耐火材料中有氧化铬存在，提高它对温度波动作用的稳定性。可是游离氧化铬易被还原。因而氧化铬应该是结合为 $MgCr_2O_4$ 无残余，即熔合物。确实熔融镁铬基制品在钢真空处理装置的金属带表现出稳定性比较好。而在渣带，如果高碱性渣，由于气孔中积累硅酸二钙和后来临时修理它的转化而被破坏。

用二价铁催化硅酸二钙相的转变（$\beta\text{-}C_2S \xrightarrow{500℃} \gamma\text{-}C_2S$），伴随体积增大 12%，而造成内衬深处掉片（爆炸性损毁）。为了防止这种破坏，渣中引入专用的镁质黏土成分做中和剂。中和剂在耐火材料内衬上形成高温结渣层保护，防止强烈的浸润和减少渣和金属的侵蚀作用。耐火材料中引入硅酸二钙转变的稳定剂 B_2O_3 和 P_2O_5。

镁铬耐火材料中力求降低原料的二氧化硅含量，要小于 0.5%，应该采用精选的镁质原料和合成的铬矿。

三、真空处理装置用耐火材料的选择

钢真空脱气处理装置内衬选择最合适的耐火材料再继续进行。一般来说耐火材料对真空中的蒸汽应该是稳定的，在使用温度下体积固定，具有高的热稳定性，并对熔融金属、渣和钢脱氧时形成的含碳气体化学作用及侵蚀作用的稳定性，而且不参与形成非金属夹杂物。

　　钢的炉外真空脱气处理示意图如图 10-2 所示。炉外处理过程在钢包中和转炉型的专用设备中实施。合金添加物由上面专用水口在侧面自下地引入钢中。提升法和循环法真空处理装置，由于本身的通性取得很大的发展。用开口钢包循环法和提升法真空处理做法之

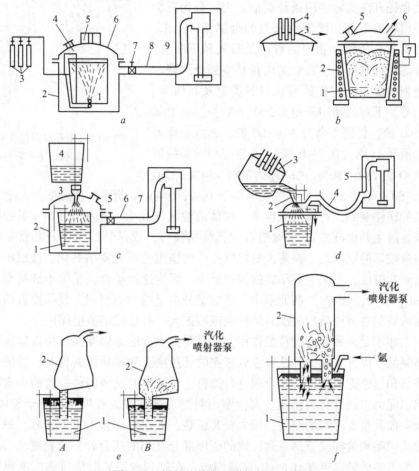

图 10-2　钢的炉外真空脱气处理示意图

a—吹惰性气体的钢包内钢的真空脱气处理装置示意图：

1—有金属的包；2—真空室；3—惰性气体瓶；4—观察孔；5—铁合金料仓；

6—真空室顶盖；7—真空闸板；8—真空导管；9—汽化喷射器泵

b—钢在包中有电磁搅拌和电弧预热的真空脱气处理装置示意图：

1—有金属的包；2—感应器；3—顶盖；4—电板；5—包可拆卸的顶盖；

6—汽化喷射器泵；7—低频率发电机

c—从钢包到钢包转注的流中钢的真空脱气处理装置示意图：

1—钢包；2—真空室；3—中间包；4—有金属的包；5—真空闸板；6—真空导管；7—汽化喷射器泵

d—从炉子到钢包转注流中钢的真空脱气处理装置示意图：

1—钢包真空室；2—中间包；3—炼钢电炉；4—柔软的真空导管；5—汽化喷射器泵

e—提升处理法真空装置示意图：

A—上面原理；B—下面原理；1—有金属的包；2—真空室

f—钢循环法真空处理装置示意图：

1—有金属的包；2—真空室

一的示意如图 10-3 所示。从该图理解两种方法的作用原理。同时在面积 $50m^2$ 的真空室中真空处理 1 份约为 30t，在残余压力为 0.4 ~ 1.3kPa、钢温度约为 1600℃ 时，真空处理 10 ~ 12min。钢真空处理装置内的耐火材料，循环法和提升法实际使用条件类似。内衬分为三个区域：最易用坏的下部；灌满钢和渣的金属带；上部，包括顶盖和引入合金添加物用的管以及吸入和下降管。在真空处理的各种制度下，真空室内衬某些部分的寿命决定于处理钢的品种、选择的耐火材料类型及其质量、砌体的结构等。下部的使用寿命为 200 ~ 600 炉，而上部为 1300 ~ 1500 炉，管的寿命为 30 ~ 100 炉。真空处理耐火材料的总消耗 1t 钢为 0.7 ~ 1.3kg。真空室墙的易损坏区域砌筑 MgO 为 78% ~ 80%，Cr_2O_3 为 12% ~ 14%。CaO

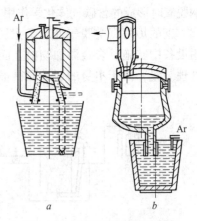

图 10-3　用开口钢包真空处理
a—循环法；b—提升法

小于 2.5%，SiO_2 小于 2%；开口气孔率小于 16%；0.4MPa 荷重软化温度为大于 1640℃ 的电熔镁铬基的镁铬制品。在真空条件下，液体渣渗入气孔中，比在 0.1MPa 下的同样制品要深些。渣熔液主要由硅酸盐-镁橄榄石和钙镁橄榄石，或是钙镁橄榄石和镁蔷薇辉石组成。镁质内衬破坏的原因之一是耐火材料气孔中的镁橄榄石为要结晶化，造成出现裂缝和掉片。提高渣的碱度，制品这种形式的损毁减少，因为这种场合，排除形成镁橄榄石。在 $CaO-MgO-SiO_2-Al_2O_3(Cr_2O_3)$ 四元系中，最后组分含量约为 20% 时，镁橄榄石结晶化范围减小，然而从渣的熔体中析出尖晶石的形成范围扩大，并形成结渣层保护。

真空室上部不受金属和渣的侵蚀作用，可是受到温度的急剧变换。所以应砌筑热稳定性好的镁铬制品。提升法和循环法真空处理室的管用刚玉和镁质泥料构筑。管的内部衬里用熔融方镁石和镁铬泥料及化学结合剂进行捣打，具有高的抗侵蚀性。管的外表面用电熔刚玉和高铝水泥的水硬性泥料构筑。真空室内衬的寿命在很大程度上决定于砌体的质量。砌体最复杂和极其重要区域的制品，预先全套组装，并在陈列台上打上印号。炉顶、罩和盖，包括管式炉喉和阶梯式下部系列，墙的圆形部分（与底接合处）全套制品必须在陈列台上组装。为了使砖缝厚度在 0.5 ~ 1mm 范围内，在陈列台组装时应挑选标准典型尺寸的制品。外形复杂、制造粗糙的制品要进行研磨。用熔融镁铬粉末制取的制品（制品在液压机上 150 ~ 200MPa 压力下成型，并在 1800℃ 下烧成）在金属带使用有最大的稳定性。

真空室用耐火材料有代表性的是熔融原材料，明显地表现出优越性。例如，在气体氧精炼不锈钢的装置中，以熔融镁铬材料为基的烧成制品与用同样化学成分的烧结颗粒为基的制品内衬比较，前者比后者损毁小 3 倍。

由于六价铬的危害，人们致力于代替镁铬砖，日本人开发的低碳镁砖在 RH 炉上使用，300t 钢包的 RH 下降管使用，侵蚀速度 0.6mm/炉，比直接结合镁铬砖小 10%，制品的性能见表 10-1。

有人建议将 MgAlON 结合的碱性耐火材料在炉外精炼炉上使用，因为它不会污染环境，对超低碳钢及含氮高的钢也不会污染钢液，在炉外精炼条件下，MgAlON 是稳定的，而且抗熔渣和金属熔体的渗透性也好，即使 MgAlON 发生分解，产生的 N_2 在耐火材料表面形成气膜，阻挡熔体渗透与侵蚀。

表 10-1　制品性能

砖　别	化学成分（质量分数）/%			体积密度 /g·cm^{-3}	显气孔率 /%	耐压强度 /MPa	抗渣侵蚀 指数
	MgO	Cr$_2$O$_3$	C				
低碳镁碳砖	92		3	3.15	3.4	51	68
镁铬砖	62	18		3.22	14.3	74	100

第三节　热工设备用耐火材料的保护与维护

冶金和其他工业部门的热工设备，只有连续自动控制耐火材料内衬的状态和具有耐火材料的系统保护，才能使设备可靠地运转。

耐火材料的系统保护措施，第一步是使用过程中经常测量内衬的厚度。我们已经知道有几种方法能够查明耐火材料的损毁速度，如用肉眼、示踪原子、测定内衬厚度等方法。现在研究出激光干涉分析，可以测定耐火材料内衬残余厚度，精确度小于 1mm。经常不断地测量内衬不同区域耐火材料的损毁速度，能够实现砌体用砖的厚度相同。

耐火材料的保护有几个方面：

（1）冷却砌体的耐火材料，直到用水的护板完全代替内衬。

（2）用喷补、涂抹、黏附等办法，使损毁层的耐火材料复原。

（3）降低侵蚀物的侵蚀性。

（4）耐火材料内衬、规定使用温度和气体制度的标准额。

（5）改进砌体构件和砌体结构，其目的是降低热机械应力。

一、内衬冷却

冷却强度会按各种机理对耐火材料寿命产生影响。冷却制度分为结渣层的和梯度的：结渣层的，当时工作表面温度明显降低，而在某水平上有辅助的水冷系统，相当于耐火材料与侵蚀物的固体状态产物与液体状态的相互作用平衡，即造成形成结渣层的条件；梯度的，当时耐火材料工作表面温度仍旧不变，而大约等于炉子空间温度，冷面的温度降低，以致内衬按厚度的温度梯度增大，并在指定水平上，炉子使用期间的一定时期内辅助水冷系统。

渣及金属熔体在内衬表面变冷时不仅形成结渣层，而且耐火材料本身易熔成分向工作表面迁移。氧化物的金属熔体黏度在 0.5~1Pa·s 时，失去自己的流动性。根据化学反应类型，熔体的成分和气体介质的性质，在 1250~1550℃ 范围内有这样的黏度值。因而冷却结渣层时，工作表面温度应该降低超过指出的范围。

确定工作表面温度的另一出发点是为了内衬热表面拥有比化学反应开始温度低些的温度条件。

采用像汽化冷却系统一样的直接水冷。结渣层冷却系统结构实行板式冷却装置、箱或管型炉墙板，它的格子起初填满耐火材料薄层。

高炉冷却取得最大成功，炉身下部仅用水冷作业。

电炉冷却时，冷却壁板同时又是炉墙。这样的结构，以冷却的观点最有效果，然而它对水的质量提出高的要求，而使用它时，必须按安全技术保持严密的措施（在金属熔池，不允许有水的破口）。高功率电弧炼钢炉（500~600kW/t），冷却结渣层时炉墙寿命达到400炉，同时炉子生产率提高3%~5%，由于使用期限的延长和检修停工时间缩短，同一炉次持续的时间仍旧和普遍内衬时一样。对冷却附加的电能消耗，认为1t钢为5%~10%。结渣层的主要成效是耐火材料消耗降低50%~90%。

随着内衬损毁而温度梯度增大，如图10-4所示，同时内衬的平均温度提高。假定内衬起初厚度的温度梯度 $(dt/dx)_1$ 和以后（最小）厚度的梯度 $(dt/dx)_2$ 相等。当时应该是热流相等 $\lambda_1(dt/dx)_1 = d_1t_1$ 和 $\lambda_2(dt/dx)_2 = d_2t_2$，得出 $\lambda_2\lambda_1 = d_2t_2/d_1t_1$ 和 $\lambda_2 = \lambda_1 d_2t_2$。例如，当冷壁的温度由40℃提高到800℃时，$\alpha_2 \approx \alpha_1$，热导率 λ_2 应该增大20倍是不现实的。意味着假定有关非正常的梯度相等，而实际上 $(dt/dx)_2 > (dt/dx)_1$。

这种情形在耐火材料损毁过程中有重要意义：具有温度梯度增大的制品某深度的温度（取决于化学侵蚀耐火材料全过程的温度）与温度梯度小时由热面到同样深度比较低些（图10-4）。耐火材料中温度梯度增大，熔融物渗入深度减小，因而损毁。

用人工方法冷却梯度时，让外表面的水冷内衬造成梯度值增高。

耐火材料寿命和温度梯度之间的关系，在无人工冷却作业的各种炉窑上用试验确定，用双曲线的正切表示。这种关系的特点在于其值的范围不大，改变论据取得函数的最终值。这就是说，温度梯度和耐火材料损毁之间不是连续的关系。梯度的意义仅在于它的值确定时表现出来。

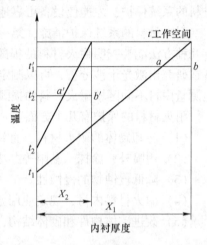

图10-4　内衬损毁炉墙温度分布示意图
（当 $\lambda \neq \rho(t)$ ）

解决梯度冷却结构的方法可能不同。这种冷却形式的效率，从耐火材料消耗的观点比结渣层低些，而从总的经济计算，冷却的能量消耗可能是高些。

如果对耐火材料，梯度冷却更有意义，随温度提高，它的热导率降低。随砌体厚度增大，温度变化曲线有凹线形式，凸形向下。这显示直接的热表面温度更明显地下落。

耐火材料随温度提高，它的热导率增大，按砌体厚度的温度变化曲线有凸形向上。同时热表面温度下降更缓慢（结果是温度梯度值不大），而梯度冷却可能是没有效果。

往往实行两层内衬：致密的（放在接近热的方向）和隔热的。在这种场合，层中造成不同的温度梯度：致密层的梯度不大，而隔热层的梯度较大。致密层梯度减小，伴随这个层剧烈地损毁。所以实行两层形式的内衬可能是不合理的。由热边向冷边连续提高气孔率的内衬好像觉得更合理。炉窑的这种内衬，用捣打或浇注方法容易实现。

电炉盖大部分采用水冷，耐火材料只限于电极周围部分，其用量只占整个炉盖的30%左右。水冷炉盖主要由水冷管构成，根据水冷管布置，结构分为：管式环状、管式套圈和外环套圈组合式、管式环状与耐火材料组合式等。

超高功率电炉（VHP炉）水冷范围不断扩大，日本等工业发达国家VHP炉水冷面积达70%。并研制出喷淋炉盖和炉墙，进一步降低耐火材料用量和单耗。

电炉的现代水冷炉墙，要与导热性 MgO-C 砖相适应，在热面上设计挂渣筋，当炉渣、烟尘与炉墙接触时很快凝固，形成挂渣层，对炉起保护作用，并减少通过炉墙的热损失。当挂渣层变厚时，炉墙的热负荷增大，渣层会熔化一部分而变薄。一旦渣层变薄或脱落，又会重新挂上。炉子内部热负荷和炉墙水冷能力之间达到平衡，使渣层始终保持一定厚度，炉墙经久耐用，使用寿命得到提高。

VHP 炉盖，在水冷的基础上还可以用镁砂或其他材料制成打结层，耐火材料用量仅30%左右。

采用炉底出钢（EBT）方式，减小了出钢时的倾斜角度，水冷范围大幅度扩大（据称水冷范围可达 90%以上），因此炉壁耐火材料大幅度减少。水冷挂渣炉壁分为：铸管式、板式或管式、喷淋式等。

（1）铸管式炉壁内部铸有无缝钢管做为水冷却管，炉壁热工作面附设耐火材料打结槽或镶耐火砖槽。易形成稳定的挂渣层，通过挂渣层的厚度调节炉壁散热能力与炉内热负荷相平衡，而且冷却速度快，不易结垢。

（2）板式壁用锅炉钢板焊接，水冷壁内用导流板分离为冷却水流道，流道截面可根据炉壁热负荷来确定，热工作面镶挂渣钉或挂渣的凹形槽。

（3）管式水冷挂渣壁用锅炉钢管制成，两端为钢管弯头或铸造弯头，由多支冷却管组合而成。

板式或管式水冷壁的特点是：（1）适合高热负荷炉壁热流，适合高功率和超高功率电炉；（2）结构坚固；（3）良好的挂渣能力，由挂渣厚度调节炉壁的热负荷；（4）易于水冷壁更换，可将漏水引出炉外，保证安全操作。

水冷却部位通常有电极夹持器、电极密封圈、炉壳上部、炉门盖、炉门框、炉盖圈等。

水冷构件的出水口设在构件最高处，进水管设在构件最低处，水从最下部流入，最上部流出，可以保证热量迅速散去，构件均匀冷却。

水冷是炼铁高炉内衬寿命稳定的重要因素。炉身下部采用水冷作业，即铸铁冷却壁+耐火砖结构，使高炉寿命达 8~10 年。国外有些高炉寿命达 20 年以上。

近年来又开发了高炉炉身水冷模块技术，其技术核心是用厚壁无缝钢管弯制成型后直接焊在炉壳上，再浇注耐火浇注料而成为冷却模块，应用在高炉中部和炉腰等部位，替代传统的铸铁壁+耐火砖结构，这样既缩短了工期 10 天以上，又减少了施工量，总费用降低50%以上，并且能保证相当长的使用寿命。如某厂 1033m^3 高炉采用水冷模块技术，使用寿命超过 10 年，仍在使用中。

高炉寿命很大程度上取决于炉体冷却系统的冷却效率，效率高低主要看炉墙的热面温度能否稳定地降到化学侵蚀及机械破损临界温度以下，形成稳定的渣壁。在软熔带形成的高热负荷区和炉缸、铁口异常侵蚀区，将炉墙热面温度降到渣铁凝固点以下尤为重要，因为这是高炉寿命的关键部位。

要实现高炉寿命 20 年以上，采用铜冷却壁。武钢在铜冷却壁上镶嵌抗渣性和热导率较好的 Sialon 结合 SiC 砖。

炉缸风口区域：一般用球墨铸铁冷却壁，表面镶嵌微孔刚玉砖，效果较好。

炉缸、炉底异常侵蚀区：铜热导率一般在 240~340W/（m·K），是铸铁的 8~10 倍，综合导热能力，铜壁比球墨铸铁高 40 倍以上，采用铜冷却壁提高冷却能力，表面在几十分钟内形成渣壁，渣壁热导率低，而使炭砖热端温度降低。

炉缸、炉底通过强化冷却，将铁水凝固线温度（1150℃）乃至碱金属和锌对高炉内衬起破坏作用的温度（800~1030℃）向砖热端推移，以降低炉衬温度，形成稳定的凝结保护层，保护炉衬，延长高炉寿命。

目前，国内外大型高炉比较流行铜冷却壁加薄壁炉衬的结构形式。这样不仅通过铜壁的高热导率使炉墙内壁长期稳定形成保护渣层，达到人工造衬的保护目的，也用薄壁炉衬结构，使高炉操作炉壁与设计炉型基本保持一致，加大死铁层厚度，由 2.0mm 左右增加到 3.5mm。炉缸部位使用高导热砖和强化冷却效果已在新高炉炉缸长寿技术中推广。

某大型高炉，在强化冶炼条件下要达到一代炉龄 20 年以上的目标。在炉身下部至风口以上区域采用"密集式铜冷却板+石墨耐火材料"的炉衬。众所周知，石墨制品是高导热性［热导率 70~120W/（m·K）］抗热震的材料，用来降低热面温度，形成凝固渣皮，抵抗高强度热冲击，并利用渣皮保护作用延长内衬的使用寿命。最近又有人研究出"非金属冷却壁"，采用冷却水管、导热加固元件、框架和特种耐火材料合为一体的整体结构，具有耐高温、抗热震等优良性能，取消砌砖，缩短施工时间，一次性投资比铸铁冷却壁减少 40%。

一些有色金属熔炼炉普遍采用水冷技术，如炼铜、炼铝的反应塔采用淋水冷却降温，沉淀池侧墙采用铜水套、冷却铜管等，并砌镁铬砖。沉淀池顶设计外包浇注料的水冷铜管，上部为"H"水冷梁夹砌在镁铬砖中，以防止沉淀池变形。艾萨（ISA）熔炼炉外壳用水幕冷却，炉体下部外壳和耐火材料之间有水套。像瓦纽柯夫熔池熔炼炉、铜自热熔炼炉等一些有色金属炉窑在高温区设置水冷铜套等水冷装置。还有轧钢加热炉、垃圾焚烧炉、锅炉等也采用水冷技术。

综上所述，水冷制度分为结渣冷却和梯度冷却两大类。结渣层冷却一般用板式、箱式冷却装置，或制成管型护渣板，在它们表面和空格里填满高导热性耐火材料，热面形成结渣层用来保护耐火材料，提高使用寿命。梯度冷却是耐火材料表面仍是炉子空间温度，而冷面温度降低，使内衬按厚度的温度梯度增大，造成损毁的熔融物渗入深度减小。两者比较，梯度冷却比结渣层方法耐火材料消耗要低，但能量消耗要高些。梯度冷却时，内衬耐火材料从热边向冷边，真气孔率应该是连续提高比较合理，可用浇注料和捣打料来实现这种内衬。

热工设备采用水冷技术，发展前景看好，应用范围会越来越广。

二、修补技术

修补是延长热工设备内衬使用寿命普遍采用的维护方法。热工设备在使用中各部位所受的物理化学作用不同，会出现局部损坏，对设备的运转造成威胁。如果拆除全部内衬，重砌新衬，不但浪费，而且污染环境。如果采用修补方法，损坏多少，修补多少，哪个部位损坏，修补哪个部位，这样就使工作量大大减少，热工设备停止作业时间缩短，废弃的耐火材料减少，耐火材料消耗也减少。

我国钢包内衬由砌砖改为整体浇注的历史已久，最早用水玻璃结合浇注料，后来改为低水泥浇注料，使用寿命逐步提高。值得称赞的是钢包内衬的套浇，就是在钢包内衬使用到中后期，将内衬表面清理干净，放入芯模重新浇注，原来残存的浇注料保留不动。这样循环下去，基本上做到了耐火材料废弃物的"零"排放。我国中小钢包普遍采用这种套浇方法。宝钢 300t 大型钢包也做过实验，取得很好的效果。

近年来喷补技术发展迅速。所谓喷补，就是利用高速气流作耐火物料的载体，喷射到热工设备损坏的部位（第 7 章已有详细介绍）。

在许多场合，喷补能明显提高内衬寿命。发展喷补（覆盖物）能够计算内衬用新泥料（按模型）浇灌没有破坏的用过部分，节省原材料。

生产期间，炉窑等热工设备内衬局部蚀损或塌落，无论是砖砌内衬，还是浇注内衬，都可以实施喷涂修补。根据损毁部位及损毁部位的大小，一般只需几分钟或几小时停炉（窑）即能修补好，继续投入生产，方便快捷，节约材料。

特别是湿式泵送喷射施工技术，耐火物料可以远距离泵送，机械化作业，劳动强度低，效率高。物料从输送到施工无粉尘污染。如首钢的加热炉，用这种办法修补，已用两年，新衬与旧衬结合良好。

湿法喷补，由于水分蒸发对喷补层质量有严重影响，热喷补经历了由高水分向低水分及无水分的过程发展。例如山东某钢厂 120t 铁水包采用在线修补、表面涂抹料等措施，铁水包的使用寿命由原来使用高铝砖的 350 次提高到 1000 次以上，最高 1123 次。黑龙江某钢厂炉外精炼钢包，一般使用 40 次左右就要更换渣线部位的镁碳砖，要停炉冷却，人工更换，重新烘包，费时费力。而采用快速修补可以不停包，在 500℃ 以上的高温下快速修补，使用寿命与内衬同步到 80 次，并且耐火材料数量减少五分之三，费用降低 80%。近年来，日本等工业发达国家对炼钢炉、焦炉炭化室墙等用火焰喷补技术，不但避免炉温降低，还提高了耐用性。

热工设备种类多，修补方法也不少，何种设备采用何种修补方法，要根据具体情况决定，以企业的经济效益和保护环境不受污染为准则，采取灵活机动的修补措施。例如日本君津钢铁厂 250t 转炉寿命 10110 炉，生产 459 天，吨钢耗用衬砖 0.2kg，而补炉料 1.19kg，合计 1.39kg，可见多么重视补炉。

三、降低侵蚀物的侵蚀性

这是耐火材料的保护比较新的方向。耐火材料使用破坏的侵蚀因素之一是渣。渣与耐火材料接触时间越长，内衬被破坏得越严重。试验表明钢包内衬损毁与包中渣层厚度实际上有直线关系。因此，同一种耐火材料的包衬，用放渣方法使渣减少，使包衬寿命可以提高 2~3 倍。钢包中的渣层，用各种填料（次石墨、多孔烧结黏土、蛭石和其他材料）覆盖的方法也可以使渣的侵蚀性减小。在这种场合，钢包渣不是首先与耐火材料内衬起反应，而是与填充的材料——中和剂起反应。

渣与耐火材料相互作用的动力学阶段，侵蚀性减小的理论前提是渣中实行硅、铝、铁等络合物状，用阳离子方法减少渣成分中游离 O^{2-} 份额。在这种场合，形成复杂的阴离子 $Al_xO_y^{2-}$、$Si_xO_y^{2-}$、$Fe_xO_y^{2-}$ 约束游离氧，减小渣的侵蚀性，发生渣熔体中和。例如，熔体中实行铁橄榄石成分，氧化铝在熔体中明显增加 AlO^{3-} 数量，而减少游离氧的份额。

中和剂的另一个作用是，它对侵蚀物黏度的影响。例如，氧化钙-硅酸盐渣中引入 CaO 大于 30% 或 MgO 20% 或 Cr_2O_3 7% 能使渣的黏度提高到 1Pa·s，造成耐火材料溶解减少很多。于是，氧化钙-硅酸盐渣中加入 20% 中和剂，1600℃时黏土耐火材料的溶解强度为 0.2mg/(cm² · s)，而原来渣为 2.6mg/(cm² · s)。

要使侵蚀物减轻对耐火材料的侵蚀作用，就要将其中化学作用严重的成分达到饱和状态，并降低熔渣黏度。例如，延长炼钢转炉炉龄的关键是提高渣中的氧化镁含量，要达到饱和或过饱和状态。镁碳砖炉衬的损毁过程是首先脱碳，然后渣侵入，炉渣与方镁石反应生成一系列低熔物：

$$2MgO + SiO_2 \Longrightarrow 2MgO \cdot SiO_2(熔点\ 1890℃)$$

$$MgO + SiO_2 \Longrightarrow MgO \cdot SiO_2(分解熔融温度\ 1557℃)$$

$$CaO + MgO + 2SiO_2 \Longrightarrow CaO \cdot MgO \cdot 2SiO_2(熔点\ 1390℃)$$

$$2CaO + MgO + 2SiO_2 \Longrightarrow 2CaO \cdot MgO \cdot 2SiO_2(熔点\ 1450℃)$$

$$CaO + MgO + SiO_2 \Longrightarrow CaO \cdot MgO \cdot SiO_2(分解熔融温度\ 1480℃)$$

$$3CaO + MgO + 2SiO_2 \Longrightarrow 3CaO \cdot MgO \cdot 2SiO_2(分解熔融温度\ 1550℃)$$

内衬受到强烈侵蚀，如果上述反应中的 MgO 不是从炉衬中来，而是从渣剂中配入白云石中来，就可以使炉衬少受侵蚀。当白云石加入量超过 MgO 的饱和溶解度时，将析出固体 MgO 提高渣黏度。MgO 不仅有提高后期碱性渣黏度的作用，减轻内衬侵蚀，还能为内衬形成渣层保护（变黏挂在内衬上），提高炉衬寿命。河南某钢厂转炉加白云石造渣，在不溅渣的情况下，采用贴补与半干法喷补相结合，炉龄达 6813 炉。此外铁水配锰，有利化渣，减少萤石用量，终渣变黏，易挂在炉衬上。AOD 炉用白云石质内衬，提高渣中 CaO 含量，提高碱度，可有效减少对炉衬的熔损。

控制熔渣数量，例如钢包内衬损毁与渣层厚度有直接关系，用放渣法使钢包中渣量减少，可使包衬寿命成倍提高。减少 AOD 炉渣量的办法是尽量减少初炼钢水中 Si 含量（因 Si 氧化成 SiO_2 与 CaO 形成低熔点熔渣），同时使用高质量石灰（活性 CaO 92% 以上），减少炉内石灰数量，从而减少渣量。

回转窑用挂窑皮的方法保护耐火材料内衬，提高使用寿命是一种有效的方法。无论是水泥回转窑还是煅烧氧化铝的回转窑高温带要经受高温气流、物料的侵蚀作用，使内衬损毁。一般都在表面挂上一层适当厚度的窑皮进行保护，减轻物料对耐火材料窑衬的侵蚀作用，提高寿命。如某水泥厂回转窑烧成带用镁铬砖砌筑，当窑运转 158 天停窑检查，发现烧成带末端，由于未黏挂上坚固的窑皮，此处残砖厚度 90~120mm（原砖 200mm），而挂窑皮的部位 170~180mm，可见窑皮对窑衬的保护作用。

高炉炉底和炉缸侵蚀到一定程度要采用含钛料护炉，含钛料起护炉作用的是料中 TiO_2 的还原产物。TiO_2 在炉内高温还原气氛中，可直接被还原为元素 Ti，然后再生成 TiC、TiN 及固溶体 Ti(C, N)。这些化合物在炉缸、炉底生成，发育集结，与铁水及铁水中析出的碳等凝结在离冷却壁较近的侵蚀严重的炉缸炉底砖缝和内衬表面，形成保护层。因为这些化合物熔点很高，能起保护作用。

在我国降低侵蚀物对耐火材料侵蚀性的研究很少，仅见到苏良赫、郁国城等老一辈耐火材料工作者对炼钢转炉的白云石造渣做过研究。随着科技进步，新的热工设备不断出现，侵蚀物对耐火材料的侵蚀作用更加复杂，因此研究侵蚀物对耐火材料的侵蚀作用，内容广泛而且意义重大。

四、稳定操作是热工设备内衬长寿的基础

热工设备的操作制度是根据所生产的产品工艺技术及质量要求制定的，不可随意改变。但由于操作者技术水平的差异，往往造成操作的不稳定性，这对耐火材料的使用寿命影响很大。如炼钢转炉渣中，氧化铁含量每增加 1%，使用寿命降低 18~22 炉；出钢温度 1600℃ 以上，每增加 50℃，使用寿命降低 1 倍；炼钢时间越长，炉衬寿命越短，炉衬寿命与冶炼时间成反比等。水煤浆气化炉一般控制在 1300~1450℃，操作温度升高 100℃，所用的耐火材料蚀损增加 3~4 倍。江苏沙钢从电炉钢炉外精炼钢包的使用寿命统计分析得出：20 世纪 80 年代以后精炼钢包所用镁碳砖质量对寿命的影响只占 15%，而工艺操作因素的影响占 50% 左右。如精炼 100min 左右，平均包龄 23 次；精炼 60min 左右，平均包龄上升到 34 次。

任何一种热工设备必须加强管理，强化过程控制，这样不但能生产出合格产品，而且能提高耐火材料的使用寿命。如水煤浆气化炉是在高温、高压、强还原气氛下操作的，保持炉内温度、压力、气氛稳定非常重要，否则，如果压力过大、还原气氛过强、温度过高，所用的高铬耐火材料中的 Cr_2O_3 被还原，就会造成内衬结构被破坏。为了稳定操作要保证有稳定的煤源和煤种，并设法降低煤渣的熔化温度和提高渣的黏度，使炉衬蚀损速度稳定。

操作制度规定后必须严格执行，不得随意改变。如氧气转炉炼钢吹炼各期枪位的变化，对快速成渣和炉衬侵蚀的影响很大。吹炼前期一般采用较高枪位操作，以利石灰快速熔化，形成具有一定碱度的熔渣，减轻前期酸性渣侵蚀镁碳砖（碱性）内衬，石灰熔化后应降低枪位，使氧化铁含量降低；吹炼期枪位应适中，以免强烈脱碳，使氧化铁含量过低；吹炼后期应提枪化渣，调整渣的流动性；吹炼近终点时，再适当降低枪位，加强搅拌，使温度和成分均匀，降低氧化铁含量，减轻炉渣对炉衬的侵蚀。

操作稳定后，要采用精确的激光测厚技术，准确控制内衬蚀损情况，以便采取准确的补救措施。最近有人提出耐火材料的安全智能化，主要指建立耐火材料使用过程的在线检测系统，当设备达到非安全值时开始预警，而不是靠经验判断。在规定使用条件下，耐火材料内衬按定额蚀损，再通过合理的补救维护措施提高使用寿命。

五、采用专项技术解决耐火材料使用中的薄弱环节

现代的热工设备往往是一个系统工程，某一环节出问题，会影响全套设备耐火材料使用寿命。例如连铸用中间包耐火材料约占钢厂用耐火材料的 30%，提高单包连铸次数可以降低成本。目前单包寿命普遍在 6~8h，与浸入式水口（或定径水口）寿命同步。影响其使用寿命的关键是塞棒和水口。山东某钢厂在保护浇注的条件下，快速（0.1s）更换水口，取消整体塞棒，优化内衬为镁钙质干式捣打料，使中间包用耐火材料的使用寿命比原来提高 10 余倍，平均寿命 60h 以上，最高 77.5h，同时耐火材料消耗显著降低。取消塞棒不但降低耐火材料消耗，也减少对钢水的污染。

炼钢转炉复吹技术具有良好的冶炼效果，但炉龄只有顶吹的一半。影响使用寿命的关键在于底吹用的透气砖寿命。为此宝钢先后改进炉底砌砖方法，并采用挂渣技术、"蘑菇头"技术、透气砖更换技术等措施，使复吹转炉内衬寿命与顶吹寿命同步。

硅砖的主要缺点是抗热震性差。焦炉炭化室墙基本上是用硅砖砌筑，由于出焦时开关炉门和装煤时温度急剧变冷，所用硅砖容易开裂，影响使用寿命。某高校研究出一种抗热震的硅砖涂料，使硅砖的抗热震性显著提高（1200~600℃空冷，未涂硅砖 1~2 次出现裂纹，涂层硅砖为 15~30 次）。在焦炉实际使用半年后，涂层硅砖出现 10μm 左右裂纹，仔细观察发现涂层覆盖了硅砖的微小裂纹，涂层的玻璃相填充了裂纹和气孔，可以提高硅砖的防渗碳作用，涂层与硅砖基本结合良好。由于涂层线膨胀系数略小于硅砖，涂层承受压应力，这种应力分布可以有效地阻止裂纹扩展，提高热震稳定性。

保护耐火材料砌体，防止机械应力造成的破坏，可以借助选择材料和砖缝厚度做到实质性减小砌体应力，提高耐火材料寿命。还有单个制品形状和尺寸的合理化，对减小应力也有影响。例如镁质制品当一面温度不变而对面明显变化时，在制品热面锯开 10mm 深的沟，会使剥落减少。从应力分布均匀的观点，六面形状的制品比四面的可取。

优化热工设备内衬的措施和方法很多，必须深入细致地观察了解热工设备的运行过程，找出薄弱环节，通过反复实践才能解决问题。

提高热工设备用耐火材料使用寿命、降低耐火材料消耗与节能减排的国家产业政策是一致的。耐火材料的正确使用并加强维护可使寿命成倍提高，甚至提高几十倍，单耗也显著降低，甚至可能做到零排放，值得仔细思考和深入研究。

最近耐火材料界权威人士提出提供耐火材料使用的技术集成方案，满足节能减排需要的综合长寿节能技术集成的作法，作者倍加赞赏，渴望能早日见到成果，真正做到热工设备用耐火材料的高寿命，使用后耐火材料零排放，使中国成为耐火材料强国。

某厂炼钢转炉采用环保型修补砖是用 90 和 95 烧结镁砂 70%~80%、含油镁碳砖废料 10%~20%、木质磺酸钙溶液结合剂 3%，选用软化温度 120℃，w(固定碳)>60%的高温改性沥青粉作软化剂 3%~5%，硫磺为添加剂 2%，进行配料，充分混合均匀后压成砖坯，自然干燥 3 天。修补砖在使用中充分降低了修补过程有害烟雾及粉尘的产生，对环境无污染，修补砖高温软化性好，烧结时间短，节能环保。

第四节　耐火材料对钢中非金属夹杂物的影响及处理

减少钢中非金属夹杂物是提高钢质量的关键。现代的顶底吹转炉、高功率和超高功率电炉也无法很好地消除钢中的夹杂，于是发明了真空脱气、钢包底部吹氩、喷粉精炼、真空脱氧脱碳等钢水炉外精炼技术，提高钢水的纯净度和洁净度。而洁净钢对夹杂物要求不仅数量要很少，尺寸也要很小。例如汽车薄板 LF 钢，要求夹杂物尺寸小于 100μm，总氧含量（质量分数）小于 $2×10^{-5}$%。

按来源钢中非金属夹杂物分为 3 种：

（1）内生的：金属本身，当它脱氧、结晶化和冷却时，由于进行各种物理化学过程，于内部形成。

（2）外成的：由耐火材料和渣构成外部起源，当液体金属流放出和浇注时，机械诱导而可能凝固在钢中。最危险的是液体金属诱导耐火材料小质点，因为大质点容易浮起。

（3）内外生的：在外成上分泌出，当时内生夹杂物。

用目力按标准等级表的级数（表 10-2）评价钢的非金属夹杂物的污染性。在增大

100~125 倍的显微镜下观察抛光的显微磨片，与标准等级表比较，轧钢试样总合起来。用这个方法主要确定外成夹杂物，这种夹杂物在所有夹杂物的份额中相对不大。

表 10-2　各种非金属夹杂物按级评定的标准等级

级	氧 化 物		硫化物和硅酸盐		碳化物
	小的	大的	小的	大的	
1					
2					
3					
4					
5					

正常冶金过程，外成夹杂物不超过夹杂物总量的 5%~10%。利用放射性同位素（示踪原子）多次研究这个令人信服的指标。所有夹杂物的质量分数一般为 0.01%~0.02%。

密度最小的非金属夹杂物能浮起。浮起一般遵循已知的司托克规则。可是实际上夹杂物尺寸不大时，黏附力有很大的作用。润湿性的程度越小（金属-夹杂物的相间能很大），抑制夹杂物与金属接触的力就越小，而它越易与金属分开，并且浮起。作为夹杂物的例子，液体铁润湿不好的，可能遭受氧化铝夹杂物（$\sigma_{金-Al_2O_3} \approx 1J/m^2$）；液体铁润湿好的（所以与它不好分开），可能遭受硅酸铁夹杂物（$\sigma_{金-杂} \approx 0.4J/m^2$）。尺寸为 $1~2\mu m$ 的夹杂物上升得很慢，由于气流对流，可能长时间在液体金属体积中转移，而最终结果仍旧在金属中。通过熔池散发的气泡（金属沸腾，惰性气体吹炼熔池等）与夹杂物拥有的相间能比夹杂物与金属之间的相间能小，即 $\sigma_{杂-气} < \sigma_{金-杂}$，所以夹杂物对气泡黏着，并与它消失在渣中。

影响夹杂物从金属中排除速度的因素：

（1）夹杂物的尺寸，它的成分（熔化温度）和密度。

(2) 对夹杂物增大的能力。

(3) 金属-夹杂物和渣-夹杂物边界上的相间能。

(4) 熔池的搅拌强度。

(5) 金属的物理性能。

一、出钢槽内衬的影响

出钢槽内衬被大量损坏：1t 钢为 2~6kg。放出一炉由 10min 延长到 20min。这个时间冲刷的耐火材料碎片，由于金属层厚度不大而浮起。因此由出钢槽内衬耐火材料污染钢的可能性很小。

二、钢包内衬的影响

已经表现出钢包耐火材料消耗很大。大的和深处的夹杂物浮起。此外，钢包中钢发生回转移动。钢在外围部分变冷，往下移动，而在中心部分往上。同时，某些部分的非金属夹杂物仍旧在钢中，见表 10-3。

表 10-3　钢包内衬耐火材料对钢的污染

钢包砖	砖 的 性 质		紧要侧的损毁 /mm·(h·热)$^{-1}$	按氧化物夹杂物、钢的平均级数	夹杂物对钢污染，砖参与的质量分数/%
	Al_2O_3 含量/%	气孔率/%			
黏土砖	36.4	19.2	11	1.82	4.6
高岭石砖	44.41	10.5	4.4	1.62	2.5
高铝砖	77.73	5.6	3.6	1.56	1.5

上海宝钢研究：LF 钢+钢包渣分别与镁质、刚玉质和熔融石英-刚玉质三种耐火材料一起于 1600℃、45min，对 LF 钢总氧含量的影响排列顺序为：熔融石英-刚玉质>刚玉质>镁质，钢中夹杂物颗粒数量多少与上述顺序相同，因此 LF 钢的生产应采用低硅或无硅耐火材料，如刚玉质、镁质或镁钙质耐火材料。

三、钢水炉外精炼的影响

在钢水炉外精炼过程中耐火材料剧烈损坏，它参与钢中非金属夹杂物的形成，在这里是最低限度的，因为炉外精炼过程本身的发展方向就是降低所有类型的非金属夹杂物。耐火材料溶解在金属中时，耐火材料元素转为离子或原子形式。这些元素在金属中与气体相互作用形成非金属夹杂物，于是形成氮化物、氧化物、硫化物等。这样一来，耐火材料在钢中的任何溶解都形成非金属夹杂物。

但是不同材质耐火材料对钢水洁净度的影响有明显差异，精炼钢包、AOD、VOD 炉等内衬采用镁白云石耐火材料有利于钢水的净化。

四、中间包

包衬内表面 CaO 质涂料，由于 CaO 与钢水中 Al_2O_3 夹杂物发生反应生成低熔点化合物，可被涂层吸收或上浮被渣吸收，从而减少钢水的夹杂物含量。中间包内挡渣堰、钢水过滤器，特别是氧化钙质过滤器，使非金属夹杂物减少 20%～40%。由于大颗粒夹杂物消除，夹杂物尺寸变小，对改善钢质量有利，如图 10-5 所示。

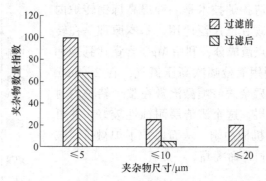

图 10-5　钢水过滤前后夹杂物尺寸分布变化情况

中间包底部透气砖向钢包吹氩气，促使夹杂物上浮。保护渣可避免钢水增碳，对 Al_2O_3 夹杂物有较强的吸收能力。此外改变浸入式水口结构，使涡流减少，钢液流畅，有利于夹杂物上浮。例如日本开发的环梯型浸入式水口，消除滞留区减少堵塞，改善结晶器内钢流状态，稳定钢水流畅，有利于夹杂物颗粒和气泡上浮。

上海某钢厂 10t 中间包使用挡渣堰（墙），在其他工艺不变的情况下，可使中间包钢夹杂物降低 30%，铸坯中夹杂物降低 30%～40%。不用挡渣堰的板坯表面铝酸盐夹杂约 2.9%，加挡渣堰后为 2.1%，加挡渣堰和坝，板坯表面夹杂由 2.1% 减少到 0.3%。

中间包吹惰性气体，使氩气泡均匀地从底部上浮，促进夹杂物排除。在中间包采用过滤技术，除去小于 $50\mu m$ 夹杂物，主要是钢中不变形的 Al_2O_3 夹杂，一般方法除去小于 $50\mu m$ 的夹杂比较困难。

第五节　应用耐火材料新技术

随着经济发展、科学技术进步，耐火材料的应用技术也有很大提高，除了前面介绍的选用合适的耐火材料、使用过程中做好保护或维护耐火材料，还创造了许多新的应用技术，列举实例如下。

一、高炉炉身高导热石墨砖内衬结构技术

高炉风口以上区域属于炼铁物料反应区域，不仅有物料下降过程对炉衬的磨损、热气流对炉衬的冲刷，还有物料反应产生有害元素对炉衬的侵蚀及熔融物的熔损，而且温度变化非常剧烈。因此高炉炉身区域内衬材料要具有承受热冲击能力。宝钢 4 号高炉采用"密集式铜冷却壁+石墨耐火材料"的炉衬结构，这种内衬结构中，高冷却强度的铜冷却板和石墨耐火材料共同构成高导热层，有助于炉衬热面形成凝固渣皮，进而又降低了炉衬温度，同时也阻止炉内有害元素的侵蚀。因此炉身下部至风口（炉腰、炉腹）采用单一石墨砖。炉身中部以上区域物料处于固体颗粒状，炉衬不具备挂渣条件，炉衬直接受高温炉气和物料蚀损，采用 Sialon 结合 SiC 砖，见图 10-6。

二、溅渣护炉技术

前面已经介绍过溅渣护炉技术是一种提高炼钢转炉内衬使用寿命的新技术，现在已广泛应用。基本原理是在转炉出钢后，调整余留终点渣成分，利用 MgO 含量达到饱和或过饱和的终点渣，利用氧枪喷吹高压氮气，在 2～4min 内将出钢后留在炉内的残余炉渣喷溅涂敷在整个转炉内衬表面上，形成炉渣保护层。这个溅渣层耐蚀性较好，并可减轻炼钢过程对炉衬的机械冲刷，从而保护了炉衬砖，减缓其损坏程度，使得炉衬寿命提高。

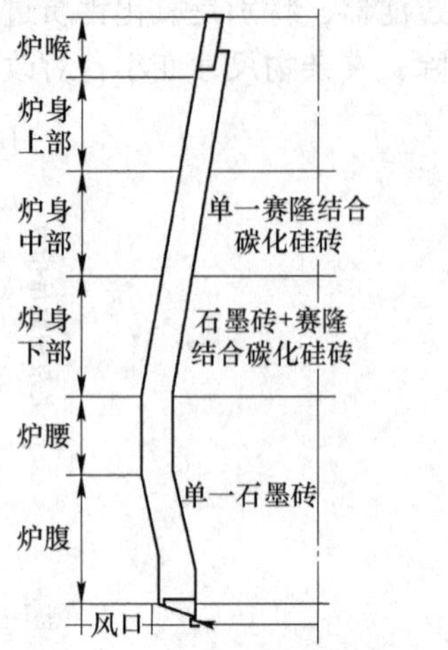

三、钢包上水口在线整体更换技术

钢包上水口使用条件苛刻，在使用到一定程度时就要更换，否则浇钢时将会产生事故。传统的更换工艺是用风镐将其打碎，一点一点拆除。在拆除上水口时，有时会伤

图 10-6　宝钢 4 号高炉炉身区域内衬配置结构示意图

及座砖，使座砖与上水口之间缝隙增大，导致钢水渗入缝隙，不得不提前下包，影响钢包的使用寿命。为此采用上水口整体取出，而不使用风镐。

上水口的结构见图 10-7，依靠耐火泥黏结在座砖内，见图 10-8。用丁字形工具（图 10-9）穿入水口内卡着水口砖的顶端，就能将其从外侧拉出来。

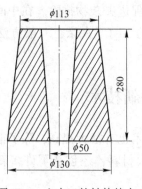

图 10-7　上水口的结构特点

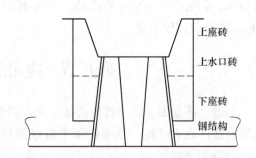

图 10-8　座砖与上水口砖的装配图

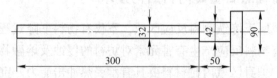

图 10-9　自制拉杆示意图

几点注意事项：一般在座砖与水口之间是用黏土质火泥黏结，随着上水口使用次数的增加，由于火泥被高温烧结，黏结牢固难以拉出，因此必须采用一些措施如下：

（1）在上水口与耐火泥之间加隔离层。经试验用沥青浸渍上水口，沥青在使用时受热，在上水口周围形成一个炭素层，能有效地防止上水口与耐火泥之间的烧结，在取出上

水口时起到润滑作用。

（2）改用镁质耐火泥。这种火泥在浇钢温度下不发生烧结，也不与上水口反应，而且能从上水口上很好地剥落下来。镁质火泥指标：$w(MgO)>80\%$，$w(SiO_2)<1\%$，体积密度为 2.36g/cm^3，耐火度大于 1760℃。

（3）改变耐火泥的可塑性。因镁质火泥可塑性差，为此要加入结合剂，如亚硫酸纸浆废液等。

（4）安装上水口的松紧度要适宜。如果安装过紧，容易把上水口底部撞坏，而且也不易被拉出；如果过松，上水口与座砖之间会渗钢，影响整体更换效果，因此松紧要适宜。

在钢包浇注完毕后打开滑动机构，用氧气将水口内部的残钢清扫干净，再将氧管弯成钩状，清理干净上水口与座砖接缝处残钢，然后用自制拉杆从钢包前端插入上水口内，两人用手握拉杆，用力来回猛拉，直到上水口拉出。

四、连铸用快速更换浸入式水口

在冶金连铸生产过程中，中间包所用的浸入式水口及水口更换装置操作过程复杂，消耗时间长，易造成连铸过程钢水断流，降低生产效率，同时造成钢坯出现废品。

（一）快速更换水口结构及加工工艺

快速更换水口的结构示意图见图 10-10。

该装置的下滑板上部为平板面，下部为倒置的锥台。下滑板的低端与水口本体连接，连接方式为平面对接或凹凸嵌合套接。下滑板与水口本体相连的表面用黏结剂黏合，提高其复合强度。再用厚度为 2~4mm 的铁板，经冷冲压制成联结套（又称金属保护套），将下滑板与水口本体围箍成一整体。联结套与下滑板和水口本体之间填补膨胀耐火胶泥，保证了换管装置整体的连接强度。

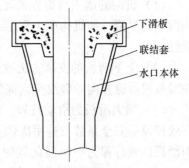

下滑板
联结套
水口本体

图 10-10 新型快速更换水口的结构

新型快速更换水口所用原料、加工工艺与其他浸入式水口相似，根据使用条件不同，需对产品配方和加工工艺进行适当调整。其本体为铝碳质，$w(Al_2O_3)>45\%$，$w(C+SiO_2)>26\%$；渣线为锆碳质，$w(C+SiC)>15\%$，$w(ZrO_2)>70\%$。其主要物理指标见表 10-4。

表 10-4 新型快速更换水口的物理指标

项 目	耐火度 /℃	显气孔率 /%	体积密度 /g·cm^{-3}	常温耐压强度 /MPa	常温抗折强度 /MPa	抗热震 （1100℃⇌水冷）/次
本体	>1770	<18	>2.50	>20	>7.0	>5
渣线	>1770	<20	>3.20	>20	>7.0	>5

（二）更换方法

新型快速更换水口最大的优点是操作简便，更换快速，省时省工，其操作方法如

图 10-11。

在浇注过程中，当需要更换水口时，被更换的水口在原位置上保持不动，将新更换的水口按规定的要求放置于滑道上，轻轻推动新换上的水口到达水平导轨上，然后沿水平导轨推动新水口迅速将原水口推到下滑道上，新水口经快速更换装置固定于原水口位置上，很快接通钢水，保持继续正常浇注，被更换的原水口则由下滑道脱离后取走。更换水口只需 2～2.5s，实现了中间包作业更换水口不停浇的经济技术指标。

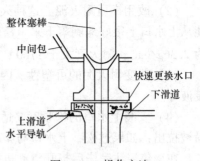

图 10-11　操作方法

实践证明，新型快速更换水口具有降低生产成本、改善使用条件、简化操作程序、提高生产效率及钢材质量等特点，使用效果良好，是浸入式水口的换代产品。

五、钢包滑动水口滑板多炉连用技术

莱芜钢铁集团针对 130t 钢包滑动水口机构问题，根据现场的工艺技术条件，对滑动水口机构的面压负荷方式、滑动行程、滑板的安装方式进行设计改造，改进滑动水口耐火材料性能，优化精炼工艺等，采用综合技术，实现了滑动水口滑板的多炉连用。

滑动水口机构的改进：

（1）机构的面压负荷方式改进。通过气扳机对 4 个由压缩空气冷却的面压螺栓压缩机构两侧的弹簧，使机构产生面压，并稳定在 80kN 左右，保证了高温环境下连续使用的安全性。

（2）上下滑板的安装方法改进。滑板通过四角的压砖铁块依靠螺丝固定在模框内，可使滑板沿滑道方向的裂纹受到抑制，延长砖的使用寿命。

（3）增大滑板的滑动行程。滑板的滑动行程由 165mm 增大到 200mm，提高滑动水口有效控流的安全系数及连用次数。依据多连滑有效行程平均消化值一般为 15～22mm/次，而滑板的残行程为平均消化值的 1.5 倍，可保证滑板再使用 1 次，既增大滑板行程 30～35mm，又可延长滑板使用 1 次。

滑动水口耐火材料性能的改进：

（1）滑板采用新型防氧化技术。在配料中添加新型防氧化剂，在滑板工作面涂抹一层 0.3mm 左右的新型防氧化涂料，改进滑板的抗高温氧化性能。

（2）滑板、上下水口采用低硅、低碳配料，高压成型工艺，提高耐压强度，改进抗侵蚀和抗热震性能。滑板及水口的主要理化指标见表 10-5（其中水口火泥 1400℃烧结强度大于 4.5MPa）。

表 10-5　滑板及水口的主要理化指标

项　目	$w(Al_2O_3)$ /%	$w(C)$ /%	$w(Cr_2O_3)$ /%	体积密度 /g·cm^{-3}	显气孔率 /%	耐压强度 /MPa
滑板	≥90	≤3.0		≥3.0	≤8.0	≥190
上水口	≥91	≤3.0		≥3.1	≤8.0	≥120
下水口	≥90	≤3.0		≥3.1	≤7.0	≥120

项　目	$w(Al_2O_3)$ /%	$w(C)$ /%	$w(Cr_2O_3)$ /%	体积密度 /g·cm^{-3}	显气孔率 /%	耐压强度 /MPa
水口座砖	≥92		≤3.0	≥3.2	≤14.0	≥110
水口火泥	≥72	≤9.0				

（3）板构造改进。滑板背面贴有石棉板及铁板，并用铁环箍紧。石棉板在滑板和机构之间，具有缓冲和隔热作用；薄铁板可防止和机构模框烧结，铁环防止滑板裂纹扩大。

（4）上水口构造改进。上水口母口周围由铁环箍紧，防止上水口裂纹扩大。

改进后的滑动水口机构操作简便，面压控制装置可靠，保证了滑板连用过程中面压稳定，实现了无漏钢浇注。没有发生滑动水口穿钢事故，机构本体寿命由 500 炉次提高到 2000 炉次以上，机构弹簧寿命由 400 炉次提高到 1500 炉次以上。改进后的滑板，耐侵蚀、抗冲刷和抗氧化能力强，实现了滑板的 4 炉连用。铸孔扩径平均为 0.8~0.9mm/次。还降低了机件维修费用。

六、钢包浇注工作衬喷补续衬焊接技术

针对钢包浇注内衬普通剥皮套浇工艺上的缺陷，根据钢包续衬焊接理念和喷补造衬的工艺原理，开发了喷补续衬焊接技术。

（一）喷补续衬焊接技术原理

通过精确控制喷补料中高温物相的组成，使高温物相与钢渣中的矿物相相互渗透，相互反应，生成具有优良性能的反应层，从而把使用过的残层与喷补料层牢固地焊接在一起。

采用喷补料的衬体使用后无需拆除包衬，只需清除表面较厚的残渣，表面留一层薄薄的残渣，利用尖晶石可以吸收钢渣中的 CaO 生成铝酸盐和吸收 FeO 形成固溶体等反应的原理，使钢渣层与喷补料有效地结合起来。喷补续衬焊接示意图见图 10-12。

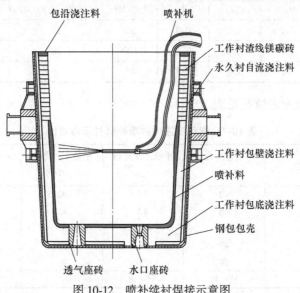

图 10-12　喷补续衬焊接示意图

（二）喷补续衬焊接技术要求

（1）浇注料与喷补料在各温度段的膨胀系数要一致。浇注料在高温下必须呈微膨胀，同时为保证与喷补层在使用状态下不分层，又要求其与钢渣反应后的物相在 1000~1300℃下与喷补料在 1600℃的膨胀性基本相一致，以保证在使用的初期相互间不产生位移，有足够的反应焊接时间。

（2）浇注料本体和喷补层的抗钢渣渗透和侵蚀性能要好。为保证物料的耐用性，通过控制加入的微粉活性及加入量来调节物料在中高温下的烧结性能；而本体材料与钢渣的渗透层物相组成及渗透厚度，主要通过浇注料中尖晶石与镁砂的引入量和引入方式来调节。试验表明：在浇注料中引入质量分数 2%~4%的尖晶石时，其渗透性及结合层的结合强度都可以满足喷补续衬焊接技术的要求。

（3）要保证喷补层与本体浇注料焊接良好，喷补层的厚度必须适当。在使用前期，为了使喷补层与渣面在一定温度下渗透而达到焊接要求，必须控制喷补层的厚度来控制结合面的温度在 1000~1300℃，这是喷补料最佳的焊接强度段。如果温度过高，渣面的液相量过大，喷补层易发生早期剥落现象；若温度过低，渣面的渣不会形成黏层，也同样导致喷补层剥落。根据相关的热传导理论计算并结合实际使用经验，喷补层的厚度控制在 40~80mm 为最佳。

（三）使用效果

根据莱钢 130t 钢包实验，取得了良好的效果：

（1）包壁、包底采用镁铝尖晶石质浇注料，平均侵蚀速率约 1.0mm/炉，小修采用镁铝尖晶石质喷补料，平均侵蚀速率 1.2mm/炉，其浇注料与喷补料的理化性能指标见表 10-6。

表 10-6　镁铝尖晶石质浇注料与喷补料理化指标

料　别	化学成分（质量分数）/%				常温耐压强度/MPa	高温抗折强度（1450℃，3h）/MPa	永久线变化率/%	
	Al_2O_3	MgO	CaO	SiO_2			1100℃×3h	1600℃×3h
包壁浇注料	91	7.5	1.1	0.3	82	18	0.01	0.03
包底浇注料	90	6.0	2.0	0.2	120	28	0.03	0.02
喷补料	75	18	5.0	1.3	65		0.01	0.04

（2）包衬修砌及寿命情况见表 10-7。

表 10-7　钢包浇注内衬喷补续衬寿命对比

浇注工艺	包号	新包寿命/炉	小修1次寿命/炉	小修2次寿命/炉	小修3次寿命/炉	合　计/炉
喷补续衬焊接	28	42	50	42		134
	11	48	43	45		136
	21	47	50	51	51	189
	28	42	50	53	44	189
	25	49	51	40	52	192
普通套浇		38~42	35~38			75~78

从表 11-7 中可以看到,采用普通套浇工艺和 1 次小修的钢包二次包龄为 75~78 炉次;采用喷补续衬焊接技术,经过 3 次小修的钢包第四次包龄达到 190 炉次,包衬剥皮套浇后的单次小修的包龄同比提高 10 炉以上。

小修 3 次后,对钢包工作衬浇注料进行剥皮套浇中修,然后再次采用喷补续衬焊接技术小修 3 次,依此循环修砌 8~9 个循环,直至更换新的钢包永久衬和工作衬,可使钢包浇注工作衬使用寿命达到 1500 炉次以上。

(3)包衬耐火材料消耗:普通套浇耐火材料总消耗为 2.91kg/t 钢,喷补续衬焊接技术时为 2.3kg/t 钢,因此同比套浇工艺低 0.61kg/t 钢,节约了成本。

(4)喷补续衬焊接技术对钢包工作衬浇注料用后残衬的渗透层不拆除,直接利用,减少了剥皮套浇的劳动强度和废旧耐火材料的排放量,实现用后浇注料的直接循环利用,具有较好的社会效益。

七、陶质焊补工艺技术

陶质焊补工艺原理是用助燃的气体作介质,通过特制的喷枪将含有可燃物的耐火材料粉剂喷吹到炉窑损毁部位的灼热的壁面上,材料能产生剧烈燃烧,产生 2000℃以上的高温,使耐火粉料同母体砖表面产生熔融结合,就像钢铁的"堆焊"一样形成一块新的"焊肉",如图 10-13 所示。

陶质焊接是热态维修炉窑局部损毁效果最好的技术,其特点是:

(1)焊补层同母体由于是熔融结合,故结合特别牢固,能从结构上补强损毁部位,其效果是任何传统喷补方法无法比拟的。

(2)焊补体致密度高,能够达到原砖水平,因其化学组成同原砖一致,故其化学稳定性和高温稳定性同原砖水平更接近,几乎可代替原砖。

(3)可以在不停炉甚至完全不影响生产的情况下进行维修,可避免冷炉造成对炉体结构的进一步损害和重大的经济损失。

有人在 400t 玻璃熔窑碹角的热修采用了陶质焊补技术。具体方法是:在熔窑两边翼墙处各开 1 个 300mm×300mm 的孔,然后伸入特制的焊补枪,对两边碹角进行了焊补作业。最长的焊补枪长达 12.5m,焊补枪伸入窑内可达 9.5m,在碹角处形成了高约 200mm、厚约 100mm 的一层焊补体,牢牢地填满了原来的孔洞,如图 10-14 所示,使外部碹碴钢不再发红,熔窑正常工作延长使用寿命,降低生产成本。

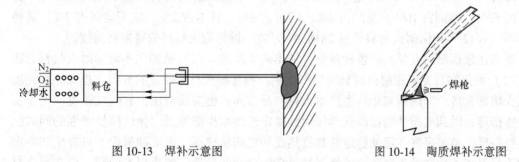

图 10-13 焊补示意图　　　　　　　图 10-14 陶质焊补示意图

有了好的耐火材料要会用,巧用是提高热工设备使用寿命的重要部分。近年来,随着科技发展，耐火材料应用新技术不断出现，本书仅选择有代表性的内容做了简单介绍。还有些新技术在本书有关章节中也有介绍，请读者注意

第六节　展望耐火材料生产与应用的发展

21世纪，冶金和其他高温热处理过程的最高温度，大概不会升到超过2000～2500℃和个别场合到3000℃。预测21世纪SiO_2、CaO、MgO、ZrO_2、Cr_2O_3、Al_2O_3、SiC、$C(Si-Al-N)$、P_2O_5作为制造大宗耐火材料的原材料，仍保持主导地位。黏土砖和硅砖生产量不会增大。利用合成莫来石的高铝制品和Al_2O_3含量为99%的制品的生产将要增大。碱性耐火材料及其与碳复合物的材料的生产增大。前些年，动力和原料问题对耐火材料的选择产生重要影响。然而，由于发展选矿和合成原料，在其基础上，ZrO_2、$ZrSiO_4$、SiC、Si_3N_4、Cr_2O_3、$Si-Al-O-N$系、硼和碳的化合物耐火材料的生产和应用将会发展。

根据国内外研究结果，关于各种各样的可塑的、硅有机的和有机-硅酸盐料在耐火材料生产中应用前景广阔。

硅酸铝耐火材料工艺，塑胶能够当结合剂代替黏土结合。硅砖生产应用热反应塑胶以及其他耐火制品应用，可以放弃干燥过程。利用某些聚合物，作为特别纯材料制品的结合剂，它的成分中没有矿物盐（灰含量）的意义很大。塑胶在不定形耐火材料和其他不烧复合物中应用，能够很大地改善像复合物工作性质一样的应用技术。

2000年，世界钢的总产量为8.4369亿吨，其中转炉钢4.8090亿吨（57%）和电炉钢3.0373亿吨（36%）。生产钢的主要设备是容量300～400t及更大的顶吹和底吹的氧气转炉，100t、200t和300～400t的电弧炼钢炉。

2011年全球粗钢产量14.9亿吨，中国粗钢产量6.83亿吨，占全球产量的45.8%。2012年世界62个国家和地区粗钢产量15.18亿吨，中国粗钢产量7.17亿吨，占世界的46.3%。

高炉作为主要冶金设备将保留到21世纪。

耐火材料将有相当大的数量被钢的炉外精炼消耗。将有70%～90%的钢在连铸机上浇铸。采用输送管运输金属，可将金属大量输送到钢包中。

耐火材料的总消耗1t钢为10kg，上海宝钢1997年的消耗1t钢达到9.85kg，1998年为10.95kg。

2011年全世界耐火材料产量4300万吨，其中中国的耐火材料产量2949.69万吨，占全球的69%，欧洲占10%，美国占4%，印度占3%，日本占2%，拉丁美洲占2%，其他占10%。2012年中国耐火材料产量2818.91万吨。世界耐火材料的格局将持续。

非常注意预测耐火材料的各种观点，抽出两个问题：（1）成型和不定形耐火材料的比例；（2）氧化物与无氧化耐火材料的生产比例。提高耐火材料质量的方向：提高原料纯度和减少熔剂含量，即用纯氧化物生产耐火材料是方向；提高成型压力和烧成温度。由于实行这些措施，做到实质性的提高化学侵蚀的稳定性和减少渣渗透。弹性模量增强的同时抗热震性降低，结果只好在侵蚀稳定性和抗热震性之间做选择。在某种程度上只有生产不定形耐火材料和不烧制品来缓和抗渣性和抗热震性之间的矛盾。解决根本问题，要在耐火材料复合物中计算应用无氧组分。无氧组分具有高程度的共价键，有低的弹性模量、线膨胀

系数值，而在许多场合又提高了热导率，从本质上提高了材料的抗热震性。

现在已经在高炉中用碳化硅，而在电弧炉和氧气转炉用镁碳砖，逐渐淘汰氧化物耐火材料。当然，也不能认为完全没有制取热稳定性好而又抗侵蚀的氧化物耐火材料的可能性。

生产无氧耐火材料，动力耗量大。所以氧化物和无氧耐火材料之间取决于经济标准。

生产特别重要的制品，根据对它性质的要求，拟定氧化物和无氧耐火材料应用范围，见表 10-8。

表 10-8　氧化物和无氧耐火材料的合理应用范围

主要要求	材料种类	制品
抗热震性	熔融石英	连铸机浸入式水口
抗热震性和抗侵蚀性	铝碳质的、专用不定形镁碳质的	转炉、电弧炉顶
抗侵蚀性	刚玉、二氧化锆、氧化镁	滑动水口零件、多孔塞子、风口制品
液体钢的不润湿性	碳化硅、氮化硅、碳化硼	专用水口、过滤用
高温下的高强度	Si-Al-O-N	金属运输的输送管

耐火材料在使用中，提高使用寿命的潜力很大，在于造成有效的结构，像新的耐火材料一样存在，无氧的及其复合物像氧化物的一样。

增加不定形耐火材料生产，从合理性来说属于生产和使用施工完全机械化、内衬的无接缝性、高的劳动生产率（与生产和使用小块制品、砖比较，劳动生产率提高 5~10 倍），由于没有制品烧成过程，其节能、制品抗热震性好。

不利因素有：不定形耐火材料内衬的性质说法不一致，特别是长时间使用时，干燥困难及它的均匀性、持续时间长（按干燥过程持续的时间比用不定形耐火材料制造内衬所有作业时间还长），某些结合剂价格高，不定形耐火材料重复利用困难，在许多场合的使用寿命比砖衬寿命更低，必须采用专用设备构筑内衬，例如喷补装置、火焰喷补等。

预测不定形耐火材料在不长的时间里将占一般耐火材料的约 50%。

我国著名耐火材料专家钟香崇院士提出展望新世纪，为适应高温新技术的发展而必将兴起并迅速发展的新一代高效耐火材料，它们包括：

（1）具有优良高温强度、抗热震性和抗侵蚀性的氧化物-非氧化物复合材料。

（2）能够净化金属熔液和吸收废气中有害杂质的含游离 CaO 的碱性材料。

（3）高性能自流浇注料以及基质成分和结构逐渐变化的"梯度"浇注料。

中国耐火材料产量大，在国际上有重要地位，也得到国际的认同和尊重。但要保证企业持续发展，必须注重资源保障，有战略发展眼光。中国经济发展到目前阶段，对环保、安全和社会责任应该高度重视。

我们必须清醒地认识到我国耐火材料行业目前尚是大而不强，一些高档产品还不能生产，多数产品的附加值不高，缺乏综合竞争力。例如光伏产业中生产多晶硅锭用的坩埚，我国主要是熔融石英陶瓷质，由于耐火性能差，只能用一次，用后又难以回收，而美国、挪威等国家采用碳化硅和氮化硅等材料先制成板材，然后组装烧成，为防止杂质污染硅锭，采用高纯氮化硅涂层，涂覆坩埚内壁。在研发创新的做法上，要有一支高素质的人才队伍，加大人力、物力、财力的投入，合力攻关，有更多的自主知识产权问世，使我国耐火材料行业健康持续发展。

上海宝钢由于生产工艺和设备先进，耐火材料消耗一直代表我国钢铁工业的领先水平，但宝钢耐火材料消耗几乎是日本或韩国的两倍。降低耐火材料消耗，不单需要耐火材料企业提供高质量的产品，也需要耐火材料用户提高耐火材料的使用水平。因此，为提高冶炼容器的服役寿命，减少耐火材料的使用量，应着重研究服务环境和操作工艺参数的耐火材料组成和结构，采用数值模拟分析高温设备的应力场、温度场分布，优化耐火材料配置方案，减少热应力集中或耐火材料使用量等；高温模拟研究耐火材料在动态金属熔体、熔渣、气氛等作用下的蚀损过程和蚀损机制，研究设计新型耐火材料。

研发高温智能型耐火材料和工程化技术。耐火材料与智能型半导体材料（如温度感应性电子陶瓷、示踪材料等）的复合，有望开发出智能化高温工程材料，以推进耐火材料应用的减量化，并提高耐火材料高温应用的安全性。高温智能型耐火材料的开发，需要与热电转换材料和技术、热电装置、高温测厚技术等相配合，形成整套集成技术。在线检测耐火材料衬里的剩余厚度，在接近安全厚度极限时，对耐火材料衬里进行修补或更换，这样不仅可以保证高温作业的安全性，减少不必要的更换，还能降低耐火材料消耗。

提高炉窑等热工设备的能源效率，不仅节约能源，而且可以大大减少 CO_2、NO_x 等温室气体排放。炉衬材料及其施工技术是提高能源使用效率、实现节能减排的关键技术之一。在此方面，隔热节能型耐火材料可以发挥很大作用。今后应加快推进尺寸可调微/纳米孔节能材料的开发，以及以高效燃烧技术为核心的节能炉窑整套工程技术集成。

科技创新是加快转变耐火材料行业发展方式的重要支撑，资源节约、环境友好型发展是耐火材料工业的方向。

附　　录

附表 1　测温锥标号与软化点对照表

标　号	软化点/℃	标　号	软化点/℃	标　号	软化点/℃	标　号	软化点/℃
60	600	96	960	SK7	1270	SK22	1570
65	650	98	980	SK8	1290	SK23	1590
67	670	100	1000	SK9	1310	SK24	1610
69	690	102	1020	SK10	133300	SK25	1630
71	710	104	1040	SK11	1350	SK26	1650
73	730	106	1060	SK12	1370	SK27	1670
75	750	108	1080	SK13	1390	SK28	1690
79	790	110	1100	SK14	1410	SK29	1710
81	815	112	1120	SK15	1430	SK30	1730
83	835	SK1	1150	SK16	1450	SK31	1750
85	855	SK2	1170	SK17	1470	SK32	1770
88	880	SK3	1190	SK18	1490	SK33	1790
90	900	SK4	1210	SK19	1510	SK34	1810
92	920	SK5	1230	SK20	1530	SK35	1830
94	940	SK6	1250	SK21	1550	—	—

附表 2　各种筛子的规格

中国筛		日本工业标准筛		美国标准筛		泰勒筛		德国筛		英国筛	
筛号（目）	孔径/mm	标称/μm	筛孔尺寸/mm	标称（号）	筛孔尺寸/mm	标称（筛孔）	筛孔尺寸/mm	标称/mm	筛孔尺寸/mm	标称（筛孔）	筛孔尺寸/mm
4	5.10	—	—	—	—			0.04	0.04	—	—
5	4.00	44	0.044	325	0.044	325	0.043	0.045	0.045	—	—
8	3.50	—						0.05	0.05	—	—
10	2.00	53	0.053	270	0.053	270	0.053	0.056	0.056	300	0.053
12	1.60	62	0.062	230	0.062	250	0.061	0.063	0.063	240	0.066
16	1.25	74	0.074	200	0.074	200	0.074	0.071	0.071	200	0.076
18	1.00	—	—	—	—			0.08	0.08	—	—
20	0.90	88	0.088	170	0.088	170	0.088	0.09	0.09	170	0.089

中国筛		日本工业标准筛		美国标准筛		泰勒筛		德国筛		英国筛	
筛号 （目）	孔径 /mm	标称 /μm	筛孔 尺寸 /mm	标称 （号）	筛孔 尺寸 /mm	标称 （筛孔）	筛孔 尺寸 /mm	标称 /mm	筛孔 尺寸 /mm	标称 （筛孔）	筛孔 尺寸 /mm
24	0.80	105	0.105	140	0.105	150	0.104	0.1	0.1	150	0.104
26	0.70	125	0.125	120	0.125	115	0.124	0.125	0.125	120	0.124
28	0.63	149	0.149	100	0.149	100	0.147	—	—	100	0.152
32	0.58	—	—	—	—	—	—	0.16	0.16	—	—
35	0.50	177	0.177	80	0.177	80	0.175	—	—	85	0.178
40	0.45	210	0.21	70	0.210	65	0.208	0.2	0.2	72	0.211
45	0.40	250	0.25	60	0.250	60	0.246	0.25	0.25	60	0.251
50	0.355	297	0.297	50	0.297	48	0.295	—	—	52	0.295
55	0.315	—	—	—	—	—	—	0.315	0.315	—	—
80	0.175	350	0.35	45	0.35	42	0.351	—	—	44	0.353
100	0.147	420	0.42	40	0.42	35	0.417	0.4	0.4	36	0.422
115	0.127	500	0.50	35	0.50	32	0.495	0.5	0.5	30	0.500
150	0.104	590	0.59	30	0.590	28	0.589	—	—	25	0.599
170	0.080	—	—	—	—	—	—	0.63	0.63	—	—
200	0.074	710	0.71	25	0.71	24	0.701	—	—	22	0.699
230	0.062	840	0.84	20	0.84	20	0.833	0.8	0.8	18	0.853
250	0.061	1000	1.00	18	1.00	16	0.991	1.0	1.0	16	1.000
270	0.053	1190	1.19	16	1.19	14	1.168	—	—	14	1.20
325	0.043	—	—	—	—	—	—	1.25	1.25	—	—
400	0.038	1410	1.41	14	1.41	12	1.397	—	—	12	1.40
—	—	1680	1.68	12	1.68	10	1.651	1.6	1.6	10	1.68
—	—	2000	2.00	10	2.00	9	1.981	2.0	2.0	8	2.06
—	—	2380	2.38	8	2.38	8	2.362	—	—	7	2.41
—	—	—	—	—	—	—	—	2.5	2.5	—	—
—	—	2830	2.83	7	2.83	7	2.794	—	—	6	2.81
—	—	—	—	—	—	—	—	3.15	3.15	—	—
—	—	3360	3.36	6	3.36	6	2.327	—	—	5	3.35
—	—	4000	4.00	5	4.00	5	3.962	4.0	4.0	—	—
—	—	4760	4.76	4	4.76	4	4.699	—	—	—	—
—	—	—	—	—	—	—	—	5.0	5.0	—	—
—	—	5660	5.66	$3\frac{1}{2}$	5.66	$3\frac{1}{2}$	5.613	—	—	—	—

附表 3　炉渣、气氛和熔融金属对耐火材料的影响

耐火材料	碱性渣	酸性渣	氧化性气氛	还原性气氛	熔融金属
黏土砖	有作用	作用微弱	不毁坏	1400℃以下抵抗较好	不使用在1750℃以上
半硅砖	有作用	作用微弱	不毁坏	1400℃以下抵抗较好	不用于1700℃以上
硅砖	作用激烈	抵抗较好但对氧化物激烈反应	不毁坏	1600℃以下抵抗较好	抵抗较好
高铝砖	抵抗性好	抵抗尚好	不毁坏	1800℃以下抵抗较好	抵抗较好
镁砖	抵抗性好	有作用	不作用	1450℃以下抵抗较好	抵抗较好
铬镁和铬砖	抵抗性好	作用微弱	不作用	1500℃以下抵抗较好	抵抗较好
碳化硅砖	作用激烈	作用微弱	遭受毁坏	抵抗较好	抵抗损坏
碳砖（石墨砖）	抵抗性好	抵抗尚好	遭受激烈毁坏	抵抗较好	抵抗较好
刚玉	抵抗尚好	抵抗尚好	不作用	1800℃以下抵抗较好	抵抗较好
氧化锆和锆英石	抵抗尚好	抵抗尚好	不作用	遭受毁坏	抵抗较好

附表 4　氧化物之间互相形成液相的温度　　　　　　　　（℃）

氧化物	Al_2O_3	BeO	CaO	CeO_2	MgO	SiO_2	ThO_2	TiO_2	ZrO_2
Al_2O_3	2050	1900	1400	1750	1930	1545	1750	1720	1700
BeO	2900	2530	1450	1950	1800	1670	2150	1700	2000
CaO	1400	1450	2570	2000	2300	1440	2300	1420	1200
CeO_2	1750	1950	2000	2600	2200	约1700	2600	1500	2400
MgO	1930	1800	2300	2200	2800	1540	2100	1600	1500
SiO_2	1545	1670	1440	约1700	1540	1710	约1700	1540	1673
ThO_2	1750	2150	2300	2600	2100	约1700	3050	1630	2680
TiO_2	1720	1700	1420	1500	1600	1540	1630	1830	1750
ZrO_2	1700	2000	2200	2400	1500	1675	2680	1750	2700

附表 5　耐高温的非氧化物性能

分子式	密度/g·cm^{-3}	显微硬度/MPa	熔点/℃	线膨胀系数/℃$^{-1}$	热导率/W·(m·K)$^{-1}$	电阻率/μΩ·cm	弹性模量/MPa	抗弯强度/MPa
B_4C	2.50	27460	2450	$5.7×10^{-6}$（0~800℃）	27.2（20~100℃）	$(3~8)×10^{-5}$	45000	275.8
TiC	4.93	29430	3170	$7.74×10^{-6}$（20~1000℃）	24.3（20℃）	52.5	45100	853.5

分子式	密度 /g·cm⁻³	显微硬度 /MPa	熔点 /℃	线膨胀系数 /℃⁻¹	热导率 /W·(m·K)⁻¹	电阻率 /μΩ·cm	弹性模量 /MPa	抗弯强度 /MPa
ZrC	6.90	28740	3530	6.73×10^{-6} (20~1000℃)	20.5 (20℃)	50.0	34800	—
Cr_3C_2	6.68	9810	1890	10.2×10^{-6} (0~800℃)	—	—	—	—
WC	15.55	17460	2720	3.84×10^{-6} (20~1000℃)	29.3 (20℃)	19.2	79500	343.4
BN	2.20		2730	3.8×10^{-6} (0~800℃)	12.6 (20~100℃)	10^{18}	9000	34.5
AlN	3.25	12070	2400	4.03×10^{-6} (20~1000℃)	30.1 (20℃)	10^{15}	34300	—
ZrB_2	5.80	22070	3040	6.88×10^{-6} (20~1000℃)	24.3 (20℃)	16.6	34300	—
$MoSi_2$	6.30	11770	2030	5.10×10^{-6} (20~1000℃)	29.3 (20℃)	21.6	42100	343.4
SiC	3.217	25010	2550	4.4×10^{-6} (0~800℃)	41.9 (20~100℃)	$(0.5\sim200)\times10^6$	—	365.4

附表 6　工业矿物鉴定表

序号	矿物中英文名称	成 分	晶系	晶形	颜色	熔点 /℃	鉴定特征	工艺产状
1	β-方石英 cristobalite	SiO_2	等轴	八面体或骸晶	无色	1723	200~500℃ 以上为均质体,具负突起	见于硅砖,高于 1470℃ 时稳定,250℃ 时半稳定
2	萤石 fluorite	CaF_2	等轴	立方体、八面体粒状	无色	1360	熔化时有红色火焰。具弱的双折射率,溶于 H_2SO_4 时放出 HF	产于含矿晶岩及水热矿脉中,在冶金工业中作熔剂用
3	方镁石 periclase	MgO	等轴	立方体、八面体	白灰色	2800	均质体	见于镁质耐火材料、冶金镁砂、电熔镁石及碱性炉渣
4	碳化硅 silicon carbide	β-SiC	等轴	微粒状	黑绿色	3400 分解	1450~1600℃ 以上转变为 2SiC	为碳和硅或碳和石英的合成矿物
5	尖晶石 spinel	$MgO\cdot Al_2O_3$	等轴	八面体或粒状	无色绿色	2135	均质体,R =6.8%	见于冶金炉渣及镁铝砖中

序号	矿物中英文名称	成　分	晶系	晶形	颜色	熔点/℃	鉴定特征	工艺产状
6	钙铝榴石 grossular	$3CaO \cdot Al_2O_3 \cdot 3SiO_2$	等轴	菱形十二面体	无色	—	较大晶体有干涉色，也可有双晶	800℃以上稳定，见于碱性炉渣腐蚀的高铝砖中
7	白云石 dolomite	$CaMg(CO_3)_2$	三方	菱形或柱状	无色	1526	负突起，干涉色低	见于沉积岩，是镁质耐火材料的原料之一
8	低温方石英 cristobalite	SiO_2	四方	八面体	无色	—	α-方石英↔β-方石英（180～270℃）低重折射率，以八面体复杂聚片双晶常见	是硅砖的主要成分，使用后的硅砖成分以方石英为主
9	高温石英 quartz	SiO_2	六方	六方双锥	无色	1723	薄片中可见六方柱及锥面晶形	仅在573℃以上稳定，见于酸性喷出岩中
10	霞石（低温）nepheline	$NaAlSiO_4$	六方	柱状或板状	无色	1526	负突起，干涉色低	见于高炉、玻璃窑使用后的黏土砖中
11	霞石（低温）nepheline	$NaAlSiO_4$	六方	柱状或短柱状	无色	1526	干涉色低，呈灰色，具聚片双晶	见于硅铝耐火材料被玻璃液侵蚀的反应带中
12	石英（低温）quart	SiO_2	三方	—	无色	1723	低正突起，一级灰干涉色	见于未烧熟的硅砖、蜡石砖及陶瓷中
13	β-氧化铝 alumina	$Na_2O \cdot 11Al_2O_3$	六方	板状	无色	2050	板状，具解理，以其Ⅱ级以上干涉色区别于刚玉	见于电熔氧化铝耐火材料中
14	菱镁矿 magnesite	$MgCO_3$	三方	粒状或菱形	无色白色	1500～1600℃形成MgO	与方解石、白云母的区别是双晶和折射率较大	是镁质耐火材料的主要原料之一
15	六铝酸钙 calcium hexa aluminate	$CaO \cdot 6Al_2O_3$	六方	片状	无色绿色蓝色	1850	反光下灰色呈长方形或六边形，灰色带紫，反射率中等，晶体的乳浊性和层状结构区别于刚玉	见于腐蚀后的黏土砖及白云石质耐火材料和低钙铝硅酸水泥熟料中

序号	矿物中英文名称	成　分	晶系	晶形	颜色	熔点/℃	鉴定特征	工艺产状
16	刚玉 corundum	$\alpha\text{-}Al_2O_3$	六方	六方偏三角面体	无色蓝色	2050	根据高正突起，硬度及双折射率低，区别于其他矿物	见于电熔刚玉砖、电熔锆刚玉砖及高铝炉渣中
17	三氧化二钛 titanium oxide	Ti_2O_3	三方	菱形或树枝状	黑色	2077	树枝状晶体和颗粒端面上，可见有规律的线条	在电熔锆刚玉砖中，Ti_2O_3极度分散在玻璃相中
18	α-鳞石英 tridymite	SiO_2	斜方	六边形、片状	无色	1723	以负突起、矛头状双晶及干涉色低为特征	为硅砖的主要矿物组成成分之一，见于碱性喷出岩中
19	微斜长石 microcline	$KAlSi_3O_8$	三斜	板状	无色	1530	水平色散，具方格双晶，解理夹角接近90°	见于酸性岩及使用后的高铝砖和黏土砖
20	正长石 orthoclase	$KAlSi_3O_8$	单斜	短柱状	无色	1170	负突起，表面浑浊，为二轴负晶，具有卡氏双晶	见于酸、碱性岩，也见于使用后的高铝砖和黏土砖
21	硅线石 sillimanite	$\alpha\text{-}Al_2SiO_5$	斜方	方柱状	无色	1545（分解）	与红柱石的区别：硅线石为正延性，2V小	见于高铝耐火材料原料和天然耐火材料
22	镁橄榄石 forsterite	Ma_2SiO_4	斜方	晶体沿c轴延长	无色	1890	折射率低，2V大，干涉色为二级红，平行消光，延性可正可负	见于硅镁质耐火材料、陶瓷型芯及冶金炉渣中
23	铁酸二钙 dicalcium ferrite	$2CaO \cdot Fe_2O_3$	斜方	短柱状	黄棕色	1438（分解）		见于炉渣、烧结及腐蚀后的白云石炉衬中
24	斜锆石 baddeleyite	ZrO_2	单斜	粒状	无色	2700	高正突起、晶形和多色性为鉴定特征	见于电熔锆刚玉砖中，可作低膨胀陶瓷成分

序号	矿物中英文名称	成　分	晶系	晶形	颜色	熔点/℃	鉴定特征	工艺产状
25	透辉石 diopside	$CaMgSi_2O_6$	单斜	短柱状	无色	1526	具高正突起，横切面呈八边形，具对称消光	见于酸性高炉渣、玻璃结石及白色铸石中
26	镁蔷薇辉石 merwinite	$3CaO \cdot MgO \cdot 2SiO_2$	单斜	柱状、粒状	无色	1598	遇 HCl 胶化	为镁蔷薇辉石质耐火材料的主要成分，见于镁砖和白云石砖的工作带中及炉渣中
27	β-硅酸二钙 larnite	$\beta\text{-}2CaO \cdot SiO_2$	单斜	柱状、粒状	无色	2130	675~1420℃ 稳定，低于 500℃ 转变为 $\gamma\text{-}Ca_2SO_4$	见于硅酸盐水泥熟料、矿渣和白云石耐火材料中
28	蓝晶石	$\gamma\text{-}Al_2SiO_5$	三斜	板状	无色	1526	厚薄片具多色性	见于硅铝质耐火材料原料
29	假硅灰石 pseudo wollastonite	$Ca_3Si_3O_9$	三斜	六角板状	无色	1540	为高温物相，以 2V 小、干涉色高为特征	见于酸性高炉渣、玻璃结石、硅砖和黏土砖中，还见于烧结矿中

附表 7　鉴定矿物常用侵蚀剂和侵蚀条件

侵蚀剂名称	侵蚀条件	侵蚀特征
0.5%HCl	20℃，2~3s	方解石变成暗灰色；白云石不染色
0.25%FeCl₃	20℃，10s	方解石呈蓝色到棕色；白云石不染色
蒸馏水	20℃，2~3s 沸腾，15~25s	CaO 呈彩色，侵蚀时间长（3~10min）3CaO · SiO₂(C₃S) 呈棕色或蓝色，2CaO · SiO₂(C₂S) 呈淡棕色，并具有平行条纹，CaO · Al₂O₃ 呈棕色或蓝色
1%NH₄Cl 水溶液	20℃，8s	C₃S 呈蓝色，少数呈棕色，C₂S 呈浅棕色，游离 CaO 呈彩色，麻点面
1%硝酸乙醇溶液	20℃，10~20s	C₃S 呈深棕色，C₂S 呈黄褐色，游离 CaO 受轻微侵蚀，CMS 侵蚀
5%硫酸镁溶液	20℃，10s	侵蚀后蒸馏水和乙醇各洗 5s 后，C₃S 呈天蓝色，其他矿物不受侵蚀
1:4 盐酸	常温 30s	2CaO · Fe₂O₃ 在常温下，在 30s 内被腐蚀，变成黑色
1:10 氢氟酸溶液	3~15s	C₃MS₂ 显形，呈棕色，C₂S 呈彩虹色，侵蚀 RO 相
10%磺基水杨酸水溶液	沸腾 4~5s	CaO · 2Al₂O₃ 呈现亮黄色
5%硫酸铜水溶液		FeO · TiO₂ 可被腐蚀

附表8　常用物质的相对分子质量

分 子 式	相对分子质量	分 子 式	相对分子质量
Al_2O_3	101.91	$Ca(OH)_2$	74.096
CaO	56.08	$3CaO \cdot 2Al_2O_3$	270.20
CaF_2	78.06	$12CaO \cdot 7Al_2O_3$	1386.68
K_2O	94.20	$CaO \cdot Al_2O_3$	158.04
CO_2	44.01	$CaO \cdot 2Al_2O_3 \cdot SiO_2$	260.00
$CaCO_3$	100.091	$2CaO \cdot Al_2O_3 \cdot SiO_2$	274.21
$CaSO_4$	136.15	$CaO \cdot Fe_2O_3$	215.78
FeO	71.85	$2CaO \cdot Fe_2O_3$	271.86
Fe_2O_3	159.70	$4CaO \cdot Al_2O_3 \cdot Fe_2O_3$	485.98
H_2O	18.016	$3CaO \cdot SiO_2$	228.33
SiO_2	60.08	$2CaO \cdot SiO_2$	172.25
MgO	40.32	$Na_2O \cdot 8CaO \cdot 3Al_2O_3$	816.50
Na_2O	61.982	$6CaO \cdot 2Al_2O_3 \cdot Fe_2O_3$	700.10
K_2SO_4	174.266	$3CaO \cdot Al_2O_3 \cdot 6H_2O$	378.296
P_2O_5	141.95	$Al_2O_3 \cdot 2SiO_2 \cdot 2H_2O$	258.17
TiO_2	79.90	$3CaO \cdot 3Al_2O_3 \cdot 3CaSO_4 \cdot 31H_2O$	1237.134
$MgCO_3$	84.33		

附表9　常用材料的莫氏硬度

莫氏硬度标度	标准矿物		相应的努氏（Knoop）硬度	简 单 鉴 定 法
	中文名称	英文名称		
1	滑石	talc	12	用指甲可刻痕，有油腻感
2	石膏	gypsum	32	指甲刻痕
3	方解石	calcite	135	指甲刻不动，铝硬币可刻痕
4	萤石	fluorite	163	铁钉能刻痕，铝硬币刻不动
5	磷石灰	apatite	430	铁钉能刻痕，小刀、玻璃片可刻痕
6	正长石	orthoclase	560	小刀、玻璃片能刻痕
7	石英	quartz	820	小刀、玻璃片刻不动
8	黄玉	topaz	1340	用它能刻划玻璃
9	刚玉	corundum	2100	用它能刻划玻璃
10	金刚石	diamond	7000	用它能刻划玻璃

参 考 文 献

[1] 中国耐火材料行业协会国际合作部. 中国耐火材料行业协会代表团赴欧洲三国交流考察情况通报 [J]. 耐火材料信息, 2012, 8: 4~8.

[2] 李红霞. 耐火材料手册 [M]. 北京: 冶金工业出版社, 2007.

[3] 李楠, 等. 耐火材料学 [M]. 北京: 冶金工业出版社, 2010.

[4] 徐平坤. 刚玉耐火材料 [M]. 2版. 北京: 冶金工业出版社, 2007.

[5] 胡宝玉, 等. 特种耐火材料实用技术手册 [M]. 北京: 冶金工业出版社, 2006.

[6] 杨庆生. 复合材料细观结构力学与设计 [M]. 北京: 中国铁道出版社, 2000.

[7] 殷辉安. 岩石学相平衡 [M]. 北京: 地质出版社, 1988.

[8] 顾立德. 特种耐火材料 [M]. 3版. 北京: 冶金工业出版社, 2006.

[9] 刘光华. 现代材料化学 [M]. 上海: 上海科技出版社, 2000.

[10] 崔之开. 陶瓷纤维 [M]. 北京: 化学工业出版社, 2004.

[11] 刘海涛, 等. 无机材料合成 [M]. 北京: 化学工业出版社, 2003.

[12] 西鹏, 等. 高技术纤维 [M]. 北京: 化学工业出版社, 2004.

[13] 黄剑锋. 溶胶-凝胶原理与技术 [M]. 北京: 化学工业出版社, 2005.

[14] 付正义, 等. 先进陶瓷及无机非金属材料 [M]. 北京: 科学出版社, 2007.

[15] 卢安贤. 无机非金属材料导论 [M]. 长沙: 中南大学出版社, 2004.

[16] 张寿荣, 等. 武钢高炉长寿技术 [M]. 北京: 冶金工业出版社, 2009.

[17] 林彬荫, 等. 蓝晶石、红柱石、硅线石 [M]. 3版. 北京: 冶金工业出版社, 2011.

[18] 侯谨, 等. 特殊炉窑用耐火材料 [M]. 北京: 冶金工业出版社, 2010.

[19] 祝洪喜, 等. 耐火材料连续颗粒分布的紧密堆积模型 [J]. 武汉科技大学学报, 2008, 31 (2): 159~163.

[20] Takeshi Matsuda, Masaya Nakashima. Technology of mechanization and automation of refractory brick manufacture [J]. Journal of the Technical Association of Refractories, Japan, 2009, 29 (4): 257~262.

[21] Takayuki Uchida, Yoshnchii Yatagai. Mechanized technologies in refractories dismantling methods [J]. Journal of the Technical Association of Refractories, Japan, 2009, 29 (4): 281~290.

[22] 蒋明学, 等. 陈肇友耐火材料论文选 [M]. 增订版. 北京: 冶金工业出版社, 2011.

[23] 李环, 等. 菱镁矿轻烧水化对 MgO 烧结的影响 [J]. 耐火材料, 2008, 42 (2): 92~95.

[24] 姚晓云, 等. 镁橄榄石骨料的合成及其对镁橄榄石质耐火材料性能的影响 [J]. 耐火材料, 2008, 42 (3): 205~207.

[25] 刘峙嵘, 等. 铝土矿渣再利用研究 [J]. 耐火材料, 2008, 42 (5): 379~380.

[26] 徐平坤. 我国高铝原料生产技术发展评述 [J]. 耐火材料, 2007, 41 (5): 373~375.

[27] 王金相. "十五"期间中国钢铁工业用耐火材料的科技进步 [J]. 耐火材料, 2007, 41 (5): 321~326.

[28] 平栉敬资. 铁钢用耐火物技术的变迁 [J]. 耐火物, 2010, 62 (7): 330~338.

[29] Hirotoshi Fukai, Takeshi Shiomi. Recent technology in mixer and press machine for refractory production [J]. Journal of the Technical Association of Refractories, Japan, 2009, 29 (4): 253~256.

[30] 杨中正, 等. 以矾土碎矿和煤矸石合成莫来石均质料 [J]. 耐火材料, 2006, 40 (2): 81~84.

[31] 杜晶, 等. 高纯莫来石原料合成工艺研究 [J]. 耐火材料, 2006, 40 (2): 114~116.

[32] 张思远. 复杂晶体化学键的介电理论及其应用 [M]. 北京: 科学出版社, 2005.

[33] 沈上越. 用 T. F. W. 巴尔特计算法探讨盛钢桶衬砖侵蚀机理 [J]. 耐火材料, 1986 (4): 14~18.

[34] 张秀勤, 等. 合成工艺对莫来石熟料性能影响 [J]. 耐火材料, 2002, 36 (6): 271~272.

[35] 姜涛，等. Sialon 陶瓷材料的结构、性能及应用 [J]. 耐火材料，2001，35（4）：229~231.

[36] 邓承继，等. 添加剂对 MgAlON 材料抗氧化性能的影响 [J]. 耐火材料，2001，35（1）：4~6.

[37] 张翼，等. 孝义铝土矿煅烧及碎料的均化烧结利用 [J]. 耐火材料，2005，39（6）：448~449.

[38] 杜景云，等. 反应烧结法合成镁铝尖晶石耐火材料 [J]. 耐火材料，2005，39（6）：445~447.

[39] 佐藤拓哉. 石油精制及ひ石油化学プラストへの耐火物の通用例一リフララクトリーライニンダの剛性そ考慮した配管热应力解析一 [J]. 耐火物，2010，62（9）：504~511.

[40] 韩斌，等. 供气元件在炼钢工艺中的应用 [J]. 耐火材料，2003，37（6）：358~359.

[41] 张晓丽，等. 中间包镁质挡渣堰的研制与使用 [J]. 耐火材料，2003，37（5）：306~307.

[42] Мартьянов А Ю，Вяткина Н А，И др. Формованные и неформованные отнеупоры gл я современных технолоии металлур ия [J]. Вовые Отнеуиоры，2010（2）：13~21.

[43] 罗明，等. 外加剂对白云石烧结及抗水化性影响 [J]. 耐火材料，2001，35（1）：44~45.

[44] 尹洪峰，等. 复合材料 [M]. 北京：冶金工业出版社，2010.

[45] 刘海啸，等. 废弃含碳耐火材料合成方镁石-镁铝尖晶石复相材料 [J]. 硅酸盐通报，2011，30（5）：1216~1220.

[46] 许迪春. $MoSi_2$ 基复相材料表面特性的研究 [J]. 耐火材料，2001，35（3）：138~139.

[47] 姜晓谦，等. 高铝煤灰制备莫来石晶须的实验研究 [J]. 矿物岩石，2010，30（2）：33~37.

[48] 冯秀梅，等. 原位合成 Al_2O_3-TiN 复合材料的结构特征 [J]. 硅酸盐通报，2001，30（3）：670~673.

[49] 刘永杰，等. 高铁镁砖的研制 [J]. 耐火材料，2003，37（4）：200~203.

[50] 王庆贤，等. 不锈钢冶炼用不烧镁钙砖的研制及应用 [J]. 耐火材料，2003，37（6）：323~325.

[51] 李亚伟，等. 热处理温度对有机硅树脂结合不烧铝碳滑板性能的影响 [J]. 耐火材料，2005，39（5）：321~323.

[52] 朱伯铨，等. 组成对 MgO-ZrO_2-CaO 系合成料结构与性能的影响 [J]. 耐火材料，2005，39（2）：81~83.

[53] 田养利，等. 金属-氮化物结合刚玉滑板的制备与性能研究 [J]. 硅酸盐通报，2009，28（4）：805~809.

[54] 熊继全，等. 硅溶胶结合刚玉-莫来石浇注料的研制及应用 [J]. 耐火材料，2011，45（2）：110~111.

[55] Алексангрова Т Н，Расскаов Ч Ю，и др. Квоиросу иоллуения онеуиорных материаоь [J]. Отнеуиоры итехни еская Керамика，2010（4~5）：58~63.

[56] 魏同，等. 我国耐火材料生产节能方向 [J]. 耐火与石灰，2007（1）：4~8.

[57] 王遂海. 高效节能环保型真空-压力油浸系统 [J]. 耐火材料，2002，36（3）：183~184.

[58] 温铁光，等. 钙质陶瓷过滤器去除夹杂物的效果 [J]. 耐火材料，2002，36（4）：248~249.

[59] 王玺堂，等. CaO-MgO-SiO_2 系生物可溶性陶瓷纤维的研究 [J]. 武汉科技大学学报，2008，31（3）：238~241.

[60] 徐光青，等. 硅微粉结合 SiC 制品的性能及显微结构分析 [J]. 耐火材料，2007，41（6）：470~476.

[61] 许伟荣. 晶体纤维产业的现状与展望 [J]. 耐火材料，2002，36（2）：121~122.

[62] 张厚兴，等. 放电等离子烧结合成单相 MgAlON 材料 [J]. 耐火材料，2002，36（3）：128~130.

[63] 姜华，等. 高炉炉身高导热石墨砖内衬结构技术 [J]. 耐火材料，2007，41（1）：45~47.

[64] 段锋，等. 含镁铝尖晶石的铝酸盐水泥的制备与应用 [J]. 耐火材料，2007，41（1）：41~43.

[65] 桑天雄，等. 镁铝尖晶石不烧砖的研制与应用 [J]. 耐火材料，2002，36（1）：41~42.

[66] 钟香崇. 氧化物-非氧化物复合材料研究开发进展 [J]. 耐火材料，2008，42（1）：1~4.

[67] 李环，等．菱镁石轻烧水化法制备高密度烧结镁砂［J］．耐火材料，2007，41（2）：122～124.

[68] 牛建平，等．超纯净金属冶炼用 CaO 耐火材料的研究进展［J］．耐火材料，2001，35（5）：290～292.

[69] 王继宝，等．烧成温度和 ZrO$_2$ 含量对镁锆制品烧结性能的影响［J］．耐火材料，2005，39（6）：439～441.

[70] 李永全，等．熔融石英质侧封板的研制与使用［J］．耐火材料，2005，39（3）：229～230.

[71] 马淑龙，等．氮化气氛下铁铝尖晶石的合成［J］．硅酸盐学报，2001，39（3）：424～429.

[72] 马青花，等．中间包用镁橄榄石质涂抹料的研制与应用［J］．耐火材料，2010，44（4）：315～316.

[73] 任永红，等．氟化钕耐火材料的研制与应用［J］．耐火材料，2003，37（3）：147～148.

[74] 陈太增，等．生产电熔镁砂主要参数的确定［J］．耐火材料，1994（1）：32～34.

[75] 李亮，等．PLC 控制耐火材料配料系统的设计［J］．耐火材料，2011，45（3）：235～236.

[76] 夏光华，等．泡沫胶凝法制备轻质钙长石耐火材料的工艺研究［J］．耐火材料，2011，45（3）：187～190.

[77] 王鲁．陶瓷纤维模块在工业炉中的应用与实践［J］．耐火材料，2011，45（2）：146～148.

[78] 王新江．现代电炉炼钢生产技术手册［M］．北京：冶金工业出版社，2009.

[79] 万龙刚，等．MgAlON 合成工艺研究［J］．耐火材料，2010，44（5）：365～367.

[80] 马淑龙，等．添加 TiO$_2$ 对铁铝尖晶石合成和烧结的影响［J］．耐火材料，2010，44（6）：409～412.

[81] 李再耕．耐火浇注料用分散剂进展［J］．耐火材料，2010，44（2）：144～145.

[82] 王孝瑞，等．稳定多晶氧化铝纤维质量之研究［J］．耐火材料，2000，34（4）：203～204.

[83] 涂军波，等．烧结合成镁锆熟料的研究［J］．耐火材料，1999，33（3）：144～145.

[84] 刘开琪，等．金属陶瓷的制备与应用［M］．北京：冶金工业出版社，2008.

[85] 杨道媛，等．快速烧结在耐火材料行业的应用前景［J］．耐火材料，2008，42（3）：226～228.

[86] 徐琳琳，等．铜冶炼用镁铝钛砖的研制［J］．耐火材料，2012，46（5）：347～349.

[87] 尹洪基，等．Cr$_2$O$_3$-Al$_2$O$_3$-ZrO$_2$ 高铬制品［J］．耐火材料，2011，45（2）：126～129.

[88] 林育炼．IF 钢生产用耐火材料的技术发展［J］．耐火材料，2011，45（2）：130～136.

[89] 徐平坤．热工设备用耐火材料的选择与使用寿命［J］．工业炉，2011，33（2）：48～50.

[90] 吴小贤，等．碳化氮化制备 SiC 复相耐火材料及其抗冰晶石侵蚀性能研究［J］．耐火材料，2010（增刊）：292～294.

[91] 黄仲明，等．一种新型高温耐磨试验方法的探讨［J］．耐火材料，2010，44（6）：461～464.

[92] 张永治，等．聚乙烯醇对铝硅溶胶理化性能的影响［J］．耐火材料，2010，44（4）：247～248.

[93] 严培忠，等．镁质-铝镁质复合型挡渣墙的研制［J］．耐火材料，2010，44（3）：205～207.

[94] 周勇，等．镁砂与电熔合成铁铝尖晶石-刚玉复合材料的反应［J］．耐火材料，2010，44（6）：419～420.

[95] 徐平坤．热工设备用耐火材料的维护与寿命［J］．工业炉，2010，32（1）：48～50.

[96] 朱炯．Foamfrax—新一代发泡喷涂纤维隔热系统［J］．耐火材料，2010（增刊）：329～332.

[97] 吴斌，等．高强微孔高温隔热材料的剖析与研制［J］．耐火材料，2010（增刊）：316～317.

[98] 陈康康，等．制备工艺对六钛酸钾晶须隔热材料性能的影响［J］．耐火材料，2010，44（4）：276～279.

[99] 程本军，等．优质铝镁不烧砖的研制［J］．耐火材料，2006，40（3）：235～237.

[100] 王杰增，等．黑箱模型方法及其在耐火材料工艺中的应用［J］．耐火材料，2012，46（4）：244～248.

[101] 许川，等. 固相反应法合成锌铝尖晶石 [J]. 硅酸盐通报，2012, 31 (2)：455~458.

[102] 刘维良，等. 自增韧 Si₃N₄ 陶瓷的制备与性能 [J]. 中国陶瓷，2011, 47 (11)：12~14.

[103] 张风丽，等. 优质机压锆英石砖的研制 [J]. 耐火材料，2002, 36 (3)：153~155.

[104] 朱伯铨，等. 低碳镁碳砖的研究现状与发展 [J]. 武汉科技大学学报，2008, 31 (3)：233~237.

[105] 刘芳，等. 高品质硅钼电热元件的研制 [J]. 耐火材料，2003, 37 (5)：304.

[106] 房现阁，等. 富铝煤矸石碳热还原氮化合成 Fe-Sialon 复相材料的研究 [J]. 中国非金属矿工业导刊，2011 (2)：28~31.

[107] 高里存，等. 复合造孔剂对刚玉-钙长石-莫来石系轻质浇注料性能的影响 [J]. 硅酸盐通报，2011, 30 (5)：1147~1150.

[108] 朱纪衡，等. 钢包上水口在线整体更换技术研究 [J]. 耐火材料，2006, 40 (2)：155~156.

[109] 武光君. 莱钢 130t 钢包浇注工作衬喷补续衬焊接技术的应用 [J]. 耐火材料，2011, 45 (4)：296~298.

[110] 沈涛. 中间包高钙碱性覆盖剂及镁钙质涂料的应用 [J]. 耐火材料，2005, 39 (2)：160~162.

[111] 曾伟，等. 添加剂对硅溶胶结合刚玉浇注料流动性和常温物理性能的影响 [J]. 武汉科技大学学报，2008, 31 (6)：270~273.

[112] 章道运，等. 澳斯麦特铜熔炼炉渣线用后铝铬残砖的分析 [J]. 耐火材料，2012, 46 (3)：200~202.

[113] 刘建荣. 矾土熟料和矾土均化料的性能及其在高铝浇注料中的应用 [J]. 耐火材料，2012, 46 (3)：215~226.

[114] 韩露，等. SiO₂ 纳米隔热材料的研究进展 [J]. 耐火材料，2012, 46 (2)：146~150.

[115] 柏雪，等. 添加锰矿粉和碳酸钙对铝硅质陶粒支撑剂材料性能的影响 [J]. 耐火材料，2012, 46 (2)：99~101.

[116] 李存弼，等. 水泥-聚丙烯酸复合结合快硬耐磨涂抹料 [J]. 耐火材料，2012, 46 (2)：135~136.

[117] 刘月云，等. 凹凸棒土基高温防脱碳涂层的研究 [J]. 耐火材料，2012, 46 (1)：41~44.

[118] 周治军. 环保型转炉修补砖的研制与应用 [J]. 耐火材料，2012, 46 (1)：57~58.

[119] 陈树江，等. 镁钙系耐火材料 [M]. 北京：冶金工业出版社，2012.

[120] 赵彦杰，等. 高温滑板润滑剂的研制与应用 [J]. 耐火材料，2012, 46 (4)：281~284.

[121] 李洪霞. 经济下行时中国耐火材料行业发展的思考 [J]. 耐火材料，2012, 46 (5)：321~324.

[122] 邱文冬，等. 宝钢耐火材料的消耗水平及发展趋势 [J]. 耐火材料，2012, 46 (5)：371~372.

[123] 陈方，等. 无碳免烧刚玉-莫来石质滑板砖的研制与应用 [J]. 耐火材料，2013, 47 (2)：132~134.